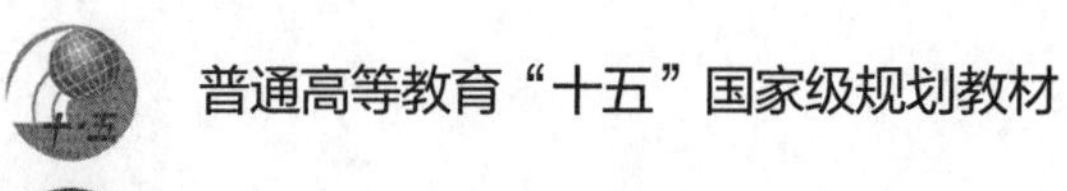

普通高等教育“十五”国家级规划教材

省级一流本科课程配套教材

中国轻工业“十三五”规划教材

食品分析

（第四版）

主　编　王永华　戚穗坚

FOOD ANALYSIS

(FOURTH EDITION)

中国轻工业出版社

图书在版编目（CIP）数据

食品分析／王永华，戚穗坚主编．—4版．—北京：中国轻工业出版社，2025.1

ISBN 978-7-5184-4147-1

Ⅰ.①食…　Ⅱ.①王…②戚…　Ⅲ.①食品分析—高等学校—教材　Ⅳ.①TS207.3

中国版本图书馆CIP数据核字（2022）第182639号

责任编辑：马　妍

策划编辑：马　妍　　责任终审：白　洁　　封面设计：锋尚设计

版式设计：砚祥志远　　责任校对：吴大朋　　责任监印：张　可

出版发行：中国轻工业出版社（北京鲁谷东街5号，邮编：100040）

印　　刷：三河市万龙印装有限公司

经　　销：各地新华书店

版　　次：2025年1月第4版第4次印刷

开　　本：787×1092　1/16　印张：30.5

字　　数：700千字

书　　号：ISBN 978-7-5184-4147-1　定价：68.00元

邮购电话：010-85119873

发行电话：010-85119832　010-85119912

网　　址：http://www.chlip.com.cn

Email：club@chlip.com.cn

如发现图书残缺请与我社邮购联系调换

250125J1C404ZBQ

前言（第四版）

自2010年6月至2022年6月的十余年间，《食品分析》已先后出版了第二版和第三版两版教材。编者在每一版的修订中，都结合了学科的前沿和发展趋势，精心挑选内容并进行更合理编排。该书受到了各方的好评，使用者已遍布全国各大高等院校与各种相关机构、个人。第二版和第三版的教材分别获得2014年度和2019年度中国轻工业优秀教材一等奖。此外，编者教学团队基于第三版教材的课程教学，于2020年入选“广东省本科线上一流课程”“广东省本科线上线下混合式一流课程”。尽管教材取得了一定的成绩，但仍存在不足，以及根据学科发展动态需要进行必要的更新，促使作者对教材进行改版，使其更符合大众的参考、学习要求。

《食品分析（第四版）》在保持第二版和第三版教材特色的基础上，对教材内容进行更合理编排。改版后的教材主要分为五篇，分别为食品分析基础知识、食品中营养成分分析、食品添加成分及食品安全分析、其他食品检测、食品分析方法汇编。每部分的核心内容都经过作者的精修，力求使内容与时俱进。本书的内容侧重各基本理论的原理、操作要点及主要应用，而相应的具体实验操作可与本书的配套教材《食品分析实验指导》配合使用，以便对各种分析方法达到全面掌握。

本书由王永华、戚穗坚任主编，参与编写的人员有华南理工大学王永华（第一、二、七章）、戚穗坚（第十八、十九、二十章以及第二十一章第四、五节）、王方华（第三、四章以及第二十一章第一节）、蓝东明（第十四、十七章以及第二十一章第二节）；西南大学钟金锋（第五章）、覃小丽（第十、十一章）；中国科学院兰州化学物理研究所曾凡逵（第六章）；湖南农业大学曾朝喜（第八章）；广东海洋大学高加龙（第九章以及第二十一章第三节）；陕西科技大学李道明（第十二章）；广州质量监督检测研究院寻知庆（第十三章）、黄金凤（第十五章）、郭新东（第十六章）、郭燕华（第二十一章第六节）。

本书在编写过程中，得到了许多同志的支持和帮助，在此一并致谢。

本书可供高等学校食品科学与工程、食品质量与安全、食品营养与健康、商品检验、农副产品、粮食贮藏与加工等各专业或专业方向作为教材，也可供食品卫生检验、质量监督、各类食品企业等单位的有关科技人员参考。

限于编者的水平及时间关系，书中的不妥及错误之处，殷请读者批评指正。

编　者

2022年10月于广州

前言（第三版）

《食品分析（第二版）》自2010年7月出版以来，使用者已遍布全国各大高等院校和相关科研机构，该书得到了各方的一致好评，同时也收到了一些使用反馈与改进建议，加上原书尚存在不足之处，这些都促使编者将修订事宜提上日程。

《食品分析（第三版）》在保持第二版教材特色的基础上，对教材内容进行了更合理编排。改版后的教材将分为六个部分、共二十一章，分别为食品分析基础知识、食品的感官及物理特性分析、食品中营养成分分析、食品中添加剂分析、食品安全分析和食品的其他检测技术。每部分的核心内容都经过编者的精修，力求使内容与时俱进。在出版社的大力支持下，本书对每章配备了相应的教学指南、习题指导、课件和教学视频。这些教学资源将使读者能更轻松、更便捷、更高效地掌握本书的精髓，大大提高学习效率。本书的配套教材《食品分析实验指导》也正在紧张准备中，不久将与读者见面。此外，食品分析课程在线学习将与本教材同步推出，读者可通过获取封底上的教材序列号登录网站进行学习。

本书由王永华、戚穗坚担任主编，张水华担任主审，具体编写分工如下：华南理工大学王永华（第一、二、九章），戚穗坚（第五、六、十九章），王方华（第三、四章），蓝东明（第十六、十八章）；江南大学钱和、郭亚辉（第七、十章）；陕西科技大学（第八、十四章）；郑州轻工业学院章银良（第十一、十二章）；广西工学院任仙娥（第十三章）；广州质量监督检测研究院黄金凤、黄嘉乐（第十五章），刘海虹、黄金凤（第十七章），李秀英、郭新东（第二十章），周思（第二十一章）。

在本书编写过程中，得到了许多同行的支持和帮助，特别是海南热带海洋学院的杨波老师，华南理工大学轻工与食品学院研究生李道明、辛瑞璞、曾朝喜等为本书的修订做了大量工作。由于第二版的编者大连工业大学云霞已退休，不再参加第三版的编写工作，但对于她的辛勤工作我们永远怀有感激之情，在此一并致谢。

本书可供高等学校食品科学与工程、食品质量与安全、乳品工程和粮食工程等专业作为教材，也可供食品卫生检验、质量监督、食品企业等单位的有关科技人员参考。

限于编者的水平及时间关系，书中的不妥及错误之处，殷请读者批评指正。

编　者

2017年3月于广州

前言（第二版）

本书自2004年7月出版以来，承蒙使用本书的广大教师及读者的厚爱和出版社的大力支持，已进行了10次印刷，使用者已遍及祖国各地和食品各界，许多读者也提出了非常中肯的意见和建议，加上原书也有一些错误和不足，这一切都促使了编作者进行再版。

过去的5年是我国食品工业高速发展的黄金时期，每年均以高出全国GDP发展速度许多增幅快速发展，预计到2010年食品工业产值将超过4万亿元，食品工业的科技水平和食品的分析技术也得到了很大提高。由于人民群众生活水平的改善和健康意识的提升，在选择高质、营养、美味食品的同时，也更加关注食品的安全，《食品安全法》的颁布，使我国在食品安全的监管方面上了一个新台阶。

鉴于新的食品安全问题不断涌现，社会对食品安全性的关注日益增强，《食品分析》第二版教材在保持第一版特色的基础上，增加了食品病原微生物、辐照食品、转基因食品及新资源食品等食品安全性检测方面的内容，将第一版中的“食品中限量元素的测定”一章分散到“膳食矿物质元素的检测”及“食品中有害物质的检测”两章中。同时第一版教材的各位作者对自己负责的章节进行了精简，修剪了第一版教材中的较陈旧的检验方法，尽可能引入当前先进的检测方法。另外，由于评价食品风味最有效的方法是感官鉴评，本教材保留了第一版中感官鉴评的可操作性内容。

由于部分第一版的编作者已退休，不再参加第二版的改版工作，对于他们的辛勤工作我们永远怀有感激之情。本书第二版由王永华任主编，王启军、郭新东、钱和、李铁任副主编，张水华任主审。参加编写的有：华南理工大学王永华（第一、二、三章），王永华、李铁（第七章），王启军（第十三章），杨继国（第十八章）；江南大学钱和（第五、十九章），钱和、孔祥辉（第八章）；陕西科技大学许牡丹（第六、十二章）；大连工业大学云霞（第四章）；郑州轻工业学院章银良（第九、十一、二十章）；广西工学院任仙娥（第十章）；广东省质量技术监督局郭新东（第十四、十五、十七章）；广州市质监局陈守义和华南理工大学吴蓓（第十六章）。

在本书编写过程中，得到了许多同行的支持和帮助，特别是华南理工大学轻工与食品学院的在读研究生朱启思、甄达文，在读博士生曾凡逵等为本书的文字校对及图表处理做了大量工作，在此一并致谢。

本书可供高等学校轻工食品类、食品质量与安全、商品检验、农副产品、粮食贮藏与加工等各专业或专业方向作为教材，也可供食品卫生检验、质量监督、各类食品企业等单位的有关科技人员参考。

限于编者的水平及时间关系，书中的不妥及错误之处，殷请读者批评指正。

编　者

目录

第一篇

食品分析基础知识

第二篇 食品中营养成分分析

第三篇
食品添加成分及食品安全分析

第一篇

食品分析基础知识

第一章 绪 论

本章学习目的与要求

1. 熟悉食品分析学科包含的主要内容，认识食品分析工作对国民生命健康安全的重要性；

2. 掌握选择合适的食品分析方法需要考虑的因素，培养综合性思维；

3. 了解国内外食品标准体系以及我国食品标准体系的现状和发展趋势，具有专业化、前瞻性和国际化视野；

4. 理解在实际食品分析工作中参考标准的选择对分析结果的重要性。

第一节 食品分析概述

一、食品分析学科介绍

食品分析是建立各种食品组分分析的检测方法及有关理论，运用这些方法及理论对食品的各种组分进行分析进而评价食品品质的一门综合性应用学科。食品分析科研工作者结合各种分析基础理论、食品的独有特征以及前沿技术，致力于各种食品组分分析的方法及理论的建立和完善，并形成了多种可供参考的食品标准体系，具体可参考本章第二节的介绍。

从学科涉及的内容来分类，食品分析一般包含如下几大内容。

（1）贯穿食品分析过程的基础知识　包括各种食品分析标准、样品采集以及样品预处理的方法、分析结果数据处理的方法。

（2）食品中营养组分的检测　包括食品中主要的营养要素（水分、蛋白质、脂类、碳水化合物、矿物质元素、维生素、有机酸）的检测，以及食品营养标签所要求的所有项目的检测。按照食品标签法规要求，所有的食品商品标签上都应注明该食品的主要配料表、营养要素和热量。对于保健食品或功能食品，还须有其特殊成分的含量及介绍。营养组分的分析是食品分析的经常性项目和主要内容。

（3）食品风险因子分析与安全性检测　包括对食品添加剂合理使用的监控，食品中限量或有害元素含量，各种农药、畜药残留，环境污染物，来自包装材料中的有害物，微生物及其代谢物的污染，食品原材料及其加工中形成的潜在有毒有害物质等。

（4）食品品质分析中常用的分析方法　除了包括常用的各种化学、物理、生物、分子生物学等方法，还包括食品分析中独有的感官分析方法以及基于人体感官感知原理而发展的仿生仪器分析。感官分析在食品品质分析中具有极高的影响力，因为对于广大的普通消费者，选择食品的金标准仍然是食品是否美味可口，因此食品的感官分析往往是食品分析各项检验的第一项内容。如果食品感官检验不合格，即可判定该产品不合格，不需再进行理化检验和卫生检验。食品质量标准中都制定有相应的感官指标。已开发出电子鼻、电子舌等仿生分析仪器客观评价食品感官特征，然而，目前最可靠、直接、快速的食品品质分析仍是人的食品感官鉴评技术。

综上，食品分析综合了物理、化学、生物化学等学科的基础内容以及食品体系的特征，拥有其独特的各种分析方法及理论。随着多学科的融合高速发展，食品分析的检测技术及自动化程度取得了革命性进步。例如，过去用生物法做一个维生素含量检测费时十几天，现在用高效液相色谱（HPLC）法在几十分钟之内就可给出测试结果；过去对病原微生物的检测，从培养到报告结果需要几周的时间，现在只需要几个小时。

二、食品分析的作用与意义

食品分析贯穿于产品开发、研制、生产和销售的全过程。食品分析工作是食品质量管理过程中一个重要环节，在确保原材料供应方面起着保障作用，在生产过程中起着“眼睛”的作用，在最终产品检验方面起着监督和标示作用。对于消费者来说，随着经济水平的提高，他们比任何时候都更加关注食品的质量和安全，更加需要多种安全、营养、美味可口且有益健康的食品。为此，我国各级政府机构，特别是有关质量监督、卫生防疫等部门投入了大量人力物力进行食品监控和管理，食品企业也以此作为自己最大的责任而进行着不懈的努力。消费者、食品企业、政府有关部门及国内外的法规均要求食品科学家监控食品组成，明确保证食品的质量、安全和品质。

第二节　食品分析方法的选择与采用标准

作为分析工作者，应根据待测样品的性质和项目的特殊要求选择合适的分析方法，分析结果的成功与否取决于分析方法的合理选择、样品的适当制备、分析操作的准确，以及对分析数据的正确处理和合理解释。而要正确地做到这一切，具有高度责任心的食品分析工作者需要有坚实的理论基础知识，对分析方法有全面了解，有熟练的操作技能，熟悉各种法规、标准和指标。

食品分析的标准

食品分析方法的选择通常要考虑样品的分析目的，分析方法本身的特点（如专一性、准确度、精密度、分析速度、设备条件、成本费用、操作要求等），以及方法的有效性和适用性。用于生产过程指导或企业内部的质量评估，可选用分析速度快、操作简单、费用低的快速分析方法，而对于成品质量鉴定或营养标签的产品分析，则应采用法定分析方法。采用标准的分析方法，利用统一的技术手段，对于比较与鉴别产品质量，在各种贸易往来中提供统一的技术依据，提高分析结果的权威性有重要的意义。

我国的法定分析方法有中华人民共和国国家标准（GB）、行业标准和地方标准等。其中国家标准为仲裁法。对于国际间的贸易，采用国际标准（International Standard）则具有更有效的普遍性。

一、国际标准

国际标准是指国际标准化组织（ISO）、国际电工委员会（IEC）和国际电信联盟（ITU）所制定的标准，以及经ISO认可并收入《国际标准题内关键词索引》（KWIC Index）之中的标准。国际标准对各国来说可以自愿采用，没有强制的含义，但往往因为国际标准集中了一些先进工业国家的技术经验，加之各国考虑外贸上的原因，从本国利益出发也往往积极采用国际标准。

《国际标准题内关键词索引》（以下简称《索引》）收录包括ISO、IEC及其他27个国际组织所制定的且经ISO认可的各类标准，是ISO为促进《关贸总协定（GATT）/贸易技术壁垒协议(TBT)》的贯彻实施而出版的。这些国际组织中与食品质量安全有关的组织主要有国际标准化组织(ISO)、世界卫生组织（WHO）、国际食品法典委员会（CAC）、国际制酪业联合会（IDF）、国际辐射防护委员会（ICRP）、国际葡萄与葡萄酒局（IWO）。其他未列入《索引》的国际组织所制定的某些标准也被国际公认，比如联合国粮农组织（UNFAO）和国际种子检验协会（SEMI）。

其中，CAC是目前制定国际食品标准最重要的国际性组织，它是由UNFAO和WHO共同建立，以保障消费者的健康和确保食品贸易公平为宗旨的一个制定国际食品标准的政府间组织。CAC发布的《推荐的国际操作规范　食品卫生总则》虽然是推荐性的，但自从世界贸易组织卫生与植物检疫措施协定（WTO/SPS）强调采用CAC、世界动物卫生组织（OIE）、国际植物保护公约（IPPC）的三大国际组织标准后，CAC标准在国际食品贸易中显示出日益重要的作用。

由CAC组织制定的食品标准、准则和建议统称为国际食品法典（Codex），或称为CAC食品标准。全部CAC食品标准构成CAC食品标准体系，又称CAC农产品加工标准体系。CAC食品标准体系的结构模式采用横向的通用原则标准和纵向的特定商品标准相结合的网格状结构。这些标准包括有关食品卫生、食品添加剂、农药和兽药残留、污染物、标签和说明、分析和取样方法以及进出口检验和认证等方面的规定。按照标准的具体内容可分为商品标准、技术规范标准、限量标准、分析与取样方法标准、一般准则和指南五大类。其中的商品标准覆盖国际食品贸易中重要的大宗商品，并与国际上食品贸易紧密结合，是CAC食品标准体系中的主要内容之一，约占体系标准总数的67%；CAC制定了食品中包括农药残留最大限量标准、兽药最大限量标准、农药再残留最大限量、有害元素和生物毒素的限量标准等9项限量标准。

二、国际先进标准

国际先进标准是指国际上权威的区域标准（Regional Standard）、世界上主要经济发达国家的国家标准（National Standard）和通行的团体标准，包括知名跨国企业标准在内的其他国际上公认先进的标准。

三、国际分析团体协会

国际分析团体协会（Association of Analytical Communities International，AOAC 国际）是一个独立的、统一的非营利性科学组织，它不属于标准化组织，然而它在为行业、政府机构和学术机构提供经过验证的方法、能力测试样品、认证标准和科学信息等方面起到十分重要的领导作用。AOAC 国际是世界性的会员组织，其宗旨在于促进分析方法及相关实验室品质保证的发展及规范化。AOAC 国际的前身先后为官方农业化学家协会（Association of Official Agricultural Chemists）和官方分析化学家协会（Association of Official Analytical Chemists）。

上海市标准化研究院（SIS）收藏有 AOAC 国际全套 29 种资料，其中与食品分析方法密切相关的包括：《官方分析方法》（*Official Methods of Analysis*）、《食品分析方法》（*Food Analysis*）、《US EPA 杀虫剂化学方法手册》（*US EPA Manual of Chemical Methods for Pesticides*）、《农用抗生素的化学分析方法》（*Chemical Analysis for Antibiotics Used in Agriculture*）、《农业化学制品免疫测定的新前沿》（*New Frontiers in Agrochemical Immunoassay*）、《营养成分微生物分析法》（*Methods for the Microbiological Analysis of Nutrient*）、《无机污染物的分析技术》（*Analytical Techniques for Inorganic Contaminants*）等。

四、我国食品标准体系现状及发展趋势

近年来，随着我国国民经济的高速发展以及人们对食品安全问题关注程度的提高，国家加大力度进行了标准化的更新与研究工作，加快了对过时标准的更新进度，进一步优化统一食品安全国家标准体系，解决各种类型标准交叉、重复、矛盾的问题。

未来在标准制定的过程中要关注专业化、前瞻性与国际化的结合。而在国际标准化发展方面，主要体现在以下几个方向。

（1）标准国际化　标准国际化是 WTO、ISO、欧盟（EU）等国际组织和美国、日本等发达国家标准发展战略的重中之重。欧盟标准发展战略强调：要进一步扩大欧洲标准化体系的参加国，要统一在国际标准化组织中进行标准化提案，要在国际标准化活动中形成欧洲地位，加强欧洲产业在世界市场上的竞争力。美国和日本等发达国家也把确保标准的市场适应性、国际标准化战略、标准化政策和研究开发政策的协调、实施，作为标准化战略的重点。

（2）突出重点课题和重点领域　美国和加拿大将健康、安全、环境、贸易、产业等方面的标准化作为标准发展的重点领域；日本将信息技术、环境保护等方面的 17 个标准化课题放在标准发展的重点领域上。

（3）科技开发与标准化政策统一协调　美国对美国国家标准学会（ANSI）举办的国际标准

化活动提供财政支持，计量测试领域的专家参加国内、国际标准化活动，科研人员参加标准化活动和参加标准制定情况均作为业绩考核的一个指标。日本提出，要最大限度地普及和应用科技成果，把标准化作为连接新技术与市场的工具，强调以标准化为目的的研究开发的重要性，日本也规定科研人员参加标准化活动的水平纳入个人业绩进行具体考核。

（4）积极培养国际标准化人才　发达国家为有效推进国际标准活动，注重培养不仅熟悉 ISO/IEC 国际标准审议规则，还具有专业知识的人才。“技术管理”（MOT）的研究和教育是造就这类人才的途径之一。MOT 比工商管理（MBA）增加了很多技术要素。在美国，设 MOT 硕士课程的院校已超过 100 所，欧洲和亚洲各国近年也加快了创建这种院校的步伐。我国清华大学的 MOT 教育处于中国乃至亚洲领先地位，属于世界的前列。

思考题

1. 分析结果的准确性主要受哪些因素影响？
2. 食品分析课程的内容包括哪些？
3. 食品分析的常用的标准都有哪些？如何选择参照的标准？

第二章

食品样品采集与预处理

本章学习目的与要求

1. 理解并掌握样品采集中的代表性采样对样品分析的重要性；

2. 掌握食品样品的采集原则与方法，通过实例认识到结合可靠的采样和有效的食品分析手段，能有效防止影响民生重大问题的危机，从而对课程学习产生浓厚兴趣，并形成运用专业所长、发挥自主创造力，敬业、乐业、服务社会的专业情怀；

3. 了解食品样品在检测前需要进行预处理的原因以及预处理的原则；

4. 学习几种常用的预处理方法，学会比较、归纳，掌握每种预处理方法的特征及其优缺点。

第一节 样品采集

一、概述

样品采集，简称采样，即从大量的分析对象中抽取有代表性的一部分作为分析材料（分析样品）的过程。采样是食品分析检验的第一步，也是非常关键的一步，采样工作没做好，将为分析结果带来很大的误差。

样品的采集

样品采集的过程通常包括以下五步，而样品在这个采集过程中主要可分为检样、原始样品和平均样品。

（1）获得检样 从待检的组（批）或货（批）的各个部分中所抽取的少量样品称为检样。检样的多少，按该产品标准中检验规则所规定的抽样方法和数量执行。

（2）形成原始样品 将许多份检样综合在一起称为原始样品。原始样品的数量根据受检物品的特点、数量和满足检验的要求而定。

（3）得到平均样品 将原始样品按照规定方法经混合平均，均匀地分出一部分，称为平均样品。

（4）平均样品三分 从平均样品中分出三份，一份用于全部项目检验；一份用于在对检验结果有争议或分歧时作复检用，称作复检样品；另一份作为保留样品，需封存保留一段时间

（通常一个月），以备有争议时再作验证，但易变质食品不作保留。

（5）填写采样记录　采样记录要求详细填写采样的单位、地址、日期、样品的批号、采样的条件、采样时的包装情况、采样的数量、要求检验的项目以及采样人等资料。采样记录应尽可能详细。

二、采样原则

食品的组成成分复杂多样，并且食物的组成及其分布也通常不均匀。比如，被检物品的状态可能有不同形态，如固态的、液态的或固液混合态等，固态的可能因颗粒大小、堆放位置不同而带来差异；液态的可能因混合不均匀或分层而导致差异，采样时都应予以注意。如果所采的样品性质不能代表所有样品，无论后续的一系列检验工作做得如何细致，其检验结果也毫无价值。要确保从大量的被检产品中采集到能代表整批被测物质质量的小量样品，必须遵循一定的原则：

（1）采集的样品必须具有代表性，能反映全部被检食品的组成、质量和卫生状况；

（2）采样方法必须与分析目的保持一致；

（3）采样及样品制备过程中应设法保持原有的理化指标，避免预测组分（如水分、气味、挥发性酸等）发生化学变化或丢失；

（4）要防止待测成分被污染；

（5）样品的处理过程尽可能简单易行，所用样品处理装置尺寸应当与处理的样品量相适应。

三、采样方法与要求

采样的方法主要有随机抽样和代表性取样两类。

随机抽样，即按照随机原则，从大批物料中抽取部分样品。操作时，应使所有物料的各个部分均有相同被抽到的机会。例如，有 1 批被砷污染了的石榴，数量为 100 箱，每箱 64 个，现要确定该批石榴的砷含量而要取样分析。其中 1 种随机抽样的方法是：首先从这 100 箱石榴中随机挑出 10 箱，然后随机地从这 10 箱中分别挑出 8 个，接着将所取得的 80 个石榴混合，再从中随机抽出 9 个作为样品。

代表性取样，即用系统抽样法进行采样，根据样品随空间（位置）、时间变化的规律，采集能代表其相应部分的组成和质量的样品，如分层取样、随生产过程流动定时取样、按组（批）取样、定期抽取货架商品取样等。

随机抽样按照具体的操作形式还可以分为简单随机抽样、分层随机抽样、分段随机抽样和系统随机抽样等。

随机取样可以避免人为倾向，但是，对不均匀样品，仅用随机抽样法是不够的，必须结合代表性取样，从有代表性的各个部分分别取样，才能保证样品的代表性。

除了随机抽样和代表性取样以外，在实际操作中也常运用到利用采样人员经验和知识的经验采样。

具体的采样方法，因分析对象的不同而异，应根据具体情况和要求，按照相关的技术标准或者操作规程所规定的方法进行。下面以几类不同样品的采集作说明。

1. 粮食、油料类物品的采样

对于粮食、油料类物品，一般可以参考 GB 5491—1985《粮食、油料检验　扦样、分样法》规定的方法执行，选取合适的扦样工具，采用相应的扦样方法进行分样。

将原始样品充分混合均匀，进而分取平均样品或试样的过程，称为分样。粮食及固体食品应自每批食品上、中、下三层中的不同部位分别采取部分样品，混合后得到有代表性的样品。分样常用的方法有“四分法”（图 2－1）和自动机械式（图 2－2）。

四分法是将样品倒在光滑平坦的桌面上或玻璃板上，用两块分样板将样品摊成正方形，然后从样品左右两边铲起样品约 10cm 高，对准中心同时倒落，再换一个方向同样操作（中心点不动），如此反复混合四、五次，将样品摊成等厚的正方形，用分样板在样品上划两条对角线，分成四个三角形，取出其中两个对角三角形的样品，剩下的样品再按上述方法反复分取，直至最后剩下的两个对角三角形的样品量接近所需试样重量为止。

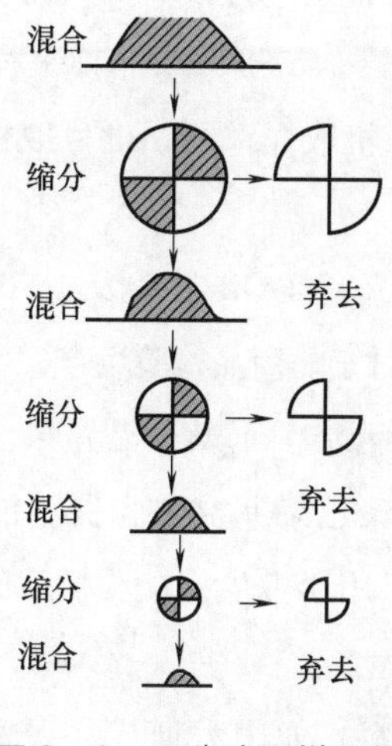

图 2－1　四分法取样图解

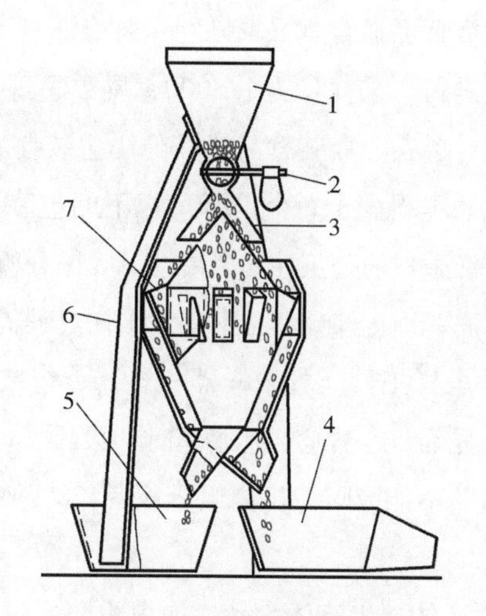

图 2－2　机械式分样器

1—漏斗　2—漏斗开关　3—圆锥体

4、5—接样斗　6—支架　7—分样格

机械分样器适用于中、小粒原粮和油料分样。分样器由漏斗、分样格和接样斗等部件组成，样品通过分样格被分成两部分。分样时，将清洁的分样器放稳，关闭漏斗开关，放好接样斗，将样品从高于漏斗口约 5cm 处倒入漏斗内，刮平样品，打开漏斗开关，待样品流尽后，轻拍分样器外壳，关闭漏斗开关，再将两个接样斗内的样品同时倒入漏斗内，继续照上法重复混合两次。以后每次用一个接样斗内的样品按上述方法继续分样，直至一个接样斗内的样品量接近需要试样重量为止。

2. 肉类、水产品的采样

肉类、水产等食品应按分析项目要求分别采取不同部位的样品或混合后采样。其方法主要有两种，一种是针对不同的部分分别采样，另一种是先将分析对象混合后再采样。通常情况下，采样方法主要取决于分析的目的和分析对象，假如分析对象不同部位的样品单独采集的难度很大，与此同时先混合再采样的方法也能满足分析的目的和要求时，我们一般采用后者。后者相对于前者来说，工作量一般会少很多。但是如果要检测某个具体部位的情况时，就只能单独对该部位进行采样，如对脂肪进行成分分析时，就只能采集脂肪部分。

3. 水果、蔬菜的采样

对于水果的采样，首先随机采集若干个单独个体，然后按照一定的方法对所采集的个体进行处理。体积较小的（如山楂、葡萄等），随机取若干个整体，切碎混匀，缩分到所需数量；体积较大的（如西瓜、苹果、萝卜等）采取纵分缩剖的原则，即按照成熟程度及个体大小的组成比例，选取若干个体，对每个个体按生长轴纵剖成4份或者8份，取对角线2份，切碎混匀，缩分到所需数量。对于体积蓬松的叶菜类（如菠菜、小白菜等），由多个包装（一筐、一捆）分别抽取一定数量。混合后捣碎、混匀、分取，缩减到所需数量。

4. 罐头类食品的采样

罐头类食品通常都采取随机采样，采样数量为检测对象数量的平方根。生产在线采样时，按生产班次进行，采样量为1/3000，尾数超过1000罐，增加1罐，每班每个品种采样的基数不得少于3罐。罐头、瓶装食品或其他小包装食品，应根据批号随机取样，同一批号取样件数，250g以上的包装不得少于6个，250g以下的包装不得少于10个。

为保证采样的公正性和严肃性，确保分析数据的可靠，国家标准GB/T 5009.1—2003《食品卫生检验方法　理化部分　总则》对采样过程提出了以下要求，对于非商品检验场合，也可参考。

（1）采样工具（如采样器、容器、包装纸等）都应保持清洁、干燥、无异味，不应将任何杂质带入样品。采样容器根据检验项目，选用硬质玻璃瓶或聚乙烯制品。容器不能是新的污染源，容器壁不能吸附待检测组分或者与待检测组分发生反应。用于微生物检验样品的容器要求经过灭菌。

（2）液体、半流体食品，如植物油、鲜乳、酒或其他饮料，如用大桶或大罐盛装者，应先充分混匀后再采样。样品分别盛放在三个干净的容器中，检查液体是否均一、有无杂质和异味，然后将这些液体搅拌混合均匀，进行理化指标的检测。

（3）样品采集完后，应在4h之内迅速送往检测室进行分析检测，以免发生变化。

（4）掺伪食品和食品中毒的样品采集，要具有典型性。

（5）采样必须注意生产日期、批号、代表性和均匀性（掺伪食品和食物中毒样品除外）。采集的数量应能反映该食品的卫生质量和满足检验项目对样品量的需要，一式三份，供检验、复验、备查或仲裁，一般散装样品每份不少于0.5kg。

（6）检验后样品的保存，一般样品在检验结束后，应保留一个月以备需要时复检。易变质食品不予保留。检验取样一般皆指取可食部分，以所检验的样品计算。

（7）感官性质极不相同的样品，切不可混在一起，应分开包装，并注明性质。感官不合格产品不必进行理化检验，直接判为不合格产品。

第二节　样品预处理

一、样品预处理的原因与原则

样品的
预处理（上）

样品的
预处理（下）

在食品分析中，除了少数的一些样品能够直接分析之外，大多数样品都需要进行一些处理之后才能开始检测，这个过程称为样品预处理。

样品需要预处理首先是由于食品或其原料种类繁多，组成复杂，并且组分之间往往又以复杂的结合形式存在，因而常对直接分析带来干扰。这就需要适当处理样品，使被测组分与其他组分分离，或者除去干扰物质。其次，有些被测组分由于浓度太低或含量太少，直接测定有困难，需要将被测组分进行浓缩后才适合检测。另外，有些食品样品中的待测组分不太稳定（例如存在微生物的作用、酶的作用或化学活性等），需要经过样品的预处理才能获得可靠的测定结果。

样品预处理的原则是：①完整保留被测组分；②消除干扰因素；③使被测组分浓缩。

二、样品预处理方法

样品预处理的方法，应根据项目测定的需要和样品的组成及性质而定。在各项目的分析检验方法标准中都有相应的规定和介绍。常用的方法有以下几种。

（一）粉碎法

在食品分析中，样品尺寸对食品分析的结果有很大的影响。例如，某颗粒状样品，由于其颗粒尺寸比较大，很多目标分析成分被包埋在颗粒内部，没有暴露出来，从而使得分析的结果产生偏差。所以在很多情况下，如果样品在检测前的尺寸不符合分析的要求，就要对它进行粉碎处理。

根据样品含水量的高低，样品大致分为干样品和湿样品两类。常见的干样品有谷物、油粕粉、饲料等；湿样品有各种新鲜禽肉、海产品、面糊等。

不同类型的样品对应不同的预处理方法。对于干样品，常用的仪器有研钵、粉碎机和球磨机。研钵主要用于少量样品的研磨，它的特点是体积小、价格低、容易操作。粉碎机是目前最常见的样品粉碎装置，与研钵比起来，它是自动的、方便的，缺点是粉碎后的样品颗粒尺寸差别大，对于一些要求研磨精度比较高的样品，可以考虑使用球磨机。球磨机在使用过程中，样品被放置在一个容器中，其中该容器的一半被球体填满。当机器运行的时候，容器就持续地旋转，球就起到了研磨的效果。一般情况下，如果要达到较好的研磨效果，研磨时间要几个小时，甚至几天。

为防止在粉碎的过程中导致样品被污染，影响分析结果，所使用工具中与样品接触的部分应全部采用耐磨无污染的材料，例如玻璃、陶瓷、玛瑙、不锈钢等。

湿样品粉碎的设备常见的有绞肉机。此外，组织磨碎机主要用于小样软物质的粉碎；对于大多数的悬浮液和糊状食品样品的粉碎，可选韦林氏搅切器。

以上介绍的粉碎方法属于物理方法，此外我们也可以采用酶和化学的方法对样品进行粉碎或分解。纤维素酶在处理植物器官组织样品方面有很好的效果。蛋白酶和糖化酶可以使一些大分子物质溶解。二甲基甲酰胺、尿素、嘧啶、石炭酸、二甲亚砜和合成洗涤剂等可以有效分散和溶解一些食品样品，也应用于食品“粉碎”（分解）中。

（二）灭酶法

如果要分析的样品中含有糖、自由和结合脂肪、蛋白质等成分时，就要考虑食品中酶的作用，必须采用一定的手段处理酶使其失活，从而保证分析结果的稳定性和准确性。

无论什么时候，在对样品进行分析时，都应该尽可能采用新鲜的材料。这时采用一定的手段使酶灭活，以使目标化合物以最初的形式存在。一般来讲，酶的活性受温度变化的影响比较大，一般常用的灭酶手段是加热，或者利用低温使某些酶的活性受到抑制而不影响测定。不同的酶受温度的影响是有差异的，处理的时候要注意温度的控制。例如，真菌中对热敏感的淀粉酶，通过相对较低的温度处理就可以达到使其灭活的目的；而一些细菌的淀粉酶耐热性就相对强一些，它可以承受面包烘烤温度。

对样品进行灭酶处理时应该尽可能使用较低的温度和较短的时间，以避免对食品中其他组分的影响。与此同时，样品表面积的扩大有利于传热，从而达到加快酶失活的目的。一般来讲，60℃处理温度是常用的预处理条件。如果样品中不含热敏感和挥发性成分，也可以采用加热到70～80℃维持数分钟，采用这个加热条件，可以达到使大多数酶失活和破坏细胞的目的。

需要注意的是，一般情况下，酶失活的同时也伴随着维生素的损失，而蛋白质和脂肪的变化不大。此外，如果在灭酶的过程中不小心处理，酸性食品中可能会发生焦糖化和糖转化反应，这同样可能会影响样品的分析。

（三）有机物破坏法

在测定食品或原料中金属元素和某些非金属元素如砷、硫、氮、磷等的含量时常用这种方法。这些元素有的是构成蛋白质等高分子有机化合物本身的成分，有的则是因受污染而引入的，并常常与蛋白质等有机物紧密结合在一起。在进行检验时，必须对样品进行处理，使有机物在高温或强氧化条件下被破坏，让被测元素以简单的无机化合物形式出现，从而易被分析测定。

有机物破坏法，可分为干法灰化法和湿法消化法两大类。

1. 干法灰化法

样品在坩埚中，先小火炭化，然后再高温灼烧（500～600℃），有机物被灼烧分解，最后只剩下无机物（无机灰分）的方法。

为缩短灰化时间，促进灰化完全，防止某些元素的挥发损失，常常向样品中加入硝酸、过氧化氢等灰化助剂，这些物质在灼烧后完全消失，不增加残灰的质量，可起到加速灰化的作用。有时可添加氧化镁、碳酸盐、硝酸盐等助剂，它们与灰分混杂在一起，使炭粒不被覆盖，但应做空白试验。

干法灰化法的优点是有机物破坏彻底，操作简便，使用试剂少，适用于除汞、铅等以外的金属元素的测定。上述几种元素会因为灼烧温度较高，导致其在高温下挥发损失。

2. 湿法消化法

也称消解法，在强酸、强氧化剂或强碱并加热的条件下，有机物被分解，其中的碳、氢、氧等元素以二氧化碳、水等形式挥发逸出，无机盐和金属离子则留在溶液中。湿法消化常用的酸解体系有：硝酸－硫酸，硝酸－高氯酸，氢氟酸，过氧化氢等；碱解多用苛性钠溶液。消解可在坩埚（镍制、聚四氟乙烯制）中进行，也可用高压消解罐。在整个消化过程中，都在液体状态下加热进行，故称为湿法消化。

湿法消化的特点是加热温度较干法低，减少了金属挥发逸散的损失。但在消化过程中，产生大量有毒气体，操作需在通风柜中进行，此外，在消化初期，样品产生的大量泡沫易冲出瓶颈，造成损失，故需操作人员随时照管，操作中还应控制火力注意防爆。

湿法消化耗用试剂较多，在做样品消化的同时，必须做空白试验。

近年来，高压消解罐消化法得到广泛应用。此法是在聚四氟乙烯内罐中加入样品和消化剂，放入密封罐内并在120～150℃烘箱中保温数小时。此法克服了常压湿法消化的一些缺点，但要求密封程度高，高压消解罐的使用寿命有限。

3. 紫外光分解法

利用紫外光消解样品中的有机物从而测定其中的无机离子的氧化分解法。紫外光由高压汞灯提供，在（85±5）℃的温度下进行光解。为加速有机物的降解，在光解过程中通常加入双氧水。光解时间可根据样品的类型和有机物的量而改变。

4. 微波消解法

微波消解法是一种利用微波能量对样品进行消解的技术，包括溶解、干燥、灰化、浸取等。微波消解法分为常压消解法、高压消解法和连续流动微波消解法。该法适于处理大批量样品及萃取极性与热不稳定的化合物。微波消解法以其快速，溶剂用量少，节省能源，易于实现自动化等优点而被广泛应用。已用于消解废水、废渣、淤泥、生物组织、流体、医药等多种试样，被认为是“理化分析实验室的一次技术革命”。美国公共卫生组织已将该法作为测定金属离子时消解植物样品的标准方法。

（四）蒸馏法

蒸馏法是利用被测物质中各组分挥发性的不同来进行分离的方法。可以用于除去干扰组分，也可用于被测组分的抽提。例如，测定样品中挥发性酸含量时，可用水蒸气蒸馏样品，将馏出的蒸汽冷凝，测定冷凝液中酸的含量即为样品中挥发性酸含量。根据样品中待测成分性质的不同，可采用常压蒸馏、减压蒸馏、水蒸气蒸馏等蒸馏方式。当被蒸馏物质受热后不分解或沸点不太高时，可采用常压蒸馏的方法，而当被蒸馏物易分解或沸点太高的时候，就可采用减压蒸馏。直接蒸馏时，若被测物因受热不均可能导致局部炭化，或当加热到沸点时可能发生降解，则可以采用水蒸气蒸馏。近年来，已有带微处理器的自动控制蒸馏系统，使分析人员能够控制加热速度、蒸馏容器和蒸馏头的温度及系统中的冷凝器和回流阀门等，使蒸馏法的安全性和效率得到很大提高。

（五）溶剂抽提法

溶剂抽提法使用无机溶剂如水、稀酸、稀碱溶液，或有机溶剂如乙醇、乙醚、石油醚、氯仿、丙酮等，从样品中抽提被测物质或除去干扰物质，是常用的处理食品样品的方法。

1. 索氏抽提法

索氏抽提法是经典的溶剂提取方法，与普通的液－固萃取不同的是，它可以利用溶剂的回流和虹吸原理来重新获得纯溶剂，从而达到对固体混合物中的所需成分进行连续提取的目的，既可节约溶剂又提高了萃取效率。

索氏抽提法中溶剂的选择、原料的特性以及萃取条件对最终的萃取效果起关键作用。在植物油萃取中正己烷应用最为广泛，因为其油溶性好且易回收，但它具有挥发性和环境毒性；其他溶剂如异丙醇、乙醇甚至水等也常被用作萃取溶剂。原料的特性和粒径主要影响萃取过程中内部的传质，从而在很大程度上决定萃取所需时间。而萃取温度常常影响最终产品的品质。

索氏抽提法的不足在于萃取所需时间长和需要大量溶剂，另外，对于一些温度敏感的物质，长时间的高温抽提也可能导致目标产物的热降解。

2. 超声辅助萃取法（Sonication－Assisted Extraction）

超声波是指频率高于可听声频范围的声波，是一种频率高于20kHz［$2\times(10^4\sim10^9)$ Hz］，人的听觉阈以外的声波。超声辅助萃取技术的基本原理是利用超声波的空化作用来增大物质分子的运动频率和速度，从而增加溶剂的穿透力，提高被提取成分的溶出速度。利用超声波辅助萃取时，液体介质中不断产生无数内部压力达上千个大气压的微小气泡，并不断“爆破”产生微观上的强冲击波，这种被称作“空化”的效应连续不断地作用于物料，形成对其表面的细微局部的撞击，使物料迅速被击碎、分解。此外，超声波的次级效应，如热效应、机械效应等也能加速被提取成分的扩散并充分与溶剂混合，因而也有利于提取。

与传统萃取方法相比，超声辅助萃取是一种简单、有效而又低成本的萃取方法。其主要优点是提高产率和缩短萃取时间。同时，降低萃取温度从而可以萃取温敏性物质。另外，该方法对溶剂和物料的选择没有要求，因此具有广泛应用性。

3. 加压溶剂萃取（Pressurized Liquid Extraction，PLE）

加压溶剂萃取又称加速溶剂提取（Accelerated Solvent Extraction，ASE），是在较高的温度（50～200℃）和压力（10.3～20.6MPa）下用有机溶剂对固体和半固体样品进行萃取，其基本原理是利用升高的温度和压力来增加物质溶解度和溶质扩散速率，从而提高萃取率。由于温度是溶剂萃取过程的重要参数，提高萃取温度可以提高溶剂对目标分析物的溶解能力和传质效率等，从而提高萃取效率。为达到这个目的，提高温度的同时需要提高压力来维持溶剂在高温下的液体状态。它的突出优点是有机溶剂用量少（1g 样品仅需 1.5mL 溶剂）、快速（约 15min）和回收率高，已成为样品前处理最佳方式之一，广泛用于环境、药物、食品和高聚物等样品的前处理，特别是农残的分析。

4. 超临界流体萃取（Supercritical Fluid Extraction，SFE）

超临界流体萃取是以超临界状态下的流体作为溶剂，利用该状态下流体具有的高渗透能力和高溶解能力来萃取分离混合物质的一项技术，具有高扩散性，可控性强，操作温度低，溶剂低毒价廉的优点。CO_2是食品工业中是最常用的超临界流体萃取剂，可用于食品中风味物质、色素、油脂等的分离提取，是食品工业中天然有效成分分离提取的一种具有广泛应用前景的技术。已有人将其用于色谱分析样品处理中，也可以与色谱仪实现在线联用，如超临界流体萃取－气相色谱联用（SFE－GC）、超临界流体萃取－高效液相色谱联用（SFE－HPLC）和超临界流体萃取－质谱联用（SFE－MS）等。

5. 微波辅助萃取（Microwave－Assisted Extraction，MAE）

微波辅助萃取是一种新的样品制备技术，其基本原理是利用萃取体系中组分吸收微波能力的差异性，各组分被选择性加热，从而使被萃取组分从体系中分离出来，进入到微波吸收能力较差的萃取剂中，达到萃取分离的目的。微波辅助萃取相比于传统的索氏抽提法，具有萃取速度快（40s 对 6h）、试剂用量少（5mL 对 100mL）的优点；相比于新的萃取技术如超临界流体萃取，则具有操作更简单和低成本的优势。不足之处在于当用于非极性或挥发性物料或溶剂时，其萃取效率不高。

（六）色层分离法

色层分离法又称色谱分离法，是一种在载体上进行物质分离的一系列方法的总称。其基本原理是利用混合物中各组分在某一物质中的吸附或溶解性能（即分配）的不同或其他亲和作用性能的差异，使混合物的溶液流经该种物质，进行反复的吸附或分配等作用，从而将组分分开。流动的物质称为流动相，固定的物质则称为固定相。根据固定相材料和使用形式的不同，可分为柱色谱、纸色谱、薄层色谱、气相色谱和液相色谱等。

根据分离原理的不同，可分为吸附色谱分离法、分配色谱分离法和离子交换色谱分离法等。

1. 吸附色谱分离法

利用聚酰胺、硅胶、硅藻土、氧化铝等吸附剂经活化处理后所具有的适当的吸附能力，对被测成分或干扰组分进行选择性吸附而进行的分离称为吸附色谱分离。例如，聚酰胺对色素有强大的吸附力，而其他组分则难于被其吸附，在测定食品中色素含量时，常用聚酰胺吸附色素，经过过滤洗涤，再用适当溶剂解吸可以得到较纯净的色素溶液，供测试用。

2. 分配色谱分离法

分配色谱分离法是以分配作用为主的色谱分离法，是根据不同物质在两相间的分配比不同所进行的分离。两相中的一相是流动相，另一相是固定相。被分离的组分在流动相中沿着固定相移动的过程中，由于不同物质在两相中具有不同的分配比，当溶剂渗透在固定相中并向上渗展时，这些物质在两相中的分配作用反复进行，从而达到分离的目的。例如，多糖类样品的纸层析。

3. 离子交换色谱分离法

离子交换色谱分离法是利用离子交换剂与溶液中的离子之间所发生的交换反应来进行分离的方法。分为阳离子交换和阴离子交换两种。交换作用可用下列反应式表示。

$$\text{阳离子交换：} R-H+M^+X^- \Longrightarrow R-M+HX$$

$$\text{阴离子交换：} R-OH+M^+X^- \Longrightarrow R-X+MOH$$

式中　R——离子交换剂的母体；

M、X——溶液中被交换的物质。

当将被测离子溶液与离子交换剂一起混合振荡，或将样液缓慢通过离子交换剂时，被测离子或干扰离子留在离子交换剂上，被交换出的 H^+ 或 OH^-，以及不发生交换反应的其他物质留在溶液内，从而达到分离的目的。在食品分析中，可应用离子交换剂分离法制备无氨水、无铅水。离子交换剂分离法还常用于较为复杂的样品。

（七）化学分离法

磺化法和皂化法是除去油脂的方法，常用于农药分析中样品的净化。

1. 硫酸磺化法

硫酸磺化法是用浓硫酸处理样品提取液，能有效地除去脂肪、色素等干扰杂质。其原理是浓硫酸能使脂肪磺化，并与脂肪和色素中的不饱和键起加成作用，形成可溶于硫酸和水的强极性化合物，不再被弱极性的有机溶剂所溶解，从而达到分离净化的目的。此法简单、快速、净化效果好，但仅适用于对强酸稳定的被测组分的分离。如用于农药分析时，仅限于在强酸介质中稳定的农药（如有机氯农药中六六六、滴滴涕）提取液的净化，其回收率在80%以上。

2. 皂化法

皂化法是用热碱溶液处理样品提取液，以除去脂肪等干扰杂质。其原理是利用氢氧化钾－乙醇溶液将脂肪等杂质皂化除去，以达到净化目的。此法仅适用于对碱稳定的组分，如维生素 A、维生素 D 等提取液的净化。

3. 沉淀分离法

沉淀分离法是利用沉淀反应进行分离的方法。在试样中加入适当的沉淀剂，使被测组分沉淀下来，或将干扰组分沉淀下来，经过过滤或离心将沉淀与母液分开，从而达到分离目的。例如，测定冷饮中糖精钠含量时，可在样品中加入碱性硫酸铜，将蛋白质等干扰杂质沉淀下来，而糖精钠仍留在试液中，经过滤除去沉淀后，取滤液进行分析。

4. 掩蔽法

掩蔽法是利用掩蔽剂与样液中干扰成分作用，使干扰成分转变为不干扰测定状态，即被掩蔽起来。运用这种方法可以不经过分离干扰成分的操作而消除其干扰作用，简化分析步骤，因而在食品分析中应用十分广泛，常用于金属元素的测定。如用双硫腙比色法测定铅时，在测定条件（pH 9）下，铜、镉等离子对测定有干扰，可加入氰化钾和柠檬酸铵掩蔽，消除它们的干扰。

（八）浓缩法

食品样品经提取、净化后，有时净化液的体积较大，在测定前需进行浓缩，以提高被测成分的浓度。常用的浓缩方法有常压浓缩法和减压浓缩法两种。

1. 常压浓缩法

常压浓缩法主要用于待测组分为非挥发性样品的浓缩，通常采用蒸发皿直接挥发；若要回收溶剂，可用一般蒸馏装置或旋转蒸发器。该法简便、快速，是常用的方法。

2. 减压浓缩法

减压浓缩法主要用于待测组分为热不稳定性或易挥发的样品的浓缩，通常采用 K-D 浓缩器。浓缩时，水浴加热并抽气减压。此法浓缩温度低、速度快、被测组分损失少，特别适用于农药残留量分析中样品净化液的浓缩。

在采样和样品的预处理过程中，如果样品不是马上进行分析，应对其进行妥善的保存，这就涉及样品的保存问题。显而易见，样品保存应放置在干净的密闭环境中，防止样品被污染，防止易挥发组分散失，防止易吸潮组分吸水。如果样品对光不稳定，还需避光保存。同时，样品尽可能低温保存，并且尽快进行分析。

对于含有较多脂质的样品，由于不饱和脂肪容易与氧气、光等发生氧化降解或光氧化，因而应将样品真空或充氮并且避光保存，有时候还可以加入抗氧化剂稳定脂质。再有，低温保存也非常必要，不仅可以减少氧化，并且在冷冻的状态下，脂质含量高的食品比较容易被磨碎。最重要的是，这类样品应尽可能尽快分析，并且样品中的脂质成分应尽可能在分析前才被提取出来，因为相对而言，在组织中的脂质比提取物中的脂质更稳定。

大多数情况下，食品样品中不可避免地存在各种微生物，某些微生物还会改变样品的组成。因此，除了经过灭菌的食品表面外，无处不在的食品微生物需要我们在处理的时候谨慎对待，不能导致样品微生物的交叉污染，这在对样品进行微生物检测时尤为重要。此外，对于普通的理化检测，对样品的处理和保存中，也需要单独或组合使用冷冻、干燥和使用化学防腐剂等手段对样品中的微生物进行控制。样品的保存方法取决于污染的可能性、保存条件、保存时间和待测的分析项目。

思考题

1. 为什么需要采样？为什么不当采样会导致分析结果的不确定性？

2. 在采样和样品预处理过程中的以下问题，如何解决？

（1）研磨过程中产生的金属污染；

（2）样品中的微生物生长；

（3）样品中主要成分发生变化。

第三章

食品分析中的质量保证

本章学习目的与要求

1. 了解误差的概念、分类及其来源；

2. 掌握误差的表示方法，理解准确度与精密度的关系；

3. 掌握提高分析结果准确度的方法；

4. 从食品分析的具体工作中，了解食品分析结果的准确性与可靠性对于食品质量好坏的判断以及食品是否安全的标识的重要性，增强责任意识，以培养公平公正、科学细致严谨的态度。

第一节　食品分析质量保证的意义

食品分析的结果是许多重要决策的基础。例如，食品企业根据原、辅材料的分析结果决定接受还是拒收；根据加工过程中各关键控制点的在线检测结果，了解食品安全控制状态，决定是否需要采取预防或纠偏措施；根据终产品的分析结果决定某批次产品是否合格，能否放行进入食品流通渠道。又如，相关政府机构根据食品分析结果进行食品质量与安全方面的监督和管理，以保护消费者健康，维护消费者合法权益。总之，食品分析结果的质量直接影响生产、科研、司法等重要活动。实践证明，如果没有可靠的分析质量保证措施，就不能提供可靠的分析数据，由此造成的后果可能会比没有数据更为严重。此外，分析人员本身也常常面临证明其分析结果准确性或可靠性的压力，需要用分析质量保证体系来证明其有能力提供符合质量要求的分析结果。所以，食品分析质量保证无论对食品企业、科研机构、管理机构还是分析人员都具有十分重要的意义。

分析质量保证（Analytical Quality Assurance，AQA）是指分析测试过程中，为将各种误差减少到预期要求而采取一系列培训、能力测试、控制、监督、审核、认证等措施的过程。因此，分析质量保证涉及许多影响分析结果的因素，例如，分析测试中使用仪器设备的性能、玻璃量器的准确性、试剂的质量、分析测量环境和条件、分析人员的素质和技术熟练程度、采样的代表性以及选用分析方法的灵敏度等。由于整个分析过程比较复杂，不可能做到完美无缺，只要其中任何一个环节发生问题，就一定会影响测定结果的准确性，产生测量误差。虽然，随着现代科技水平以及分析人员素质的提高，可以将误差控制在较小范围内，但分析过程中的误差是不可能彻底消除的。所以，分析质量保证是一个需要不断改进与完善的过程。

第二节　分析数据的质量

分析结果的质量如何是各方都关心的问题。对分析结果（即分析数据）的可信程度提出疑问是很自然的，因为人们需要比较、评价或再现（复现）分析结果。但是，回答这些问题存在一定的难度，因为，影响测定结果的因素很多，而人们对各影响因素又缺乏全面的了解。在实际工作中，尽管分析人员选择最准确的分析方法，使用最精密的仪器设备，利用丰富的经验和熟练的技术，对同一样品进行多次重复分析，也不会获得完全相同的结果，更不可能得到绝对准确的结果。这表明误差是客观存在的。减少分析过程中的误差，减少分析数据的不确定度，是保证分析数据质量的关键措施。

一、误差

（一）误差的定义

测量误差表示测量值或测量结果与真实值之间的差异。

误差及其分类和来源

真实值（T）指某物理量本身具有的客观存在的真实数值。真实值具有唯一性，但通常真实值是未知的，在下列情况下可被视为是真实值：① 理论真实值。如某化合物的理论组成等；② 计量学约定真实值。如国际计量大会确定的长度、质量、物质的量等单位，及各种表列值，如相对原子质量等；③ 相对真实值。如分析实验中使用的标准样品及管理样品中各组分的质量分数。这种真实值实质上是将精度高一个等级的测量值作为低一级测量值的真实值，因此是相对而言的真实值。

分析过程中误差是不可避免的，因此，在定量测定时，必须对分析结果进行评价，判断其准确性，检查产生误差的原因，并采取有效措施提高分析结果的可靠性。

（二）误差的分类

根据误差的性质，误差可分为系统误差、偶然误差和过失误差三大类。

1. 系统误差

系统误差是由分析过程中某些固定原因造成的，使测定结果系统地偏高或偏低。系统误差的正负、大小都有一定的规律性，在重复分析时会重复出现。所以系统误差又称为可测误差，具有单向性。在食品分析中，根据系统误差性质和产生的原因，可分为以下几种。

（1）方法误差　指分析方法本身造成的误差。例如，在重量分析中，沉淀的溶解、共沉淀现象、灼烧时沉淀的分解或挥发等；在滴定分析中，反应不完全、干扰离子的影响、指示剂指示的终点与化学计量点不符合以及滴定副反应的发生等，都会系统地导致分析结果偏高或偏低。

（2）仪器误差　由于仪器本身不够精确造成的误差。如容量仪器刻度不准又未经校正、天平不等臂、砝码数值不准确等，均会引起系统误差。

（3）试剂误差　由于试剂不纯或蒸馏水不纯，含有待测物或干扰物，导致系统误差。

（4）操作误差　由于分析人员对分析操作不熟练或不良操作习惯，个人对终点颜色的敏感性不同，对刻度读数不正确等引起的分析误差。

系统误差的校正方法有：采用标准方法与标准样品进行对照实验；根据系统误差产生的原因采取相应的措施，如进行仪器校正以减小仪器的系统误差；采用纯度高的试剂或进行空白试验，校正试剂误差；严格训练分析人员并提高他们的技术业务水平等。

2. 偶然误差

偶然误差又称随机误差，是由某些难以控制、无法避免的偶然因素造成的，其大小与正负值都不固定，又称不定误差。如分析过程中温度、相对湿度、灰尘等的影响都会引起分析数值在一定范围内波动，导致偶然误差。

偶然误差在分析操作中是不可避免的。偶然误差的产生难以找到确定的原因，似乎没有规律性。但如果进行很多次测量，就会发现其服从正态分布规律，其分布曲线见图 3－1。根据这一分布曲线，偶然误差具有以下特点。

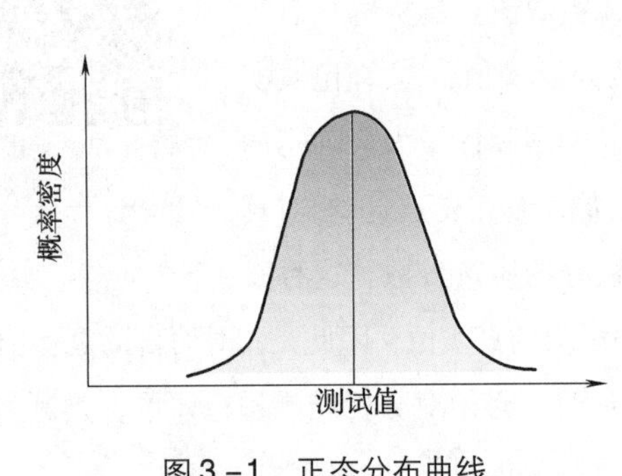

图 3－1　正态分布曲线

（1）有界性　在一定条件下，在有限次数测量值中，其误差的绝对值不会超过一定界限。

（2）单峰性　绝对值小的误差出现的概率大，绝对值大的误差出现的概率小。

（3）对称性　同样大小的偶然误差，正负值几乎以相等的概率出现。

（4）抵偿性　在多次检测中，偶然误差可以相互抵消。

为减少偶然误差，应该重复多次平行实验并取结果的平均值。在消除系统误差的前提下，多次测量结果的平均值可能更接近真实值。

系统误差和偶然误差的划分不是绝对的，有时很难区分。例如判断滴定终点的迟早、观察颜色的深浅，既有系统误差也有偶然误差。通常，偶然误差较系统误差更具有普遍意义。

3. 过失误差

在实际工作中，由于分析人员粗心大意或未按操作规程办事，造成误差，如溶液溅失、加错试剂、读错或记错数据、计算错误等，称为过失误差。只要分析人员增强责任心，认真仔细，严格按分析步骤操作，养成良好的工作作风，就能避免过失误差。分析工作中，当误差值很大时，应分析其原因，如是过失误差引起的，则该结果应舍去。

误差的表示方法、准确度与精密度的关系

（三）误差的表示

1. 准确度

准确度是指实验测量值与真实值之间相符合的程度。准确度的高低，常以误差的大小来衡量。

误差（也就是准确度）有两种表示方法：绝对误差（E）和相对误差（E_r）。

$$E = x - T \tag{3-1}$$

$$E_r = \frac{x - T}{T} \tag{3-2}$$

式中 x——测量值；

T——真实值。

误差越小，表示测量值和真实值越接近，测定结果的准确度越高。反之，误差越大，测量准确度越低。若测量值大于真实值，误差为正值。反之，误差为负值。相对误差反映误差在测定结果中的百分数，常用百分数或千分数等表示。它能消除物理量本身的大小对误差值的影响，更便于比较在各种情况下测定结果的准确度，相对误差越小，准确度越高。

由于客观存在的真实值是难以准确知道的，实际工作中常常用“标准值”当作真实值来检查分析方法的准确度。“标准值”是采用多种可靠的分析方法，由具有丰富经验的分析人员，经过反复多次测得的准确结果。有时也常用标准方法通过多次重复测定，求出算术平均值作为标准值。

2. 精密度

精密度是指在相同条件下，n 次重复测定结果的相互符合的程度。精密度高，表示分析结果的再现性好，它决定于偶然误差的大小。精密度的好坏常用偏差表示，偏差小说明精密度好。精密度常用分析结果的偏差、平均偏差、相对平均偏差、标准偏差（或变动系数）来衡量。

（1）绝对偏差（d）与相对偏差（d_r）

$$d = x_i - \overline{x} \tag{3-3}$$

$$d_r = \frac{d}{\overline{x}} = \frac{x_i - \overline{x}}{\overline{x}} \tag{3-4}$$

式中 x_i——单次测定结果；

$\overline{x}$——n 次测定结果的算术平均值；

d——单次测定结果的绝对偏差；

d_r——单次测定结果的相对偏差。

从上式可知，绝对偏差指单次测定结果与平均值之差。相对偏差指绝对偏差在平均值中所占的分数。由此可知，绝对偏差和相对偏差只能用来衡量单次测定结果对平均值的偏离程度。为更好地说明精密度，在分析工作中常用平均偏差（$\overline{d}$）来表示。

（2）平均偏差（$\overline{d}$）与相对平均偏差（$\overline{d}_r$） 平均偏差（$\overline{d}$）是指各单次测量值与平均值的偏差绝对值之和除以测定次数。

$$\bar{d}=\frac{|d_1|+|d_2|+\cdots+|d_n|}{n}=\frac{\sum|d_i|}{n} \tag{3-5}$$

$$\bar{d}_r=\frac{\bar{d}}{\bar{x}}=\frac{\sum|d_i|}{n\bar{x}} \tag{3-6}$$

式中　$\bar{x}$——n 次测定结果的算术平均值；

n——测定次数；

d_i——第 i 次测量值与平均值的绝对偏差，$d_i=x_i-\bar{x}$

$\bar{d}$——平均偏差；

$\bar{d}_r$——相对平均偏差；

$\sum|d_i|$——n 次测定的绝对偏差绝对值之和，$\sum|d_i|=|x_1-\bar{x}|+|x_2-\bar{x}|+\cdots+|x_n-\bar{x}|$。

平均偏差代表了一组测量值中任一数值的偏差。

［**例 3－1**］计算 5 次测量值：55.51，55.50，55.46，55.49，55.51 的平均值（$\bar{x}$）、平均偏差（$\bar{d}$）和相对平均偏差（$\bar{d}_r$）。

解：算术平均值 $\bar{x}=\frac{\sum x_i}{n}=\frac{55.51+55.50+55.46+55.49+55.51}{5}=55.49$

平均偏差 $\bar{d}=\frac{\sum|d_i|}{n}=\frac{\sum|x_i-\bar{x}|}{n}=\frac{0.02+0.01+0.03+0.00+0.02}{5}=0.016$

相对平均偏差 $\bar{d}_r=\frac{\sum|d_i|}{n\bar{x}}=\frac{0.016}{55.49}=0.028\%$

（3）极差（R）与相对极差（R_r）

$$R=X_{max}-X_{min} \tag{3-7}$$

$$R_r=\frac{R}{\bar{x}} \tag{3-8}$$

式中　X_{max}——一组测定结果中的最大值；

X_{min}——一组测定结果中的最小值；

$\bar{x}$——多次测定结果的算术平均值。

极差（R）也称全距或范围误差。虽然用极差表示测定数据的精密度不够严密，但因其计算简单，在食品分析中有时也会应用。

（4）标准偏差（S）与相对标准偏差　标准偏差能精确反映测定数据之间的离散特性，它比平均偏差更能灵敏地反映出较大偏差的存在，又比极差更充分地引用了全部数据的信息。计算方法是把单次测量值对平均值的偏差先平方再求和，除以自由度后再开根。在统计学上，将 $n-1$ 称为自由度，用 f 表示。

$$S=\sqrt{\frac{\sum_{i=1}^{n}(x_i-\bar{x})^2}{n-1}}=\sqrt{\frac{\sum_{i=1}^{n}d_i^2}{n-1}}=\sqrt{\frac{\sum_{i=1}^{n}d_i^2}{f}} \tag{3-9}$$

相对标准偏差又称变异系数（CV），是指标准偏差在平均值（$\bar{x}$）中所占的分数。

$$CV = \frac{S}{\overline{x}} \tag{3-10}$$

使用时要注意，标准偏差（S）是对有限测定次数而言的，表示各测量值对平均值 $\overline{x}$ 的偏差。对于有限总体，则要使用总体标准偏差（σ）。

$$\sigma = \sqrt{\frac{\sum_{i=1}^{N}(x_i - \mu)^2}{N}} \tag{3-11}$$

式中 μ——总体平均数；

N——有限总体的大小；

其他符号的意义与平均偏差、相对平均偏差中符号意义相同。

（5）平均值的标准偏差（$S_{\overline{x}}$）

$$S_{\overline{x}} = \frac{S}{\sqrt{n}} \tag{3-12}$$

式中 S——标准偏差；

n——测定次数。

从上式可知，测定次数 n 越大，$S_{\overline{x}}$ 就越小，即 $\overline{x}$ 值越可靠。所以增加测定次数可以提高测定的精密度。$S_{\overline{x}}$ 与 S 的比值与 $\sqrt{n}$ 成反比，因而随 n 的增加而迅速减少。但当 $n > 5$ 后，$S_{\overline{x}}$ 与 S 的比值就变化缓慢了。因此，实际工作中测定次数无须过多，通常 4 ~6 次就可以了。

［例 3 -2］ 分析某一样品中蛋白质的质量分数得到如下数据（%）：37.45，37.20，37.50，37.30，37.25。计算结果的算术平均值、极差、平均偏差、标准偏差、相对标准偏差、变异系数和平均值的标准偏差。

解： 算术平均值 $\overline{x} = \frac{\sum x_i}{n} = \frac{37.45 + 37.20 + 37.50 + 37.30 + 37.25}{5} = 37.34$

$$极差\ R = X_{max} - X_{min} = 37.50 - 37.20 = 0.30$$

各次测定的绝对偏差分别是 $d_1 = 0.11$，$d_2 = -0.14$，$d_3 = 0.16$，$d_4 = -0.04$，$d_5 = -0.09$

$$平均偏差\ \overline{d} = \frac{\sum |d_i|}{n} = \frac{0.11 + 0.14 + 0.16 + 0.04 + 0.09}{5} = 0.11$$

$$标准偏差\ S = \sqrt{\frac{\sum d_i^2}{n-1}} = \sqrt{\frac{(0.11)^2 + (-0.14)^2 + (0.16)^2 + (-0.04)^2 + (-0.09)^2}{5-1}} = 0.13$$

$$相对标准偏差\ CV = \frac{S}{\overline{x}} = \frac{0.13}{37.34} = 0.35\%$$

3. 准确度与精密度的关系

准确度与精密度是两个不同的概念，准确度是表示测定值与真实值的符合程度，反映了测量的系统误差和偶然误差的大小。精密度是表示平行测定结果之间的符合程度，与真实值无关，反映了测量的偶然误差的大小。因此，精密度高并不一定准确度也高，准确度高只说明测定结果的偶然误差较小。只有消除了系统误差，精密度好，准确度才高。它们相互之间有一定的联系，分析结果必须从准确度和精密度两个方面来衡量。表 3-1 为甲、乙、丙、丁四人分析同一试样中蛋白质质量分数的结果。

表 3-1　蛋白质质量分数分析结果　　单位:%

分析人员	分析次数				平均值	真实值	绝对误差	平均偏差
	1	2	3	4				
甲	37.38	37.42	37.47	37.50	37.44	37.40	+0.04	0.0425
乙	37.21	37.25	37.28	37.32	37.27	37.40	-0.13	0.035
丙	36.10	36.40	36.50	36.64	36.41	37.40	-0.99	0.16
丁	36.70	37.10	37.50	37.90	37.30	37.40	-0.10	0.40

如表 3-1 所示，甲的结果准确度和精密度均好，结果可靠。乙的精密度虽好，但准确度不太好。丙的精密度与准确度均差。丁的平均值虽接近于真实值，但几个数据分散性大，精密度太差，仅仅由于大的正负误差相互抵消才使结果接近真实值。

综上所述，精密度是保证准确度的先决条件，只有精密度好，才能得到好的准确度。若精密度差，所测结果不可靠，就失去了衡量准确度的前提。提高精密度不一定能保证高的准确度，有时还须进行系统误差的校正，才能得到高的准确度。

4. 公差

公差是生产部门对分析结果允许误差的一种表示方法。公差范围的大小是根据生产需要和实际可能确定的。对于一般的食品分析，允许相对误差在百分之几到千分之几。而相对原子质量和某些常数的测定，允许的相对误差常小于十万分之几，甚至百万分之几。所谓的实际可能，就是依方法的准确度、试样的组成情况而确定允许误差的大小。各种分析方法能够达到的准确度不同，如比色法、分光光度法、原子光谱法等误差较大，而重量分析、容量分析的误差较小。另外，试样组成越复杂，测定时干扰可能越大，这时只能允许较大的误差。对于每一类物质的具体分析工作，各主管部门都规定了具体的公差范围。如果测定结果超出允许的公差范围，称为超差。遇到超差，该项分析必须重做。

提高分析结果准确度的方法

（四）如何提高分析结果的准确度

分析结果的准确度是指分析结果与真实值之间的一致程度。要提高分析结果的准确度，必须考虑在分析中可能产生的各类误差，采用有效措施，将这些误差减到最小，提高精确度，校正系统误差。

（1）选择合适的分析方法　各种分析方法的准确度和灵敏度是不同的，在实际工作中要根据具体情况和要求来选择分析方法。化学分析法中的重量分析和滴定分析相对于仪器分析而言，准确度高，但灵敏度低，适用于质量分数高的组分的测定。而仪器分析方法灵敏度高，准确度低，因此它适于质量分数低的组分的测定。例如，有一试样铁的质量分数为 40%，若用准确度高的重量分析法或容量分析法，可以准确测定铁的含量。若采用分光光度法或原子光谱测定，相对误差为 ±5%，则铁的质量分数范围是 38%~42%，很明显，后者不能满足实际生产的需要。如果试样中铁质量分数为 0.02%，用质量分析法或容量分析法无法测定，因其灵敏度达不到。而分光光度法尽管相对误差较大，但质量分数低，分析结果绝对误差低，测量范围为 0.018% ~0.022%，这样的结果是符合要求的。

（2）减少测定误差　为保证分析测试结果的准确度，必须尽量减少测量误差。例如，在分析滴定中，用碳酸钠基准物标定 0.2mol/L 盐酸标准溶液，分析步骤是先用分析天平称取碳酸钠的质量，然后读出滴定管盐酸溶液的体积。

分析天平的一次称量误差为 ±0.0001g，采用递减法称量两次，为使称量时相对误差小于 0.1%，称量质量不能太小，至少应为：

$$\text{试样质量} = \text{绝对误差} / \text{相对误差} = \frac{2 \times 0.0001\text{g}}{0.1\%} = 0.2\text{g} \tag{3-13}$$

滴定管的一次读数误差为 ±0.01mL，在一次滴定中，需要读两次。为使滴定时相对误差小于 0.1%，消耗的体积至少应为：

$$\text{滴定体积} = \frac{2 \times 0.01\text{mL}}{0.1\%} = 20\text{mL} \tag{3-14}$$

所以，为减少称量和滴定的相对误差，在实际工作中，称取碳酸钠基准物质量范围在 0.25~0.35g，滴定体积在 30mL 左右。

应该指出，不同的分析方法准确度要求不同，应根据具体情况，来控制各测量步骤的误差，使测量的准确度与分析方法的准确度相适应。例如，用分光光度法测定微量组分，方法的相对误差为 ±2%，若称取 0.5g 试样时，试样的称量误差小于 $0.5 \times \pm \frac{2}{100} = \pm 0.01$（g）就行了，没有必要像滴定分析法那样强调精确至 ±0.0001g。但为使称量误差可忽略，最好将称量准确度提高约一个数量级，称准至 ±0.001g。

此外，在比色分析中，样品浓度与吸光度之间只在一定范围内呈线性关系，分光光度计读数时也只有在一定吸光度范围内才准确。这就要求测定时样品浓度在这个线性范围内，并且读数时应尽可能在这一范围内，以提高准确度。可以通过增减取样量或改变稀释倍数等来达到这一目的。

（3）增加平行测定次数，减少随机误差　由前面的讨论可知，在消除了系统误差的前提下，平行测定次数越多，平均值越接近真实值。但测定次数过多，工作量加大，随机误差减小不大，故一般分析测试，平行 3~4 次即可。

（4）消除测量过程中系统误差　在分析工作中，有时平行测定结果非常接近，分析的精密度很高，但用其他可靠方法检查后，发现分析结果准确度并不高，这可能就是因为分析中产生了系统误差。系统误差产生的原因是多方面的，可根据具体情况采用不同的方法来检验和消除。

一般采用对照试验来检验分析过程中有无系统误差。对照试验有以下几种类型：

① 标准物质（样品）法：选择组成与试样相近的标准物质来测定，将测定结果与标准值比较，用统计检验方法确定有无系统误差。

② 标准方法：采用标准方法和所选用的方法同时测定某一试样，由测定结果作统计检验。

③“加入回收法”：取两份等量的试样，向其中一份加入已知量的被测组分，进行平行试验，看看加入的被测组分是否定量地回收，根据回收率的高低可检验分析方法的准确度，并判断分析过程是否存在系统误差。

④ 采用训练有素的分析人员的分析结果作对照，找出其他分析人员的习惯性操作失误所产生的系统误差。

若通过以上对照试验，确认有系统误差存在，则应设法找出产生系统误差的原因，根据具体情况，采用下列方法加以消除。

① 做空白试验：消除试剂、去离子水带进杂质所造成的系统误差。即在不加试样的情况下，按照试样分析操作步骤和条件进行试验，所得结果称为空白值。从试样测试结果中扣除此空白值，就得到比较可靠的分析结果。

② 校准仪器：消除仪器不准确所引起的系统误差，如对砝码、移液管、滴定管、容量瓶、移液枪等进行校准。

③ 标定溶液：分析中所用的各种标准溶液（尤其是容易变化的试剂）应按规定定期标定，以保证标准溶液的浓度和质量。

④ 校正测定结果：例如，用 Fe^{2+} 标准溶液滴定钢铁中的铬时，钒也一起被滴定，产生正系统误差，可选用其他适当的方法测定钒，然后以每 1% 钒相当于 0.34% 铬的比例进行校正，从而得到铬的正确结果。此外，还可以用上面所介绍的加入回收法测定回收率，利用所得的回收率对样品的分析结果加以校正。

（5）标准曲线的回归　在用比色法、荧光法、色谱法等进行分析时，常需配置一套具有一定梯度的标准系列，测定其参数（吸光度、荧光强度、峰高等），绘制参数与浓度之间的关系曲线，称为标准曲线。在正常情况下，标准曲线应该是一条穿过原点的直线。但在实际测定中，常出现偏离直线的情况，此时可用最小二乘法求出该直线的方程，就能最合理地代表此标准曲线。

用最小二乘法计算直线回归方程的公式如下：

$$y = bx + a \tag{3-15}$$

$$b = \frac{\sum(x-\overline{x})(y-\overline{y})}{\sum(x-\overline{x})^2} = \frac{n\sum xy - \sum x\sum y}{n\sum x^2 - (\sum x)^2} \tag{3-16}$$

$$a = \overline{y} - b\overline{x} = \frac{\sum x^2\sum y - \sum xy\sum x}{n\sum x^2 - (\sum x)^2} \tag{3-17}$$

$$r = \frac{\sum(x_i-\overline{x})(y_i-\overline{y})}{\sqrt{\sum(x_i-\overline{x})^2\sum(y_i-\overline{y})^2}} = \frac{n\sum xy - \sum x\sum y}{\sqrt{[n\sum x^2-(\sum x)^2][n\sum y^2-(\sum y)^2]}} \tag{3-18}$$

式中　n——测定点的次数；

x——各点在横坐标上的值（自变量）；

y——各点在纵坐标上的值（因变量）；

b——直线斜率；

a——直线在 y 轴上的截距；

r——线性相关系数。

其中相关系数 r 要进行显著性检验，以检验分析结果的线性相关性。

利用这种方法不仅可以求出平均的直线方程，还可以检验结果的可靠性。

实际上可以直接应用回归方程进行测定结果的计算，而不必根据标准曲线来计算。

二、不确定度

一切测试（包括测量与试验）都存在误差，所以人们通常习惯于用误差来表示测试结果的质量。测量误差的定义指的是测试结果与真值之间的差值。但真值是一个理想化的概念，往往是未知的或无法得到的。而在实际测试中，真值一般是用参照值或约定值来替代。所以，由此计算得出的误差实际上是其估计值，并非真正意义上的误差。此外，误差这一术语，还存在逻辑概念上的混乱，以及评定方法不统一等问题，使不同测试结果间缺乏可比性。为改变这一状况，我们采用测量不确定度来统一评价测试结果的质量，测量不确定度的概念就是在这种背景下产生的。

（一）测量不确定度的发展

早在20世纪50~70年代，国际上一些知名质量管理专家就提出了有关不确定度的概念，但当时并未引起广泛的重视。1977年7月，国际电离辐射咨询委员当任主席、美国国家标准局局长、国际计量委员会（CIPM）委员安布勒（Ambler）向CIPM提交了解决在国际上统一表达测量不确定度方法问题的提案。1978年，CIPM要求国际计量局（BIPM）着手解决这个问题。BIPM在综合各国及国际专业组织的意见后，起草了建议书INC-1（1980）《实验不确定度表示》，并提交给CIPM。1986年10月，CIMP最终通过了建议书INC-1（1986）并决定推广应用。同一年内，国际标准化组织（ISO）、国际电工委员会（IEC）、国际计量局（BIPM）、轨迹法制计量组织（OIML）、国际理论化学与应用化学联合会（IUPAC）、国际理论物理与应用物理联合会（IUPAP）、国际临床化学联合会（IFCC）7个组织成立了计量技术顾问工作组，并于1993年以这7个组织的名义公布了《测量不确定度表述导则》（*Guide to the Expression of Uncertainty in Measurement*，GUM）。从此，国际测量界和相关理论研究领域开始高度关注不确定度。

测量不确定度评定方法的统一，可使各国的测试结果间进行相互比较，相互承认并达成共识。因此，一些国际组织和国家计量部门都十分重视测量不确定度的评定方法和表示方法的统一。我国于1999年等同采用了GUM发布的JJF 1059—1999《测量不确定度评定与表示》，并在计量校准实验室宣传普及。2012年12月，国家质量监督检验检疫总局发布了JJF 1059. 1—2012《测量不确定度评定与表示》国家计量技术规范。

（二）测量不确定度的定义

测量不确定度（以下简称不确定度），指对分析结果的正确性或准确性的可疑程度。不确定度是用于表达分析质量优劣的一个指标，是合理地表征测量值或其误差离散程度的一个参数。不确定度的含义是指由于测量误差的存在，对被测量值的不能肯定的程度。反过来，也表明该结果的可信赖程度。它是测量结果质量的指标。不确定度越小，所述结果与被测量的真值越接近，质量越高，水平越高，其使用价值越高；不确定度越大，测量结果的质量越低，水平越低，其使用价值也越低。在报告物理量测量的结果时，必须给出相应的不确定度，一方面便于使用它的人评定其可靠性，另一方面也增强了测量结果之间的可比性。

不确定度定量地表述了分析结果的可疑程度，定量地说明了实验室（包括所用设备和条件）分析能力水平，因此，常作为计量认证、质量认证以及实验室认可等活动的重要依据之一。另外，由于通常真实值是未知的，分析结果是分析组分真实值的一个估计值，只有在得到不确定度值后，才能衡量分析所得数据的质量，才能指导数据在技术、商业、安全和法律方面的科学应用。

（三）不确定度的分类

不确定度是与分析结果有关的参数，在分析结果的完整表述中，应包括不确定度。不确定度可以用标准差或其倍数，或是一定置信区间来表示。不确定度可分为两大类：标准不确定度和扩展不确定度。

1. 标准不确定度

用标准偏差表示的分析结果的不确定度称为标准不确定度。根据计算方法，标准不确定度又分为三类：A 类标准不确定度是用统计分析方法计算的不确定度，通常用符号 u_A 表示；B 类标准不确定度是用不同于 A 类的其他方法计算的，以根据经验、资料或其他信息的假定概率分布估计的标准偏差表征，用符号 u_B 表示。当测量结果由若干个其他量的值求得时，按其他各量的方差和协方差算得的标准不确定度，称为合成标准不确定度，它是测量结果标准偏差的估计值，通常用符号 u_C 表示。

2. 扩展不确定度

扩展不确定度又称总不确定度。它提供了一个区间，分析值以一定的置信水平落在这个区间内。扩展不确定度一般是这个区间的半宽。

3. 来源

在实际分析工作中，分析结果的不确定度可能来源于以下方面：

（1）取样代表性不够，即被测量样本不能代表所定义的被测量。

（2）被测量的定义不完整。

（3）重复被测量的测量方法不理想。

（4）对测量过程受环境影响的认识不恰当或对环境条件的测量和控制不完善。

（5）对模拟式仪器的读数存在人为偏移。

（6）测量仪器的计量性能（如灵敏度、分辨力、死区、稳定性等）的局限性。

（7）测量标准或标准物质的不确定度。

（8）引用的数据或其他参量的不确定度。

（9）测量方法和测量程序的近似和假定。

（10）在相同条件下被测量在重复观测中的变化。

测量不确定度的来源须根据测量的实际情况进行具体分析。分析时，除了定义的不确定度外，测量仪器、测量环境、测量人员、测量方法等方面的因素应全面考虑。对测量结果影响较大的不确定度来源要特别注意，尽量做到不遗漏、不重复。

4. 不确定度的评估过程

不确定度的评估在原理上很简单，主要包括以下步骤：

（1）规定分析对象。

（2）识别不确定度的来源。

（3）不确定度分量的分化。

（4）计算合成不确定度。

（5）扩展不确定度的评定。

（四）误差和不确定度

误差和不确定度是两个完全不同的概念。误差是本，没有误差，就没有误差的分布，就无法估计分布的标准偏差，当然也就没有不确定度。而不确定分析实质上是对误差分布的分析。然而，误差分析更具广义性，包含的内容更多，如系统误差的消除与减弱等。可见，误差和不确定度紧密相关，但也有区别，其具体区别见表3-2。

表3-2 误差与不确定度的主要区别

序号	误差	不确定度
1	单一值	区间形式，可用于其所描述的所有分析值
2	表示分析结果相对真实值的偏离	表示分析结果的离散性
3	有正号或负号，其值为分析结果减去真实值	无符号的参数，用标准差或标准差的倍数或置信区间的半宽表示
4	客观存在，不以人的认识程度而改变	与人们对分析对象、影响因素及分析过程的认识有关
5	由于真实值未知，往往不能准确得到，当用约定真实值代替真实值时，可以得到其估计值	可以由人们根据实验、资料、经验等信息进行评定，从而可以定量估计
6	按性质可分为随机误差、系统误差和过失误差三类。定义随机误差和系统误差都是无穷多次分析情况下的理想概念	不确定度分量评定时一般不必区分其性质，若需要区分时应表述为：“由随机效应引入的不确定度分量”和“由系统效应引入的不确定度分量”
7	已知系统误差的估计值时可以对分析结果进行修正，得到已修正的分析结果	不能用不确定度对分析结果进行修正，在已修正分析结果的不确定度中应考虑修正不完善而引入的不确定度

第三节　分析测试中的质量保证

质量保证（Quality Assurance，QA）可定义为“为使人们确信某一产品或服务质量能满足规定的质量要求所必需的有计划、有系统的全部活动”。GB/T 19000—2016《质量管理体系　基础和术语》指出，质量保证是质量管理的一部分，致力于提供能满足质量要求的信任。所以分析测试中的质量保证是为使分析测试结果更好地反映真实值，其具体目的是把分析中的误差控制在容许的限度内，保证测量结果的精密度和准确度，使分析数据在给定的置信水平内，有把握达到所要求的质量。

分析测试活动一般是在实验室中进行的，所以分析测试中的质量保证包括实验室内部质量保证和实验室外部质量保证。其中质量保证活动包括质量控制和质量评定两方面的内容。质量控制是指为使测量达到质量要求所需遵循的步骤；而质量评定是指用于检验质量控制系统处于允许限度内的工作和评价数据质量的步骤。

一、实验室内部质量保证

（一）实验室内部质量控制

质量控制是质量保证中的核心部分，实验室内质量控制是保证实验室提供可靠分析结果的关键，也是保证实验室间（实验室外部）质量控制顺利进行的基础。

实验室内质量控制技术包括从试样的采集、预处理、分析测定到数据处理的全过程的控制操作和步骤。质量控制的基本环节有：人员素质；仪器设备；实验室环境；采样及样品处理；试剂及原材料；测量方法和操作规程；原始记录和数据处理；技术资料及必要的检查程序等。

1. 人员素质

分析人员的能力和经验是保证分析测试质量的首要条件。随着现代分析仪器的应用，对人员的专业水平要求更高。实验室应按合理的比例配备高、中和初级技术人员，各自承担相应的分析测试任务。还要有一位有丰富工作经验的负责抓质量保证的实验室主任。实验室工作人员必须具有一定的化学知识并经过专门培训，还要不断地对各类人员继续进行业务技术培训，并为每一位工作人员建立技术业务档案，包括学历、能承担的分析任务项目、撰写的论文与技术资料、参加的学术会议、专业培训（包括短训班、进修有关的课程、研讨会）与资格证明、工作成果、考核成绩、奖惩情况等。这些个人技术业务档案不仅是对个人业务能力的考核，也是显示本实验室水平的重要基础，是社会认可本实验室的重要依据。

2. 仪器设备

仪器设备是实验室不可缺少的重要的物质基础，是开展分析工作的必要条件。

实验室的仪器设备必须适应实验室的任务要求，与其业务范围相适应。应根据实验室任务的需要，选择合适的仪器设备，不盲目追求仪器设备的档次，不购进备而不用的仪器设备。还必须正确地使用和保养好所用仪器设备，使其产生误差的因素处于控制之下，以得到合乎质量要求的数据。

（1）常用仪器设备的校准　大部分的仪器分析方法都是相对分析技术，必须用标准物质（例如标准溶液）对仪器设备的响应值进行校正。校正的标准物质，可以用国家质量管理部门监制的标准物质，也可用制造厂家标定的设备和厂家标明的一定纯度的化学试剂。

分析天平：常用50g或100g高质量的砝码（或标准砝码）来校正。电子分析天平内常装有已知质量的标准砝码，用于天平的校正。天平校正的时间间隔长短依赖于天平的使用次数，如果使用较多，须每天或每周校准一次，有些部门还要求定期由计量检测部门检测。

容量玻璃器皿：若使用知名厂家生产的标有“一等”字样的玻璃量器，除非要求方法的准确度高于0.2%，一般不用校正。

烘箱：烘箱应使用校正过的温度计（可以根据生产厂家提供的证明），烘箱的温度每天要检查。

马福炉：马福炉的温度通常不须校正，若要校正可采用光学高温计。

紫外-可见分光光度计：可用钬玻璃滤光器进行波长校正，也可用将K_2CrO_4溶于0.05mol/L KOH溶液后所得的溶液（K_2CrO_4浓度为0.0400g/L）进行波长校正。$KMnO_4$溶液可用于检查可见光区526nm和546nm吸收峰的分辨能力。吸光度的校正采用工作曲线法。分光光度计的波长和吸光度至少每周要校准一次。

pH计：用标准pH缓冲溶液进行校准。每次使用前校准。

红外光谱仪：可用聚苯乙烯薄膜进行波数的校正及分辨率的校正。

荧光计：荧光强度用已知浓度的硫酸奎宁溶液校正。荧光计的激发光光谱和荧光谱，可使用罗丹明B标准光子计数器进行校正。其波长的分辨率可以用汞灯的波长365.0nm，365.5nm和366.3nm 3条线的分辨情况来检查。

原子吸收光谱仪：每次使用前均须用被测元素的空心阴极灯进行波长校正，用标准溶液进行浓度校正或制作工作曲线。

电导仪：电导值可用一定浓度的KCl或NaCl标准溶液校准，至少每周一次。

气相色谱仪和高效液相色谱仪：每批样品测定至少要用工作曲线校正一次。必要时还要采用内标法校正。

（2）仪器设备的维护　安放仪器设备的实验室应符合该仪器设备对环境的要求，以确保仪器的精度及使用寿命。仪器室内应防尘、防腐蚀、防震、防晒、防湿等。仪器不能与化学操作室混用，应远离化学操作室，安放在单独房间内。

使用仪器之前应经专人指导培训或认真仔细地阅读仪器设备的说明书，弄懂仪器的原理、结构、性能、操作规程及注意事项等方能进行操作。操作应严格按操作规程进行。未经准许和未经专门培训的人员，严禁使用或操作贵重仪器。禁止胡乱拨弄仪器、猛拨开关、乱按键盘等破坏行为。

仪器设备应建立专人管理的责任制。仪器名称、规格、型号、数量、单价、出厂和购置年月以及主要零配件都要准确登记。

每台大型精密仪器都须建立技术档案，内容包括：① 仪器的装箱单、零配件清单、合同复印件、说明书等；② 仪器的安装、调试、性能鉴定、验收等记录；③ 使用规程、保养维修规程；④ 使用登记本、事故与检修记录。

大型精密仪器的管理使用、维修等应由专人负责，检修记录应存档。使用与维修人员经考核合格后方能上岗。如果须拆卸、改装固定的仪器设备均应有一定的审批手续。出现事故应及时汇报有关部门处理。

3. 实验室管理

（1）组织管理与质量管理的九项制度

① 技术资料档案管理制度，要经常注意收集本行业和有关专业的技术性书刊和技术资料，以及有关字典、辞典、手册等必备的工具书，这些资料在专柜保存，由专人管理，负责购置、登记、编号、保管、出借、收回等工作；② 技术责任制和岗位责任制；③ 检验实验工作质量的检验制度；④ 样品管理制度；⑤ 设备、仪器的使用、管理、维修制度；⑥ 试剂、药品以及低值易耗品的使用管理制度；⑦ 技术人员考核、晋升制度；⑧ 实验事故的分析和报告制度；⑨ 安全、保密、卫生、保健等制度。

（2）实验室环境管理

① 实验室的环境应符合装备技术条件所规定的操作环境的要求，例如，防止烟雾、尘埃、振动、噪声、电磁、辐射等可能的干扰。② 保持环境的整齐清洁。除有特殊要求外，一般应保持正常的气候条件。③ 仪器设备的布局要便于进行操作和记录测试结果，并便于仪器设备的维修。

（3）文件和记录管理　在实验室分析过程中测试的方法、步骤、程序、注意事项、注释、修改的内容，以及测试结果和报告等都要有文字记载，装订成册，以供使用与引用。对所采用的测试方法要进行评定。

① 对原始记录的要求：原始记录是对检测全过程的现象、条件、数据和事实的记载。原始记录要做到记录齐全、反映真实、表达准确、整齐清洁。记录要用编有页码的记录本或按规定印制的原始记录单，不得用白纸或其他记录纸替代；原始记录不准用铅笔或圆珠笔书写，也不准先用铅笔书写后再用墨水笔描写；原始记录不可重新抄写，以保证记录的原始性；原始记录不能随意涂改或销毁，必须涂改的数据，涂改后应签字盖章，正确的数据写在涂改数据的上方。检验人员要签名并注明日期，负责人要定期检查原始记录并签名与注明检查日期。

② 对实验报告的要求：要写明实验依据的标准；实验结论意见要清楚；实验结果要与依据的标准及实验要求进行比较；样品有简单的说明；实验分析报告要写明测试分析实验室的全称、编号、委托单位或委托人、交样日期、样品名称、样品数量、分析项目、分析批号、实验人员、审核人员、负责人等签字和日期、报告页数。

③ 收取试样的登记：试样要编号并妥善保管一定时间。试样应贴有标签，标签上记录编号、

委托单位、交样日期、实验人员、实验日期、报告签发日期以及其他简要说明。

4. 技术资料

实验室的技术资料须妥善保存以备用，这些资料主要有：① 测试分析方法汇编；② 原始数据记录本及数据处理；③ 测试报告的复印件；④ 实验室的各种规章制度；⑤ 质量控制图；⑥ 考核样品的分析结果报告；⑦ 标准物质、盲样；⑧ 鉴定或审查报告、鉴定证书；⑨ 质量控制手册、质量控制审计文件；⑩ 分析试样须编号保存一定时间，以便查询或复检；⑪ 实验室人员的技术业务档案。

（二）实验室内部质量评定

质量评定是对分析过程进行监督的方法。实验室内部质量评定是在实验室内由本室工作人员所采取的质量保证措施，它决定即时的测定结果是否有效及报告能否发出。主要目的是监测实验室分析数据的重复性（即精密度）和发现分析方法在某一天出现的重大误差，并找出原因。

实验室内部的质量评定可采用下列方法：

（1）用重复测试样品的方法来评价测试方法的精密度。

（2）用测量标准物质或内部参考标准中组分的方法来评价测试方法的系统误差。

（3）利用标准物质，采用交换操作者、交换仪器设备的方法来评价测试方法的系统误差，可以评价该系统误差是来自操作者，还是来自仪器设备。

（4）利用标准测量方法或权威测量方法与现用的测量方法测得的结果相比较，可用来评价方法的系统误差。

二、实验室外部质量保证

实验室外部质量保证是在实验室内部质量保证的基础上，检验实验室内部质量保证的效果，发现与消除系统误差，使分析结果具有准确性与可比性。外部质量保证措施是发现和消除本实验室监测工作各环节的系统误差，提高工作水平，确保监测结果的准确性、科学性和可比性的必要手段。一般这两类质量保证和质量控制是穿插进行的，特别是对于在全国范围内普遍开展的分析监测工作，仅仅依靠实验室内部的质量保证是不够的，必须建立一个良好的外部质量保证和控制体系，定期对全国各实验室分析数据实施外部质量控制和质量评定。例如，为确保某一全国性的分析检测质量，可自上而下地建立一个质量保证体系，在省级范围内每年开展1～2次外部质量控制和质量评定，使各实验室的日常分析工作保质保量地进行。

（一）外部质量控制

外部质量控制措施主要包括以下内容：

（1）加强信息交流，注意国际国内有关分析标准、规范、方法和理论、概念的变化，及时使用分析工作的新的国家和行业标准和规定。

（2）广泛收集国际国内权威机构公布的各种技术参数。在分析工作中应该选用法定的、通用的、可靠的参数。

（3）积极参加各种分析比对。对已成熟的分析项目，原则上规定参加国际国内比对及参加区域性或实验室之间比对不少于每年一次。对于条件尚不成熟的项目应积极参加区域性或实验室之间的比对。比对的方式可以分为仪器比对、方法比对和同类仪器相同方法的技术比对。通过比对结果的分析，寻找原因、总结经验，提高分析质量。

（4）接受权威机构组织的检查考核。考核可以是对整个分析工作的全面检查，而不仅是对分析结果的比较，如国家市场监督管理总局组织的定期和不定期的计量认证检查。

（5）抽取一定比例的样品送权威实验室外检。对于大样本的分析项目，这是保证总体分析质量的必要手段。

（6）对于本实验室的标准物质和器具，包括标准物质、仪器、仪表、容器等必须定期进行检定或校验，保证量值溯源的可靠性。

（二）外部质量评定

实验室外部质量评定是多家实验室分析同一样本并由外部独立机构收集和反馈实验室上报结果、评价实验室能力的过程。外部质量评定的主要目的是测定某一实验室的结果与其他实验室结果之间存在的差异（偏差），建立实验室间测定的可比性。它是对实验室测定结果的回顾性评价。分析质量的外部评定是很重要的。它可以避免实验室内部的主观因素，评价分析系统的系统误差的大小；它是实验室水平的鉴定、认可的重要手段。

实验室外部质量评定主要用途包括以下几个方面：评价实验室的分析能力；监控实验室可能出现的技术问题；改正存在的问题；改进分析能力、实验方法和与其他实验室的可比性；教育和训练实验室工作人员；作为实验室质量保证的外部监督工具。

外部评定可采用实验室之间共同分析一个试样、实验室间交换试样以及分析从其他实验室得到的标准物质或质量控制样品等方法。

标准物质为比较分析系统和比较各实验室在不同条件下取得的数据提供了可比性的依据，它已被广泛认可为评价分析系统的最好的考核样品。

由主管部门或中心实验室每年一次或两次把考核样品（常是标准物质）发放到各实验室，用指定的方式对考核样品进行分析测试，可依据标准物质的标准值及其误差范围来判断和验证各实验室分析测验的能力与水平。

用标准物质或质量控制样品作为考核样品，对包括人员、仪器、方法等在内的整个测量系统进行质量评定，最常用的方法是“盲样”分析。盲样分析有单盲分析和双盲分析两种。所谓单盲分析是指考核这件事是通知被考核的实验室或操作人员的，但考核样品真实组分含量是保密的。所谓双盲分析是指被考核的实验室或操作人员根本不知道考核这件事，当然更不知道考核样品组分的真实含量。双盲分析的要求要比单盲分析高。

如果没有合适的标准物质作为考核样品时，可由管理部门或中心实验室配制质量控制样品，发放到各实验室。由于质量控制样品的稳定性（均匀性）都没有经过严格的鉴定，又没有准确的标准值，在评价各实验室数据时，管理部门或中心实验室可以利用自己的质量控制图。其控制图中的控制限一般要大于内部控制图的控制限。因为各实验室使用了不同的仪器、试剂、器皿等，实验室之间的差异总是大于一个实验室范围内的差异。如果从各实验室能得到足够多的数据时，也可以根据置信区间来评价各实验室的分析测试质量水平，也可以建立各实验室之间的控制图来进行评价。

三、质量控制图

近年来，质量控制图越来越多地被用来控制与评估分析测试的质量。质量控制图建立在实验数据分布接近于正态分布（高斯分布）的基础上，把分析数据用图表形式表现出来，纵坐标为测量值，横坐标为测量值的次序或时间。按测量时间表示可能会造成形式不够紧凑，但可以发现测量系统随时间的变化。按测量次序表示形式上紧凑，但不能发现测量系统随时间的变化。

（一）质量控制图的作用

质量控制图有以下 3 个作用：① 证实分析系统是否处于统计控制状态之中；② 鉴别脱离控制的原因；③ 建立数据置信限的基础。

（二）质量控制图的分类

质量控制图的形式有 x（测量值）质量控制图、$\bar{x}$（平均值）质量控制图和 R（极差）质量控制图等。

1. x 质量控制图

这种控制图的纵坐标为测量值，横坐标为测量值的次序。中线可以是以前测量值的平均值，也可以是标准物质的标准值（即总体平均值）μ。其警戒限、控制限如下。

警戒限（线）：$\bar{x} \pm 2S$（或 2σ）

控制限（线）：$\bar{x} \pm 3S$（或 3σ）

分析测试中测量值的平均值 $\bar{x}$ 与标准物质的标准值 μ 之间不完全相等，这是正常的。但二者之间的差异不能太大。如果标准物质的标准值落在平均值与警戒限之间一半高度以外，即 $|\bar{x}-\mu|>1S$ 时，说明分析系统存在明显的系统误差，这是不能允许的，此时的控制图不予成立。应该重新检查方法、试剂、器皿、操作、校准等各个方面，找出误差原因之后，采取纠正措施，使平均值尽可能地接近标准物质的标准值。

画一张质量控制图，首先必须要有稳定、均匀、具有与分析试样相似基体的标准物质标样。常规质量控制时是用一定浓度的分析物来配制液态基体作为质量控制样品。

其次，必须用同一方法对同一标准物质（或质量控制样品）至少测定 20 个结果，而且这 20 个结果不能是同一次测定得到的，应是日常测定积累起来的。一般推荐的方法是，每分析 1 批样品插入 1 个标准物质，或者在分析大批量的样品时间隔 10 ~ 20 个样品插入 1 个标准物质，待标准物质的分析数据积累到20个时，求出这20个测量值的平均值 $\bar{x}$ 和标准偏差 S。在坐标纸上以平均值 $\bar{x}$ 为中线，以 $\pm 2S$ 为警戒限，$\pm 3S$ 为控制限，然后依次把测定结果标在图中并连成线，即得到质量控制图。

[**例3-3**] 用某标准方法分析还原糖质量浓度为0.250mg/L的标准物质溶液，得到下列20个分析结果：0.251，0.250，0.250，0.263，0.235，0.240，0.260，0.290，0.262，0.234，0.229，0.250，0.283，0.300，0.262，0.270，0.225，0.250，0.256，0.250（mg/L）。

上述数据求得平均值 $\bar{x} = 0.256$mg/L；

标准偏差 $S = 0.020$mg/L；

标准物质标准值 $\mu = 0.250$mg/L；

控制限 $\bar{x} \pm 3S =$（0.256 ± 0.060）mg/L；

警戒限 $\bar{x} \pm 2S =$（0.256 ± 0.040）mg/L。

按前文所述方法画出的质量控制图如图3-2所示。

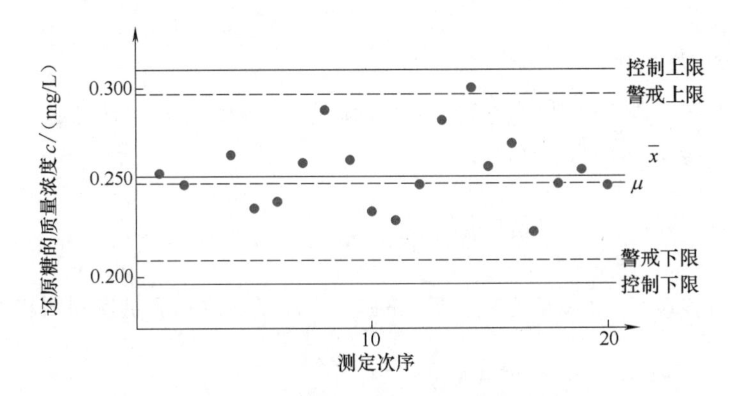

图3-2 溶液中还原糖含量的分析数据的质量控制图

控制图在使用过程中，随着标准物质（或质量控制样品）测定次数的增加，在适当的时间（通常再次累积到与先前建立控制图的测定次数差不多时），将以前用过的和随后陆续累积的测定数据再重新合并计算，确定控制限，画出新的控制图。以此类推地进行下去。随着测定次数的增加，平均值的变化可能不大，而标准偏差 S 和总体标准偏差 σ 趋向一致，警戒限和控制限也将逐渐地靠拢。这样确定的控制限，不仅包括过去的测量值，而且还包括目前的测量值，能较真实地反映分析系统的特性与确定分析系统的置信限。

2. $\bar{x}$ 质量控制图

画法与 x 质量控制图的画法相似，在 $\bar{x}$ 平均值质量控制图中：

中线为 $\bar{x}$ 值

警戒限为 $\bar{x} \pm \frac{2}{3}(A_2\bar{R})$

控制限为 $\bar{x} \pm A_2\bar{R}$

式中 $\bar{R}$——极差的数学平均值；

A_2——计算 3σ 控制限的参数值，见表3-3。

表3-3　计算3σ控制限的参数值

样品测定数 n	$\bar{x}$图的控制限参数 A_2	R图的控制参数 D_3	D_4	样品测定数 n	$\bar{x}$图的控制限参数 A_2	R图的控制参数 D_3	D_4
2	1.880	0	3.267	13	0.249	0.308	1.692
3	1.023	0	2.575	14	0.235	0.329	1.671
4	0.729	0	2.282	15	0.223	0.348	1.652
5	0.577	0	2.115	16	0.212	0.364	1.636
6	0.483	0	2.004	17	0.203	0.379	1.621
7	0.419	0.076	1.924	18	0.194	0.392	1.608
8	0.373	0.136	1.864	19	0.187	0.404	1.596
9	0.337	0.184	1.816	20	0.180	0.414	1.586
10	0.308	0.223	1.777	21	0.173	0.425	1.575
11	0.285	0.256	1.744	22	0.167	0.434	1.566
12	0.266	0.286	1.716	23	0.162	0.443	1.557

$\bar{x}$质量控制图与x质量控制图比较有2个优点：①$\bar{x}$质量控制图对非正态分布是很有用的，当平行测量次数足够多时，非正态分布的平均值基本上是遵循正态分布的；②$\bar{x}$是n个测量值的平均值，所以不受单个测量值的影响，即使有偏离较大的单个测量值存在，影响也不大。

$\bar{x}$质量控制图比x质量控制图更为稳定，但$\bar{x}$质量控制图有增加测定次数、增加成本的缺点。

3. R质量控制图

对于常规的大量分析，由于成分、分析物或基体的不稳定性和其他原因难于获得合适的标准物质。在缺乏质量控制标准物质的情况下，R质量控制图是测试分析质量控制的主要方法。

R质量控制图的绘制步骤如下。

周期地将样品一分为二，平行测定一系列样品中被分析物浓度。测定20个左右样品，计算极差R（这里实际上是两个测量值之差）。每个样品可进行2次以上的平行测定，但考虑到经济效益等，一般平行测定只作两次，然后计算极差的平均值$\bar{R}$。

在R质量控制图中，中线为$\bar{R}$值；警戒上限（线）为$\frac{2}{3}(D_4\bar{R}-\bar{R})$；控制上限（线）为$D_4\bar{R}$；控制下限（线）为$D_3\bar{R}$；$D_3$、$D_4$参数可由表3-3查出。

［例3-4］ 积累20对平行测定的数据，如表3-4所示。

表3-4　20对平行测定的数据　　单位：%

测定次序	x_i	x_i'	平均值 $\bar{x}_i$	极差 R_i	测定次序	x_i	x_i'	平均值 $\bar{x}_i$	极差 R_i
1	0.501	0.491	0.496	0.010	3	0.479	0.482	0.480	0.003
2	0.490	0.490	0.490	0.000	4	0.520	0.512	0.516	0.008

续表

测定次序	x_i	x_i'	平均值 $\overline{x}_i$	极差 R_i	测定次序	x_i	x_i'	平均值 $\overline{x}_i$	极差 R_i
5	0.500	0.490	0.495	0.010	13	0.513	0.503	0.508	0.010
6	0.510	0.488	0.499	0.022	14	0.512	0.497	0.504	0.015
7	0.505	0.500	0.502	0.005	15	0.502	0.500	0.501	0.002
8	0.475	0.493	0.484	0.018	16	0.506	0.510	0.508	0.004
9	0.500	0.515	0.508	0.015	17	0.485	0.503	0.494	0.018
10	0.498	0.501	0.500	0.003	18	0.484	0.487	0.486	0.003
11	0.523	0.516	0.520	0.007	19	0.512	0.495	0.504	0.017
12	0.500	0.512	0.506	0.012	20	0.509	0.500	0.504	0.009

$\sum \overline{x}_i = 10.005 \quad \sum R_i = 0.191$

先求出平均值 $\overline{x} = \frac{10.005}{20} = 0.500$（%）

平均极差 $\overline{R} = \frac{0.191}{20} = 0.0096 \approx 0.010$（%）

由表3-3中查得 $n=2$ 时 $A_2=1.880$，$D_3=0$，$D_4=3.267$。可计算出 $\overline{x}$ 质量控制图的：

$$\text{控制限 } \overline{x} \pm A_2\overline{R} = 0.500 \pm 0.019$$

$$\text{警戒限 } \overline{x} \pm \frac{2}{3}(A_2\overline{R}) = 0.500 \pm 0.013$$

另外，可计算 R 质量控制图的：

$$\text{控制上限 } D_4\overline{R} = 0.033$$

$$\text{控制下限 } D_3\overline{R} = 0$$

$$\text{警戒上限为} \frac{2}{3}(D_4\overline{R} - \overline{R}) = 0.015$$

根据上述数据可画出 $\overline{x}$ 质量控制图（图3-3）和 R 质量控制图（图3-4）。

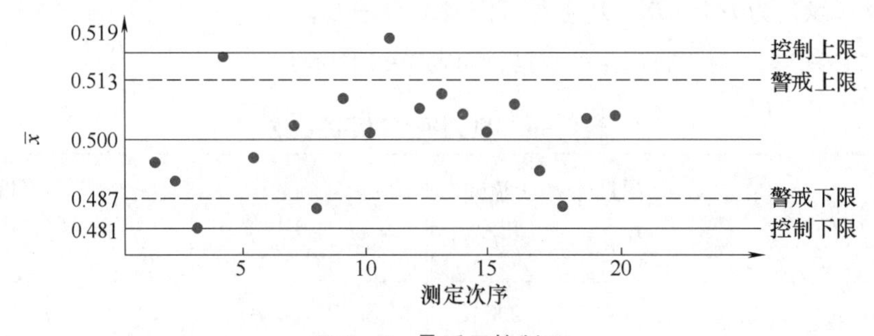

图3-3 $\overline{x}$ 质量控制图

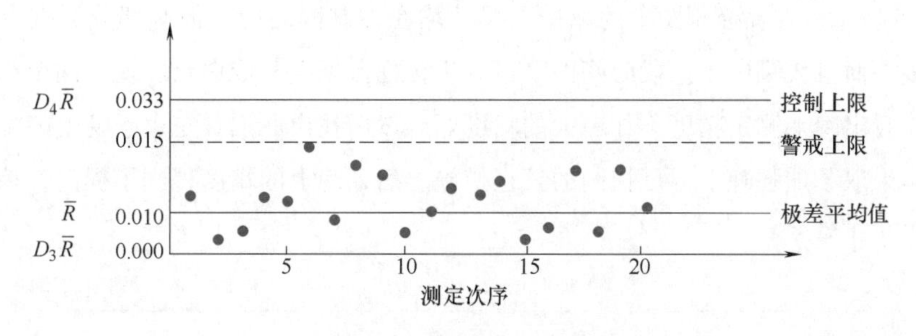

图 3-4 *R* 质量控制图

（三）质量控制图的使用

在制得质量控制图之后，日常分析中把标准物质（或质量控制样品）与试样在同样条件下进行分析测定。

如果标准物质（或质量控制样品）的测定结果落在警戒限之内，说明测量系统正常，试样测定结果有效。如果标准物质（或质量控制样品）的测定结果落在控制限之内，但又超出警戒限时，试样测定结果仍应认可。这种情况是可能发生的，因为 20 次测定中允许有 1 次超出警戒限。假如超出警戒限的频率远低于或远高于 5%，说明警戒限的计算有问题，或者分析系统本身的精密度得到了提高或恶化。

如果标准物质（或质量控制样品）的测定结果落在控制限之外，说明该分析系统已脱离控制，此时的测试结果无效。应立即查找原因，采取措施加以纠正，再重新进行标准物质（或质量控制样品）的测定，直到测试结果落在质量控制限之内，才能进行未知样品的测定。若未能找到产生误差的原因，可用标准物质（或质量控制样品）再测定校正一次，如第二次测定结果正常，可认为第一次测定结果超出控制限是由于偶然因素或某种操作错误引起的。

有关质量控制图的一个重要实际问题是分析标准物质的次数问题。经验表明，假如每批试样少于 10 个，则每 1 批试样应加入分析 1 个标准物质。假如每批试样多于 10 个，每分析 10 个试样至少应分析 1 个标准物质。

控制图在连续使用过程中，除了判断单个分析系统是否处于统计控制状态，还要在总体点的分布和连续点的分布上，对测量系统是否处于统计状态作出判断。

（1）数据点应均匀分布于中线的两侧，如果在中线的某一侧上出现的数据点明显多于另一侧的数据点时，说明测量系统存在问题。

（2）如果有 2/3 的数据点落在警戒限之外，则测量系统存在问题。

（3）如果有 7 个数据点连续出现在中线一侧时，说明测量系统存在问题。根据概率论，连续出现在一侧有 7 个点的可能性仅为 1/128。

（四）质量控制图用于寻找发生脱离控制的原因

由于控制图积累了大量数据，从趋势的变化上有助于找到发生脱离统计控制的原因。

如图3－5所示，在x控制图上的数据点尽管均在控制限之内，但有部分数据点较分散，常常超过警戒线，而且较集中于某段时间内。经分析，把数据点分成白天和晚上两个小组，几个循环下来，可以看出晚上测定精度不如白天的精度好。然后找出原因，是由于晚上的温度控制不及白天好。于是采取了加强晚上温度控制的校正措施之后，晚上的精度得到了提高，控制图中的数据点分布又趋于正常了。

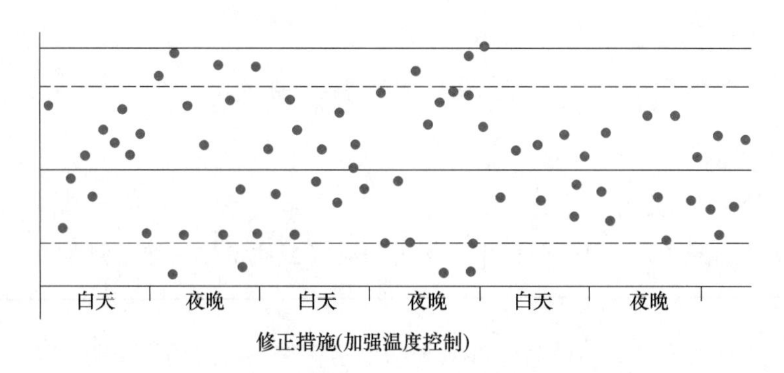

图3－5 x控制图中数据点随时间变化的情况

又如图3－6所示，在x控制图上发现数据点有一段突然向上偏移（见图3－6的中段数据点）。这部分数据点的精密度尚好，但数值突然增大了许多。经多方寻找原因，原来是原有的质量控制样品被玷污。换了新的质量控制样品后，数据点又恢复正常了。

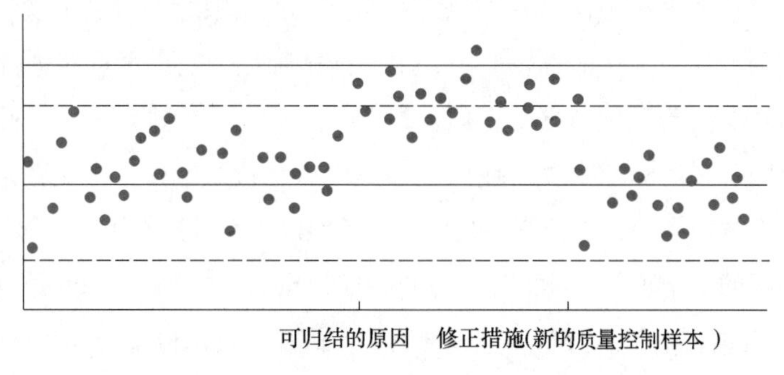

图3－6 x控制图中数据点突然偏高情况

（五）质量控制图的应用范例

分析测试中质量控制图的应用广泛，现举例介绍如下。

（1）标准物质的质量控制图　可对分析系统作周期性的检查，以确定测定的准确度和精密度的情况。

（2）质量控制样品的质量控制图　可对分析系统的稳定性作定期检查，以确定分析系统的精度情况。此时不需要质量控制样品的组分的准确含量。

（3）平行样品的质量控制图　可对分析系统的稳定性作检查，以确定测定系统的精度情况。此时也不需要样品的组分准确含量。

（4）典型实验溶液的质量控制图　由于实验溶液制备容易，又不包括样品处理步骤在内，因此它不能检查整个系统过程的稳定性，只能检查仪器的稳定性，可以确定分析仪器的精度情况。

（5）仪器工作特性的质量控制问题　例如，对分光光度计的滤光片透过率作控制图，可检查滤光片透过率的精度情况。

（6）对操作者作的控制图　可以考核操作者操作的稳定性，尤其对新参加分析工作人员的考核检查十分有用。

（7）工作曲线斜率的控制图　可以对仪器的性能进行检验。例如，对分光光度计上吸光度与浓度工作曲线的斜率作分析是常见的控制图。

（8）校正点的控制图　例如，在某个校正点上重复测定，以检验工作曲线的可靠性。

（9）空白控制图　在痕量和超痕量分析中，扣除空白是非常重要的，只有建立空白控制图才能正确扣除空白。

（10）对关键操作步骤作控制图。

（11）对回收率作控制图。

四、实验室认可

实验室认可是指权威机构给予某实验室具有执行规定任务能力的正式承认。继产品质量认证、质量体系认证之后，实验室的认可制度日益受到重视，并日趋完善。随着国际贸易自由化程度的提高，各国要求加快消除贸易壁垒，特别是技术壁垒，以形成全球统一的市场。因而，各国实验室认可活动的国际化趋势已提到了显著的位置。

1. 检测实验室认可的作用和意义

中国合格评定国家认可委员会（CNAS）是根据《中华人民共和国认证认可条例》的规定，由国家认证认可监督管理委员会批准设立并授权的国家认可机构，统一负责对认证机构、实验室和检查机构等相关机构的认可工作，是国家市场监督管理总局授权唯一在我国进行实验室认可的权威组织。通过认可，证明实验室的水平和能力达到国际标准要求，其检测结果可靠。出具的证书/报告在签署互认协议的国家/地区内可以被承认，可消除非关税技术性贸易壁垒，减少重复检测，在激烈竞争的市场中，可以赢得客户信任。通过实验室认可具有以下作用：

（1）表明实验室具备了按相应认可准则开展检测和校准服务的技术能力；

（2）增强实验室市场竞争能力，赢得政府部门、社会各界的信任；

（3）获得签署互认协议方国家和地区实验室认可机构的承认；

（4）有机会参与国际实验室间合格评定机构认可双边、多边合作交流；

（5）可在被认可的范围内使用 CNAS 国家实验室认可标志和 ILAC 国际互认联合标志；

（6）列入获准认可机构名录，提高实验室知名度。

2. 实验室认可合作组织

目前国际国内主要实验室认可合作组织有：

（1）国际实验室认可合作组织（International Laboratory Accreditation Cooperation，ILAC）；

（2）中国合格评定国家认可委员会（China National Accreditation Service Conformity Assessment，CNAS）；

（3）区域实验室认可合作组织有亚太实验室认可合作组织（APLAC）和欧洲实验室认可合作组织（EA）。

3. 实验室认可的程序

（1）实验室提出申请

① 意向申请：申请人可以用任何方式向 CNAS 秘书处表示认可意向，如来访、电话、传真以及其他电子通讯方式。需要时，CNAS 秘书处应确保申请人能够得到最新版本的认可规范和其他有关文件。

② 正式申请：申请实验室应按 CNAS 秘书处的要求提供申请资料，并交纳申请费用。CNAS 秘书处审查申请实验室正式提交的申请材料，提交申请前实验室必须：对 CNAS 的相关要求基本了解；质量管理体系正式运行超过 6 个月，且进行了完整的内审和管理评审；至少参加 1 项恰当的能力验证计划、测量审核或比对计划，且证明获得满意结果。

（2）现场审核

① 初次现场审核：正式申请受理后 3 个月内 CNAS 秘书处将安排现场评审。

② 评审准备：在征得申请实验室同意后，CNAS 秘书处根据公正原则，在自己的评审专家中指定具备相应技术能力的评审组和专家。

③ 评审：CNAS 秘书处根据评审组长的提议，征得申请实验室同意，可进行预评审。预评审不可以进行任何咨询活动。在申请实验室采取有效纠正措施解决发现的主要问题后，评审组长方可进行现场评审。

文件审查通过后，评审组长与申请实验室商定现场评审的具体时间安排和评审计划，报 CNAS 秘书处批准后实施评审。CNAS 秘书处可根据情况在评审组中委派观察员。

（3）证书　评审专家组将评审结果和推荐意见报 CNAS 秘书处，评定委员会对申请实验室与认可要求的符合性进行评价并作出决定，对同意认可或部分认可的检测能力作出评价，经评定委员会 CNAS 授权签字人签字批准后发放认可证书。

（4）实验室计量认证　第三方实验室经主管部门授权可进行计量认证，计量认证证书由国家认证认可监督管理委员会发放，实验室在申请 CNAS 认可证书的同时，须申请实验室计量认证，计量审核可与 CNAS 认可审核同时进行。

思考题

1. 误差有哪些表示方法？
2. 从哪些方面对分析测试进行质量保证？
3. 如何提高分析结果的准确度？

第四章

实验方法评价与数据分析处理

本章学习目的与要求

1. 掌握食品实验方法的评价标准指标，了解各指标的作用；
2. 理解有效数字的概念，归纳并掌握实验数据有效数字修约的法则；
3. 学习合理对可疑值进行取舍；
4. 掌握 t 检验法及 F 检验法等方法对分析数据进行评价。

第一节　实验方法评价指标

随着食品科学的不断发展，食品检验方法不断更新，评价检验方法的标准也逐步建立和完善起来。这些评价标准主要是准确度、精密度、检测限以及费用与效益。

一、准确度

准确度是指在一定条件下，多次测定的平均值与真实值相符合的程度。准确度通常用绝对误差或相对误差表示。

在实际工作中，一般在试样中添加已知标准物质量作为真实值，并以回收率表示该实验方法的准确度。即：

$$P = \frac{x_1 - x_0}{m} \times 100\% \qquad (4-1)$$

式中　P——加入标准物质的回收率,%；

x_1——加标试样测定值；

x_0——试样本底测定值；

m——加入标准物质的质量。

式（4－1）中的本底值 x_0，其测定精密度所显示误差反映了随机误差；加入标准物质的质量 m，其测定误差反映了系统误差。所以，回收率是两种误差综合指标，能决定方法的可靠性。

回收率在方法评价中是一种准确度的评价方法。但应当承认该评估方法有其局限性，因为我们加进去的分析物一般是简单的离子或化合物，不一定与天然存在于试样基体的成分的形式相一致，故往往容易测出，有可能给出不对称的最佳回收数据。但在无更有效的方法替代时，它也是一种行之有效的准确度评估方法，特别是在食品理化检验、药残检测、精密仪器分析中应用最为广泛。对回收率的要求数值是个比较复杂的问题，依分析测定方法难易和不同类型的分析方法而变化，一般 10^{-6} 级应在 90% 以上；10^{-9} 级如荧光法测定苯并芘在 80%；比较繁杂的方法 70% 即可；但最低不能小于 70%。

二、精密度

精密度是指在相同条件下，使用某一实验方法进行 n 次重复测定，所得结果相互符合的程度。精密度通常用标准差或相对标准差来表示。

重复测定的精密度与待测物质绝对量有关，一般规定：mg 级 CV（变异系数或相对标准差）为 5%；μg 级 CV 为 10%，ng 级 CV 为 50% 左右。

三、检测限

国际理论化学与应用化学联合会（IUPAC）确定的检测限的定义是指分析方法在适当的置信水平内，能从样品中检测到被测组分的最小量或最小浓度，即断定样品中被测组分的量或浓度确实高于空白中被测组分的最低量。

一般对检测限有以下几种规定方法。

（1）气相色谱法　用最小检测量或最小检测浓度表示。

最小检测量是指检测器恰能产生色谱峰高大于两倍噪声时的最小进样量。即：

$$S = 2N \tag{4-2}$$

式中　S——最小响应值；

N——噪声信号。

最小检测浓度指最小检测量与进样量之比，即单位进样量相当于待测物质的量。

［**例 4-1**］用气相色谱法测定聚氯乙烯成型品中氯乙烯单体的检测限。仪器噪声的最大信号为峰高 1.0mm，注入 0.5μg 氯乙烯标准制备的顶空气 3mL，响应值为 12mm，求最低检测量。

解：根据式（4-2）　$S = 2N = 2 \times 1.0\text{mm} = 2.0\text{mm}$

由

$$\frac{\text{最小检测量}}{\text{最小响应值}} = \frac{\text{注入标准物质量}}{\text{标准物质的响应值}}$$

可知，

$$\text{最小检测量} = \frac{\text{最小响应值} \times \text{注入标准物质量}}{\text{标准物质的响应值}} = 2 \times 0.5/12 = 0.083\ (\mu g)$$

［**例 4-2**］在例 4-1 中，如果注入 3mL 顶空气相当于 0.5g 聚氯乙烯成型品，求最小检测浓度。

解： 最小检测浓度 = 0.083/0.5 = 0.17（μg/g）

（2）分光光度法　在分光光度法中，扣除空白值后，吸光值为 0.01 所对应的浓度作为检测限。

[例 4-3] 利用镉离子与 6-溴苯并噻唑偶氮萘酚形成红色络合物，对食品中镉含量进行比色测定。对全试剂空白进行 5 次平行测定，吸光度平均值是 0.003，再测定 0.25μg 标准镉溶液，其吸光度为 0.023，求检测限。

解： 由

$$\frac{\text{检测限}}{\text{最小响应值}}=\frac{\text{镉标准质量}}{\text{镉标准吸光度}-\text{空白吸光度}}$$

可知，

$$\text{检测限}=\frac{\text{最小响应值}\times\text{镉标准质量}}{\text{镉标准吸光度}-\text{空白吸光度}}=(0.01\times0.25)/(0.023-0.003)=0.125(\mu g)$$

（3）一般实验　当空白测定次数 $n>20$ 时，给出置信水平 95%，检测限为空白值正标准差（S）的 4.6 倍。

即：

$$\text{检测限}=4.6\times S \tag{4-3}$$

[例 4-4] 在例 4-3 中，当空白测定 $n>20$ 时，吸光度 0.003 ± 0.001 相当于镉（0.0375 ± 0.013）μg，求检测限。

解： 按式（4-3）　检测限 $=4.6\times S=4.6\times0.013=0.06$（μg）

若空白测定次数 $n<20$ 时，检测限按式（4-4）计算：

$$\text{检测限}=2\sqrt{2}t_f S \tag{4-4}$$

式中　t_f——置信水平为 95%（单侧），批内自由度为 f 时的临界值；

f——批内自由度；$f=m(n-1)$，m 为重复测定次数，n 为平行测定次数。

[例 4-5] 用2，3-二氨基萘荧光法测定硒，双空白测定 10 次，空白值为（11.4 ± 1.3）ng，求检测限。

解： 根据 $f=m(n-1)=10\times(2-1)=10$

查 t 值表，当置信水平 95%（单侧）时，$t_{10}=2.23$

按式（4-4），检测限 $=2\times1.414\times2.23\times1.3=8.20$（ng）

（4）国际理论化学与应用化学联合会对检测限的规定　对于各种光学分析方法，可测量的最小分析响应值以式（4-5）表示：

$$x_L=\overline{x_b}+K\times S_b \tag{4-5}$$

式中　x_L——最小响应值；

$\overline{x_b}$——多次测量空白值的平均值；

S_b——多次测量空白值的标准差；

K——根据一定置信水平确定的系数（一般当置信水平为 90%，空白测量次数 $n<20$ 时，$K=3$；置信水平为 95%，$n>20$ 时，$K=4.65$）。

规定：

$$\text{检测限}=\frac{x_L-\overline{x}_b}{m}=\frac{K\times S_b}{m} \tag{4-6}$$

式中　m——方法灵敏度，即单位浓度或单位量被测物质所产生的响应值的变化程度，在实际工作中，以标准曲线斜率度量灵敏度；

其余各项符号含义同式（4-5）。

[**例4-6**] 在例4-5测定硒时，增加空白测定数，其空白值为（10.1±0.95）ng，其灵敏度为0.54荧光单位/ng，求检测限。

解： 按式（4-6）　检测限 $=\frac{x_L-\bar{x}_b}{m}=\frac{K\times S_b}{m}=3\times0.95/0.54=5.28$（ng）

从检测限定义可以知道，增加实际测定次数，提高测定精密度，降低仪器噪声，可以改善检测限。

四、费用与效益

费用与效益是目前国内外重视的问题。实验室工作人员应结合实际测试目标，选择或设计相应准确度和精密度的实验方法。用一般常规实验能够完成的测定，不必使用贵重精密仪器。检验员经训练能较好掌握某种测定方法的时间，也是评价实验方法的重要内容。“简单易学”在一定程度上意味着能保证检验质量。从实际工作需要出发，快速、微量、费用低廉、技术要求不高、操作安全的测定方法应列为一般实验室的首选方法。

第二节　实验数据分析处理

一、实验数据的处理

实验数据是对可定量描述的特性的表达。可以通过抽样、测试、分析、计算、记录获得实验数据。实验数据处理是指将获得的实验数据经分析加工处理，包括修约、运算、离群值判断及剔除等处理方法，估算出待检测量的最佳值，并用简明而严格的方法把实验数据所代表的事物内在的规律（如函数关系、回归方程等）展现出来。这就是实验数据处理研究的主要内容。

有效数字

（一）有效数字

食品分析中数据记录与计算均按有效数字计算法进行。

1. 有效数字

有效数字（Significant Figure）是指在实验室测试中实际能够测试到的数字，包括所有的准确数字和最后一位可疑数字。实验数据总是以一定位数的数字来表示，这些数字都是有效数字，其末位数往往是估计出来的，具有一定的误差。有效数字一般是表示检测仪器所能测试到的数字。它不仅表明了数量的大小，也反映了检测方法和检测仪器的准确程度。例如，用分析天平测得某样品的质量是1.5743g，共有5位有效数字，其中“1.574”都是直接读得的，它们都是准确的，但是最后1位数字“3”是估计出来的，是欠准的。

有效数字的位数直接与测定的相对误差有关。例如，用天平称得某物品质量为0.5180g，它表示该物品实际质量是（0.5180 ± 0.0001）g，计算得到其相对误差为$\pm 0.02\%$。如果少取1位有效数字，则该物质实际质量为（0.518 ± 0.001）g，其相对误差变为$\pm 0.2\%$。这表明测试的准确度后者比前者低10倍。所以在测试准确度的范围内，有效数字的位数越多，测试也越准确，但超过测试准确度的范围，过多的位数是无意义的。

数据中小数点的位置不影响有效数字的位数。例如，50mm，0.050m，$5 \times 10^4 \mu m$，这3个数据的准确度是相同的，它们的有效数字位数都是2，所以常用科学计数法表示较大或较小的数据，而不影响有效数字的位数。

有效数字位数与量的使用单位无关。如称得某样品的质量是15g，是两位有效数字。如果以mg为单位表示时，应表示为1.5×10^4mg，而不应记为15000mg。如果以kg为单位，可记为0.015kg或1.5×10^{-2}kg。

数字0是否是有效数字，取决于它在数据中的位置。一般第一个非0数字前的数字都不是有效数字，而第一个非0数字后的数字都是有效数字。例如，数据25mm和25.00mm并不等价，前者有效数字为2位，后者是4位，它们是用不同精度的仪器测得的。所以在实验数据的记录过程中，不能随便省略末尾的0。需要指出的是，有些人为指定的标准值，末尾的0可以根据需要增减。例如，相对原子质量的相对标准是12C，它的相对原子质量为12，有效数字可以视计算需要设定。

在计算有效数字位数时，如果第一位数字等于或大于8，则可以多计1位。例如，9.99实际只有3位有效数字，但可认为有4位有效数字。

2. 有效数字的修约规则

在有效数字的运算过程中，当有效数字的位数确定后，需要舍去多余的数字。其中最常用的基本修约规则是“四舍五入”，但是这种方法还是有缺点的，它容易使所得数据系统偏大，而且无法消除。目前采用的是国家标准GB/T 8170—2008《数据修约规则与极限数值的表示和判定》。该标准充分吸收并采用了国际先进标准的内容，采取“四舍六入五成双”的法则，具体表述如下：

（1）拟舍弃数字的最左1位数据小于5，则舍去，即保留的各位数字不变。例如，将1.23428修约到小数点后3位小数，得1.234，将其修约到小数点后2位数，得1.23。

（2）拟舍弃数字的最左1位数字大于或等于5，且后面跟的是非零数字时，则进一，即保留的末位数字加1。例如，将1269修约到3位有效数字，得1.27×10^3；将9.503修约到个位数，得10。

（3）拟舍弃数字的最左1位数字等于5，且其右无数字或皆为0时，若所保留的末位数字为奇数则进一，偶数则舍弃。例如，将1265修约到3位有效数字，得1.26×10^3；将10.500修约到个位数，得10；将-12.500修约到个位数，得-13。

值得注意的是，如果有多位数字要舍去，不能从最后1位数字开始连续进位进行取舍。例如，修约12.36348到小数点后第3位，正确的结果是12.363，不正确的做法是12.36348—12.3635—12.364。

3. 有效数字的运算

实验结果常常是多个实验数据通过一定的运算得到的，其有效数字位数的确定可以通过有效数字运算来确定。

（1）加、减运算　在加、减运算中，加、减结果的位数应与其中小数点后位数最少的相同。例如，11.16+10.1+0.002，最后结果应为21.2。

（2）乘、除运算　在乘、除计算中，乘积和商的有效数位数，应以各乘、除数中有效数字位数最少的为准。例如，11.5×3.61×0.050中0.050的有效数字位数最少，所以结果等于2.0。

（3）乘方、开方运算　乘方、开方后的结果的有效数字位数应与其底数的相同。例如，$1.2^2=1.4$。

（4）对数运算　对数的有效数字位数与其真数的相同，例如，ln 6.84 = 1.92、lg 0.00004 = -4。

（5）在4个以上数的平均值计算中，平均值的有效数字可增加1位。

（6）所有取自手册上的数据，其有效数字位数按实际需要取，但原始数据如有限制，则应服从原始数据。

（7）一些常数的有效数字的位数可以认为是无限制的，例如圆周率、重力加速度、1/3等，可以根据需要取有效数字。

（8）一般在工程计算中，取2~3位有效数字就足够精确了，只有在少数情况下，需要取到4位有效数字。

从有效数字的运算可以看出，每一个中间数据对实验结果精度的影响程度是不一样的。其中精度低的数据影响相对较大，所以在实验过程中，应尽可能采用精度一致的仪器或仪表，一两个高精度的仪器或仪表无助于整个实验结果精度的提高。

（二）可疑数据的检验与取舍

1. 实验中的可疑值

在实际分析测试中，由于随机误差的存在，使得多次重复测定的数据不可能完全一致，而存在一定的离散性，并且常常发现一组测定中某一两个测定值比其余测定值明显偏大或偏小，这样的测定值称为可疑值。

可疑值的取舍

可疑值可能是测定值随机流动的极度表现。它虽然明显偏离其余测定值，但仍然是处于统计上所允许的合理误差之内，与其余测定值属于同一总体，称为极值，极值是一个好值，必须保留，然而也有可能存在这样的情况，就是可疑值与其余测定值并不属于同一总体，称其为界外值、异常值、坏值，应淘汰不要。

对于可疑值，必须首先从技术上设法弄清楚其出现的原因。如果查明是由实验技术上的失误引起的，不管这样的测定值是否为异常值都应舍弃，而不必进行统计检验。但是，有时由于各种缘故未必能从技术上找出出现过失的原因，在这种情况下，既不能随意地保留它，也不能随意地舍弃它，应对它进行统计检验，以便从统计上判明可疑值是否为异常值。一旦确定其为异常值，就应从这组测定中将其除掉，只有这样才会使测定结果符合客观实际情况。但是绝不能将本来不是异常值的测定值，主观地作为异常值舍弃。因为这样表面上看得到的数据测定精密度提高了，然而它并不是客观情况的真实反映，因为根据随机误差的分布特性，测定值的离散是必然的，出现极值也是正常的，因而在考察和评价测定数据本身可靠性时，决不可以将测定值的正常离散与异常值混淆起来。

2. 舍弃异常值的依据

对于可疑值究竟是极值还是异常值的检验，实质上就是区分随机误差和过失的问题。因为随机误差遵从正态分布的统计规律，在一组测定值中出现大偏差的概率很小的。单次测定值出现在 $\mu \pm 2\sigma$（σ 为标准差，也用 S 表示）之间的概率为 95.5%（这一概率也称置信概率或置信度，$\mu \pm 2\sigma$ 为置信区间），也就是说偏差 $>2\sigma$ 的出现概率为 5%（这概率也称为显著概率或显著性水平）；而偏差 $>3\sigma$ 的概率更小，只有 0.3%。通常分析检验只进行少数几次测定，按常规来说，出现大偏差测定值的可能性理应是非常小的，而现在竟然出现了，那么就有理由将偏差很大的测定值作为与其余的测定值来源于不同的总体异常值舍弃它。并将 2σ 和 3σ 称为允许合理误差范围，也称临界值。

3. 可疑值的检验准则

（1）已知标准差　如果人们在长期实践中已知道了标准差 σ 的数值，可直接用 2σ（置信度 95.5%）或 3σ（置信度 99.7%）作为取舍依据。

（2）未知标准差　一般情况下，总体标准差 σ 事先并不知道，而要由测定值本身来计算它，并依次来检验该组测定值中是否混有异常值，判别方法有许多，如狄克逊（Dixon）检验法、格鲁布斯（Grubbs）检验法和科克伦（Cochran）最大方差检验法等。

①狄克逊（Dixon）检验法： 狄克逊检验法也称 Q 统计量法，是指用狄克逊法检验测定值（或平均值）的可疑值和界外值的统计量，并以此来决定最大或最小的测定值（或平均值）的取舍。其中提到关于平均值的取舍问题，是由于有时要进行几组数据的重复测定，取几次测定值的平均值，也有一个可疑值取舍问题，也要进行检验。

狄克逊检验法的检验步骤和方法如下。

a. 首先将一组测定值按大小次序排列，即 $X_1 \leqslant X_2 \leqslant X_3 \cdots\cdots \leqslant X_{n-1} \leqslant X_n$。不言而喻，异常值（界外值）必然出现在两端。

b. 用表 4－1 所列公式，计算 Q 统计量。计算时，Q 统计量的有效数字应保留小数点后 3 位。

c. 从表 4－2 查出检验显著概率为 5% 和 1% 的 Q 统计量的临界值 $Q_{0.05,(H)}$ 和 $Q_{0.01,(H)}$，其中 H 为受检验的一组从小到大排列的测定值的最大的一个序数（也就是测定次数），从受检验的测定值的两个 Q 统计量计算值中，只选取较大的 Q 统计量的计算值与 Q 统计量的临界值比较。

表4-1 统计计算方式

测定次数（H）	计算公式		公式用途
3~7	$Q_{10}=\frac{Z(2)-Z(1)}{Z(H)-Z(1)}$	式（4-7）	检验最小值 Z（1）
	$Q_{10}=\frac{Z(H)-Z(H-1)}{Z(H)-Z(1)}$	式（4-8）	检验最大值 Z（H）
8~12	$Q_{11}=\frac{Z(2)-Z(1)}{Z(H-1)-Z(1)}$	式（4-9）	检验最小值 Z（1）
	$Q_{11}=\frac{Z(H)-Z(H-1)}{Z(H)-Z(2)}$	式（4-10）	检验最大值 Z（H）
13个以上	$Q_{22}=\frac{Z(3)-Z(1)}{Z(H-2)-Z(1)}$	式（4-11）	检验最小值 Z（1）
	$Q_{22}=\frac{Z(H)-Z(H-2)}{Z(H)-Z(3)}$	式（4-12）	检验最大值 Z（H）

表4-2 狄克逊法界外值检验的临界值

测定次数	临界值		测定次数	临界值	
（H）	5%	1%	（H）	5%	1%
3	0.970	0.994	22	0.468	0.544
4	0.829	0.926	23	0.459	0.535
5	0.710	0.821	24	0.451	0.526
6	0.628	0.740	25	0.443	0.517
7	0.569	0.680	26	0.436	0.510
8	0.608	0.717	27	0.429	0.502
9	0.564	0.672	28	0.423	0.495
10	0.530	0.635	29	0.417	0.489
11	0.502	0.605	30	0.412	0.483
12	0.479	0.579	31	0.407	0.477
13	0.611	0.697	32	0.402	0.472
14	0.586	0.670	33	0.397	0.467
15	0.565	0.647	34	0.393	0.462
16	0.546	0.627	35	0.388	0.458
17	0.529	0.610	36	0.384	0.454
18	0.514	0.594	37	0.381	0.450
19	0.501	0.580	38	0.377	0.446
20	0.489	0.567	39	0.374	0.442
21	0.478	0.555	40	0.371	0.438

d. 判定。若计算统计量 $Q \leqslant Q_{0.05(H)}$，则受检验的测定值正常接受。若 $Q_{0.05(H)} \leqslant Q \leqslant Q_{0.01(H)}$，则受检验的测定值为可疑值。用1个星号“ * ”记在右上角。查有技术原因的可疑值舍去，否则保留。若 $Q > Q_{0.01(H)}$ 则受检验的测定值判为界外值（异常值），用2个星号“ ** ”记在右上角。该值舍去。

e. 当 Z（1）或 Z（H）舍去时，还需对 Z（2）或 Z（$H-1$）再检验，注意此时统计量的临界值应为 $Q_{0.05(H-1)}$ 和 $Q_{0.01(H-1)}$，依此类推。但在舍去第二个测定值时要慎重考虑有否其他原因。

用狄克逊检验准则检验的优点是方法简便，概率意义明确，现以气相色谱分析的一个实例（例4-7）来说明具体检验方法。

[**例4-7**] 用外标法定量，标准试样共进样10次，依次得到峰高（mm）如下：

142.0，146.5，146.4，146.3，147.7，135.0，162.0，140.0，143.5，146.3。在取平均峰高之前，检验一下哪些测定值要舍弃？

解：首先按由小到大排列：135.0，140.0，142.0，143.5，146.3，146.3，146.4，146.5，147.7，162.0，受检验的是两个端值。

根据表4-1中的公式，计算：

$$Q_{11} = \frac{Z(2) - Z(1)}{Z(H-1) - Z(1)} = (140.0 - 135.0)/(147.7 - 135.0) = 0.394$$

$$Q_{11} = \frac{Z(H) - Z(H-1)}{Z(H) - Z(2)} = (162.0 - 147.7)/(162.0 - 140.0) = 0.650$$

从表4-2查出检验显著概率为5%和1%统计量的临界值为：$Q_{0.05(10)} = 0.530$，$Q_{0.01(10)} = 0.635$。

判定：由于 $Q_{11} < Q_{0.05(10)} = 0.530$　所以135.0值正常接受。

而 $Q_{11} > Q_{0.01(10)} = 0.635$　因此162.0值为界外值，舍弃不要。

如果计算的统计量 Q 介于0.530~0.635，则为可疑值，但本组数据不存在可疑值。

舍去162.0** 测定值后，还需检验147.7这一新的端值，就像重新提供1组测定值那样，还需要重新算起，只是此时 $H=9$，即：

$$Q_{11} = \frac{Z(2) - Z(1)}{Z(H-1) - Z(1)} = (140.0 - 135.0)/(146.5 - 135.0) = 0.435$$

$$Q_{11} = \frac{Z(H) - Z(H-1)}{Z(H) - Z(2)} = (147.7 - 146.5)/(147.7 - 140.0) = 0.156$$

而查得 $Q_{0.05(9)} = 0.564$，$Q_{0.01(9)} = 0.672$。

由于 $0.435 < Q_{0.05(9)} = 0.564$，

$0.156 < Q_{0.05(9)} = 0.564$，

故检验结果135.0及147.7均为正常保留值，应按9个计算平均值。

从上例不难看出，狄克逊检验准则拒绝接受的只是偏差很大的测定值，它把非异常值误判为异常值的概率是很小的，而把异常值误判为非异常值的可能性则大些。因而用狄克逊检验的数据，精密度不可能有偏高的假象，是一个比较好的检验方法。同时也使我们认识到，实验数据不能随意取舍。比如有人做了3次重复测定，往往有2个测定值比较接近，另一个数据有较大偏差。有的人喜欢从3个测定值中挑选2个“好”的数据进行计算，另一个数据则丢弃不管。实际上，根据统计原理从3个数据中挑选2个是不合理、不科学的，要纠正这种盲目行为。

②格鲁布斯（Grubbs）检验法：格鲁布斯检验法用于一组测量值或多组测量值的平均值的一致性检验和排除异常值，应用格鲁布斯检验时，按下述三种不同情况进行处理。

a. 在只有一个可疑值的情况下。将几个测定值由小到大排成x_1，x_2，$x_3 \cdots x_n$，设x_d为检验的可疑值（包括最大或最小值），计算统计量G：

$$G = \frac{|x_d - \bar{x}|}{S} \tag{4-13}$$

式中　$\bar{x}$——均值的平均值，$\bar{x} = \frac{\sum x_i}{n}$；

S——标准差；

x_d——被检验的最大或最小可疑值。

查格鲁布斯检验临界值表（表4-3），查出相应显著性水平α和测定次数n时的临界值$G_{\alpha,n}$并进行判断。

当$G \leqslant G_{0.05}$则可疑值为极端值应保留；

当$G > G_{0.01}$则可疑值为异常值应舍弃；

若$G_{0.05} < G < G_{0.01}$，该值是由技术原因产生的可以舍去，否则保留。

［**例4-8**］有10个实验室对同一试样进行测定，每个实验室5次测定的平均值分别是4.41，4.49，4.50，4.51，4.64，4.75，4.81，4.95，5.01，5.39。检验最大均值是否为异常值。

解：均值的平均值 $\bar{x} = \frac{\sum x_i}{n} = 4.75$

均值的标准差 $S_{\bar{x}} = \sqrt{\frac{\sum (x_i - \bar{x})^2}{n-1}} = 0.30$

所以，$G = \frac{|x_d - \bar{x}|}{S} = 2.13$

查表4-3，当$n=10$和显著性水平$\alpha=0.05$时，$G_{0.05,10}=2.18$，$G < G_{0.05,10}=2.18$，表明最大均值5.39为正常值。

表4-3　格布鲁斯检验临界值G表

测定次数	显著性水平		测定次数	显著性水平	
(n)	0.05	0.01	(n)	0.05	0.01
3	1.15	1.15	8	2.03	2.22
4	1.46	1.49	9	2.11	2.32
5	1.67	1.75	10	2.18	2.41
6	1.82	1.94	11	2.24	2.48
7	1.94	2.10	12	2.29	2.55

续表

测定次数	显著性水平		测定次数	显著性水平	
(*n*)	0. 05	0. 01	(*n*)	0. 05	0. 01
13	2. 33	2. 61	22	2. 60	2. 94
14	2. 37	2. 66	23	2. 62	2. 96
15	2. 41	2. 70	24	2. 64	2. 99
16	2. 44	2. 74	25	2. 66	3. 01
17	2. 47	2. 78	30	2. 74	3. 10
18	2. 50	2. 82	35	2. 71	3. 18
19	2. 53	2. 85	40	2. 87	3. 24
20	2. 56	2. 88	50	2. 96	3. 34
21	2. 58	2. 91			

b. 如果可疑值有两个或两个以上，而且可疑值在同一侧，在检验时可以人为地暂时舍去两个可疑值中偏差更大的一个，用 $n-1$ 个测定值计算平均值和标准差 S，检验偏差较小的一个可疑值，若为异常值则先前舍去的必然为异常值，若检验值为不异常值，这时再由全部 n 个测定值计算平均值和标准差，去检验舍去的那个可疑值，根据检验结果确定是否为异常值，再决定取舍。

c. 如果可疑值为两个或两个以上，并且分布在平均值两侧，检验方法同情况 b。

[**例 4-9**] 某实验室对同一试样进行 10 次测定的结果为：73. 5，69. 5，69. 0，69. 5，67. 0，67. 0，63. 5，69. 5，70. 0，70. 5。试问可疑值 63. 5 与 73. 5 是否为异常值？

解：这是两个可疑值分布在平均值两侧的情况，测定平均值为 68. 9，两个值偏差分别是 -5. 4 和 +4. 6，因此暂时舍去可疑值63. 5，用其余 9 个测定值去计算平均值 $\bar{x}$ 和标准差 S，检验可疑值 73. 5。

这时，$\bar{x}=69.5$，$S=1.9$，$G=\dfrac{|x_d-\bar{x}|}{S}=2.11$

查表 4-3，当 $n=9$ 和显著性水平 $\alpha=0.05$ 时，$G_{0.05,9}=2.11$，$G=G_{0.05,9}=2.11$，表明可疑值 73. 5 不能作为异常值舍弃，应该保留。

再用 10 个测定值计算，$\bar{x}=68.9$，$S=2.6$，$G=\dfrac{|x_d-\bar{x}|}{S}=2.1$

查表 4-3，当 $n=10$ 和显著性水平 $\alpha=0.05$ 时，$G_{0.05,10}=2.18$，$G<G_{0.05,10}=2.18$，表明可疑值 63. 5 也不能作为异常值舍弃。

二、实验结果的检验

在食品分析中，常遇到两个平均值的比较问题，如测定平均值和已知值的比较，不同分析人员，不同实验室，或用不同分析方法测定的平均值的比较，对比性试验研究等均属于此类问题。所以对这类问题常采用显著性检验法，即利用统计方法来检验被处理问题是否存在统计上的显著性，常用 t 检验法和 F 检验法。

（一）t 检验法

t 检验法用以比较一个平均值与标准值之间或两个平均值之间是否存在显著性差异。

t 检验的程序如下。

1. 选定所用的检验统计量

当检验样本均值 $\bar{x}$ 与总体均值 μ 是否有显著性差异时，使用统计量：

$$t=\frac{\bar{x}-\mu}{S/\sqrt{n}} \tag{4-14}$$

式中 S——标准差。

当检验两个均值之间是否有显著性差异时，使用统计量：

$$t=\frac{\bar{x}_1-\bar{x}_2}{\bar{S}}\times\sqrt{\frac{n_1\times n_2}{n_1+n_2}} \tag{4-15}$$

式中 $\bar{S}$——合并标准差，按式（4－16）计算。

$$\bar{S}=\sqrt{\frac{(n_1-1)S_1^2+(n_2-1)S_2^2}{n_1+n_2-2}} \tag{4-16}$$

式中 S_1^2——第一个样本的方差；

S_2^2——第二个样本的方差；

n_1——第一个样本的测定次数；

n_2——第二个样本的测定次数。

2. 计算统计量

如果由样本值计算的统计量值大于 t 分布表中相应显著性水平 α 和相应自由度 f 下的临界值 $t_{\alpha,f}$，则表明被检验的均值有显著性差异，反之，差异不显著。

应用 t 检验时，要求被检验的两组数据具有相同或相近的方差（标准差）。因此，在 t 检验之前必须进行 F 检验，只有在两方差一致的前提下才能进行 t 检验。

3. 假设检验的一尾测验与两尾测验

在进行测验结果分析确定检验水平时，还应根据其处理的性质和实验结果的准确性，考虑显著性测验用一尾测验还是用两尾测验。

在提出一个统计假设时，必然有一个与其相对应的备择假设。备择假设为否定假设时，必然接受另一个假设。例如，单个平均数进行显著性测验时，通常 H_0：$\mu=\mu_0$，H_A：$\mu\neq\mu_0$。如果 H_0 被否定接受 H_A 时，其 $\mu\neq\mu_0$，便有 $\mu>\mu_0$ 或 $<\mu_0$ 的两种可能性，即所测定的误差概率在正态分布曲线的左尾和右尾各有一个否定域，而临界 t 值表规定的 α 值是两尾概率之和。如果确定检验水平 $\alpha=0.05$，则两尾否定域的概率各为 0.025，这类测验称为两尾测验。

但有的实验则不然，如规定某酿酒厂曲种酿造醋的醋酸含量 > 120g/L，则其假设 H_0：$\mu > 120$g/L，H_A：$\mu \leq 120$g/L。如果选择的曲种酿造醋醋酸含量 > 120g/L，H_0被否定，μ只能 > 120g/L。若 < 120g/L 便不符合规定的企业标准，没有推广价值，因此只有在正态曲线的右尾一个否定域，这类检验称为一尾测验。两尾测验查两尾概率表或一尾测验查一尾概率表时，可以直接从表上查得。如果两尾测验查一尾概率表时，需将检验水平值除2，再查出μ_α，如两尾测验检验水平$\alpha = 0.05$，一尾概率$\mu_{0.05} = 1.64$，应将检验水平$\alpha = 0.05$除以2得$\alpha = 0.025$，$\mu_{0.025} = 2.24$，如果一尾检验水平$\alpha = 0.1$，$\mu_{0.1} = 1.64$，乘以2得$\alpha = 0.2$，查两尾概率表，得$\mu_{0.2} = 1.28$。因此，用一尾测验还是用两尾测验，应认真从实际考虑。

而 t 检验法为判别性测验，多为两尾测验。

下面将 t 检验法在食品分析中的主要应用介绍如下。

（1）用已知组成的标样评价分析方法　鉴定一个分析方法的可靠性，可用一已知量的基准物或已知含量的标准试样进行对照试验，通过若干次测定，取其平均值，然后将这个平均值与已知值（真值）进行比较，从而判断这个分析方法是否存在系统误差。因为这时将平均值与真值进行比较，所以可以按 t 检验法来判别。逻辑推理是先假设平均值与真值之间不存在真正的差异，如果所算出的 t 值大于通常规定的置信水平的 t 值，那么，应该拒绝所提的假设，就是说，这样的差异不能认为是偶然的误差，而是被检验的方法存在系统误差，反之，则应接受该假设，判断该方法不存在系统误差。

［**例 4－10**］为鉴定一个分析方法的准确度，取质量为100mg的基准物进行10次测定，所得数据为100.3，99.2，99.4，100.0，99.7，99.9，99.4，100.1，99.4，99.6，试对这组数据进行评价。

解：计算平均值和标准偏差。$\bar{x} = 99.7$，$S = 0.36$，按式（4－14），计算统计量

$$t = \frac{\bar{x} - \mu}{S/\sqrt{n}} = \frac{99.7 - 100}{0.36/\sqrt{10}} = -2.63 \quad \text{查}\ t\ \text{值表得}\ t_{0.05,9} = 2.26,\ |t| > t_{0.05,9}$$

表明10次测定的平均值与标准值有显著性差异，可认为该方法存在系统误差。

（2）两个平均值的比较　在进行分析方法研究的时候，往往要在两种分析方法之间、两个不同实验室之间或两个不同操作者之间进行比较试验。这时对同一试样各测定若干次，得到两组测定数据的平均值，以比较两个平均值来判断它们之间是否存在真正的差异。如果两组测定数据的精密度高，两个平均值相差又比较大，这种情况自然容易判断。有时，两组数据本身不很精密，而两个平均值相差又不太大，这时就需要利用统计分析法才能进行正确判断。

两组测定的平均值都不是真值，在进行检验时，将两组数据看作同属一个总体来处理，按式（4－15）、式（4－16）计算统计量 t，与查表所得的 t 值（$f = n_1 + n_2 - 2$）进行比较，便能作出判断。

［**例 4－11**］采用两种不同方法测定乳粉中脂肪含量，测定数据见表 4－4，试比较两种方法的精密度有无显著差异。

表4－4　乳粉脂肪测定数据　　单位：%

脂肪含量	方法1		脂肪含量	方法2	
	$\lvert x_{1i}-\bar{x}_1\rvert$	$\lvert x_{1i}-\bar{x}_1\rvert^2$		$\lvert x_{2i}-\bar{x}_2\rvert$	$\lvert x_{2i}-\bar{x}_2\rvert^2$
2.01	0.04	0.0016	1.88	0.04	0.0016
2.10	0.13	0.0169	1.92	0.00	0.0000
1.86	0.11	0.0121	1.90	0.02	0.0004
1.92	0.05	0.0025	1.97	0.05	0.0025
1.94	0.03	0.0009	1.94	0.02	0.0004
1.99	0.02	0.0004			
11.82		0.0344	9.61		0.0049

注：最后一行为合计值。x_1为方法1的测定值，x_2为方法2的测定值，x_{1i}为方法1中的第i次测定值，x_{2i}为方法2中的第i次测定值。

解：根据两组数据，分别计算两种方法得平均值$\bar{x}$及标准差S。

$$\bar{x}_1=\frac{\sum x_{1i}}{n_1}=1.97,\quad S_1=\sqrt{\frac{\sum(x_{1i}-\bar{x}_1)^2}{n_1-1}}=0.083$$

$$\bar{x}_2=\frac{\sum x_{2i}}{n_2}=1.92,\quad S_2=\sqrt{\frac{\sum(x_{2i}-\bar{x}_2)^2}{n_2-1}}=0.035$$

计算合并标准差

$$\bar{S}=\sqrt{\frac{(n_1-1)S_1^2+(n_2-1)S_2^2}{n_1+n_2-2}}=\sqrt{\frac{5\times0.083^2+4\times0.035^2}{6+5-2}}=0.066$$

计算统计量

$$t=\frac{\bar{x}_1-\bar{x}_2}{S}\sqrt{\frac{n_1n_2}{n_1+n_2}}=\frac{1.97-1.92}{0.066}\sqrt{\frac{5\times6}{5+6}}=1.251$$

查t值表得$t_{0.05,9}=2.2622$，$t<t_{0.05,9}$，两法差别不显著，即两种测定结果是一致的。

（3）配对比较实验数据　在分析方法实验中，为判断某一个因素的结果是否有显著影响，往往取若干批试样，将其他因素固定下来，对某一因素进行配对的比较实验。这样的实验可以消除其他因素的影响而把被检验的因素突出来，以便从随机误差的覆盖下找出被检验的因素是否存在真正的差异。例如，为比较两个实验室的分析结果，取若干批试样交由两个实验室进行比较测定；为了比较两种分析方法的差异性，可以用两种不同方法对同一试样进行测定比较，也可以把一个试样交给几个人进行方法的比较试验等。

配对比较实验数据的判断，不是根据两组数据的平均值来比较，而是根据各组配对数据之差D来进行显著性的检验。

首先计算配对数据之差D的平均值$\bar{D}$，标准差S_D：

$$\bar{D}=\frac{\sum D_i}{n}\tag{4-17}$$

$$S_D = \sqrt{\frac{\sum (D_i - \bar{D})^2}{n-1}} = \sqrt{\frac{\sum D_i^2 - (\sum D_i)^2/n}{n-1}} \tag{4-18}$$

然后计算统计量 t：

$$t_D = \frac{\bar{D} \times \sqrt{n}}{S_D} \tag{4-19}$$

如果计算的统计量值小于 t 值表中相应显著性水平 α 和相应自由度 f 的临界值 $t_{\alpha, f}$，则表明被检验的两种方法测定结果是一致的。

[**例 4－12**] 某实验室使用直接离子计测定饮料中的氟含量。为检验新方法的可靠性，用新法和老法（氟试剂比色法）同时对 10 份不同饮料进行了对比性测定，结果见表 4－5，两法的测定结果是否一致？

表 4－5　两种方法测定氟含量数据

饮料样品	氟含量/（mg/L）		相差值 D_i	相差值 D_i^2
	氟试剂比色法	直接离子计法		
1	4.18	4.42	−0.24	0.0576
2	4.04	4.17	−0.13	0.0169
3	4.36	3.14	1.22	1.4884
4	3.01	2.94	0.07	0.0049
5	1.66	1.20	0.46	0.2116
6	10.31	7.96	2.35	5.5225
7	5.92	9.80	−3.88	15.0544
8	2.5	1.43	1.07	1.1449
9	5.98	3.97	2.01	4.0401
10	6.56	4.83	1.73	2.9929
合计			4.66	30.5342

解：按式（4－17）、式（4－18）计算差数的平均值 $\bar{D}$ 与标准差 S_D

$$\bar{D} = \frac{\sum D_i}{n} = 4.66/10 = 0.466 \text{ (mg/L)}$$

$$S_D = \sqrt{\frac{\sum (D_i - \bar{D})^2}{n-1}} = \sqrt{\frac{\sum D_i^2 - (\sum D_i)^2/n}{n-1}} = 1.78 \text{ (mg/L)}$$

按式（4－19）计算 t 值

$$t_D = \frac{\bar{D} \times \sqrt{n}}{S_D} = \frac{0.466 \times \sqrt{10}}{1.78} = 0.83$$

查 t 值表，当 $f=9$ 时，$t_{0.05,9} = 2.26$，$t_D < t_{0.05,9}$。

说明测定结果的差别无显著性，即两种方法的测定结果是一致的。

（二）F 检验法

F 检验法是通过计算两组数据的方差之比来检验两组数据是否存在显著性差异。比如使用不同的分析方法对同一试样进行测定得到的标准差不同，或几个实验室用同一种分析方法测定同一试样，得到的标准差不同，这时就有必要研究产生这种差异的原因，通过这种 F 检验法，可以得到满意的解决。

F 检验法步骤如下。

1．计算统计量方差比

$$F=\frac{S_1^2}{S_2^2} \tag{4-20}$$

式中　S_1^2，S_2^2——分别代表两组测定值的方差。

2．查 F 分布表

见本书附录七。

3．判断

当计算所得 F 值大于 F 分布表中相应显著性水平 α 和自由度 f_1，f_2 下的临界值 $f_{\alpha(f_1,f_2)}$，即 $F>f_{\alpha(f_1,f_2)}$ 时，两组方差之间有显著性差异，反之，两组方差无显著性差异。

在编制 F 分布表时，是将大方差作分子，小方差作分母，所以，在由样本值计算统计量 F 时，也要将样本方差 S_1^2、S_2^2 中数值较大的一个作分子，较小的一个作分母。

［**例 4-13**］仍以表 4-4 中实验数据为例，通过 F 检验法比较两种方法的精密度有无显著差异。

解： 分别计算两种方法的方差

$$S_1^2=0.083^2=0.0069,\ S_2^2=0.035^2=0.0012$$

按式（4-20）计算统计量方差比 F

$$F=\frac{S_1^2}{S_2^2}=0.0069/0.0012=5.75$$

查 F 分布表，$F_{0.05(5,4)}=6.26$，$F<F_{0.05(5,4)}$。

说明差别不显著，即两种测定方法精密度是一致的。

［**例 4-14**］用原子吸收法与比色法同时测定某试样中的铜，各进行了 10 次测定，原子吸收法测定方差为 6.5×10^{-4}，比色法测定的方差为 8.0×10^{-4}，试由测定精密度考虑，以选取哪种测定方法合适。

解： ① 给定显著性水平 $\alpha=0.10$，根据题意，只要检验两个方差是否有显著性差异，不管两个方差中哪一个比另一个大得多或小得多，都认为是有显著性差异，因此是双侧检验。F 分布表中给出了单侧检验 F 临界值，对于双尾检验，在给定显著性水平 α 时，要从 F 分布表中查 $F_{\alpha/2}$ 值，针对本例情况，查 F 分布表，$F_{0.05(9,9)}=3.18$。

② 计算统计量得：

$$F=\frac{S_1^2}{S_2^2}=8.0\times10^{-4}/6.5\times10^{-4}=1.23$$

$F<F_{0.05(9,9)}=3.18$，说明不能认为两法方差有显著性差异，即选用原子吸收法或比色法都是可以的。

三、测定结果的校正

在食品分析中常常因为系统误差，使测定结果高于或低于检测对象的实际含量，即回收率不是100%，所以需要在样品测定时，用加入回收法测定回收率，再利用回收率按式（4-21）以样品的测定结果进行校正。

$$X = X_0 \div P \tag{4-21}$$

式中 X——样品中被测成分的质量分数，%；

X_0——样品中被测成分实际测得的质量分数，%；

P——回收率，%。

四、分析结果的表示

食品分析项目众多，某些项目测验结果还可以用多种化学形式来表示，如硫含量，可用 S^{2-}、SO_2、SO_3、SO_4^{2-} 化学形式表示，它们的数值各不相同。测定结果的单位也有多种形式，如mg/L、g/L、mg/kg、g/kg、mg/100g、质量分数（%）等，取不同单位时显然结果的数值不同。统计处理结果的表示方法也多种多样，如算术平均值 $\bar{x}$、极差、标准偏差等表示测定数据的离散程度（精密度）。

原则上讲，食品分析要求报出的测定结果既反映数据的集中趋势，又反映测定精密度及测定次数，另外还要照顾食品分析自身的习惯表示法。

通常，食品分析中报出的测定结果的单位采用质量分数，而对食品中微量元素的测定结果采用mg/kg或μg/mg，统计处理的结果采用测定值的算术平均数 $\bar{x}$ 与相差 $R = X_{max} - X_{min}$ 同时表示。当测定数据的重现性较好时，测定次数 n 通常为2次，当测定数据的重视性较差时，分析次数应相应地增加。

思考题

1. 什么是可疑值？如何对可疑值进行检验？
2. 什么是准确度？如何表示？
3. 什么是精密度？它与准确度有什么联系和区别？
4. 对不同的仪器、方法，其检测限有何要求？

第二篇

食品中营养成分分析

第五章

水分及水分活度的测定

本章学习目的与要求

1. 了解食品中水的存在形式，理解测定水分和水分活度的必要性以及在食品分析检测中的不同意义；

2. 归纳、对比，掌握常用的水分测定方法的方法特征、优缺点及适用性；

3. 了解水分活度的控制与检测对食品生产、加工、保藏的作用，学习如何进行水分活度的测定。

第一节　概　　述

一、食品中的水分含量

水分含量的分析在食品检测中是最常见和最重要的项目之一。水分含量不仅可以直接影响食品的感官特征，而且还影响食品组成中各种溶液（溶于水的糖类、无机盐等）、悬浊液（不溶于水的脂质等）和胶体物质（溶于水的高分子化合物、淀粉、蛋白质等）的状态和形成。去除水分后残留的干物质称为总固形物。各种食品中都含有或多或少的水分，蔬菜和水果的水分含量通常能达到80%以上，而那些看起来比较干的坚果类，它们也有2%~5%的水分。为达到产品的某些性状、功能、贮藏等方面的品质，不少食品都有其必须或允许的水分限量。因为对于某些特定的食品种类，偏离正常的水分含量会导致食品感官差异、组分失衡、易于腐败等。例如，对于脱水蔬果产品，水分含量的增加会促进非酶褐变。随着食品水分含量的降低，食品组分中的蛋白质会变性、盐分会结晶析出。例如，水果硬糖的水分含量一般控制在3.0%以下，但过低会出现返砂甚至返潮现象。而大部分的食品腐坏是由于水分含量（或水分活度）升高为微生物生长提供了条件。例如，全脂乳粉水分含量控制在2.5%～3.0%，可抑制微生物的生长，延长保质期。此外，水分含量的减少有利于产品的包装和运输，同时减低物流、仓储等成本，例如浓缩果汁、脱水产品等。一些常见食品的水分含量可参考表5－1。

食品中的水分

表5-1　常见食品的水分含量　单位:%

食品种类	水分含量	食品种类	水分含量
水果和蔬菜		乳制品	
西瓜（未加工）	91.5	含2%乳脂的部分脱脂液态乳	89.3
脐橙（未加工）	86.3	原味低脂酸乳酪	85.1
苹果（带皮未加工）	85.6	低脂或含2%乳脂的农舍乳酪	80.7
葡萄（未加工）	81.3	切达乳酪	36.8
葡萄干	15.3	香草味冰淇淋	61
黄瓜（带皮未加工）	95.2	脂肪和油脂	
绿蚕豆（未加工）	90.3	氢化人造黄油	15.7
坚果		含盐黄油	15.9
干核桃仁	4.6	油（大豆油，沙拉油，烹调油）	0
花生（加盐干烤）	1.6	肉类	
花生酱（含盐润滑型）	1.8	生牛肉（含95%瘦肉）	73.3
谷物制品		鸡肉（带皮生肉）	68.6
小麦面粉，全谷类	10.3	生比目鱼鱼翅	79.1
咸味饼干	4.0		
玉米片	3.5		

水分含量以湿重计算。

二、食品中水的存在状态

不仅各种不同的食品中水分含量有很大差异，而且水分在不同的食品中有不同的存在状态，有自由形式存在的水，也有与食品中非水组分结合形成的结合水，这主要是由于水分子特殊的化学结构导致的。水分子是由一个氧原子和两个氢原子通过共价键结合的呈四面体构型的化学结构，由于氧原子的电负性较高，它会从氢原子中拉取电子，使得水分子中氧原子上带有负电荷，而氢原子上带有正电荷，从而产生偶极矩，使得水分子形成较稳定的氢键（图5-1）；由于H—O键间电荷的非对称分布使H—O键具有极性，这种极性使分子间产生引力。由于每个水分子具有数目相等的氢键受体和供体，因此水分子间可以形成三维空间氢键网络结构，另外，水分子与食品中的其他组分可以通过氢键、离子键、偶极作用、范德华力等发生相互作用。表5-2列示了食品中水的不同存在状

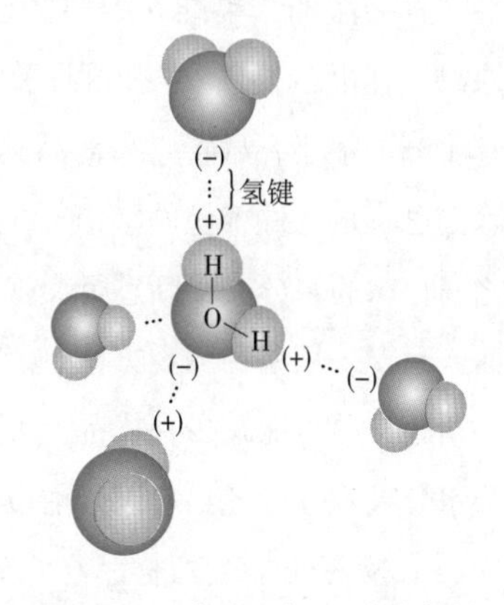

图5-1　水分子间形成的氢键

态及其特征。

表5-2　食品中水的不同存在状态

水的存在状态		与组分的结合形式	特征
自由水		游离	1. 保持水的物理性质 2. 作为溶剂和分散剂 3. 可以自由流动 4. 使微生物活动活跃从而令食物变质 5. 易于分离 6. 能够凝结
结合水	单分子层结合水	通过氢键与强极性基团结合	1. 在非水物质外层形成水膜 2. 结合力大，不易蒸发除去 3. -40℃不结冰 4. 在食品内部不能作为溶剂 5. 不适合微生物生长
	多分子层结合水	通过氢键与弱极性基团结合的水以及单分子层结合水外几个水分子层的水	性质与单分子层结合水相似，而结合力越弱以及层数越趋外围，性质越接近自由水

第二节　水分的测定方法

水分的测定

GB 5009.3—2016《食品安全国家标准　食品中水分的测定》

食品中水分测定的方法可以分为直接法和间接法。直接法主要是利用干燥、蒸馏、萃取等方式除去食品中的水分，通过质量法、容量法或滴定法以确定水分含量。而间接法主要是利用食品中与水的存在状态有关的物理性质，如相对密度、折射率、电导、介电常数等来确定食品中的水分含量。一般情况下，直接法的结果准确度要高于间接法，而实际应用时该采取哪种方法主要取决于样品的性质和测定目的。

水分子很小，尽管它与食品其他组分不形成共价键，但要把它从食品中完全除去也不是一件容易的事情，加上在食品的整个生产和流通环节，食品与环境之间存在的水分会不断进行交换从而使得水分含量测定的结果难以达到准确。因而，不管采用哪种测定方法，在水分含量的分析中，一定要注意采取预防和保护措施，尽可能减少在样品采集、保存、预处理以及测量过程中发生水分丢失或水分吸收。因此，可以采取以下的一些措施：

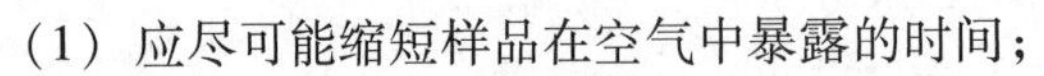

（1）应尽可能缩短样品在空气中暴露的时间；

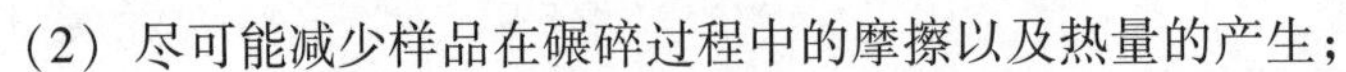

（2）尽可能减少样品在碾碎过程中的摩擦以及热量的产生；

（3）为避免样品和盛装容器环境间发生水分转移，盛装样品的容器应尽量少留空间；

（4）尽量减少测定过程中的温度波动。

GB 5009. 3—2016《食品安全国家标准　食品中水分的测定》介绍了水分测定的四种方法：第一法　直接干燥法；第二法　减压干燥法；第三法　蒸馏法；第四法　卡尔－费休（Karl－Fischer）法。国标所列的四种方法均属于直接法。详细的分析操作内容可以扫二维码参阅。

一、干燥法

GB 5009. 3—2016《食品安全国家标准　食品中水分的测定》中介绍的第一法和第二法是使用标准的烘箱分别在常压和真空减压下对样品进行加热干燥从而测定水分含量的干燥法。这两种方法费时较长，但操作简便，因而得到广泛应用，它们的测定原理相似，都是利用在一定的温度和压力下，在标准烘箱中将样品加热干燥使其水分蒸发除去，从而根据样品前后失重来计算水分含量。它们之间的区别在于：直接干燥法在常压（101. 3kPa）和一定温度（101～105℃）下进行，而减压干燥法则在低压（40～53kPa）和较低温度［（60±5）℃］下进行（因为在低压条件下，水的沸点会降低）。

待测样品的样品量、颗粒尺寸、粒径分布、吸湿性和比表面积等因素均会影响烘箱干燥过程中脱水的速度和效率。不同的食品种类、状态，样品的处理方法也不同。对于液体产品（如果汁、牛乳）和半固体产品（如果酱、糖浆）如果直接高温加热，会因沸腾而造成样品损失，所以通常使用称量瓶（带有海砂和一根小玻棒）先在蒸汽浴中预干燥浓缩，再放到烘箱中干燥；普通的固体样品，可以直接使用称量瓶进行干燥。

样品的水分含量可以根据式（5－1）进行计算：

$$X = \frac{m_1 - m_2}{m_1 - m_3} \times 100 \tag{5-1}$$

式中　X——样品的水分含量，g/100g；

m_1——恒重的称量瓶（加海砂、玻棒）加样品的质量，g；

m_2——恒重的称量瓶（加海砂、玻棒）加样品干燥后的质量，g；

m_3——恒重的称量瓶（加海砂、玻棒）的质量，g。

而对于面包和谷物类的产品通常先风干、研磨后再进行烘干，即二步干燥法。这种方法费时更长，但相对一步法准确度较高。将样品称重（m_1）后切成2～3mm的薄片自然风干15～20h，称重（m_2）；将样品粉碎、过筛、混匀；置于称量瓶中以烘箱干燥法测定水分含量，样品水分含量按式（5－2）计算：

$$X = \frac{m_1 - m_2 + m_2\left(\frac{m_3 - m_4}{m_3 - m_5}\right)}{m_1} \times 100 \tag{5-2}$$

式中　X——样品的水分含量，g/100g；

m_1——新鲜样品总质量，g；

m_2——风干后样品的质量，g；

m_3——烘箱干燥前样品与称量瓶的质量，g；

m_4——烘箱干燥后样品与称量瓶的质量，g；

m_5——称量瓶质量，g。

直接干燥法适用于在101～105℃下，蔬菜、谷物及其制品、水产品、豆制品、乳制品、肉制品、卤菜制品、粮食（水分含量低于18%）、油料（水分含量低于13%）、淀粉及茶叶类等食品中水分的测定，不适用于水分含量小于0.5g/100g的样品。

理论上，应用直接干燥法要取得较高准确性的结果，理想的待测样品应当符合3个条件：①除了水之外，样品不含其他挥发性物质；②水分可以被彻底除去；③干燥过程中，待测样品的其他组分不发生化学反应变化或变化所引起的质量变化可忽略。因此，该法不适用于那些挥发性样品，水分不易排除的胶状样品，易于发生脂质氧化、美拉德反应或蔗糖水解等类型的样品。

而即使待测样品在该法的适用范围内，由于样品总是或多或少地没有那么“理想化”，因此测量结果就会产生一定的误差。

首先，从样品的角度看，如果样品中存在微量的芳香油、醇、有机酸等这些能在100℃下挥发的物质，直接干燥法所得的水分含量会偏高，因为加热蒸发损失的质量中包括了除了水之外的其他物质。

其次，从方法本身的角度看，由于直接干燥不能完全除去食品中的结合水并且也没有一个很直观的表征水分完全除去的指标，所以这种方法所测定的并不是样品中真正的水分含量；另外，直接干燥法中所选用的干燥时间和温度是非常重要的参数，因为使用该法既要尽可能将样品中的水分蒸发而分离除去（理论上温度越高、持续越持久越完全），同时又不能使样品其他组分在长时间的高温加热中发生分解，释放水分而使结果偏高，或者促进某些成分与水发生反应，消耗水分而使结果偏低。而具体该采取什么温度、多长时间，还须根据待测样品的性质和分析目标而定。有些情况下，如果样品的热稳定性较好，为缩短干燥时间，可以采用120℃、130℃或更高的温度进行干燥。

减压干燥法适用于高温易分解的样品及水分较多的样品（如糖、味精）中水分的测定，不适用于添加了其他原料的糖果（如奶糖、软糖）中水分的测定，不适用于水分含量小于0.5g/100g的样品（糖和味精除外）。由于采用较低的干燥温度，可以防止脂质的高温氧化，防止高糖食品的高温脱水炭化，防止易分解成分高温分解等。

减压干燥利用真空烘箱对样品进行干燥，与常压干燥相比，水分蒸发速率会加快，因而能够在较短时间（3～6h）内使水分更好地被除去并且能防止样品分解。使用真空烘箱有以下一些需要注意的事项。

（1）操作时，要注意对温度和真空度进行控制。常用的压力为40～53kPa，温度为50～60℃。而实际应用时，这两个参数取决于产品性质。有些样品的使用温度能达到95～102℃，例如AOAC中推荐的干燥条件：咖啡（3.3kPa、98～100℃）；乳粉（13.3kPa、100℃）；坚果及其制品（13.3kPa、95～100℃）。水果和高糖产品的温度较低（60～70℃），例如干果（13.3kPa、

70℃）、糖和蜂蜜（6.7kPa、60℃）。

（2）真空烘箱还需要对空气进行干燥与净化。

（3）干燥时间取决于样品的总水分含量、样品的性质、单位质量样品的表面积、是否使用海砂作为分散剂以及是否含有较强持水能力和易分解的糖类和其他化合物等因素。一般每次烘干时间为2h，但有的样品需5h；恒重一般以减量不超过0.5mg为标准，但对受热后易分解的样品则可以不超过1～3mg的减量值为恒重标准。

（4）如果被测样品中含有浓度较高的挥发性物质，应考虑使用校正因子来弥补挥发量。

（5）在真空条件下热量传导不是很好，因此称量瓶应该直接置放在金属架上以确保良好的热传导。

（6）蒸发是一个吸热过程，要注意由于多个样品放在同一烘箱中使箱内温度降低的现象，冷却会影响蒸发。但不能通过升温来弥补冷却效应，否则样品在最后干燥阶段可能会产生过热现象。

除了常压和真空干燥法以外，还有几种常见的干燥法，包括：化学干燥法、微波烘箱干燥法、红外线干燥法、快速水分分析仪法。这几种分析方法的共同特征是测量样品处理前后的重量变化，样品减轻的重量相当于样品中水分含量。表5－3列出了这四种干燥法的主要特征。

表5－3　其他干燥法

方法	测量原理	水分如何被识别	优点	缺点	注意事项	适用
化学干燥法	利用化学干燥剂强烈吸附样品中的水蒸气	干燥剂与样品水分在干燥器中通过等温扩散、吸附使样品达到干燥恒重	常温反应；可多个样品同时操作	干燥时间比较长	根据样品的性质选用合适的干燥剂，如浓硫酸、固体氢氧化钠、硅胶、活性氧化铝、无水氯化钙等	适用于对热不稳定、含易挥发组分的样品，如茶叶、香料等
微波烘箱干燥法	利用微波能量加热样品使水分蒸发	微波（10^3～10^5MHz的电磁波）能量导致水分蒸发	快速（加热速度快、效率高、均匀性好、易于瞬时控制及对某些组分选择性吸收）。此法被认为是第一个精确而快速测定水分的技术	微波分析仪相对昂贵；一次只能分析一个样品	1. 样品须均匀、尺寸一致，以便在规定的条件下完全干燥 2. 样品必须位于中心位置且均匀分布，避免局部受热不均 3. 应缩短样品放置时间防止质量测定前发生脱水或吸湿	某些食品在包装前可利用此法快速测定和调整水分含量。例如，在加工干酪时，在原料倒入容器，搅拌之前，可用此法调整水分。

续表

方法	测量原理	水分如何被识别	优点	缺点	注意事项	适用
红外线干燥法	利用红外线提供的热量穿透样品使水分蒸发	红外线能量导致水分蒸发	快速	昂贵；一次只能分析一个样品	1. 控制时间和温度 2. 均匀分布样品	适用于快速质量控制但不适于高湿度产品（容易飞溅）
快速水分分析仪法	基于热解重量进行快速水分分析，用加热元件加热样品使水分蒸发	利用加热控制程序使待测样品升至恒定温度，在100℃沸点下，样品水分蒸发，仪器自动称重并计算水分含量	快速	昂贵；一次只能分析一个样品	1. 控制时间和温度 2. 均匀分布样品 3. 定期校准分析天平	适用于快速质量控制但不适于高湿度产品（容易飞溅）

二、蒸馏法

GB 5009.3—2016《食品安全国家标准　食品中水分的测定》的第三法介绍的是蒸馏法测定样品中的水分含量，这种方法最初是作为水分测定的快速分析法被提出来的。蒸馏法是采用与水互不相溶的高沸点有机溶剂与样品中的水分共沸蒸馏，收集馏分于接收管内，从所得的水分的容量求出样品中的水分含量。蒸馏法与干燥法的检测原理区别主要在于：干燥法是以干燥后减少的质量为依据，而蒸馏法是以蒸馏收集到的水量为准。蒸馏法采用了一种有效的热交换方式，水分可被迅速移去，食品组分所发生的化学变化，如氧化、分解等作用，都较直接干燥法小，避免了挥发性物质减少的质量以及脂肪氧化对水分测定造成的误差，适用于含水较多且有较多挥发性成分的水果、香辛料及调味品、肉与肉制品等食品中水分的测定，不适用于水分含量小于1g/100g的样品。

蒸馏法有两种：直接蒸馏和回流蒸馏。前者使用沸点比水高、与水互不相溶的溶剂，样品用矿物油或沸点比水高的液体在远高于水沸点的温度下加热；后者使用沸点仅比水略高的溶剂如甲苯、二甲苯和苯。目前最广泛的蒸馏方法是使用水分测定器将食品中的水分与甲苯或二甲苯共同蒸出，根据接收的水的体积计算出试样中水分的含量。水分测定器如图5－2所示。

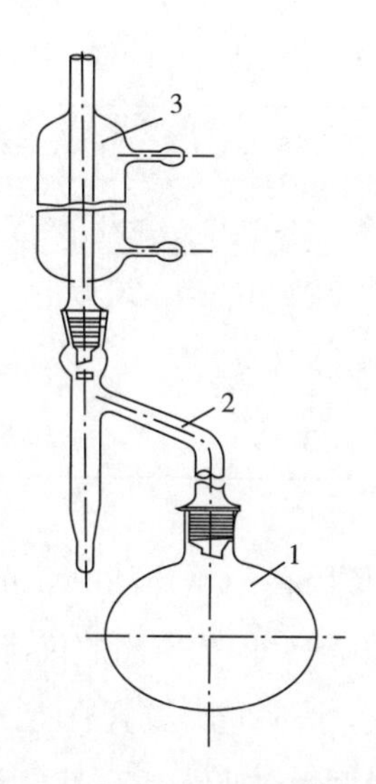

图5-2　水分测定器

1—圆底烧瓶　2—带刻度接收器　3—冷凝管

样品的水分含量按式（5-3）计算：

$$X = \frac{V - V_0}{m} \times 100 \tag{5-3}$$

式中　X——试样的水分含量，mL/100g（或按水在20℃的相对密度0.998，20g/mL计算质量）；

V——接收器中水的体积，mL；

V_0——做试剂空白时，接收管内水的体积，mL；

m——试样的质量，g。

使用蒸馏法时，有机溶剂的选择是一个重要的参数，主要取决于样品的性质，同时还需要适当考虑溶剂对样品的湿润性、热传导性、化学惰性、可燃性等。常用的有机溶剂的性质可参见表5-4。苯、甲苯或甲苯-二甲苯的混合液这些沸点较低，适用于对热不稳定的食品；对于一些含有糖分、可分解释出水分的样品，如脱水洋葱和脱水大蒜，宜选用苯作溶剂。加热时一般要使用石棉网，如果样品含糖量高，推荐使用油浴加热。所用甲苯必须使用无水甲苯。样品为粉状或半流体时，先将瓶底铺满干净的海砂，再加样品及甲苯。对于比水重的溶剂，其特点是样品会浮在上面，不易过热及炭化，又安全防火，但是，这种溶剂被馏出冷凝后，会穿过水面进入接收管下方，从而增加了形成乳浊液的机会。

表5-4　蒸馏法有机溶剂的物理常数

有机溶剂	沸点/℃	相对密度（25℃）	共沸混合物		水在有机溶剂中溶解度/（g/100g）
			沸点/℃	水分/%	
苯	80.2	0.88	69.25	8.8	0.05
甲苯	110.7	0.86	84.1	19.6	0.05
二甲苯	140	0.86			0.04

续表

有机溶剂	沸点/℃	相对密度(25℃)	共沸混合物		水在有机溶剂中溶解度/(g/100g)
			沸点/℃	水分/%	
四氯化碳	76.8	1.59	66.0	4.1	0.01
四氯（代）乙烯	120.8	1.63			0.03
偏四氯乙烷	146.4	1.60			0.11

蒸馏法分析结果产生误差的主要原因有：① 样品中水分没有完全被蒸馏出来；② 不清洁的仪器导致水分附集在冷凝器和连接管内壁，因此使用的仪器必须清洗干净；③ 水分溶解在有机溶剂中；④ 水与有机溶剂形成乳浊液。为防止形成乳浊液，可以添加少量戊醇、异丁醇；⑤ 馏出了水溶性的成分；⑥ 蒸馏出水分的同时样品发生分解。

三、卡尔－费休法

GB 5009.3—2016《食品安全国家标准　食品中水分的测定》的第四法介绍的是卡尔－费休（Karl－Fischer）法，简称费休法或K－F法，是一种迅速而准确的水分测定法。它不仅可以测定样品中的游离水，还可以测定结合水，被广泛应用于多种化工产品的水分测定。此法快速准确且无须加热，在很多场合也常被作为水分特别是微量水分的标准分析方法，用于校正其他分析方法。

卡尔－费休法的原理是基于有水存在时碘与二氧化硫的氧化还原反应。

$$2H_2O + SO_2 + I_2 \rightleftharpoons 2HI + H_2SO_4$$

上述反应是可逆的，在体系中加入吡啶和甲醇可使反应顺利向右进行。

$$C_5H_5N \cdot I_2 + C_5H_5N \cdot SO_2 + C_5H_5N + H_2O \longrightarrow 2C_5H_5N \cdot HI + C_5H_5N \cdot SO_3$$

$$C_5H_5N \cdot SO_3 + CH_3OH \longrightarrow C_5H_5N(H)SO_4 \cdot CH_3$$

总反应是1mol碘与1mol水作用，反应式如下：

$$C_5H_5N \cdot I_2 + C_5H_5N \cdot SO_2 + C_5H_5N + H_2O + CH_3OH \longrightarrow 2C_5H_5N \cdot HI + C_5H_5N(H)SO_4 \cdot CH_3$$

卡尔－费休法又分为库仑法和容量法。其中容量法通常以一种已知滴定度的卡尔－费休试剂直接滴定样品中可接触的水分（如果固体样品的水分不能和试剂接触，则可用合适的溶剂，例如甲醇，溶解样品或萃取出样品中的水），这时滴定试剂中碘的浓度是已知的，反应完毕后多余的游离碘呈现红棕色，即可确定达到终点。根据消耗滴定试剂的体积，计算消耗碘的量，从而计量出被测物质中的水分含量。通常使用卡尔－费休水分滴定仪进行自动滴定，参见图5－3。

具体测定步骤：

1. 卡尔－费休试剂的配制及保存

反应中所使用的卡尔－费休滴定试剂，通常由碘、二氧化硫、吡啶按1∶3∶10的比例溶解在甲醇溶液中配成，并以纯水作为基准物来标定该试剂的滴定度。卡尔－费休试剂的有效浓度取决于碘的浓度，新鲜配制的试剂，其有效浓度会不断降低，这是由于试剂中各组成本身也含有水分。但是，试剂浓度降低的主要原因是有一些副反应引起的，它消耗了一部分碘。因此，新鲜配制的卡尔－费休试剂，混合后需避光放置一定时间后才能使用，同时，每次临用前均应标定。

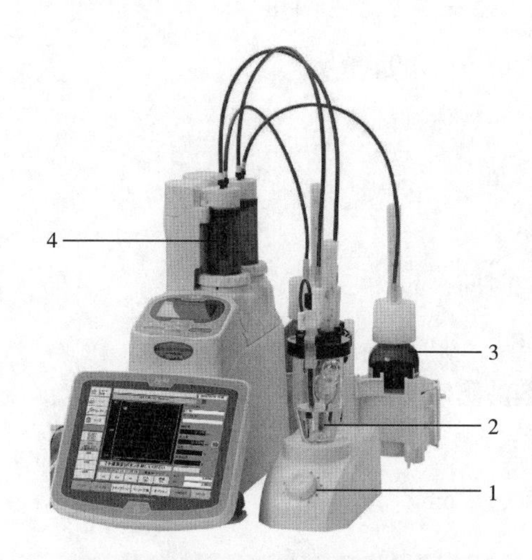

图5－3 自动卡尔－费休水分滴定仪

1—电磁搅拌器 2—反应器 3—卡尔－费休试剂 4—干燥管

2. 卡尔－费休试剂的标定

在水分滴定仪的反应器中加入500mL的无水甲醇，接通电源，启动电磁搅拌器，先用卡尔－费休试剂滴入甲醇中使其中残存的微量水分与试剂作用达到计量点，并保持1min内不变，此时不记录卡尔－费休试剂的消耗量。然后用10μL的微量注射器从反应器的加料口缓缓注入10μL蒸馏水，用卡尔－费休试剂滴定至原定终点，记录卡尔－费休试剂的消耗量（V）。卡尔－费休试剂的滴定度按式（5－4）计算：

$$T = \frac{m}{V} \tag{5-4}$$

式中 T——卡尔－费休试剂的滴定度，mg/mL；

m——水的质量，mg；

V——滴定水消耗的卡尔－费休试剂的用量，mL。

3. 样品水分的测定

于反应器中加一定体积的甲醇或卡尔－费休滴定仪中规定的溶剂浸没反应器中的铂电极，在搅拌下用卡尔－费休试剂滴定至终点。迅速将易溶于甲醇或符合规定的溶剂的试样直接加入滴定杯中；对于不易溶解的试样，应对滴定杯进行加热或加入已测定水分的其他溶剂辅助溶解后用卡尔－费休试剂滴定至终点。建议采用容量法测定试样中的含水量应大于100μg。对于滴定时，平衡时间较长且引起漂移的试样，需要扣除其漂移量。

在滴定杯中加入与测定样品一致的溶剂，并滴定至终点，放置不少于10min后再滴定至终点，两次滴定之间的单位时间内的体积变化即为漂移量（D）。

固体试样中水分的含量按式（5－5）计算，液体试样中水分的含量按式（5－6）计算：

$$X = \frac{(V_1 - D \times t) \times T}{m} \times 100 \tag{5-5}$$

$$X = \frac{(V_1 - D \times t) \times T}{V_2 \rho} \times 100 \tag{5-6}$$

式中 X——试样中的水分含量，g/100g；

V_1——滴定样品时卡尔－费休试剂体积，mL；

V_2——液体样品体积，mL；

D——漂移量，mL/min；

t——滴定时所消耗的时间，min；

m——样品的质量，g；

T——卡尔－费休试剂的滴定度，g/mL；

100——单位换算系数；

ρ——液体样品的密度，g/mL。

4. 注意事项

（1）若要水分萃取完全，在制备谷物和一些食物时，样品的颗粒大小非常重要。通常样品细度约为40目，宜用破碎机处理，不要用研磨机以防水分损失，在粉碎样品中还要保证其含水量的均匀性。

（2）卡尔－费休法适用于含有微量水分的样品，如面粉、砂糖、人造奶油、可可粉、糖蜜、茶叶、乳粉、炼乳及香料等食品中的水分测定，其测定准确性比直接干燥法要高，它也是测定脂肪和油类物品中微量水分的理想方法。

（3）卡尔－费休法是测定食品中微量水分的方法，该法不适用于能与卡尔－费休试剂的主要成分反应并生成水的样品以及能还原碘或氧化碘化物的样品中水分的测定。如食品中含有氧化剂、还原剂、碱性氧化物、氢氧化物、碳酸盐、硼酸等，都会与卡尔－费休试剂所含组分起反应，干扰测定。

（4）样品溶剂可用甲醇或吡啶，此外，也可以使用其他溶剂，如甲酰胺或二甲基甲酰胺。在滴定过程中吡啶会产生强烈异味，所以，现在有研究正在尝试用其他的胺类代替吡啶来溶解碘和二氧化硫。目前，已发现某些脂肪胺和其他的杂环化合物比较适宜。在这些新的胺盐的基础上，分别制备了单组分试剂（溶剂和滴定组分合在一起）和双组分的试剂（溶剂和滴定组分是分开的），单组分使用较方便，而双组分更适合于大量试剂的储存。

四、间接测定法

间接法不需要进行水分的分离，而是基于样品的理化性质与水分含量的变化关系。这些方法可以是快速无损的，因而在食品生产和质量控制中也被广泛使用。但是这些方法通常需要对直接采集得到的数据进行校准才能量化样品中的水分含量。常用的间接水分含量测定法有介电法、电导率法、红外吸收光谱法、折光法。这几种方法的主要特征可参见表5-5。

表5-5　常用的间接水分含量测定法

方法	测量原理	测量值	优点	缺点	注意事项	典型应用
介电法	样品的介电常数与含水率有关，使电流通过样品，根据其电容或电阻的变化来确定食品中水分的含量	样品的介电常数(电容指数的测量值)	快速，适合连续检测测定	不适用于水分含量低于35%的食品；仪器需要根据标准方法测定已知水分含量的样品来校准	样品密度、重量、体积之间的关系和样品温度是控制该法可靠性和可重复性的重要因素	谷物水分含量测定：根据水的介电常数(80.37)远高于蛋白质和淀粉(~10)，根据仪器的读数从预先制作好的标准曲线上得到水分含量值
电导率法	当样品中水分含量变化时，可导致其电流传导性随之变化	样品的电阻	快速，精确	每个样品的测定时间必须恒定	要保持温度恒定	样品的含水量与电阻有对应关系，如：含水量为13%、14%、15%的小麦的电阻比是1∶7∶50
红外吸收光谱法	测量水分子的—OH在特征波长下红外辐射的吸收，通过计算经过样品前后红外辐射的强度来测定样品的红外线光谱	从样品反射的近红外光量	快速，简单，用于估计食品各个成分的含量	昂贵；一次只能测定一个样品；获得的数值只是估计值/预测值	测定前必须进行仪器校准；控制样品的颗粒尺度；样品必须均匀分布	广泛用于谷物、咖啡、可可、核桃、花生、肉制品、牛乳、马铃薯等样品的水分测定
折光法	如果化合物的性质、样品的温度和光的波长恒定，则可以用折射率来确定目标化合物的浓度	折射率；测量固体含量	快速，简单，便宜	应用有限；只能测量固体含量	控制温度；需要清洁接触面	通常用作快速测量饮料和牛乳中的固体含量，水果、番茄及其制品的可溶性固体含量

第三节　水分活度的测定

一、水分活度的测定意义

在本章第一节里，我们将食品中的水分按其存在状态分为两种，除了自由水以外，其余水分都是以不同程度的束缚状态存在。水分含量指的是水在食品中所占的质量分数，我们介绍了许多测定水分含量的方法，但单纯的水分含量并不能评估食品稳定性。我们发现，食品在存放过程中经常会发生腐败，但是很多时候含水量相同的食品它们所发生的腐败现象却并不相同。食品腐败现象更确切地是与样品中的水分与其他组分的结合程度正相关，而不是与样品的水分含量。

水分活度的测定

食品的水分活度（Water Activity，A_w）是用来描述水的能量状态的，这个概念比起“水分含量”更能解释说明食品腐败的现象。食品的水分活度与其物理特性以及食品中微生物生长、化学和酶反应有密切关系，可用于评估食品稳定性。一般而言，水分含量较高的食品 A_w 也较高，但含水量与 A_w 并不成线性关系。水分活度是食品中水的热力学性质，被定义为在同温同压下，食品中水的逸度与纯水的逸度之比。逸度指的是溶剂从溶液中逃逸的倾向，这个值不容易被直接测量，所以水分活度也可近似地定义为在同温同压下，食品所含水的蒸汽压与纯水蒸汽压的比值，即式（5－7）：

$$A_w = \frac{f}{f_0} = \frac{p}{p_0} \tag{5-7}$$

式中　A_w——水分活度；

f——溶剂（水）的逸度；

f_0——纯溶剂（水）的逸度；

p——溶液或食品中的水分蒸汽分压；

p_0——纯水的蒸汽压。

ERH 是平衡相对湿度（Equilibrium Relative Humidity），指的是食品周围的空气状态：在同温下，食品中水分蒸发达到平衡时（即单位时间内脱离和返回食品中的水的物质的量相等时），食品上方恒定的水蒸汽分压与水的饱和蒸汽压的比值（乘以 100 用整数表示）。因此，水分活度与 ERH 的关系如式（5－8）所示，可见，A_w 就是一个取值在 0（无水）至 1（纯水）的量纲为一的量。

$$A_w = \frac{ERH}{100} \tag{5-8}$$

A_w 表示食品中水分存在的状态，即反映水分与食品成分的结合程度或游离程度。结合程度越高，则 A_w 值越低。在同种食品中一般水分含量越高，其 A_w 值越大，但不同种食品即使水分含量相同 A_w 值往往也不同。

测定食品的A_w具有较为重要的意义，因为：

（1）A_w值影响食品的色、香、味、组织结构以及食品的稳定性；

（2）A_w值影响食品储藏的稳定性。

因而，控制食品的A_w值可以调控食品质量，延长食品保藏期。例如，水果软糖中添加琼脂，主食面包中添加乳化剂，糕点生产中添加甘油等对于调整食品A_w值，改善口感及延长保存期均起了很好的作用。

二、水分活度的测定方法

水分活度的测定方法很多，如蒸汽压力法、电湿度计法、溶剂萃取法、露点水活度法等。GB 5009. 238—2016《食品安全国家标准　食品水分活度的测定》主要介绍了康威氏皿扩散法和水分活度仪扩散法两种方法，详细的标准水分活度试剂的配制及测量步骤可以查阅具体内容。

1. 康卫氏皿扩散法

GB 5009.238—2016《食品安全国家标准　食品水分活度的测定》

在密封、恒温的康卫氏（Conway）扩散皿（图5－4）中，样品中的自由水分别在A_w较高和A_w较低的标准试剂（表5－6）中扩散平衡后，根据样品质量的增加（在A_w较高的标准试剂中平衡）和减少（在A_w较低的标准试剂中平衡），求得样品的A_w值。计算方法：以各种标准A_w值试剂在25℃时的A_w值为横坐标，样品的质量增减数为纵坐标在坐标纸上作图，将各点连接成一条直线，这条线与横坐标的交点即为所测样品的A_w值。

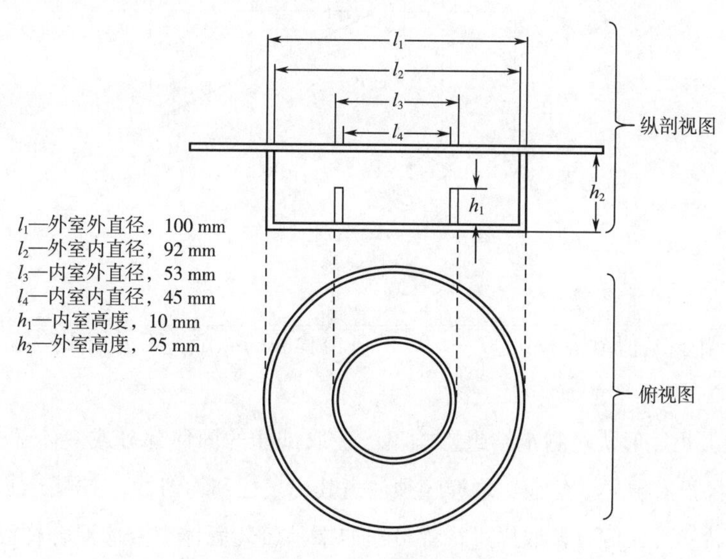

图5－4　康卫氏微量扩散皿

表5-6　标准水分活度试剂的（A_w）值（25℃）

试剂名称	A_w 值	试剂名称	A_w 值
重铬酸钾（$K_2Cr_2O_7 \cdot 2H_2O$）	0.986	溴化钠（$NaBr \cdot 2H_2O$）	0.577
硝酸钾（KNO_3）	0.924	硝酸镁［$Mg(NO_3)_2 \cdot 6H_2O$］	0.528
氯化钡（$BaCl_2 \cdot 2H_2O$）	0.901	硝酸锂（$LiNO_3 \cdot 3H_2O$）	0.476
氯化钾（KCl）	0.842	碳酸钾（$K_2CO_3 \cdot 2H_2O$）	0.427
溴化钾（KBr）	0.807	氯化镁（$MgCl_2 \cdot 6H_2O$）	0.330
氯化钠（NaCl）	0.752	醋酸钾（$KAc \cdot H_2O$）	0.224
硝酸钠（$NaNO_3$）	0.737	氯化锂（$LiCl \cdot H_2O$）	0.110
氯化锶（$SrCl_2 \cdot 6H_2O$）	0.708	氢氧化钠（$NaOH \cdot H_2O$）	0.070

实例分析：某样品在硝酸钾（KNO_3）标准A_w试剂（$A_w = 0.924$）平衡下增重7mg，在氯化钡（$BaCl_2 \cdot 2H_2O$）标准A_w试剂（$A_w = 0.901$）平衡下增重3mg，在氯化钾（KCl）标准A_w试剂（$A_w = 0.842$）中减重9mg，在溴化钾（KBr）标准A_w试剂（$A_w = 0.807$）中减重15mg。如图5-5所示，可求得样品的$A_w = 0.878$。

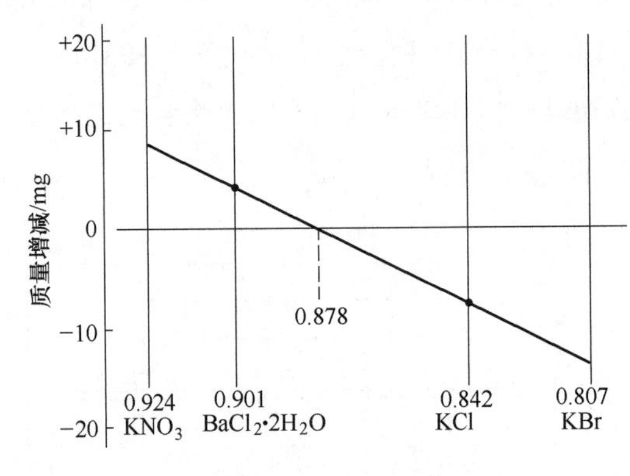

图5-5　A_w 值测定图解

注意事项：

（1）方法适用于A_w值范围为0.00～0.98的各类食品的测定，不适用于冷冻和含挥发性成分的食品。

（2）试样的大小、形状对测定结果影响不大，取试样的固体部分或液体部分都可以，样品平衡后其测定结果没有差异。然而，取样还须注意其代表性和均匀性，在测定前，对于固体、液体或流动的浓稠状样品，可直接取样进行称量；如果是瓶装固体、液体混合样品可取液体部分；若为质量多样的混合样品，则应取有代表性的混合均匀的样品。

（3）绝大多数样品在严格密封的康卫氏皿中平衡后可在2h后测得A_w值，但对于某些特殊样品，如米饭类、油脂类、油浸烟熏类等则需4d左右才能测定。为此，须加入样品量0.2%的山梨酸作防腐剂，并以其水溶液作空白。

（4）取样应迅速，各份样品称量应在同一条件下进行。

2. 水分活度仪扩散法

在密闭、恒温的水分活度仪的测量舱内，试样中的水分扩散平衡。此时水分活度仪测量舱内的传感器或数字化探头显示出的响应值（相对湿度对应的数值）即为样品的 A_w 值。图 5－6 为水分活度仪。

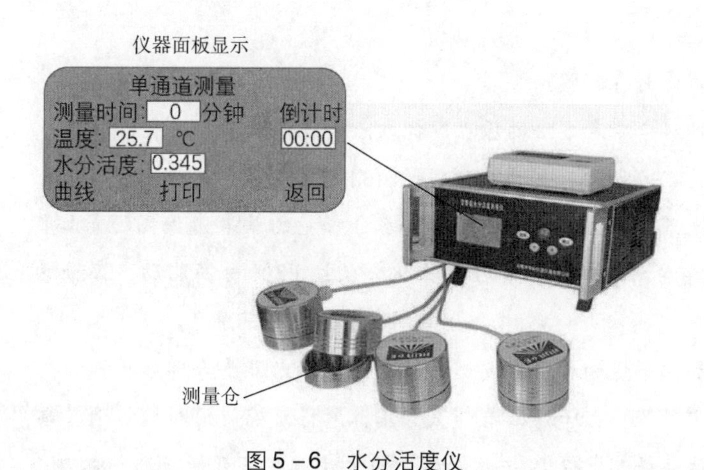

图 5－6　水分活度仪

注意事项：

（1）方法适用于 A_w 值范围为 0.60～0.90 的各类食品的测定，不适用于冷冻和含挥发性成分的食品。

（2）在仪器测量前，需用饱和盐溶液在室温 18～25℃，相对湿度 50%～80% 的条件下校正水分活度仪。

（3）样品在测量仓内达到水分平衡的标志，是以每隔 5min 所记录的 A_w 仪器响应值中相邻 2 次响应值之差小于 0.005 为准。

（4）鱼、肉等块状样品在测量前应适当粉碎成颗粒状；半流体或流体、粉末状等均匀样品可直接测量。

（5）在处理和测定样品时，应采取防吸湿和蒸发的措施，减少或避免样品的吸湿和水分蒸发。

（6）待测样品的装量，禁止超过仪器规定的装样量，样品过多会污染传感器。

3. 溶剂萃取法

食品中的水可用与其不相混溶的溶剂苯来萃取。在一定的温度下，由苯萃取出的水量与样品中水相的水分活度成正比。用卡尔－费休法分别测定苯从食品和纯水中萃取出的水量并求出两者之比值，即为样品的 A_w 值。A_w 值可按式（5－9）计算：

$$A_w = \frac{[H_2O]_n}{[H_2O]_0} \times 10 \qquad (5-9)$$

式中　$[H_2O]_n$——从食品中萃取的水量（用卡尔－费休试剂滴定度乘以滴定样品所消耗该试剂

的体积），mL；

$[H_2O]_0$——从纯水中萃取的水量（用卡尔－费休试剂滴定度乘以滴定 10mL 纯水萃取液时所消耗该试剂的质量），mL。

在溶剂萃取法中，除了需要由苯（光谱纯）萃取样品水分以外，其他步骤同水分测定中的卡尔－费休法。溶剂萃取法使用的所有玻璃器皿必须干燥，该法与水分活度仪法所得结果相当。

思考题

1. 水分测定的意义有哪些？

2. 试比较几种水分测定方法的原理、优缺点和适用范围。

3. 水分活度的测定方法有哪些？分别说明测定原理。

4. 在下列情况下，采用直接干燥法测定水分含量的结果是偏高还是偏低？为什么？（1）粉碎不充分；（2）存在高浓度的挥发性风味化合物；（3）含高脂肪、高糖的食品；（4）蔗糖的水解。

5. 为什么经加热干燥的称量瓶要迅速放到干燥器内且要冷却后再称量？

6. 在水分测定过程中，干燥器有什么作用？怎样正确使用和维护干燥器？

7. 卡尔－费休法是测定食品中微量水分的方法，在下列情况下，被测食品的水分含量是否有可能偏低或偏高，并解释。（1）样品颗粒较大；（2）样品中含有还原性物质，如维生素 C。

8. 蒸馏法测定水分的原理是什么？其优缺点和适用范围是什么？

9. 测定食品水分活度的意义是什么？

10. 卡尔－费休法测定水分的原理是什么？

11. 试总结文中所介绍的干燥方法中，水是如何被除去（或反应、识别）的？

第六章

碳水化合物的测定

本章学习目的与要求

1. 综合了解食品中碳水化合物的性质、分布与作用；
2. 综合了解食品中碳水化合物测定的意义及多种测定方法；
3. 重点掌握食品中单糖和低聚糖含量的测定方法；
4. 重点掌握食品中主要的多糖——淀粉和膳食纤维含量的测定方法。

第一节　概　　述

一、碳水化合物的定义和分类

碳水化合物是由碳、氢、氧元素组成的一大类物质，也称为糖类物质。它提供人体生命活动所需热能的60%~70%，也是构成机体的重要生理功能物质，参与细胞的多种代谢过程，维持生命活动，如核糖、脱氧核糖、氨基多糖、蛋白多糖、脂多糖等。同时，碳水化合物也是食品工业的主要原、辅材料，是大多数食品的主要成分之一。碳水化合物根据其能否水解和水解后的生成物可分为单糖、低聚糖和多糖三大类。单糖是碳水化合物的最基本组成单位，不能再行水解，主要包括葡萄糖、果糖、半乳糖、核糖、阿拉伯糖和木糖。低聚糖包括双糖和寡糖，其中双糖是以两分子单糖结合而成的，包括蔗糖、麦芽糖和乳糖；寡糖是由3~9个单糖通过糖苷键连接而成的，如异麦芽低聚糖、低聚果糖、低聚半乳糖、低聚木糖等。多糖是一类高分子化合物，由10个以上的单糖分子缩合而成，种类很多，如淀粉、变性淀粉、半纤维素、纤维素、亲水胶质物（果胶、黄原胶、瓜尔豆胶等）和活性多糖（香菇多糖、虫草多糖、红枣多糖等）。

碳水化合物概述

对于糖类，我们还需要掌握还原糖和总糖两个概念。还原糖是指具有还原性的糖类，它在碱性溶液中能生成醛基和羰基，可被适当的氧化剂氧化成醛糖酸、糖二酸等。还原糖包括如葡萄糖、果糖、甘油醛等的所有单糖，和乳糖、麦芽糖等二糖，以及寡糖。蔗糖和海藻糖在溶液中不生成醛基和酮基，故不属于还原糖。总糖是指具有还原性的糖和在测定条件下能水解为还原性单糖的蔗糖的总量。总糖是食品生产中的常规分析项目，它反映食品中可溶性单糖和低聚糖的总量，其含量高低对产品的色、香、味、组织形态、营养价值、成本等有一定影响。

二、食品中碳水化合物的分布与含量

碳水化合物在自然界中分布很广，在各种食品中存在的形式和含量不同。葡萄糖和果糖等单糖主要存在于水果和蔬菜中，一般含量分别为0.96%~5.82%和0.85%~6.53%；蔗糖普遍存在于植物中，一般含量较低，但在甘蔗和甜菜中含量较高，分别为10%~15%和15%~20%，因而甘蔗和甜菜为工业制糖的原料。蔗糖是食品工业中最重要的甜味物，被应用于各种加工食品中。乳糖存在于哺乳动物的乳汁中，牛乳中乳糖含量为4.6%~4.8%。寡糖在自然界含量较少，大多作为功能性成分加入到食品中。淀粉广泛存在于农作物的籽粒（如小麦、玉米、大米、大豆）、根（如甘薯、木薯）和块茎中（马铃薯）；含量高的约达干物质的80%。纤维素主要存在于谷类的麸糠和果蔬的表皮中；果胶物质在植物表皮中含量较高。

三、食品中碳水化合物的测定意义

在食品加工中，碳水化合物对食品的形态、组织结构、物化性质以及色、香、味等感官指标起着十分重要的作用。例如，食品加工中常需要控制一定量的糖酸比；糖果中糖的组成及比例直接关系到其风味和质量；糖的焦糖化作用及羰氨反应既可使食品获得诱人的色泽和风味，又能引起食品的褐变，须根据工艺需要加以控制。食品中碳水化合物的含量也在一定程度上标志着营养价值的高低，是某些食品的主要质量指标。因此，碳水化合物测定历来是食品的主要分析项目之一。

四、食品中碳水化合物的测定方法

食品中碳水化合物的测定方法可分为直接法和间接法两大类。直接法是根据碳水化合物的某些理化性质进行分析的方法，包括物理法、化学法、酶法、色谱法、电泳法、生物传感器法等；间接法是根据样品的水分、粗脂肪、粗蛋白质、灰分等含量，利用差减法计算出来，常以总碳水化合物或无氮抽提物来表示。物理法包括相对密度法、折光法、旋光法，只能用于某些特定样品，如测定糖液浓度、糖品的蔗糖分、谷物中的淀粉等。化学法是应用最广泛的常规分析方法，包括直接滴定法、高锰酸钾法、铁氰化钾法、碘量法、蒽酮法等。食品中还原糖、蔗糖、总糖、淀粉等的测定多采用化学法，但所测得的是糖类物质的总量，不能确定混合糖的组分及其每种糖的含量。利用薄层色谱法、气相色谱法、高效液相色谱法和离子色谱法等可对混合糖中的各种糖分进行分离、定性和定量。电泳法可对食品中可溶性糖分、低聚糖和活性多糖等进行分离和定量。酶法具有灵敏度高、干扰少的特点，可测定葡萄糖、蔗糖和淀粉等。生物传感器法简单、快速，可在线检测葡萄糖、果糖、半乳糖、蔗糖等，是一种具有很大潜力的检测方法。

第二节　单糖和低聚糖的测定

一、提取和澄清

食品中可溶性糖类通常是指游离态单糖、双糖和寡糖等，测定时一般须选择适当的溶剂提取样品中糖类物质，并对提取液进行纯化，排除干扰物质后才能测定。

可溶性糖类的测定

（一）提取

水和乙醇是常见的糖类提取剂。水在40～50℃对可溶性糖类的提取效果较好，如果温度高于此温度范围，将会提取出相当量的可溶性淀粉和糊精等成分。水提取液中除了可溶性糖类以外，还可能含有果胶、淀粉、色素、蛋白质、有机酸等干扰物质，尤其是乳与乳制品、大豆及其制品，干扰物质较多，将延长下一步的过滤时间或影响分析结果。用水作提取剂时，如果样品中含有较多有机酸，提取液应调为中性，以防止部分糖水解。

乙醇作为提取剂时，常用的浓度为70%～75%。如果样品的含水量较高，混合液的最终浓度也应控制使乙醇浓度在上述范围内。在70%～75%乙醇浓度下，溶液中的蛋白质、淀粉和糊精等不能溶解，并可避免糖被酶水解。

提取可溶性糖类物质应遵循以下原则：① 根据所采用的分析方法，确定合适的取样量和稀释倍数，一般每毫升提取液含糖量应控制在0.5～3.5mg；② 含脂肪的食品须经脱脂处理，一般用石油醚进行处理后再用水提取；③ 含有大量淀粉和糊精的食品，宜采用乙醇溶液提取；④ 含酒精和二氧化碳等挥发组分的液体样品，应在水浴上加热除去，且加热时应保持溶液呈中性，以免造成低聚糖的水解及其单糖的分解。

（二）提取液的澄清

澄清剂的作用是除去一些影响糖类测定的干扰物质。澄清剂应能完全除去干扰物质，但不会吸附或沉淀糖类，也不会改变糖类的理化性质，并且过剩的澄清剂不干扰糖的分析，或者易于除掉。

澄清剂的种类很多，性能各不相同，澄清效果也各不一样，应根据样液的性质、干扰物质的种类和含量及所采用的分析方法加以选择。澄清剂的用量必须适当，否则会使分析结果失真。如铅盐澄清法，当试液在测定中加热时，铅与糖类结合生成铅糖，使分析结果偏低。要使误差为最小，应用最少量的澄清剂，或者加入除铅剂来避免铅糖产生。常用的除铅剂有草酸钠、草酸钾、硫酸钠、磷酸氢二钠等，其用量尽量减少。常用的澄清剂的种类和性能如表6－1所示。

表6-1 常用的澄清剂

澄清剂种类	主要性能
中性醋酸铅 [Pb（$CH_3COO)_2$·$3H_2O$]	利用试剂中的铅离子能与多种离子结合，生成难溶沉淀物，同时吸附除去部分杂质。它能除去蛋白质、果胶、有机酸、单宁等杂质。它的作用较可靠，不会沉淀样液中的还原糖，在室温下也不会形成铅糖化合物，因而适用于测定还原糖样液的澄清。但它的脱色能力较差，不能用于深色样液的澄清，适用于浅色的糖及糖浆制品、果蔬制品、焙烤制品等。铅盐有毒，使用时应注意
醋酸锌和亚铁氰化钾溶液	利用醋酸锌 [Zn（$CH_3COO)_2$·$2H_2O$] 与亚铁氰化钾反应生成的氰亚铁酸锌沉淀来吸附干扰物质。这种澄清剂去除蛋白质能力强，但脱色能力差，适用于色泽较浅，蛋白质含量较高的样液的澄清，如乳制品、豆制品等
硫酸铜和氢氧化钠溶液	由5份硫酸铜溶液（69.28g Cu_2SO_4·$5H_2O$ 溶于1L水中）和2份1mol/L氢氧化钠溶液组成。在碱性条件下，铜离子可使蛋白质沉淀，适合于富含蛋白质的样品的澄清
碱性醋酸铅	能除去蛋白质、有机酸、单宁等杂质，又能凝聚胶体。但它可生成体积较大的沉淀，可带走糖，特别是果糖。过量的碱性醋酸铅可因其碱度及铅糖的形成而改变糖类的旋光度。可用于处理深色糖液
氢氧化铝溶液（铝乳）	能凝聚胶体，但对非胶态杂质的澄清效果不好。可用作浅色糖溶液的澄清，或作为附加澄清剂
活性炭	能除去植物样品中的色素，适用于颜色较深的提取液，但能吸附糖类造成糖的损失，特别是蔗糖吸附损失可达6%~8%

二、还原糖的测定

常用的还原糖测定方法有碱性铜盐法、铁氰化钾法、碘量法、比色法及酶法等。

（一）碱性铜盐法

碱性酒石酸铜溶液是由甲液（硫酸铜溶液）和乙液（酒石酸钾钠与氢氧化钠等配成的溶液）组成。将一定量的甲液、乙液等量混合，立即生成天蓝色的氢氧化铜沉淀，这种沉淀很快与酒石酸钾钠反应，生成深蓝色的可溶性酒石酸钾钠铜络合物。在加热条件下，还原糖能与酒石酸钾钠铜溶液中的二价铜离子反应：$Cu^{2+} \rightarrow Cu^{+} \rightarrow Cu_2O\downarrow$。根据此反应过程中定量方法的不同，碱性铜盐法可分为直接滴定法、高锰酸钾法和萨氏法等。

1. 直接滴定法

（1）原理　试样经除去蛋白质后，在加热条件下以次甲基蓝为指示剂，用试样滴定碱性酒石酸铜溶液（已用还原糖标准溶液标定），根据试样液消耗体积可计算出还原糖含量。各步反应式如下：

① 甲液中的硫酸铜与乙液中的氢氧化钠反应生成氢氧化铜沉淀：

$$CuSO_4 + 2NaOH \longrightarrow Cu(OH)_2\downarrow + Na_2SO_4$$

② 氢氧化铜与乙液中的酒石酸钾钠反应，生成可溶性酒石酸钾钠铜络合物：

$$Cu\begin{array}{l}\diagup OH\\ \diagdown OH\end{array} + \begin{array}{l}HO-CH-COONa\\ \quad\ \ |\\ HO-CH-COOK\end{array} \longrightarrow Cu\begin{array}{l}\diagup O-CH-COONa\\ \quad\quad\ \ |\\ \diagdown O-CH-COOK\end{array} + 2H_2O$$

③ 样液中的还原糖（以葡萄糖为例）与酒石酸钾钠铜反应，生成红色的氧化亚铜沉淀，待二价铜全部被还原后，稍过量的还原糖把次甲基蓝还原，溶液由蓝色变为无色，即为滴定终点。

$$\begin{array}{c}CHO\\|\\(CHOH)_4\\|\\CH_2OH\end{array} + 6\begin{array}{c}COOK\\|\\CHO\\|\\CHO\\|\\COONa\end{array}\!\!\!>Cu + 6H_2O \longrightarrow \begin{array}{c}COOH\\|\\(CHOH)_3\\|\\CH_2OH\end{array} + 6\begin{array}{c}COOK\\|\\CHOH\\|\\CHOH\\|\\COONa\end{array} + 3Cu_2O\downarrow + H_2CO_3$$

$$\underset{\text{（蓝色氧化态）}}{(H_3C)_2N-[\text{吩噻嗪环},\ N,\ S-Cl]-N(CH_3)_2} \underset{\text{氧化}}{\overset{\text{还原}}{\rightleftharpoons}} \underset{\text{（无色还原态）}}{(H_3C)_2N-[\text{吩噻嗪环},\ N-H,\ S]-N(CH_3)_2}$$

从上述反应式可知，1mol 葡萄糖可以将 6mol Cu^{2+} 还原为 Cu^{+}。实际上两者之间的反应并非那么简单。实验结果表明，1mol 葡萄糖只能还原 5mol 多的 Cu^{2+}，且随反应条件而变化。因此，不能根据上述反应式直接计算出还原糖含量，而是用已知浓度的葡萄糖标准溶液标定的方法，或利用通过实验编制出的还原糖检索表来计算。

（2）主要试剂

① 碱性酒石酸铜甲液：称取 15g 硫酸铜（$CuSO_4 \cdot 5H_2O$）及 0.05g 次甲基蓝，溶于水中并稀释至 1000mL。

② 碱性酒石酸铜乙液：称取 50g 酒石酸钾钠及 75g 氢氧化钠，溶于水中，再加入 4g 亚铁氰化钾，完全溶解后，用水稀释至 1000mL，贮存于具橡胶塞玻璃瓶中。

甲液与乙液应分别贮存，用时才混合，否则酒石酸钾钠铜络合物长期在碱性条件下会慢慢分解析出氧化亚铜沉淀，使试剂有效浓度降低。

在碱性酒石酸铜乙液中加入亚铁氰化钾是为消除氧化亚铜沉淀对滴定终点观察的干扰，使之与氧化亚铜生成可溶性的络合物，使终点更为明显。

③葡萄糖标准溶液（1.0mg/mL）：准确称取经过 98～100℃ 烘箱中干燥 2h 后的葡萄糖 1g，

加水溶解后加入盐酸溶液 5mL，并用水定容至 1000mL。此溶液每毫升相当于 1.0mg 葡萄糖。

（3）分析步骤及结果计算

①试样制备：取适量样品，按本节介绍的原则对样品中糖类进行提取和澄清。如样品含酒精或碳酸，须先加热除去。对于一般的食品，称取粉碎后的固体试样 2.5～5g（精确至 0.001g）或混匀后的液体试样 5～25g（精确至 0.001g），置于 250mL 容量瓶中，加 50mL 水，缓慢加入醋酸锌溶液 5mL 和亚铁氰化钾溶液 5mL，加水至刻度，混匀，静置 30min，用干燥滤纸过滤，弃去初滤液，取后续滤液备用。对于含淀粉的样品，称取粉碎或混匀后的试样 10～20g（精确至 0.001g），置于 250mL 容量瓶中，加水 200mL，在 45℃水浴中加热 1h，并时时振摇，冷却后加水至刻度，混匀，静置，沉淀。吸取 200.0mL 上清液置于另一 250mL 容量瓶中，缓慢加入醋酸锌溶液 5mL 和亚铁氰化钾溶液 5mL，加水至刻度，混匀，静置 30min，用干燥滤纸过滤，弃去初滤液，取后续滤液备用。

② 碱性酒石酸铜溶液的标定：吸取碱性酒石酸铜甲液和乙液各 5mL，置于 150mL 锥形瓶中，加水 10mL，加玻璃珠 3 粒。从滴定管中加约 9mL 葡萄糖标准溶液，控制在 2min 内加热至沸腾，趁沸以每 2s 1 滴的速度继续滴加葡萄糖标准溶液，直至溶液的蓝色刚好褪去为终点，记录消耗葡萄糖标准溶液的总体积，同时平行操作 3 次，取其平均值，计算每 10mL（碱性酒石酸铜甲液和乙液各 5mL）碱性酒石酸铜溶液相当于葡萄糖的质量（mg），按式（6－1）计算：

$$F = \rho \times V \tag{6-1}$$

式中 F——10mL 碱性酒石酸铜溶液（甲、乙液各 5mL）相当于葡萄糖的质量，mg；

ρ——葡萄糖标准溶液的质量浓度，mg/mL；

V——标定时消耗葡萄糖标准溶液的体积，mL。

③ 试样溶液预测：吸取碱性酒石酸铜甲液和乙液各 5mL，置于 150mL 锥形瓶中，加水 10mL，加玻璃珠 3 粒，在 2min 内加热至沸腾，保持沸腾以先快后慢的速度从滴定管中滴加试样溶液，并保持沸腾状态，待溶液颜色变浅时，以每 2s 1 滴的速度滴定，直至溶液的蓝色刚好褪去为终点，记录试样溶液消耗体积。试样溶液必须进行预测，因为本法对样品中还原糖浓度有一定要求，通过预测可了解试液中糖浓度，确定正式测定时预先加入的样液体积。当试样溶液中还原糖浓度过高时，应适当稀释后再进行正式测定，使每次滴定消耗样液的体积控制在与标定碱性酒石酸铜溶液时所消耗的还原糖标准溶液的体积相近，约 10mL。

④ 样品溶液测定及结果计算：吸取碱性酒石酸铜甲液和乙液各 5mL，置于 150mL 锥形瓶中，加水 10mL，加玻璃珠 3 粒，从滴定管加入比预测体积少 1mL 的试样溶液至锥形瓶中，控制在 2min 内加热至沸腾，保持沸腾继续以每 2s 1 滴的速度滴定，直至溶液的蓝色刚好褪去为终点，记录试样溶液消耗体积，同法平行操作 3 份，得出平均消耗体积（V）。测定所用锥形瓶规格、电炉功率、预加入体积等尽量一致，以提高测定精度。为提高测定的准确度，要求用哪种还原糖表示结果就用相应的还原糖标定碱性酒石酸铜溶液，如用葡萄糖表示结果就用葡萄糖标准溶液标定碱性酒石酸铜溶液。试样中还原糖的含量（以葡萄糖计）可按式（6－2）计算：

$$还原糖含量（以葡萄糖计，g/100g）=\frac{F}{m\times\alpha\times\frac{V}{250}\times1000}\times100 \quad (6-2)$$

式中 F——10mL 碱性酒石酸铜溶液（甲、乙液各 5mL）相当于葡萄糖的质量，mg；

m——试样质量，g；

α——系数，对含有淀粉的样品为 0.8，其余样品为 1；

V——测定时平均消耗试样溶液体积，mL；

250——定容体积，mL；

1000——换算系数。

（4）说明与注意事项

① 直接滴定法试剂用量少，操作简便快速，终点明显，准确度高，重现性好。适用于各类食品中还原糖测定，为 GB 5009.7—2016《食品安全国家标准　食品中还原糖的测定》中的第一法。扫二维码可查阅详细内容。但该法对于有色素干扰的酱油、深色果汁等样品，滴定终点不易判定。

② 滴定必须在沸腾条件下进行，原因有二：首先，沸腾条件下可以加快还原糖与 Cu^{2+} 的反应速度；其次，沸腾条件可避免次甲基蓝和氧化亚铜被氧化而增加耗糖量，因为保持反应液沸腾可防止空气进入，次甲基蓝变色反应是可逆的，还原型次甲基蓝遇到空气中的氧气时，又会被氧化为氧化型；氧化亚铜也极不稳定，易被空气中氧所氧化。

GB 5009.7—2016《食品安全国家标准　食品中还原糖的测定》

2. 高锰酸钾滴定法

（1）原理　试样经除去蛋白质后，其中还原糖把铜盐还原为氧化亚铜，各步反应式同上述的“直接滴定法”。然后，加硫酸铁后，氧化亚铜被氧化为铜盐，经高锰酸钾溶液滴定氧化作用后生成的亚铁盐，根据高锰酸钾消耗量，计算氧化亚铜含量，再查表得还原糖量。加硫酸铁后的步骤和反应如下：

① 还原糖把铜盐还原为氧化亚铜后，经抽气过滤，得到氧化亚铜沉淀，加入过量的酸性硫酸铁溶液，氧化亚铜被氧化为铜盐而溶解，硫酸铁被还原为亚铁盐：

$$Cu_2O + Fe_2(SO_4)_3 + H_2SO_4 \longrightarrow 2CuSO_4 + 2FeSO_4 + H_2O$$

② 用高锰酸钾标准溶液滴定生成的亚铁盐：

$$10FeSO_4 + 2KMnO_4 + 8H_2SO_4 \longrightarrow 5Fe_2(SO_4)_3 + 2MnSO_4 + K_2SO_4 + 8H_2O$$

（2）试剂　所用的碱性酒石酸铜溶液与直接滴定法不同。配制方法如下：

甲液：称取 34.639g 硫酸铜（$CuSO_4\cdot5H_2O$），加适量水溶解，加 0.5mL 硫酸，再加水稀释至 500mL，用精制石棉过滤。

乙液：称取 173g 酒石酸钾钠与 50g 氢氧化钠，加适量水溶解，并稀释至 500mL，用精制石棉过滤，贮存于具橡胶塞玻璃瓶内。

（3）分析步骤及结果计算　主要试剂和试样的制备同上述的“直接滴定法”。吸取处理后的试样溶液 50.0mL，于 500mL 烧杯内加入碱性酒石酸铜甲液 25mL 及碱性酒石酸铜乙液 25mL，于烧杯上盖一表面皿，加热，控制在4min内沸腾，再精确煮沸2min，趁热用铺好精制石棉的古氏坩埚（或G4垂融坩埚）抽滤，并用60℃热水洗涤烧杯及沉淀，至洗液不呈碱性为止。将古氏坩埚（或G4垂融坩埚）放回原500mL烧杯中，加硫酸铁溶液25mL、水25mL，用玻棒搅拌使氧化亚铜完全溶解，以高锰酸钾标准溶液［c（$1/5KMnO_4$）=0.1000mol/L］滴定至微红色为终点。同时吸取水50mL，加入与测定试样时相同量的碱性酒石酸铜甲液、乙液、硫酸铁溶液及水，按同一方法做空白试验。根据滴定时高锰酸钾标准溶液的消耗量，计算氧化亚铜含量。试样中还原糖质量相当于氧化亚铜的质量，按式（6-3）计算：

$$X_1 = c \times (V - V_0) \times 71.54 \tag{6-3}$$

式中 X_1——试样中还原糖相当于氧化亚铜的质量，mg；

c——高锰酸钾标准溶液的浓度，mol/L；

V——测定用试样液消耗高锰酸钾标准溶液的体积，mL；

V_0——试剂空白消耗高锰酸钾标准溶液的体积，mL；

71.54——1mL高锰酸钾标准溶液［c（$1/5KMnO_4$）=1.000mol/L］相当于氧化亚铜的质量（mg）。

根据式（6-3）所得的氧化亚铜质量，再查附录四“相当于氧化亚铜质量的葡萄糖、果糖、乳糖、转化糖质量表”，查出与氧化亚铜相当的还原糖质量，即可计算出试样中还原糖含量，按式（6-4）计算：

$$X_2 = \frac{A}{m \times \frac{V_1}{250} \times 1000} \times 100 \tag{6-4}$$

式中 X_2——试样中还原糖的含量，g/100g或g/100mL；

A——由X_1查表得出的氧化亚铜相当的还原糖质量，mg；

m——试样质量或体积，g或mL；

V_1——测定用试样溶液的体积，mL；

250——样品处理后的总体积，mL。

（4）说明与注意事项

① 该方法为GB 5009.7—2016《食品安全国家标准 食品中还原糖的测定》中的第二法，虽然准确度和重现性都优于直接滴定法，但操作烦琐费时，需使用专用的检索表。适用于各类食品中还原糖的测定，有色样液也不受限制。

② 所用碱性酒石酸铜溶液必须过量，以保证煮沸后的溶液呈蓝色。必须控制好热源强度，保证在4min内加热至沸。

③ 在过滤及洗涤氧化亚铜沉淀的整个过程中，应使沉淀始终在液面以下，避免氧化亚铜暴露于空气中而被氧化。

④ 还原糖与碱性酒石酸铜溶液反应复杂，不能根据化学方程式计算还原糖含量，而须利用检索表。

3. 萨氏法

萨氏法是一种微量法，检出量为0.015～3mg。灵敏度高，重现性好。因样液用量少，故可用于生物材料或经过层析处理后的微量样品的测定。终点清晰，有色样液不受限制。将一定量的样液与过量的碱性铜盐溶液共热，样液中的还原糖定量地将二价铜还原为氧化亚铜，反应式同上述“直接滴定法”；氧化亚铜在酸性条件下溶解为一价铜离子，同时碘化钾被碘酸钾氧化后析出游离碘。

$$Cu_2O + H_2SO_4 = 2Cu^+ + SO_4^{2-} + H_2O$$

$$KIO_3 + 5KI + 3H_2SO_4 = 3K_2SO_4 + 3H_2O + 3I_2$$

氧化亚铜溶解于酸后，将碘还原为碘化物，而本身从一价铜被氧化为二价铜。

$$2Cu^+ + I_2 = 2Cu^{2+} + 2I^-$$

剩余的碘与硫代硫酸钠标准溶液反应。

$$I_2 + 2Na_2S_2O_3 = Na_2S_4O_6 + 2NaI$$

根据硫代硫酸钠标准溶液消耗量可求出与一价铜反应的碘量。从而可按式（6－5）计算出样品中的还原糖含量：

$$\text{还原糖（g/100g）} = \frac{(V_0 - V) \times S \times f}{m \times \frac{V_2}{V_1} \times 1000} \times 100 \qquad (6-5)$$

式中 V——测定用样液消耗 $Na_2S_2O_3$ 标准溶液体积，mL；

V_0——空白试验消耗 $Na_2S_2O_3$ 标准溶液体积，mL；

S——还原糖系数（mg/mL），即1mL 0.005mol/L $Na_2S_2O_3$ 标准溶液相当于还原糖的量（mg）；

f——$Na_2S_2O_3$ 标准溶液浓度校正系数，f＝实际浓度/0.005；

V_1——样液总体积，mL；

V_2——测定用样液体积，mL；

m——样品质量，g。

（二）铁氰化钾法

1. 原理

还原糖在碱性溶液中将铁氰化钾还原为亚铁氰化钾，还原糖本身被氧化为相应的糖酸。过量的铁氰化钾在醋酸的存在下，与碘化钾作用下析出碘，析出的碘以硫代硫酸钠标准溶液滴定。通过计算氧化还原糖时所用的铁氰化钾的量，查附录五“铁氰化钾定量试样法还原糖换算表”即可查得试样中还原糖的含量。各步反应式如下：

$$2K_3Fe(CN)_6 + R{-}\overset{\overset{\displaystyle O}{\|}}{C}{-}H + 2KOH \rightleftharpoons 2K_4Fe(CN)_6 + R{-}\overset{\overset{\displaystyle O}{\|}}{C}{-}OH + H_2O$$

$$2K_3Fe(CN)_6 + 2KI + 8CH_3COOH = 2H_4Fe(CN)_6 + I_2 + 8CH_3COOK$$

$$2Na_2S_2O_3 + I_2 = 2NaI + Na_2S_4O_6$$

由于第一步反应是可逆的，为使反应顺向进行，用硫酸锌沉淀反应中所生成的亚铁氰化钾。

$$2K_4Fe(CN)_6 + 3ZnSO_4 = K_2Zn_3[Fe(CN)_6]_2\downarrow + 3K_2SO_4$$

实验表明，如试样中还原糖含量多时，剩余的 $K_3Fe(CN)_6$ 少，因而与 KI 作用析出的游离 I_2 也少，因此滴定 I_2 所消耗的 $Na_2S_2O_3$ 量也少；反之，试样中还原糖少时，滴定 I_2 所消耗 $Na_2S_2O_3$ 则多。但还原糖量与 $Na_2S_2O_3$ 用量之间不符合物质的量关系。因而不能根据上述反应式直接计算出还原糖含量，而是首先按式（6－6）计算出氧化样品液中还原糖时所需 0.1mol/L 铁氰化钾溶液体积 V，再通过查附表“铁氰化钾定量试样法还原糖换算表”得试样中的还原糖（以麦芽糖计算）的质量分数。

$$V = \frac{(V_0 - V_1) \times c}{0.1} \tag{6-6}$$

式中 V——氧化样品液中还原糖所需 0.1mol/L 铁氰化钾溶液体积，mL；

V_0——滴定空白液消耗硫代硫酸钠溶液体积，mL；

V_1——滴定样品液消耗硫代硫酸钠溶液体积，mL；

c——硫代硫酸钠溶液的浓度，mol/L。

2. 适用范围及特点

铁氰化钾法为 GB 5009.7—2016《食品安全国家标准　食品中还原糖的测定》中的第三法，滴定终点明显，准确度高，重现性好，适用于各类食品中还原糖的测定，尤其适用于小麦粉中还原糖的测定。

（三）其他方法

1. 奥氏试剂滴定法

（1）原理　在沸腾条件下，还原糖与过量奥氏试剂反应生成相当量的氧化亚铜沉淀，冷却后加入盐酸使溶液呈酸性，并使氧化亚铜沉淀溶解。然后加入过量碘溶液进行氧化，用硫代硫酸钠溶液滴定过量的碘，其反应式如下：

$$\underset{\text{葡萄糖或果糖}}{C_6H_{12}O_6} + \underset{\text{络合物}}{2C_4H_2O_6KNaCu} + 2H_2O \rightarrow \underset{\text{葡萄糖酸}}{C_6H_{12}O_7} + \underset{\text{酒石酸钾钠}}{2C_4H_4O_6KNa} + \underset{\text{氧化亚铜}}{Cu_2O\downarrow}$$

$$Cu_2O + 2HCl \rightarrow 2CuCl + H_2O$$

$$2CuCl + 2KI + I_2 \rightarrow 2CuI_2 + 2KCl$$

$$I_2\text{（过剩的）} + 2Na_2S_2O_3 \rightarrow Na_2S_4O_6 + 2NaI$$

硫代硫酸钠标准溶液空白试验滴定量减去其样品试验滴定量得到一个差值，由此差值便可计算出还原糖的量。试样中的还原糖按式（6－7）计算：

$$X = K \times \frac{(V_0 - V_1) \times 0.001}{m \times V/250} \times 100 \tag{6-7}$$

式中 X——试样中还原糖的含量，g/100g；

K——硫代硫酸钠标准滴定溶液［c（$Na_2S_2O_3$）=0.0323 mol/L］校正系数；

V_0——空白试验滴定消耗的硫代硫酸钠标准滴定溶液体积，mL；

V_1——试样溶液消耗的硫代硫酸钠标准滴定溶液体积，mL；

V——所取试样溶液的体积，mL；

m——试样的质量，g；

250——试样浸提稀释后的总体积，mL。

（2）适用范围及特点　奥氏试剂滴定法为 GB 5009.7—2016《食品安全国家标准　食品中还原糖的测定》中的第四法，尤其适用于甜菜块根中还原糖含量的测定。

2. 3，5－二硝基水杨酸（DNS）比色法

（1）原理　在氢氧化钠和丙三醇存在下，还原糖能将 3，5－二硝基水杨酸（DNS）中的硝基还原为氨基，生成氨基化合物。反应式如下：

HO NO₂ / HOOC / NO₂ + 还原糖 ⟶ HO NH₂ / HOOC / NO₂

（DNS）　　（3-氨基-5-硝基水杨酸）

黄色　　棕红色

此化合物在过量的氢氧化钠碱性溶液中呈棕红色，在 540nm 波长处有最大吸收，其吸光度与还原糖含量有线性关系。

（2）适用范围及特点　3，5－二硝基水杨酸比色法适用于各类食品中还原糖的测定，具有准确度高、重现性好、操作简便、快速等优点，分析结果与直接滴定法基本一致。尤其适用于大批样品的测定。

3. 酶－比色法

（1）原理　葡萄糖氧化酶（GOD）在有氧条件下，催化 β－D－葡萄糖（葡萄糖水溶液状态）氧化，生成 D－葡萄糖酸－δ－内酯和过氧化氢，受过氧化物酶（POD）催化，过氧化氢与 4－氨基安替比林和苯酚生成红色醌亚胺。

$$C_6H_{12}O_6 + O_2 \xrightarrow{GOD} C_6H_{10}O_6 + H_2O_2$$

$$H_2O_2 + C_6H_5OH + C_{11}H_{13}N_3O \xrightarrow{POD} C_6H_5NO + H_2O$$

在波长 505nm 处测定醌亚胺的吸光度，可按式（6－8）计算出食品中葡萄糖的含量：

$$X = \frac{C}{m \times \frac{V_2}{V_1}} \times \frac{1}{1000 \times 1000} \times 100 = \frac{C}{m \times \frac{V_2}{V_1} \times 10000} \qquad (6-8)$$

式中　*X*——样品中葡萄糖的含量，g/100g；

C——标准曲线上查出的吸取试液中葡萄糖质量，μg；

m——试样的质量，g；

V_1——试液的定容体积，mL；

V_2——测定时吸取试液的体积，mL。

（2）适用范围及特点　酶－比色法最低检出限量为0.01μg/mL，为仲裁法。由于葡萄糖氧化酶具有专一性，只能催化葡萄糖水溶液中β－D－葡萄糖被氧化，不受其他还原糖的干扰，因此测定结果较直接滴定法和高锰酸钾法准确。适用于各类食品中葡萄糖的测定，也适用于食品中其他组分转化为葡萄糖的测定。

三、蔗糖的测定

对于纯度较高的蔗糖溶液，可用相对密度法、折光法和旋光法等物理方法进行测定。蔗糖是由葡萄糖和果糖组成的双糖，自身没有还原性，不能直接利用测定还原糖的方法进行测定。但在一定条件下，蔗糖可水解为具有还原性的葡萄糖和果糖，水解后就可以用上述测定还原糖的方法测定。常用的水解方法有酸水解法和酶水解法。

（一）酸水解－莱茵－埃农氏法

1. 原理

试样经除去蛋白质后，其中蔗糖经盐酸水解转化为还原糖，按还原糖测定。水解前后的差值乘以相应的系数即为蔗糖含量。

2. 操作方法

取一定量样品，按直接滴定法或高锰酸钾滴定法中的样品处理方法处理。吸取处理后的2份试样各50.0mL，分别置于100mL容量瓶中，其中一份加入5mL 6mol/L盐酸溶液，在68～70℃水浴中加热15min，冷却后加入2滴1g/L甲基红乙醇指示剂，用200g/L氢氧化钠溶液中和至中性，加水至刻度，混匀。另一份直接用水稀释到100mL。然后两份试样分别按直接滴定法或高锰酸钾滴定法测定还原糖含量。

3. 计算

①直接滴定法测定时按式（6－9）计算：

$$X = K \times \frac{\left(\frac{100}{V_2} - \frac{100}{V_1}\right)}{m \times \frac{50}{250} \times 1000} \times 100 \times 0.95 \qquad (6-9)$$

式中　X——试样中蔗糖的含量，g/100g；

K——10mL酒石酸钾钠铜溶液相当于转化糖（以葡萄糖计）的质量，mg；

V_1——测定时消耗未经水解的样品稀释液体积，mL；

V_2——测定时消耗经过水解的样品稀释体积，mL；

m——样品质量，g；

50——酸水解中吸取的样液体积，mL；

250——试样处理中样品定容体积，mL；

0.95——转化糖（以葡萄糖计）换算为蔗糖的系数。

② 高锰酸钾滴定法测定时，先按式（6－3）、式（6－4）算出未经水解和经过水解的样品稀释液中的还原糖含量 $X_{2水解}$，$X_{2未水解}$；再按式（6－10）计算试样中蔗糖的含量 X：

$$X = (X_{2水解} - X_{2未水解}) \times 0.95 \tag{6-10}$$

4. 说明与注意事项

① 酸水解－莱茵－埃农氏法适用于各类食品中蔗糖的测定，为 GB 5009.8—2016《食品安全国家标准　食品中果糖、葡萄糖、蔗糖、麦芽糖、乳糖的测定》中的第二法。具体内容可扫二维码。

② 蔗糖的水解速度比其他双糖、低聚糖和多糖快得多。在本方法规定的水解条件下，蔗糖可以完全水解，而其他双糖、低聚糖和淀粉的水解作用很小，可忽略不计。

GB 5009.8—2016《食品安全国家标准　食品中果糖、葡萄糖、蔗糖、麦芽糖、乳糖的测定》

③ 为获得准确的结果，必须严格控制水解条件。取样液体积、酸的浓度及用量、水解温度和时间都严格控制，到达规定时间后应迅速冷却，以防止低聚糖和多糖水解、果糖分解。

④ 用还原糖法测定蔗糖时，为减少误差，测得的还原糖含量应以转化糖表示。因此，选用直接滴定法时，应采用标准转化糖溶液标定碱性酒石酸铜溶液；选用高锰酸钾滴定法时，查表应查转化糖项。

（二）酶－比色法

蔗糖可在 β－D－果糖苷酶（β－FS）的催化下，被酶解为葡萄糖和果糖。葡萄糖氧化酶（GOD）在有氧的条件下，催化 β－D－葡萄糖（葡萄糖水溶液状态）氧化，生成 D－葡萄糖酸－δ－内酯和过氧化氢。过氧化氢在过氧化物酶（POD）的催化下，与 4－氨基安替比林和苯酚作用生成红色的醌亚胺。反应式如下：

$$C_{12}H_{22}O_{11} + H_2O \xrightarrow{\beta-FS} C_6H_{12}O_6(G) + C_6H_{12}O_6(F)$$

$$C_6H_{12}O_6(G) + O_2 \xrightarrow{GOD} C_6H_{10}O_6 + H_2O_2$$

$$H_2O_2 + C_6H_5OH + C_{11}H_{13}N_3O \xrightarrow{POD} C_6H_5NO + H_2O$$

在波长 505nm 处测定醌亚胺的吸光度，按式（6－11）可计算试样中蔗糖的含量：

$$X = \frac{C}{m \times \frac{V_2}{V_1}} \times \frac{1}{1000 \times 1000} \times 100 = \frac{C}{m \times \frac{V_2}{V_1} \times 10000} \tag{6-11}$$

式中 X——样品中蔗糖的含量，g/100g；

C——标准曲线上查出的吸取试液中蔗糖的质量，μg；

m——试样的质量，g；

V_1——试液的定容体积，mL；

V_2——测定时吸取试液的体积，mL。

本法最低检出限量为0.04μg/mL，适用于各类食品中蔗糖的测定。由于β－D－果糖苷酶具有专一性，只能催化蔗糖水解，不受其他糖的干扰，因此测定结果较盐酸水解法准确。

四、总糖的测定

在食品分析中，通常需要检测样品中的多种单糖和低聚糖的总量，这些糖有的是来自原料，有的是在生产过程中为某种目的而添加的或者是在加工过程中形成的。总糖是麦乳精、糕点、果蔬罐头、饮料等许多食品的重要质量指标。在营养学上，总糖是指能被人体消化和吸收利用的糖类物质的总和，包括淀粉。本章的“总糖”仅指具有还原性的糖和在测定条件下能水解为还原性单糖的蔗糖的总量，所以这里的总糖不包括淀粉，因为在测定条件下，淀粉的水解作用很微弱。

总糖常用的测定方法有直接滴定法和蒽酮比色法。直接滴定法的原理和操作基本与上述的蔗糖的测定相似，下面仅介绍蒽酮比色法。

1. 原理

将试样中的糖类经水解转化为还原性单糖后，单糖类遇浓硫酸时，脱水生成糠醛衍生物，继而与蒽酮缩合成蓝绿色的化合物，当糖的含量在20～200 mg范围内时，其呈色强度与溶液中糖的含量成正比，故可用比色法定量。以葡萄糖为例，反应式如下：

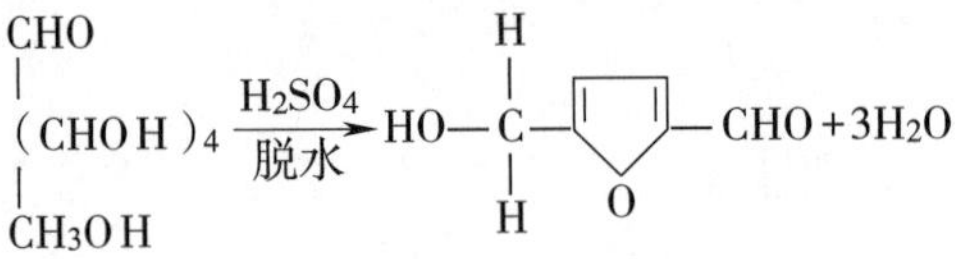

CHO | $(CHOH)_4$ | CH_3OH $\xrightarrow[\text{脱水}]{H_2SO_4}$ HO—C(H)(H)—（呋喃环，O）—CHO + $3H_2O$

葡萄糖　　　　羟甲基呋喃醛

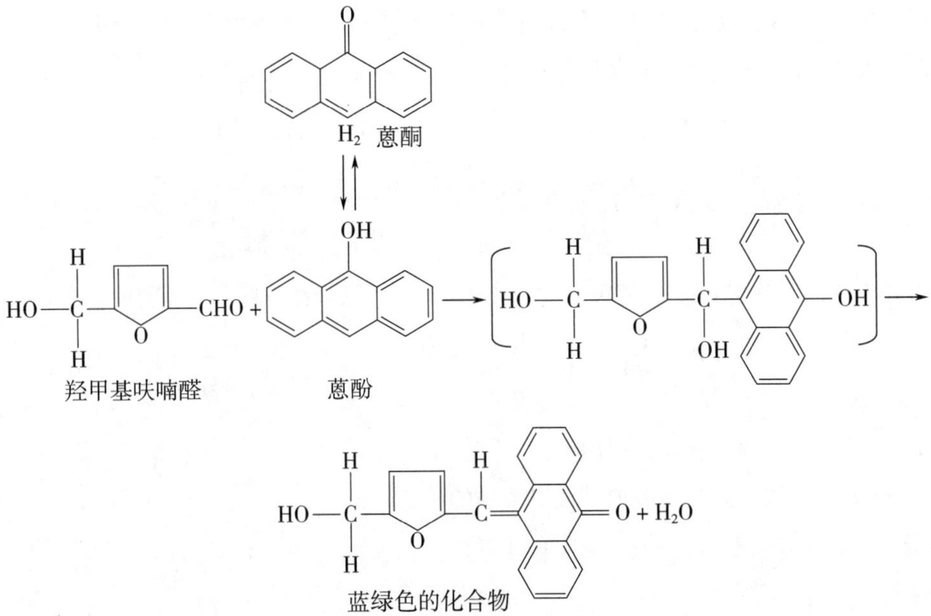

O

H_2 蒽酮

⇅

OH

HO—C(H)(H)—（呋喃环，O）—CHO + 蒽酚 → [HO—C(H)(H)—（呋喃环，O）—C(H)(OH)—（蒽环）—OH] →

羟甲基呋喃醛　　　　蒽酚

HO—C(H)(H)—（呋喃环，O）—C(H)=（蒽环）=O + H_2O

蓝绿色的化合物

试样中的总糖含量可按式（6-12）计算：

$$总糖(以葡萄糖计, g/L) = \rho \times 稀释倍数 \times 10^{-3} \tag{6-12}$$

式中　ρ——从标准曲线查得的糖的质量浓度，μg/mL；

10^{-3}——将 μg/mL 换算为 g/L 的系数。

2. 说明与注意事项

① 蒽酮比色法按操作的不同可分为几种，主要差别在于蒽酮试剂中硫酸的浓度（66%～95%）、取样液量（1～5mL）、蒽酮试剂用量（5～20mL）、沸水浴中反应时间（6～15min）和显色时间（10～30min）。这几个测定条件之间是有联系的，不能随意改变其中任何一个，否则将影响分析结果。

② 蒽酮试剂不稳定，易被氧化，放置数天后变为褐色，故应当天配制，添加稳定剂硫脲后，在冷暗处可保存 48h。

③ 反应温度、显色时间、温度等都将影响显色状况，操作稍不留心，就会引起误差。样液必须清澈透明，加热后不应有蛋白质沉淀。如样液色泽较深，可用活性炭脱色。

五、糖类的分离与测定

除了需要确定试样中的还原糖、蔗糖或总糖等的含量，很多时候，还需要确定试样中糖的组成及各组分的含量，这时需要对试样中的糖类进行分离及测定，一般可根据样品的组成、性状等特点，选择合适的样品处理方法以及选择适当的分离条件采取色谱分析法等进行分析测定。常用的色谱法有高效液相色谱法、气相色谱法、离子色谱法和电泳法等。

（一）高效液相色谱法

1. 原理

试样中的果糖、葡萄糖、蔗糖、麦芽糖和乳糖等经提取后，利用高效液相色谱柱分离，用示差折光检测器或蒸发光散射检测器检测，外标法进行定量。

2. 色谱参考条件

流动相：乙腈-水（体积比 70∶30）；

流速：1.0mL/min；

进样量：20μL；

柱温：40℃；

示差折光检测器条件：温度 40℃；

蒸发光散射检测器条件：飘移管温度 80～90℃；氮气压力 350kPa；撞击器：关。

3. 结果分析

果糖、葡萄糖、蔗糖、麦芽糖和乳糖标准物质的蒸发光散射检测色谱图如图 6-1 所示，色谱条件应满足这 5 种糖类之间的分离度大于 1.5。

试样中各种糖的含量可按式（6－13）计算，计算结果须扣除空白值：

$$X = \frac{(\rho - \rho_0) \times V \times n}{m \times 1000} \times 100 \quad (6-13)$$

式中 X——试样中糖（果糖、葡萄糖、蔗糖、麦芽糖和乳糖）的含量，g/100g；

ρ——样液中糖的质量浓度，mg/mL；

ρ_0——空白中糖的质量浓度，mg/mL；

V——样液定容体积，mL；

m——试样的质量，g；

n——稀释倍数。

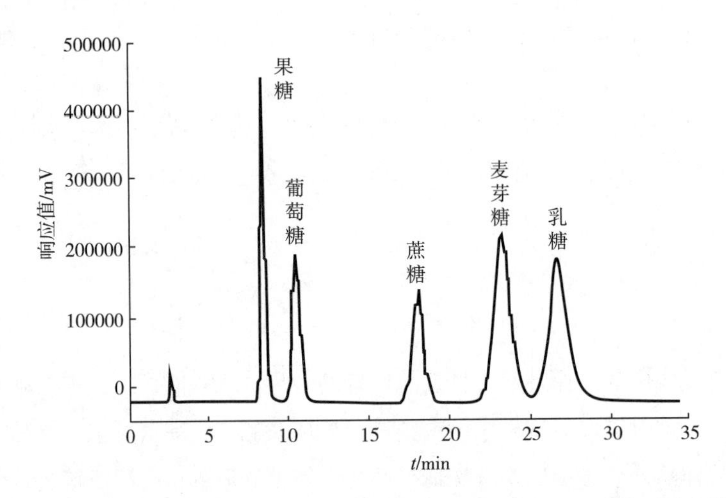

图6－1 果糖、葡萄糖、蔗糖、麦芽糖和乳糖标准物质的蒸发光散射检测色谱图

4. 方法说明

高效液相色谱法引自 GB 5009.8—2016《食品安全国家标准 食品中果糖、葡萄糖、蔗糖、麦芽糖、乳糖的测定》中的第一法，适用于食品中多种糖的分离与测定。当称样量为10g时，果糖、葡萄糖、蔗糖、麦芽糖和乳糖的检出限为0.2g/100g。

（二）气相色谱法

1. 原理

糖类分子间引力一般较强，挥发性弱，不能直接进行气相色谱分析。样品经衍生化处理后，使之生成挥发性的衍生物，然后注入气相色谱仪，在一定色谱条件下进行分离，用火焰电离检测器检测，得出色谱图，再与标准样品的色谱图比较，根据峰的保留时间定性，根据峰面积与内标物峰面积之比，查标准曲线得出试样中糖的含量。分析中常用的衍生物有三氯硅烷（TMS）衍生物、三氟乙酰（TEA）衍生物、乙酰衍生物和甲基衍生物等。

2. 方法说明

（1）气相色谱法适用于果汁、果酱、饼干、糕点等加工食品以及水果、蔬菜的测定，不适用含乳糖的乳制品。

（2）糖类的异构体较多，进行气相色谱法分析时，各异构体被分离，得出各自的峰，定量时要把这些峰值加起来计算。

（三）离子色谱法

1. 原理

糖是一种多羟基醛或酮的化合物，具有弱酸性，当 pH 12 ~ 14 时会发生解离，所以能被阴离子交换树脂保留，用 pH 为 12 或碱性更大的氢氧化钠溶液淋洗，可实现糖的分离，再以脉冲安培检测器检测，以峰保留时间定性，以峰高外标法定量。

2. 方法说明

离子色谱法适用于果汁、蜂蜜、牛乳及其制品、饮料、黄酒、大豆粉等多种食品，具有灵敏度高（检测下限可达 10^{-9} g/mL 级），选择性好，操作简单，样品不必经过复杂的前处理等优点。

（四）电泳法

1. 原理

电泳是指依靠带电物质在外加直流电场影响下的移动来分离混合物各组成成分的方法。带有电荷的糖类物质，在外加直流电场作用下，能定向移动，可将糖类物质分离开。各糖类的移动速度与其所带的电荷量、分子大小和形状等有关。分离后用适当的试剂显色或用紫外、荧光方法进行定性和定量。电泳分离的速度与外加电压有关，电压越大，移动越快，分离所需时间越短。糖类物质一般带净电荷少，导电性弱，在实验操作中常须采用较高电压。对于中性糖，必须经过适当的转化，使其变成带有电荷的衍生物，才能进行电泳分析。如利用硼酸与糖反应，糖中相邻的两个羟基与硼酸中的硼配位，失去两分子水，形成带电复合物。另外醋酸、巴比妥酸和亚砷酸等缓冲溶液也作糖类物质的衍生剂。

2. 方法说明

电泳法具有快速、准确、重现性好、样品用量少等特点，适用于各种食品中单糖、低聚糖和多糖的测定。

第三节　多糖的测定

一、淀粉的测定

淀粉是食品的重要组成成分，是供给人体热能的主要来源。食品中的淀粉可以是来自原料的，也可作为填充剂、稳定剂、增稠剂等被添加进食品中，赋予食品独特的物理性能及感官特征，也是某些食品主要的质量指标。

淀粉的测定

淀粉不溶于体积分数高于30%的乙醇溶液，在酸或酶的作用下可以水解，最终产物是葡萄糖。淀粉水溶液具有右旋性，比旋光度为（+）201.5°~205°。淀粉包括直链淀粉和支链淀粉。直链淀粉和支链淀粉性质不同。直链淀粉不溶于冷水，可溶于热水；支链淀粉常压下不溶于水，只有在加热并加压时才能溶解于水。直链淀粉可与碘生成深蓝色络合物；而支链淀粉与碘不能形成稳定的络合物，呈现较浅的蓝紫色。淀粉的许多测定方法都是根据淀粉的这些理化性质而建立的。例如，用旋光法测定淀粉含量，就是利用淀粉具有旋光性，在一定条件下旋光度的大小与淀粉的浓度成正比。用氯化钙溶液提取淀粉，然后用氯化锡沉淀提取液中的蛋白质以后，测定样品的旋光度即可计算出样品中淀粉的含量。

淀粉的化学分析方法主要是利用酸或酶水解淀粉成还原性的葡萄糖进行测定。GB 5009.9—2016《食品安全国家标准　食品中淀粉的测定》的第一法和第二法分别介绍了酶水解法和酸水解法进行食品中淀粉测定的方法。下面对这两种方法进行介绍，详细方法过程可参看二维码内容。

GB 5009.9—2016《食品安全国家标准　食品中淀粉的测定》

（一）酶水解法

1. 原理

试样经去除脂肪及可溶性糖后，淀粉用淀粉酶水解成小分子糖，再用盐酸水解成单糖，最后按还原糖测定，并折算成淀粉含量。

2. 试样制备

如果试样易粉碎，将样品磨碎过40目筛，称取2~5g（精确到0.001g）；否则，称取一定量样品，准确加入适量水捣成匀浆（蔬菜、水果需先洗净晾干，取可食部分），称取相当于原样质量2.5~5g（精确到0.001g）的匀浆，置于放有折叠慢速滤纸的漏斗内，先用50mL石油醚或乙醚分5次洗除脂肪，再用约100mL的85%乙醇分次充分洗去可溶性糖类。根据样品的实际情况，可适当增加洗涤液的用量和洗涤次数，以保证干扰检测的可溶性糖类物质洗涤完全。滤干乙醇，将残留物移入250mL烧杯内，并用50mL水洗净滤纸，洗液并入烧杯内，将烧杯置于沸水浴中加热15min，使淀粉糊化，放冷至60℃以下，加20mL淀粉酶溶液（5g/L），在55~60℃保温1h，并搅拌。然后取1滴此液加1滴碘溶液，应不显现蓝色。若显蓝色，再加热糊化并加20mL淀粉酶溶液，继续保温，直至加碘溶液不显蓝色为止。加热至沸，冷后移入250mL容量瓶中，并加水至刻度，混匀，过滤，并弃去初滤液。

取50.00mL滤液，置于250mL锥形瓶中，加5mL盐酸（6mol/L），装上回流冷凝器，在沸水浴中回流1h，冷后加2滴甲基红指示液（2g/L），用氢氧化钠溶液（200g/L）中和至中性，溶液转入100mL容量瓶中，洗涤锥形瓶，洗液并入100mL容量瓶中，加水至刻度，混匀备用。

3. 测定

（1）碱性酒石酸铜溶液标定；

（2）试样溶液预测；

（3）试样溶液测定；

上述步骤的测定同还原糖的直接滴定法。

（4）试剂空白测定。

同时量取20.00mL水及与试样溶液处理时相同量的淀粉酶溶液，按反滴法做试剂空白试验。即：用葡萄糖标准溶液滴定试剂空白溶液至终点，记录消耗的体积与标定时消耗的葡萄糖标准溶液体积之差相当于10mL样液中所含葡萄糖的量（mg）。

4. 计算

（1）试样中葡萄糖含量按式（6-14）计算：

$$X_1 = \frac{m_1}{\frac{50}{250} \times \frac{V_1}{100}} \tag{6-14}$$

式中 X_1——所称试样中葡萄糖的量，mg；

m_1——10mL碱性酒石酸铜溶液（甲液、乙液各半）相当于葡萄糖的质量，mg；

50——测定用样品溶液体积，mL；

250——样品定容体积，mL；

V_1——测定时平均消耗试样溶液体积，mL；

100——测定用样品的定容体积，mL。

（2）试剂空白值按式（6-15）计算：

$$X_0 = \frac{m_0}{\frac{50}{250} \times \frac{10}{100}} = \frac{m_1 \times \left(1 - \frac{V_0}{V_s}\right)}{\frac{50}{250} \times \frac{10}{100}} \tag{6-15}$$

式中 X_0——试剂空白值，mg；

m_0——标定10mL碱性酒石酸铜溶液（甲液、乙液各半）时消耗的葡萄糖标准溶液的体积与加入空白后消耗的葡萄糖标准溶液体积之差相当于葡萄糖的质量，mg；

10——直接加入的试样体积，mL；

V_0——加入空白试样后消耗的葡萄糖标准溶液体积，mL；

V_s——标定10mL碱性酒石酸铜溶液（甲液、乙液各半）时消耗的葡萄糖标准溶液的体积，mL；

m_1与其余数值定义同式（6-14）。

（3）试样中淀粉的含量按式（6-16）计算：

$$X = \frac{(X_1 - X_0) \times 0.9}{m \times 1000} \times 100 \tag{6-16}$$

式中 X——试样中淀粉的含量，g/100g；

0.9——还原糖（以葡萄糖计）换算成淀粉的换算系数；

m——试样质量，g。

（二）酸水解法

1. 原理

试样经除去脂肪及可溶性糖类后，其中淀粉用酸水解成具有还原性的单糖，然后按还原糖测定，并折算成淀粉。

2. 试样制备

如果试样易粉碎，将样品磨碎过40目筛，称取2～5g（精确到0.001g）；否则，称取一定量样品，准确加入适量水捣成匀浆（蔬菜、水果需先洗净晾干取可食部分），称取相当于原样质量2.5～5g（精确到0.001g）的匀浆，置于放有折叠慢速滤纸的漏斗内，先用50mL石油醚或乙醚分5次洗除脂肪，弃去石油醚或乙醚。用150mL的85%乙醇分数次洗涤残渣，以充分除去可溶性糖类物质。根据样品的实际情况，可适当增加洗涤液的用量和洗涤次数，以保证干扰检测的可溶性糖类物质洗涤完全。滤干乙醇溶液，以100mL水洗涤漏斗中残渣并转移至250mL锥形瓶中，加入30mL盐酸（6mol/L），接好冷凝管，置沸水浴中回流2h。回流完毕后，立即冷却。待试样水解液冷却后，加入2滴甲基红指示液，先以氢氧化钠溶液（400g/L）调至黄色，再以盐酸（6mol/L）校正至试样水解液刚变成红色。若试样水解液颜色较深，可用精密pH试纸测试，使试样水解液的pH约为7。然后加20mL醋酸铅溶液（200g/L），摇匀，放置10min。再加20mL硫酸钠溶液（100g/L），以除去过多的铅。摇匀后将全部溶液及残渣转入500mL容量瓶中，用水洗涤锥形瓶，洗液合并入容量瓶中，加水稀释至刻度。过滤，弃去初滤液20mL，滤液供测定用。

3. 测定及结果计算

按酶水解法进行操作。试样中淀粉的含量按式（6－17）计算：

$$X = \frac{(A_1 - A_2) \times 0.9}{m \times \frac{V}{500} \times 1000} \times 100 \tag{6-17}$$

式中　X——试样中淀粉的含量，g/100g；

A_1——测定用试样中水解液葡萄糖质量，mg；

A_2——试剂空白中葡萄糖质量，mg；

0.9——葡萄糖折算成淀粉的换算系数；

m——称取试样质量，g；

V——测定用试样水解液体积，mL；

500——试样液总体积，mL。

二、膳食纤维的测定

膳食纤维是指不能被人体小肠消化吸收但具有健康意义的，植物中天然存在或通过提取/合成的，聚合度（DP）≥3的碳水化合物聚合物，包括纤维素、半纤维素、果胶及其他单体成分等。膳食纤维分为可溶性膳食纤维（SDF）和不可溶性膳食纤维（IDF）。可溶性膳食纤维是指能溶于水的膳食纤维部分，包括未包埋在木质纤维素中的可溶性半纤维素、天然果胶、水胶体和不易消化的低聚糖（如菊粉）等。不溶性膳食纤维是指不能溶于水的膳食纤维部分，包括纤维素（微晶纤维素和粉状纤维素）、木质素、不溶性半纤维素、包埋在木质纤维素中的可溶性半纤维、抗性淀粉等。总膳食纤维（TDF）是可溶性膳食纤维与不溶性膳食纤维之和。在食品生产和开发中，常需要测定纤维含量，它也是食品成分全分析项目之一。测定膳食纤维的方法主要有酶重量法，是 GB 5009.88—2014《食品安全国家标准 食品中膳食纤维的测定》中规定的方法，详细内容可参考二维码内容，这里做简单介绍。

纤维素的测定

GB 5009.88—2014《食品安全国家标准 食品中膳食纤维的测定》

（一）原理

干燥试样经热稳定 α - 淀粉酶、蛋白酶和葡萄糖苷酶进行酶解消化去除蛋白质和淀粉后，经乙醇沉淀、抽滤，残渣用乙醇和丙酮洗涤，干燥称量，即为总膳食纤维残渣。另取试样同样酶解，直接抽滤并用热水洗涤，残渣干燥称量，即得不溶性膳食纤维残渣；滤液用 4 倍体积的乙醇沉淀、抽滤、干燥称量，得可溶性膳食纤维残渣。扣除各类膳食纤维残渣中相应的蛋白质、灰分和试剂空白含量，即可计算出试样中总膳食纤维、不溶性和可溶性膳食纤维含量。该方法测定的总膳食纤维为不能被 α - 淀粉酶、蛋白酶和葡萄糖苷酶酶解的碳水化合物聚合物，包括不溶性膳食纤维和能被乙醇沉淀的高分子质量可溶性膳食纤维，如纤维素、半纤维素、木质素、果胶、部分回生淀粉，及其他非淀粉多糖和美拉德反应产物等；不包括低分子质量（聚合度 3 ~ 12）的可溶性膳食纤维，如低聚果糖、低聚半乳糖、聚葡萄糖、抗性麦芽糊精，以及抗性淀粉等。

（二）试样制备

试样处理根据水分含量、脂肪含量和糖含量进行适当的处理及干燥，并粉碎、混匀过筛。

1. 糖含量 $<5\%$ 的试样

称取适量试样（m_C，不少于 50g），置于漏斗中，按每克试样 25mL 的比例加入石油醚进行冲洗，连续 3 次以进行脱脂处理。如果已知试样脂肪含量 $<10\%$，则可省略上述的脱脂处理，直接从下一步开始。若试样水分含量较低（$<10\%$），取试样直接反复粉碎，至完全过筛，混匀待用；若试样水分含量较高（$\geqslant 10\%$），试样混匀后，称取适量试样（m_C，不少于 50g），置于 (70 ± 1)℃真空干燥箱内干燥至恒重（或冷冻干燥）。将干燥后试样转至干燥器中，待试样温度降到室温后称量（m_D）。根据干燥前后试样质量，计算试样质量损失因子（f）。干燥后试样反复粉碎至完全过筛，置于干燥器中待用。

2. 糖含量 $\geqslant 5\%$ 的试样

试样需经脱糖处理。称取适量试样（m_C，不少于 50g），置于漏斗中，按每克试样 10mL 的比例用 85% 乙醇溶液冲洗，弃乙醇溶液，连续 3 次。脱糖后将试样置于 40℃烘箱内干燥过夜，称量（m_D），记录脱糖、干燥后试样质量损失因子（f）。干样反复粉碎至完全过筛，置于干燥器中待用。

（三）酶解

（1）准确称取双份试样，约1g（精确至0.1mg），双份试样质量差≤0.005g。将试样转置于400~600mL高脚烧杯中，加入0.05mol/L 2-（N-吗啉代）磺酸基乙烷（MES）-三羟（羟甲基）氨基甲烷（TRIS）缓冲液40mL，用磁力搅拌直至试样完全分散在缓冲液中。同时制备2个空白样液同步操作。

（2）热稳定α-淀粉酶酶解　向试样液中分别加入50μL热稳定α-淀粉酶液缓慢搅拌，加盖铝箔，置于95~100℃水浴箱中持续振摇，当温度升至95℃开始计时，通常反应35min，如试样抗性淀粉含量>40%，可延长到90min。将烧杯取出，冷却至60℃，打开铝箔盖，用刮勺轻轻将附着于烧杯内壁的环状物以及烧杯底部的胶状物刮下，用10mL水冲洗烧杯壁和刮勺。

（3）蛋白酶酶解　将试样液置于（60±1）℃水浴中，向每个烧杯加入100μL蛋白酶溶液，盖上铝箔，开始计时，持续振摇，反应30min。打开铝箔盖，边搅拌边加入5mL 3mol/L醋酸溶液，控制试样温度保持在（60±1）℃。用1mol/L氢氧化钠溶液或1mol/L盐酸溶液调节试样液pH至4.5±0.2。

（4）淀粉葡萄糖苷酶酶解　边搅拌边加入100μL淀粉葡萄糖苷酶液，盖上铝箔，继续于（60±1）℃水浴中持续振摇，反应30min。

（四）测定

1. 总膳食纤维（TDF）测定

（1）酶解后残渣经78%乙醇沉淀、抽滤，残渣用乙醇和丙酮洗涤后，抽滤去除洗涤液后，将坩埚连同残渣在105℃烘干过夜。将坩埚置于干燥器中冷却1h，称量（m_{GR}，包括处理后坩埚质量及残渣质量），精确至0.1mg。减去处理后坩埚质量，计算试样残渣质量（m_R）。

（2）蛋白质和灰分的测定：取2份试样残渣中的1份按GB 5009.5—2016《食品安全国家标准　食品中蛋白质的测定》测定氮（N）含量，以6.25为换算系数，计算蛋白质质量（m_P）；另1份试样测定灰分，即在525℃灰化5h，于干燥器中冷却，精确称量坩埚总质量（精确至0.1mg），减去处理后坩埚质量，计算灰分质量（m_A）。

2. 不溶性膳食纤维（IDF）测定

（1）酶解后残渣直接抽滤并用热水洗涤，抽滤去除洗涤液后，将坩埚连同残渣在105℃烘干过夜。将坩埚置于干燥器中冷却1h，称量（m_{GR}，包括处理后坩埚质量及残渣质量），精确至0.1mg。减去处理后坩埚质量，计算试样残渣质量（m_R）。

（2）蛋白质和灰分的测定：按“总膳食纤维测定”步骤中的（2）。

3. 可溶性膳食纤维（SDF）测定

收集不溶性膳食纤维抽滤产生的滤液，用4倍体积的乙醇沉淀、抽滤去除洗涤液后，将坩埚连同残渣在105℃烘干过夜。将坩埚置于干燥器中冷却1h，称量（m_{GR}，包括处理后坩埚质量及残渣质量），精确至0.1mg。减去处理后坩埚质量，计算试样残渣质量（m_R）。

（五）计算

总膳食纤维（TDF）、不溶性膳食纤维（IDF）、可溶性膳食纤维（SDF）可按式（6-18）~式（6-21）计算：

试剂空白质量按式（6-18）计算：

$$m_B = \bar{m}_{BR} - m_{BP} - m_{BA} \tag{6-18}$$

式中 m_B——试剂空白质量，g；

$\bar{m}_{BR}$——双份试剂空白残渣质量均值，g；

m_{BP}——试剂空白残渣中蛋白质质量，g；

m_{BA}——试剂空白残渣中灰分质量，g。

试样中膳食纤维的含量按式（6-19）至式（6-21）计算：

$$m_R = m_{GR} - m_G \tag{6-19}$$

$$X = \frac{\bar{m}_R - m_P - m_A - m_B}{\bar{m} \times f} \times 100 \tag{6-20}$$

$$f = \frac{m_C}{m_D} \tag{6-21}$$

式中 X——试样中膳食纤维的质量，g/100g；

m_R——试样残渣质量，g；

m_{GR}——处理后坩埚质量及残渣质量，g；

m_G——处理后坩埚质量，g；

$\bar{m}_R$——双份试样残渣质量均值，g；

m_P——试样残渣中蛋白质质量，g；

m_A——试样残渣中灰分质量，g；

m_B——试剂空白质量，g；

$\bar{m}$——双份试样取样质量均值，g；

f——试样制备时因干燥、脱脂、脱糖导致质量变化的校正因子（如果试样没有经过干燥、脱脂、脱糖等处理，$f=1$）；

100——换算稀释；

m_C——试样制备前质量，g；

m_D——试样制备后质量，g。

（六）方法说明

1. TDF含量的测定可以按照总膳食纤维测定进行独立检测，也可分别按照不溶性膳食纤维测定和可溶性膳食纤维测定 IDF 含量和 SDF 含量，根据公式计算，TDF 含量 = IDF 含量 + SDF 含量。

2. 当试样中添加了抗性淀粉、抗性麦芽糊精、低聚果糖、低聚半乳糖、聚葡萄糖等符合膳食纤维定义却无法通过酶重量法检出的成分时，宜采用适宜方法测定相应的单体成分，总膳食纤维可采用如下公式计算：

总膳食纤维含量 = TDF 含量（酶重量法）+ 单体成分含量

思考题

1. 请从化学角度区分单糖、寡糖和多糖，并举例说明。

2. 请讨论为什么用 70% ~75% 乙醇（终浓度）来提取单糖和寡糖，而不是用水，并说明原理？提取可溶性糖类应遵循哪些原则？

3. 请表述还原糖的定义，并举例说明哪些是还原糖，哪些是非还原糖。

4. 简述酶水解法测定食品中淀粉的原理。

5. 举例说明什么是膳食纤维、可溶性膳食纤维和不可溶性膳食纤维？简述测定总膳食纤维、可溶性膳食纤维和不可溶性膳食纤维的原理。

6. 某食品化验员采用 GB 5009.9—2016《食品安全国家标准　食品中淀粉的测定》当中的酶水解法对真空冷冻干燥的马铃薯块茎样品的淀粉含量进行测定，样品很容易粉碎。已知冷冻干燥后样品的含水量为 5.5g/100g，新鲜马铃薯块茎的含水量为 81.5g/100g，配置的葡萄糖标准溶液为 1mg/mL。

（1）3 次标定 10mL 碱性酒石酸铜溶液（甲、乙液各 5mL）消耗葡萄糖标准溶液的总体积分别为 10.4mL，10.5mL 和 10.6mL，计算每 10mL 碱性酒石酸铜溶液相当于葡萄糖的质量 m_1（mg）。

（2）试样溶液稀释 4 倍以后，3 次滴定时消耗试样溶液的体积分别为 10.7mL，10.6mL 和 10.8mL，计算试样中葡萄糖含量 X_1（mg）。

（3）试剂空白测定时 3 次消耗葡萄糖标准溶液的体积分别为 9.6mL，9.7mL 和 9.9mL，计算试剂空白值 X_0。

（4）称样量（m）为 2.1213g，计算真空冷冻干燥试样中淀粉的含量 X，以及分别以干基和湿基计新鲜马铃薯块茎的淀粉含量。

7. 某食品化验员采用 GB 5009.88—2014《食品安全国家标准　食品中膳食纤维的测定》对小麦面粉的膳食纤维进行测定，估计样品的水分含量为 14%，脂肪含量为 1.5%，糖含量为 0.3%。

（1）称取试样 100.00g 于 70℃烘箱中真空干燥后称重为 86.64g，计算试样质量损失因子 f。

（2）称取双份样品量分别为 1.1852g 和 1.1888g，分别经过热稳定 α - 淀粉酶、蛋白酶和淀粉葡萄糖苷酶酶解以后，再经过 95% 乙醇沉淀、抽滤后在 105℃烘干过夜，最后称取质量分别为 0.1743g 和 0.1757g。进一步化验，蛋白质质量（m_P）为 0.1334g，灰分质量（m_A）为 0.0027g，试剂空白质量（m_B）为 0.0025g。计算试样中总膳食纤维的含量 X（g/100g）。

第七章

脂类的测定

本章学习目的与要求

1. 综合了解食品中脂类的性质、分布与作用；
2. 综合了解食品中脂类测定的意义及多种测定方法；
3. 重点掌握食品中总脂肪含量的测定方法；
4. 重点掌握食品中酰基甘油酯和磷脂组成的检测方法；
5. 掌握多个食用油脂理化特性分析指标的意义及其测定方法；
6. 了解脂类物质存在的风险因素及风险因子的检测方法。

第一节 概 述

一、食品中的脂类物质和脂肪含量

脂类是脂肪和类脂的总称。脂类通常定义为溶于非极性有机溶剂（如乙醚、石油醚或氯仿），而不溶于水的化合物。这类物质包括甘油三酯、甘油二酯、甘油单酯、脂肪酸、磷脂、糖脂、固醇类、脂溶性维生素等。因此，含脂肪的食品，其脂类的组成很复杂，即便如此，甘油三酯是食品中脂肪的主要成分，通常占总脂的95%~99%。甘油三酯是由三分子脂肪酸和一分子甘油形成的酯。由于食品中的脂肪酸在链长、不饱和程度和甘油骨架上位置的差异，使得食品中的甘油三酯成为复杂的混合物。通常，脂肪是指固体脂类，油是指液体脂类。各种食品含脂量各不相同，其中植物性或动物性油脂中脂肪含量最高，而水果蔬菜中脂肪含量很低。不同食品的脂肪含量如表7－1所示。

脂类概述及其检测方法

表7－1 不同食品中的脂肪含量 单位:%（质量分数）

食品项目	脂肪含量	食品项目	脂肪含量
谷物食品、面包、通心粉		水果和蔬菜	
天然小麦粉	9.7	鳄梨	15.3

续表

食品项目	脂肪含量	食品项目	脂肪含量
高粱	3.3	苹果（带皮）	0.4
大米	0.7	黑莓（带皮）	0.4
小麦面包	3.9	甜玉米（黄色）	1.2
干通心粉	1.6	芦笋	0.2
乳制品		豆类	
干酪	33.1	成熟的生大豆	19.9
全脂牛乳	3.3	成熟的生黑豆	1.4
脱脂牛乳	0.2	肉、家禽和鱼	
脂肪和油脂		新鲜的咸猪肉	57.5
猪脂	100	牛肉	10.7
黄油（含盐）	81.1	比目鱼	2.3
人造奶油	80.5	鳕鱼	0.7
沙拉调味料		坚果类	
蛋黄酱（豆油制）	79.4	核桃	56.6
意式沙拉酱	48.3	杏仁	52.2

二、脂类物质的测定意义

脂肪是食品中重要的营养成分之一，可为人体提供必需脂肪酸；脂肪是一种富含热能的营养素，是人体热能的主要来源，每克脂肪在体内可提供37.62kJ（9kcal）热能，比碳水化合物和蛋白质高一倍以上；脂肪还是脂溶性维生素的良好溶剂，有助于脂溶性维生素的吸收；脂肪与蛋白质结合生成的脂蛋白，在调节人体生理机能和完成体内生化反应方面都起着十分重要的作用。但过量摄入脂肪对人体健康也是不利的。

在食品加工生产过程中，原料、半成品、成品的脂类含量对产品的风味、组织结构、品质、外观、口感等都有直接的影响。蔬菜本身的脂肪含量较低，在生产蔬菜罐头时，添加适量的脂肪可以改善产品的风味。对于面包之类的焙烤食品，脂肪含量特别是卵磷脂等组分，对面包心的柔软度、面包的体积及其结构都有影响。因此，在含脂肪的食品中，其含量都有一定的规定，是食品质量管理中的一项重要指标。测定食品的脂肪含量，可以用来评价食品的品质、衡量食品的营养价值，而且对实行工艺监督、生产过程的质量管理、研究食品的储藏方式是否恰当等方面都有重要的意义。

三、脂类的测定方法

食品中脂肪的存在形式有游离态的，如动物性脂肪及植物性油脂；也有结合态的，如天然存在的磷脂、糖脂、脂蛋白及某些加工食品（如焙烤食品及麦乳精等）中的脂肪，与蛋白质或碳水化合物等成分形成结合态。大多数食品中所含的脂肪为游离脂肪，结合态脂肪含量较少。

食品的种类不同，其中脂肪的含量及其存在形式就不相同，测定脂肪的方法也就不同。一般可按脂类的测定目的分为：① 测定食品中总脂肪的含量；② 测定脂类的组成与品质。对于不同的产品或产品的不同应用，脂类测定的侧重点都会有所不同。例如，采购油料种子时，首要的是测定总脂的含量和品质，而油脂的组分则关注较少；当采购的是油脂（可能是毛油，也可能是即将投入市场的精炼油）时，相比油脂的纯度和品质的测定，总脂含量的测定就不是那么重要了。

目前，还没有通用的总脂含量的测定方法。通常，总脂含量的测定方法由食品或原料中的总脂含量决定。如果食品中总脂的含量在 80% 以上（油脂、奶油、人造奶油等），总脂含量通常通过测定非脂组分（水分、杂质、盐分等）的含量来测定，当然，也能直接测定总脂含量。如果食品中总脂含量在 80% 以下，通常利用溶剂将脂类从经预处理的食品中萃取出来，从而直接测定总脂含量。相比总脂的测定，脂肪组成及品质的测定则相对简单得多，不管什么类型的食品，所采用的方法都相同。比如，通常采用气相色谱法（GC）测定脂肪的脂肪酸组成；薄层色谱法（TLC）分离不可皂化物，并用高效液相色谱 - 质谱联用法（HPLC - MS）或气相色谱 - 质谱联用法（GC - MS）分析其组成；采用酶法、HPLC - MS 等手段可分析甘油酯的组成和结构。

脂类不溶于水，易溶于有机溶剂。测定脂类大多采用低沸点的有机溶剂萃取的方法。常用的溶剂有乙醚、石油醚、氯仿 - 甲醇混合溶剂等。其中乙醚溶解脂肪的能力强，应用最多，但它沸点低（34.6℃），易燃，且可饱和约 2% 的水分。含水乙醚会同时抽提出糖分等非脂成分，所以使用时，必须采用无水乙醚作提取剂，且要求样品必须预先烘干。石油醚溶解脂肪的能力比乙醚弱些，但吸收水分比乙醚少，没有乙醚易燃，使用时允许样品含有微量水分，这两种溶剂只能直接提取游离的脂肪，对于结合态脂类，必须预先用酸或碱破坏脂类和非脂成分的结合后才能提取。因二者各有特点，故常常混合使用。氯仿 - 甲醇是另一种有效的溶剂，对于脂蛋白、磷脂的提取效率较高，特别适用于水产品、家禽、蛋制品等食品脂肪的提取。

用溶剂提取食品中的脂类时，要根据食品种类、性状及所选取的分析方法，在测定之前对样品进行预处理。有时需将样品粉碎、切碎、碾磨等；有时需将样品烘干；有的样品易结块，可加入 4 ~ 6 倍量的海砂；有的样品含水量较高，可加入适量无水硫酸钠，使样品成粒状。以上处理的目的都是增加样品的表面积，减少样品含水量，使有机溶剂更有效地提取出脂类。

第二节　总脂的测定方法

根据处理方法的不同，食品中总脂测定的方法可分为四类。①直接萃取法：利用有机溶剂（或混合溶剂）直接从天然或干燥过的食品中萃取出脂类；②经化学处理后再萃取：利用有机溶剂从经过酸或碱处理的食品中萃取出脂肪；③减法测定法：对于脂肪含量超过 80% 的食品，通常通过减去其他物质含量来测定脂肪的含量；④仪器的方法：利用被测物质的物理化学性质来测定食品的总脂含量，是一种无损、快速的测定方法。其中，前三类方法统称为萃取法。

一、直接萃取法

直接萃取法是利用有机溶剂直接从食品中萃取出脂类。通常这类方法测得的脂类含量称为“游离脂肪”含量。选择不同的有机溶剂往往会得到不同的结果。例如，分析油饼中脂类含量时，正己烷只能萃取出油脂，而含有氧化酸的甘油酯则萃取不出；当使用乙醚作为溶剂时，不但能萃取出这类甘油酯，还能萃取出很多不溶于正己烷的氨基酸和色素，所以乙醚为溶剂时测得的总脂含量远远大于使用正己烷所测得的总脂含量。直接萃取法包括索氏提取法、氯仿－甲醇提取法等。

（一）索氏提取法

索氏提取法是溶剂直接萃取的典型方法，索氏提取法测定脂肪含量是普遍采用的经典方法，是国标的方法之一，也是 AOAC 法 920.39、AOAC 法 960.39 中脂肪含量测定方法（半连续溶剂萃取法）。随着科学技术的发展，该法也在不断改进和完善，如目前已有改进的直滴式抽提法和脂肪自动测定仪法。

1. 原理

将经前处理的样品用无水乙醚或石油醚回流提取，使样品中的脂肪进入溶剂中，蒸去溶剂后所得到的残留物，即为脂肪（或粗脂肪）。本法提取的脂溶性物质为脂肪类物质的混合物，除含有脂肪外还含有磷脂、色素、树脂、固醇、芳香油等醚溶性物质。因此，用索氏提取法测得的脂肪也称粗脂肪。脂肪含量可按式（7－1）计算：

$$\text{脂肪含量（\%）} = \frac{m_2 - m_1}{m} \times 100 \qquad (7-1)$$

式中 m_2——接收瓶和脂肪的质量，g；

m_1——接收瓶的质量，g；

m——样品的质量（如为测定水分后的样品，以测定水分前的质量计），g。

2. 适应范围与特点

索氏提取法适用于脂类含量较高、结合态的脂类含量较少、能烘干磨细、不易吸湿结块的样品的测定。食品中的游离脂肪一般都能直接被乙醚、石油醚等有机溶剂抽提，而结合态脂肪不能直接被乙醚、石油醚提取，需在一定条件下进行水解等处理，使之转变为游离脂肪后方能提取，故索氏提取法测得的只是游离态脂肪，而结合态脂肪测不出来。此法是经典方法，对大多数样品结果比较可靠，但费时间，溶剂用量大，且需专门的索氏抽提器［图 7－1（1）］。在测定时，对样品、提取溶剂和提取条件都有特定的要求：

（1）样品应干燥后研细，样品含水分会影响溶剂提取效果，而且溶剂会吸收样品中的水分造成非脂成分溶出。装样品的滤纸筒一定要严密，不能往外漏样品，但也不要包得太紧影响溶剂渗透。放入滤纸筒时高度不要超过回流弯管，超过弯管样品中的脂肪不能抽提，造成误差。

（2）对含大量糖及糊精的样品，要先以冷水使糖及糊精溶解，经过滤除去，将残渣连同滤纸一起烘干，放入抽提管中。

（3）抽提用的乙醚或石油醚要求无水、无醇、无过氧化物，挥发残渣含量低。

（4）提取时水浴温度不可过高，以每分钟从冷凝管滴下80滴左右，每小时回流6～12次为宜，提取过程应注意防火。

（5）在抽提时，冷凝管上端最好连接一支无水氯化钙干燥管，如无此装置可塞一团干燥的脱脂棉球。这样，可防止空气中水分进入，也可避免乙醚在空气中挥发。

（6）抽提是否完全可凭经验，也可用滤纸或毛玻璃检查，由抽提管下口滴下的乙醚滴在滤纸或毛玻璃上，挥发后不留油迹表明已抽提完全，若留下油迹说明抽提不完全。

（7）在挥发乙醚或石油醚时，切忌直接用火加热。烘前应去除全部残余的乙醚，因乙醚稍有残留，放入烘箱时，有发生爆炸的危险。

3. 方法及仪器的发展

在经典方法上发展成改进型直滴式抽提法，它的原理、试剂、结果计算与索氏抽提法一样，只有操作方法上略有不同，使用的仪器主要是直滴式抽提器或改进型直滴式抽提器，见图7－1（2）。

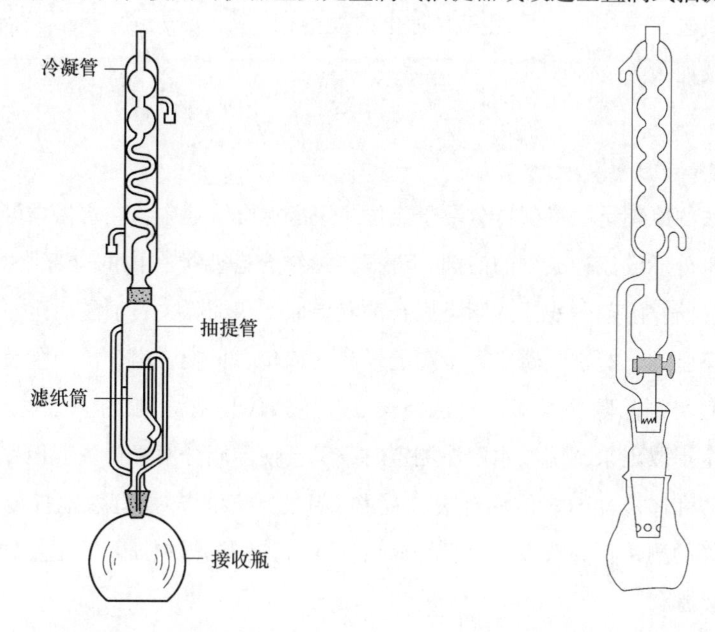

图7－1（1） 索氏抽提器　　图7－1（2） 改进型直滴式抽提器

直滴式抽提器将索氏抽提器抽提筒旁边的虹吸管和支管除去，并将筒底打通，筒底附近加三个支点，可将盛有试样的滤纸筒放入玻璃漏斗后，置于抽提筒内的三个玻璃支点上，抽提时烧瓶中乙醚蒸气通过抽提筒至冷凝器内被冷却，液化后滴入滤纸筒，抽提试样中脂肪后，滴入烧瓶中，这样始终不断地有新乙醚来抽提试样中脂肪，使乙醚与试样之间始终保持最大的浓度差，处于最佳抽提效率。

在测定时，将盛有试样的滤纸筒置入抽提筒内，用乙醚抽提脂肪，脂肪抽净后，取出滤纸筒，关上玻璃活塞，继续加热即可回收乙醚。直滴式抽提器虽然比索氏抽提器效率高、速度快，但抽提仍需6~8h。现在有不少改进型直滴式抽提器在直滴式基础上又进行了多方面的改进，如加大仪器的容量，增大滤纸筒内径，使溶剂与试样接触面积增大；冷凝器液滴口制成锯齿形，既可增加回滴速度，又可使液滴均匀分布滴入试样中；抽提筒置于烧瓶中，使抽提在较高温度中进行，提高抽提效率；烧瓶口口径加大，可使烘干时间缩短，使测定时间减少等。

脂肪自动测定仪是根据索氏抽提原理，用质量测定方法来测定脂肪含量。即在有机溶剂下溶解脂肪，用抽提法将脂肪从溶剂中分离出来，然后烘干，称量，计算出脂肪含量。

脂肪自动测定仪主要由加热抽提、溶剂回收和冷却部分组成。操作时可以根据试剂沸点和环境温度不同而调节加热温度，试样在抽提过程反复浸泡及抽提，从而达到快速测定目的。

脂肪自动测定仪操作简单，可自动实现抽提、冲洗、预干燥等功能，使用时仅需称量样品，并且仪器具有自动计算和打印功能，测试完成后，可自动打印实验结果。仪器采用触摸式液晶显示屏，直观，易操作，且能有效防止抽提溶剂泄露。脂肪自动测定仪如图7-2所示。

图7-2 脂肪自动测定仪

（二）氯仿-甲醇提取法（CM法）

氯仿-甲醇提取法的原理是：将试样分散于氯仿-甲醇混合溶液中，在水浴中轻微沸腾，氯仿、甲醇和试样中的水分形成三种成分的溶剂，可把包括结合态脂类在内的全部脂类提取出来。经过滤除去非脂成分，回收溶剂，残留的脂类用石油醚提取，蒸馏除去石油醚后定量。

本法适合于结合态脂类，特别是磷脂含量高的样品，如鱼、贝类、肉、禽、蛋及其制品，大豆及其制品（发酵大豆类制品除外）等。对这类样品，用索氏提取法测定时，脂蛋白、磷脂等结合态脂类不能被完全提取出来；用酸水解法测定时，又会使磷脂分解而损失。但在有一定水分存在下，用极性的甲醇和非极性的氯仿混合液（简称CM混合液）却能有效地提取出结合态脂类。本法对高水分试样的测定更为有效，对于干燥试样，可先在试样中加入一定量的水，使组织膨润，再用CM混合液提取。

二、经化学处理后再萃取

通过这类方法所测得的脂类含量通常称为总脂。根据化学处理方法的不同可分为：酸水解法、罗兹-哥特里法、巴布科克氏法和盖勃氏法等。

（一）酸水解法

1. 原理

将试样与盐酸溶液一同加热进行水解，使结合或包藏在组织里的脂肪游离出来，再用乙醚和石油醚提取脂肪，回收溶剂，干燥后称量，提取物的质量即为脂肪质量。

2. 适用范围与特点

酸水解法测定的是食品中的总脂肪，包括游离脂肪和结合脂肪。本法适用于各类食品中脂肪的测定，对固体、半固体、黏稠液体或液体食品，特别是加工后的混合食品，容易吸湿、结块、不易烘干的食品，不能采用索氏提取法时，用此法效果较好。此法不适于含糖高的食品，因糖类遇强酸易炭化而影响测定结果。

3. 测定方法及结果计算

对于固体样品，一般精密称取约2.0g，置于50 mL大试管中，加8mL水，混匀后再加10mL盐酸；对于液体样品，一般称取10.0g置于50mL大试管中，加10mL盐酸。将试管放入70～80℃水浴中，每5～10min用玻璃棒搅拌一次，至样品脂肪游离消化完全为止，需40～50min。取出试管，加入10mL乙醇，混合，冷却后将混合物移入100mL具塞量筒中，用25mL乙醚分次洗试管，一并倒入量筒中，待乙醚全部倒入量筒后，加塞振摇1min，小心开塞放出气体，再塞好，静置12min，小心开塞，用石油醚－乙醚等量混合液冲洗塞及筒口附着的脂肪。静置10～20min，待上部液体澄清，吸出上清液于已恒重的锥形瓶内，再加5mL乙醚于具塞量筒内，振摇，静置后，仍将上层乙醚吸出，放入原锥形瓶内。将锥形瓶于水浴上蒸干后，于100～105℃烘箱中干燥2h，取出放入干燥器内冷却30min后称量，并重复以上操作至恒重。样品的脂肪含量可按式(7－2)计算：

$$\text{脂肪含量（\%）}=\frac{m_2-m_1}{m}\times 100 \tag{7-2}$$

式中　m_2——锥形瓶和脂类质量，g；

m_1——空锥形瓶的质量，g；

m——试样的质量，g。

方法在测量时需要注意：

（1）样品经加热、加酸水解，破坏蛋白质及纤维组织，使结合脂肪游离后，再用乙醚提取。

（2）水解时应防止大量水分损失，使酸浓度升高。

（3）乙醇可使一切能溶于乙醇的物质留在溶液内。

（4）石油醚可使乙醇溶解物残留在水层，并使分层清晰。

（5）挥发干溶剂后，残留物中若有黑色焦油状杂质，是分解物与水一同混入所致，会使测定值增大，造成误差，可用等量的乙醚及石油醚溶解后过滤，再次进行挥发干溶剂的操作。

（二）罗兹－哥特里法

1. 原理

利用氨－乙醇溶液破坏乳的胶体性状及脂肪球膜，使非脂成分溶解于氨－乙醇溶液中，而脂肪游离出来，再用乙醚－石油醚提取出脂肪，蒸馏去除溶剂后，残留物即为乳脂肪。

2. 适用范围与特点

本法适用于各种液状乳（生乳、加工乳、部分脱脂乳、脱脂乳等），各种炼乳、乳粉、奶油及冰淇淋等能在碱性溶液中溶解的乳制品，也适用于豆乳或加水呈乳状的食品。本法为国际标准化组织（ISO）、联合国粮农组织/世界卫生组织（FAO/WHO）等采用，为乳及乳制品脂类定量的国际标准法。需采用抽脂瓶（图 7-3）。

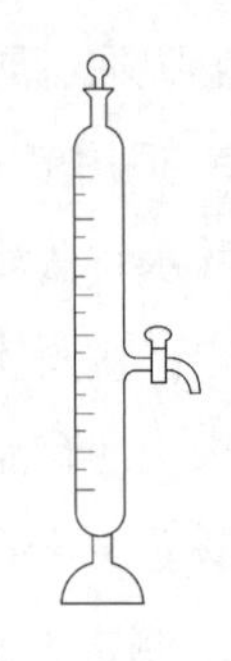
图 7-3　抽脂瓶

3. 测定方法及结果计算

取一定量样品（牛乳吸取 10mL；乳粉精密称取约 1g，用 10mL 60℃水，分数次溶解）于抽脂瓶中，加入 1.25mL 氨水，充分混匀，置于 60℃水浴中加热 5min，再振摇 2min，加入 10mL 乙醇，充分摇匀，于冷水中冷却后，加入 25mL 乙醚，振摇 0.5min，加入 25mL 石油醚，再振摇 0.5min，静置 30min，待上层液澄清时，读取醚层体积，放出一定体积醚层于一已恒重的烧瓶中，蒸馏回收乙醚和石油醚，挥干残余醚后，放入 100～105℃烘箱中干燥 1.5h，取出，放入干燥器中冷却至室温后称重，重复操作直至恒重。样品的脂肪含量可按式（7-3）计算：

$$\text{脂肪含量（\%）} = \frac{m_2 - m_1}{m \times V_1 / V} \times 100 \qquad (7-3)$$

式中　m_2——烧瓶和脂肪质量，g；

m_1——空烧瓶的质量，g；

m——样品的质量，可用体积×相对密度计算，g；

V——读取醚层总体积，mL；

V_1——放出醚层体积，mL。

方法在测量时需要注意：

（1）乳类脂肪虽然也属游离脂肪，但因脂肪球被乳中酪蛋白钙盐包裹，又处于高度分散的胶体分散系中，故不能直接被乙醚、石油醚提取，须预先用氨水处理，故此法也称碱性乙醚提取法。

（2）若无抽脂瓶时，可用容积 100mL 的具塞量筒替用，待分层后读数，用移液管吸出一定量醚层。

（3）加氨水后要充分混匀，否则会影响下步醚对脂肪的提取。

（4）操作时加入乙醇的作用是沉淀蛋白质以防止乳化，并溶解醇溶性物质，使其留在水中，避免进入醚层而影响结果。

（5）加入石油醚的作用是降低乙醚极性，使乙醚与水不混溶，只抽提出脂肪，并可使分层清晰。

（6）对已结块的乳粉，用本法测定脂肪，其结果往往偏低。

（三）巴布科克氏法和盖勃氏法

1. 原理

用浓硫酸溶解乳中的乳糖和蛋白质，将牛乳中的酪蛋白钙盐转变成可溶性的重硫酸酪蛋白，脂肪球膜被破坏，脂肪游离出来，再利用加热离心，使脂肪迅速完全分离，直接读取脂肪层可知被测乳的含脂率。

2. 适用范围与特点

这两种方法都是测定乳脂肪的标准方法，适用于鲜乳及乳制品脂肪的测定。但不适合测定含巧克力、糖的食品，因为硫酸可使巧克力和糖发生炭化，结果误差较大。

改良巴布科克氏法可用于测定风味提取液中芳香油的含量（AOAC 法 932.11）及海产品中脂肪（AOAC 法 964.12）的含量。

巴布科克氏法和盖勃氏法的原理相似，盖勃氏法较巴布科克氏法简单快速，多用一种试剂异戊醇。使用异戊醇是为防止糖炭化。该法在欧洲比在美国使用更为广泛。

3. 测定方法

（1）巴布科克氏法　精确吸取 17.6mL 牛乳于巴布科克氏乳脂瓶［图 7－4（1）］中；加入硫酸（相对密度 1.816±0.003，20℃）17.5mL，硫酸沿瓶颈壁慢慢倒入，将瓶颈回旋，充分混合至无凝块并呈均匀的棕色；将乳脂瓶离心 5min（约 1000r/min），脂肪分离升至瓶颈基部；加入热水使脂肪上浮到瓶颈基部，离心 2min；再加入热水使脂肪上浮到 2 或 3 刻度处，离心 1min；置 55～60℃水浴 5min 后，立即读取脂肪层最高与最低点所占的格数，即为样品含脂肪的百分率。

（2）盖勃氏法　将 10mL 硫酸倒入盖勃氏乳脂瓶［图 7－4（2）］中；精确吸取 11mL 牛乳于盖勃氏乳脂瓶中；加入 1mL 异戊醇（相对密度 0.811±0.002，20℃，沸程 128～132℃）；盖紧塞子，振摇至呈均匀棕色液体，静置数分钟；置于 65～70℃水浴中 5min；取出擦干，调节脂肪柱在刻度内，放入离心机（800～1000r/min）中离心 5min；将乳脂瓶置 65～70℃水浴，5min 后取出，立即读数，即为脂肪的含量。

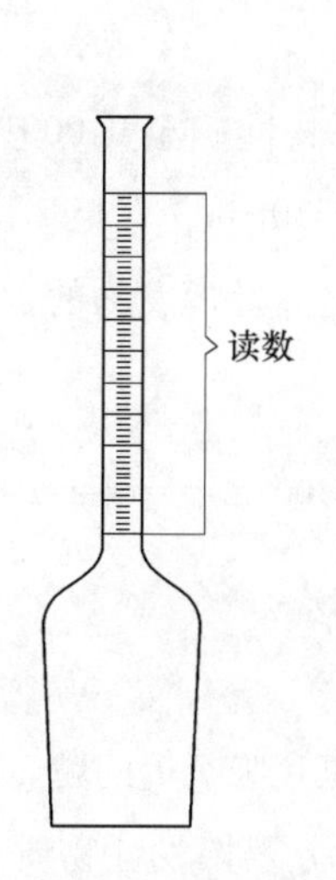

图 7－4（1）　巴布科克氏乳脂瓶

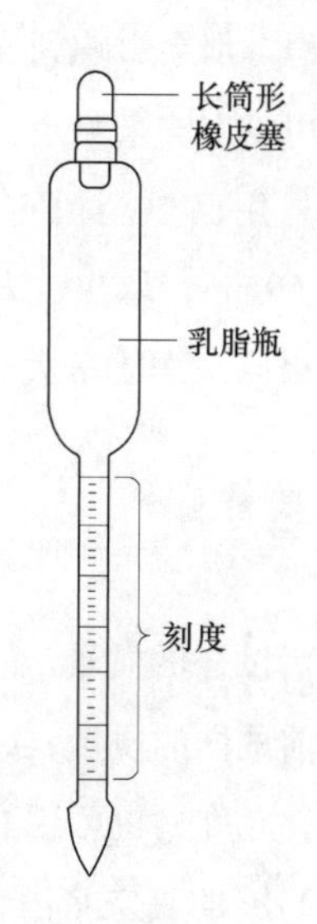

图 7－4（2）　盖勃氏乳脂瓶

方法在测量时需要注意：

① 硫酸的浓度有严格要求，如过浓会使乳炭化成黑色溶液而影响读数；过稀则不能使酪蛋

白完全溶解，会使测定值偏低或使脂肪层浑浊。

② 硫酸除可破坏脂肪球膜，使脂肪游离出来外，还可增加液体相对密度，使脂肪容易浮出。

③ 盖勃氏法中所用异戊醇的作用是促使脂肪析出，并能降低脂肪球的表面张力，以利于形成连续的脂肪层。

④ 1mL 异戊醇应能完全溶于酸中，但由于质量不纯，可能有部分析出掺入到油层，而使结果偏高。

⑤ 加热（65～70℃水浴）和离心的目的是促使脂肪离析。

⑥ 罗兹－哥特里法、巴布科克氏法和盖勃氏法都是测定乳脂肪的标准分析方法。根据对比研究表明，前者的准确度较后两者高，后两者中巴布科克氏法的准确度比盖勃法的稍高些，两者差异显著。

三、减法测定法

食用油等富含脂类物质的食品中，非脂成分或杂质的含量通常都少于0.2%，此时，直接测定脂肪含量是不可能得到很精确的结果的。我们可以通过测定非脂成分的量来确定脂肪的含量。样品中脂肪的含量＝1－水分及挥发物百分含量－不溶性杂质百分含量。水分及挥发物的测定以及不溶性杂质的测定方法如下。

1. 水分及挥发物的测定

将所取食品样品置于（105±2）℃条件下加热3h，样品恒定减少的质量，即被认为是其所含水分及挥发物的质量。实际上，食品在加热条件下，因为某些成分氧化吸氧以及发生羰氨反应放出二氧化碳等过程，都会影响到样品的质量变化。但由于本法简单方便，容易规范化，所以通常情况下都可以采用该方法来测定样品中的水分和挥发物。

方法测定时，用已烘至恒重的称量皿称取试样约10g（m，准确至0.0001g），在（105±2）℃电烘箱内烘60min，取出冷却（30min以上），称量。再烘30min，直至2次质量差不超过0.002g为止。如果后一次质量大于前一次质量（m_1），样品中水分及挥发物的含量按式（7－4）计算：

$$\text{水分及挥发物含量（\%）} = \frac{m - m_1}{m} \times 100 \qquad (7-4)$$

式中　m_1——烘后试样的质量，g；

　　　m——烘前试样的质量，g。

假如测定条件允许，也可用真空烘箱法代替本法，以避免氧化吸氧等问题。真空烘箱法是将样品置于（75±2）℃的真空箱内，在真空环境中测定样品的水分及挥发性物质。操作方法及结果计算与上述直接干燥法相似。

2. 不溶性杂质的测定

脂类中的不溶性杂质主要包括机械类杂质（如土、沙、碎屑等）、矿物质、碳水化合物、含氮物质及某些胶质等。

（1）原理　用过量有机溶剂处理试样，过滤溶液，再用溶剂洗涤残渣，直到洗出溶液完全透明，(105 ± 2)℃烘干称重。所选有机溶剂的不同，可能会导致不溶性杂质的不同。

（2）测定方法及结果计算　称取样品 30 ~ 50g（m，精确至 0.01g），置于 250mL 锥形瓶中，加入等量的石油醚（或苯）于水浴中加热，使样品完全溶解于有机溶剂中。然后，用干燥至恒重的滤纸过滤，滤纸上的沉渣用热的石油醚（经水浴加热至 50℃ 以下）多次洗涤，直到洗出的滤液完全透明。

待滤纸于漏斗上干燥后，取下，放入已知恒重的称量瓶中，置于 100 ~ 105℃ 干燥箱内干燥 1h 后，每隔 20min 称量 1 次，直至其恒重为止（m_1）。样品中的不溶性杂质含量可按式（7 - 5）计算：

$$\text{不溶性杂质含量}(\%) = \frac{m_1 - m_2}{m} \times 100 \tag{7-5}$$

式中　m_1——经过滤、干燥后滤纸的质量，g；

m_2——滤纸质量，g；

m——样品质量，g。

四、仪器法

除了化学萃取的方法外，现在许多食品厂的食品质量评价实验室采用仪器的方法来测定食品中的总脂含量。根据被测食品的物理化学性质，仪器的方法可分为：① 测定物理性质的方法；② 测定吸收光的方法；③ 测定发散光的方法。每种方法都有利弊，需要根据所测定的物质性质选择合适的方法。

1. 测定物理性质的方法

（1）密度　液体油的密度低于食品中的其他成分，所以随着食品中脂肪含量的增加其密度会降低，因此脂类含量可以通过测定密度的方法来测定。

（2）电导率　脂类的电导率低于水溶性物质，所以脂类含量多的食品电导较低，因此测定食品的总电导能够用于测定脂肪含量。

（3）超声波的方法　超声波穿过物质的速度依赖于食品中脂肪的含量，因此脂类含量的测定可通过测定其超声波的方法，这一方法是快速、无损在线测定脂类的方法。

2. 测定吸收光的方法

（1）紫外可见光的方法　一定脂类的含量可以通过测定其紫外可见吸收光的方法来测定。但是脂类须经萃取并且溶于合适的有机溶剂中，因此该方法比较耗时耗力。

（2）红外的方法　该方法基于脂肪分子的分子振动和转动能量在波长为 7730nm 处有最大吸收。如果有一个好的标准曲线，红外的方法是快速在线分析脂类含量很有用的方法。

（3）X 射线吸收的方法　瘦肉对 X 射线的吸收大于脂肪，因此 X 射线吸收随着脂类含量的增加而降低，目前已有商品化的利用该现象测定肉和肉产品中脂肪含量的仪器。

3. 测定发散光的方法

（1）光散射　在稀的食品乳化液中油滴的含量可以通过测定光散射的方法测定，因为乳液的浊度和油滴含量成正比。

（2）超声散射　在浓缩的食品乳化液中油滴的含量可以通过超声散射的方法来测定，因为乳液吸收超声波及其速度和油滴的含量有关。

五、萃取方法与仪器方法的比较

萃取的方法更加精确，应用也更普遍，所以作为标准的方法来分析食品。其缺点是测定的样品必须很干以有利于有机溶剂的渗入（CM 法除外），对样品的损害大，耗时长。对于水分含量较高的食品，通常用批量溶剂萃取或无溶剂萃取法。相比于萃取的方法，采用仪器的方法测定脂肪的含量其最大的优点是它们是无损的，样品的处理少或不需要对样品进行前处理，测量快速、准确和简单。然而，这些方法费用高，仅能用于一些特定的食品，如没有其他成分影响的食品。此外，在仪器分析方法中，脂肪的含量需要利用标准曲线进行定量。

第三节　酰基甘油酯和磷脂组成检测

前面讨论了测定食品中总脂的方法，但没有考虑脂类组成的测定。食品中的脂类是一大类物质，主要包括甘油三酯和一些脂质伴随物，如脂肪酸、磷脂、糖脂、甾醇、维生素等。脂类包括的范围广泛，其分类方法也有很多种。通常根据脂质的主要组成成分分为：简单脂质、复合脂质、衍生脂类、不皂化脂类。食品中的简单脂质主要指酰基甘油酯，而酰基甘油酯又分为甘油一酯、甘油二酯、甘油三酯；复合脂质即含有其他化学基团的脂肪酸酯，主要包括磷脂和糖脂两种；衍生脂类只含单一组分，由其他脂类水解得到，包括脂肪酸及其衍生物前列腺素等；不皂化脂类是指与碱不起作用、不溶于水但溶于醚的物质。不皂化脂类包括天然色素、维生素、固醇、蜡、高分子脂肪醇等。测定食品中脂类的组成对食品科学与安全具有重要的意义，主要体现在以下几个方面：

（1）食品营养成分确定　食品相关标准要求食品中的饱和、不饱和和多不饱和脂类以及胆固醇要明确标识其准确含量。

（2）食品安全　不饱和脂类含量高的食品容易发生脂质氧化，产生不好的风味以及一些潜在毒性成分，如胆固醇氧化物等。

（3）食品感官相关　食品适宜的物理特性，如外观、风味、口感和质地与脂类含量有关。

（4）掺假判断　不同食品中的脂类含量不同，且不同脂类的脂肪酸组成不同，因此，也可通过测定食品的脂类组成，来判断食品是否掺假。

（5）食品生产工艺控制　食品加工业根据食品中所含的脂类来调整加工条件，以达到最佳的生产条件。

目前，用于分析食品中脂类组分的主要方法：薄层色谱法（TLC）、气相色谱法（GC）、高效液相色谱法（HPLC）和核磁共振光谱法（NMR）。以下以食品分析检测中经常遇到的“酰基甘油酯和脂肪酸的分离”“酰基甘油酯混合物的组分分析”和“磷脂含量及组成分析”为例，进行方法阐述。

一、薄层色谱法分析甘油酯和脂肪酸组成

TLC 主要用于分离测定食品中不同类型的脂类，如甘油三酯、甘油二酯、甘油单酯、胆固醇、胆固醇氧化物和磷脂等。薄层板涂上合适的吸附材料，放在合适的溶剂中展开，少量的脂质样品点在薄层板上，由于毛细作用力，溶剂随时间沿着薄层板上升，根据脂质组分和吸附材料作用力的不同将其分离开，样品分离开后，用染料喷洒薄层板使样品点显现，通过比较已知标准和样品组分的移动距离（比移值）鉴定脂类组分，样品点也可以被刮下来用作其他分析，如 GC、NMR 或 MS 分析。TLC 是比较廉价和快速的脂类分析方法。下面以分离油脂样品中的酰基甘油酯和脂肪酸为例来说明 TLC 在检测脂类组分中的应用。

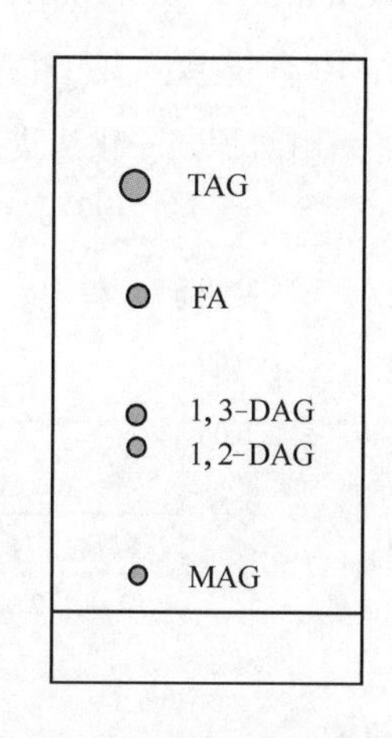

图 7－5　TLC 甘油酯和脂肪酸混合物的分离图谱

MAG—单甘酯
1，2－DAG—1，2－甘油二酯
1，3－DAG—1，3－甘油二酯
FA—脂肪酸　TAG—甘油三酯

采用 TLC 法对油脂样品中的脂肪酸和甘油酯进行分离，薄层板的规格为 100mm × 200mm，薄层板上覆盖有 0.20 ~ 0.25mm 厚的硅胶。覆盖有硅胶的薄层板须于 105℃ 活化 2h 后方可使用。取 50μL 油样，用毛细玻璃管将油样点样在层析板底部距边缘约 1.5cm 处。将点好样的层析板置于装有展开剂的层析缸中展开。展开剂组成为 V（正己烷）：V（乙醚）：V（醋酸）＝80：20：1。展开后将层析板从层析缸中取出，在通风橱中晾干后，用 1g/L 的 2，7－二氯荧光素甲醇溶液染色，然后置于紫外灯 254nm 波长下观察各甘油酯和脂肪酸所对应的条带。结果如图 7－5 所示。如要分析各条带的脂肪酸组成，须将各条带从层析板上刮下，分别甲酯化后，气相色谱分析脂肪酸组成。

二、高效液相色谱法分析酰基甘油酯组成

目前，在 HPLC 检测酰基甘油酯的过程中，示差折光检测器（RID）是最常用的检测器。紫外检测器（UV）的明显缺点是其对脂肪酸双键数目十分敏感，因此饱和度不同的物质可以产生差异巨大的响应值，在做脂肪的定量分析方面可行性差。HPLC－RID 法是根据物质的折光率差异进行定量分析的方法，甘油三酯、脂肪酸、甘油二酯和单甘酯等在 RID 检测器上的响应值基

本相同，如果能选用合适的流动相，即使直接采用面积归一化法定量也可以获得较高的准确度，这大幅简化了分析过程。现以单甘酯工业化的生产监控中 HPLC - RID 的应用来说明 HPLC - RID 检测酰基甘油酯的方法。

单甘酯是天然油脂代谢的中间产物，是一类重要的乳化剂，广泛应用于食品、医药、化妆品等工业。目前，单甘酯的工业化生产主要采用化学法，即在高温下催化油脂的甘油解反应。这样得到的产品是单甘酯、甘二酯和甘三酯的混合物。高纯度的单甘酯产品通常还须经过分子蒸馏处理。故单甘酯生产中的单甘酯、二酯和三酯的定量分析极为重要。

采用以下液相色谱条件进行分析。检测器：2414 示差检测器；色谱柱：250mm × 4.6mm，Luna 5u Silica（2）100A；流动相：正己烷与异丙醇混合液（体积比 9∶1）；流动相流速：1mL/min；RI 分辨率：32；柱温：35℃；柱压：480psi（1psi = 6894.76Pa）；进样量：10μL。

采用面积归一化法进行计算，色谱图如图 7 - 6 所示。

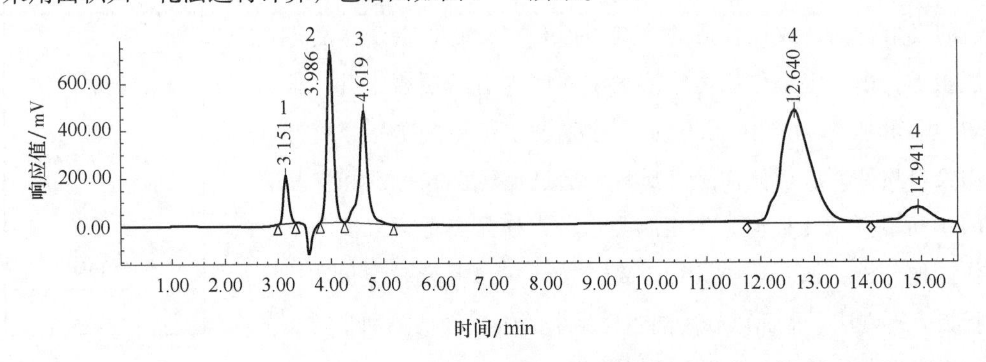

图 7 - 6　酰基甘油酯组成分析

1—甘油三酯（TAG）　2—1，3 - 甘油二酯（DAG）　3—1，2 - 甘油二酯（DAG）　4—单甘酯（MAG）

三、磷脂组分的分析检测方法

磷脂是一类很重要的复合脂质，营养丰富、工业用途广泛，是食品、医药、纺织、橡胶、制革等行业的重要原料。由于磷脂具有亲水性，能使油脂的水分增加，促使油脂水解和酸败；同时易氧化，受热发黑发苦，影响油脂的品质。因此，测定磷脂的含量对于评定油脂的品质和开展综合利用油脂具有重要意义。常用的测定磷脂的方法有丙酮不溶物测定法、高效液相色谱 - 蒸发光散射检测法（HPLC - ELSD）和核磁共振光谱法（NMR）。

1. 丙酮不溶物测定法

（1）原理　磷脂具有双亲性，当与水接触时，磷脂能吸水膨胀而使其在油脂中的溶解度显著降低。因此，加水至油脂中，其中的磷脂将沉淀下来，又依据磷脂不溶于丙酮的特性，用丙酮洗涤沉淀除去油脂等其他物质，烘干残余物，称量、计算即得磷脂含量。

（2）测量方法及结果计算　取经 90℃保温、过滤、混匀的样品约 10mL，置于已知恒重的离心管中，放入小烧杯，在分析天平上准确称重（精确至 0.0001g）。用移液管加入蒸馏水 1.0mL 于样品中，再预热加温至60 ~ 70℃，盖上塞子，充分振荡 1 ~ 2min。将充分水化的样品放入离心机中，4000r/min 离心 20min 后，取出离心管，弃去上层清油，再用 10mL 丙酮溶液洗涤沉淀及管壁，离心 5min，吸去丙酮液，反复洗涤至用滤纸检验无油迹为止。丙酮不溶物的含量可按式（7-6）计算：

$$丙酮不溶物含量（\%）=\frac{m_1-m_2}{m}\times 100 \tag{7-6}$$

式中 m_1——离心管+沉淀物质量，g；

m_2——离心管质量，g；

m——试样质量，g。

2. HPLC-ELSD 法测定不同磷脂组分

（1）原理　ELSD 检测样品的原理是带有样品的流动相在检测器中通过与氮气混合形成均匀的雾状液滴，液滴通过加热的漂移管，流动相在漂移管中蒸发，样品形成雾状的颗粒悬浮在溶剂蒸汽中。样品颗粒通过流动池时受到激光束照射，其散射光被光电管转化为电信号从而被检测。电信号的强弱直接和颗粒的质量相关，所以 HPLC-ELSD 法可直接用于磷脂的定量分析，不需要任何的衍生化过程。

（2）HPLC 分析条件及结果　色谱柱：Nuclesil 100-5 柱（250mm×4.6mm，5μm）；流动相：甲醇，流速 0.8mL/min，等度洗脱。蒸发光散射检测器参数：漂移管温度 66℃，气体流速（空气）为 1.8L/min，进样量为 15μL。磷脂类标准化合物的色谱分离情况见图 7-7。

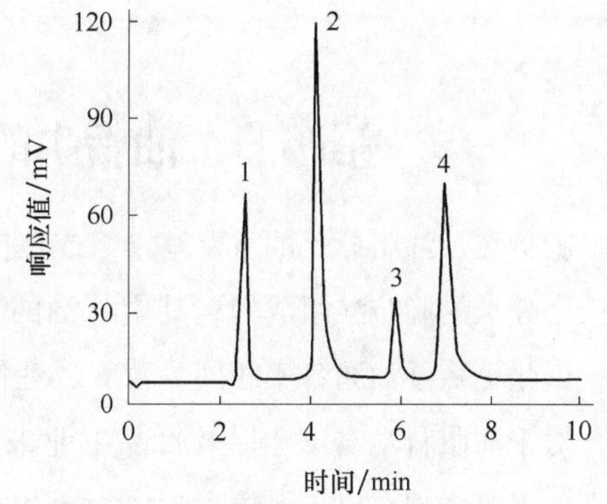

图 7-7　磷脂类各标准化合物的色谱图

1—磷脂酰甘油（PG）　2—磷脂酰乙醇胺（PE）
3—磷脂酰胆碱（PC）　4—溶血磷脂酰胆碱（LPC）

3. NMR 法测定不同磷脂组分

NMR 法分析磷脂组分是利用磷原子的 ^{31}P 核磁共振效应。通常，磷酸三苯酯（TPP）用作内标来定量分析样品中的各磷脂组分。由于不同磷脂组分的酸根上所连的基团不同，对磷的作用也就不同，导致不同磷脂组分在磁场中的化学位移不同，从而达到定性、定量分析磷脂中的不同组分的目的。

（1）样品处理　称取约 30mg 丙酮不溶物，溶解在 0.6mL $CDCl_3$/MeOH（体积比 2∶1）中，加入到 5mm 核磁管中，NMR 分析检测丙酮不溶物中的不同磷脂组分。

（2）分析条件及结果　检测温度 25℃，观察频率 243MHz，谱宽 64102.6Hz，脉冲宽度 12μs，采集时间 2.3s，脉冲延迟时间 5.0s，扫描次数 96。以磷酸三苯酯（TPP，δ-17.80）作为内标。数据处理采用MestReNova 软件，其结果见图 7-8。

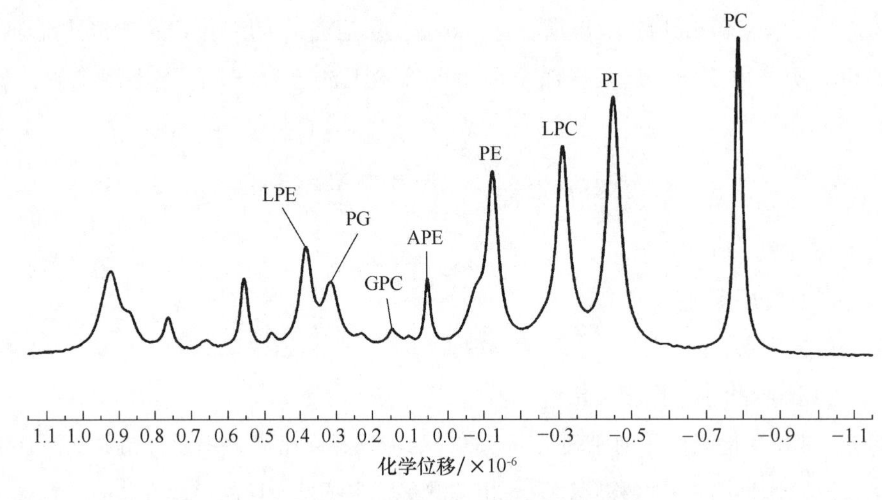

图7-8　NMR测定磷脂组分的谱图

LPE—溶血磷脂酰乙醇胺　PG—磷脂酰甘油　GPC—甘油磷脂酰胆碱　APE—酰化磷酯
PE—磷脂酰乙醇胺　LPC—溶血磷脂酰胆碱　PI—磷脂酰肌醇　PC—磷脂酰胆碱

第四节　油脂中的脂肪酸组成及其分布分析

脂肪酸是油脂分子的重要基本组成单位。油脂分子是由一个甘油分子支架和连接在其支架上的三个分子的脂肪酸组成的，其中甘油的分子结构比较简单，而脂肪酸的种类与组成却千变万化，因此也赋予油脂各不相同的营养、理化与加工特性。

对于油脂科学与工业以及食品工业来讲，对脂肪酸组分的监控具有重要意义。主要体现在以下三方面：①对市售产品中“脂肪酸强化因子含量”进行监控。现在市售多种食品或者功能性食品都添加了脂肪酸强化因子。多种婴幼儿食品中（如乳粉、饮料等）添加了营养因子二十二碳六烯酸（DHA）和花生四烯酸（AA）；针对老年人心血管系统健康的功能性食品有多种，如深海鱼油（DHA、二十碳五烯酸EPA等多不饱和脂肪酸）等；还有针对青少年增强大脑记忆力等功能的营养强化剂；还有一些含有共轭亚油酸（GLA）的营养强化产品等。②在结构脂研发过程中，对脂肪酸的组成与分布进行监测，以衡量结构脂的质量或者模拟程度。比如，在天然的可可脂中，甘三酯组分中有70%以上是2位为油酸的甘三酯（如POS、SOS、POP；P为棕榈酸，S为硬脂酸，O为油酸）。在人乳脂肪中，棕榈酸为主要的饱和脂肪酸，且主要分布在脂分子的2位，而不饱和脂肪酸主要分布在脂分子的1和3位。因此，在结构脂的制备过程中，分析脂肪酸的组成与分布就非常重要。③可用于不同油脂产品的真假判别，确保食用油脂的安全。对于不同的油脂产品，他们具有不同的特征性的脂肪酸组成。比如，在大豆油中，亚油酸（$C_{18:2}$）含量在48%~53%，而在茶籽油中，油酸（$C_{18:1}$）的含量可达到76%以上。如果有不同的油脂产品混合在一起，其脂肪酸组成会发生变化。

一、气相色谱法测定油中的脂肪酸组成

下面以红花籽油的测定为例说明气相色谱法测定油中脂肪酸组成的方法，红花籽油的主要组分是三甘油脂肪酸酯，在进行分析之前，要先对样品进行前处理，油脂样品在碱性的醇溶液里，分解产生脂肪酸，然后在三氟化硼的催化作用下，生成脂肪酸甲酯。脂肪酸甲酯的沸点相对脂肪酸甘油酯的沸点低，在较低的温度时（<250℃）就可以汽化。然后根据不同脂肪酸的极性差异，在气相色谱柱中实现分离。气相色谱法分析油脂脂肪酸组成具有样品处理简单快捷、灵敏度高等特点。具体操作过程如下。

1. 样品的前处理（油脂甲酯化过程）

采用 BF_3 - 甲醇快速甲酯化方法。在 25mL 圆底烧瓶中滴入样品 1~2 滴（20~50mg），然后加入 0.5mol/L 的 KOH - 甲醇溶液 2mL，置于 70℃水浴中振荡回流皂化反应约 10min；冷却后加入 3mL BF_3 - 甲醇溶液 [V（BF_3 - 乙醚）:V（甲醇）=1:3]，置于 70℃水浴回流反应 5min；冷却并加入 3mL 正己烷萃取，振荡促进甲酯化样品溶解；然后倒入饱和 NaCl 溶液使液面升至瓶口，静置约 1min，吸取上层正己烷相于装有少量无水 Na_2SO_4 的样品管中，待气相色谱分析。

2. 气相色谱检测及结果

采用以下气相色谱条件进行分析。色谱柱：FFAP（30m×0.25mm×0.20μm）；载气：N_2，流量 1.1mL/min；燃气：H_2，流量 38mL/min；助燃气：空气，流量 350mL/min；柱前压：20psi（1psi=6894.76Pa）；分流比 50:1；进样量 1μL；进样口温度 250℃，检测器温度 300℃。程序升温方法：150℃保持 2min，以 10℃/min 升温至 230℃，保持 8min，计算采用面积归一化法，可快速简便地测出红花籽油的脂肪酸组成。图 7-9 为红花籽油脂肪酸组成色谱图。

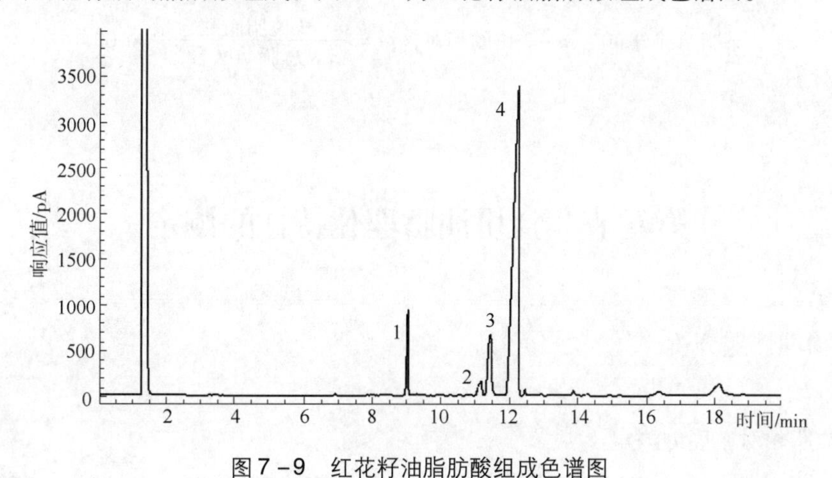

图 7-9 红花籽油脂肪酸组成色谱图

1—$C_{16:0}$ 2—$C_{18:0}$ 3—$C_{18:1}$ 4—$C_{18:2}$

二、气相色谱法分析甘油三酯中脂肪酸位置分布

甘油三酯由一分子甘油和三分子脂肪酸组成，由于脂肪酸的种类较多以及在和甘油结合时有 *sn*－1、*sn*－2 和 *sn*－3 三个位置选择，所以自然界中甘油三酯分子的种类千变万化。同一脂肪酸分布在不同的位置具有不同的位置效应。众多人体实验及动物实验都证实了人乳脂的吸收优于婴儿标准配方乳粉。配方乳粉脂肪（通常为植物油）与人乳脂的主要区别是配方乳粉中植物油的棕榈酸主要分布在 *sn*－1，3 位，而人乳脂肪中 70% 以上的棕榈酸分布在 *sn*－2 位。配方乳粉脂肪在体内胰脂肪酶的作用下 *sn*－1，3 位的棕榈酸以游离形式被释放出来，棕榈酸在小肠的吸收率非常低（仅为63%）且游离棕榈酸的熔点（63℃）很高，使得游离棕榈酸在肠内酸性环境下极易与金属离子发生皂化反应形成钙皂，从而造成钙离子和能量的双重损失，同时增加了粪便的硬度。而以 2－单甘酯形式存在的棕榈酸，就很容易在小肠内消化吸收，从而提高了人体脂肪酸的吸收率，同时促进了胆固醇代谢。因此，研究脂肪酸的位置分布对食品科学的研究具有重要意义。下面以人乳中 *sn*－2 脂肪酸位置分布的 GC 分析为例：

人乳脂通过猪胰脂肪酶（PPL）水解生成甘油单酯（2－MAG），进而分析人乳脂 *sn*－2 位上的脂肪酸组成。2－MAG 的制备：在 10mL 试管中加入 0.1g 人乳、0.1mL $CaCl_2$ 溶液（22g/L）、0.25mL 胆酸钠溶液（0.5g/L）、1mL Tris 缓冲液（pH 8）及 20mg PPL，于 40℃ 水浴反应 5min，加入 1mL 盐酸（6mol/L）和 1mL 乙醚，混匀分层，取乙醚层，将乙醚层用硅胶薄层色谱法进行分离，展开剂组成为 *V*（石油醚）：*V*（乙醚）：*V*（醋酸）＝80∶20∶2，用 1g/L 2，7－二氯荧光素溶液在 254nm 紫外灯下显色，将对应的 2－MAG 条带刮下后甲酯化，GC 分析。GC 分析条件同上脂肪酸分析。某脂肪酸分别在 *sn*－2 位的相对含量，可由式（7－7）计算：

$$\text{某脂肪酸分布在 } sn-2 \text{ 位的相对含量} = \frac{sn-2\text{ 位脂肪酸含量}}{3 \times \text{总脂肪酸含量}} \times 100 \tag{7-7}$$

第五节　食用油脂理化特性的测定

一、油脂物理性质分析

（一）油脂相对密度的测定

各种纯净的油脂，在一定温度下均有其特定的相对密度范围，通过试验测定样品油脂的相对密度，可以作为确定样品种类及纯度的参考依据。测定相对密度的方法可参考本书第二十章的内容。

食用油脂理化特性的测定

（二）油脂折射率分析

折射率是指光线由空气中进入油脂中入射角正弦与折射角正弦之比。折射率是油脂的重要物理参数之一，通过测定油脂的折射率可以鉴别油脂种类、纯度、不饱和程度及是否酸败，是油脂纯度的标志之一。油脂的折射率测定通常采用阿贝折光仪，以钠黄光 D 线作为光源。植物油标准中规定，测定油脂的折射率以 20℃作为标准温度，其结果用 n_D^{20}（D 代表钠黄光线，20 代表实验温度）来表示。测定折射率的方法参见本书第二十章的内容。

（三）油脂色泽的测定

色泽的深浅是植物油的重要质量指标之一，测定油脂的色泽可了解油脂精制程度及判断其品质。我国植物油国家标准中不同种类、等级的植物油色泽是以罗维朋比色计进行测定，并制定相应的指标。

测定原理与方法如下：

通过调节黄、红的标准颜色色阶玻璃片与油样的色泽进行比色，比至两者色泽相当时，分别读取黄、红玻璃片上的数字作为罗维朋色值即油脂的色泽值。

将澄清的油样倒入比色槽（液面离槽口约 0.5cm）中，先固定黄色，然后再用红色调整至视筒内两边色度相等为止。如色已配好，但两边亮度不等时，则需配灰色片直至两边亮度相等为止。如油脂颜色呈青、绿色需以蓝色片抵消，记录所用蓝色片，并注明比色槽的长度，一般未注明者即认为是 25.4mm 的液槽（即 1in 槽）。

（四）油脂及脂肪酸熔点的测定

油脂熔点即油脂由固态熔化成液态的温度，也就是固态和液态的蒸汽压相等的温度。纯物质的熔点是该物质在一个大气压下，固态和液态平衡时的温度。每种纯物质都有它的熔点，因此，从熔点可以了解物质的纯度。根据熔点能判断油脂的纯度、类别和新鲜程度，是油脂纯度判断的指标之一。常用的测定熔点的方法是毛细管法。

测定方法：取样品约 20g，在低于 150℃的条件下加热，使油相和水相分层，过滤、烘干油相。取洁净干燥的毛细玻璃管 3 只，分别吸取试样达 10mm 高度，用喷灯火焰将吸取试样的管端封闭，然后放入烧杯中，置于 4 ~ 10℃冰箱中过夜。之后取出用橡皮筋将 3 只管紧扎在温度计上，使试样与水银球相平。将试样与温度计放入水浴中加热，水银球浸入水中 30mm。开始温度要低于 8 ~ 10℃，同时搅动水，使水温以 0.5℃/min 上升。随着温度升高，玻璃管内试样开始软化，直至溶解为透明液体，此时立即读取温度计的读数，计算 3 只管的平均值，即为试样的熔点。

（五）油脂透明度、气味和滋味的鉴定及冷冻试验

1. 油脂透明度鉴定

油脂透明度是指油样在一定温度下，静置一定时间后目测油样的透明程度，是一种感官鉴定

方法。合格的油脂一般应是澄清、透明的。其操作方法较简单，通常都是：量取100mL试样注入比色管中，在20℃下静置24h。然后移至乳白色灯泡前（或在比色管后衬以白纸），观察透明程度。其结果以“透明”“微浊”“浑浊”表示。

2. 气味、滋味鉴定

各种油脂都有其独特的气味和滋味，通过油脂气味和滋味的鉴定，可以了解油脂的种类、品质的好坏、酸败程度等。通常采用感官鉴定法检验油脂气味和滋味。取试样10～15mL，加热至50℃，搅拌后嗅其气味，尝其滋味，具有该油固有气味的滋味，无异味者判定为正常。对于不正常气味或滋味应注明实际气味和滋味。

3. 冷冻试验

冷冻试验用来检验各种色拉油在0℃下有无结晶析出和不透明现象。一般先将油样加热至130℃，趁热过滤，将过滤油注入油样瓶中，用软木塞塞紧，冷却至25℃，石蜡封口。然后将油样瓶浸入0℃冰水浴中。保持水浴温度在0℃，静置5.5h后，取出油样瓶。仔细观察脂肪结晶或絮状物，合格样品必须澄清。

（六）油脂黏度测定

油脂的黏度与其组成有关，油脂中所含脂肪的相对分子质量越大，其黏度越大；脂肪酸不饱和程度越高，其黏度越小。所以，油脂黏度的测定可帮助识别产品的纯度或检出某种掺杂。测定黏度的方法参见本书第二十章的内容。

二、油脂化学特性的测定

（一）酸价的测定

酸价是指中和1g油脂中的游离脂肪酸所需氢氧化钾的质量（mg）。酸价是反映油脂酸败的主要指标，测定油脂酸价可以评定油脂品质的好坏和储藏方法是否恰当，并能为油脂碱炼工艺提供需要的加碱量。我国食用植物油都有国家标准的酸价规定。

1. 测定原理

用中性乙醇和乙醚混合溶剂溶解油样，然后用碱标准溶液滴定其中的游离脂肪酸，根据油样质量和消耗碱液的量计算出油脂酸价。

2. 测定方法及结果计算

称取混匀试样3～5g注入锥形瓶中，加入混合溶剂50mL，摇动使试样溶解，再加3滴酚酞指示剂，用0.1mol/L碱液滴定至出现微红色，在30s内不消失，记下消耗的碱液体积（V）。油脂酸价按式（7－8）计算：

$$\text{油脂酸价} = \frac{V \times c \times 56.1}{m} \tag{7-8}$$

式中　V——滴定消耗的氢氧化钾溶液体积，mL；

c——氢氧化钾溶液浓度，mol/L；

m——试样质量，g；

56. 1——氢氧化钾的摩尔质量，g/mol。

在测定时，如果样液颜色较深，可减少试样用量，或适当增加混合溶剂的用量，仍用酚酞为指示剂，也可以采用碱性蓝 6B、麝香草酚酞等指示剂；在测定蓖麻油的酸价时，只用中性乙醇，不用混合溶剂，因为蓖麻油不溶于乙醚。

（二）碘价的测定

碘价（也称碘值）是 100g 油脂所吸收的氯化碘或溴化碘换算为碘的质量（g）。油脂中含有的不饱和脂肪酸能在双键处与卤素起加成反应。碘价越高，说明油脂中脂肪酸的双键越多，越不饱和，不稳定，容易氧化和分解。因此，碘价的大小在一定范围内反映了油脂的不饱和程度。测定碘价，可以了解油脂脂肪酸的组成是否正常、有无掺杂等。

测定碘价时，常不用游离的卤素而是用它的化合物（氯化碘、溴化碘、次碘酸等）作为试剂。在一定的反应条件下，能迅速地定量饱和双键，而不发生取代反应。最常用的是氯化碘 - 醋酸溶液法（韦氏法）。

1. 测定原理

在溶剂中溶解试样并加入韦氏试剂（韦氏碘液），氯化碘与油脂中的不饱和脂肪酸发生加成反应：

$$H_3C—CH═CH—COOH + ICl \longrightarrow H_3C—\underset{\displaystyle I}{\underset{|}{CH}}—\underset{\displaystyle Cl}{\underset{|}{CH}}—COOH$$

再加入过量的碘化钾与剩余的氯化碘作用，以析出碘：

$$KI + ICl = KCl + I_2$$

析出的碘用硫代硫酸钠标准溶液进行滴定：

$$I_2 + 2Na_2S_2O_3 = Na_2S_4O_6 + 2NaI$$

同时做空白试验进行对照，从而计算试样加成的氯化碘（以碘计）的量，求出碘价。

2. 测定方法及结果计算

试样的质量根据估计的碘价而异（碘价高，油样少；碘价低，油样多），一般在 0. 25g 左右。将称好的试样放入 500mL 锥形瓶中，加入 20mL 溶剂（环己烷和冰醋酸等体积混合液）溶解试样，准确加入 25. 00mL 韦氏试剂，盖好塞子，摇匀后放于暗处 30min 以上（碘价低于 150 的样品，应放 1h；碘价高于 150 的样品，应放 2h）。反应时间结束后，加入 20mL 碘化钾溶液和 150mL 水。用硫代硫酸钠标准溶液滴定至浅黄色，加几滴淀粉指示剂继续滴定至剧烈摇动后蓝色刚好消失。在相同条件下，同时做一空白试验。碘价按式（7 - 9）计算：

$$碘价 = \frac{(V_2 - V_1) \times c \times 0.1269}{m} \times 100 \tag{7-9}$$

式中 V_1——试样用去的 $Na_2S_2O_3$ 溶液体积，mL；

V_2——空白试验用去的 $Na_2S_2O_3$ 溶液体积，mL；

c——$Na_2S_2O_3$ 溶液的浓度，mol/L；

m——试样的质量，g；

0.1269——$\frac{1}{2}I_2$ 的毫摩尔质量，g/mmol。

在测定时，光线和水分对氯化碘起作用，影响很大，要求所用仪器必须清洁、干燥，碘液试剂必须用棕色瓶盛装且放于暗处。加入碘液的速度、放置作用时间和温度要与空白试验相一致。

（三）过氧化值的测定

过氧化物是油脂在氧化过程中的中间产物，很容易分解产生挥发性和非挥发性脂肪酸、醛、酮等，具有特殊的臭味和发苦的滋味，以致影响油脂的感官性质和食用价值。

检测油脂中是否存在过氧化物以及含量，即可判断油脂是否新鲜和酸败的程度。过氧化值有多种表示方法，一般用滴定1g油脂所需某种规定浓度（通常用0.002mol/L）硫代硫酸钠标准溶液的体积（mL）表示，或像碘价一样，用碘的百分数来表示，也有用每千克油脂中活性氧的物质的量（mmol）表示，或每克油脂中活性氧的质量（μg）表示等。

1. 测定原理

油脂在氧化过程产生的过氧化物很不稳定，能氧化碘化钾成为游离碘，用硫代硫酸钠标准溶液滴定，根据析出碘量计算过氧化值。其反应为：

$$-\underset{\underset{O}{|}}{\overset{H}{C}}-\underset{\underset{O}{|}}{\overset{H}{C}}- + 2KI \longrightarrow K_2O + I_2 + -\overset{H}{C}-\overset{H}{C}- \text{（C—C 间以 O 桥连接）}$$

$$I_2 + 2Na_2S_2O_3 \longrightarrow Na_2S_4O_6 + 2NaI$$

2. 测定方法及结果计算

称取一定油样，加入10mL三氯甲烷，溶解试样，再加入15mL醋酸和1mL饱和碘化钾溶液，迅速盖好，摇匀1min，避光静置反应5min。取出加水100mL，用0.002mol/L硫代硫酸钠标准溶液滴定，至淡黄色时加入淀粉指示剂，继续滴定至蓝色消失为终点。同时做一空白试验。用过氧化物相当于碘的质量分数表示过氧化值时，按式（7-10）计算：

$$\text{过氧化值(g/100g)} = \frac{(V_1 - V_0) \times c \times 126.9/1000}{m} \times 100 \tag{7-10}$$

式中 V_1——试样用去的 $Na_2S_2O_3$ 溶液体积，mL；

V_0——空白试验用去的 $Na_2S_2O_3$ 溶液体积，mL；

c——$Na_2S_2O_3$ 溶液的浓度，mol/L；

m——试样质量，g；

126.9——$\frac{1}{2}I_2$ 的摩尔质量，g/mol。

（四）皂化价的测定

皂化价是指中和1g油脂中所含全部游离脂肪酸和结合脂肪酸（甘油酯）所需氢氧化钾的质量（mg）。皂化价的大小与油脂中甘油酯的平均相对分子质量有密切关系。甘油酯或脂肪酸的平均相对分子质量越大，皂化价越小。若油脂内含有不皂化物、甘油一酯和甘油二酯，将使油脂皂化价降低；而含有游离脂肪酸将使皂化价增高。由于各种植物油的脂肪酸组成不同，故其皂化价也不相同。因此，测定油脂皂化价结合其他检验项目，可对油脂的种类和纯度等质量进行鉴定。我国植物油国家标准中皂化价有规定。

1. 测定原理

利用油脂与过量的碱醇溶液共热皂化，待皂化完全后，过量的碱用盐酸标准溶液滴定，同时做空白试验。由所消耗碱液量计算出皂化价。皂化反应式如下：

$$C_3H_5(OCOR)_3 + 3\ KOH = C_3H_5(OH)_3 + 3\ RCOOK$$

2. 测定方法及结果计算

称取混匀试样2.00g于锥形瓶中，加入0.5mol/L氢氧化钾乙醇溶液25.00mL，在水浴上回流加热煮沸，不时摇动，维持沸腾1h（难于皂化的需2h）后取下，加入酚酞指示剂0.5mL，趁热用盐酸标准溶液滴定至红色消失。同时做空白试验。皂化价可按式（7-11）计算：

$$\text{皂化价(mg/g)} = \frac{(V_0 - V_1) \times c \times 56.11}{m} \tag{7-11}$$

式中 V_1——滴定试样用去的盐酸溶液体积，mL；

V_0——滴定空白用去的盐酸溶液体积，mL；

c——盐酸溶液浓度，mol/L；

m——试样质量，g；

56.11——氢氧化钾的摩尔质量，g/mol。

使用该方法进行测定时，用氢氧化钾乙醇溶液不仅能溶解油脂，而且能防止生成的肥皂水解。皂化后剩余的碱用盐酸中和，不能用硫酸滴定，因为生成的硫酸钾不溶于酒精，易生成沉淀而影响结果。若油脂颜色较深，可用碱性蓝6B酒精溶液作指示剂，这样容易观察终点。

（五）羰基价的测定

油脂氧化所生成的过氧化物，进一步分解为含羰基的化合物。一般油脂随储藏时间的延长和不良条件的影响，其羰基价的数值都呈不断增高的趋势，它和油脂的酸败劣变紧密相关。因为多数羰基化合物都具有挥发性，且其气味最接近于油脂自动氧化的酸败臭，因此，用羰基价来评价油脂中氧化产物的含量和酸败劣变的程度，具有较好的灵敏度和准确性。目前，我国已把羰基价列为油脂的一项食品卫生检测项目。大多数国家都采用羰基价作为评价油脂氧化酸败的一项指标。羰基价的测定可分为油脂总羰基价和挥发性或游离羰基分离定量两种情况。后者可采用蒸馏法或柱色谱法。下面介绍总羰基价的测定。

1. 测定原理

油脂中的羰基化合物和2，4－二硝基苯肼反应生成腙，在碱性条件下生成醌离子，呈葡萄酒红色，在波长440nm处具有最大的吸收，可计算出油样中的总羰基值。其反应式如下：

$$R-CHO+NH_2-NH-C_6H_3(NO_2)_2 \longrightarrow R-CH=N-NH-C_6H_3(NO_2)_2+H_2O$$

$$\xrightarrow{碱} R-CH=N-N=C_6H_3(NO_2)=N(O^-)O \quad （醌离子）$$

2. 测定方法及结果计算

根据GB 5009.230—2016《食品安全国家标准　食品中羰基价的测定》，称取0.025g～0.5g油样（精确至0.1mg）：羰基价低于30meq/kg［毫克当量质量浓度（meq/kg）＝质量摩尔浓度（mmol/kg）/化合价变化］的油样称取0.1g，羰基价30～60meq/kg的油样称取0.05g，羰基价高于60meq/kg的油样，称取0.025g；置于25mL具塞试管中，加5mL苯溶解油样，加3mL三氯醋酸溶液及5mL 2，4－二硝基苯肼溶液，仔细振摇混匀。

在60℃水浴中加热30min，反应后取出用流水冷却至室温，沿试管壁慢慢加入10mL氢氧化钾－乙醇溶液，使成为二液层，涡旋振荡混匀后，放置10min。以1cm比色杯，用试剂空白调节零点，于波长440nm处测定吸光度。羰基价可按式（7－12）计算：

$$X=\frac{A}{854\times m}\times 1000 \qquad (7-12)$$

式中　X——试样的羰基价（以油脂计），meq/kg；

A——测定时样液吸光度；

m——油样的质量，g；

854——各种醛的毫克当量吸光系数的平均值；

1000——换算系数。

（六）乙酰化值的测定

羟基酸的羟基可与乙酸酐发生乙酰化反应，后者又水解成为醋酸。1g乙酰化的油脂水解放出的醋酸所消耗氢氧化钾的质量（mg）称为乙酰化值（价），乙酰化值的大小反映油脂中含羟基物质的多少。乙酰化值是油脂或其他产物中游离羟基的度量，除少数天然油脂外，一般油脂的乙酰化值都比较小，通常不超过10。油脂在储藏过程中氧化酸败，或油脂水解生产甘油一酯、甘油二酯，均能导致乙酰化值的增大，因此，乙酰化值可作为检验油脂是否劣变的指标。

1. 测定原理

含羟基的油脂试样与一定量的乙酸酐反应，一个乙酸酐与羟基结合，而另一个乙酰基则生成乙酸分子，然后再皂化乙酰化生成物，根据皂化生成物消耗氢氧化钾的质量（mg）与未乙酰化油脂皂化消耗氢氧化钾的质量（mg）的差值而测定样品的乙酰化值。

2. 测定方法

（1）乙酰化　取油或脂肪50mL于250mL磨口锥形瓶中，加入刚蒸馏过的乙酸酐50mL，在回流冷凝器中回流2h。将混合物倒入含有500mL水的烧杯中，煮沸15min，用氮或二氧化碳气流通过该混合物，以防暴沸。冷却后放出水层，再加入500mL水，并再次如上煮沸，重复用水洗涤3次，每次500mL，放出洗涤水，至洗涤水对石蕊指示剂呈中性为止。再用温水洗涤2次，每次200mL。将洗涤样移入烧杯中，加入无水硫酸钠5g，维持1h，偶尔搅拌一下，以助干燥。滤纸过滤，即得乙酰化试样。滤出油样放入烘箱中干燥，备用。

（2）皂化　准确称取干燥后的乙酰化油样和未乙酰化油样各2～2.5g，分别放入250mL锥形瓶中，再各加入0.5mol/L氢氧化钾－乙醇溶液25mL，冷凝回流反应，直至试样完全皂化（一般为0.5～1h）。

（3）滴定　将皂化完全的试样加热至沸，加入1mL酚酞，然后用0.5mol/L盐酸滴定残存的氢氧化钾，记录消耗的盐酸的量。

3. 结果计算

根据皂化价的计算公式（7－13）分别算出未乙酰化油样和乙酰化油样的皂化价。然后根据皂化价，按式（7－13）计算乙酰化值：

$$\text{乙酰化值} = \frac{s' - s}{1.000 - 0.00075s} \tag{7-13}$$

式中　s——未乙酰化试样液的皂化价；

s'——乙酰化油的皂化价。

第六节　脂类风险因子检测

油脂的主要功能是为人体提供热量、必需脂肪酸及脂溶性维生素，人体中缺乏这些物质会产生多种疾病，甚至危及生命。随着社会经济的发展和人民生活水平的不断提高，油脂的营养与安全受到人们的广泛重视。因此，对油脂加工、储运与日常食用过程可能产生的有害于健康的风险因子的发现与评估是近年来研究的热点，如反式脂肪酸、苯并芘、油脂氧化聚合物、氯丙醇酯、缩水甘油酯等。

脂类风险因子及其检测

一、反式脂肪酸的测定

反式脂肪酸（Trans－Fatty Acid，TFA）是不饱和脂肪酸的一种，是至少含有一个反式构型双键的不饱和脂肪酸的总称。TFA 主要产生于油脂的精炼脱臭过程、油脂氢化过程、食用植物油或动物油烹饪过程以及含油食品的加工过程。食品中的 TFA 主要以反式油酸、反式亚油酸、反式亚麻酸为主。研究表明，TFA 对人体的危害主要体现在以下几个方面：TFA 的摄入和心血管疾病之间存在一定的关系；TFA 能够影响婴儿的生长发育；TFA 与乳腺癌、结肠癌的发病率成正相关关系；TFA 的摄入量与儿童过敏性疾病和哮喘以及哮喘性湿疹的发病率之间存在显著的正相关关系；高水平摄入 TFA 会增加妇女患 2 型糖尿病的概率等。因此，准确测定食品中 TFA 的含量对了解居民摄入情况，指导食品加工、烹饪具有重要意义。目前，测定食品中的 TFA 的方法主要包括：气相色谱法（GC）、红外光谱法（IR）、银离子－薄层色谱法（Ag^{+}－TLC）、液相色谱法（HPLC）和毛细管电泳法（CE）。相比于其他检测方法，气相色谱法具有检出限低、分离度高和定量准确等优点，是目前应用最成熟的检测方法。气相色谱法测定 TFA 含量的具体操作方法如下。

1. 样品处理

植物油和动物油中 TFA 含量的测定可直接取少量植物油或动物油甲酯化后，采用气相色谱法测定；而食品中 TFA 含量的测定则须先将食品中的油脂抽提出来，再进行甲酯化，最后采用气相色谱测定。

2. 气相色谱检测及结果

气相色谱分析条件为色谱柱：SGE 脂肪酸柱（0.25mm × 120.0mm）；检测器：FID；柱温：180℃；进样口温度 210℃；检测器温度 230℃；氢气流量47mL/min；空气流量 400mL/min；柱流量 1mL/min；分流比：20∶1；进样量：0.5μL；计算采用面积归一化法。色谱图如图 7－10 所示。

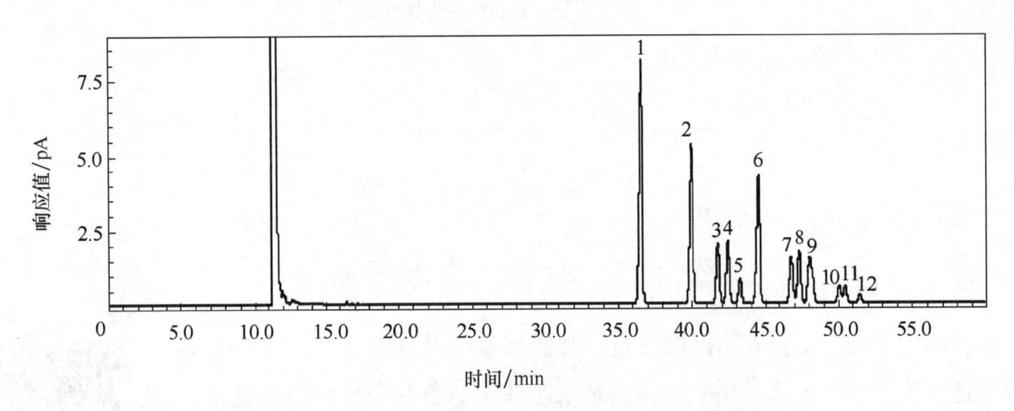

图 7－10　顺、反异构的脂肪酸甲酯混合标准品气相色谱图

1—$C_{18:1}$ t－1　2—$C_{18:2}$ t－9，t－12　3—$C_{18:2}$ t－9，c－12　4—$C_{18:2}$ c－9，t－12　5—$C_{18:2}$ c－9，c－12　6—$C_{18:3}$ t－9，t－12，t－15　7—$C_{18:3}$ t－9，t－12，c－15、$C_{18:3}$ t－9，c－12，t－15　8—$C_{18:3}$ c－9，t－12，t－15　9—$C_{18:3}$ c－9，c－12，t－15　10—$C_{18:3}$ c－9，t－12，c－15　11—$C_{18:3}$ t－9，c－12，c－15　12—$C_{18:3}$ c－9，c－12，c－15

二、苯并芘的测定

苯并芘主要在油脂热加工过程中产生，如食用油加热到 270℃时，产生的油烟中含有苯并

芘，人体吸入可诱发肿瘤，导致细胞染色体的损害。煎炸时所用油温越高，产生的苯并芘越多。苯并芘具有致癌、致畸、致突变作用。目前，检测苯并芘的方法有：高效液相色谱法和气相色谱法。下面以芝麻油样品为例介绍高效液相色谱－荧光检测法（HPLC－FLD）。

1. 样品处理

精确称取1.5g芝麻油样品于10mL玻璃具塞离心管中，加入4mL乙腈－丙酮（体积比6∶4）混合液，涡旋混合30s后，300W超声5min，4000r/min离心5min，用玻璃吸管小心吸取上层液于10mL试管中。重复此步骤3次后，合并3次提取液，40℃氮气吹至溶剂挥发完全，得到萃取残渣，2mL正己烷复溶。将复溶后的溶液添加至活化好的中性氧化铝柱中，80mL正己烷洗脱，流速为1滴/s，收集洗脱液，50℃氮气吹干。加300μL乙腈复溶，转移至2mL棕色进样瓶内插管中，待测。

2. HPLC分析条件色谱柱及结果

ZORBAX Eclipse PAH（250mm×3mm，5μm），柱温30℃，进样量为10μL，荧光检测器激发波长384nm，发射波长406nm，流动相A为水，流动相B为乙腈，梯度洗脱程序为：0～10min，5% A和95% B；10～15min，15% A和85% B；15～20min，5% A和95% B。根据保留时间定性，外标法定量。

色谱图如图7－11所示。

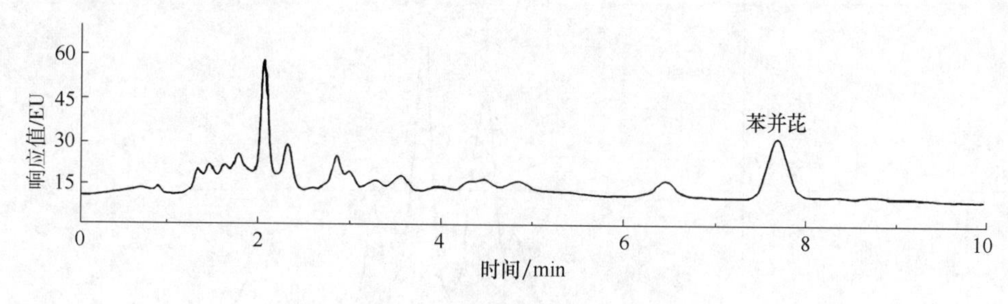

图7－11　样品的液相色谱图

三、油氧化聚合物的测定

油脂高温条件下劣变主要包括水解、氧化、热聚合三种方式。油脂劣变产物中，二酰甘油（DG）、氧化三酰甘油单体（ox－TGM）及三酰甘油氧化聚合物（TGP）分别代表了油脂的水解、氧化与聚合程度。其中TGP包括三酰甘油寡聚物（TGO）、氧化三酰甘油二聚物（TGD）。TGP是在油脂精炼加工过程和储藏、使用中因热氧化聚合产生，且在油脂二次精炼中难以去除的内源性深度氧化聚合产物。在欧洲，有尝试利用TGP作为氧化标记物在冷榨油与煎炸油的质量控制方面的初步研究。因此，TGP作为二次食用油鉴别上的应用非常值得探索研究。目前，测定TGP的标准方法有美国油脂化学家学会AOCS Cd22－91官方方法、国际标准化组织ISO 16931—2009标准方法和国际理论与应用化学会的IUPAC 2.508标准方法。这些方法均是将油脂样品直接进行高效体积排阻色谱（HPSEC）分析，适用于所有TGP含量高于3%的动、植物油，但不能用于TGP含量较低的精炼食用植物油，而且不能区分极性的油脂氧化聚合物与非极性的热聚合物。下面介绍一种制备型快速柱层析－体积排阻色谱法测定TGP的方法。

1. 样品处理

制备型快速 Flash 层析柱 2 根串联，将洗涤液石油醚 - 乙醚（87∶13，体积比）以 25mL/min 的流速冲洗平衡串联的 Flash 柱 10min。油脂样品 1.0g 溶解于 5mL 石油醚，10mL 注射上样，紫外检测器波长 200nm，洗脱流速 25mL/min，洗脱程序：1 ~ 25min，石油醚∶乙醚（87∶13，体积比），收集 25 ~ 40min 的洗脱液，减压旋蒸除去有机溶剂，待测。

2. HPSEC 分析条件及结果

用 100mL 四氢呋喃溶解上述待测样品，经 0.22μm 膜过滤后，上 Styragel 凝胶色谱保护柱，Styragel HR0.5 体积排阻凝胶色谱柱双柱串联，进样量 10μL，流速 0.7mL/min，柱温 35℃，流动相为四氢呋喃，示差折光检测器，检测池温度 35℃，SL - 105 型聚苯乙烯标准相对分子质量定性，峰面积归一化法定量。分离所得的 HPSEC 色谱图如图 7 - 12 所示，出峰顺序依次为 TGO、TGD、ox - TGM、DG、游离脂肪酸（FFA）。制备型快速柱层析分离制备样品耗时 1.5h，HPSEC 分析样品少于 0.5h，整个分析过程采用程序控制，分析耗时不足 2h，操作简便且易于标准化。

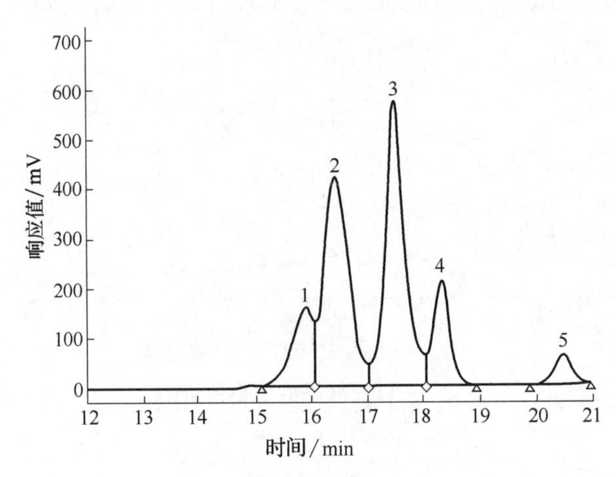

图 7 - 12　PFC - HPSEC 方法分离油脂中 TGP 色谱图

1—TGO　2—TGD　3—ox - TGM　4—DG　5—FFA

四、氯丙醇酯的测定

氯丙醇酯是油脂食品中新近发现的一个潜在危害因子，食品中的氯丙醇酯会在肠道胰脂肪酶的作用下而释放出游离的氯丙醇物质，而氯丙醇类物质是人们公认的一类食品污染物，其具有潜在的致癌性，并且能够使大鼠的精子减少及精子的活性降低，具有抑制雄性激素，使生殖能力减弱的作用。食用油脂中的氯丙醇酯主要是在油脂加工脱臭步骤形成的。下面以 3 - 氯 - 1，2 - 丙二醇（3 - MCPD）酯为例介绍其分析检测方法。

1. 样品处理

称取约 0.1g 油样于具塞试管中，用 0.5mL 混合溶剂 A［V（甲基叔丁基醚）∶ V（乙酸乙酯）＝8∶2］溶解，释放游离的 3 - MCPD 酯，同时添加 12μL（40ng/mL）内标溶液（3 - MCPD -

d_5 棕榈酸双酯）和 1.0mL $NaOCH_3$ 溶液，45℃下超声混合 15min。然后添加 3.0mL 己烷脱脂和 3.0mL 混合溶剂 B［V（冰醋酸）：V（200g/L 氯化钠溶液）=1∶30］中和过量甲醇钠，充分混匀后，静置 8min。待明显分层后除去有机层。继续添加正己烷 3.0mL 混匀，静止分层后除去正己烷相，向水相中加入 250μL 衍生剂苯基硼酸溶液，充分混匀后，在 80℃下衍生反应 20min。等反应体系冷却到室温时，用 2.0mL 正己烷萃取（萃取 2 次，每次 1mL），上清液移入约含 1.5g 无水硫酸钠的试管中，混合离心后，精确量取 1μL 上清液进行 GC/MS 检测分析。

2. GC－MS 条件及结果

GC 条件：DB－5MS 毛细管柱子（30m×0.25mm×0.25μm）；升温程序，起始温度 80℃，保持 1min，以 10℃/min 升至 190℃，然后以 40℃/min 升至 300℃，维持 5min；进样口温度，280℃；载气，高纯氦，流速 3.0mL/min；进样体积，1μL；进样方式，不分流进样。

MS 条件：灯丝电流，100μA；电子倍增器，+250V；传输线温度，250℃；阱温度，230℃；电子轰击离子源（EI）；质谱采集时间，3.00～29.75min；溶剂延迟，3min；扫描速率，0.65s/次；扫描质量数范围，m/z 90～300。表 7－2 为几种常见食用植物油中 3－MCPD 酯的含量结果。

表 7－2　几种常见食用植物油 3－MCPD 酯的含量

样品	质量/g	3－MCPD 酯的量/μg
珍品山茶油	0.1	0
橄榄油	0.1	0.24
大豆油	0.1	0.47
花椒油	0.1	0.30
二级棉籽油	0.1	0.60
棕榈油	0.1	5.13
芝麻油	0.1	1.04
菜籽油	0.1	1.00

五、缩水甘油酯的测定

缩水甘油酯是由甘油中两个羟基脱水缩合得到的环氧基和另外一羟基与羧酸酯化形成的酯基两部分组成。德国风险评估委员会（BFR）通过毒理学实验提出，缩水甘油酯本身不具有致癌性，而进入体内进行脂质代谢时可能产生缩水甘油，而缩水甘油具有基因致癌性。缩水甘油酯主要存在于精炼食用油脂中，而在食用油脂加工原料和未精制食用油脂中没有发现缩水甘油酯的存在，因此对缩水甘油酯形成的控制应致力于对油脂精炼过程的分析，如脱胶、脱酸、脱色、脱臭过程。食用植物油中缩水甘油酯（GEs）的检测方法主要有气相色谱－质谱（GC－MS）、液相色谱－质谱（HPLC－MS）和气相色谱－质谱/质谱（GC－MS/MS）等方法。下面以食用植物油为例介绍 HPLC－MS 检测缩水甘油酯的方法。

1. 样品处理

精确称量0.25g 油脂样品于离心管中，溶于5mL 内标溶液（d_5－硬脂酸缩水甘油酯用丙酮稀释至浓度为200ng/mL）中，使用液相色谱－质谱联用仪对样品进行检测分析。

2. 分析条件及结果

液相色谱条件：色谱柱，Poroshell EC－C18 柱（100mm×2.1mm，2.7μm）；柱温，40℃；流动相 A 为 V（乙腈）∶V（甲醇）∶V（水）=17∶17∶6，流动相 B 为异丙醇；流速，0.25mL/min；进样量，5μL；分析时间，15min。

质谱条件：大气压化学电离源（APCI）；正离子扫描模式；干燥气流量，4.0L/min；干燥气温度，325℃；雾化气压力，275.8kPa；碎裂电压，119V；电晕针电流，4μA；多反应监测（MRM）离子 $C_{16:0}$－GE 为 m/z 313.3，$C_{18:0}$－GE 为 m/z 341.3，$C_{18:1}$－GE 为 m/z 339.3，$C_{18:2}$－GE 为 m/z 337.3，$C_{18:3}$－GE 为 m/z 335.3，ISTD 为 m/z 346.4。表7－3 为各种市售植物油样品中缩水甘油酯含量结果。

表7－3　食用植物油中缩水甘油酯的含量及组成　　单位：mg/kg

样品	缩水甘油酯含量					
	$C_{16:0}$－GE	$C_{18:0}$－GE	$C_{18:1}$－GE	$C_{18:2}$－GE	$C_{18:3}$－GE	∑GE
橄榄油	0.17	0	0	0	0	0.17
菜籽油	0	0	1.30	0.52	0.16	1.98
大豆油	0.25	0	0.39	1.20	0.11	1.95
葵花籽油	0.12	0	0.57	1.90	0	2.59
玉米油	0.24	0	0.50	1.07	0	1.81
米糠油	1.00	0.30	4.40	3.90	0.30	9.90
棕榈油	2.20	0.60	5.40	1.70	0.20	10.10

思考题

1. 脂类含量的测定都有哪些方法？这些方法间的异同是什么？
2. 脂类特性的物理、化学指标都有哪些？它们分别可以体现油脂的哪些质量问题？
3. 为什么对脂肪酸组成及分布的分析有重要意义？
4. 脂类的风险因子都有哪些？它们是从何而来？常用的分析方法是什么？

第八章

蛋白质的测定

本章学习目的与要求

1. 综合了解食品中蛋白质的性质、分布与作用；

2. 综合了解食品中蛋白质测定的意义及多种定性、定量测定方法；

3. 重点掌握食品中蛋白质总量测定的方法；

4. 重点掌握食品中氨基酸的定性、定量分析方法；

5. 了解对蛋白质进行性质分析的重要性，掌握蛋白质营养价值分析和消化率分析的方法；

6. 了解对蛋白质进行功能特性分析的重要性，掌握蛋白质溶解度、乳化和起泡性的分析方法。

第一节 概 述

蛋白质的结构与物理化学特征

蛋白质是一种复杂的有机化合物，它是由氨基酸以脱水缩合的方式组成的多肽链经过盘曲折叠形成的具有一定空间结构的含氮高分子化合物。氨基酸是组成蛋白质的基本单位，蛋白质的不同在于其氨基酸的种类、数量、排列顺序和肽链空间结构的不同。不同蛋白质由于氨基酸构成比例不同，因而其含氮量也不同，介于13.4%~19.1%。一般蛋白质含氮量为16%，即1份氮元素相当于6.25份蛋白质，此数值（6.25）称为蛋白质系数。不同种类食品的蛋白质系数有所不同，如表8-1所示。图8-1为氨基酸的分子结构通式。

表8-1 不同食品的蛋白质折算系数

食品类别		折算系数	食品类别		折算系数
小麦	全小麦粉	5.83	大米及米粉		5.95
	麦糠麸皮	6.31	鸡蛋	鸡蛋（全）	6.25
	麦胚芽	5.80		蛋黄	6.12
	麦胚粉、黑麦、普通小麦、面粉	5.70		蛋白	6.32
燕麦、大麦、黑麦粉		5.83	肉与肉制品		6.25

续表

<table>
<tr><th colspan="2">食品类别</th><th>折算系数</th><th colspan="2">食品类别</th><th>折算系数</th></tr>
<tr><td colspan="2">小米、裸麦</td><td>5.83</td><td colspan="2">动物明胶</td><td>5.55</td></tr>
<tr><td colspan="2">玉米、黑小麦、饲料小麦、高粱</td><td>6.25</td><td colspan="2">纯乳与纯乳制品</td><td>6.38</td></tr>
<tr><td rowspan="3">油料</td><td>芝麻、棉籽、葵花籽、蓖麻、红花籽</td><td>5.30</td><td colspan="2">复合配方食品</td><td>6.25</td></tr>
<tr><td>其他油料</td><td>6.25</td><td colspan="2" rowspan="2">酪蛋白</td><td rowspan="2">6.40</td></tr>
<tr><td>菜籽</td><td>5.53</td></tr>
<tr><td rowspan="4">坚果、种子类</td><td>巴西果</td><td>5.46</td><td colspan="2">胶原蛋白</td><td>5.79</td></tr>
<tr><td>花生</td><td>5.46</td><td rowspan="2">豆类</td><td>大豆及其粗加工制品</td><td>5.71</td></tr>
<tr><td>杏仁</td><td>5.18</td><td>大豆蛋白制品</td><td>6.25</td></tr>
<tr><td>核桃、榛子、椰果等</td><td>5.30</td><td colspan="2">其他食品</td><td>6.25</td></tr>
</table>

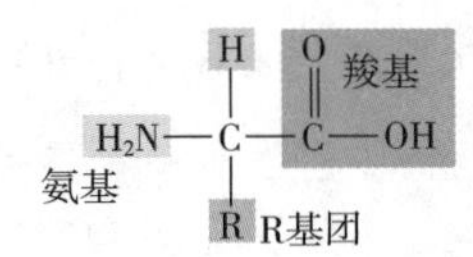

图8－1　氨基酸的分子结构通式

图8－2显示了氨基酸脱水缩合的反应，通常，由两个氨基酸脱水缩合形成的产物称为二肽，三个氨基酸参与反应称为三肽，依次类推。蛋白质是由一条或多条多肽链组成的生物大分子，每一条多肽链有20至数百个氨基酸残基（—R基团），因而它的摩尔质量很大，大部分高达数万至数百万。蛋白质的主要化学元素为C、H、O、N，含N是蛋白质区别于其他有机化合物的主要标志，某些蛋白质中还含有微量的P、Cu、Fe、I等元素。

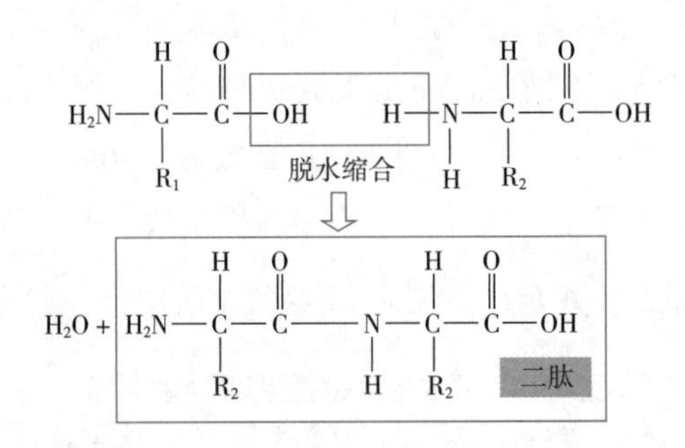

图8－2　两个氨基酸脱水缩合形成二肽的反应

蛋白质可以被酶、酸或碱水解，其水解的中间产物为朊、胨、肽等，最终产物为氨基酸。虽然从各种天然物中分离得到的氨基酸可达180种以上，但是构成蛋白质的氨基酸主要是其中的20种，并且都是α－氨基酸。在构成蛋白质的氨基酸中，亮氨酸、异亮氨酸、赖氨酸、苯丙氨酸、甲硫氨酸、苏氨酸、色氨酸和缬氨酸这8种氨基酸在人体中不能合成，必须依靠食品供给，故被称为必需氨基酸，它们对人体有着极其重要的生理功能。

蛋白质是构成生物体细胞组织的重要成分，是建造和修复身体的重要原料，人体的发育以及受损细胞的修复和更新，都离不开蛋白质；人体内的酸碱平衡、水平衡的维持，遗传信息的传递，物质代谢及转运都与蛋白质有关。人类需要从食物中获得蛋白质构成自身的蛋白质，并通过蛋白质的分解获得生命活动的能量。蛋白质在食品中的含量非常丰富，动物蛋白和豆类蛋白都是优质的蛋白质来源。故蛋白质是人体重要的营养物质，也是食品中重要的营养成分。部分种类食品的蛋白质含量见表8－2。

表8－2　部分食品的蛋白质含量　单位:%

食品种类	蛋白质含量（以湿基计）	食品种类	蛋白质含量（以湿基计）
谷类和面食		豆类	
大米（糙米、长粒、生）	7.9	大豆（成熟的种子、生）	36.5
大米（白米、长粒、生、蛋白质强化的）	7.1	腰豆（所有品种、成熟的种子、生）	23.6
全谷小麦粉	13.7	豆腐（生、坚硬）	15.8
全谷玉米粉（黄色）	6.9	豆腐（生、普通）	8.1
意大利面条（干、蛋白质强化的）	13.0		
玉米淀粉	0.3		
乳制品		肉、家禽、鱼	
牛乳（全脂、液体）	3.2	牛肉（颈肉、烤前腿）	21.4
牛乳（脱脂、固体、添加维生素A）	36.2	牛肉（腌制、干牛肉）	31.1
切达乳酪	24.9	鸡（可供煎炸的鸡胸肉、生）	23.1
原味低脂酸乳	5.3	原切火腿片	16.6
水果和蔬菜		鸡蛋（生、全蛋）	12.6
苹果（生、带皮）	0.3	鱼（太平洋鳕鱼、生）	17.9
芦笋（生）	2.2	鱼（金枪鱼、白色、罐装、油浸、滴干的固体）	26.5
草莓（生）	0.7		
莴苣（冰、生）	0.9		
马铃薯（整颗、带皮）	2.0		

对食品中的蛋白质进行分析，了解蛋白质总量以及蛋白质中必需氨基酸含量的高低及氨基酸的构成，对提高蛋白质的生理效价、食品开发以及合理配膳等均具有重要的意义。进行蛋白质分析可用于判定：① 总蛋白质含量；② 混合物中特定蛋白质的含量；③ 蛋白质分离和纯化过程中的蛋白质含量；④ 非蛋白氮（非蛋白氮可能来自游离氨基酸、短肽、核酸、磷脂、氨基糖、卟啉以及某些维生素、生物碱、尿酸、尿素和铵离子）；⑤ 氨基酸组成；⑥ 蛋白质的营养价值。

蛋白质的定性、定量分析方法都很多。对于蛋白质定性分析，较多使用的是显色反应，因为蛋白质可以跟许多试剂发生颜色反应。例如，在鸡蛋白溶液中滴入浓硝酸，鸡蛋白溶液呈黄色，这是由于蛋白质（含苯环结构）与浓硝酸发生了颜色反应；还可以用双缩脲试剂对蛋白质进行检验，该试剂遇蛋白质生成紫色络合物。蛋白质定量的测定方法，其原理主要包括基于氮含量检测的方法（凯氏定氮法、杜马斯法）、肽键和芳香族氨基酸的染料吸附能力（阴离子染料结合法）、蛋白质的紫外吸收性（如肽键在波长220nm处的吸光值）和光散射性等。但因食品种类繁多，食品中蛋白质含量各异，特别是其他成分，如碳水化合物、脂肪和维生素等干扰成分很多，使蛋白质分析变得复杂。在测量时，除了灵敏度、准确度、精密度和分析成本等因素外，还应根据实际应用选择合适的分析方法。

第二节　蛋白质的总量测定

蛋白质的定量测定

多年来，利用蛋白质的主要性质（如含氮量、肽键、折射率等）和利用蛋白质含有的特定氨基酸残基（如芳香基、酸性基、碱性基等），测定蛋白质的方法不断发展。蛋白质的定量测定方法一般可分为间接法和直接法。间接法是通过测定样品中的含氮量来间接推算蛋白质含量的方法，主要有凯氏定氮法和杜马斯燃烧法。直接方法则是根据蛋白质的理化性质，直接测定蛋白质含量的方法，主要有考马斯亮蓝法、阴离子染料结合法、双缩脲法、4，4′－二羧基－2，2－联喹啉比色法（BCA）等。GB 5009.5—2016《食品安全国家标准　食品中蛋白质的测定》规定了凯氏定氮法、分光光度法和杜马斯燃烧法为食品中蛋白质的标准分析方法。下面先介绍两种基于氮含量的间接测定法——凯氏定氮法和杜马斯燃烧法，后文还介绍了基于染料结合的考马斯亮蓝法和阴离子染料结合法，基于铜离子反应的双缩脲法（Biuret 法）、福林－酚比色法（Lowry 法）和4，4′－二羧基－2，2－联喹啉比色法（BCA 法）。最后为大家介绍几种基于紫外和红外的测定方法。

一、凯氏定氮法

凯氏定氮法于1833年提出，经过长期改进，迄今已演变成常量法、微量法、半微量法、自动凯氏定氮仪法及改良凯氏法等多种，在国内外得到普遍的应用。

1. 原理

在催化剂存在的条件下，样品与浓硫酸一同加热消化，使蛋白质分解，其中碳和氢被氧化成二氧化碳和水逸出，而样品中的有机氮转化为氨，与硫酸结合成硫酸铵。然后加碱蒸馏，使氨气蒸出，用硼酸吸收后再以标准盐酸或硫酸溶液滴定。根据标准酸消耗量可计算出样品中的总氮量，然后乘以蛋白质折算系数，即可折算为样品中蛋白质的含量。

凯氏定氮法可用于所有动植物食品的蛋白质含量测定，但因样品中常含有核酸、生物碱、含氮类脂、卟啉以及含氮色素等非蛋白质的含氮化合物，故结果称为粗蛋白质含量。

2. 操作步骤与反应

不管是原始的还是演变发展后的方法，凯氏定氮法的测定程序中主要包括四个基本步骤：样品消化；蒸馏；吸收与滴定；结果计算与折算。

（1）样品消化　准确称取样品放入凯氏烧瓶中，加入浓硫酸和催化剂，消化至所有有机物完全分解，溶液呈澄清透明。反应方程式如下所示：

$$2NH_2(CH_2)_2COOH+13H_2SO_4(浓)=(NH_4)_2SO_4+6CO_2\uparrow+12SO_2\uparrow+16H_2O$$

这个消化反应利用浓硫酸具有脱水性，能使有机物脱水后被炭化为碳、氢、氮；同时，浓硫酸又有氧化性，将有机物炭化后的碳变成二氧化碳，硫酸则被还原成二氧化硫，即：

$$2H_2SO_4+C\xlongequal{\Delta}2SO_2\uparrow+2H_2O+CO_2\uparrow$$

二氧化硫使氮还原为氨，本身则被氧化为三氧化硫，氨随之与硫酸作用生成硫酸铵留在酸性溶液中，即：

$$H_2SO_4+2NH_3=\!=\!=(NH_4)_2SO_4$$

为加速蛋白质的分解，缩短消化时间，常加入催化剂促进消化反应，常用的有硫酸钾、硫酸钠、氯化钾等，它们可以提高溶液的沸点而加快有机物分解来促进反应；过氧化氢、次氯酸钾等，它们可作为氧化剂以加速有机物氧化；另外还有氧化汞、汞、硒粉、二氧化钛等，但考虑到效果、价格及环境污染等多种因素，应用最广泛的是硫酸铜。硫酸铜的作用机理如下：

$$2CuSO_4\xrightarrow{\Delta}Cu_2SO_4+SO_2\uparrow+O_2\uparrow$$

$$C+2CuSO_4\xrightarrow{\Delta}Cu_2SO_4+SO_2\uparrow+CO_2$$

$$Cu_2SO_4+2H_2SO_4\xrightarrow{\Delta}2CuSO_4+2H_2O+SO_2\uparrow$$

此反应不断进行，待有机物全部被消化完后，不再有硫酸亚铜（Cu_2SO_4）生成，溶液呈现清澈的蓝绿色。故硫酸铜除起催化的作用外，还可指示消化终点的到达，以及下一步蒸馏时作为碱性反应的指示剂。

（2）蒸馏　在消化液中加入浓氢氧化钠使其呈碱性，加热蒸馏，即可释放出氨气。反应如下：

$$2NaOH+(NH_4)_2SO_4\xrightarrow{\Delta}2NH_3\uparrow+Na_2SO_4+2H_2O$$

（3）吸收与滴定　硼酸呈微弱酸性（$Ka_1=5.8\times10^{-10}$），有吸收氨的作用，因而释放出的氨气，可用硼酸溶液进行吸收，待吸收完全后，再以甲基红－溴甲酚绿作指示剂，用盐酸标准溶液滴定硼酸离子（与氮含量成正比）。吸收与滴定反应如下：

$$2NH_3+4H_3BO_3=(NH_4)_2B_4O_7+5H_2O$$

$$(NH_4)_2B_4O_7+5H_2O+2HCl=2NH_4Cl+4H_3BO_3$$

（4）结果计算与折算　样品中蛋白质含量可按式（8－1）计算：

$$\text{蛋白质含量}(g/100g) = \frac{c \times (V_1 - V_2) \times \frac{M_{氮}}{1000}}{m} \times F \times 100 \qquad (8-1)$$

式中　c——盐酸标准溶液的浓度，mol/L；

V_1——滴定样品吸收液时消耗盐酸标准溶液体积，mL；

V_2——滴定空白吸收液时消耗盐酸标准溶液体积，mL；

m——样品质量，g；

$M_{氮}$——氮的摩尔质量，即 14.01g/mol；

F——氮换算为蛋白质的系数，见表 8－1。

3. 具体分析示例

（1）凯氏定氮法　称取充分混匀的固体试样 0.2～2g、半固体试样 2～5g 或液体试样 10～25g（相当于 30～40mg 氮），精确至 0.001g，移入干燥的 100mL、250mL 或 500mL 凯氏烧瓶中，加入 0.4g 硫酸铜、6g 硫酸钾及 20mL 硫酸，轻摇后于瓶口放一小漏斗，将瓶以 45℃角斜支于有小孔的石棉网上进行消化，如图 8－3 所示。小火加热，待内容物全部炭化，泡沫完全停止后，加强火力，并保持瓶内液体微沸，至液体呈蓝绿色并澄清透明后，再继续加热 0.5～1h。取下放冷，小心加入 20mL 水，放冷后，移入 100mL 容量瓶中，并用少量水洗凯氏烧瓶，洗液并入容量瓶中，再加水至刻度，混匀备用。同时做试剂空白试验。之后按图 8－4 装好定氮蒸馏装置，向水蒸气发生器内装水至 2/3 处，加入数粒玻璃珠，加甲基红乙醇溶液数滴及数毫升硫酸，以保持水呈酸性，加热煮沸水蒸气发生器内的水并保持沸腾。向接收瓶内加入 10.0mL 硼酸溶液及 1～2 滴甲基红－溴甲酚绿混合指示剂，并使冷凝管的下端插入液面下，根据试样中氮含量，准确吸取

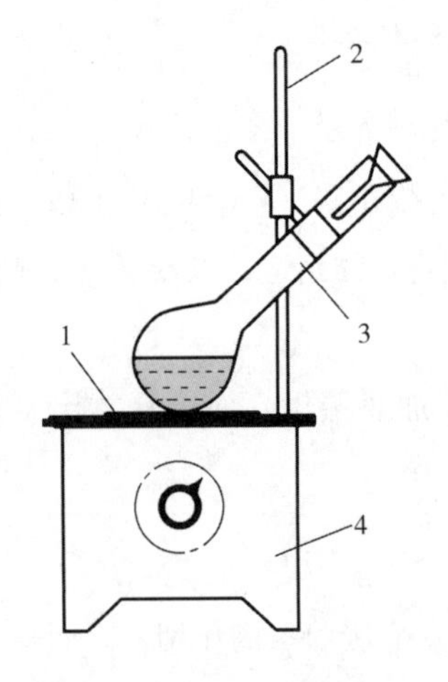

图 8－3　凯氏定氮的消化装置

1—石棉网　2—铁支架

3—凯式烧瓶　4—电炉

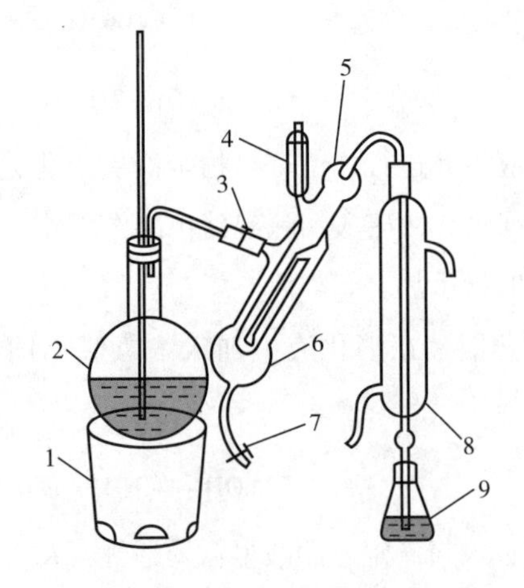

图 8－4　凯氏定氮的定氮蒸馏装置

1—电炉　2—水蒸气发生器（2L 烧瓶）　3—螺旋夹

4—小玻杯及棒状玻塞　5—反应室

6—反应室外层　7—橡皮管及螺旋夹

8—冷凝管　9—蒸馏液接收瓶

2.0～10.0mL 试样处理液由小玻杯注入反应室，以 10mL 水洗涤小玻杯并使之流入反应室内，随后塞紧棒状玻塞。将 10.0mL 氢氧化钠溶液倒入小玻杯，提起玻塞使其缓缓流入反应室，立即将玻塞盖紧，并水封。夹紧螺旋夹，开始蒸馏。蒸馏 10min 后移动蒸馏液接收瓶，液面离开冷凝管下端，再蒸馏 1min。然后用少量水冲洗冷凝管下端外部，取下蒸馏液接收瓶。尽快以盐酸标准滴定溶液滴定至终点，终点颜色为浅灰红色。同时做试剂空白试验。

（2）自动凯氏定氮仪法　称取充分混匀的固体试样 0.2～2g、半固体试样 2～5g 或液体试样 10～25g（当于 30～40mg 氮），精确至 0.001g，至消化管中，再加入 0.4g 硫酸铜、6g 硫酸钾及 20mL 硫酸于消化炉进行消化。当消化炉温度达到 420℃之后，继续消化 1h，此时消化管中的液体呈绿色透明状，取出冷却后加入 50mL 水，于自动凯氏定氮仪（使用前加入氢氧化钠溶液，盐酸标准溶液以及含有混合指示剂的硼酸溶液）上实现自动加液、蒸馏、滴定和记录滴定数据的过程。

凯氏定氮法是 AOAC 测定粗蛋白含量的官方方法，且一直是用来评价其他众多蛋白质分析方法的基础方法，它目前仍旧应用广泛，但是近年来，尤其是伴随着自动氮燃烧系统的发展，使得杜马斯燃烧法具有更大的优势和适用性，凯氏定氮法的应用开始减少。

二、杜马斯燃烧法

杜马斯（Dumas）燃烧法也是一种通过测氮含量来间接测定粗蛋白含量的方法。其最早创立于 1831 年，甚至比凯氏定氮法还早 52 年。由于具备分析速度快、全自动化操作、无危害和无环境污染等特点，杜马斯燃烧法得到越来越多的应用。

1. 原理

样品在高温（900～1200℃）下，经高纯度氧气（纯度为 99.99%）充分燃烧，其所含的有机氮和无机氮全部转化成氮的氧化物。而氧化产物中如二氧化碳、水蒸气、二氧化硫等干扰气体被不同的吸附剂清除干净后，所有氮的氧化物被还原剂还原成分子氮。分子氮被载气带入配有热导检测器（TCD）的气相色谱中检测其含量，经过标准物质［如：超高纯度乙酰苯胺和乙二胺四乙酸（EDTA）］独立校正后自动计算出总氮含量，乘以相应的转换系数即获得蛋白质含量。

2. 操作方法

称取 0.1～1.0g 充分混匀的样品（精确至 0.0001g），用锡箔纸包裹并挤出空气，置于具有自动装置的燃烧反应器（900～1200℃）中。样品在高纯氧（≥99.99%）中完全燃烧。将燃烧的产物通过载气（二氧化碳或氦气）输送到还原炉中（800℃）并还原成氮气，除去水分和其他干扰气体，通过 TCD 检测器检测。根据仪器的检测信号、样品质量和校准曲线，绘制出氮含量曲线。通过峰面积得到样品中的氮含量，蛋白质含量 = 总氮含量 × 因子转换系数。

燃烧法具有以下优点：① 可直接进样检测，不需要复杂的前处理；② 不需要任何有害试剂，无废液和废气产生，对环境友好；③ 快速自动化检测，每个样品只需 3～5min，可连续进样；是一种更快速安全的凯氏定氮法的替代方法。缺点：① 设备和检测成本相对较高；② 对于复杂样品分析难度较大；③ 对样品要求较高，固体样品须为均匀粉末，而对液体样品分析效果不佳。

三、考马斯亮蓝 G－250 染色法

1. 原理

考马斯亮蓝 G－250 是一种蛋白质染料，在游离状态下呈红色，最大光吸收在 465nm 处，与蛋白质通过范德华引力结合，当它与蛋白质结合后变为青色，蛋白质－色素结合物的最大吸收波长从 465nm 移到 595nm。基于 595nm 处的吸光度值与蛋白质含量成正比，可用于蛋白质的定量测定。考马斯亮蓝法（Bradford 法）是依赖于蛋白质的两性性质，当蛋白质溶液酸化到低于目标蛋白质等电点的 pH 时，加入的染料会与之发生静电结合。与未结合染料相比，与蛋白质结合的染料在光谱吸光上有所变化。

2. 操作方法

（1）标准曲线的制作　取 1.0mg/mL 标准蛋白质溶液 0.00mL，0.01mL，0.02mL，0.04mL，0.06mL，0.08mL，0.1mL 分别加入 7 支比色管中，各管用去离子水补充到 0.1mL，然后分别加入 5.0mL 考马斯亮蓝 G－250 试剂，每管加完后立即置于涡旋混合器混合。静置 2～5min 后，取样置于洁净比色皿，于分光光度计上测定各样品在 595nm 处吸光值。以蛋白质的含量为横坐标、吸光度 A 为纵坐标绘制标准曲线。

（2）测样　处理样品，稀释使其蛋白质质量浓度在 1～10mg/mL 范围内，取 3 支比色管分别加入 0.02mL，0.04mL，0.06mL 样品，用去离子水补充到 0.1mL，分别加入 5.0mL 考马斯亮蓝 G－250 试剂，混合后在分光光度计上测定 A_{595nm}，根据测出的样品吸光度值，对照标准曲线求出样品的蛋白质含量。

此法灵敏度高，其最低蛋白质检测量可达 1mg；测定快速、简便；干扰物质少。但由于各种蛋白质中的精氨酸和芳香族氨基酸的含量不同，因此此法用于不同蛋白质测定时有较大的偏差。

四、阴离子染料结合法

当含有蛋白质的样品与过量的阴离子染料在缓冲液中混合后，蛋白质可与染料（如氨基黑 10B 或酸性橙 12 等）结合形成不可溶的化合物。在反应平衡后，离心或过滤除去不溶性沉淀，用分光光度计测定沉淀反应完成后剩余染料量可计算出反应消耗的染料量，进而可求得样品中蛋白质含量，本法适用于牛乳、冰淇淋、乳酪、巧克力饮料、脱脂乳粉等食品。

方法包括样品处理、染料结合、过滤离心、比色测定等步骤。

（1）将样品研磨均匀并过 60 目筛，然后加入到已知浓度的过量染料溶液中；如样品脂肪含量高，用乙醚提取脂肪弃去，然后再做试验。

（2）将混合溶液剧烈振荡，使染料结合反应达到平衡，然后离心或过滤除去不溶性沉淀。

（3）测量滤液或上清液中未结合染料的吸光值。利用染料标准曲线来计算染料浓度。

（4）利用未结合染料浓度与不同蛋白质含量的食品总氮含量（由凯氏定氮法测定）可绘制出线性标准曲线。

（5）同一种食品类型的待测样品的蛋白质含量可以利用标准曲线计算得出，或者是用最小二乘法计算得到的回归方程来计算。

五、双缩脲法

1. 原理

双缩脲法（Biuret 法）是对蛋白质定性和定量的一个常用方法。双缩脲（$NH_2CONHCONH_2$）是两分子脲在 160～180℃加热，放出一分子氨后得到的产物，即：

$$H_2NCONH_2 + H—N(H)—CO—NH_2 \xrightarrow{160\sim180^\circ C} H_2NCONHCONH_2 + NH_3\uparrow$$

在强碱性溶液中，双缩脲与二价铜离子形成紫色络合物，称为双缩脲反应。

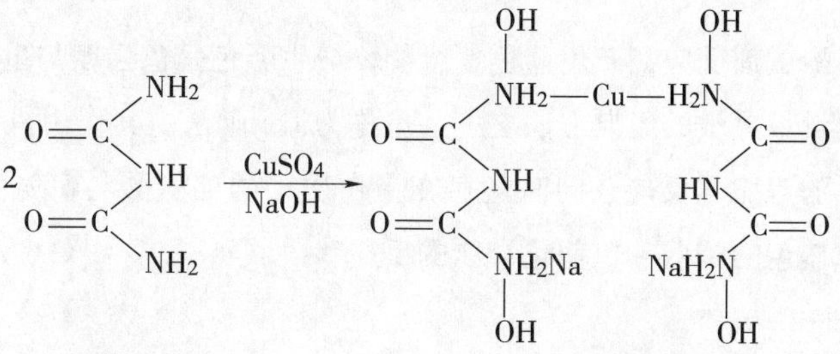

$$2\ \text{双缩脲} \xrightarrow[NaOH]{CuSO_4} \text{紫色络合物}$$

双缩脲　　　　紫色络合物

凡具有两个酰胺基或两个直接连接的肽键，或能够以一个中间碳原子相连的肽键，这类化合物都有双缩脲反应。由于蛋白质分子中含有肽键（—CO—NH—），故也能呈现此反应生成紫色络合物。紫色络合物的最大吸收波长在 540nm 左右，并且颜色的深浅与蛋白质浓度成正比，而与蛋白质相对分子质量及氨基酸成分无关，故可用来测定蛋白质含量。干扰这一测定的物质主要有：硫酸铵、Tris 缓冲液和某些氨基酸等。此法的优点是快速，不同的蛋白质产生颜色的深浅相近，以及干扰物质少；主要的缺点是灵敏度差，不适合微量蛋白的测定。本法适用于豆类、油料、米谷等作物种子及肉类等样品测定。

2. 测定步骤

（1）配制标准蛋白质溶液　用标准的结晶牛血清清蛋白（BSA）或标准酪蛋白，配制成 10mg/mL 的标准蛋白溶液，可用 BSA 质量浓度 1mg/mL 的 A_{280} 为 0.66 来校正其纯度。如有需要，标准蛋白质还可预先用凯氏定氮法测定其蛋白氮含量，计算出其纯度，再据此称量配制成标准蛋白质溶液。BSA 用水或 9g/L NaCl 配制，酪蛋白用 0.05mol/L NaOH 配制。

（2）配制双缩脲试剂　称取 1.50g 硫酸铜（$CuSO_4 \cdot 5H_2O$）和 6.0g 酒石酸钾钠（$KNaC_4H_4O_6 \cdot 4H_2O$），用 500mL 水溶解，在搅拌下加入 300mL 100g/L NaOH 溶液，用水稀释到 1L，贮存

于塑料瓶中。此试剂可长期保存，若贮存瓶中有黑色沉淀出现，则须重新配制。

（3）标准曲线的制作　取12支试管分成2组，分别加入0.0mL，0.2mL，0.4mL，0.6mL，0.8mL，1.0mL的标准蛋白质溶液，用水补足到1mL，然后加入4mL双缩脲试剂。充分摇匀后，在室温（20～25℃）下放置30min，于540nm处进行比色测定。用未加蛋白质溶液的第1支试管作为空白对照液。取2组测定的平均值，以蛋白质的含量为横坐标，光吸收值为纵坐标绘制标准曲线。由于该法中蛋白质的种类不同，对发色影响不大，因而标准曲线制作完成后，无须每次再作标准曲线。

（4）样品的测定　取2～3个试管，用上述同样的方法，测定未知样品的蛋白质浓度。注意样品质量浓度不要超过10mg/mL。如果样品脂肪含量高，应预先用醚抽出弃去；如果样品中有不溶性成分存在时，会给比色测定带来困难，可预先将蛋白质抽出后再进行测定；当肽链中含有脯氨酸时，若有多糖类共存，则显色不好，会使测定值变低。

六、福林-酚比色法

1. 原理

蛋白质与福林-酚试剂反应，产生蓝色复合物，产生颜色呈色强度与蛋白质含量成正比，是检测可溶性蛋白质含量最灵敏的经典方法之一，也称为Lowry法。其作用机制主要是蛋白质中的肽键与碱性铜盐产生的双缩脲反应，同时还存在蛋白质中的酪氨酸与色氨酸等与酚试剂中的磷钼-磷钨酸反应生成蓝色的钼蓝和钨蓝化合物的反应。

2. 福林-酚试剂

（1）福林-酚试剂甲　将50mL溶液A和1mL溶液B混合即成。现用现配，过期失效。其中，溶液A：1g碳酸钠，溶于50mL 0.1mol/L氢氧化钠溶液中；溶液B：将10g/L硫酸铜溶液和20g/L酒石酸钠（钾）溶液等体积混合而成。

（2）福林-酚试剂乙　在1.5L的磨口回流瓶中，加入100g钨酸钠（$Na_2WO_4 \cdot 2H_2O$）、25g钼酸钠（$Na_2MoO_4 \cdot 2H_2O$）以及700mL蒸馏水，再加入50mL 850g/L磷酸溶液及100mL浓盐酸，充分混合，接上回流冷凝管，以小火回流10h。回流完毕，加入150g硫酸锂、50mL蒸馏水以及数滴液体溴，开口继续沸腾15min以除去过量的溴；冷却后加水定容至1000mL，过滤，滤液呈微绿色，置于棕色瓶中保存。使用时以酚酞作指示剂，用氢氧化钠标准溶液滴定，最后用蒸馏水稀释（约1倍），使最终浓度为1.0mol/L。

3. 测定方法

（1）配制蛋白标准溶液　精确称取BSA或酪蛋白，配制成100μg/mL溶液。

（2）吸取一定量的样品稀释液，加入试剂甲3.0mL，置于25℃中水浴保温10min，再加入试剂乙0.3mL，立即混匀，保温30min，以介质溶液调零，测定A_{750nm}，以蛋白标准溶液作对照，求出样品的蛋白质含量。

福林-酚比色法在0～60mg/L蛋白质含量范围呈良好线性关系。本法操作简便、灵敏度高，缺点是试剂只与蛋白质中特定的带酚基的氨基酸起反应，因此会因为各种蛋白质中所含的这类氨基酸的量不同而带来显色强度的差异。尽管显色反应机理中还涉及到双缩脲反应，但对双缩脲法有干扰的物质对福林－酚法的影响更大，酚类及柠檬酸均对本法有干扰。

七、4，4′－二羧基－2，2－联喹啉比色法

1. 原理

4，4′－二羧基－2，2－联喹啉比色法（BCA 法）是常应用于蛋白质分离和纯化中的一种方法。二价铜离子在碱性条件下可以被蛋白质还原成亚铜离子，亚铜离子和苹果绿色的 BCA 试剂反应生成浅紫色。反应形成颜色的深浅与一定范围内的蛋白质浓度成正比，因此可用于蛋白质含量的测定。

2. 测定方法要点

（1）蛋白质溶液和含有 Na_2CO_3、NaOH、$CuSO_4$，pH 11.25 的 BCA 试剂一步混合；

（2）在 37℃保温 30min 或室温下放置 2h，或 60℃保温 30min，温度的选择取决于灵敏度的要求。较高的温度导致较深的颜色反应；

（3）在 562nm 处比色读数，并做空白对照试验；

（4）用 BSA 作标准曲线。

该法的优点主要有：① 灵敏度与福林－酚比色法相似，微量 BCA 法的灵敏度（0.5～10μg）稍高于福林－酚比色法；② 操作比福林－酚比色法更简单，可以一步混合；③ 所用试剂比福林－酚比色法更简单；④ 非离子型表面活性剂和缓冲液不对反应产生干扰；⑤ 中等浓度的变性剂（4mol/L 的盐酸胍或 3mol/L 的尿素）不对反应产生干扰。而方法的缺点主要有：① 反应产生的颜色不稳定，需要严格控制比色时间；② 还原糖对此反应产生的干扰比福林－酚比色法更大；③ 不同蛋白质反应引起的颜色变化与福林－酚比色法相似；④ 比色的吸光度与蛋白质浓度不成线性关系。

除了以上三种基于铜离子的显色反应对蛋白质定量的方法外，使用比色法定量的常用方法还有水杨酸比色法。它的原理是：将样品中的蛋白质经硫酸消化而转化成铵盐溶液后（同凯氏定氮法的消化反应），在一定的酸度和温度条件下可与水杨酸钠和次氯酸钠作用生成蓝色化合物，在波长 660nm 处测定，求出样品含氮量，进而计算出蛋白质含量。因而这个方法属于间接测定法。

八、紫外吸收法

1. A_{280}吸收法

A_{280}吸收法是常用于生物化学蛋白质研究的一种快速定量方法。它的测定原理是：蛋白质及其降解产物（胨、肽和氨基酸）的芳香环残基[—NH—CH(R)—CO—]在紫外区内对 280nm 波长的光具有选择吸收作用，光吸收程度与蛋白质浓度（3～8mg/mL）成线性关系，因而可通过

测定该波长下蛋白质溶液的吸光度，并参照蛋白质标准溶液所绘制的标准曲线，求出样品的蛋白质含量。

该法在食品分析领域可用于牛乳、小麦面粉、糕点、豆类、蛋黄及肉制品中的蛋白质含量测定，但由于许多食品组分中的非蛋白质成分在紫外区也有吸收，另外还有光散射作用的干扰，因此该法在食品领域的应用受到一定限制。

该法测定时，主要步骤之一是标准曲线的绘制。方法如下：准确称取样品2.00g，置于50mL烧杯中，加入0.1mol/L柠檬酸溶液30mL，搅拌10min使其充分溶解，用4层纱布过滤于玻璃离心管中，以3000～5000r/min的速度离心5～10min，倾出上清液。分别吸取0.5mL，1.0mL，1.5mL，2.0mL，2.5mL，3.0mL于10mL容量瓶中，各加入含8mol/L尿素的氢氧化钠溶液定容至刻度，充分振摇2min，若出现浑浊，再次离心直至透明为止。将透明液置于比色皿中，以含8mol/L尿素的氢氧化钠溶液作参比，在280nm波长处测定各溶液的吸光度A。以事先用凯氏定氮法测得的样品中蛋白质的质量为横坐标，上述吸光度A为纵坐标，绘制标准曲线。

样品的测定按标准曲线绘制的操作条件进行，根据测定的吸光度，从标准曲线中查出样品中蛋白质的含量。

2. A_{260}和A_{280}比值法

凡是有共轭双键的物质，均具有紫外吸收值。因此，若样品中含核酸，则嘌呤、嘧啶两类碱基对蛋白质的测定产生干扰，应采取措施加以校正。核酸在260nm处的紫外吸收值大于280nm处的紫外吸收值，但蛋白质正好相反。因此，可以利用核酸和蛋白质的紫外吸收性质差异，通过A_{260}和A_{280}比值的计算可以适当校正核酸对蛋白质的干扰。然而，由于不同的蛋白质和核酸对紫外吸收不尽相同，因此这种方法的校正，测定结果还存在一定的误差。

测定时，取一定量的样品稀释液，分别测出样品在280nm和260nm下的吸光度值A_{260}和A_{280}，计算出A_{280}/A_{260}的比值后，查表查出校正因子F值（表8－3），同时可查出该样品内混杂的核酸质量分数。将F值代入式（8－2）可直接算出样品的蛋白质含量：

$$蛋白质含量\ (mg/mL) = \frac{F}{d} \times A_{280} \times n \tag{8-2}$$

式中　A_{280}——样品液在280nm波长下的吸收值；

d——石英杯的厚度，cm；

F——校正因子；

n——样品的稀释倍数。

表8－3　紫外吸收法测定蛋白质含量校正数据表

A_{280}/A_{260}	核酸质量分数/%	F	A_{280}/A_{260}	核酸质量分数/%	F	A_{280}/A_{260}	核酸质量分数/%	F
1.75	0.00	1.116	1.03	3.00	0.814	0.753	8.00	0.545
1.63	0.25	1.081	0.979	3.50	0.776	0.730	9.00	0.508

续表

A_{280}/A_{260}	核酸质量分数/%	F	A_{280}/A_{260}	核酸质量分数/%	F	A_{280}/A_{260}	核酸质量分数/%	F
1.52	0.50	1.054	0.939	4.00	0.743	0.705	10.00	0.478
1.40	0.75	1.023	0.874	5.00	0.682	0.671	12.00	0.422
1.36	1.00	0.994	0.846	5.50	0.656	0.644	14.00	0.377
1.30	1.25	0.970	0.822	6.00	0.632	0.615	17.00	0.322
1.25	1.50	0.944	0.804	6.50	0.607	0.595	20.00	0.278
1.16	2.00	0.899	0.784	7.00	0.585			
1.00	2.50	0.852	0.767	7.50	0.565			

注：表中的数值是由结晶的酵母核酸和纯的酵母核酸的吸光度计算得来的。一般纯蛋白质的 A_{280}/A_{260} 约为1.8，而核酸的比值约为0.5。

3. 肽键紫外光测定法

蛋白质溶液在238nm下均有光吸收，其吸收强弱与肽键多少成正比，根据这一性质，可测定样品在238nm下的吸收值，与蛋白质标准液作对照，求出蛋白质含量。

肽键紫外光测定法比 A_{280} 吸收法灵敏。由于醇、酮、醛、有机酸、酰胺类和过氧化物等都具有干扰作用，因此最好用无机酸、无机碱和水作为介质溶液。若含有机溶剂，可先将样品蒸干，或用其他方法除去干扰物质，然后用水、稀酸或稀碱溶解后再测定。本法在50～500mg/L蛋白质含量范围内呈良好线性关系。

九、红外光谱法

红外光谱法是测定物质分子在近红外（NIR）、中红外、远红外区等处引起的辐射吸收。蛋白质中的多肽键在中红外波段（6.47μm）和近红外波段（如：3300～3500nm，2080～2220nm，1560～1670nm）的特征吸收可用于测定食品中的蛋白质含量。用红外波长光辐射样品，通过测定样品反射或透射光的能量（反比于能量的吸收）可以预测其成分的浓度。其中最典型的是NIR光谱测定法，它是利用光谱仪获取有机物在NIR光谱区的特征振动吸收信息，与其在化学分析法基础上取得的测定值对应，通过数学方法建立NIR光谱分析模型，然后待测样品通过该模型快速与光谱信息库内模型比对计算，给待测参数定量，从而一次性获取样品中多种化学成分含量数值，是一种简便、快速（0.5～2min）、无损、无须生化试验操作的即时检测手段，分析人员也仅需简单培训即可上手分析样品。红外光谱法可用于测定牛乳蛋白质的含量，NIR光谱也广泛应用于谷物、谷类制品、肉类和乳制品中的蛋白质分析。

NIR光谱测定法的步骤主要包括：① 使用NIR光谱仪采集样品光谱；② 采用标准参考方法测定样品中蛋白浓度；③ 将测定的光谱数据和蛋白浓度参数进行预处理，选择合适的化学计量学方法，建立校正模型；④ 利用校正模型对未知蛋白含量的样品进行 NIR 光谱模型预测，得到待测样品的蛋白质浓度。

第三节　蛋白质的分离与测定

食品中蛋白质种类繁多，性质各异。要确定特定蛋白质的性质和含量，上述经典蛋白质测定方法显然不能满足需求，需要更精细的分析检测手段。随着各学科的发展与融合，许多蛋白质分离检测技术在食品研究及工业中得到发展和广泛应用。本节主要介绍几种常用的蛋白质分离与测定方法，包括色谱法、电泳法和免疫法。

一、色谱法

蛋白质在物理、化学及功能上的差异为蛋白质的分离检测提供了基础。根据蛋白质的大小、形状、电荷、疏水性、功能等特性，以及蛋白质的来源、实验要求等，可以选择不同的模式来分离目标蛋白。高效液相色谱（HPLC）对于定性和定量测定食品中特定蛋白质成分起了十分重要的作用。高效液相色谱是溶质在固定相和流动相之间进行的一种连续多次的交换过程，它主要借助蛋白质在两相间分配系数、亲和力、吸附能力、离子交换或分子大小不同引起的排阻作用的差别使蛋白质得到分离。目前蛋白质分离中应用最广泛的色谱分离技术主要基于以下 3 种基本的分离原理：电荷型（离子交换色谱，IE－HPLC），大小（尺寸排阻色谱，SE－HPLC），和疏水性（反相色谱，RP－HPLC，和疏水作用色谱，HI－HPLC）。表 8－4 总结了这 4 种主要色谱的特征。

表 8－4　用于测定食品中特定蛋白质成分的色谱方法的优缺点

色谱类型	优点	缺点
离子交换色谱	温和的分离过程，有限的蛋白质变性，维持生物活性；高分辨率；范围广泛的变量可影响保留和选择性	费力的优化程序；盐的腐蚀作用；疏水相互作用与柱填料的干扰；在极端 pH 下蛋白质变性
尺寸排阻色谱	简单的一步分析；温和的分离条件，无蛋白质变性	大样品量时峰展宽；高流量时分辨率降低；疏水或静电相互作用对色谱柱填料的干扰；非球蛋白和相关蛋白分子的错误洗脱行为
反相色谱	高分辨率；适用于低离子强度的蛋白质分析	蛋白质变性和生物活性丧失的风险；使用有毒溶剂；疏水性污染物的干扰
疏水作用色谱	大量潜在洗脱条件；高分辨率电源；与反相色谱相比，蛋白质变性的风险更低；适用于高离子强度的蛋白质分析	盐的腐蚀作用；疏水性污染物的干扰

1. 离子交换色谱（IE－HPLC）

蛋白质表面带有电荷，可以以阳离子或阴离子形式存在，且在不同 pH 溶液中带电性质会发生变化，因此 IE－HPLC 可以定制设计用于蛋白质分离。IE－HPLC 是溶液中和带电的固体支持基质中带电分子和离子之间的可逆吸附，是根据蛋白质分子在一定 pH 和离子强度条件下所带电荷的差异进行分离的方法。其基本原理是：首先在使蛋白质与基质的亲和力最大化的缓冲条件（离子强度和 pH）下，将目标蛋白质吸附到离子交换剂上。随着洗脱缓冲液组成的变化，蛋白质的电荷发生变化，导致其对离子交换基质亲和力的降低。因此，通过逐渐改变洗脱液的离子强度或 pH，可以从色谱柱上选择性地洗脱与交换剂结合的蛋白质。

2. 尺寸排阻色谱（SE－HPLC）

凝胶过滤色谱也称尺寸排阻色谱，是利用网状结构凝胶的分子筛作用，根据蛋白分子大小不同进行分离的一种色谱技术。其固定相为多孔网状凝胶，当蛋白质混合物流经色谱柱时，相对分子质量较大的蛋白质不易进入凝胶孔径内部，只能在颗粒之间分布，洗脱较快；而相对分子质量小的蛋白质可以进入凝胶内部或在颗粒之间扩散，路径更加弯曲，洗脱较慢，从而使蛋白质按照相对分子质量由大到小的顺序依次洗脱。该技术是一种相对温和的技术，它对于流动相选择的要求不高，适用范围广，能纯化的蛋白质相对分子质量范围宽，纯化过程中也不需要能引起蛋白质变性的有机溶剂。但是该法分离时，出峰的峰宽通常比较大，对于相对分子质量差异较小的组分分离度不高。

例如，用该法测定食品中免疫球蛋白 IgG 的含量，色谱条件如下。

（1）色谱柱：Zorbax GF－250 柱，4μm×9.4mm×250mm；

（2）柱温：20℃；

（3）测定波长：280nm；

（4）流动相：0.01mol/L KH_2PO_4 +0.1mol/L K_2HPO_4 +0.15mol/L Na_2SO_4（pH 6.0）；

（5）流速：1.0mL/min。

样品处理：液体样品直接吸取 20mL 移入 150mL 三角瓶中称量；固体样品应先研碎，称量 0.5000g 移入三角瓶中，加入 20mL 约 40℃水，用磁力搅拌器搅拌溶解样品。用酸度计精确调 pH 至4.6后，将样品洗入漏斗中过滤，用50mL 容量瓶收集滤液，用蒸馏水定容，摇匀，用0.45μm 滤膜过滤，供分析测定。

3. 反相色谱（RP－HPLC）和疏水作用色谱（HI－HPLC）

RP－HPLC 在高效液相色谱各种模式中的应用最为广泛，其特点是固定相的极性小于流动相的极性。在 RP－HPLC 中，由于蛋白质分子之间表面疏水性存在差异，导致其在两相中的分配不同，通过施加浓度递增的有机溶剂梯度可实现不同蛋白质差异脱附而使其得以分离。RP－HPLC 的主要优点是其高分辨率和适用于低离子强度的蛋白质分析。主要缺点是蛋白质变性的风险，生物活性的丧失以及疏水性污染物的干扰。

HI－HPLC 的分离机制类似于 RP－HPLC，也是基于生物分子的疏水性，区别在于 HI－

HPLC 填料表面疏水性没有 RP－HPLC 强。但与 RP－HPLC 相比，使用了较温和的洗脱条件。由于分离条件温和，与 RP－HPLC 相比，该技术具有较高的分离能力，较低的蛋白质变性风险。其基本原理是基于不同蛋白质疏水性强弱的差异。在高盐环境下，蛋白质表面的疏水区域暴露，固定相表面修饰了一些疏水的基团，这样蛋白质的疏水部分即可与固定相发生较强的疏水相互作用，从而被结合在固定相表面，而一旦降低流动相的盐浓度即可实现蛋白质的洗脱。

例如，用该法进行乳制品中乳铁蛋白含量测定。色谱条件如下。

（1）色谱柱：C_4 色谱柱（4.6mm×250mm，5μm）；

（2）流动相 A：0.1% 三氟乙酸水溶液，流动相 B：乙腈－水－三氟乙酸（体积比 90∶10∶0.1）。线性梯度：在 0～20min 内，流动相 B 以 30% 线性升至 80%；

（3）柱温：35℃；

（4）流速：1.0mL/min；

（5）检测波长：220nm。

测量步骤：① 称取 18g 醋酸钠，加水溶解，再加 9.5mL 冰醋酸，用水定容至 1000mL，用氢氧化钠溶液或醋酸溶液调 pH 至 4.6；② 精确称取乳铁蛋白对照品 10.0mg 于 10mL 容量瓶中，加少量超纯水溶解，再用醋酸盐缓冲液定容至刻度，摇匀；③ 分别取标准储备液 0.1mL，1.0mL，2.0mL，4.0mL，5.0mL 于 10mL 容量瓶中，加水定容至刻度，制成系列标准溶液。各标准溶液经 0.45μm 膜过滤后用液相色谱检测，绘制质量浓度和峰面积的标准曲线；④ 精确称取 0.25g 混合均匀的样品，置于 50mL 量瓶中，加入少量超纯水溶解，再加 pH 为 4.6 的醋酸盐缓冲液定容至刻度，摇匀，取适量至离心管中，以 5000r/min 的转速离心 10min，取上清液，经 0.45μm 的微孔滤膜过滤后进样检测，对照标准曲线，依据峰面积计算出乳铁蛋白含量。

二、电泳法

电泳法主要是依据蛋白质在电场中的电荷或分子大小进行分离。常用的电泳法有聚丙烯酰胺凝胶电泳（PAGE）、等电聚焦电泳（SDS－PAGE）和毛细管电泳（CE）等。在食品领域中，CE 相对来说应用更广一些，并且在 CE 中，毛细管代替了前两种方法中聚丙烯酰胺凝胶管或板，当待分离的蛋白在毛细管内迁移时，可以使用最初用于色谱分析的检测器进行检测。毛细管电泳是指以高压电场为驱动力，以毛细管为分离通道，依据样品中各组分之间淌度和分配行为上的差异而实现分离的一类液相分离技术。毛细管电泳是经典电泳技术和现代微柱分离相结合的产物。在蛋白质分离方面，CE 具有高灵敏度、操作简便、结果准确、成本低廉等优点，使其在蛋白质分离分析中占据日益重要的地位。

例如，用该法对牛乳中乳蛋白进行测定。步骤如下。

（1）乳清和酪蛋白的制备　在 4000g，4℃ 下离心 15min 对样品进行脱脂处理。在 22℃ 下加入 1mol/L HCl 至 pH 为 4.3，从脱脂样品中沉淀得酪蛋白，然后在 4000g，4℃ 下将样品离心 15min。沉淀的酪蛋白用蒸馏水洗涤 2 次，并通过添加 1mol/L NaOH 在 pH 7.0 下溶解。然后将酪蛋白冷冻干燥，并储存在 -18℃直至分析。将剩余的含有乳清蛋白的上清液用蒸馏水透析，冷冻干燥并保存在 -18℃直至分析。

（2）酪蛋白和乳清蛋白的毛细管电泳分析　通过使用具有二极管阵列检测功能的 CE 进行分析。牛乳蛋白的分离是通过使用总长 48.5cm（距检测器 40cm）×内径 50μm 的延伸光路毛细管进行。样品经 0.22μm 滤膜过滤后以恒定压力（5000Pa）注入。在样品分析过程中，施加恒定电压（15kV），并保持温度在 25℃。

制备 100mmol/L 磷酸盐（$NaH_2PO_4 \cdot H_2O$）缓冲液，用 1mol/L HCl 将 pH 调节至 2.5，0.22μm 滤膜过滤后用于分离。在电泳操作之间依次冲洗毛细管，先用 0.1mol/L NaOH 冲洗 3min，然后用流动缓冲液冲洗 3min 后在 200nm 处进行检测。

外标法用于蛋白质定量。使用不同浓度（0.01 ~ 2.5mg/mL）的纯化牛乳蛋白（SA，β - lg，α - 1a，α - CN，β - CN 和 κ - CN）绘制标准曲线，并进行 3 次重复分析。

三、酶联免疫吸附测定法

酶联免疫吸附法简称 ELISA 技术，是利用抗原抗体的高度特异性以及免疫酶的高效催化效果相结合而实现的一种免疫分析法。其用于蛋白分离检测的工作原理是利用抗体分子和抗原分子间的特异性结合特征来实现的。实施分离时，在各种游离杂质蛋白中只有目的蛋白可以与固相载体结合在一起，得到特殊标记物的标记，从而满足蛋白的定性和定量分析检测需求。其检测过程是首先将受检样本的抗原抗体按照固定程序和抗原抗体反应结合后形成的一种复合物。在固相载体上，酶标抗原和抗体的被结合量和受检标本当中的抗体抗原量形成一定的比例，加入酶底物之后发生显色反应，通过有色产物的定性定量可以间接确定蛋白含量。

第四节　蛋白质的性质分析

一、氨基酸分析

氨基酸的定量测定

氨基酸分析用于定量确定相对纯净蛋白质的氨基酸组成。氨基酸分析分为三个步骤：首先，将蛋白质样品水解以释放氨基酸；其次，使用色谱技术分离氨基酸；最后，对分离出的氨基酸进行检测和定量。当前正在开发许多新方法。具有柱前或柱后衍生化的离子交换色谱和反相高效液相色谱（RP - HPLC）已被广泛使用，并将在本节中进行介绍。

目前最主流的氨基酸检测方法为高效液相色谱（HPLC）衍生法。在 HPLC 衍生法中，衍生试剂、衍生操作方法、生成的衍生物等决定了分析检测的性能。根据其性质的不同又可以分为柱前衍生法和柱后衍生法。柱后衍生－阳离子交换色谱是一种氨基酸分析检测的经典方法，目前市售的氨基酸自动分析仪多采用该柱后衍生检测技术，是检测氨基酸最为常用的方法之一，应用极为广泛。此方法优点是衍生反应速度快、衍生产物稳定性好、结果可靠、重现性好。该方法利用氨基酸在酸性环境中解离成阳离子的特性将其由阳离子交换色谱柱分离，分离后的氨基酸经衍生化处理后再通过合适的检测手段（如紫外分光光度法）来定量检测。从色谱柱洗脱的氨基酸也可以用邻苯二甲醛（OPA）衍生化，然后用荧光检测器测量，且比茚三酮灵敏度更高。

柱前衍生－RP－HPLC法，将水解后的氨基酸在柱前转化为适于反相色谱分离并能被灵敏检测的衍生物，然后经反相色谱分离，并通过紫外或荧光光谱法定量。该方法灵敏、快速、应用范围广、易于自动化。目前最常用的柱前衍生试剂有邻苯二甲醛（OPA）、异硫氰酸苯酯（PITC）、2，4－二硝基氟苯（DNFB）、6－氨基喹啉基－*N*－羟基－琥珀酰亚氨基甲酸酯（AQC）、氯甲酸芴甲酯（FMOC－Cl）、丹磺酰氯（Dansyl－Cl）及二硝基氟苯（FDNB）等。相对于其他方法，RP－HPLC分析方法更加灵敏（可测知<1pmol水平）和快速（完成1种蛋白质的水解、分离和测定只需12～30min），衍生反应也比较便捷，易于与仪器结合实现商品化。

现阶段许多新的氨基酸分析方法正在开发中，HPLC采用的积分脉冲安培检测技术（IPAD）和蒸发光散射检测技术（ELSD）可无须衍生直接检测氨基酸，快速准确、重现性好，具有很好的发展前景。随着液相色谱的不断发展，液质（HPLC－MS）联用技术、特别是高效液相色谱串联质谱法（HPLC－MS/MS）是目前发展极为快速的方法，因这种方法可以不用对氨基酸衍生，简单快速，尤其适用于高纯度氨基酸的定性定量分析，但这些方法尚未广泛使用。

（一）柱后衍生－阳离子交换色谱法

1. 原理

氨基酸的组分分析，现在广泛采用离子交换法，并由自动化的仪器来完成。其原理是利用各种氨基酸的酸碱性、极性和相对分子质量大小不同等性质，使用阳离子交换树脂在色谱柱上进行分离。当样液加入色谱柱顶端后，采用不同的pH和离子浓度的缓冲溶液即可将它们依次洗脱下来，即先是酸性氨基酸和极性较大的氨基酸，其次是非极性的芳香性氨基酸，最后是碱性氨基酸。相对分子质量小的比相对分子质量大的先被洗脱下来，洗脱下来的氨基酸可用茚三酮显色，从而定量各种氨基酸。

2. 操作方法

（1）样品制备　当样品为固体或半固体时，可采用组织粉碎机或研磨机将样品粉碎，如样品为液体，用匀浆机打成匀浆。样品粉碎或匀浆之后密封冷冻保存，分析用时将其解冻后使用。

（2）样品称量　对于均匀性好的样品，准确称取一定量样品（精确至0.0001g），使其中蛋白质含量在10～20mg范围内。如样品蛋白质含量未知，可先测定样品中蛋白质含量。然后将称量好的样品置于水解管中待水解。对于难以获得高均匀性的样品，为减少误差可适当增大称样量，测定前再做稀释。对于蛋白质含量低的样品，称样量不大于2g，液体样品称样量不大于5g。

（3）样品水解　根据样品中蛋白质含量，在水解管内加10～15mL 6mol/L盐酸溶液。对于含水量高、蛋白质含量低的试样可先加入约相同体积的盐酸混匀后，再用6mol/L盐酸溶液补充至大约10mL。继续向水解管内加入苯酚3～4滴。将水解管放入冷冻剂中，冷冻3～5min，接到真空泵的抽气管上，抽真空（接近0Pa），然后充入氮气，重复抽真空－充入氮气3次后，在充氮气状态下封口或拧紧螺丝盖。将已封口的水解管放在（110±1）℃的电热鼓风恒温箱或水解炉内水解22h后，取出，冷却至室温。

打开水解管，将水解液过滤至50mL容量瓶内，用少量水多次冲洗水解管，水洗液移入同一个50mL容量瓶内，最后用水定容至刻度，振荡混匀。准确吸取1.0mL滤液移入到15mL或25mL试管内，用试管浓缩仪或平行蒸发仪在40～50℃加热环境下减压干燥，干燥后残留物用1～2mL水溶解，再减压干燥，最后蒸干。将1.0～2.0mL pH为2.2的柠檬酸钠缓冲溶液加入到干燥后试管内溶解，振荡混匀后，吸取溶液通过0.22μm滤膜后，转移至仪器进样瓶，为样品测定液，供仪器测定用。

（4）样品分析　混合氨基酸标准工作液和样品测定液分别以相同体积注入氨基酸分析仪，以外标法通过峰面积计算样品测定液中氨基酸的浓度。混合氨基酸标准储备液中各氨基酸浓度的计算，各氨基酸标准品称量质量参考值见表8－5。

表8－5　配制混合氨基酸标准储备液时氨基酸标准品的称量质量参考值及摩尔质量

氨基酸标准品名称	称量质量参考值/mg	摩尔质量/(g/mol)	氨基酸标准品名称	称量质量参考值/mg	摩尔质量/(g/mol)
L－天冬氨酸	33	133.1	L－蛋氨酸	37	149.2
L－苏氨酸	30	119.1	L－异亮氨酸	33	131.2
L－丝氨酸	26	105.1	L－亮氨酸	33	131.2
L－谷氨酸	37	147.1	L－酪氨酸	45	181.2
L－脯氨酸	29	115.1	L－苯丙氨酸	41	165.2
甘氨酸	19	75.07	L－组氨酸盐酸盐	52	209.7
L－丙氨酸	22	89.06	L－赖氨酸盐酸盐	46	182.7
L－缬氨酸	29	117.2	L－精氨酸盐酸盐	53	210.7

混合氨基酸标准储备液中各氨基酸的含量按式（8－3）计算：

$$c_j = \frac{m_j}{M_j \times 250} \times 1000 \qquad (8-3)$$

式中　c_j——混合氨基酸标准储备液中氨基酸j的浓度，μmol/mL；

m_j——称取氨基酸标准品j的质量，mg；

M_j——氨基酸标准品j的摩尔质量，g/mol，各氨基酸的名称及摩尔质量见表8－6；

250——定容体积，mL；

1000——换算系数。

样品中氨基酸含量的计算，可先计算样品测定液氨基酸i的含量，然后再换算为试样中氨基酸i的含量，即样品测定液氨基酸i的含量按式（8－4）计算：

$$c_i = \frac{c_s}{A_s} \times A_i \tag{8-4}$$

式中 c_i——样品测定液氨基酸 i 的含量，nmol/mL；

A_i——样品测定液氨基酸 i 的峰面积；

A_s——氨基酸标准工作液氨基酸 s 的峰面积；

c_s——氨基酸标准工作液氨基酸 s 的含量，nmol/mL。

试样中氨基酸 i 的含量按式（8－5）计算：

$$X_i = \frac{c_i \times F \times V \times M}{m \times 10^9} \times 100 \tag{8-5}$$

式中 X_i——试样中氨基酸 i 的含量，g/100g；

c_i——样品测定液中氨基酸 i 的含量，nmol/mL，由式（8－4）获得；

F——稀释倍数；

V——试样水解液转移定容的体积，mL；

M——氨基酸 i 的摩尔质量，g/mol；

m——称样量，g；

10^9——将试样含量由纳克（ng）折算成克（g）的系数；

100——换算系数。

表8－6 16种氨基酸的名称和摩尔质量

氨基酸名称	摩尔质量/（g/mol）	氨基酸名称	摩尔质量/（g/mol）
天门冬氨酸（Asp）	133.1	蛋氨酸（Met）	149.2
苏氨酸（Thr）	119.1	异亮氨酸（Ile）	131.2
丝氨酸（Ser）	105.1	亮氨酸（Leu）	131.2
谷氨酸（Glu）	147.1	酪氨酸（Tyr）	181.2
脯氨酸（Pro）	115.1	苯丙氨酸（Phe）	165.2
甘氨酸（Gly）	75.1	组氨酸（His）	155.2
丙氨酸（Ala）	89.1	赖氨酸（Lys）	146.2
缬氨酸（Val）	117.2	精氨酸（Arg）	174.2

样品的自动分析仪氨基酸分离图谱如图8－5所示，其中，Cys：半月光氨酸；NH_3：氨气；其他氨基酸详见表8－6。

（二）柱前衍生－反相高效液相色谱法

1. 原理

除丹磺酰氯（Dansyl－Cl）外，1－氟－2，4－二硝基苯或邻苯二甲醛也可作为衍生化试剂使用。以下以丹磺酰氯衍生法为例介绍柱前衍生－反相高效液相色谱法。其原理是蛋白质样品经

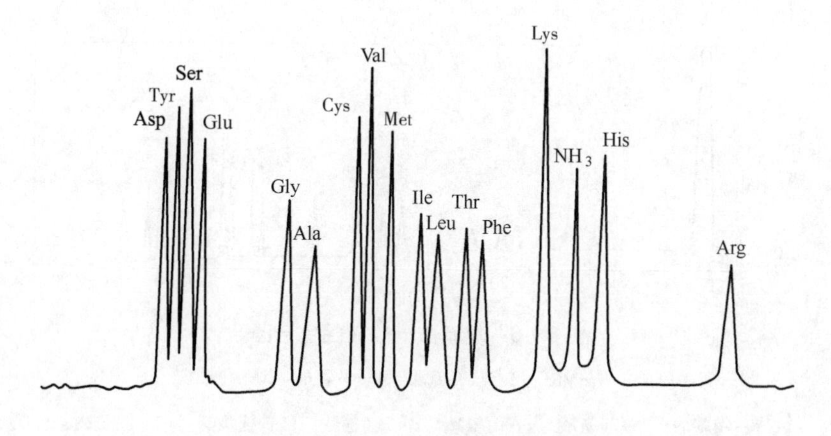

图8-5　自动分析仪氨基酸分离图谱

酸或碱水解后再用丹磺酰氯进行衍生化作用而溶解于流动相溶液中，采用 C_8 反相柱的高压液相色谱仪分离并用荧光检测器进行测定，即可测定出各种氨基酸的含量。

2. 测量条件

（1）色谱仪　液相色谱仪（FE 系列 3 型或类似型号），带有荧光检测器，具有激发波长 298nm 和发射波长 546nm，单色器间的谱带差度为 10nm；

（2）不锈钢柱　ϕ4.6mm×250mm，具有 10μm 粒度 C_8 反相柱和梯度洗脱程序系统；

（3）色谱条件　流动相流速 1.5mL/min；柱温 50℃；纸速 5mm/min；

（4）流动相　甲液：每 100mL 乙腈中含有 0.1mL 醋酸和 0.77mL 的磷酸。乙液：称取 8.1g 醋酸钠，用水配成 1L 后，加入 0.1mL 醋酸，然后用磷酸调节至 pH 为 3。甲液、乙液按等体积混合均匀作为使用液。

3. 操作方法

（1）样品处理与测定

① 蛋白质的水解：称取 1mg 的蛋白质样品或相当于 1mg 蛋白质量的样品于玻璃管中，加入 1mL 6mol/L 盐酸后用磨口封口或烧结封口，移入 110℃恒温箱中加热 16h，取出冷却。用微量注射器吸取 20μL 水解样液于小玻璃管中，加入 10μL 正亮氨酸溶液（20μg/mL 于 0.01mo/L 盐酸中）作为内标，并在水浴中蒸发干燥。

② 衍生物制备及其测定：将上述干燥的样品加入 4μL pH 10.5 的缓冲溶液，接着加入 10μL 丹磺酰氯丙酮工作液（1μg/mL），紧密封住管口，充分振摇 15min，将样品管置于 100℃水浴中加热 2min，取出冷却。加入 1mL 流动相混合溶液于样品管中，充分摇动 15s，吸取 10μL 左右的此样品溶液注入液相色谱柱内，记录色谱图，如图 8-6 所示。

（2）校正因子 F_i 的确定　用微量注射器吸取氨基酸标准混合溶液（各氨基酸含量为 20μg/mL 于 0.01mo/L 盐酸中）20μL 于小玻璃管中，加 10μL 正亮氨酸溶液作为内标，并在水浴中蒸发干燥，然后按样品处理中的方法制备标准氨基酸衍生物，再加入 1mL 流动相混合溶液，用微量注射器吸取 5～10μL 经衍生化的氨基酸溶液注入色谱仪，记录色谱图，并确定各氨基酸的保留时

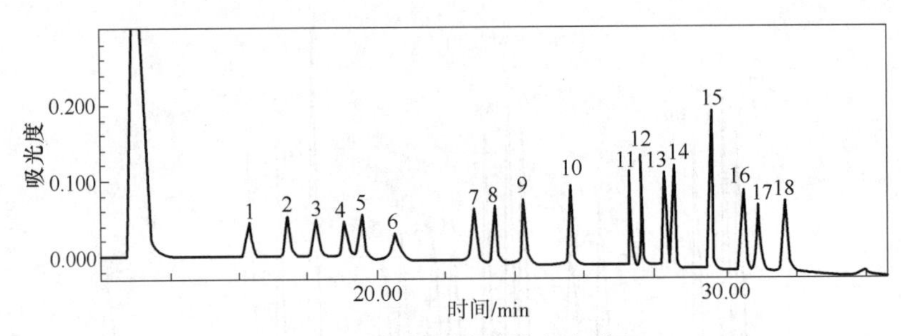

图8-6 氨基酸高效液相色谱图

1—天冬氨酸 2—丝氨酸 3—谷氨酸 4—甘氨酸 5—组氨酸 6—NH_3

7—精基酸 8—苏氨酸 9—丙氨酸 10—脯氨酸 11—胱氨酸 12—酪氨酸

13—缬氨酸 14—甲硫氨酸 15—赖氨酸 16—异亮氨酸 17—亮氨酸 18—苯丙氨酸

间和峰面积，测量内标物和各氨基酸的峰面积，并求出各氨基酸校正因子 F_i。

4. 结果计算

各氨基酸校正因子 F_i 由式（8-6）计算：

$$F_i = \frac{A_{is标}}{A_{i标}} \tag{8-6}$$

样品中氨基酸含量按式（8-7）计算：

$$氨基酸含量（\%）= \frac{F_i \times A_i}{A_{is}} \times \frac{m_{is}}{m} \times 100 \tag{8-7}$$

式中 $A_{is标}$——氨基酸混合标准样品中内标物的峰面积；

$A_{i标}$——氨基酸混合标准样品中每种氨基酸标准物的峰面积；

F_i——某氨基酸标样的峰面积相对于内标样品的峰面积的校正因子；

A_{is}，A_i——分别为样液中内标及氨基酸组分的峰面积；

m_{is}——进入色谱柱内样液中内标物质量，μg；

m——进入色谱柱内样液中样品质量，μg。

以上的方法可以检测到样品中个别氨基酸的分别的含量，而有时仅仅只是希望获得样品中氨基酸的总量，这时会采取一些比较简便的方法，例如指示剂甲醛滴定法、电位滴定法、非水溶液滴定法、茚三酮比色法、三硝基苯磺酸（TNBS）法、邻苯二甲醛（OPT）法、乙酰丙酮和甲醛荧光法等。下面为大家介绍前四种的测定原理。

（1）指示剂甲醛滴定法 氨基酸具有酸性的羧基（—COOH）和碱性的氨基（—NH_2），它们相互作用而使氨基酸成为中性的内盐。当加入甲醛溶液时，—NH_2与甲醛结合，从而使其碱性消失。这样就可以用强碱标准溶液来滴定—COOH，并用间接的方法测定氨基酸总量。反应式（有三种不同的推论）如下：

此法简单、快速方便，在发酵工业中常用此法测定发酵液中氨基氮含量的变化，来了解可被微生物利用的氮源的量及利用情况，并以此作为控制发酵生产的指标之一。脯氨酸与甲醛作用时产生不稳定的化合物，使结果偏低；酪氨酸含有酚羧基，滴定时也会消耗一些碱而致使结果偏

$$R-\underset{\underset{H_3N-O}{|}}{\overset{\overset{H}{|}}{C}}-\underset{|}{\overset{\overset{O}{\|}}{C}} \rightleftharpoons R-\underset{\underset{NH_2}{|}}{\overset{\overset{H}{|}}{C}}-\overset{\overset{O}{\|}}{C}-OH \xrightarrow{+HCHO} R-\underset{\underset{N=CH_2}{|}}{\overset{\overset{H}{|}}{C}}-COOH$$

$$\xrightarrow{+NaOH} \underset{\underset{NH-CH_2OH}{|}}{R}-CH-COOH \left[\text{或}\ \begin{matrix} R-CH-COOH \\ | \\ HOH_2C-N-CH_2OH \end{matrix}\right]\text{或}$$

$$\begin{matrix} R-CH-COONa \\ | \\ N=CH_2 \end{matrix} \quad \text{或} \quad \begin{matrix} R-CH-COOH \\ | \\ NH-CHO \end{matrix}$$

高；溶液中若有铵存在也可与甲醛反应使结果偏高。

（2）电位滴定法　根据氨基酸的两性作用，加入甲醛以固定氨基的碱性，使羧基显示出酸性，将酸度计的玻璃电极及甘汞电极同时插入被测液中构成原电池，用氢氧化钠标准溶液滴定，依据酸度计指示的 pH 判断滴定终点。本法准确快速，可用于各类样品游离氨基酸含量测定；浑浊和深色样液可不经处理而直接测定。

（3）非水溶液滴定法　根据酸碱的质子学说，一切能给出质子的物质为酸，能接受质子的物质为碱；弱碱在酸性溶剂中碱性显得更强，而弱酸在碱性溶剂中酸性显得更强，因此本来在水溶液中不能滴定的弱碱或弱酸，如果选择适当的溶剂使其强度增加，则可以顺利地滴定。氨基酸有氨基和羧基，在水中呈现中性，假如在冰醋酸中就显示出碱性，因此可以用高氯酸等强酸进行滴定。本法适合于氨基酸成品的含量测定。允许测定的范围是几十毫克的氨基酸。

$$R-\underset{\underset{NH_2}{|}}{CH}-COOH+CH_3COOH \rightleftharpoons R-\underset{\underset{NH_3^+}{|}}{CH}-COOH+CH_3COO^-$$

$$HClO_4+CH_3COOH \rightleftharpoons CH_3COOH_2^+ + ClO_4^-$$

$$CH_3COO^- + CH_3COOH_2^+ \rightleftharpoons 2CH_3COOH$$

$$R-\underset{\underset{NH_2}{|}}{CH}-COOH+HClO_4 \rightleftharpoons R-\underset{\underset{NH_3^+}{|}}{CH}-COOH+ClO_4^-$$

（4）茚三酮比色法　氨基酸在碱性溶液中能与茚三酮作用，生成蓝紫色化合物（除脯氨酸外均有此反应），该蓝紫色化合物的颜色深浅与氨基酸含量成正比，其最大吸收波长为 570nm，因此可据此测定样品中氨基酸含量。

二、蛋白质营养价值分析

食物蛋白质的营养评价，是营养学和食品科学中的一项重要内容，旨在为指导人群膳食营养、食品组合加工、分级管理、预示互补规律、比较选优和新的食品资源的研究和开发等方面提供参考依据。蛋白质的营养评价是个不断发展的课题，目前的评价方法可概括为生物学评价法和氨基酸分析评价法两大类。

（一）生物学评价法

生物学评价法主要是通过动物或人体实验测定食物蛋白质在体内的利用率，包括蛋白质功效比值（Protein Efficiency Ratio，PER）、蛋白质生物价（Biological Value，BV）、净蛋白利用率（Net Protein – Utilization，NPU）和氮平衡指数（Nitrogen Balance Index，NBI）等方法。生物学评价法是蛋白质营养学评价的经典方法，能直接反映出供试动物对待测蛋白质的消化、吸收及利用状况，因此常用作标准方法来验证其他评价方法的可靠性。但该方法的不足之处在于评价指标必须通过动物或人体试验获得，因此存在试验周期长、成本高、步骤烦琐等问题，难以满足生产中对原料或成品蛋白质的快速分析评价的需要。

以下简要介绍蛋白质的功效比值（PER）。

PER 是指摄入单位质量蛋白质的体重增加值，以测定生长发育中的幼小机体摄入 1g 蛋白质所增加的体重。通过在大鼠体内以每克饲喂蛋白质的重量增加来衡量其生长，从而估算其体内蛋白质的营养质量。这一指标表示蛋白质被机体利用的程度。该方法简单、实用，曾经长期被推荐为评价食品蛋白质营养价值的首选指标，是最早使用的一种衡量食物蛋白质优劣的简便方法。PER 方法很费时间，并且对于简单维持体重的蛋白质没有任何价值（即在测定中不产生体重增加的蛋白质的 PER 为零）。

方法的测定步骤包括：① 确定含蛋白质测试样品的氮含量并计算蛋白质含量；② 制定标准化的测试蛋白质饮食和酪蛋白对照饮食，每一种都含 10% 的蛋白质；③ 雄性断乳大鼠的饲料组自由饮食和水 28d；④ 在试验开始时，试验期间至少每 7d 和 28d 结束时，记录每只动物的体重；⑤ 记录 28d 喂养试验中每只动物的食物摄入量；⑥ 使用第 28d 每个饮食组的平均总增重和平均总蛋白质摄入量来计算 PER：PER = 测试组的总体重增加（g）/消耗的总蛋白质（g）；⑦ 酪蛋白设定为 2.5，校正 PER 值（将测试蛋白的质量与酪蛋白的质量进行比较，调整或校正的 PER = 测试蛋白的 PER/酪蛋白对照的 PER）。

（二）氨基酸分析评价法

主要是通过对食物蛋白质的氨基酸组成，与参考蛋白质的氨基酸组成相比较进行评价。目前可用于蛋白质营养评价的氨基酸分析评价法有氨基酸评分（Amino Acid Score，AAS）、蛋白质消化率校正的氨基酸评分（Protein Digestibility Corrected Amino Acid Score，PDCAAS）、蛋白质消化率、有效赖氨酸等。

1. 氨基酸评分（AAS）

食物蛋白质的品质与其氨基酸组成关系密切。AAS 是将食物蛋白质的必需氨基酸组成与联合国粮农组织（FAO）或世界卫生组织（WHO）推荐的 2 ~ 5 岁幼儿参比蛋白质理想必需氨基酸模型进行比较，以食物蛋白质必需氨基酸相对于人体对必需氨基酸需要的满足程度来评价食物蛋白质营养价值。其计算公式如式(8 – 8)所示：

$$\text{AAS}（\%）=\frac{\text{试验氨基酸含量（g/100g 蛋白）}}{\text{FAO/WHO 推荐评分模式氨基酸含量（g/100g 蛋白）}} \tag{8-8}$$

AAS 可以找出食物中的限制性氨基酸，同时利用食物蛋白质之间的互补，进行食物之间的搭配。这一指标反映蛋白质构成和利用率的关系。计算假设的食物混合物的 AAS 值是相对简单的事情。然而，该方法具有明显的局限性。首先，氨基酸分析中的不准确将影响 AAS 的值。更重要的是 AAS 没有考虑蛋白质的消化率。其假设所有蛋白质均具有最佳消化能力，所有氨基酸残基均被吸收并且在相同程度上具有生物利用度。因此，随着氨基酸分析的发展，蛋白质消化率校正的氨基酸评分（PDCAAS）作为补充已被广泛用作蛋白质质量评价的更合理的指标。

2. 蛋白质消化率校正氨基酸评分（PDCAAS）

蛋白质营养价值一方面与其氨基酸组成有关，另一方面很大程度上取决于被人体消化利用程度。PDCAAS 是通过衡量蛋白质的消化率以及其是否能够满足人体氨基酸需求而对不同的蛋白质进行评分的一种蛋白质营养价值评价方法。PDCAAS 是将食物中的各氨基酸与参考模式各氨基酸之比经食物蛋白消化率校正，由第一限制氨基酸决定该食物蛋白的最终得分，校正值最低的氨基酸为第一限制氨基酸。1993 年，FAO/WHO 开始将 PDCAAS 作为首选的蛋白质质量评价标准。用 PDCAAS 来评价食物蛋白质的质量是从食物蛋白质的必需氨基酸组成，食物蛋白质的消化率，食物蛋白质对人体必需氨基酸需要量的满足程度三方面考虑的。

方法的测定步骤如下。① 确定食物的氨基酸组成；② 使用学龄前儿童的要求作为参考模式，计算第一限制性氨基酸的氨基酸得分：氨基酸分数 = 测试 1g 蛋白质中的氨基酸质量（mg）/1g 参考蛋白质中氨基酸的质量（mg）；③ 按照真实蛋白质消化率的程序，用 10% 的测试蛋白质或不添加蛋白质的雄性断乳大鼠进食标准化饮食。真实的消化率是根据摄入的氮和饲料摄入量计算的，并针对粪便中的代谢损失进行了校正。

蛋白质真实消化率（TD）按式（8-9）计算：

$$\text{TD}=［\text{摄入氮}-（\text{氮}-F_K）］\times 100/\text{摄入氮} \tag{8-9}$$

式中　F_K——代谢氮或内源性粪氮（进食无氮膳时粪便中排出的氮）。

如果可以的话，可以使用测试蛋白质的真实消化率的公开值。

④ 可按式（8-10）计算 PDCAAS：

$$\text{PDCAAS}（\%）=\text{TD}\times\text{LAAS} \tag{8-10}$$

式中　TD——蛋白质真实消化率（True Digestibility）；

LAAS——最低限制性氨基酸评分（Limiting Amino Acids Score）。

PDCAAS 优点：简单、科学、合理，可以常规用于对食物蛋白质质量的评价。可以提供补充蛋白质和蛋白质互补可能性的信息。可用于营养标签以便用户计算混合食物的记分。一般认为，PDCAAS 方法比测量大鼠生长的蛋白质效率比（PER）方法更好地估计了人类的蛋白质质量。不足之处：对质量较差（某些必需氨基酸缺乏或极低）的蛋白质，其 PDCAAS 与根据生物学分析的蛋白质质量估计的有些不一致。非必需氨基酸和非蛋白氮过量会影响膳食必需氨基酸的利用，PDCAAS 不能用于计算非必需氨基酸不成比例的蛋白质对限制性氨基酸利用的不良影响。PD-

CAAS 方法的氨基酸评分部分仅包括有关第一限制氨基酸的信息，而不包括其他必需氨基酸。

3. 蛋白质消化率

蛋白质消化率是食物中蛋白质被消化吸收的部分占总蛋白质含量的比例，是评价食物营养价值的重要指标。消化率高的蛋白质在消化后能产生更多的氨基酸，具有更高的营养价值。体外消化实验与体内消化实验是预测食物消化率最常用的方法。体内消化实验是通过动物体研究和分析蛋白质的消化率、评价蛋白质质量，其中大鼠粪氮平衡实验是预测人体消化率的比较权威的方法。体内消化实验测得的消化率能够比较真实地反映动物对食物的消化情况，但由于体内消化率的测定过程操作相对复杂、耗时较长，且季节、温度和光照等都会影响实验动物的生理功能，从而对消化率的测定结果造成影响。因此，体内消化率测定法可以作为一种验证的方法，但不适合做大规模食品评定。

相比而言，体外消化法是利用精制的消化酶或生物体消化道酶提取液在试管内进行的消化实验，尽管它与复杂的、动态的生理生化过程存在一定差距，但其测定值仍可较为准确地反映动物对食物的消化率。该方法简便且重复性好，不仅适用于大规模食品评定，更适用于蛋白质营养质量的分级和对蛋白质体内营养价值的预测，并能检测出同种物料的不同样品间质量的微小差异。但会受到食物的粒径及组成成分、蛋白酶的数量及种类、消化条件、蛋白质水解物的分析方法等多因素的影响。

在这些蛋白质的体外模型中，单酶一步消化法是指通过一种酶对蛋白质进行水解，其操作相对简单，但由于所使用酶的单一性，会影响蛋白质的消化，故测得的体外消化率也相对较低。胃消化和小肠消化连续两步模拟法，也是研究体外消化率时最常用的方法之一，此方法是将胃蛋白酶与胰蛋白酶结合。食物首先在模拟胃消化环境中进行胃蛋白酶消化，接着模拟肠消化环境对食物进行胰蛋白酶消化。在模拟体外消化的过程中，酶也是非常关键的因素。胃液中的酶主要是胃蛋白酶，它与胃酸结合可将食物中的蛋白质初步水解。而小肠中的酶类相对复杂，它主要是由胰蛋白酶、胰凝乳蛋白酶、糜蛋白酶等组合而成，可以进一步水解经胃消化产生的氨基酸和更小的肽。而对于人体内的消化系统的复杂环境，多种酶共同的作用相对于单酶的作用更符合人体内的消化情况。

（1）蛋白质体内消化实验——体内大鼠粪氮平衡实验　原理：待测蛋白质（摄入氮）在被吸收前，首先在胃酸作用下，胃中的胃蛋白酶原转换成胃蛋白酶对食物蛋白质进行消化，接着是被肠中的胰蛋白酶和糜蛋白酶作用，最后，少量的来自微生物细胞和脱落的肠内黏膜细胞的粪代谢氮及不能被消化的食物蛋白质经过结肠时，一起从粪便中排出（粪氮）。如果不计粪代谢氮，摄入氮与粪氮的差值占摄入氮的比例称为表观消化率。由于表观消化率的测定方法简单易行，所以应用较广。但是表观消化率所测得的结果与实际值相比较低。因此，需要对无蛋白饲料条件下所产生的粪代谢氮进行测定来校正表观消化率。具体的步骤涉及到动物实验，这里就不再详述，大家了解原理即可。

（2）蛋白质体外模拟消化　下面介绍两种体外模拟的方法：胃蛋白酶－胰蛋白酶两步消化法和多酶体系消化法。

① 胃蛋白酶－胰蛋白酶两步消化法

a. 将样品用蒸馏水配制成蛋白质质量分数为1%的乳液，于37℃水浴中预热10min，用1mol/L的HCl调乳液pH至3。在每100mL样品中添加3×10^6U胃蛋白酶（即每克蛋白质对应的酶用量为3×10^6U），于37℃恒温摇床上消化水解1.5h，然后用1mol/L的NaOH调节乳液pH至7灭酶；

b. 在每100mL样品中添加1.25×10^5U胰蛋白酶（即每克蛋白质对应的酶用量为1.25×10^5U），于37℃恒温摇床上消化水解2h，然后沸水浴5min灭活；

c. 取4mL消化好的样品，加入等体积的10%三氯乙酸沉淀蛋白，4℃、14000r/min离心10min，收集上清液，用Lowry法测定其中可溶性蛋白的含量，然后根据式（8－11）计算消化率：

$$蛋白质消化率（\%）=\frac{上清液中可溶性蛋白的含量}{样品中总蛋白的含量}\times100 \tag{8-11}$$

② 多酶体系消化法

a. 试剂。酶溶液A：在37℃的蒸馏水中溶解胰蛋白酶（16mg，14190U/mg），胰凝乳蛋白酶（31mg，60BAEEU/mg）和肽酶（13mg，40U/g）。使用稀盐酸或氢氧化钠将pH调节至8，最终体积为10mL。

酶溶液B：在37℃的蒸馏水中溶解65U的链霉蛋白酶。使用稀盐酸或氢氧化钠将pH调节至8，最终体积为10mL。将酶溶液储存在冰中。

b. 方法。通过三酶测试确定体外蛋白质的消化率：

将食品样品（62.5mg或相当于10mg氮）添加到6～8mL蒸馏水中，并在37℃下浸泡60min。使用稀盐酸或氢氧化钠将pH调节至8，最终体积为10mL。加入1mL酶溶液A，在37℃孵育10min，并记录37℃的pH变化。

通过四酶测试确定体外蛋白质的消化率：

按上述步骤进行。加入酶溶液A后恰好10min，加入1mL酶溶液B。将混合物转移到55℃9min。将样品混合物恢复至37℃并记录pH变化。净反应时间应为20min。

在三酶法的协同测试中，使用pH－Stat仪器监控pH。通过设置为pH 8的pH－Stat从添加到反应容器中的0.1mol/L NaOH的体积监测反应进程。体外蛋白质消化率由式（8－12）计算得出：

$$IVPD（\%）=79.28+40.74V \tag{8-12}$$

式中 IVPD——体外蛋白质消化率；

V——5min内添加到酶反应中的碱的体积，mL。

4. 有效赖氨酸

赖氨酸是人体必需氨基酸之一，能促进人体发育、增强免疫功能，并能提高中枢神经组织的功能，提高蛋白质的利用率。赖氨酸不仅是膳食必需氨基酸，而且往往是哺乳动物、鸟类以及人类的第一限制氨基酸。赖氨酸两个氨基，α氨基和ε氨基，只有ε－赖氨酸能被人体吸收，而食品在加工过程中能与还原糖等成分发生美拉德反应，使部分赖氨酸变为无效赖氨酸，无法被机体有效利用。因此，有效赖氨酸才有现实意义。下面介绍几种有效赖氨酸的测定方法。

（1）氟二硝基苯（FDNB）法测定有效赖氨酸

① 原理：1－氟－2，3－二硝基苯（FDNB）是分析有效赖氨酸的最广泛使用的试剂。首先将样品用FDNB改性，然后通过与6mol/L盐酸加热进行水解。用乙醚萃取水解产物，并记录水相的吸光度读数（管A）。通过中和水解产物，用酰化剂处理，然后用乙醚萃取，制备出一种试剂空白（管B）。反应赖氨酸浓度与试管A的吸光度减去试管B的吸光度成正比。

② 测定方法

a. 配制FDNB溶液。将固体FDNB加热至40°C左右，使其熔化，然后使用自动移液器分配，配成FDNB质量分数2.5%的乙醇溶液。每个样品大约需要12mL FDNB溶液；配制80g/L碳酸钠缓冲液（pH 8.5）。将80g/L碳酸氢钠添加到8%碳酸钠（质量分数）的溶液中，直到pH达到8.5。

b. FDNB反应性赖氨酸的生产和修饰蛋白的酸水解。将1.5g研磨过的（50目）样品放在平底烧瓶中，并用8mL碳酸钠缓冲液润湿。加入12mL FDNB溶液，在室温下摇动2小时。将混合物在沸水浴上加热，直到不再冒泡且所有乙醇均已蒸发。加入24mL的8mol/L盐酸，在接近100℃的温度下回流16h。允许样品稍微冷却，然后通过541号滤纸过滤。用水彻底洗涤滤液，收集洗液，使最终体积达到200mL。取出2mL（×2）样品，并标记为管A和管B。

c. 准备样品（管A）以进行吸光度测量。用5mL（×4）乙醚萃取管A的内容物。丢弃乙醚相，并在沸水浴中加热水性样品，以去除痕量的乙醚。使用1mol/L盐酸将管A的内容物补足至10mL，并保留该样品（管A－aq）以读取吸光度。

d. 将空白试剂酰化（管B），进行吸光度测量。用5mL乙醚萃取管B一次。弃去乙醚相并温热水相以除去痕量醚。加入一滴酚酞指示剂并加入0.1mol/L碱直至粉红色。通过添加2mL碳酸钠缓冲液将样品调节pH至8.5。用45～50μL的甲氧羰基氯（MCC；也称为氯甲酸甲酯）将样品酰化，并剧烈摇动。使用1mol/L盐酸将管B的内容物补足至10 mL，并保留该样品（管B－aq）以读取吸光度。

e. 记录435nm处的吸光度测量值。使用1cm的一次性比色皿记录管A－aq和管B－aq的A_{435}读数。管A和管B的吸收率差异与反应性赖氨酸浓度成正比；也可以通过色谱法确定化学上可用的赖氨酸，需用6mol/L盐酸水解FDNB修饰的蛋白质，然后采用反相高压色谱法对水解产物进行色谱分析。

（2）三硝基苯磺酸（TNBS）法测定活性赖氨酸

2，4，6－三硝基苯磺酸（TNBS）以类似于FDNB的方式与伯胺反应。使用TNBS确定可用的赖氨酸。与二硝基苯基（DNP）蛋白质最少4h的水解时间相比，三硝基苯基（TNP）蛋白质衍生物可通过用浓盐酸高压灭菌60min进行水解。通过分光光度法或RP－HPLC对三硝基苯化产物进行分析。

测定方法：

① 配制40g/L碳酸钠缓冲液（质量浓度；pH = 8.5）：向4%碳酸钠（质量分数）溶液中添加40g/L碳酸氢钠，直到达到正确的pH值。

② 将1mL 0.1% TNBS水溶液（质量分数）添加到1mg样品中（分散在1mL碳酸钠缓冲液中），并在40℃孵育2h。

③ 加入3mL浓盐酸，在120℃高压灭菌60min。

④ 冷却至室温，并用蒸馏水调节至10mL。用10mL（×2）乙醚萃取水解产物。

⑤ 使用1cm比色皿记录水相的A_{346}读数。计算TNP－Lys的浓度；$c = A/\varepsilon$，其中$\varepsilon = 1.46 \times 10^4 L \cdot mol^{-1} \cdot cm^{-1}$。

三、蛋白质功能特性分析

蛋白质功能被定义为蛋白质分子的物理和化学特性，它们在加工、储存和消费过程中会影响其在食品中的行为。蛋白质的功能特性有助于食品的质量属性、感官特性和加工产量。通常需要表征食物蛋白的功能特性以优化其在食物产品中的用途。食品中最重要的三个蛋白质功能特性包括溶解度、乳化和起泡。应该指出的是，没有适用于所有食品系统的单一功能特性测试，因此必须谨慎选择测试。

1. 溶解度

（1）原理　为在食品系统中获得最佳功能，蛋白质通常需要在使用条件下可溶。蛋白质的许多其他重要的功能都受蛋白质溶解度的影响，例如增稠（黏度效应）、起泡、乳化和凝胶化特性等。蛋白质溶解度是一个热力学参数，指在给定的条件下蛋白质饱和溶液的浓度，即溶液与固相（晶态或非晶态）保持平衡时的浓度。溶解度取决于构成蛋白质的疏水性氨基酸和亲水性氨基酸的平衡，特别是分子表面的氨基酸。蛋白质溶解度还取决于蛋白质与溶剂之间的热力学相互作用。蛋白质溶解度受溶剂极性、pH、离子强度、离子组成以及与其他食品成分（如脂质或碳水化合物）的相互作用的影响。常见的食品加工操作，如：加热、冷冻、干燥和剪切，都可能影响蛋白质在食品系统中的溶解度。内源性蛋白酶的水解作用也可能改变蛋白质的溶解度。

测量蛋白质溶解度的方法很多。典型的溶解度测试方法为：将蛋白质分散在指定pH的水或缓冲液中，然后使用特定条件将分散液离心。在测试条件下不溶的蛋白质沉淀，而可溶性蛋白保留在上清液中。通过凯氏定氮法或比色法测定上清液中的蛋白质来反映蛋白质的溶解度。

（2）方法　取1.00g蛋白样品溶于100mL 0.1mol/L的磷酸盐缓冲液中（pH 7）中，将样品在环境温度下放置过夜充分溶解，然后以10000g离心15min。通过双缩脲法测量上清液的蛋白质浓度，并如式（8－13）所示计算蛋白质溶解度（PS）：

$$PS(\%) = \frac{上清液中蛋白质浓度}{总蛋白质浓度} \times 100 \qquad (8-13)$$

2. 乳化

（1）原理　乳液是两种或多种不混溶液体的混合物，其中一种以小滴形式分散在另一种中。乳液是食品中一种常见的存在形式，包括人造奶油、牛乳、奶油、婴儿配方乳粉、蛋黄酱、冰淇淋等。油和水是食品乳液中最常见的两种不混溶液体，尽管通常还会存在许多其他食品成分。乳液中蛋白质被用作乳化剂，用来降低相之间的界面能，以促进乳液的形成并改善乳液的稳定性。蛋白质在乳液形成过程中迁移至液滴表面，形成保护层或膜，从而减少了两个不混溶相之间的相互作用。

有效的乳化剂可以防止乳液在储存期间的分解或相分离。最简便的方式是通过在给定的速度和时间下离心或搅拌乳液来测试乳液的稳定性。乳化活性指数（EAI）和乳化稳定性指数（ESI）是两个常用的用来评价乳液稳定性指标。另外，通过激光衍射测量分散相的粒度分布随时间的变化也是一种有效的方式。许多其他更先进的技术可用于测量食品乳液的性能，包括对液滴电荷的检测，乳液界面性能的测量以及乳液流变学的表征等研究。

（2）方法　取10g/L的蛋白溶液15mL（蛋白溶于pH 7的磷酸盐缓冲液中），加入5mL大豆油，用高速分散器在20000r/min、室温下高速搅拌1min，制备形成乳液。分别于制备后0min和静置10min时用微量注射器迅速从底部吸取50μL乳液，加入到5mL 1g/L十二烷基硫酸钠（SDS）溶液中并摇匀，以1g/L SDS溶液为对照，用分光光度计测定在500nm下的吸光度，分别计为A_0、A_{10}。蛋白质的乳化性以乳化活性指数（EAI，即每克蛋白质的乳化面积）和乳化稳定性指数（ESI）表示，分别按式（8－14）和式（8－15）计算：

$$\mathrm{EAI}(\mathrm{m^2/g}) = \frac{2 \times 2.303 \times A_0 \times N}{\rho \times \varphi \times 10000} \tag{8-14}$$

$$\mathrm{ESI}(\mathrm{min}) = \frac{A_0}{A_0 - A_{10}} \times 10 \tag{8-15}$$

式中　N——稀释倍数；

A_0——0min时的吸光度；

A_{10}——10min时的吸光度；

ρ——蛋白质质量浓度，g/mL；

φ——油相体积分数。

3. 起泡性

泡沫是气泡在液体或半固体连续相中的粗分散体。连续相中的蛋白质降低了泡沫形成过程中两相之间的表面张力，并使气泡周围形成的膜具有稳定性。泡沫体积取决于蛋白质在泡沫形成过程中降低水相和气泡之间的表面张力的能力。泡沫的稳定性取决于在液滴周围形成的蛋白质膜的特性。当泡沫破裂时，释放出自由液体。较稳定的泡沫通常需要更长的时间才能塌陷。因此，记录标准化发泡过程中产生的泡沫量，并将其与在相同条件下制备的其他泡沫进行比较，可以有效评估蛋白质的起泡性能。食品蛋白的起泡性在蛋糕、面包、棉花糖、奶油、冰淇淋等食品中都有广泛应用。起泡能力（FC）和泡沫稳定性（FS）是用于评价蛋白起泡性的两个重要参数。

操作方法如下。

准确称取1.0g冷冻干燥的蛋白样品溶解于100mL 0.1mol/L磷酸盐缓冲液（pH 7.0）。用高速剪切机以10000r/min高速搅拌2min后，转移至量筒，记录其在0min时的泡沫体积（V_{F0}）。将液体体系静置30min后，再次记录起泡体积（V_{FT}）。起泡能力（FC）和泡沫稳定性（FS）分别根据式（8-16）和式（8-17）计算：

$$FC(\%)=\frac{V_{F0}-V_L}{V_L}\times 100 \tag{8-16}$$

$$FS(\%)=\frac{V_{FT}}{V_{F0}}\times 100 \tag{8-17}$$

式中 V_L——形成泡沫之前原始蛋白溶液体积，mL；

V_{F0}——均质化后0min时的泡沫体积，mL；

V_{FT}——静置30min后泡沫的体积，mL。

思考题

1. 简述蛋白质测定方法中凯氏定氮法的基本原理及操作过程中的注意事项。

2. 当使用氨基酸自动分析仪（离子交换色谱）对大豆蛋白样品进行氨基酸组成分析时，请说明如何对样品进行预处理？以及对不同氨基酸进行定量的具体操作是什么？

3. 在氨基酸分析（离子交换色谱）方法中，请简单描述离子交换色谱的基本原理，说明如何区分阴离子和阳离子交换剂？并解释为什么改变pH会使不同的氨基酸在不同的时间从色谱柱中洗脱出来。

4. 假设你要负责开发一种植物源高蛋白休闲食品的新工艺，其中需要确定各种加工（烘烤和干燥）条件下休闲食品的蛋白质质量，由于要测试的样本数量大，需要控制好研发时间和成本的投入。

（1）你将使用哪种方法比较在不同加工条件下制成的休闲食品的蛋白质质量？包括有关原理的解释。

（2）你怀疑某些时间-温度组合会导致产品过度加工。经过氨基酸评分测试表明，这些样品的营养品质较低。你会怀疑零食中的哪些氨基酸受热加工过程影响最大？

（3）你可以使用哪些测试来确认氨基酸是否因过度加工而营养品质下降？这些测试如何进行？

第九章

灰分及矿物质的测定

本章学习目的与要求

1. 综合了解食品中的灰分与矿物质元素；

2. 明确灰分含量检测的意义，掌握不同灰分的测定方法，关注影响灰分测定准确性的主要因素；

3. 掌握对食品中矿物质元素含量进行测定的通用方法，了解食品中常见的矿物质元素的常用检测方法。

第一节 灰分的测定

一、概述

食品中除含有大量有机物质外，还含有丰富的无机成分。这些无机成分包括人体必需的无机盐（或称为矿物质），其中，有些元素的含量较多，包括：Ca、Mg、K、Na、S、P、Cl 等。有些元素含量很低，称微量元素，包括：Fe、Cu、Zn、Mn、I、F、Ca、Se 等。食品经高温灼烧时，有些元素如 Cl、I、Pb 等会挥发损失，P、S 等部分元素会以含氧酸的形式挥发散失，这部分无机物减少；而某些金属氧化物会吸收有机物分解产生的二氧化碳形成碳酸盐，使无机成分增多。因此，食品经高温灼烧后的残留物与食品中原来有的无机成分在数量和组成上并不完全相同，称其为粗灰分（或总灰分）。

按溶解性可将灰分分为水溶性灰分、水不溶性灰分和酸不溶性灰分。其中水溶性灰分反映的是可溶性的 K、Na、Ca、Mg 等氧化物和盐类含量。水不溶性灰分反映的是污染的泥沙和 Fe、Al 等氧化物及碱土金属的碱式磷酸盐含量。酸不溶性灰分反映的是环境污染混入产品中的泥沙及样品组织中的微量氧化硅含量。

食品中的灰分与微量元素

测定灰分具有十分重要的意义：① 灰分可以作为评价食品的质量指标。在面粉加工中，常以总灰分含量评定面粉等级，富强粉为 0.3%~0.5%，标准粉为 0.6%~0.9%；加工精度越细，总灰分含量越小，这是由于小麦麸皮中灰分的含量比胚乳的高20倍左右。生产果胶、明胶之类的胶质品时，总灰分是这些胶的胶冻性能的标志。水溶性灰分可以反映果酱、果冻等制品中的果汁含量。② 测定灰分可以判断食品受污染的程度。不同食品，因所用原料、加工方法和测定条件不同，各种灰分的组成和含量也不相同。当这些条件确定后，某种食品的灰分通常会在一定范围内，如果灰分含量超过了正常范围，说明食品生产过程中，使用了不合乎卫生标准的原料或食品添加剂，或食品在生产、加工、贮藏过程中受到了污染。③ 测定植物性原料的灰分可以反映植物生长的成熟度和自然条件对其的影响，测定动物性原料的灰分可以反映动物品种、饲料组分对其的影响。常见食品的灰分含量见表9-1。

表9-1 食品的灰分含量

单位:%

食品名称	含量	食品名称	含量	食品名称	含量
牛乳	0.6~0.7	鲜果	0.2~1.2	鲜肉	0.5~1.2
乳粉	5~5.7	蔬菜	0.2~1.2	鲜鱼（可食部分）	0.8~2.0
脱脂乳粉	7.8~8.2	小麦胚乳	0.5	蛋白	0.6
罐藏淡炼乳	1.6~1.7	糖浆、蜂蜜	痕量~1.8	蛋黄	1.6
罐藏甜炼乳	1.9~2.1	精制糖、糖果	痕量~1.8	纯油脂	无

二、灰化

灰化法又称灼烧法，是指用高温灼烧的方式破坏样品中的有机物的方法。此法具体操作是将一定量的样品置于坩埚中加热，使其中的有机物脱水、炭化、分解、氧化，再置于高温炉（500~600℃）中灼烧灰化，直至残灰为白色或浅灰色为止。得到的残灰即为无机成分。称量残灰的质量即可计算出样品中总灰分的含量，将残灰经溶剂溶解、定容可直接用于无机元素测定。此法所需时间长，并且高温会导致易挥发元素的损失，对有些元素的测定必要时可加助灰化剂；但其优点是有机物破坏彻底，能处理较大样品量，操作简便，试剂用量少，空白值低。

1. 灰化容器

灰分法通常以坩埚作为灰化容器。坩埚分素烧瓷坩埚、铂坩埚、石英坩埚等。其中最常用的是素烧瓷坩埚。它具有耐高温（1200℃），内壁光滑，耐稀酸，价格低廉等优点，但耐碱性能较差，当灰化碱性食品时（如水果、蔬菜、豆类时），瓷坩埚内壁的釉层会部分溶解，反复多次使用后，往往难以保持恒重。另外当温度骤变时，瓷坩埚易发生破裂。铂坩埚具有耐高温（1773℃），能抗碱金属碳酸盐及氟化氢的腐蚀，导热性能好，吸湿性小等优点，但价格昂贵，使用不当时会腐蚀和发脆。

灰化容器的大小要根据试样性状来选用，需前处理的液态样品、加热膨胀的样品及灰分含量低、取样量大的样品，须选用稍大些的坩埚。

2. 取样量

样品灰化时，取样量的多少应根据试样种类和性状来决定，同时应考虑到称量误差。一般以灼烧后得到的灰分量为10～100mg来决定取样量。通常情况下，乳粉、麦乳精、大豆粉、调味料、鱼类及海产品等取1～2g；谷物及其制品、肉及其制品、糕点、牛乳等取3～5g；蔬菜及其制品、砂糖及其制品、蜂蜜、奶油等取5～10g；水果及其制品取20g；油脂取50g。具体见AOAC的相关规定（表9－2）。

表9－2 AOAC公定法*规定不同食品灰分测定温度与试样量

食品名称	测定条件	试样量
谷物及其制品	550℃或700℃	3～5g
通心粉、鸡蛋面条及制品	550℃	3～5g
淀粉制品、淀粉、甜食粉	525℃	5～10g
大豆粉	600℃	2g
肉及其制品	525℃	3～5g
乳及其制品	≤550℃	3～5g
鱼类及海产品	≤525℃	2g
水果及制品	≤525℃	25g
蔬菜及制品	525℃	5～10g
砂糖及制品	525℃	3～5g
糖蜜	525℃	5g
醋	525℃	25mL
啤酒	525℃	50mL
蒸馏酒	525℃	25～100mL
茶叶	525℃	5～10g

注：*AOAC公定法（Official Methods of Analysis of the Association of Official Analytical Chemists）。

3. 灰化温度

灰化温度的高低对灰分测定结果影响很大，由于各种食品中的无机成分组成性质及含量各不相同，灰化温度也应有所不同，一般为525～600℃。灰化温度选定在此范围，是因为灰化温度过高，将引起K、Na、Cl等元素的挥发损失，而且磷酸盐、硅酸盐类也会熔融，将炭粒包藏起来，使炭粒无法氧化；灰化温度过低，则灰化速度慢，时间长，不易灰化完全，也不利于除去过剩的碱（碱性食品）吸收的二氧化碳。此外，加热速度也不可太快，以防急剧干馏时灼热物局部产生大量气体而使微粒飞失——爆燃。其中只有黄油规定在500℃以下，这是因为用溶剂除去脂类后，将残渣加以干燥，由灰化减量算出酪蛋白，以残渣作为灰分，还要在灰化后定量食盐，所以采用抑制Cl挥发的温度。700℃仅适合于添加醋酸镁的快速法。

4. 灰化时间

灰化的时间一般以灼烧至灰分呈白色或浅灰色、无炭粒存在并达到恒重为止。灰化至达到恒重的时间因试样不同而异，一般需2～5h，通常根据经验灰化一定时间后，观察一次残灰的颜色，以确定第一次取出时间。取出后冷却，称重，然后再置入高温炉中灼烧，直至达恒重（两次称量之差不超过0.5mg）。应该指出，对有些样品，即使灰化完全，残灰也不一定呈白色或浅灰色。如Fe含量高的食品，残灰呈褐色，Mn、Cu含量高的食品，残灰呈蓝绿色。有时即使灰的表面呈白色，内部仍残留有炭块，所以应根据样品的组成、性状注意观察残灰的颜色，正确判断灰化程度。

5. 加速灰化的方法

对于难以灰化的样品，可采用以下方法加速灰化。

（1）样品经初步灼烧后，取出冷却，从灰化容器边缘慢慢加入（不可直接洒在残灰上，以防残灰飞扬）少量去离子水，使水溶性盐类溶解，被包住的炭粒暴露出来，在水浴上蒸发至干涸，置于120～130℃烘箱中充分干燥，再灼烧至恒重。

（2）添加硝酸（体积比1∶1）、乙醇、碳酸铵、双氧水等物质，由于这些物质经灼烧后完全消失不至于增加残灰的质量。样品经初步灼烧后，加入硝酸或双氧水等，可利用它们的氧化作用来加速炭粒灰化，蒸干后再灼烧至恒重；或者加入100g/L碳酸铵，利用它的疏松作用，使灰分呈现松散状态，促进未灰化的炭粒灰化，并且在灼烧时分解为气体逸出。

（3）硫酸灰化法。这是对于糖类制品，如白糖、绵白糖、葡萄糖、饴糖等，以K等阳离子为主的过剩，灰化后的残灰为碳酸盐，通过添加硫酸使阳离子全部形成一定硫酸盐组分的方法。采用硫酸的强氧化性加速灰化，结果可用硫酸灰分来表示。在添加浓硫酸时应注意，如有一部分残灰溶液和二氧化碳气体呈雾状扬起，要一边用表面玻璃皿将灰化容器盖住一边加硫酸，不起泡后，用少量去离子水将表面玻璃皿上的附着物洗入灰化容器中。

（4）加入醋酸镁、硝酸镁等助灰化剂。谷物及其制品中，磷酸一般过剩于阳离子，随着灰化进行，磷酸将以磷酸二氢钾的形式存在，容易形成在比较低的温度下熔融的无机物，从而裹住未灰化的炭造成供氧不足，难以完全灰化。因此，采用添加助灰化剂，使灰化容易进行。这些镁盐随着灰化进行而分解，与过剩的磷酸结合，残灰不熔融，呈白色松散状态，避免炭粒被包裹，可大幅缩短灰化时间。此法应做空白实验，以校正加入的镁盐灼烧后分解产生氧化镁的量。

三、总灰分的测定

（一）原理

灰分及矿物质的测定

将食品经炭化后置于500～600℃高温炉内灼烧，食品中的水分及挥发物质以气态逸出，有机物质中的碳、氢、氮等元素与有机物质本身的氧及空气中的氧生成二氧化碳、氮的氧化物及水分而散失；无机物质以硫酸盐、磷酸盐、碳酸盐、氯化物等无机盐和金属氧化物的形式残留下来，这些残留的无机物质即为灰分。灼烧、称重后即可计算出样品中总灰分的含量。本法适用于食品中灰分的测定（淀粉类灰分的方法适用于灰分质量分数不大于2%的淀粉和变性淀粉）。

（二）操作方法

1. 瓷坩埚的准备

将坩埚用盐酸（体积比1:4）煮1～2h，洗净晾干后，用三氯化铁与蓝墨水的混合液在坩埚外壁及盖上写上编号，置于规定温度的高温炉中灼烧1h，移至炉口冷却到200℃左右后，再移入干燥皿中，冷却至室温后，准确称重，再放入高温炉内灼烧30min，取出冷却称重，直至恒重。

2. 称样

含磷量较高的食品和其他食品：灰分大于或等于10g/100g的试样称取2～3g（精确至0.0001g）；灰分小于或等于10g/100g的试样称取3～10g（精确至0.0001g，对于灰分含量更低的样品可适当增加称样量）。淀粉类食品：迅速称取样品2～10g（马铃薯淀粉、小麦淀粉以及大米淀粉至少称5g，玉米淀粉和木薯淀粉称10g），精确至0.0001g。将样品均匀分布在坩埚内，不要压紧。

3. 测定

① 含磷量较高的豆类及其制品、肉禽及其制品、蛋及其制品、水产及其制品、乳及乳制品：称取试样后加入1.00mL醋酸镁溶液（240g/L）或3.00mL醋酸镁溶液（80g/L），使试样完全润湿。放置10min后在水浴上将水分蒸干，然后置于高温炉口或电热板上，半盖坩埚盖，以小火加热使试样充分炭化至无烟，然后置于高温炉中在（550±25）℃灼烧4h。冷却至200℃左右，取出，放入干燥器中冷却30min，称量前如发现灼烧残渣有炭粒时，应向试样中滴入少许水湿润，使结块松散，蒸干水分再次灼烧至无炭粒即表示灰化完全，方可称量。重复灼烧至恒重。做试剂空白试验。

② 淀粉类食品：将坩埚置于高温炉口或电热板上，半盖坩埚盖，小心加热使样品在通气情况下完全炭化至无烟，然后将坩埚放入高温炉内，将温度升高至（900±25）℃，保持此温度直至剩余的炭全部消失为止，一般1h可灰化完毕，冷却至200℃左右，取出，放入干燥器中冷却30min，称量前如发现灼烧残渣有炭粒时，应向试样中滴入少许水湿润，使结块松散，蒸干水分再次灼烧至无炭粒即表示灰化完全，方可称量。重复灼烧至恒重。

③ 其他食品：液体和半固体试样应先在沸水浴上蒸干。固体或蒸干后的试样，先在电热板上以小火加热使试样充分炭化至无烟，然后置于高温炉中，在（550±25）℃灼烧4h。冷却至200℃左右，取出，放入干燥器中冷却30min，称量前如发现灼烧残渣有炭粒时，应向试样中滴入少许水湿润，使结块松散，蒸干水分再次灼烧至无炭粒即表示灰化完全，方可称量。重复灼烧至恒重。

（三）结果计算

样品中的灰分含量按式（9-1）计算：

$$\text{灰分含量（\%）} = \frac{m_2 - m_1 - m_0}{m_3 - m_1} \times 100 \tag{9-1}$$

式中 m_0——氧化镁（醋酸镁灼烧后生成物）的质量，g，未添加醋酸镁，则该值为0；

m_1——坩埚质量，g；

m_2——残灰加坩埚质量，g；

m_3——试样加坩埚质量，g。

（四）方法说明与注意事项

（1）样品炭化时要注意热源强度，防止产生大量泡沫溢出坩埚。

（2）把坩埚放入高温炉或从炉中取出时，要在炉口停留片刻，使坩埚预热或冷却，防止因温度剧变而使坩埚破裂。

（3）灼烧后的坩埚应冷却到200℃以下再移入干燥器中，否则因热的对流作用，易造成残灰飞散，且冷却速度慢，冷却后干燥器内形成较大真空，盖子不易打开。

（4）从干燥器内取出坩埚时，因内部形成真空，开盖恢复常压时，应注意使空气缓缓流入，以防残灰飞散。

（5）灰化后得到的残渣，可用于钙、磷、铁等成分的分析。

（6）用过的坩埚经初步洗刷后，可用粗盐酸或废盐酸浸泡10～20min，再用水冲刷洗净。

四、其他灰分的测定

（一）水溶性和水不溶性灰分的测定

1. 原理

总灰分经热水提取、无灰滤纸过滤，滤渣灼烧后称量即可计算水不溶性灰分；由总灰分和水不溶性灰分质量之差可计算出水溶性灰分。

2. 操作方法

坩埚准备、称样、总灰分制备见“总灰分的测定”。

用约25mL热蒸馏水分次将总灰分从坩埚中洗入100mL烧杯中，盖上表面皿，用小火加热至微沸，防止溶液溅出。趁热用无灰滤纸过滤，并用热蒸馏水分次洗涤杯中残渣，直至滤液和洗涤液体积约达150mL为止，将滤纸连同残渣移入原坩埚内，放在沸水浴锅上小心地蒸去水分，然后将坩埚烘干并移入高温炉内，以（550±25）℃灼烧至无炭粒（一般需1h）。待炉温降至200℃时，放入干燥器内，冷却至室温，称重（准确至0.0001g）。再放入高温炉内灼烧30min，冷却、称重，重复操作至恒重。

3. 结果计算

样品中的水不溶性灰分含量按式（9-2）计算：

$$\text{水不溶性灰分含量（\%）} = \frac{m_4 - m_1}{m_3 - m_1} \times 100 \qquad (9-2)$$

式中　m_1——坩埚的质量，g；

m_3——试样和坩埚的质量，g；

m_4——不溶性灰分和坩埚的质量，g。

样品中的水溶性灰分含量则按式（9-3）计算：

$$水溶性灰分含量(\%) = 总灰分含量(\%) - 水不溶性灰分含量(\%) \tag{9-3}$$

（二）酸不溶性灰分的测定

1. 原理

总灰分经盐酸溶液处理，过滤的残渣灼烧后称量即可计算酸不溶性灰分。

2. 操作方法

坩埚准备、称样、总灰分制备见“总灰分的测定”。

用25mL 10%盐酸溶液将总灰分分次洗入100mL烧杯中，盖上表面皿，在沸水浴上小心加热，至溶液由浑浊变为透明时，继续加热5min，趁热用无灰滤纸过滤，用沸蒸馏水少量反复洗涤烧杯和滤纸上的残留物，直至中性（约150mL）。将滤纸连同残渣移入原坩埚内，在沸水浴上小心蒸去水分，移入高温炉内，以（550±25）℃灼烧至无炭粒（一般需1h）。待炉温降至200℃时，放入干燥器内，冷却至室温，称重（准确至0.0001g）。再放入高温炉内灼烧30min，冷却、称重，重复操作至恒重。

3. 结果计算

样品中的酸不溶性灰分含量按式（9-4）计算：

$$酸不溶性灰分含量(\%) = \frac{m_5 - m_1}{m_3 - m_1} \times 100 \tag{9-4}$$

式中 m_1——坩埚的质量，g；

m_3——试样和坩埚的质量，g；

m_5——酸不溶性灰分和坩埚质量，g。

第二节 矿物质的测定

一、概述

食品中的灰分与微量元素

食品中的矿物元素是指除去C、H、O、N 4种元素以外的存在于食品中的其他元素。食品中的矿物元素已知的有50余种，从元素的性质可分为金属和非金属2类。从营养的角度，可以分为必需元素、非必需元素和有毒元素3类。从人体需要量多少的角度，可分为常量元素、微量元素2类。常量元素是构成机体的必备元素，在机体内所占比例较大，一般指在有机体内含量占体重0.01%以上的元素，如Ca、Mg、K、Na、P、S、Cl等。此外还含有Fe、Co、Ni、Zn、Cr、Mo、Al、Si、Se、Sn、I、F等元素，含量都在0.01%以下，称为微量元素或痕量元素。微量元素在体内含量虽然微乎其微，但却起着非常重要的生理作用。如果某种元素供给不足，就会发生该元素缺乏症；如果某种微量元素摄入过多，也可发生中毒。例如硒，人体对硒的每日安全摄入量为50～200μg，如低于50μg会导致心肌炎、克山病等疾病，并诱发免疫功能低下和老年性白内障的发生；但如果摄入量在200～1000μg则会导致中毒，急性中毒症状表现为厌食、运动障碍、气短、呼吸衰竭，慢性中毒症状表现为视力减退、肝坏死和肾充血等症状，如果每日摄入量超过1mg则可导致死亡。

有些元素，目前尚未能证实对人体具有生理功能，或者正常情况下人体只需要极少的数量或者人体可以耐受极少的数量，剂量稍高，即可呈现毒性作用，称为有毒元素，其中Hg、Cd、Pb、As较为重要。这类元素的特点是有蓄积性，它们的生物半衰期一般较长，例如，甲基汞在人体内的生物半衰期为70d，Pb和Cd分别长达1460d和16～31y。随着有毒元素在体内蓄积量的增加，机体便会出现各种反应，或致癌、致畸和致突变作用。对于这有毒元素，其在食品中的含量应越低越好，至少不要超过某一限度。

人体中的矿物元素主要依靠食物来补充，食物中的矿物元素主要来自以下几个途径：①动植物在生长、成熟过程中从自然界吸纳的微量元素，体内富集导致食物中的微量元素增加。这部分既包含人体必需的微量元素，也包括由工业污染、农药和化肥的过量使用而造成的重金属及有毒元素的增加。②食品中生产加工、包装和储存时受到食品添加剂、包装材料、设备管道、容器等的污染。

测定食品中的矿物元素不仅可以评价食品的营养价值，进而改进食品加工工艺和提高食品质量，对开发和生产强化食品具有指导意义；此外还可以了解食品污染情况，以便查清和控制污染源。

矿物元素的测定方法很多，常用的有化学分析法、比色法、原子吸收分光光度法、原子荧光光谱法、电感耦合等离子体质谱法等。由于设备价廉，操作简单，化学法和比色法一直被广泛采用；近年来，因选择性好，灵敏度高、测定手续简便快速以及可以同时测定多种元素等优点，原子吸收分光光度法和电感耦合等离子体质谱法得到了迅速发展和推广应用。

二、食品中矿物元素的测定

（一）钙的测定——乙二胺四乙酸二钠盐（EDTA）滴定法

食品中钙含量的测定有火焰原子吸收光谱法、滴定法、电感耦合等离子体发射光谱法和电感耦合等离子体质谱法等四种国家标准方法，以下详细介绍EDTA滴定法。

1. 原理

钙离子能定量与EDTA生成稳定的络合物，其稳定性比钙与指示剂所形成的络合物强。在一定的pH范围内，钙离子先与钙指示剂形成络合物，再用EDTA滴定，达到定量点时，EDTA就从指示剂络合物中夺取钙离子，使溶液呈现游离指示剂的颜色（终点）。根据EDTA用量，即可计算钙的含量。

2. 操作方法

（1）试样预处理

① 湿法消解：准确称取固体试样0.2～3g（精确至0.001g）或准确移取液体试样0.500～

5.00mL于带刻度消化管中，加入10mL高氯酸－硝酸消化液（体积比1∶4），在可调式电热炉上消解（参考条件为120℃/0.5h～120℃/1h，升至180℃/2h～180℃/4h，升至200～220℃）。若消化液呈棕褐色，再加高氯酸－硝酸消化液，消解至冒白烟，消化液呈无色透明或略带黄色。消化液放冷，加20mL水，赶走酸。冷却后用水分数次将消化液完全洗入100mL容量瓶，并加入5mL的镧溶液（20g/L），用水稀释定容至刻度，此为试样。同时做试剂空白试验。也可采用锥形瓶，于可调式电热板上，按上述操作方法进行湿法消解。

② 干法灰化：准确称取固体试样0.5～5g（精确至0.001g）或准确移取液体试样0.500～10.0mL于坩埚中，小火加热，炭化至无烟，转移至马福炉中，于550℃灰化3～4h。冷却，取出。对于灰化不彻底的试样，加数滴硝酸，小火加热，蒸干，再转入550℃马福炉中继续灰化1～2h，至试样呈白灰状，冷却，取出，用适量硝酸溶液（体积比1∶1）溶解转移至100mL容量瓶，再用水分数次将残渣完全洗入容量瓶，并加入5mL的镧溶液（20g/L），加水稀释定容至刻度，此为试样待测液。

（2）滴定度（T）的测定　吸取0.500mL钙标准储备液（100.0mg/L）于试管中，加1滴硫化钠溶液（10g/L）和0.1mL柠檬酸钠溶液（0.05mol/L），加1.5mL氢氧化钾溶液（1.25mol/L），加3滴钙红指示剂，立即以稀释10倍的EDTA溶液滴定，至指示剂由紫红色变蓝色为止，记录所消耗的稀释10倍的EDTA溶液的体积。根据滴定结果计算出每毫升稀释10倍的EDTA溶液相当于钙的质量（mg），即滴定度（T）。

（3）试样及空白测定　分别吸取0.100～1.00mL（根据钙的含量而定）试样消化液及空白液于试管中，加1滴硫化钠溶液（10g/L）和0.1mL柠檬酸钠溶液（0.05mol/L），加1.5mL氢氧化钾溶液（1.25mol/L），加3滴钙红指示剂，立即以稀释10倍的EDTA溶液滴定，至指示剂由紫红色变蓝色为止，记录所消耗的稀释10倍的EDTA溶液的体积。

3. 结果计算

样品中钙的含量按式（9－5）计算：

$$\text{钙的含量(mg/kg)} = \frac{T \times (V_1 - V_0) \times V_2 \times 1000}{m \times V_3} \tag{9-5}$$

式中　T——EDTA滴定度，mg/mL；

V_1——滴定试样溶液时所消耗的稀释10倍的EDTA溶液的体积，mL；

V_0——滴定空白溶液时所消耗的稀释10倍的EDTA溶液的体积，mL；

V_2——试样消化液的定容体积，mL；

1000——换算系数；

m——试样质量或移取体积，g或mL；

V_3——滴定用试样待测液的体积，mL。

4. 注意事项：

（1）滴定用的样品量随钙含量而定，最适合的范围是5～50μg。

（2）加钙红指示剂后，不能放置过久，否则终点发灰，不明显。

（3）氰化钾可消除锌、铜、铁、铝、镍、铅等金属离子的干扰，而柠檬酸钠则可以防止钙和磷结合形成磷酸钙沉淀。

（4）滴定时 pH 应为 12 ~ 14，过高或过低指示剂变红，滴不出终点。

（二）磷的测定——钼蓝分光光度法

钼蓝分光光度法和电感耦合等离子体发射光谱法两种国家标准方法适用于各类食品中磷的测定。以下对钼蓝分光光度法进行详细阐述。

1. 原理

食品样品中的磷经灰化或消化后以磷酸根形式进入样品溶液，在酸性条件下与钼酸铵作用生成淡黄色的磷钼酸铵，其中高价的钼具有氧化性，可被抗坏血酸、氯化亚锡（或者对苯二酚与亚硫酸钠）还原成蓝色化合物——钼蓝，在 650nm（或 660nm）下有最大吸收，其吸光度与磷浓度成正比，即可定量分析磷含量，本法最低检出限为 2μg。

2. 操作方法

（1）试样预处理

① 湿法消解：准确称取固体试样 0. 2 ~ 3g（精确至 0. 001g）或准确移取液体试样 0. 500mL ~ 5. 00mL 于带刻度消化管中，加入 10mL 高氯酸 - 硝酸消化液（体积比 1∶4），在可调式电热炉上消解（参考条件：120℃/0. 5h ~ 120℃/1h，升至 180℃/2h ~ 180℃/4h，升至 200 ~ 220℃）。若消化液呈棕褐色，再加高氯酸 - 硝酸消化液，消解至冒白烟，消化液呈无色透明或略带黄色。消化液放冷，加 20mL 水，赶酸。冷却后转移至 100mL 容量瓶，用水多次洗涤消化管，合并洗液于容量瓶中，加水定容至刻度，作为试样测定溶液。同时做试剂空白试验。也可采用锥形瓶，于可调式电热板上，按上述操作方法进行湿法消解。

② 干法灰化：准确称取固体试样 0. 5 ~ 5g（精确至 0. 001g）或准确移取液体试样 0. 500 ~ 10. 0mL 于坩埚中，小火加热，炭化至无烟，转移至马福炉中，于 550℃ 灰化 3 ~ 4h。冷却，取出。对于灰化不彻底的试样，加数滴硝酸，小火加热，小心蒸干，再转入 550℃ 马福炉中继续灰化 1 ~ 2h，至试样呈白灰状，冷却，取出，用适量硝酸溶液（体积比 1∶1）溶解转移至 100mL 容量瓶中，用水分数次将残渣完全洗入容量瓶，稀释、定容至刻度。

（2）测定

① 对苯二酚、亚硫酸钠还原法

a. 标准曲线的制作。准确吸取磷标准使用液（10. 0mg/L）0. 00mL，0. 500mL，1. 00mL，2. 00mL，3. 00mL，4. 00mL，5. 00mL（相当于含磷量 0. 00μg，5. 00μg，10. 00μg，20. 00μg，30. 00μg，40. 00μg，50. 00μg），分别置于 25mL 具塞试管中，依次加入 2mL 钼酸铵溶液（50g/L）摇匀，静置。加入 1mL 亚硫酸钠溶液（200g/L）、1mL 对苯二酚溶液（5g/L），摇匀。加水至刻度，混匀。静置 0. 5h 后，用 1cm 比色杯，在 660nm 波长处，以零管作参比，测定吸光度，以测出的吸光度对磷含量绘制标准曲线。

b. 样品测定。准确吸取试样溶液2.00mL及等量的空白溶液，分别置于25mL具塞试管中，加入2mL钼酸铵溶液（50g/L）摇匀，静置。加入1mL亚硫酸钠溶液（200g/L）、1mL对苯二酚溶液（5g/L），摇匀。加水至刻度，混匀。静置0.5h后，用1cm比色杯，在660nm波长处测定其吸光度，与标准系列比较定量。

② 氯化亚锡、硫酸肼还原法

a. 标准曲线的制作。准确吸取磷标准使用液（10.0mg/L）0.00mL，0.500mL，1.00mL，2.00mL，3.00mL，4.00mL，5.00mL（相当于含磷量0.00μg，5.00μg，10.0μg，20.0μg，30.0μg，40.0μg，50.0μg），分别置于25mL具塞试管中，各加约15mL水、2.5mL硫酸溶液（5%）、2mL钼酸铵溶液（50g/L），0.5mL氯化亚锡－硫酸肼溶液，各管均补加水至25mL，混匀。室温放置20 min后，用1 cm比色杯，在660nm波长处，以零管作参比，测定吸光度，以测出的吸光度对磷含量绘制标准曲线。

b. 样品测定。准确吸取试样溶液2.00mL及等量的空白溶液，分别置于25mL具塞试管中各加约15mL水，2.5mL硫酸溶液（5%），2mL钼酸铵溶液（50g/L），0.5mL氯化亚锡－硫酸肼溶液，各管均补加水至25mL，混匀。室温放置20 min后，用1cm比色杯，在660nm波长处测定其吸光度，与标准系列比较定量。

3. 结果计算

试样中磷含量按式（9－6）计算：

$$\text{磷的含量(mg/100g)} = \frac{(m_1 - m_0) \times V_1}{m \times V_2} \times \frac{100}{1000} \tag{9-6}$$

式中 m_1——测定用试样溶液中磷的质量，μg；

m_0——测定用空白溶液中磷的质量，μg；

V_1——试样消化液定容体积，mL；

m——试样称样量或移取体积，g 或 mL；

V_2——测定用试样消化液的体积，mL；

100——换算系数；

1000——换算系数。

（三）锌、铅的测定——二硫腙比色法

食品中铅含量测定有石墨炉原子吸收光谱法、电感耦合等离子体质谱法、火焰原子吸收光谱法和二硫腙比色法四种国家标准方法。食品中锌含量测定有火焰原子吸收光谱法、电感耦合等离子体发射光谱法、电感耦合等离子体质谱法和二硫腙比色法四种国家标准方法。以下主要对二硫腙比色法进行详细阐述。

1. 原理

试样经消化后，在一定的pH下，某些金属离子与二硫腙形成不同颜色的络合物，可溶于氯仿、四氯化碳等有机溶剂中。加入掩蔽剂消除其他离子干扰后，在固定波长下测定吸光度，与标准系列比较定量。

在 pH 4.0～5.5 时，锌离子与二硫腙形成紫色络合物，溶于四氯化碳，加入硫代硫酸钠，可防止铜、汞、铅、铋、银和镉等离子干扰，在 530nm 下有最大吸收峰。在 pH 8.5～9.0 时，铅离子与二硫腙形成红色络合物，溶于三氯甲烷，加入柠檬酸铵、氰化钾和盐酸羟胺等，防止铁、铜、锌等离子干扰，在 510nm 下有最大吸收峰。

2. 操作方法

（1）试样预处理：同本节磷的测定中“试样预处理”。

（2）测定

① 锌的测定

a. 标准曲线绘制。准确吸取 0.00mL，1.00mL，2.00mL，3.00mL，4.00mL 和 5.00mL 锌标准使用液（10.0mg/L）（相当于 0.00μg，1.00μg，2.00μg，3.00μg，4.00μg 和 5.00μg 锌），分别置于 125mL 分液漏斗中，各加盐酸溶液（0.02mol/L）至 20mL。于各分液漏斗中，各加 10mL 醋酸－醋酸盐缓冲液（pH 4.7）、1mL 硫代硫酸钠溶液（250g/L），摇匀，再各加入 10mL 二硫腙－四氯化碳使用液，剧烈振摇 2min。静置分层后，经脱脂棉将四氯化碳层滤入 1cm 比色杯中，以四氯化碳调节零点，于波长 530nm 处测吸光度，以质量为横坐标，吸光度值为纵坐标，制作标准曲线。

b. 试样测定。准确吸取 5.00～10.0mL 试样消化液和相同体积的空白消化液，分别置于 125mL 分液漏斗中，加 5mL 水、0.5mL 盐酸羟胺溶液（200g/L），摇匀，再加 2 滴酚红指示液（1g/L），用氨水溶液（体积比 1∶1）调节至红色，再多加 2 滴。再加 5mL 二硫腙－四氯化碳溶液（0.1g/L），剧烈振摇 2min，静置分层。将四氯化碳层移入另一分液漏斗中，水层再用少量二硫腙－四氯化碳溶液振摇提取，每次 2～3mL，直至二硫腙－四氯化碳溶液绿色不变为止。合并提取液，用 5mL 水洗涤，四氯化碳层用盐酸溶液（0.02mol/L）提取 2 次，每次 10mL，提取时剧烈振摇 2min，合并盐酸溶液（0.02mol/L）提取液，并用少量四氯化碳洗去残留的二硫腙。

将上述试样提取液和空白提取液移入 125mL 分液漏斗中，各加 10mL 醋酸－醋酸盐缓冲液、1mL 硫代硫酸钠溶液（250g/L），摇匀，再各加入 10mL 二硫腙使用液，剧烈振摇 2min。静置分层后，经脱脂棉将四氯化碳层滤入 1cm 比色杯中，以四氯化碳调节零点，于波长 530nm 处测定吸光度，与标准曲线比较定量。

② 铅的测定

a. 标准曲线绘制。吸取 0.00mL，0.100mL，0.200mL，0.300mL，0.400mL 和 0.500mL 铅标准使用液（10.0mg/L）（相当于 0.00μg，1.00μg，2.00μg，3.00μg，4.00μg 和 5.00μg 铅）分别置于 125mL 分液漏斗中，各加硝酸溶液（体积比 5∶95）至 20mL。再各加 2mL 柠檬酸铵溶液（200g/L），1mL 盐酸羟胺溶液（200g/L）和 2 滴酚红指示液（1g/L），用氨水溶液（体积比 1∶1）调至红色，再各加 2mL 氰化钾溶液（100g/L），混匀。各加 5mL 二硫腙使用液，剧烈振摇 1min，静置分层后，三氯甲烷层经脱脂棉滤入 1cm 比色杯中，以三氯甲烷调节零点于波长 510nm

处测吸光度，以铅的质量为横坐标，吸光度值为纵坐标，制作标准曲线。

b. 试样测定。将试样溶液及空白溶液分别置于125mL分液漏斗中，各加硝酸溶液至20mL。于消解液及试剂空白液中各加2mL柠檬酸铵溶液（200g/L），1mL盐酸羟胺溶液（200g/L）和2滴酚红指示液（1g/L），用氨水溶液（体积比1∶1）调至红色，再各加2mL氰化钾溶液（100g/L），混匀。各加5mL二硫腙使用液，剧烈振摇1min，静置分层后，三氯甲烷层经脱脂棉滤入1cm比色杯中，于波长510nm处测吸光度，与标准系列比较定量。

3. 结果计算

实验中的锌（铅）的含量可按式（9－7）计算：

$$\text{锌(铅)的含量(mg/kg)} = \frac{(m_1 - m_0) \times V_1}{m_2 \times V_2} \tag{9-7}$$

式中 m_1——测定用试样溶液中锌（铅）的质量，μg；

m_0——空白溶液中锌（铅）的质量，μg；

m_2——试样称样量或移取体积，g或mL；

V_1——试样消化液的定容体积，mL；

V_2——测定用试样消化液的体积，mL。

4. 注意事项

二硫腙使用液的详细配制方法可参考国标。由于二硫腙可与周期表中的20多种金属反应，因此应该排除干扰离子，否则会影响测定结果。排除干扰离子的方法有：

（1）调节溶液的pH（最理想的方法）；

（2）改变金属离子的价态；

（3）加入掩蔽剂使干扰元素不与双硫腙反应，使干扰离子生成稳定的络合物。

这三种方法可同时使用，也可单独使用。理想的方法是两种以上配合使用。

（四）碘的测定

食品中碘的测定有氧化还原电位法、砷铈催化分光光度法和气相色谱法三种国家标准方法。其中氧化还原电位法适用于海带、紫菜、裙带菜等藻类及其制品中碘的测定，砷铈催化分光光度法适用于粮食、蔬菜、水果、豆类及其制品、乳及其制品、肉类、鱼类、蛋类等食品中碘的测定。以下对这两种方法进行详细阐述。

1. 氧化还原电位法

（1）原理　样品经消化后，将有机碘转化为无机碘离子，在酸性介质中，用溴水将碘离子氧化成碘酸根离子，生成的碘酸根离子在碘化钾的酸性溶液中被还原析出碘，用硫代硫酸钠溶液滴定反应中析出的碘。反应式如下：

$$I^- + 3Br_2 + 3H_2O \longrightarrow IO_3^- + 6H^+ + 6Br^-$$

$$IO_3^- + 5I^- + 6H^+ \longrightarrow 3I_2 + 3H_2O$$

$$I_2 + 2S_2O_3^{2-} \longrightarrow 2I^- + S_4O_6^{2-}$$

（2）测定步骤

① 试样预处理：称取试样 2～5g（精确至 0.1mg），置于 50mL 瓷坩埚中，加入 5～10mL 50g/L 碳酸钠溶液，使充分浸润试样，静置 5min，置于 101～105℃电热恒温干燥箱中干燥 3h，将样品烘干，然后在通风橱内用电炉加热，使试样充分炭化至无烟，置于（550±25）℃马福炉中灼烧 40min，冷却至 200℃左右取出。在坩埚中加入少量水研磨，将溶液及残渣全部转入 250mL 烧杯中，坩埚用水冲洗数次并入烧杯中，烧杯中溶液总量约为 150～200mL，煮沸 5min，将溶液及残渣趁热用滤纸过滤至 250mL 碘量瓶中，备用。对于碘含量较高的样品，上面得到的溶液及残渣趁热用滤纸过滤至 250mL 容量瓶中，烧杯及漏斗内残渣用热水反复冲洗，冷却，定容。然后准确移取适量滤液于 250mL 碘量瓶中，备用。

② 样品测定：在碘量瓶中加入 2～3 滴甲基橙溶液（1g/L），用 1mol/L 硫酸溶液调至红色，在通风橱内加入 5mL 饱和溴水，加热煮沸至黄色消失。稍冷后加入 5mL 200g/L 甲酸钠溶液，在电炉上加热煮沸 2min，取下，用水浴冷却至 30℃以下，再加入 5mL 3mol/L 硫酸溶液，5mL 150g/L 碘化钾溶液，盖上瓶盖，放置 10min，用 0.01mol/L 硫代硫酸钠标准溶液滴定至溶液呈浅黄色，加入 1mL 5g/L 淀粉溶液，继续滴定至蓝色恰好消失。同时做空白试验，分别记录消耗的硫代硫酸钠标准溶液体积 V、V_0。

（3）结果计算　试样中的碘含量可按式（9-8）计算：

$$\text{碘的含量(mg/kg)} = \frac{(V - V_0) \times c \times 21.15 \times V_1}{V_2 \times m_1} \times 1000 \tag{9-8}$$

式中　V——滴定样液消耗硫代硫酸钠标准溶液的体积，mL；

V_0——滴定试剂空白消耗硫代硫酸钠标准溶液的体积，mL；

c——硫代硫酸钠标准溶液的浓度，mol/L；

21.15——与 1.00mL 硫代硫酸钠标准滴定溶液（1.000mol/L）相当的碘的质量（mg）；

V_1——碘含量较高样液的定容体积，mL；

V_2——移取碘含量较高滤液的体积，mL；

m_1——样品的质量，g；

1000——单位换算系数。

2. 砷铈催化分光光度法

（1）原理　采用碱灰化处理试样，使用碘催化砷铈反应，反应速度与碘含量成定量关系：

$$H_3AsO_3 + 2Ce^{4+} + H_2O \rightarrow H_3AsO_4 + 2Ce^{3+} + 2H^+$$

反应体系中，Ce^{4+} 为黄色，Ce^{3+} 为无色，用分光光度计测定剩余 Ce^{4+} 的吸光度值，碘含量与吸光度值的对数成线性关系，计算试样中碘的含量。

（2）测定步骤

① 主要溶液的配制：碳酸钾-氯化钠混合溶液：称取 30g 无水碳酸钾和 5g 氯化钠，溶于 100mL 水中；

硫酸锌-氯酸钾混合溶液：称取 5g 氯酸钾于烧杯中，加入 100mL 水，加热溶解，加入 10g

硫酸锌，搅拌溶解；

0.054mol/L 亚砷酸溶液：称取5.3g 三氧化二砷、12.5g 氯化钠和2.0g 氢氧化钠置于1L 烧杯中，加水约500mL，加热至完全溶解后冷却至室温，再缓慢加入400mL 2.5mol/L 硫酸溶液，冷却至室温后用水稀释至1L，贮存于棕色瓶中；

0.015mol/L 硫酸铈铵溶液：称取硫酸铈铵9.5g［$Ce(NH_4)_4(SO_4)_4 \cdot 2H_2O$］或10.0g［$Ce(NH_4)_4(SO_4)_4 \cdot 4H_2O$］，溶于500mL 2.5mol/L 硫酸溶液中，用水稀释至1L，贮存于棕色瓶中；

碘标准储备液（100μg/mL）：准确称取0.1308g 碘化钾（经硅胶干燥器干燥24h）于500mL 烧杯中，用2g/L 氢氧化钠溶液溶解后全部移入1000mL 容量瓶中，用氢氧化钠溶液定容；使用时，以氢氧化钠溶液配制成碘含量分别为0μg/L，50μg/L，100μg/L，200μg/L，300μg/L，400μg/L，500μg/L 的碘标准系列工作液。

② 试样前处理：分别移取0.5mL 碘标准系列工作液（含碘量分别为0ng，25ng，50ng，100ng，150ng，200ng 和250ng）和称取0.3～1.0g（精确至0.1mg）试样于瓷坩埚中，固体试样加1～2mL 水（液体样、匀浆样和标准溶液不需加水），各加入1mL 碳酸钾－氯化钠混合溶液，1mL 硫酸锌－氯酸钾混合溶液，充分搅拌均匀。将碘标准系列和试样置于105℃电热恒温干燥箱中干燥3h。在通风橱中将干燥后的试样在可调电炉上炭化约30min，炭化时瓷坩埚加盖留缝，直到试样不再冒烟为止。碘标准系列不需炭化。将碘标准系列和炭化后的试样加盖置于马福炉中，调节温度至600℃灰化4h，待炉温降至200℃后取出。灰化好的试样应呈现均匀的白色或浅灰白色。

③ 标准曲线绘制：向灰化后的坩埚中各加入8mL 水，静置1h，使烧结在坩埚上的灰分充分浸润，搅拌溶解盐类物质，再静置至少1h 使灰分沉淀完全（静置时间不得超过4h）。小心吸取上清液2.0mL 于试管中（注意不要吸入沉淀物）。碘标准系列溶液按照从高浓度到低浓度的顺序排列，向各管加入1.5mL 0.054mol/L 亚砷酸溶液，用涡旋混合器充分混匀，使气体放出，然后置于（30±0.2）℃恒温水浴箱中温浴15min。使用秒表计时，每管间隔时间相同（一般为30s 或20s），依顺序向各管准确加入0.5mL 0.015mol/L 硫酸铈铵溶液，立即用涡旋混合器混匀，放回水浴中。自第一管加入硫酸铈铵溶液后准确反应30min 时，依顺序每管间隔相同时间（一般为30s 或20s），用1cm 比色杯于405nm 波长处，用水作参比，测定各管的吸光度值。以吸光度值的对数值为横坐标，以碘质量为纵坐标，绘制标准曲线。根据标准曲线计算试样中碘的质量 m_2。

（3）结果计算　试样中的碘含量可按式（9－9）计算：

$$碘的含量（\mu g/kg）= \frac{m_2}{m_3} \tag{9-9}$$

式中　m_2——从标准曲线中查得试样中碘的质量，ng；

m_3——试样质量，g。

（五）砷的测定——银盐法

食品中总砷的测定方法有银盐法、氢化物发生原子荧光光谱法和电感耦合等离子体质谱法三种国家标准。以下对银盐法进行详细阐述。

1. 原理

样品消化后，以碘化钾、氯化亚锡将高价砷还原为三价砷，然后与锌粒和酸产生的新生态氢生成砷化氢，经银盐溶液吸收后，形成红色胶态物，与标准系列比较定量。分析中使用到如图9－1所示的测砷装置。

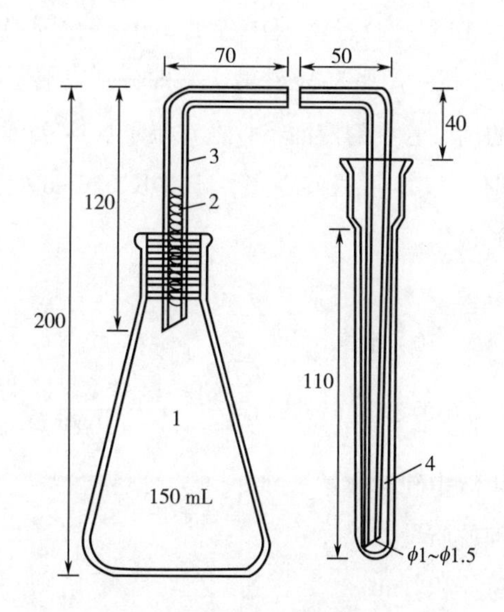

图9－1 测砷装置图

1—150mL锥形瓶 2—醋酸铅棉花 3—导气管 4—10mL刻度离心管

2. 操作方法

（1）试样预处理 同本节磷的测定中“试样预处理”。

（2）标准曲线绘制

① 配制砷标准储备液（100mg/L，按As计）：准确称取于100℃干燥2h的三氧化二砷0.1320g，加5mL氢氧化钠（200g/L），溶解后加25mL硫酸溶液（体积比6∶94），移入1000mL容量瓶中，加新煮沸冷却的水稀释至刻度，贮存在棕色玻璃瓶中，4℃避光保存。使用前吸取1.00mL砷标准储备液（100mg/L）于100mL容量瓶中，加1mL硫酸溶液（体积比6∶94），加水稀释至刻度配制成1.00mg/L砷标准使用液，现用现配。

② 分别吸取0.0mL，2.0mL，4.0mL，6.0mL，8.0mL，10mL砷标准使用液（相当于0.0μg，2.0μg，4.0μg，6.0μg，8.0μg，10μg砷）置于6个150mL锥形瓶中，加水至40mL，再加10mL盐酸溶液（6mol/L）。

（3）样品分析

① 配制主要试剂：酸性氯化亚锡溶液：称取40g氯化亚锡，加盐酸溶解并稀释至100mL，加入数颗金属锡粒；

100g/L醋酸铅溶液：称取11.8g醋酸铅，用水溶解，加入1～2滴醋酸，用水稀释定容至100mL；

醋酸铅棉花：用醋酸铅溶液（100g/L）浸透脱脂棉后，压除多余溶剂，并使之疏松，在100℃以下干燥后贮存于玻璃瓶中；

二乙基二硫代氨基甲酸银-三乙醇胺-三氯甲烷溶液：称取0.25g二乙基二硫代氨基甲酸银置于乳钵中，加少量三氯甲烷研磨，移入100mL量筒中，加入1.8mL三乙醇胺，再用三氯甲烷分次洗涤乳钵，洗涤液一并移入量筒中，用三氯甲烷稀释至100mL，放置过夜，滤入棕色瓶中贮存。

② 于试样消化液、试剂空白和砷标准溶液中各加3mL碘化钾溶液（150g/L）、0.5mL酸性氯化亚锡溶液，混匀，静置15min。各加入3g锌粒，立即分别塞上装有醋酸铅棉花的导气管，并使管尖端插入盛有银盐溶液的离心管中的液面下，在常温下反应45min后，取下离心管，加三氯甲烷补足4mL。用1cm比色杯，以零管调节零点，于波长520nm处测吸光度，绘制标准曲线。根据标准曲线计算试样中砷的含量。

3. 结果计算

试样中的砷含量可按式（9-10）计算：

$$\text{砷的含量(mg/kg)} = \frac{(A_1 - A_2) \times V_1}{m \times V_2 \times 1000} \quad (9-10)$$

式中 A_1——测定用试样消化液中砷的质量，ng；

A_2——试样空白液中砷的质量，ng；

V_1——试样消化液的总体积，mL；

V_2——测试用试样消化液的体积，mL；

m——试样质量，g。

（六）锡的测定——苯芴酮比色法

食品中锡的测定方法有氢化物发生原子荧光光谱法和苯芴酮比色法两种国家标准。以下对苯芴酮比色法进行详细阐述。

1. 原理

样品经消化后，在弱酸性介质中四价锡离子与苯芴酮形成微溶性橙红色络合物，在保护性胶体存在下与标准系列比较定量，反应如下：

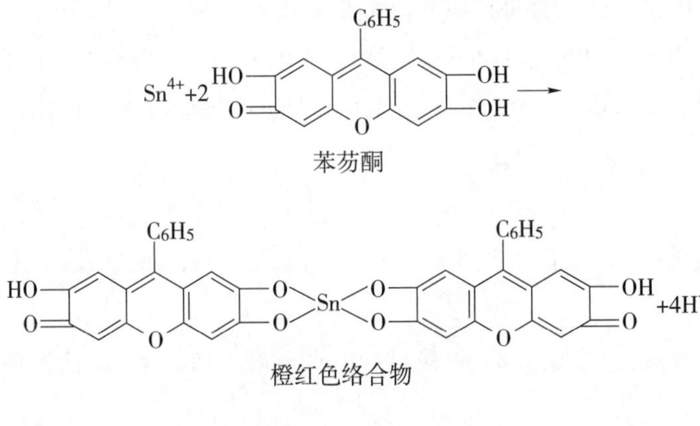

Sn^{4+} + 2 [苯芴酮] →

苯芴酮

[橙红色络合物] + $4H^+$

橙红色络合物

2. 操作方法

（1）试样消化，同本节磷的测定中“试样预处理”。

（2）标准曲线绘制

① 配制锡标准使用液：采用经国家认证并授予标准物质证书的锡标准贮备液（1000mg/L），吸取适量锡标准储备液，用硝酸溶液（体积比 5 : 95）逐级稀释配成 10.0μg/mL 标准使用液。

② 吸取 0.0mL，0.20mL，0.40mL，0.60mL，0.80mL，1.0mL 锡标准使用液（相当于 0.0μg，2.0μg，4.0μg，6.0μg，8.0μg，10μg 锡），分别置于 25mL 比色管中。于上述各管中各加 0.5mL 酒石酸溶液（100g/L）及 1 滴 10.0g/L 酚酞指示液，混匀，各加氨水（体积比 1 : 1）中和至淡红色，加 3mL 硫酸（体积比 1 : 9）、1mL 动物胶溶液（5g/L）及 2.5mL 抗坏血酸溶液（10g/L），再加水至 25mL，混匀，再各加 2mL 苯芴酮甲醇溶液（0.1g/L），混匀，放置 1h 后，用 2cm 比色杯以水调节零点，于波长 490nm 处测吸光度，标准各点减去零管吸收值后，绘制标准曲线或计算一元回归方程。

（3）用 2cm 比色杯以标准系列溶液零管调节零点，于波长 490nm 处分别对试剂空白溶液和试样溶液测定吸光度，所得吸光值与标准曲线比较或代入回归方程求出含量。

3. 结果计算

试样中的锡含量可按式（9 - 11）计算：

$$\text{锡的含量(mg/kg)} = \frac{(m_1 - m_0) \times 1000}{m_2 \times \dfrac{V_2}{V_1} \times 1000} \qquad (9-11)$$

式中 m_1——测定用样品消化液中锡的质量，μg；

m_2——样品质量，g；

m_0——试剂空白液中锡的含量，μg；

V_1——样品消化液的总体积，mL；

V_2——测定用样品消化液的体积，mL。

（七）原子吸收分光光度法

1. 原理

每种元素的原子能够吸收特定波长的光能，而吸收的能量值与该光路中该元素的原子数目成正比。用特定波长的光照射这些原子，测量该波长的光被吸收的量，与标准系列比较即可求出被测元素的含量。

2. 操作方法

（1）样品预处理　称取固体试样 0.2 ~ 3g（精确至 0.001g）或准确移取液体试样 0.500 ~ 5.00mL 于带刻度消化管中，加入 10mL 硝酸和 0.5mL 高氯酸，在可调式电热炉上消解（参考条件：120℃/0.5 ~ 1h，升至 180℃/2 ~ 4h，升至 200 ~ 220℃）。若消化液呈棕褐色，再加少量硝酸，消解至冒白烟，消化液呈无色透明或略带黄色，取出消化管，冷却后用水定容至 10mL，混匀备用。同时做试剂空白试验。也可采用锥形瓶，于可调式电热板上，按上述操作方法进行湿法消解。

（2）标准曲线绘制

① 配制元素标准使用液：铅、镉、铜、铁、锰、锌、铝、钾、钠、钙、镁等，采用经国家认证并授予标准物质证书的单元素标准贮备液（1000mg/L 或 100mg/L），吸取适量各元素标准储备液，用硝酸溶液（体积比 5∶95）逐级稀释配成标准使用液系列。

② 将元素标准系列溶液按质量浓度由低到高的顺序分别导入火焰原子化器或石墨炉，原子化后测其吸光度值，以质量浓度为横坐标，吸光度值为纵坐标，制作标准曲线。仪器参考条件见表 9 - 3 和表 9 - 4。

（3）试样测定　在与测定标准溶液相同的实验条件下，将空白溶液和试样溶液分别导入火焰原子化器，原子化后测其吸光度值，与标准系列比较定量。

表 9 - 3　部分元素火焰原子吸收光谱法仪器参考条件

元素	波长/nm	狭缝/nm	灯电流/mA	燃烧头高度/mm	空气流量/(L/min)	乙炔流量/(L/min)
钙	422.7	1.3	5 ~15	3	9	2
铁	248.3	0.2	5 ~15	3	9	2
锌	213.9	0.2	3 ~5	3	9	2
铅	283.3	0.5	8 ~12	6	8	2
钾	766.5	0.5	8	6	9	1.2
钠	589.0	0.5	8	6	9	1.1
铜	324.8	0.5	8 ~12	6	9	2
锰	279.5	0.2	9	6	9	1.0
镁	285.2	0.2	5 ~15	6	9	1.5

表 9 - 4　部分元素石墨炉原子吸收光谱法仪器参考条件

元素	波长/nm	狭缝/nm	灯电流/mA	干燥/（℃/s）	灰化/（℃/s）	原子化/（℃/s）
铅	283.3	0.5	8 ~12	85 ~120/40 ~50	750/20 ~30	2300/4 ~5
铜	324.8	0.5	8 ~12	85 ~120/40 ~50	800/20 ~30	2350/4 ~5
铝	257.4	0.5	10 ~15	85 ~120/30	1000 ~1200/15 ~20	2750/4 ~5
铬	357.9	0.2	5 ~7	85 ~120/40 ~50	900/20 ~30	2700/4 ~5
镉	228.8	0.2	2 ~10	105/20	400 ~700/20 ~40	1300 ~2300/3 ~5

3. 结果计算

试样中待测元素含量可按式（9 - 12）计算：

$$X = \frac{(\rho - \rho_0) \times V \times f}{m \times 1000} \tag{9-12}$$

式中 X——试样中待测元素含量，mg/kg 或 mg/L；

ρ——试样溶液中被测元素质量浓度，μg/L；

ρ_0——试样空白液中被测元素质量浓度，μg/L；

V——试样消化液定容体积，mL；

f——试样稀释倍数；

m——试样称取质量或移取体积，g 或 mL；

1000——换算系数。

（八）原子荧光光谱法测定砷、硒、锡

1. 原理

试样经灰化或消化后，在酸性介质下，试样中待测金属被硼氢化钾或硼氢化钠还原成原子态，由载气带入原子化器中，在对应金属空心阴极灯照射下，基态金属原子被激发至高能态，在由高能态回到基态时，发射出特征波长的荧光，其荧光强度与待测金属含量成正比，与标准系列溶液比较定量。

2. 操作方法

（1）试样预处理　试样消化，同本节磷的测定中“试样预处理”。取定容后的试样消化液 10.0mL 于 25mL 比色管中，加入 3.0mL 硫酸溶液（体积比 1∶9），加入 20mL 硫脲 - 抗坏血酸溶液（称取 10.0g 硫脲，加约 80mL 水，加热溶解，待冷却后加入 10.0g 抗坏血酸，稀释至 100mL，现用现配），再用水定容至 25mL，摇匀。

（2）标准曲线绘制

① 配制砷、硒、锡标准使用液：采用经国家认证并授予标准物质证书的单元素标准贮备液（100mg/L），吸取 1.00mL 各元素标准储备液于 100mL 容量瓶，用硝酸溶液（体积比 5∶95）定容至刻度，配成 1.00mg/L 元素标准使用液。

② 取 25mL 容量瓶或比色管 6 支，依次准确加入元素标准使用液 0.00mL，0.10mL，0.25mL，0.50mL，1.50mL，3.00mL（分别相当于元素浓度 0.0ng/mL，4.0ng/mL，10ng/mL，20ng/mL，60ng/mL，120ng/mL），各加入硫酸溶液（体积比 1∶9）12.5mL，硫脲 + 抗坏血酸溶液 2.0mL，补加水至刻度，混匀后放置 30min 后测定。

仪器预热稳定后，将试剂空白、标准系列溶液依次引入仪器进行原子荧光强度的测定，以原子荧光强度为纵坐标，元素浓度为横坐标绘制标准曲线，得到回归方程。仪器参考条件见表 9 - 5。

表 9-5 原子荧光光谱法仪器参考条件

元素	负高压/V	灯电流/mA	炉高/mm	载气流速/(mL/min)	屏蔽气流速/(mL/min)
硒	340	100	8	500	1000
锡	380	70	10	500	1200
砷	260	50~80	8	400	900

(3) 试样溶液测定　相同条件下，将样品溶液分别引入仪器进行测定。根据回归方程计算出样品中待测元素的浓度。

3. 结果计算

结果计算同本节（七）原子吸收分光光度法中“结果计算”。

（九）多种元素同时测定

1. 电感耦合等离子体质谱法（ICP-MS）

(1) 原理　试样经消解后，由电感耦合等离子体质谱仪测定，以元素特定质量数（质荷比，*m/z*）定性，采用外标法，以待测元素质谱信号与内标元素质谱信号的强度比与待测元素的浓度成正比进行定量分析。

(2) 主要试剂

① 硝酸溶液（体积比 5∶95）：取 50mL 硝酸，缓慢加入 950mL 水中，混匀。

② 汞标准稳定剂：取 2mL 金元素溶液，用硝酸溶液（体积比 5∶95）稀释至 1000mL，用于汞标准溶液的配制。

注：汞标准稳定剂也可采用 2g/L 半胱氨酸盐酸盐 + 硝酸（体积比 5∶95）混合溶液，或其他等效稳定剂。

③ 元素贮备液（1000mg/L 或 100mg/L）：铅、镉、砷、汞、硒、铬、锡、铜、铁、锰、锌、镍、铝、锑、钾、钠、钙、镁、硼、钡、锶、钼、铊、钛、钒和钴，采用经国家认证并授予标准物质证书的单元素或多元素标准贮备液。

④ 内标元素贮备液（1000mg/L）：钪、锗、铟、铑、铼、铋等采用经国家认证并授予标准物质证书的单元素或多元素内标标准贮备液。

⑤ 混合标准工作溶液：吸取适量单元素标准贮备液或多元素混合标准贮备液，用硝酸溶液（体积比 5∶95）逐级稀释配成混合标准工作溶液系列。可依据样品消解溶液中元素质量浓度水平，适当调整标准系列中各元素质量浓度范围。

⑥ 汞标准工作溶液：取适量汞贮备液，用汞标准稳定剂逐级稀释配成标准工作溶液系列。

(3) 操作步骤

① 试样前处理：样品采用湿法消解进行预处理，可根据试样中待测元素的含量水平和检测水平要求选择相应的消解方法及消解容器。

② 标准曲线绘制：将混合标准溶液注入电感耦合等离子体质谱仪中，测定待测元素和内标元素的信号响应值，以待测元素的浓度为横坐标，待测元素与所选内标元素响应信号值的比值为纵坐标，绘制标准曲线。

③ 样品测定：将空白溶液和试样溶液分别注入电感耦合等离子体质谱仪中，测定待测元素和内标元素的信号响应值，根据标准曲线得到消解液中待测元素的浓度。

（4）结果计算　结果计算同本节（七）原子吸收分光光度法中“结果计算”。

2. 电感耦合等离子体发射光谱法（ICP - OES）

（1）原理　样品消解后，由电感耦合等离子体发射光谱仪测定，以元素的特征谱线波长定性；待测元素谱线信号强度与元素浓度成正比进行定量分析。

（2）操作步骤

① 试样前处理：样品采用湿法消解进行预处理，可根据试样中待测元素的含量水平和检测水平要求选择相应的消解方法及消解容器。

② 标准曲线绘制：将混合标准溶液注入电感耦合等离子体发射光谱仪中，测定待测元素分析谱线的强度信号响应值，以待测元素的浓度为横坐标，其分析谱线强度响应值为纵坐标，绘制标准曲线。

③ 样品测定：将空白溶液和试样溶液分别注入电感耦合等离子体发射光谱仪中，测定待测元素分析谱线强度的信号响应值，根据标准曲线得到消解液中待测元素的浓度。

（3）结果计算　结果计算同本节（七）原子吸收分光光度法中“结果计算”。

思考题

1. 何为灰分？共分哪几种？各如何测定？
2. 食品中的矿物元素是指什么？如何进行分类？
3. 分解有机物常用的方法有哪些？各有什么优缺点？
4. 二硫腙比色法测定锌、铅的原理是什么？
5. 银盐法测定食品中砷含量的原理是什么？测定中应该注意哪些问题？
6. 原子荧光光谱法测定砷、硒的基本原理是什么？

第十章

酸度的测定

本章学习目的与要求

1. 综合了解食品中酸的种类、分布与作用以及对食品酸度进行测定的意义；
2. 区分食品酸度的几个不同概念，掌握总酸度、有效酸度和挥发酸的测定方法；
3. 掌握不同分离方法对食品中有机酸的分离与测定的原理及适用性，并进行归纳、对比。

第一节　食品中的酸

食品中含有多种多样的酸，主要是有机酸，包括苹果酸、柠檬酸、醋酸、酒石酸、乳酸等等，还有少量无机酸，磷酸是食品中主要的无机酸。各种天然产品中所含的酸，是食品本身固有的，例如各种蔬果中所含的酸；有些食品中所含的酸，是在食品酿造过程中产生的，如酸乳、食醋、果酒等；也有些食品中所含的酸，是在食品加工过程中外来添加进去的，例如各种饮料中的酸。各种天然的果蔬中含有较多不同种类的有机酸，酸的种类和含量取决于果蔬的品种、产地、成熟度等关键因素。果蔬中常见的有机酸种类、主要有机酸含量以及 pH，见表 10－1。加工及酿造产品中的有机酸含量取决于原材料、工艺配方、工艺参数以及工艺过程等。大部分的有机酸是以游离的状态存在于食品中，只有少部分呈盐的形式。

食品中的酸

表 10－1　果蔬中常见的有机酸种类、主要有机酸含量以及 pH

蔬果种类	有机酸种类	柠檬酸含量/%	苹果酸含量/%	pH
苹果	苹果酸、柠檬酸	0.03	1.02	3.0～5.0
桃	苹果酸、柠檬酸、奎宁酸	0.37	0.37	3.2～3.9
梨	苹果酸、柠檬酸	0.24	0.12	3.2～4.0
杏	苹果酸、柠檬酸	0.30	0.80	3.4～4.0
橙	苹果酸、柠檬酸、琥珀酸	0.98	0.06	3.5～5.0
柠檬	苹果酸、柠檬酸	4.22	0.10	2.2～3.5
菠萝	苹果酸、柠檬酸、酒石酸	0.88	0.11	3.5～5.0
西红柿	苹果酸、柠檬酸	0.68	0.05	4.1～4.8

续表

蔬果种类	有机酸种类	柠檬酸含量/%	苹果酸含量/%	pH
菠菜	苹果酸、柠檬酸、草酸	0.06	0.05	4.9 ~5.8
甘蓝	苹果酸、柠檬酸、琥珀酸、草酸	0.15	0.09	5.0 ~5.5
南瓜	苹果酸		0.15	5.0 ~5.5
胡萝卜	苹果酸、柠檬酸	0.09	0.24	5.0 ~5.5

一般的植物类产品，随着它们的成熟度提高，其中的有机酸含量降低，酸度下降；而存在于某些水果中的有机酸，其种类会随着水果的生长期不同而改变，例如，苹果酸在葡萄的成熟前占优势，而酒石酸在成熟后占优势。对于一些动物性产品，会随着放置时间的延长，有机酸含量升高，酸度上升。例如牛乳，新鲜的牛乳有它的固有酸度，也称外表酸度，是指刚挤出来的新鲜牛乳的酸度，是由它自身含有的磷酸、酪蛋白、白蛋白、柠檬酸和CO_2等引起的酸度。而在新鲜牛乳的放置过程中，它的酸度会上升，这是由于牛乳中的乳糖在乳酸菌作用下产生乳酸，从而在固有酸度的基础上使酸度升高，这时候的酸度称为真实酸度，或发酵酸度。一般将含酸量不超过0.2%的牛乳称为新鲜牛乳，牛乳的含酸量要是达到0.3%就有酸味，达到0.6%就会凝固。又例如动物肉类，通过对肉样品的pH（即有效酸度）的测定可帮助判断肉的新鲜度。一般来讲，屠宰前的动物肌肉的pH接近中性（7.1 ~7.2），屠宰后肌肉代谢发生变化，使肉的pH下降（屠宰后1h和24h的pH分别为6.2 ~6.3和5.6 ~6.0），然后这种pH（称为“排酸值”）可一直维持到肉发生腐败分解之前；而当肉发生腐败后，肉的pH又会显著增高（基于细菌酶分解肉蛋白成氨、胺类等碱性化合物）。

由上可见，食品中的酸度对判断食品的成熟度、质量好坏、安全与否有十分重大的意义。具体如表10 -2所示。

表10 -2　食品酸度测定的意义

食品酸度的意义	说明
通过某些果蔬的糖酸比，判断其成熟度	一般来讲，随着果蔬成熟度的增大，其有机酸含量下降，糖含量上升，糖酸比增大。
通过所含有机酸种类和含量判别食品质量好坏	食品中某些挥发酸的含量增高说明食品质量变坏。例如牛乳中的乳酸含量，若其过高，则牛乳已腐败；油脂的酸度增大，则油脂已发生酸败，不新鲜；如某些发酵制品中有甲酸积累，则说明已发生细菌性腐败。
酸度以及酸的种类、含量和比例影响食品的感官性状	天然果蔬的酸度影响色素的呈色，从而影响食品的表观颜色；果蔬中含有的某些挥发酸为其带来独特的香气；各种蔬果的滋味和口感，取决于其中所含的有机酸以及糖的种类、含量和比例。
有机酸含量的高低影响食品的稳定性	有机酸含量高（pH低）能减弱微生物的抗热性和抑制其生长；控制介质pH可以抑制水果褐变；有机酸可以提高维生素C的稳定性，防止其氧化。

酸度分析

第二节 酸度的测定

在酸度的测定中，涉及到三个不同的酸度概念，对于不同的酸度，有不同的测定方法。酸度的概念见表 10－3。

表 10－3 酸度的几个概念

酸度名称	定义	测定方法
总酸度	指食品中所有酸性成分的总量，它包括未解离的酸的浓度和已解离的酸的浓度，又称为“可滴定酸度”	标准碱滴定法
有效酸度	指被测溶液中 H^+ 的浓度，准确地说应是溶液中 H^+ 的活度，所反映的是已解离的那部分酸的浓度，常用 pH 来表示	酸度计（即 pH 计）测定
挥发酸	指食品中易挥发的有机酸，如甲酸、醋酸及丁酸等低碳链的直链脂肪酸	蒸馏法分离，再用标准碱滴定来测定

食品的 pH 和可滴定酸度之间没有严格的比例关系，测定 pH 往往比可滴定酸度具有更大的实际意义，pH 的大小不仅取决于食品中酸的数量和性质，而且还受该食品中缓冲物质的影响。

下面分别介绍三种酸度的测定方法。

一、总酸度（可滴定酸度）的测定

由酸碱滴定得到的样品的可滴定酸度是用来衡量食品的总酸度的。食品中的酒石酸、苹果酸、柠檬酸、草酸、醋酸等其电离常数均大于 10^{-8}，可作为弱酸，以强碱标准溶液直接滴定一份已知体积（或质量）的食品样品，根据滴定至反应终点时所消耗的标准碱溶液的浓度和体积，可计算出样品中可滴定酸度，主要表示为有机酸含量。

对于酸碱滴定的终点判断，可以根据待测食品样品的性质采取酸碱指示剂滴定法或 pH 计电位滴定法。GB 12456—2021《食品安全国家标准 食品中总酸的测定》详细介绍了这两种测定的方法。酸碱指示剂滴定法适用于果蔬制品、饮料（澄清透明类）、白酒、米酒、白葡萄酒、啤酒和白醋中总酸的测定。对于有颜色或浑浊不透明的样品液，应选择 pH 计电位滴定法，此法适用于果蔬制品、饮料、酒类和调味品中总酸的测定。

GB 12456—2021《食品安全国家标准 食品中总酸的测定》

（一）酸碱指示剂滴定法

准确量取 1 份已知体积（或质量）的食品样品置于三角瓶中，加入 3～4 滴酚酞指示剂，用经标定的 0.1mol/L NaOH 标准溶液滴定至微红色 30s 不褪色，记录消耗 0.1mol/L NaOH 标准滴定溶液的体积（V_1）；并以水代替样品液，做空白试验，记录消耗0.1mol/L NaOH标准滴定溶液的体积数（V_2）。样品中总酸的含量可按式（10－1）计算：

$$X = \frac{c \times (V_1 - V_2) \times K \times F}{m} \times 1000 \tag{10-1}$$

式中 X——总酸含量，以质量分数计，以g/kg或g/L表示；

c——标准NaOH滴定溶液的浓度，mol/L；

V_1——滴定样品消耗标准NaOH滴定溶液体积，mL；

V_2——滴定空白样品消耗标准NaOH滴定溶液体积，mL；

m——样品质量或体积，g或mL；

F——样品的稀释系数（样品液的总体积/滴定样品的样液体积）；

K——酸的换算系数，即1mmol NaOH相当于主要酸的质量（g）（因食品中含有多种有机酸，总酸度测定结果通常以样品中含量最多的那种酸表示：苹果酸，0.067；醋酸，0.060；酒石酸，0.075；柠檬酸，0.064；带一分子水柠檬酸，0.070；乳酸，0.090；盐酸，0.036；磷酸，0.049）。

使用该法测定时需要注意：

1. 关于样品及样品预处理

（1）因为CO_2会溶于水成为酸性的H_2CO_3形式，从而干扰滴定的结果。因此，如果样品中含CO_2应在测定前水浴加热除去，如样品不含CO_2可直接充分混合均匀放密封容器中备用，必要时加适量水稀释；同样，对样品进行浸渍、稀释用的蒸馏水也不能含有CO_2，因而蒸馏水在使用前应煮沸除去CO_2并迅速冷却备用，必要时须经碱液抽真空处理。

（2）为使误差不超过允许范围，一般要求滴定时消耗0.1mol/L NaOH溶液不得少于5mL，最好在10～15mL，因而在正式测定前可根据样品中总酸含量用无CO_2水稀释，对样品进行浸渍时，也要考虑合适的浸渍水量，以免导致样品过度稀释。

（3）对于固体样品，取适量的有代表性的样品（按其总酸含量而定），在研钵或高速组织捣碎机中加入无CO_2蒸馏水进行捣碎，将其移入容量瓶中，在75～80℃水浴上加热0.5～1h，冷却后定容，用干滤纸过滤，弃去初始滤液25mL，收集滤液置于密封玻璃容器内备用。

（4）对于固、液体样品，按样品的固、液体比例取适量的有代表性的样品（按其总酸含量而定），用研钵或组织捣碎机捣碎或研磨成糊状，用无CO_2蒸馏水转入容量瓶中，充分振摇，用干滤纸过滤，弃去初始滤液25mL，收集滤液置于密封玻璃容器内备用。

（5）高浓度、含胶质或微粒的样品，这些物质会包裹样品材料形成致密的小颗粒，阻止酸在样品中迅速扩散，而扩散速度减慢会导致滴定终点褪色。高浓度、含淀粉或某些弱胶质样品可以用无CO_2蒸馏水稀释，充分混合后再滴定；对一些果胶和食品胶体，需要剧烈搅拌打散其胶体结构，搅拌过程偶尔会产生大量泡沫，应用除泡剂或真空脱气。

（6）对于颜色较深的食品，因它的滴定终点颜色变化不明显，可通过加水稀释、用活性炭脱色等方法处理后再用指示剂滴定（图10－1）。若样液颜色过深或浑浊，则宜采用电位滴定法（图10－2）。

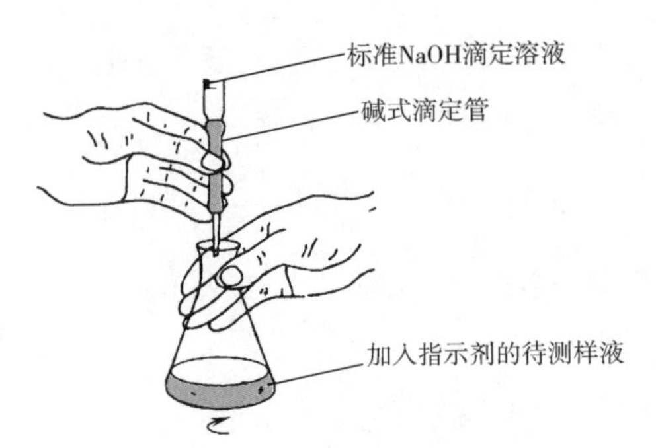

图 10－1　指示剂酸碱滴定

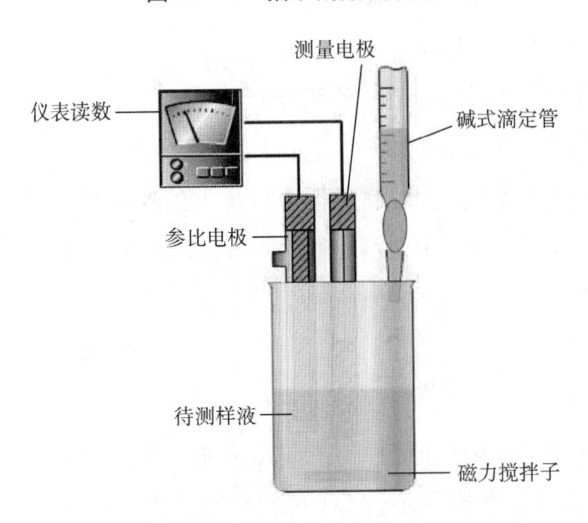

图 10－2　pH 电位滴定法

2. 关于标准 NaOH 滴定溶液

滴定用的标准 NaOH 滴定溶液的准确浓度需要用基准物质邻苯二甲酸氢钾标定。

3. 关于指示剂

指示剂可以很简便地指示滴定反应的近似终点，指示终点或终点颜色的变化替代了化学计量点。指示剂法得到的结果是近似值，其准确程度取决于选用的指示剂。酚酞是常用的指示剂，它在 pH 8.0～9.6 时由透明变成红色，并通常在 pH 8.2（酚酞的指示终点）时显著变色。食品中的酸是多种有机弱酸的混合物，用强碱滴定测其含量时滴定突跃不明显，其滴定终点偏碱，一般在 pH 8.2 左右，故可选用酚酞作终点指示剂。

4. 关于指示终点

按照图 10－1 的示例进行滴定时，应用手对锥形瓶进行不断涡旋振荡，滴定速度要慢且均匀，当快要接近滴定终点时，逐滴加入滴定液直至滴定到终点后溶液在 30s 不褪色为止。

（二）pH 计电位滴定法

使用 pH 计（或者自动电位滴定仪）确定滴定终点，称为电位滴定法。电位滴定法是以参比电极、指示电极与待测样液组成电池，加入滴定溶剂进行滴定，观察滴定过程中指示电极电位的变化（图 10－2）。根据酸碱中和原理，用碱液滴定试液中的酸，在化学计量点附近，由于被滴定的物质的质量分数发生突变，所以溶液的电位发生突跃，即为滴定终点。根据碱液的消耗量计算食品中的总酸含量，计算公式同式（10－1）。

使用该法测定时需要注意：

（1）该法适用于各种带颜色和浑浊的样品的测定，除此之外，对样品的要求跟酸碱指示剂滴定法相似。

（2）对于各种类型的食品，包括果蔬制品、饮料、乳制品、饮料酒、淀粉制品、谷物制品和调味品等试液，可以采用一步滴定，按照式（10－1）计算即可；而对于蜂产品，推荐使用盐酸反滴定法可得更准确结果（详见 GB 12456—2021《食品安全国家标准　食品中总酸的测定》的说明）。

（3）该法用 pH 计对滴定终点进行指示，仪器使用前要用标准 pH 缓冲溶液进行校正。

二、有效酸度（pH）的测定

pH 测定方法有 pH 试纸法、标准色管比色法和 pH 计测定法，以 pH 计（也称酸度计）法准确且简便，GB 5009. 237—2016《食品安全国家标准　食品 pH 的测定》对方法的测定有详细的介绍。

GB 5009.237—2016《食品安全国家标准　食品pH的测定》

（一）pH 计法

pH 计法利用电极在不同溶液中所产生的电位变化来测定溶液的 pH。利用玻璃电极作为测量电极，甘汞电极或银－氯化银电极作为参比电极一同浸入待测试液中组成原电池，当试液中氢离子浓度发生变化时，测量电极和参比电极之间的电动势也随着发生变化而产生直流电势（即电位差），电池电动势大小与溶液 pH 有直接关系式（10－2）：

$$E = E_0 + 0.0591\lg A = E_0 - 0.0591\text{pH}\ (25℃) \tag{10-2}$$

式中　E——测量电极电势，V；

E_0——标准电极电势，V；

A——被测离子活度，近似地指氢离子的浓度，mol/L。

即在 25℃时，每差一个 pH 单位就产生 59. 1mV 的电池电动势，利用 pH 计测量电池电动势，通过前置放大器输入到 A/D 转换器，并直接以 pH 表示，故可从 pH 计表头上读出样品溶液的 pH。

pH 计主要由电计和电极两部分组成。pH 计采用比较法测量试液中的 pH，测量原理是：用测量电极、参比电极和 pH 标准缓冲液组成电池，电计测量电池电动势 E_s，输入 pH 标准值。校准 pH 计后，再换成待测溶液和同一对电极组成电池，电计测量电池电动势 E_x，经比较，pH 计显示值即为待测溶液的 pH。计算公式如式（10－3）所示：

$$pH_x = pH_s + \frac{(E_s - E_x) \cdot F}{\ln 10 \cdot R \cdot T} = pH_s + \frac{(E_s - E_x)}{k} \quad (10-3)$$

式中　pH_x——待测溶液的 pH；

pH_s——pH 标准缓冲液的标准值；

E_s——用 pH 标准缓冲液测定时的电池电动势，V；

E_x——用待测溶液测定时的电池电动势，V；

F——法拉第常数，96490C/mol；

R——气体常数，8.313J/（mol·K）；

T——热力学温度，K；

k——能斯特方程的理论斜率，$k = \frac{\ln 10 \cdot R \cdot T}{F}$。

使用该法测定时需要注意：

（1）pH 计法适用于各类饮料、果蔬及其制品，以及肉、蛋类等食品中 pH 的测定。

（2）pH 计在使用前须选择适当 pH 的标准缓冲液对仪器进行校正（其 pH 与被测样液的 pH 应相接近），常用的有（20℃）pH 1.68、pH 4.01、pH 6.88、pH 9.23 的标准缓冲液。仪器一经标定，就不得随意触动，否则必须重新标定；此外，要注意对仪器尤其是其电极进行正确的养护和保藏才能获得准确而稳定的测定结果。

（二）比色法

比色法是利用不同的酸碱指示剂来显示 pH，属于简便的快捷方法。由于各种酸碱指示剂在不同的 pH 范围内显示不同的颜色，故可用不同指示剂的混合物显示各种不同的颜色来指示样液的 pH。

根据操作方法的不同，又分为试纸法和标准管比色法。

1. 试纸法（尤其适用于固体和半固体样品 pH 测定）

将滤纸裁成小片，放在适当的指示剂溶液中，浸渍后取出干燥即可，用干净的玻璃棒蘸取少量样液，滴在经过处理的试纸上（有广泛与精密试纸之分），使其显色，在 2～3s 后，与标准色相比较而确定出样液的 pH。此法简便、快速、经济，但结果不够准确，仅能粗略估计样液的 pH。

2. 标准管比色法

用标准缓冲液配制不同 pH 的标准系列，再各加适当的酸碱指示剂使其于不同 pH 条件下呈不同颜色，即形成标准色；在样液中加入与标准缓冲液相同的酸碱指示剂，显色后与标准色进行比较，与样液颜色相近的标准色所代表的缓冲溶液的 pH 即为待测样液的 pH。此法适用于色度和混浊度甚低的样液 pH 的测定，因其受样液颜色、浊度、胶体物和各种氧化剂和还原剂的干扰，故测定结果不甚准确，其测定仅能准确到 0.1 个 pH 单位。

三、挥发酸的测定

挥发酸是指食品中含低碳链的直链脂肪酸，主要是醋酸和痕量的甲酸、丁酸等，不包括可用水蒸气蒸馏的乳酸、琥珀酸、山梨酸以及 CO_2 和 SO_2 等。

挥发酸含量的检测是某些食品的一项重要的质量控制指标。例如某些果蔬类食品，它的挥发酸含量较稳定，但是如果在生产中使用了不合格的果蔬原料，或违反正常的工艺操作或果蔬成品在装罐前被放置过久，这些都会由于糖的发酵而使挥发酸增加从而降低食品品质。

总挥发酸的测定有直接法和间接法。直接法是通过水蒸气蒸馏或溶剂萃取把挥发酸分离出来，然后用标准碱滴定进行计算得到；间接法是将挥发酸蒸发除去后，滴定剩余的不挥发酸，最后从总酸含量中减去不挥发酸含量，即得到挥发酸含量。直接法操作方便，较常用，适合于挥发酸含量较高的样品；间接法适用于挥发酸含量较少的样品或者采用直接蒸馏时蒸馏液有所损失或被污染的样品。

直接法可采用直接蒸馏和水蒸气蒸馏，但直接蒸馏挥发酸是比较困难的，因为挥发酸与水构成有一定百分比的混溶体，并有固定的沸点。在一定的沸点下，蒸汽中的酸与留在溶液中的酸之间有一平衡关系，在整个平衡时间内，这个平衡关系不变。而用水蒸气蒸馏，则挥发酸与水蒸气是和水蒸气分压成比例地自溶液中一起蒸馏出来，因而能加速挥发酸的蒸馏过程。

水蒸气蒸馏适用于各类饮料、果蔬及其制品（如发酵制品、酒类）中总挥发酸含量的测定。样品的预处理与测定样品总酸含量相似。样品经适当处理后，加适量磷酸使结合态挥发酸游离出来，用水蒸气蒸馏分离出总挥发酸，经冷凝，收集后，以酚酞作指示剂，用标准碱液滴定至微红色 30s 不褪为终点，根据标准碱消耗量计算出样品中总挥发酸含量。测量常用到水蒸气蒸馏装置（图 10－3）。

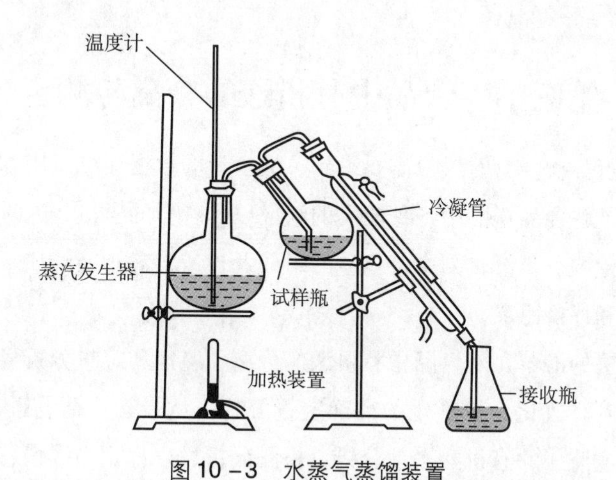

图 10－3　水蒸气蒸馏装置

测定分两步，首先利用图 10－3 的装置加热蒸馏样品，接收瓶中收集适量馏出液，于同一条件下做空白对照试验。第二步，将馏出液加热至 60～65℃（不可超过），加入 3 滴酚酞指示剂，用0.1 mol/L NaOH标准溶液滴定到溶液呈微红色30s不褪色，即为终点。样品中的挥发酸含量按式（10－4）计算：

$$A = \frac{(V_1 - V_2) \times c}{m} \times 0.06 \times 100 \tag{10-4}$$

式中 A——样品中挥发酸含量，以醋酸计，g/100g或g/100mL；

m——样品质量或体积，g或mL；

V_1——滴定样液消耗标准NaOH的体积，mL；

V_2——滴定空白消耗标准NaOH的体积，mL；

c——标准NaOH溶液的浓度，mol/L；

0.06——换算为醋酸的分数，即1 mmoL NaOH相当于醋酸的质量（g）。

使用该法测定时需要注意：

（1）蒸馏前应先将水蒸气发生瓶中的水煮沸10min，或在其中加2滴酚酞指示剂并滴加NaOH使其呈浅红色，以排除其中的CO_2。

（2）溶液中总挥发酸包括游离挥发酸和结合态挥发酸。由于在水蒸气蒸馏时游离挥发酸易蒸馏出，而结合态挥发酸不易挥发出，给测定带来误差。故测定样液中总挥发酸含量时，须加少许磷酸使结合态挥发酸游离出来，便于蒸馏。

（3）在整个蒸馏过程内，应注意蒸馏瓶内液面保持恒定，否则会影响测定结果，并注意蒸馏装置密封良好，防止挥发酸损失。

（4）滴定前必须将蒸馏液加热到60～65℃，使其终点明显，加速滴定反应，缩短滴定时间，减少溶液与空气接触机会，以提高测定精度。

（5）样品中含有CO_2和SO_2等易挥发性成分，对结果有影响，须排除其干扰。

第三节 食品中有机酸的分离与测定

对食品中的酸进行分析，有时候只需要拿到总酸含量的数据，可以用本章第二节介绍的方法获得；但有时候需要了解食品样品中各种酸类的组成以及各自的含量，这时需要对食品中的有机酸进行分离以及定量检测。了解食品中有机酸的组成及含量，对食品的加工、贮存、品质及风味等均具有重要的指导和评价意义。

随着分析化学方法的沿革，对食品中有机酸的分离、鉴定和定量分析经历了从缓慢分析、定性、半定量分析发展到高效化、精确化的准确定量分析。从最初的简易硅胶色谱层析分离有机酸，到配合连续吸光度监测的有机酸自动分析，检测分析过程都相当缓慢，并且准确度较低。而纸色谱法及薄层色谱法只能提供定性和半定量分析，且预处理步骤冗长，操作十分烦琐，故实际应用也不多。目前比较常用的方法是气相色谱法（GC）、离子色谱法（IC）、高效液相色谱法（HPLC）和毛细管电泳法（CE）。这些方法其实在大多数的食品组分分析中都有广泛应用，本书也有专门的章节介绍这些方法，下面以葡萄酒中的有机酸的分离检测为示例，向大家介绍这些方法的优缺点及适用特点。

葡萄酒中的有机酸主要有酒石酸、苹果酸、琥珀酸、乳酸、醋酸、柠檬酸等，有机酸的种类及其含量影响葡萄酒口感和风味；此外，利用葡萄酒中柠檬酸总量及柠檬酸与有机酸总量的比值，可进行勾兑假酒的初步检测，因而有机酸的检测对葡萄酒酿造过程的调控及成品的评定与监管都极为重要。

一、气相色谱法分离与检测样品中的有机酸

气相色谱法常用于挥发性物质的分析，对于不具有挥发性的物质，经过衍生化转变为挥发性物质后在适当的测定条件下也可以进行分析。气相色谱法适用于低相对分子质量有机酸的检测，在一般的气相色谱条件下，相对分子质量大的有机酸通常是非挥发性的，故须将其转化成挥发性衍生物再进行测定。气相色谱法成本较低、分析速度快、对环境破坏小、分离能力高、灵敏度高，但是对于大相对分子质量的有机酸的检测需要增加样品衍生化前处理的操作，比较费时，对葡萄酒中热稳定性差和含量低的有机酸分析也有一定的局限性，同时由于衍生化化学反应不易定量，会使测定结果失真。

示例：在*N*，*N*－二甲基甲酰胺非质子溶剂中，用碘乙烷与多元有机酸的四甲基铵盐反应制备各酸相应的乙酯，以衍生化气相色谱法分离测定葡萄酒中的多元有机酸。使用GC9790气相色谱仪，SE－30毛细管柱（$30m \times 0.53mm \times 1.00\mu m$），程序升温法，内标法定量，同时测定了葡萄酒中的丙二酸、琥珀酸、苹果酸、戊二酸、酒石酸、己二酸、柠檬酸。方法对各种酸的分离度高，避免了有机酸的预分离、浓缩等步骤，分析时间快（16min）、定量测定的回收率95.1%～98.9%，相对标准偏差<5.0%，适用于各种葡萄酒、果酒以及啤酒等酒类饮品中有机酸的测定。

样品和标准有机酸样品酯化的方法：取样品于蒸发皿中，用0.1mol/L的四甲基氢氧化铵中和至pH为8，水浴蒸干，冷至室温，以*N*，*N*－二甲基甲酰胺分次溶解剩余有机酸盐，溶液转移入试管中，逐滴加入一定量碘乙烷，塞紧，摇匀，放置30min后进行气相色谱分析。

将已知浓度的标准有机酸乙酯，用气相色谱仪分析，制作工作曲线，样品的乙酯化物的测量值与工作曲线相比较，计算出样品中各有机酸的含量。

二、离子色谱法分离与检测样品中的有机酸

离子色谱法是分析离子型化合物的常用方法，是检测葡萄酒中有机酸的有效方法，具有灵敏度高、重复性好、操作简单等优点，根据分离原理的不同可分为离子交换色谱法和离子排斥色谱法两种。离子排斥色谱比较常用，主要用于弱的有机酸和无机酸的分离。

示例：用LC－10AS离子色谱仪，CDD－6A电导检测器，TSKgel OApak－A色谱柱，3.42mmol/L苯甲酸溶液作流动相，流速1.0mL/min，进样25μL，电导检测器1μS/cm，柱温为

25℃±2℃，分析时间14min，可同时对葡萄酒中的酒石酸、柠檬酸、苹果酸、甲酸、醋酸、琥珀酸进行测定。该方法分离时间较短，相对偏差为1.8%~3.6%，回收率为97.9%~105.6%。

近年来，在离子交换色谱的基础上，开发出一种新型的自动分析仪器，对有机酸的羧基有特异性的高灵敏度（即羧酸分析仪）。该法具有简便，快速，高灵敏度，选择性好，可同时测定无机或亲水性有机阴、阳离子等多种组分的独特优点，使该法被广泛用于分析各种食品中有机酸的组成和含量。羧酸分析仪是由有机酸分离部分和检测部分组成。分离部分以强碱性阴离子交换树脂柱进行分离；检测部分利用对羧基具有特殊高灵敏度的显色反应进行检测。

$$\mathrm{RCOOH} + \mathrm{C_6H_{11}{-}N{=}C{=}N{-}C_6H_{11}} \longrightarrow \mathrm{RCOO{-}C({=}N{-}C_6H_{11})(HN{-}C_6H_{11})} \xrightarrow{\mathrm{H_2NOH}} \mathrm{RCONHOH} + \mathrm{O{=}C(HN{-}C_6H_{11})_2}$$

$$\mathrm{RCONHOH} + \mathrm{Fe^{3+}} \rightleftharpoons \underset{\text{紫红色螯合物}}{\mathrm{(RCONHOFe)^{2+}}} + \mathrm{H^+}$$

显色原理是：在*N*，*N'*-双环己基碳酰亚胺（DCC）和羧酸反应生成的酰基异尿素中加入羟胺，生成氧肟酸，在酸性下使其与三价铁离子反应，生成紫红色的螯合物。该化合物在530nm下有最大吸收，因而可测量其吸光度进行比色法测定，内标法定量。用0.2mol/L盐酸配制的一系列浓度不同的标准有机酸混合溶液，注入羧酸分析仪中进行分析，以所得色谱峰高或峰面积对标准有机酸含量绘制标准曲线，由试样的色谱峰保留时间定性，根据峰高或峰面积定量。结果色谱图见图10-4。

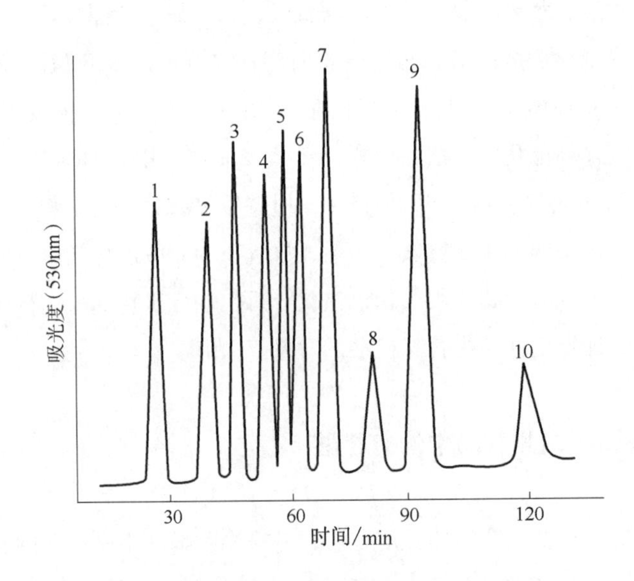

图10-4 有机酸的羧酸分析仪色谱图

1—谷氨酸 2—葡萄糖醛酸 3—焦谷氨酸 4—乳酸 5—醋酸 6—酒石酸 7—苹果酸 8—柠檬酸 9—琥珀酸 10—α-酮戊二酸

三、高效液相色谱法分离与检测样品中的有机酸

高效液相色谱法是分离检测有机酸的首推有效方法，在检测葡萄酒中的有机酸含量中，高效液相色谱法检测占利用色谱技术检测有机酸的70%以上，因为该法只需对样品进行离心或过滤等简单预处理，而不需要太多的分离处理手续，操作快速、简便，并且准确率和重复性均优于其他检测方法。采用C_{18}等反相柱分离食品中有机酸，并以紫外分光检测器或电化学检测器测定的方法越来越完善、准确。

示例：一般的葡萄酒中有机酸的RP-HPLC检测中，流动相须经0.45μm滤膜过滤、脱气后方可使用；经发酵、陈酿后，大部分有机酸已经转移到酒体中，因而葡萄酒品可经离心或不离心，稀释定容后过0.45μm微膜，即可上机检测。检测的色谱条件如下。配可变波长扫描紫外检测器（VWD），ODS或性能相当的色谱柱（250mm×4.6mm，5μm），检测波长210nm，柱温25~30℃，流速0.6~0.8mL/min，进样10μL，以0.01mol/L的磷酸盐缓冲液，pH 2.7~3.0的K_2HPO_4或$(NH_4)_2HPO_4$溶液作流动相进行检测，在这些基本条件下各种酸的分离度、相关系数、回收率都较高。

直接采用高效液相色谱进行葡萄酒中有机酸的检测，会受到样品中糖类、醇类以及色素的干扰，为去除杂质，净化和富集有机酸，常在样品检测前进行前处理，比如固相萃取、树脂富集、界面衍生和酯化衍生等。其中固相萃取是一种最常用的前处理方法，GB/T 15038—2006《葡萄酒、果酒通用分析方法》中推荐使用配合固相萃取柱分离和高效液相色谱对葡萄酒样品进行测定：将一定量的葡萄酒样品经阴离子固相萃取柱分离与纯化，将样品中的糖类、醇类和有机酸分离；在色谱分离柱中，以稀的硫酸溶液为流动相，经示差折光和紫外检测器检测，分别对蔗糖、葡萄糖、果糖以及柠檬酸、酒石酸、苹果酸、琥珀酸、乳酸、醋酸等有机酸定量。固相萃取作为一种新型的样品前处理方式，溶剂消耗量少，能净化和富集样品，但是样品批次间的重复性难以保证。高效液相色谱以液体作为流动相，不受样品挥发性和热稳定性的影响，应用范围广，重现性好，可同时检测多种有机酸，是检测葡萄酒中有机酸最常用的方法。但由于小分子有机酸在反相色谱柱中保留值小，测定时须采用极性大、pH低的洗脱液，对色谱柱损坏较大，应避免大批量样品的连续检测。

四、毛细管电泳法分离与检测样品中的有机酸

毛细管电泳法是以石英毛细管为分离通道，高压直流电场为驱动力，依据样品中各组分之间的差异而实现分离的电泳分离分析方法，具有分析速度快、分离效率高、实验成本低、样品和试剂耗量少、操作简便等优点，适用于有机酸的快速分析，尤其当样品中含有大量的低聚糖类、果胶等有机物以及大量的SO_4^{2-}、Cl^-等无机离子时，毛细管电泳法就比高效液相色谱法和离子色谱法更有效。但相比于高效液相色谱、气相色谱等检测方法，毛细管电泳法的重现性和灵敏度较

差，定量分析结果不够准确。

示例：采用毛细管电泳 - 电喷雾电离质谱联用法同时测定葡萄酒中的草酸、富马酸、琥珀酸、柠檬酸、苹果酸、抗坏血酸、酒石酸和乳酸 8 种主要有机酸的含量，在未涂层石英毛细管（50μm × 80cm）中，以 40.0mmol/L 醋酸铵（用 1.0mol/L 醋酸调至 pH 4.5）为缓冲溶液，30% 异丙醇（含 3.0mmol/L 氨水）为鞘液，分离电压 25.0kV，可在 15min 内实现各组分的完全分离，各组分的加标回收率为 87.6% ~ 98.2% ，相对标准偏差（RSD）为 2.7% ~ 5.6% 。

综上，对葡萄酒样品中的有机酸的检测方法各有特色，从表 10 - 4 可看出它们的优缺点和适用范围。

表 10 - 4　葡萄酒中有机酸检测的各种常用方法的比较

检测方法	优点	缺点	适用范围
高效液相色谱法	简单、快速、对样品要求不高	低 pH 的洗脱液对色谱柱破坏大	不适合大批量样品的连续检测
气相色谱法	灵敏度高、环境友好	分子质量大的有机酸需衍生化处理，增加了处理难度和时间	适用于低相对分子质量有机酸的检测
离子色谱法	重现性好，灵敏度高	分析周期长	适用于低含量及低相对分子质量的有机酸的检测，不适合快速检测
毛细管电泳法	分析速度快，样品、试剂消耗少，实验成本低	重现性差，定量分析结果不够准确	适用于有机酸的快速检测

思考题

1. 简述总酸度的测定原理。

2. 在总酸度测定中，以酚酞为终点指示剂，解释滴定的终点偏碱性（pH 8.2）的原因。

3. 在测定食品总酸度时，对深色样品应如何处理？

4. 如何测定挥发酸含量？在样品处理过程中加入磷酸的作用是什么？

5. 食品的总酸度、有效酸度、挥发酸测定值之间有什么关系？食品中酸度的测定有何意义？

6. 简述电位法的测定原理。

7. 下列各种食品中，哪些能用可滴定酸来解释酸的浓度？(1) 橙汁；(2) 酸乳；(3) 苹果汁；(4) 葡萄汁。

8. 实验室要求测定苹果汁的可滴定酸度，某一位学生实验报告结果是可滴定酸度为 0.66% 柠檬酸。请说出这个答案错误的理由。

9. 食品中有机酸的分离与测定的方法有哪些？气相色谱法和高效液相色谱法分离与测定有机酸的原理及特点分别是什么？

第十一章

维生素的测定

本章学习目的与要求

1. 综合了解食品中维生素的性质、分布与作用；

2. 明确对食品中维生素含量检测的意义，掌握对维生素进行检测的方法类别及其优缺点；

3. 掌握脂溶性维生素和水溶性维生素含量测定的通用方法，了解食品中常见的维生素的常用检测方法。

第一节 概 述

维生素概述

维生素（Vitamin）种类繁多，结构复杂，理化性质及生理功能各异，主要分为脂溶性维生素和水溶性维生素两大类，是维持人体正常生命活动所必需的一类微量低分子天然有机化合物。维生素具有以下共性：① 在天然食物中存在维生素或其前体化合物，但没有任何一种天然食物能包含人体所需的全部维生素；② 维生素无法给机体供能，也不是构成组织的基本物质原料；③ 人体中维生素的含量及平衡对健康至关重要，如长期缺乏任何一种维生素都会导致相应的疾病，而摄入量过多，超过非生理量时，则可导致体内积存过多而引起中毒；④ 在人体内一般不能合成维生素，或合成量不能满足生理需要，必须经常从食物中摄取。

食品中维生素的含量主要取决于食品的品种及该食品的加工工艺与贮存条件。测定食品中维生素的含量，在评价食品的营养价值，开发利用富含维生素的食品资源，指导人们合理调整膳食结构，防止维生素缺乏症，研究维生素在食品加工、贮存等过程中的稳定性，指导人们制定合理的工艺及贮存条件，监督维生素强化食品的强化剂量等方面，具有十分重要的意义和作用。

维生素的测定方法分为三大类：生物分析方法、微生物分析方法和化学分析方法。生物分析方法目前仅用于维生素 B_{12} 和维生素 D 的分析，具有费时、费力、需要动物饲养场地等缺点，在日常测定中只限于在没有其他更好的方法的情况下才使用。微生物方法仅限于对水溶性维生素的分析测定，具有灵敏性和专一性，但是该方法比较耗时，需要严格遵守其分析步骤才能保证结果的准确性。化学分析方法（如分光光度法、荧光分析法、色谱法）相对简单、快速；其中，色谱法是检测方法中的首选。

第二节　脂溶性维生素的测定

维生素的测定

按照维生素的溶解性将其分为脂溶性维生素和水溶性维生素。脂溶性维生素包括维生素 A、维生素 D、维生素 E、维生素 K 各小类，它们能溶于脂肪或脂类溶剂，在食物中常与脂类共存，摄入后存在于脂肪组织中，不能从尿中排出，大剂量摄入时可能引起中毒。下面分别介绍各类脂溶性维生素的检测。

一、维生素 A 的测定

表 11－1 列出了维生素 A 的主要性质。

表 11－1　维生素 A 的性质

名称	维生素 A		
熔点	62 ~64℃		
溶解性	不溶于水，能溶于乙醇、甲醇、氯仿、乙醚和苯等有机溶剂		
光稳定性	对紫外线、空气（和一些助氧剂之类的物质）等因素较敏感		
酸碱稳定性	对酸不稳定，但在碱性条件下较稳定		
主要异构体	维生素 A_1（视黄醇）	CH_3 CH_3 CH_3 CH_2OH CH_3 CH_3	在动物的脂肪中存在的维生素 A 的母体化合物
	维生素 A_2（3－脱氢视黄醇）	H_3C CH_3 CH_3 CH_3 CH_2OH CH_3	在鱼肝油中存在一种类视黄醇物质，其生物效能为视黄醇的 40%

根据维生素 A 对光、酸碱的稳定性，在样品制备过程中应采取措施避免维生素 A 发生不利变化，包括：① 使用低光化的玻璃器皿、充氮气和（或）真空保护；② 避免高温；③ 在柔和的人造光下工作；④ 在皂化之前加入连苯三酚作为抗氧化剂。维生素 A 的测定方法有三氯化锑比色法、紫外分光光度法和高效液相色谱法。紫外分光光度法易受其他化合物的干扰，只适用于透明鱼油、维生素 A 的浓缩物等纯度较高的样品。三氯化锑比色法所用仪器简单、成本低廉；液相色谱法灵敏度高、简单易行，被认为是能够精确测出食物中维生素 A 活性的唯一可接受的方法。这里以反相高效色谱法同时测定食品中维生素 A 和维生素 E 为例介绍分析方法。

（一）原理

试样中的维生素 A 及维生素 E 经皂化（含淀粉先用淀粉酶酶解）、提取、净化、浓缩后，C_{30}或 PFP 反相液相色谱柱分离，紫外检测器或荧光检测器检测，外标法定量。

（二）测定方法

1. 样品处理

（1）皂化　称取2~5g经均质处理的固体试样或50g液体试样于平底烧瓶中，固体试样须加入约20mL温水，混匀；若含有淀粉的样品，则需加入淀粉酶进行避光恒温振荡酶解。然后，加入1.0g抗坏血酸和0.1g 2，6－二叔丁基对甲酚（BHT），混匀，加入30mL无水乙醇，加入10~20mL氢氧化钾溶液，边加边振摇，混匀后于80℃下振荡皂化30min，立即冷却至室温。

（2）提取、洗涤、浓缩　将皂化液用30mL水移入分液漏斗，加入50mL石油醚－乙醚混合液，振荡萃取5min。静置分层后，将水层放入第二个分液漏斗中，加入50mL石油醚－乙醚混合液，进行第二次提取，合并醚层。用约100mL水洗涤醚层，约重复3次，直至将醚层洗至中性，去除下层水相。将分液漏斗中的石油醚层经无水硫酸钠脱水后，放入棕色圆底烧瓶中，用少量石油醚洗分液漏斗和无水硫酸钠，洗液并入棕色圆底烧瓶中，于40℃减压蒸馏石油醚，至瓶内剩约2mL液体时，取下烧瓶，用氮气吹至近干。用甲醇分次将圆底烧瓶中残留物溶解并转移至10mL容量瓶中，定容至刻度。溶液过0.22μm有机系滤膜后供高效液相色谱测定。

2. 测定

（1）色谱分析参考条件　色谱柱：C_{30}柱（250mm×4.6mm，3μm），或相当者；流动相：甲醇和水，梯度洗脱；流速：0.8mL/min；柱温：20℃；紫外检测波长：325nm；进样量：10μL。

（2）标准曲线的绘制　将维生素A和维生素E系列标准工作液进行高效液相色谱分析，记录峰面积。以标准测定液浓度为横坐标，以相应的峰面积为纵坐标绘制标准曲线。维生素A和维生素E的标准色谱图如图11－1所示。

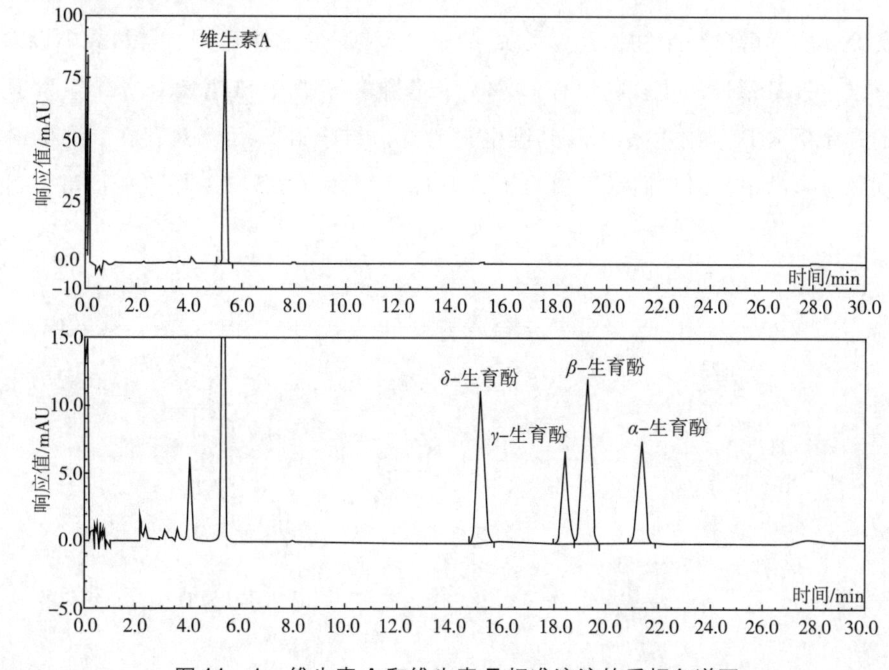

图11－1　维生素A和维生素E标准溶液的反相色谱图

（3）试样溶液的测定　将试样液按标准工作液的液相色谱条件进行测定。根据试样溶液的峰面积，从标准曲线上查出对应的维生素 A 或维生素 E 的浓度。

3. 结果计算

试样中维生素 A 或维生素 E 的含量可按式（11-1）计算：

$$X = \frac{\rho \times V \times f \times 100}{m} \tag{11-1}$$

式中　X——试样中维生素 A 或维生素 E 的含量，μg/100g；

ρ——根据标准曲线计算得到的试样中维生素 A 或维生素 E 的质量浓度，μg/mL；

V——试样溶液最终定容的体积，mL；

f——换算因子（维生素 A 的 $f=1$，维生素 E 的 $f=0.001$）；

100——试样中量以每 100g 计算的换算系数；

m——试样质量，g。

4. 方法说明和注意事项

GB 5009.82—2016《食品安全国家标准　食品中维生素A、D、E的测定》

（1）反相高效液相色谱法摘自 GB 5009.82—2016《食品安全国家标准　食品中维生素 A、D、E 的测定》中的第一法，适用于食品中维生素 A 和维生素 E 的同时测定。可扫二维码参看具体内容。

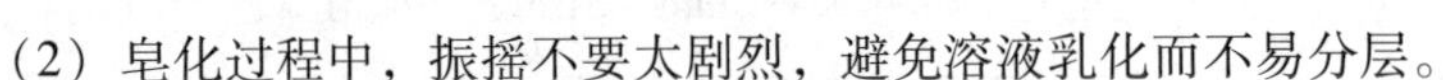

（2）皂化过程中，振摇不要太剧烈，避免溶液乳化而不易分层。

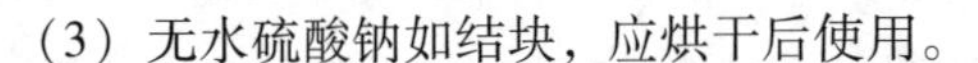

（3）无水硫酸钠如结块，应烘干后使用。

二、维生素 D 的测定

维生素 D 是类固醇的衍生物，是一类关系钙、磷代谢的活性物质。自然界中以多种形式存在，具有维生素 D 活性的化合物约有 10 种，记作维生素 D_2、维生素 D_3、维生素 D_4 等，其中最重要的是维生素 D_2、维生素 D_3 及其维生素 D 原。维生素 D_2 无天然存在，维生素 D_3 只存在于某些动物性食品中。但它们都可由维生素 D 原（麦角固醇和 7-脱氢胆固醇）经紫外线照射形成。

紫外光

麦角固醇　　　　维生素 D_2（麦角钙化醇）

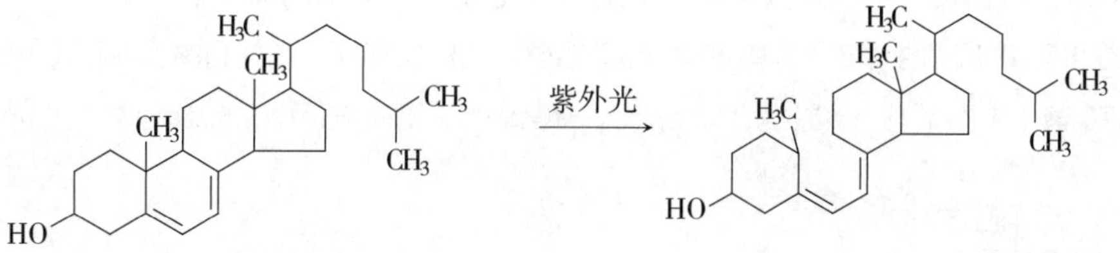

7 - 脱氢胆固醇 —紫外光→ 维生素D_3（胆钙化醇）

维生素 D 的测定方法有：比色法、高效液相色谱法、薄层层析法等。高效液相色谱法灵敏度高，操作简便、分析速度快，是目前分析维生素 D 的最好方法。这里仅介绍液相色谱 - 质谱串联法测定食品中维生素 D_2和维生素 D_3。

（一）原理

试样中加入维生素 D_2和维生素 D_3的同位素内标后，经氢氧化钾 - 乙醇溶液皂化（含淀粉试样先用淀粉酶酶解）、提取、硅胶固相萃取柱净化、浓缩后，反相高效液相色谱 C_{18}柱分离，串联质谱法检测，内标法定量。

（二）测定方法

1. 样品处理（皂化）

称取混合均匀的固体试样约 2g 于 50mL 具塞离心管中，加入 100μL 维生素 D_2 - d_3 和维生素 D_3 - d_3混合内标溶液；若试样含有淀粉，则须加入 0.4g 淀粉酶和 10mL 约 40℃温水，于 60℃避光恒温振荡 30min；冷却后向酶解液加入 0.4g 抗坏血酸，加入 6mL 约 40℃温水，涡旋 1min，加入 12mL 乙醇，涡旋 30s，再加入 6mL 氢氧化钾溶液，涡旋 30s 后放入恒温振荡器中，80℃避光恒温水浴振荡 30min（如样品组织较为紧密，可每隔 5 ~ 10min 取出涡旋 30s），取出放入冷水浴降温。

2. 维生素 D 待测液的提取与净化

于上述处理的试样溶液中加入 20mL 正己烷，涡旋提取 3min，离心。转移上层清液到 50mL 离心管，加入 25mL 水，轻微晃动 30 次，离心，取上层有机相备用。将硅胶固相萃取柱依次用乙酸乙酯活化和正己烷平衡，取备用液全部过柱，再用乙酸乙酯 - 正己烷溶液淋洗，用乙酸乙酯 - 正己烷溶液洗脱。用氮气吹干洗脱液后加入 1.00mL 甲醇，涡旋 30s，过 0.22μm 有机系滤膜供仪器测定。

3. 维生素 D 测定液的测定

（1）色谱参考条件　色谱柱：C_{18}柱，100mm × 2.1mm，1.8μm，或同等性能的色谱柱；流动相 A：0.05% 甲酸 - 5mmol/L 甲酸铵溶液；流动相 B：0.05% 甲酸 - 5mmol/L 甲酸铵甲醇溶液，流动相按比例梯度洗脱；流速：0.4mL/min，柱温：40℃；进样体积：10μL。

（2）质谱参考条件　电离方式：ESI^+；鞘气温度：375℃；鞘气流速：12L/min；喷嘴电压：500V；雾化器压力：172kPa；干燥气温度：325℃；干燥气流速：10L/min。

（3）标准曲线的绘制　分别将维生素 D_2和维生素 D_3标准系列工作液由低浓度到高浓度依次进样，以维生素 D_2、维生素 D_3与相应同位素内标的峰面积比值为纵坐标，以维生素 D_2、维生素

D_3标准系列工作液浓度为横坐标分别绘制维生素 D_2、维生素 D_3标准曲线。

（4）维生素 D 试样的测定　将待测样液依次进样，得到待测物与内标物的峰面积比值，根据标准曲线得到测定液中维生素 D_2、维生素 D_3的浓度。待测样液中的响应值应在标准曲线线性范围内。

（三）结果计算

试样中维生素 D_2（或 D_3）的含量可按式（11－2）计算：

$$X = \frac{\rho \times V \times f \times 100}{m} \tag{11-2}$$

式中　X——试样中维生素 D_2（或 D_3）的含量，μg/100g；

ρ——从标准曲线中得到待测液中维生素 D_2（或 D_3）的质量浓度，μg/mL；

V——定容体积，mL；

m——试样的质量，g；

100——试样中量以每 100g 计算的换算系数；

f——稀释倍数。

（四）方法说明与注意事项

（1）液相色谱－质谱串联法摘自 GB 5009.82—2016《食品安全国家标准　食品中维生素 A、D、E 的测定》中的第三法，适用于食品中维生素 D_2和维生素 D_3的测定。配方食品中维生素 D_2或维生素 D_3的测定可参考上述标准中的第四法。

（2）处理过程应避免紫外光照，尽可能避光操作。一般皂化时间为 30min，如皂化液冷却后，液面有浮油，需要加入适量氢氧化钾溶液，并适当延长皂化时间。

三、维生素 E 的测定

维生素 E（生育酚）属于酚类物质。目前已经确认维生素 E 有八种异构体：α－生育酚、β－生育酚、γ－生育酚、δ－生育酚和 α－生育三烯酚、β－生育三烯酚、γ－生育三烯酚、δ－生育三烯酚。其中以 α－生育酚的活性最高，若以 α－生育酚的生理活性为 100，则 β－及 γ－生育酚和 δ－生育三烯酚的活性分别为 40、8 及 20，其他形式的活性更低。故通常都以 α－生育酚作为维生素 E 的代表进行研究。生育酚和生育三烯酚之间的区别在于后者的侧链上有三个双键，不同生育酚或生育三烯酚之间的区别是环状结构上的甲基的数目和位置不同。它们的结构式如下：

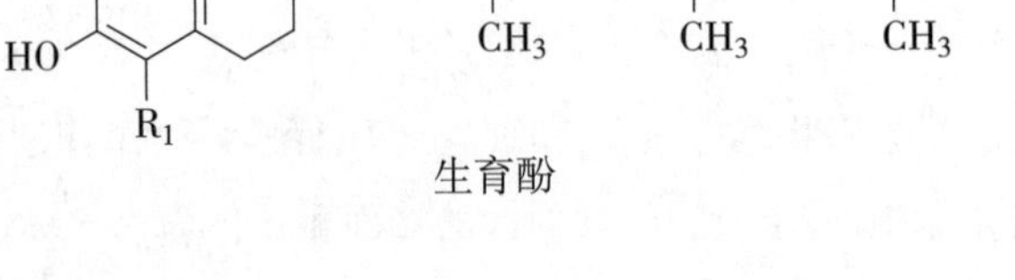

R_3　H_3C　R_2　O　CH_3　HO　CH_3　CH_3　CH_3　R_1

生育酚

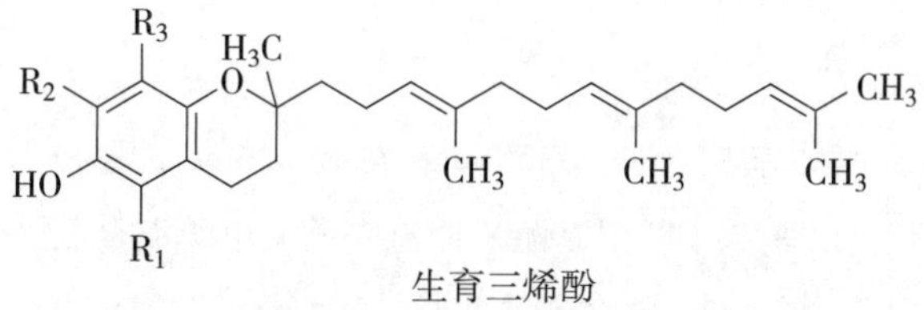

生育三烯酚

化合物	R_1	R_2	R_3
α-生育酚	CH_3	CH_3	CH_3
β-生育酚	CH_3	H	CH_3
γ-生育酚	H	CH_3	CH_3
δ-生育酚	H	H	CH_3

维生素 E 对热稳定，在酸性环境比碱性环境稳定，但对氧和氧化剂不稳定。因此，与维生素 A、维生素 D 一样，维生素 E 样品制备过程中必须防止其氧化。维生素 E 的测定方法有比色法、荧光法、气相色谱法和液相色谱法等。比色法虽操作简单，但灵敏度不高，易受其他物质的干扰，荧光法适用于 α－生育酚含量较高的样品的测定，对于 α－生育酚含量不多的植物性样品，由于其他异构体含量较多，且每一种同系物的激发波长和发射波长的荧光强度不尽相同，因此测定误差较大。维生素 E 的测定可以通过反相高效色谱法测定（见维生素 A 的测定）。这里介绍正相高效色谱法分析检测食用油、坚果、豆类和辣椒粉等食物中维生素 E。

（一）原理

样品中维生素 E 经有机溶剂提取、浓缩后，用高效液相色谱酰氨基柱或硅胶柱分离，经荧光检测器检测，外标法定量。

（二）测定方法

1. 样品处理

（1）植物油油脂　称取 0.5～2g 油样于棕色容量瓶中，加入 0.1g BHT 和 10mL 流动相，超声或涡旋振荡溶解后用流动相定容至刻度，摇匀。过孔径为 0.22μm 有机系滤头于棕色进样瓶中，待进样。

（2）奶油、黄油　称取 2～5g 样品于离心管中，加入 0.1g BHT，45℃水浴熔化，加入 5g 无水硫酸钠，涡旋 1min，混匀，加入 25mL 流动相超声或涡旋振荡提取，离心，将上清液转移至浓缩瓶中，再用 20mL 流动相重复提取 1 次，合并上清液至浓缩瓶，用氮气浓缩或减压蒸馏。用流动相将浓缩瓶中残留物溶解并转移至 10mL 容量瓶中，定容至刻度，摇匀。溶液过 0.22μm 有机系滤膜后供高效液相色谱测定。

（3）坚果、豆类、辣椒粉等干基植物样品　称取 2～5g 样品，用索氏提取仪或加速溶剂萃取仪提取其中的植物油脂，将含油脂的提取溶剂转移至 250mL 圆底烧瓶内，通过减压蒸馏或气流浓缩至干，用 10mL 流动相将油脂转移至 25mL 容量瓶中，加入 0.1g BHT，超声或涡旋振荡溶解后，用流动相定容至刻度，摇匀。过孔径为 0.22μm 有机系滤头于棕色进样瓶中，待进样。

2. 测定

（1）色谱参考条件　酰氨基柱（柱长150mm，内径3.0mm，粒径1.7μm）或性能相当者；柱温：30℃；流动相：正己烷+叔丁基甲基醚-四氢呋喃-甲醇混合液（体积比20:1:0.1），体积比90:10，混匀，临用前脱气；荧光检测器波长：294nm，发射波长328nm；进样量：10μL；流速：0.8mL/min。

（2）将维生素E标准系列工作溶液从低浓度到高浓度分别注入高效液相色谱仪中，测定相应的峰面积。以峰面积为纵坐标，标准溶液浓度为横坐标绘制标准曲线，计算直线回归方程。标准色谱图如图11-2所示。

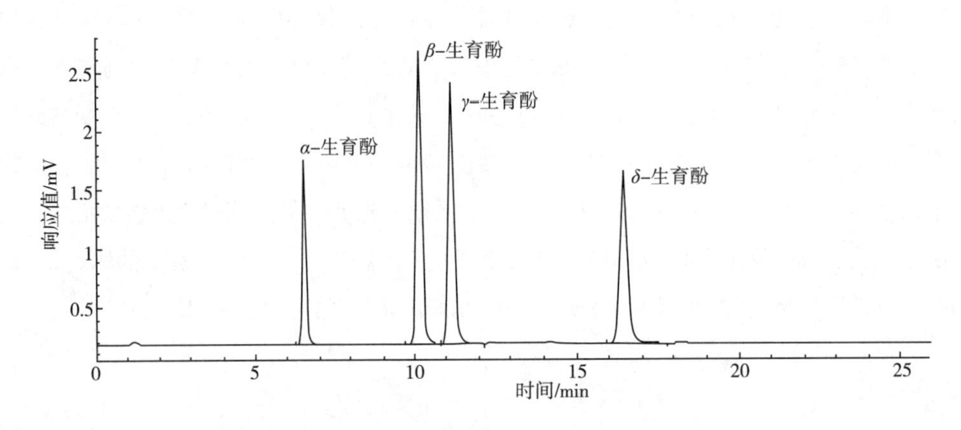

图11-2　维生素E标准溶液酰氨基柱色谱图

（3）试样测定　试样液经高效液相色谱仪分析，测得峰面积，采用外标法通过上述标准曲线计算其浓度。

（三）结果计算

试样中维生素E的含量可按式（11-3）计算：

$$X = \frac{\rho \times V \times f \times 100}{m} \tag{11-3}$$

式中　X——试样中维生素E的含量，mg/100g；

ρ——根据标准曲线计算得到的试样中维生素E质量浓度，μg/mL；

V——样品浓缩定容体积，mL；

f——换算因子（f=0.001）；

100——试样中量以每100g计算的换算系数；

m——样品质量，g。

（四）方法说明与注意事项

（1）正相高效色谱法摘自GB 5009.82—2016《食品安全国家标准　食品中维生素A、D、E

的测定》中的第二法，适用于食用油、坚果、豆类和辣椒粉等食物中维生素 E 的测定。

（2）使用的所有器皿不得含有氧化性物质；分液漏斗活塞玻璃表面不得涂油；处理过程应避免紫外光照，尽可能避光操作。

四、维生素 K 的测定

维生素 K（凝血维生素）具有多种衍生物，自然界中有叶绿醌系维生素 K_1、甲萘醌系维生素 K_2，还有人工合成的维生素 K_3 和维生素 K_4 等。维生素 K_1 主要存在于天然绿叶蔬菜、动物内脏以及牛乳和乳制品中，是维生素 K 检测的主要目标物。维生素 K_2 主要由肠道中的大肠杆菌、乳酸菌等合成，被肠壁吸收。维生素 K 具有防止新生婴儿出血疾病、预防内出血、促进血液正常凝固等作用。维生素 K 主要采用高效液相色谱法来测定，这里介绍蔬菜、水果、婴幼儿食品、配方食品和植物油中维生素 K_1 的高效液相色谱测定方法。

（一）原理

婴幼儿食品和乳品、植物油等样品经脂肪酶和淀粉酶酶解，正己烷提取样品中的维生素 K_1 后，用 C_{18} 液相色谱柱将维生素 K_1 与其他杂质分离，锌柱柱后还原，荧光检测器检测，外标法定量。

水果、蔬菜等低脂性植物样品，用异丙醇和正己烷提取其中的维生素 K_1，经中性氧化铝柱净化，去除叶绿素等干扰物质。用 C_{18} 液相色谱柱将维生素 K_1 与其他杂质分离，锌柱柱后还原，荧光检测器检测，外标法定量。

（二）测定方法

1. 样品处理

（1）酶解　对于婴幼儿食品和乳品、植物油试样，准确称取经均质的试样 1 ~ 5g 于离心管中，加入 5mL 温水溶解（液体样品直接吸取 5mL，植物油不需加水稀释），加入磷酸盐缓冲液，混匀，加入 0.2g 脂肪酶和 0.2g 淀粉酶（不含淀粉的样品可不加淀粉酶），加盖，涡旋混匀后振荡（37℃，2h），使其充分酶解。

（2）提取　向上述酶解液中分别加入 10mL 乙醇及 1g 碳酸钾，混匀后加入 10mL 正己烷和 10mL 水，涡旋或振荡提取 10min 后离心，或将酶解液转移至 150mL 的分液漏斗中萃取提取，静置分层，转移上清液至 100mL 旋蒸瓶中，向下层液再加入 10mL 正己烷，重复操作 1 次，合并上清液。

（3）浓缩　将上述正己烷提取液旋蒸至干，用甲醇转移并定容至 5mL 容量瓶中，摇匀，0.22μm 滤膜过滤，滤液待进样。

不加试样，按同一操作方法做空白试验。

2. 测定

（1）液相色谱分析条件　C_{18} 柱（250mm × 4.6mm，粒径 5μm），或性能相当者；锌还原柱：

柱长50mm，内径4.6mm；流动相：量取甲醇900mL，四氢呋喃100mL，冰醋酸0.3mL，混匀后，加入氯化锌1.5g，无水醋酸钠0.5g，超声溶解后，用0.22μm有机系滤膜过滤；流速：1mL/min；进样量：10μL；荧光检测器波长：激发波长243nm，发射波长430nm。

（2）标准曲线的绘制　采用外标标准曲线法进行定量。将维生素K_1标准系列工作液分别注入高效液相色谱仪中，测定相应的峰面积，以峰面积为纵坐标，以标准系列工作液浓度为横坐标绘制标准曲线，计算线性回归方程。标准色谱图如图11－3所示。

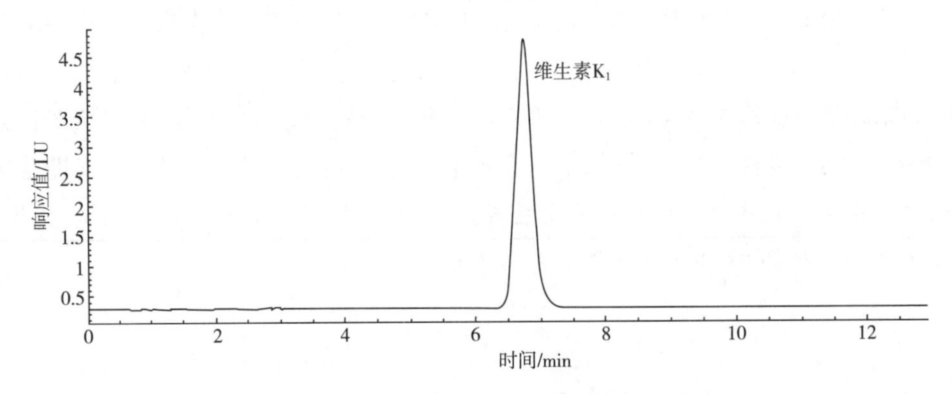

图11－3　100ng/mL标准溶液中维生素K_1色谱图

（3）试样测定　将制备的空白溶液和试样溶液分别进样，按液相色谱分析条件进行测定，以保留时间定性，峰面积外标法定量，根据线性回归方程计算出试样溶液中维生素K_1的浓度。

3. 结果计算

试样中维生素K_1的含量可按式（11－4）计算：

$$X = \frac{\rho \times V_1 \times V_3 \times 100}{V_2 \times m \times 1000} \quad (11-4)$$

式中　X——试样中维生素K_1的含量，μg/100g；

ρ——由标准曲线得到的试样中维生素K_1质量浓度，ng/mL；

V_1——提取液总体积，mL；

V_2——分取的提取液体积（婴幼儿食品和乳品、植物油$V_1 = V_2$），mL；

V_3——定容液体积，mL；

100——将结果单位由μg/g换算为μg/100g样品中含量的换算系数；

1000——将浓度单位由ng/mL换算为μg/mL的换算系数；

m——试样质量，g。

4. 方法说明与注意事项

（1）高效液相色谱法摘自GB 5009.158—2016《食品安全国家标准　食品中维生素K_1的测定》中的第一法，适用于婴幼儿食品和乳品、植物油中维生素K_1的测定。可扫二维码参看具体内容。

GB 5009.158—2016《食品安全国家标准　食品中维生素K1的测定》

（2）由于维生素K_1遇光易分解，处理过程应避免紫外光直接照射，尽可能避光操作。

五、几种脂溶性维生素的同时测定

液相色谱 - 质谱联用法（LC - MS）具有比高效液相色谱法更高的选择性、特异性和灵敏度，下面介绍 1 种利用液相色谱 - 质谱联用法同时对保健食品中 9 种脂溶性维生素进行测定的方法。

（一）原理

用适合的有机溶剂充分溶解试样中的脂溶性维生素，超声提取一段时间后，经液相色谱 - 质谱联用仪进行测定。采用标准样品定量离子外标法定量，对色谱条件、质谱条件进行优化后，通过分子离子峰、二级碎片、色谱保留时间等信息，对片剂、软胶囊基质中的 9 种脂溶性维生素进行定量测定。

（二）测定方法

1. 样品处理

片剂样品：取 20 粒以上片剂试样研磨混匀，准确称取均匀试样约 1.0g 于 100mL 棕色容量瓶中。加入 3mL 二甲基亚砜、10mL 二氯甲烷，超声提取 10min 后取出，放至室温后，加甲醇定容至刻度，摇匀，经 0.22μm 滤膜，取滤液备用。

软胶囊样品：取 20 粒以上软胶囊试样，将内容物混匀，准确称取均匀试样约 0.1g 于 100mL 棕色容量瓶中，加入异丙醇 5mL、二氯甲烷 10mL 充分溶解，加甲醇定容至刻度，摇匀，经 0.22μm 滤膜，取滤液备用。

2. 测定

（1）色谱参考条件　色谱柱：C_{18} 柱，100mm × 2.1mm，1.7μm，或同等性能的色谱柱；流动相 A：乙腈 - 水（体积比 10 : 90）；流动相 B：甲醇 - 乙腈（体积比 50 : 50）；流动相按比例梯度洗脱，测定维生素 D_2 的流动相条件为 100% 流动相 B；流速：0.5mL/min，柱温：35℃；进样体积：5μL。

（2）质谱参考条件　大气压化学电离源，正离子扫描，雾化气为氮气，雾化气压力 45psi（1psi = 6894.76Pa），喷雾电压 4500V，干燥器流速 6L/min，电晕电流 10μA。测定维生素 D_2 时干燥气温度、蒸发器温度分别为 200℃、300℃，测定其余 8 种脂溶性维生素时干燥气温度、蒸发器温度分别为 350℃、500℃。

（3）标准曲线的绘制　分别将 9 种维生素标准系列工作液由低浓度到高浓度依次进样，测定并建立标准曲线。

（4）试样的测定　将待测样液依次进样，得到待测物色谱图，根据标准曲线得到测定液中各维生素的浓度。待测样液中的响应值应在标准曲线线性范围内。

3. 结果

9 种脂溶性维生素的标准样品色谱图如图 11 - 4 所示。

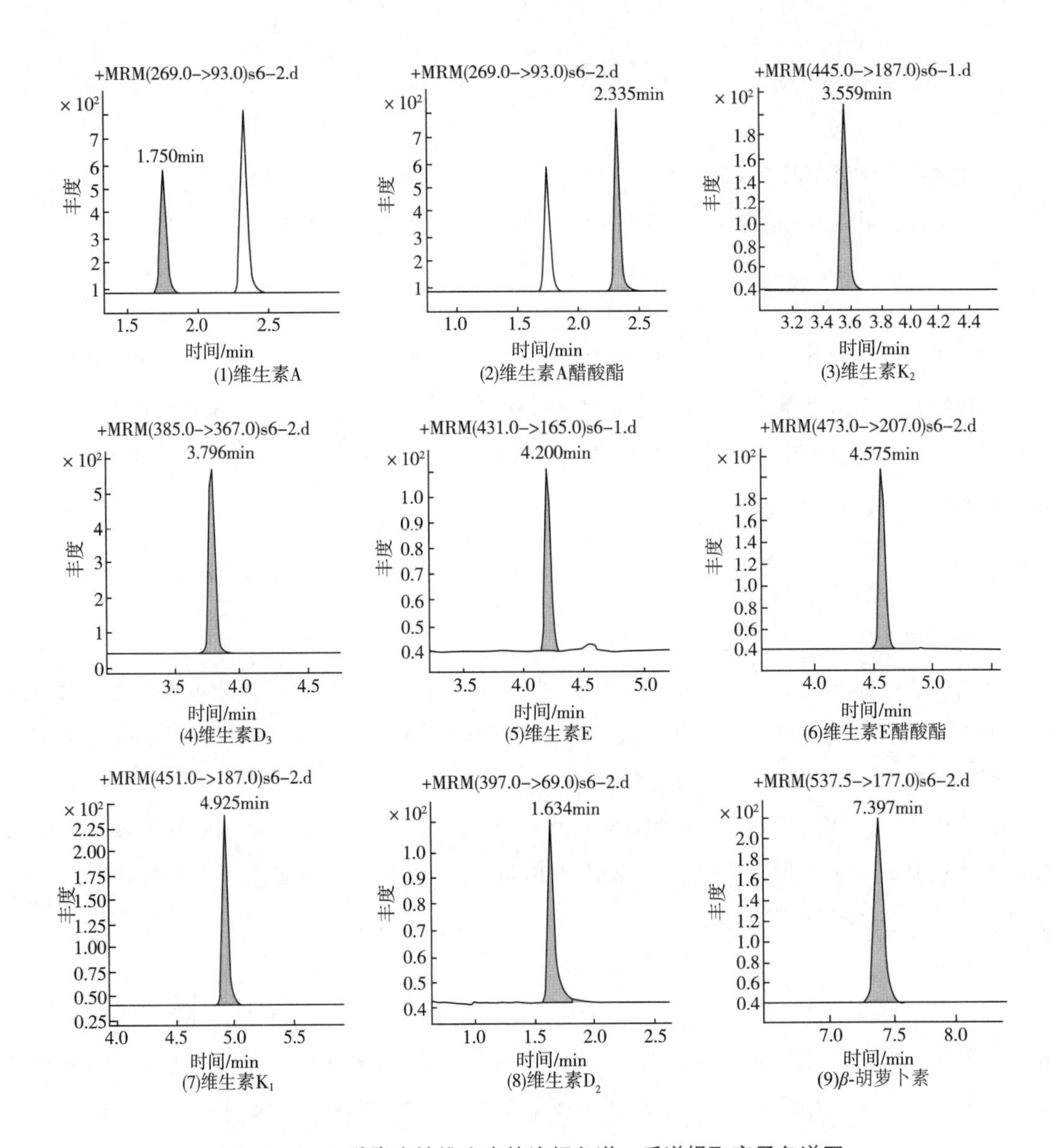

图 11-4　9 种脂溶性维生素的液相色谱-质谱提取离子色谱图

第三节　水溶性维生素的测定

水溶性维生素包括维生素 B 和维生素 C 各小类，能溶于水，一般只存在于植物性食品中，满足组织需要后都能从机体排出。下面对各类水溶性维生素进行分别的介绍。

维生素的测定

一、维生素 B_1 的测定

维生素 B_1（硫胺素）是由一个嘧啶环和一个噻唑环所组成的化合物，因其分子中既含有氮，又含有硫，故称为硫胺素，又称抗神经炎素。它常以盐酸盐的形式出现，为白色结晶，溶于水，微溶于乙醇，不易被氧化，比较耐热，特别是在酸性介质中相当稳定，但在碱性介质中对热极不稳定。亚硫酸盐在中性、碱性介质中能加速硫胺素的分解和破坏。可以用荧光比色法对硫胺素进行定量，原理是硫胺素在碱性介质中可被铁氰化钾氧化产生硫色素，在紫外光照射下能产生蓝色荧光，可借此定量。也可以用比色法定量，因为硫胺素能与多种重氮盐偶合呈现各种不同颜色。但是比色法灵敏度较低，准确度也稍差，适用于含硫胺素高的样品。荧光分光光度法和高效液相色谱法灵敏度很高，是目前常用的方法。

（一）高效液相色谱法

1. 原理

样品在稀盐酸环境中恒温水解，中和，再酶解，水解液用碱性铁氰化钾溶液衍生，经正丁醇萃取后用 C_{18} 反相色谱柱分离，用高效液相色谱－荧光检测器检测，外标法定量。

2. 测定方法

（1）样品处理

① 试样的提取：称取 3～5g 捣碎的固体试样或 10～20g 液体试样于锥形瓶中，加入盐酸溶液，摇匀封口，放入高压灭菌锅内，在 121℃保持 30min，冷却后用醋酸钠溶液调 pH 至 4.0，加入蛋白酶和淀粉酶于 37℃酶解过夜（约 16h），将酶解液转移至 100mL 容量瓶中，用蒸馏水定容至刻度，过滤，滤液备用。

② 试样的衍生化：取上述滤液 2.0mL 于 10mL 试管中，加入 1mL 碱性铁氰化钾，充分混匀后，准确加入 2.0mL 正丁醇，涡旋混匀 1.5min 后静置约 10min 或者离心，充分分层，吸取正丁醇相（上层）经 0.45μm 有机微孔滤膜过滤，供进样用。

另取 2.0mL 维生素 B_1 标准系列工作液，与试液同步进行衍生化。

（2）测定

① 色谱参考条件：色谱柱为 C_{18} 反相色谱柱；流动相为 0.05mol/L 醋酸钠－甲醇（体积比 65∶35）；流速 0.8mL/min；检测波长为激发波长 375nm、发射波长 435nm；进样量 20μL。

② 标准曲线绘制：将标准系列工作液衍生物依次按上述色谱条件测定，记录色谱峰面积，以峰面积为纵坐标，标准工作液的浓度为横坐标，绘制标准曲线，色谱图如图 11－5 所示。

③ 试液测定：将试液衍生物按上述色谱条件测定，将试样衍生物溶液注入高效液相色谱仪中，得到维生素 B_1 的峰面积，从标准曲线中查得试液相应的浓度。

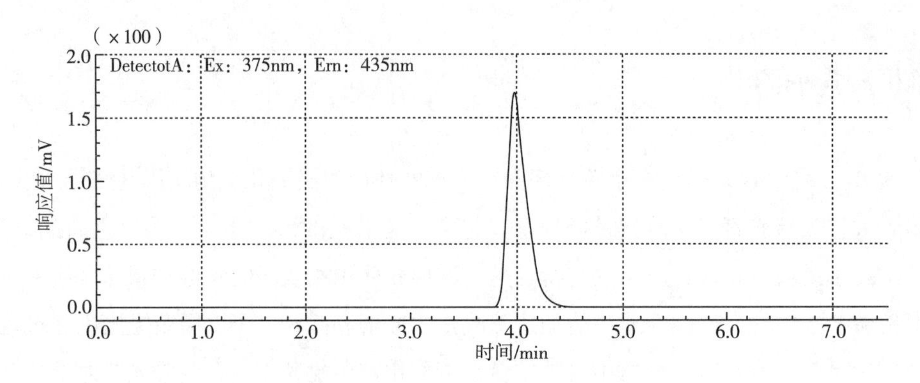

图 11－5　维生素 B_1 标准衍生物的液相色谱图

3. 结果计算

试样中维生素 B_1 的含量可按式（11－5）计算：

$$X = \frac{\rho \times V \times f}{m \times 1000} \times 100 \tag{11-5}$$

式中　X——试样中维生素 B_1（以硫胺素计）的含量，mg/100g；

ρ——由标准曲线计算得到的试液中维生素 B_1 的质量浓度，μg/mL；

V——试样定容体积，mL；

f——试样（上清液）衍生前的稀释倍数；

m——试样质量，g。

4. 方法说明与注意事项

（1）高效液相色谱法摘自 GB5009.84—2016《食品安全国家标准　食品中维生素 B_1 的测定》中的第一法，适用于食品中维生素 B_1 含量的测定。可扫二维码参看具体内容。

（2）试样的衍生物在室温条件下 4h 内稳定，所以衍生物制取后测定过程应在 4h 内完成。

（3）试样的提取和衍生化操作过程应在避免强光照射的环境下进行。

GB 5009.84—2016《食品安全国家标准　食品中维生素 B_1 的测定》

（二）荧光分光光度法

1. 原理

硫胺素在碱性铁氰化钾溶液中被氧化成噻嘧色素，在紫外光照射下，噻嘧色素发出荧光，在给定的条件下，以及没有其他荧光物质干扰时，其荧光强度与噻嘧色素的含量成正比，反应式如下：

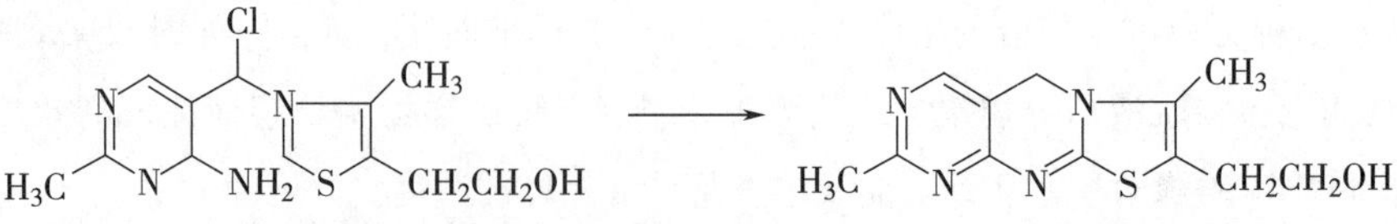

硫胺素 → 噻嘧色素

如样品中所含杂质较多，应经过离子交换剂处理，使硫胺素与杂质分离，然后测定纯化液中硫胺素的含量。

2. 测定方法

（1）样品处理　称取适量试样，加0.5mol/L盐酸溶液使其分散开，置于恒温箱中121℃水解30min，冷却后中和至pH为4.5，再加入淀粉酶和蛋白酶水解，将酶解液移至100mL容量瓶中，用水定容至刻度，混匀、过滤，即得提取液。

净化：准确加入20mL上述提取液于盐基交换管柱（或层析柱）中，使通过活性人造沸石的硫胺素总量为2~5μg。加入10mL近沸腾的热水冲洗盐基交换柱，流速约为1滴/s，弃去淋洗液，如此重复3次。于交换管下放置25mL刻度试管用于收集洗脱液，分2次加入20mL温度约为90℃的酸性氯化钾溶液，每次10mL，流速为1滴/s。待洗脱液冷至室温后，用250g/L酸性氯化钾定容，摇匀，即为试样净化液。

标准溶液的处理：重复上述操作，取20mL维生素B_1标准使用液（0.1μg/mL）代替试样提取液，同上用盐基交换管（或层析柱）净化，即得到标准净化液。

氧化：将5mL试样净化液分别加入A、B 2支已标记的离心管中。在避光条件下将氢氧化钠溶液加入离心管A，将碱性铁氰化钾溶液加入离心管B，涡旋15s；然后各加入10mL正丁醇，将A、B管同时涡旋90s。静置分层后吸取上层有机相于另一套离心管中，加入2~3g无水硫酸钠，涡旋20s，使溶液充分脱水，待测定。用标准的净化液代替试样净化液重复上述的操作。

（2）荧光强度测定　在激发波长365nm，狭缝5nm；发射波长435nm，狭缝5nm条件下依次测定试样空白、标准空白、试样、标样的荧光强度。

3. 结果计算

试样中维生素B_1的含量可按式（11-6）计算：

$$X = \frac{(U - U_b) \times (\rho \times V)}{(S - S_b)} \times \frac{V_1 \times f}{V_2 \times m} \times \frac{100}{1000} \tag{11-6}$$

式中　X——样品中维生素B_1（以硫胺素计）的含量，mg/100g；

U——试样荧光强度；

U_b——试样空白荧光强度；

S——标准管荧光强度；

S_b——标准管空白荧光强度；

ρ——硫胺素标准溶液的浓度，μg/mL；

V——用于净化的硫胺素标准溶液体积，mL；

V_1——试样水解后定容的体积，mL；

V_2——试样用于净化的提取液体积，mL；

f——试样提取液的稀释倍数；

m——样品质量，g；

100/1000——样品含量由μg/g换算成mg/100g的系数。

4. 方法说明与注意事项

（1）荧光分光光度法摘自 GB 5009.84—2016《食品安全国家标准　食品中维生素 B_1 的测定》中的第二法，适用于食品中维生素 B_1 的测定。

（2）噻嘧色素在紫外线照射下会被破坏，故硫胺素氧化后，反应瓶要用黑布遮盖或在暗室中进行氧化和荧光测定。

二、维生素 B_2 的测定

维生素 B_2（核黄素）是由核糖醇与异咯嗪连接而成的化合物。能溶于水，水溶液呈现强的黄绿色荧光，对空气、热稳定，在中性和酸性溶液中，即使短时间高压加热，也不至于破坏，在120℃下加热6h，仅有少量破坏，但在碱性溶液中则较易被破坏。游离核黄素对光敏感，特别是紫外线，可产生不可逆分解。在碱性溶液中受光线照射很快转化为光黄素，有较强的荧光强度。

测定核黄素常用的方法有高效液相色谱法和荧光分光光度法。高效液相色谱法具有简便、快速的特点。荧光分光光度法又分为测定自身荧光的核黄素荧光法和测定光分解产物荧光的光黄素荧光法，前者分析精度不高，只适合于测定比较纯的试样，后者的灵敏度、精密度都较高，且只要提取完全，可省去将结合型核黄素转变为游离型的操作。下面对高效液相色谱法和荧光分光光度法分别介绍。

（一）高效液相色谱法

1. 原理

试样在稀盐酸环境中恒温水解，酶解，滤液经 C_{18} 反相色谱柱分离，高效液相色谱荧光检测器检测，外标法定量。

2. 操作方法

（1）样品处理　称取2~10g试样于三角瓶中，加盐酸溶液，充分摇匀，用棉花塞和牛皮纸封口，放入高压灭菌锅内，在121℃下保持30min，待冷却至室温后取出。用氢氧化钠溶液调pH至6.0~6.5，加入2mL混合酶溶液，摇匀后，置于37℃下过夜酶解。将酶解液转移至100mL容量瓶中，用水定容至刻度，用定量滤纸过滤，取滤液再经0.45μm滤膜过滤，取滤液备用。不加试样，按同一操作方法做空白试验。

（2）测定

① 参考色谱条件：色谱柱为 C_{18} 柱（粒径5μm，150mm×4.6mm）或同等性能的色谱柱；流动相为0.05mol/L醋酸钠-甲醇（体积比65∶35）；流速1mL/min；检测波长为激发波长462nm、发射波长522nm；进样量20μL。

② 标准曲线绘制：将维生素 B_2 系列标准工作液依次按上述色谱条件测定，标准样品色谱图如图11-6所示，记录色谱峰面积，以峰面积为纵坐标，维生素 B_2 浓度为横坐标，绘制标准曲线。

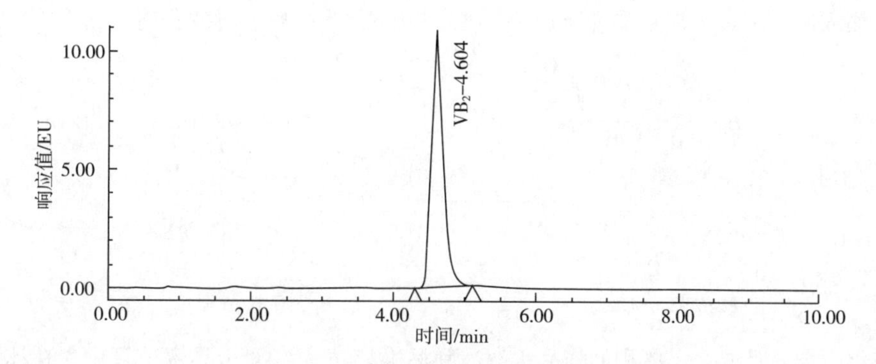

图 11－6　维生素 B_2 标准溶液的液相色谱图

③ 试液测定：将试液按上述色谱条件测定，从标准曲线中查得试液相应的浓度。

3. 结果计算

试样中维生素 B_2 的含量可按式（11－7）计算：

$$X = \frac{\rho \times V \times 100}{m \times 1000} \tag{11-7}$$

式中　X——试样中维生素 B_2（以核黄素计）的含量，mg/100g；

ρ——由标准曲线计算得到的试液中维生素 B_2 的质量浓度，μg/mL；

V——试样定容体积，mL；

100——换算为 100g 样品中含量的换算系数；

1000——将浓度单位 μg/mL 换算为 mg/mL 的换算系数；

m——试样质量，g。

GB 5009.85—2016《食品安全国家标准　食品中维生素 B_2 的测定》

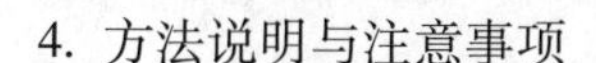

4. 方法说明与注意事项

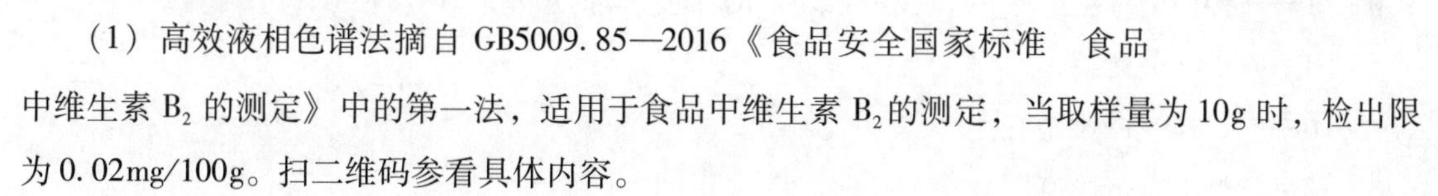

（1）高效液相色谱法摘自 GB5009.85—2016《食品安全国家标准　食品中维生素 B_2 的测定》中的第一法，适用于食品中维生素 B_2 的测定，当取样量为 10g 时，检出限为 0.02mg/100g。扫二维码参看具体内容。

（2）试样处理过程应避免强光照射。

（二）荧光分光光度法

1. 原理

维生素 B_2 在 440～500nm 波长光照射下产生黄绿色荧光，在稀溶液中，荧光强度与核黄素含量成正比。在波长 525nm 下测定其荧光强度，试液再加入连二亚硫酸钠，将维生素 B_2 还原为无荧光的物质，再测定试液中残余荧光杂质的荧光强度，还原前后的差值即为试样中维生素 B_2 所产生的强度。

2. 测定方法

（1）样品处理

① 水解：称取适量样品，用盐酸溶液于 121℃ 下加压水解 30min，冷却后中和至 pH 为 6～

6.5，然后加入混合酶液（淀粉酶和蛋白酶）于37℃下过夜酶解，过滤备用。

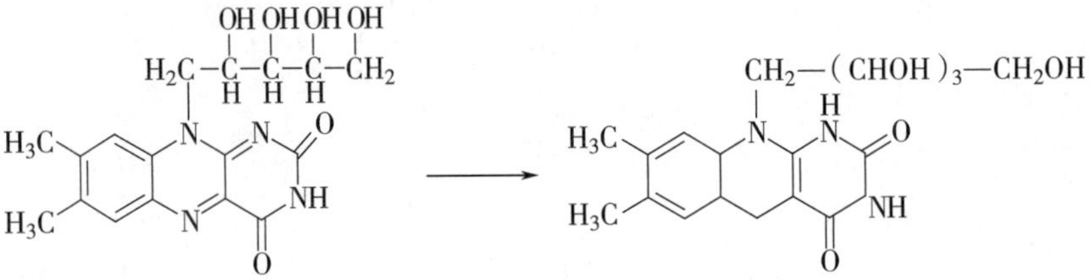

核黄素　　　　无色核黄素

② 氧化去杂：吸取一定体积的样品水解液和标准核黄素溶液于具塞试管中，在冰醋酸酸性条件下，用高锰酸钾氧化去杂质，然后滴加过氧化氢溶液去除多余的高锰酸钾。

③ 维生素 B_2的吸附和洗脱：用湿法装好硅镁吸附柱后，让氧化除杂后的样品溶液和标准核黄素溶液分别通过吸附柱，核黄素被吸附在柱上，水洗除去杂质后，用5mL洗脱液和水洗脱核黄素，供作荧光测定。

（2）测定

① 于激发光波长440nm，发射光波长525nm，测量样品管和标准管的荧光值。

② 待样品及标准的荧光值测量后，在各管的剩余液（5～7mL）中加0.1mL 200g/L连二亚硫酸钠溶液，立即混匀，在20s内测出各管的荧光值，作为各管的空白值。

3. 结果计算

试样中维生素 B_2的含量可按式（11-8）计算：

$$X = \frac{(A - B) \times m_1}{(C - D) \times m} \times f \times \frac{100}{1000} \tag{11-8}$$

式中 X——样品中维生素 B_2（以核黄素计）的含量，mg/100g；

A——试样荧光值；

B——试样空白荧光值；

C——标准管荧光值；

D——标准管空白荧光值；

m——样品质量，g；

m_1——标准管中维生素 B_2的质量，μg；

f——稀释倍数；

100——换算为100g样品中含量的换算系数；

1000——将浓度单位μg/100g换算为mg/100g的换算系数。

4. 方法说明与注意事项

（1）荧光分光光度法摘自GB 5009.85—2016《食品安全国家标准　食品中维生素 B_2 的测定》中的第二法，适用于各类食品中维生素 B_2含量的测定。

（2）核黄素可被连二亚硫酸钠还原成无荧光型，但摇动后很快就被空气氧化成有荧光物质，所以要立即测定。

三、维生素B_3的测定

维生素B_3即烟酸，或称维生素PP，它包括烟酸（尼克酸）和烟酰胺（尼克酰胺）。在生物体内它是脱氢酶的辅酶，也是烟酰胺腺嘌呤二核苷酸（NAD）和烟酰胺腺嘌呤二核苷酸磷酸（NADP）的重要组成成分，在代谢中起重要作用，参与葡萄糖的酵解、脂类代谢、丙酮酸代谢、戊糖合成以及高能磷酸键的形成。机体若缺乏烟酸，会患癞皮病。

烟酸的测定方法有比色法、高效液相色谱法和微生物法等。微生物法比较费时，具体可参考GB 5009. 89—2016《食品安全国家标准　食品中烟酸和烟酰胺的测定》，微生物法将随着高效液相色谱法和超高效液相色谱法等化学分析方法的发展而逐渐被取代。下面介绍高效液相色谱法。

1. 原理

高蛋白样品经沉淀蛋白质，高淀粉样品经淀粉酶酶解，在弱酸性环境下超声波振荡提取，以C_{18}色谱柱分离，在紫外检测器检测261nm波长处检测，根据色谱峰的保留时间定性，外标法定量，计算试样中烟酸和烟酰胺含量。

2. 测定方法

（1）试样制备与处理

① 样品处理：对于含淀粉类食品，称取混合均匀固体试样约5. 0g，加入约25mL 45～50℃的水，或称取混合均匀液体试样约20. 0g于锥形瓶中，加入淀粉酶，摇匀后充氮气酶解30min，冷却至室温。

对于不含淀粉的食品，称取混合均匀固体试样约5. 0g，加入25mL 45～50℃的水，或称取混合均匀液体试样约20. 0g于锥形瓶中，于超声波振荡器中振荡充分溶解，静置5～10min后冷却至室温。

② 提取：用盐酸溶液调节试样溶液的pH至1. 7，放置约2min后，再用氢氧化钠溶液调节试样溶液的pH至4. 5，置于50℃水浴超声波振荡器中振荡10min以上充分提取，冷却至室温后将试样溶液转至100mL容量瓶中，用水反复冲洗锥形瓶，洗液合并于100mL容量瓶中，用水定容至刻度，混匀后经滤纸过滤，滤液再经0. 45μm微孔滤膜加压过滤，用试管收集，即为试样待测液。

（2）测定

① 色谱参考条件：色谱柱为C_{18}色谱柱（粒径5μm，250mm×4. 6mm）或同等性能的色谱柱；流动相取甲醇70mL、异丙醇20mL、庚烷磺酸钠1g，用910mL水溶解并混匀后，用高氯酸调pH至2. 1，经0. 45μm膜过滤；流速1. 0mL/min；检测波长261nm；进样量10μL。

② 标准曲线绘制：将烟酸及烟酰胺混合系列标准工作液依次按上述色谱条件测定，标准样品色谱图如图11－7所示，记录各组分的色谱峰面积或峰高，以峰面积或峰高为纵坐标，标准测定液浓度为横坐标，绘制标准曲线。

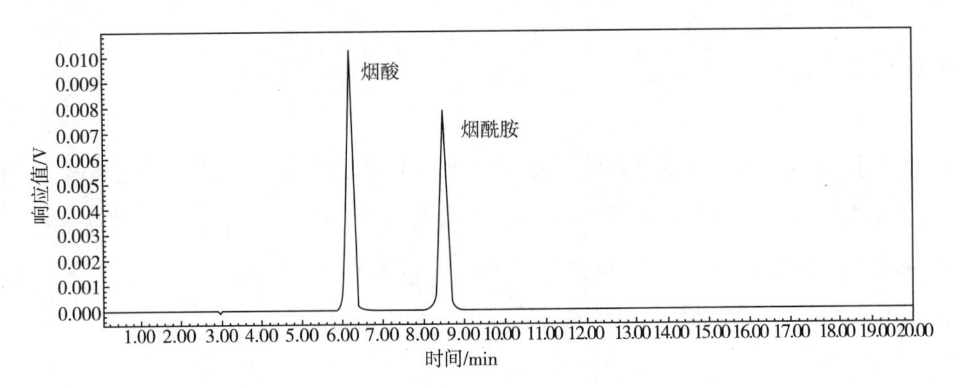

图 11－7　烟酸及烟酰胺标准溶液的液相色谱图

③ 试液测定：将试液按上述色谱条件测定，记录各组分的色谱峰面积或峰高，从标准曲线中查得试液中烟酸及烟酰胺的浓度。

3. 结果计算

试样中烟酸或烟酰胺的含量可按式（11－9）计算：

$$X = \frac{\rho \times V \times 100}{m} \tag{11-9}$$

式中　X——试样中烟酸或烟酰胺的含量，μg/100g；

ρ——试样待测液中烟酸或烟酰胺的质量浓度，μg/mL；

V——试样溶液的体积，mL；

m——试样质量，g。

4. 方法说明与注意事项

GB 5009.89—2016《食品安全国家标准　食品中烟酸和烟酰胺的测定》

高效液相色谱法摘自 GB 5009.89—2016《食品安全国家标准　食品中烟酸和烟酰胺的测定》，适用于食品中烟酸和烟酰胺的测定。扫二维码参看具体内容。

四、维生素 B_6 的测定

维生素 B_6 又称抗皮炎维生素，主要以三种天然形式存在：吡哆醇、吡哆醛及吡哆胺。结构式如下：

吡哆醇　　吡哆醛　　吡哆胺

这三种化合物均易溶于水，微溶于丙酮及醇，不溶于醚及氯仿。在酸性溶液中对热稳定，但在碱性溶液中受光照射时易被破坏。测定维生素 B_6 的方法有微生物法、荧光法和高效液相色谱法等。其中，微生物法是经典法，它的优点是：特异性高，精密度好，准确度高，操作简便，样品不需要提纯；缺点是：耗时长，必须经常保存菌种，试剂较贵。荧光法样品须经提纯，操作复杂。高效液相色谱法是目前最先进简便的方法。这里介绍微生物法和高效液相色谱法。

（一）微生物法

1. 原理

食品中某一种细菌的生长必须要有某一种维生素的存在，卡尔斯伯酵母菌（*Saccharomyces Carlsbergensis*）在有维生素 B_6存在的条件下才能生长，在一定条件下维生素 B_6的量与其生长呈正比关系。用比浊法测定该菌在试样液中生长的浑浊度，与标准曲线相比较得出试样中维生素 B_6的含量。

2. 操作方法

（1）菌种的制备　菌种复壮：选用卡尔斯伯酵母菌（*Saccharomyces Carlsbergensis*），ATCC No. 9080 为受试菌种，加入 YM 肉汤培养基或生理盐水复溶，取几滴复溶的菌液分别接种 2 支装有 10mL 的 YM 肉汤培养基的试管中，于 30℃水浴振荡培养 20 ~ 24h。

月储备菌种制备：将菌种复壮培养液划线接种于 YM 肉汤琼脂培养基（传代培养基）斜面上，于 30℃培养 20 ~ 24h，于 2 ~ 8℃冰箱内保存，此菌种为第一代月储备菌种；以后每月将上一代的月储备菌种划线接种于 YM 肉汤琼脂培养基（传代培养基）斜面，于 30℃培养 20 ~ 24h，于 2 ~ 8℃冰箱内保存，有效期 1 个月，此菌种为当月储备菌种。

周储备菌种制备：每周从当月储备菌种接种于 YM 肉汤琼脂培养基（传代培养基）斜面，于 30℃培养 20 ~ 24h，于 2 ~ 8℃冰箱内保存，有效期 7d。保存数星期以上的菌种，不能立即用作制备接种液之用，一定要在使用前每天移种 1 次，连续 2 ~ 3d，方可使用，否则生长不好。

（2）接种菌悬液制备　在维生素 B_6测定实验前 1 天，将周储备菌种转接于 10mL 的 YM 肉汤培养基（种子培养液）中，可同时制备 2 管，于 30℃振荡培养 20 ~ 24h，得到测定用的种子培养液，从月储备菌种到种子培养液总代数不超过 5 代。将该种子培养液离心，倾去上清液；用 10mL 生理盐水洗涤，离心，倾去上清液，用生理盐水重复洗涤 2 次；再加 10mL 消毒过的生理盐水，将离心管置于涡旋混匀器上充分混合，使菌种成为混悬液，将此菌悬液倒入已消毒的注射器内，立即使用。

（3）样品制备　称取试样 0. 5 ~ 10g（其中维生素 B_6含量不超过 10ng）放入 100mL 锥形瓶中，加入硫酸溶液。放入高压釜 121℃下水解 5h，取出冷却，用氢氧化钠溶液和硫酸溶液调 pH 至 4. 5，用溴甲酚绿作指示剂，将锥形瓶内的溶液转移到 100mL 容量瓶中，用蒸馏水定容至 100mL，滤纸过滤，保存滤液于冰箱内备用（有效期不超过 36h）。

（4）标准曲线的制备　3 组试管各加 0. 00mL，0. 02mL，0. 04mL，0. 08mL，0. 12mL 和 0. 16mL 吡哆醇工作液，再加吡哆醇 Y 培养基补至 5. 00mL，混匀，加棉塞。

（5）测试管的制备　在试管中分别加入 0. 05mL，0. 10mL，0. 20mL 样液，加入吡哆醇 Y 培养基补至 5. 00mL，用棉塞塞住试管，将制备好的标准曲线和试样测定管放入高压釜 121℃下高压灭菌 10min，冷至室温备用。

（6）接种及培养　在上述各试管中各加入 1 滴接种液，于（30 ± 0.5）℃恒温培养箱中培养 18 ~ 22h。

（7）测定　将培养后的标准管和试样管从恒温箱中取出后，用分光光度计于 550nm 波长下，以标准管的零管调零，测定各管的吸光度值。以标准管维生素 B_6 所含的浓度为横坐标，吸光度值为纵坐标，绘制维生素 B_6 标准工作曲线，用测试管得到的吸光度值，在标准曲线上查到测试管维生素 B_6 的含量。

3. 结果计算

试样中维生素 B_6（以吡哆醇计）的含量可按式（11 - 10）计算：

$$X = \frac{\rho \times V \times 100}{m \times 10^6} \quad (11-10)$$

式中　X——样品中维生素 B_6（以吡哆醇计）的含量，mg/100g；

ρ——由测试管得出样液的平均维生素 B_6 含量，ng/mL；

V——试样提取液的定容体积与稀释体积总和，mL；

m——试样质量，g；

$100/10^6$——折算成每 100g 试样中维生素 B_6 的质量（mg）。

4. 方法说明与注意事项

（1）微生物法摘自 GB 5009.154—2016《食品安全国家标准　食品中维生素 B_6 的测定》中的第二法，适用于各类食品中的维生素 B_6 的测定。扫二维码参看具体内容。

（2）操作中的所有步骤均须避光处理。

GB 5009.154—2016《食品安全国家标准　食品中维生素 B_6 的测定》

（二）高效液相色谱法

1. 原理

试样经热水提取等前处理后，经 C_{18} 色谱柱分离，高效液相色谱 - 荧光检测器检测，外标法定量测定维生素 B_6（吡哆醇、吡哆醛、吡哆胺）的含量。

2. 测定方法

（1）试样制备　含淀粉试样：称取混合均匀固体试样约 5g，加入约 25mL 45 ~ 50℃的水，混匀；或称取混合均匀液体试样约 20.0g 于锥形瓶中，加入约 0.5g 淀粉酶，混匀后向锥形瓶中充氮，盖上瓶塞，于 50 ~ 60℃酶解 30min，冷却至室温。

不含淀粉试样：称取混合均匀固体试样约 5g，加入约 25mL 45 ~ 50℃的水，混匀；或称取混合均匀液体试样约 20.0g 于锥形瓶中，静置 5 ~ 10min，冷却至室温。

待测液的制备：用盐酸溶液，调节上述试样溶液的 pH 至 1.7，放置约 1min。再用氢氧化钠溶液调节试样溶液的 pH 至 4.5。将上述锥形瓶置于超声波振荡器中振荡提取约 10min。将试样溶液转至 50mL 容量瓶中，用水反复冲洗锥形瓶，洗液合并于 50mL 容量瓶中，用水定容至刻度，混匀后经滤纸过滤，滤液再经 0.45μm 微孔滤膜加压过滤，用试管收集，即为试样待测液。

（2）测定

① 色谱参考条件：色谱柱为 C_{18} 色谱柱（粒径 5μm，150mm × 4.6mm）或同等性能的色谱柱；流动相取甲醇 50mL、辛烷磺酸钠 2.0g、三乙胺 2.5mL，用水溶解并定容至 1000mL 后，用冰醋酸调 pH 至 3.0，再经 0.45μm 膜过滤；流速 1.0mL/min；检测波长为激发波长 293nm、发射波长 395nm；进样量 10μL。

② 标准曲线绘制：将维生素 B_6 混合系列标准工作液依次按上述色谱条件测定，标准样品色谱图如图 11－8 所示，记录各组分的色谱峰面积或峰高，以峰面积或峰高为纵坐标，标准测定液浓度为横坐标，绘制标准曲线。

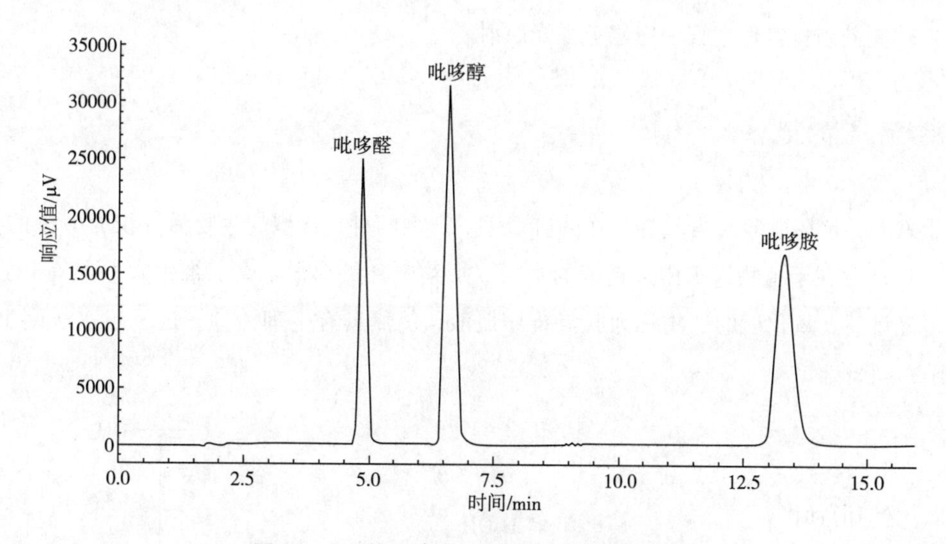

图 11－8　维生素 B_6 标准溶液的液相色谱图

③ 试样测定：将试样待测液按上述色谱条件测定，记录各组分的色谱峰面积，从标准曲线中计算出维生素 B_6 各组分的浓度。

3. 结果计算

试样中维生素 B_6 各组分的含量按式（11－11）计算：

$$X_i = \frac{\rho \times V \times 100}{m \times 1000} \tag{11-11}$$

式中　X_i——试样中维生素 B_6 各组分的含量，mg/100g；

ρ——由标准曲线计算得到的试样待测液中维生素 B_6 各组分的质量浓度，μg/mL；

V——试样溶液的最终定容体积，mL；

m——试样质量，g；

100——换算为 100g 样品中含量的换算系数；

1000——将浓度单位 μg/mL 换算为 mg/mL 的换算系数。

试样中维生素 B_6 的含量按如式（11－12）计算：

$$X = X_{醇} + X_{醛} \times 1.012 + X_{胺} \times 1.006 \tag{11-12}$$

式中　X——试样中维生素 B_6（以吡哆醇计）的含量，mg/100g；

$X_{醇}$——试样中吡哆醇的含量，mg/100g；

$X_{醛}$——试样中吡哆醛的含量，mg/100g；

1.012——吡哆醛的含量换算成吡哆醇的系数；

$X_{胺}$——试样中吡哆胺的含量，mg/100g；

1.006——吡哆胺的含量换算成吡哆醇的系数。

4. 方法说明与注意事项

（1）高效液相色谱法摘自 GB 5009.154—2016《食品安全国家标准　食品中维生素 B_6 的测定》中的第一法，适用于添加了维生素 B_6 的食品测定。

（2）待测液制备操作过程中应避免强光照射。

五、维生素 C 的测定

维生素 C（抗坏血酸）自然界存在的有 L 型、D 型两种，D 型的生物活性仅为 L 型的 1/10。维生素 C 广泛存在于植物组织中，新鲜的水果、蔬菜中含量都很丰富。维生素 C 具有较强的还原性，对光敏感，氧化后的产物称为脱氢抗坏血酸，仍然具有生理活性，进一步水解则生成 2，3－二酮古乐糖酸。

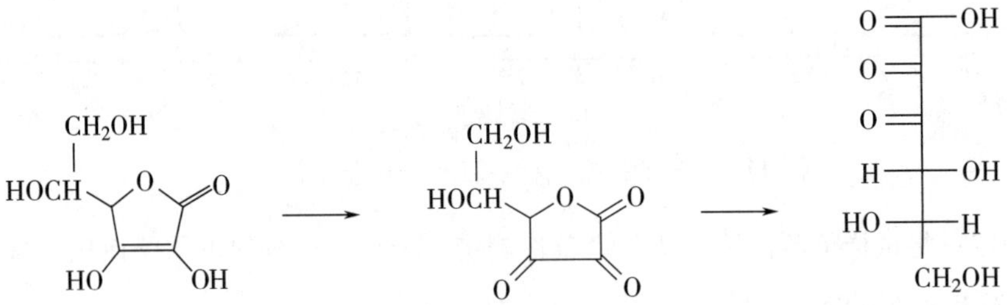

抗坏血酸 → 脱氢抗坏血酸 → 2，3－二酮古乐糖酸

测定维生素 C 的常用方法有荧光法、高效液相色谱法、2，6－二氯靛酚滴定法等。2，6－二氯靛酚滴定法测定的是还原型抗坏血酸，该法简便，也较灵敏，但特异性差，样品中的其他还原性物质（如 Fe^{2+}、Sn^{2+}、Cu^{2+} 等）会干扰测定，测定结果往往偏高。荧光法测得的是抗坏血酸和脱氢抗坏血酸的总量，受干扰的影响较小，准确度较高。高效液相色谱法具有高速，高效，高灵敏度，高自动化，精密度高，重复性好等特点。

（一）荧光法

1. 原理

样品中 L（＋）－抗坏血酸氧化生成脱氢型抗坏血酸后与邻苯二胺（OPDA）反应生成具有荧光的喹喔啉（Quinoxaline），其荧光强度与 L（＋）－抗坏血酸的浓度在一定条件下成正比，以此测定试样中 L（＋）－抗坏血酸总量。

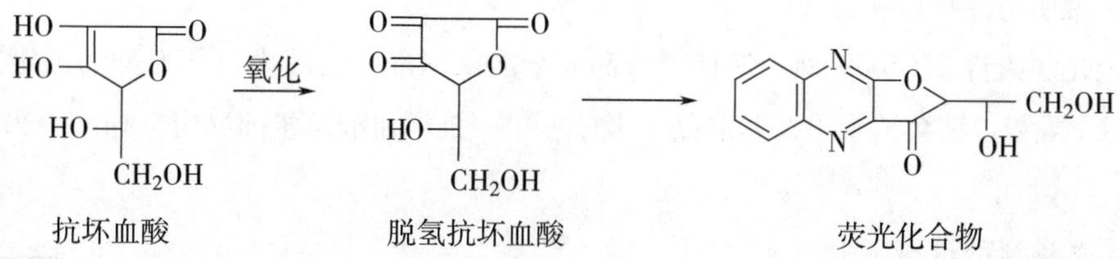

抗坏血酸 →(氧化) 脱氢抗坏血酸 → 荧光化合物

脱氢抗坏血酸与硼酸可形成复合物而不与 OPDA 反应，以此消除样品中荧光杂质所产生的干扰。

2. 操作方法

（1）样品制备　称取 100g 新鲜样品，加入偏磷酸－醋酸溶液打成匀浆，控制 pH 为 1.2（必要时加 0.15mol/L 硫酸溶液稀释），过滤，滤液备用。

（2）氧化处理　分别准确吸取 50mL 试样滤液及抗坏血酸标准工作液于具塞锥形瓶中，加入 2g 活性炭，用力振摇 1min，过滤，弃去最初数毫升滤液，分别收集其余全部滤液，即为试样氧化液和标准氧化液，待测定。

（3）空白溶液的制备　各取 10mL 标准抗坏血酸氧化液和样品氧化液分别于 2 个 100mL 容量瓶中，各加 5mL 硼酸－醋酸钠溶液，混合振摇 15min，用水稀释至 100mL，在 4℃冰箱中放置 2～3h，取出待测。

（4）样品及标准溶液的制备　各取 10mL 标准氧化液和样品氧化液分别于 2 个 100mL 容量瓶中，各加入 5mL 500g/L 醋酸钠溶液，用水稀释至 100mL，摇匀，待测。

（5）试样测定　分别准确吸取 2mL 试样液和试样空白液于 10mL 具塞刻度试管中，在暗室迅速向各管中加入 5mL 邻苯二胺溶液，振摇混合，在室温下反应 35min，于激发波长 338nm、发射波长 420nm 处测定荧光强度。以试样液荧光强度减去试样空白液的荧光强度的值于标准曲线上查得或回归方程计算测定试样溶液中 L（+）－抗坏血酸总量。

3. 结果计算

试样中的 L（+）－抗坏血酸总量可按式（11－13）计算：

$$X = \frac{\rho \times V}{m} \times f \times \frac{100}{1000} \tag{11-13}$$

式中　X——样品中 L（+）－抗坏血酸总量，mg/100g；

ρ——由标准曲线查得或由回归方程算得样品中 L（+）－抗坏血酸的质量浓度，μg/mL；

V——荧光反应所用试样体积，mL；

f——试样溶液的稀释倍数；

m——试样质量，g；

100——换算系数；

1000——换算系数。

4. 方法说明与注意事项

（1）荧光法摘自 GB 5009.86—2016《食品安全国家标准　食品中抗坏血酸的测定》中的第二法，适用于乳粉、蔬菜、水果及其制品中 L（+）-抗坏血酸总量的测定。扫二维码参看具体内容。

（2）本实验全部过程应避光。

GB 5009.86—2016《食品安全国家标准　食品中抗坏血酸的测定》

（3）活性炭用量应准确，其氧化机理是基于表面吸附的氧进行界面反应，加入量不足，氧化不充分，加入量过高，对抗坏血酸有吸附作用。实验证明，2g 用量时，吸附影响不明显。

（4）邻苯二胺溶液在空气中颜色会逐渐变深，影响显色，故应临用现配。

（二）高效液相色谱法

1. 原理

试样中的抗坏血酸用偏磷酸溶解超声提取后，以离子对试剂为流动相，经反相色谱柱分离，其中 L（+）-抗坏血酸和 D（+）-抗坏血酸直接用配有紫外检测器的液相色谱仪（波长 245nm）测定；试样中的 L（+）-脱氢抗坏血酸经 L-半胱氨酸溶液进行还原后，用紫外检测器（波长 245nm）测定 L（+）-抗坏血酸总量，或减去原样品中测得的 L（+）-抗坏血酸含量而获得 L（+）-脱氢抗坏血酸的含量。以色谱峰的保留时间定性，外标法定量。

2. 操作方法

（1）试样溶液的制备　称取相对于样品 0.5～2g 混合均匀的固体试样或匀浆试样，或吸取 2～10mL 液体试样［使所取试样含 L（+）-抗坏血酸 0.03～6mg］于烧杯中，用偏磷酸溶液将试样转移至 50mL 容量瓶中，振摇溶解并定容，摇匀。全部转移至 50mL 离心管中，超声提取 5min 后离心，取上清液过 0.45μm 水相滤膜，滤液待测［由此试液可同时分别测定试样中 L（+）-抗坏血酸和 D（+）-抗坏血酸的含量］。

（2）试样溶液的还原　准确吸取 20mL 上述离心后的上清液于 50mL 离心管中，加入 L-半胱氨酸溶液，用磷酸三钠溶液调节 pH 至 7.0～7.2，振荡 5min。再用磷酸调节 pH 至 2.5～2.8，用水将试液全部转移至 50mL 容量瓶中，并定容至刻度。混匀后取此试液过 0.45μm 水相滤膜后待测［由此试液可测定试样中包括脱氢型的 L（+）-抗坏血酸总量］。

若试样含有增稠剂，可准确吸取 4mL 经 L-半胱氨酸溶液还原的试液，再准确加入 1mL 甲醇，混匀后过 0.45μm 滤膜后待测。

3. 测定

① 参考色谱条件：色谱柱为 C_{18} 柱，250mm×4.6mm，粒径 5μm，或同等性能的色谱柱；检测器为二极管阵列检测器或紫外检测器；流动相 A 取 68g 磷酸二氢钾和 0.91g 十六烷基三甲基溴化铵，用水溶解并定容至 1L（用磷酸调 pH 至 2.5～2.8）；流动相 B 取 100% 甲醇。按 V（A）∶V（B）=98∶2 混合，过 0.45μm 滤膜，超声脱气；流速 0.7mL/min；检测波长 245nm；柱温 25℃；进样量 20μL。

② 标准曲线绘制：分别对抗坏血酸混合标准系列工作溶液进行测定，以L（+）-抗坏血酸［或D（+）-抗坏血酸］标准溶液的质量浓度（μg/mL）为横坐标，L（+）-抗坏血酸［或D（+）-抗坏血酸］的峰高或峰面积为纵坐标，绘制标准曲线或计算回归方程。L（+）-抗坏血酸、D（+）-抗坏血酸标准色谱图如图11-9所示。

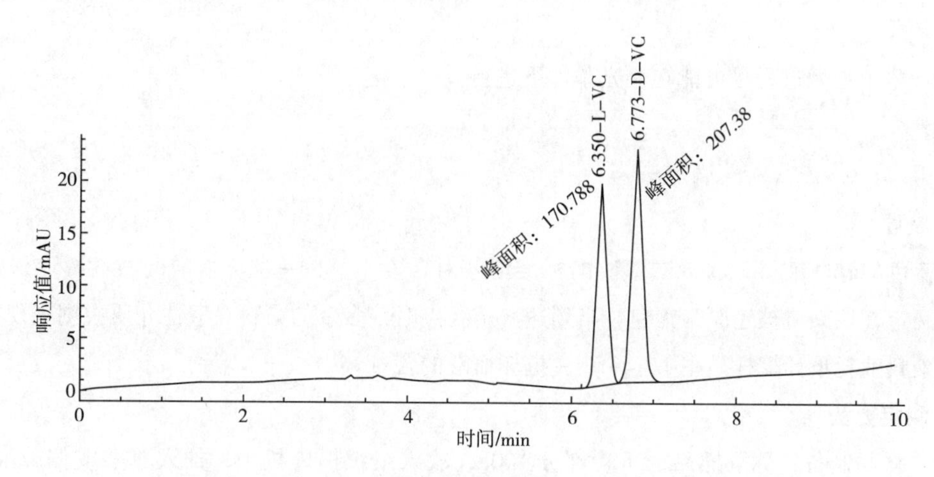

图11-9　L（+）-抗坏血酸、D（+）-抗坏血酸标准色谱图

③ 试样测定：按照上述色谱条件对试样溶液进行测定，根据标准曲线得到测定液中L（+）-抗坏血酸［或D（+）-抗坏血酸］的浓度（μg/mL）。此外，不加试样，采用完全相同的分析步骤、试剂和用量，进行空白实验。

4. 结果计算

试样中的L（+）-抗坏血酸［或D（+）-抗坏血酸、L（+）-抗坏血酸总量］的含量可按式（11-14）计算：

$$X = \frac{(\rho_1 - \rho_0) \times V}{m \times 1000} \times F \times K \times 100 \tag{11-14}$$

式中　X——试样中L（+）-抗坏血酸［或D（+）-抗坏血酸、L（+）-抗坏血酸总量］的含量，mg/100g；

ρ_1——样液中L（+）-抗坏血酸［或D（+）-抗坏血酸］的质量浓度，μg/mL；

ρ_0——样品空白液中L（+）-抗坏血酸［或D（+）-抗坏血酸］的质量浓度，μg/mL；

V——试样的最后定容体积，mL；

m——实际检测试样质量，g；

1000——换算系数（由μg/mL换算成mg/mL的换算因子）；

F——稀释倍数（进行上述“试样溶液的还原”中的还原步骤时，为2.5）；

K——进行上述“试样溶液的还原”中的甲醇沉淀步骤时，为1.25；

100——换算系数（由mg/g换算成mg/100g的换算因子）。

5. 方法说明与注意事项

（1）高效液相色谱法摘自 GB 5009. 86—2016《食品安全国家标准　食品中抗坏血酸的测定》中的第一法，适用于乳粉、谷物、蔬菜、水果及其制品、肉制品、维生素类补充剂、果冻、胶基糖果、八宝粥、葡萄酒中的L（+）－抗坏血酸、D（+）－抗坏血酸和L（+）－抗坏血酸总量的测定。

（2）整个检测过程尽可能在避光条件下进行。

（三）2，6－二氯靛酚滴定法

1. 原理

用蓝色的碱性染料2，6－二氯靛酚标准溶液对含L（+）－抗坏血酸的酸性提取液进行氧化还原滴定，该染料被还原为无色，当到达滴定终点时，多余的染料在酸性介质中则表现为浅红色，由染料消耗量计算样品中L（+）－抗坏血酸的含量。

2. 测定方法

（1）样品制备　称取样品的可食部分100g，放入组织捣碎机中，加入草酸或偏磷酸溶液，捣成匀浆。称取10～40g匀浆，用草酸或偏磷酸溶液定容至100mL，摇匀过滤，若滤液有颜色，可按每克样品加0. 4g白陶土脱色后再过滤。

（2）滴定　吸取试样滤液10mL于50mL三角瓶中，用已标定过的2，6－二氯靛酚溶液滴定，直至溶液呈粉红色15s不褪色为止。同时做空白试验。

3. 结果计算

试样中的L（+）－抗坏血酸含量可按式（11－15）计算：

$$X = \frac{(V - V_0)}{m} \times T \times A \times 100 \qquad (11-15)$$

式中　X——试样中L（+）－抗坏血酸含量，mg/100g；

V——滴定试样所消耗2，6－二氯靛酚溶液的体积，mL；

V_0——滴定空白所消耗2，6－二氯靛酚溶液的体积，mL；

T——2，6－二氯靛酚溶液的滴定度，即每毫升2，6－二氯靛酚溶液相当于抗坏血酸的质量，mg/mL；

A——稀释倍数；

m——试样质量，g。

4. 方法说明与注意事项

（1）2，6－二氯靛酚滴定法摘自 GB 5009. 86—2016《食品安全国家标准　食品中抗坏血酸的测定》中第三法，所得结果为样品中还原型抗坏血酸的含量。

（2）样品中含有还原性的铁离子、铜离子或亚锡离子等物质时，会使结果偏高。在提取过程中，可加入EDTA等螯合剂。

六、几种水溶性维生素的同时测定

采用配备二极管阵列检测器的高效液相色谱仪可同时测定食品中维生素C、硫胺素、核黄素、烟酰胺、吡哆醇、泛酸、叶酸、生物素、氰钴胺9种水溶性维生素。此法具有分析速度快，灵敏度高，定性和定量准确的特点，适合维生素营养强化食品中水溶性维生素的多组分测定。

样品提取后经0.45μm微孔滤膜过滤后进样分析。液相色谱条件如下。色谱柱：Zorbax Eclipse Plus－C_{18}（4.6mm×250mm，5μm）；流动相A：25mmol/L磷酸二氢钾缓冲液（用磷酸调pH至2.5），流动相B：乙腈；梯度洗脱条件：起始5min内100% A洗脱，随后20min内A相体积比由100%线性下降至75%，保持5min后，恢复至100% A，平衡色谱柱10min；流速：1.0mL/min；柱温：30℃；进样体积：20μL；检测波长：泛酸、氰钴胺、生物素为205nm，硫胺素、维生素C为246nm，烟酰胺为261nm，核黄素为267nm，叶酸为283nm，吡哆醇为290nm。色谱图如图11－10所示。

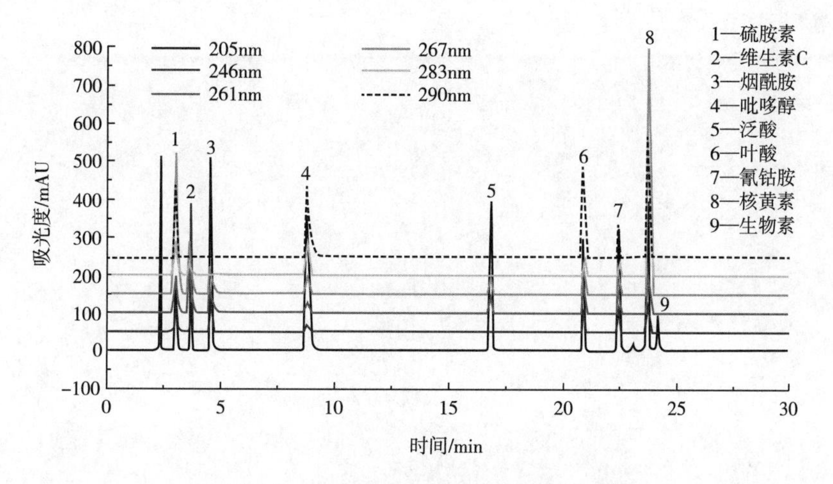

图11－10 9种维生素混合标准溶液色谱图

思考题

1. 大多数维生素的定量方法中，维生素都必须从食品中提取。通常采用哪些方法提取维生素？

2. 简述HPLC法分析维生素的优缺点。

3. 维生素C测定的方法有哪些，其原理分别是什么？

4. 维生素测定时，试样制备与处理过程中需要注意的问题有哪些？

5. 测定维生素A的原理是什么？样品为什么需要皂化？

6. 2，6－二氯靛酚滴定法测定还原型抗坏血酸的原理是什么？

7. 推荐2种维生素E测定方法，并说出理由。

8. 测定食品中维生素的含量有什么意义？

第三篇

食品添加成分及食品安全分析

第十二章

食品添加剂的测定

本章学习目的与要求

1. 综合了解食品添加剂的定义、分类及安全管理；
2. 掌握常见的食品添加剂类型、代表物及其检测方法。

第一节　概　　述

一、食品添加剂的定义与分类

根据GB 2760—2014《食品安全国家标准　食品添加剂使用标准》中的定义，食品添加剂是指为改善食品品质和色、香、味，以及为防腐、保鲜和加工工艺的需要而加入食品中的人工合成或者天然物质。食品用香料、胶基糖果中基础剂物质、食品工业用加工助剂也包括在内。食品添加剂的种类很多，按来源分为天然和人工合成两大类。而按照食品添加剂的功能、用途划分，各国分类不尽相同，GB 2760—2014《食品安全国家标准　食品添加剂使用标准》的附录D中将其划分为22类：①酸度调节剂；②抗结剂；③消泡剂；④抗氧化剂；⑤漂白剂；⑥膨松剂；⑦胶基糖果中基础剂物质；⑧着色剂；⑨护色剂；⑩乳化剂；⑪酶制剂；⑫增味剂；⑬面粉处理剂；⑭被膜剂；⑮水分保持剂；⑯防腐剂；⑰稳定剂和凝固剂；⑱甜味剂；⑲增稠剂；⑳食品用香料；㉑食品工业用加工助剂；㉒其他。

食品添加剂

二、食品添加剂的安全使用与管理

对于绝大多数食品添加剂来说，尽管在用于食品之前已在实验室中进行了多次安全性测试，但毕竟不是食品的基本成分，考虑到食品体系的复杂性，因此，食品添加剂在使用时要考虑其安全性问题。如果食品添加剂在安全性监督管理下，一般来讲，在允许范围内按照要求使用是安全的。早在1957年，联合国粮农组织（FAO）及世界卫生组织（WHO）在国际食品法典委员会

（CAC）下设立 FAO/WHO 关于食品添加剂联合专家委员会（ JECFA ）。从那时起，JECFA 就开始对食品添加剂进行评价。目前我国规定食品添加剂应当在技术上确有必要且经过风险评估证明安全可靠，方可列入允许使用的范围，并且国家对食品添加剂的生产实行许可制度。所有的食品添加剂（包括一般的食品添加剂与食品用香料）都需要经过安全评估，方可根据要求使用。

食品添加剂使用时应符合以下基本要求：① 不应对人体产生任何健康危害；② 不应掩盖食品腐败变质；③ 不应掩盖食品本身或加工过程中的质量缺陷或以掺杂、掺假、伪造为目的而使用食品添加剂；④ 不应降低食品本身的营养价值；⑤ 在达到预期效果的前提下尽可能降低在食品中的使用量。

GB 2760—2014《食品安全国家标准　食品添加剂使用标准》规定，在下列情况下可使用食品添加剂：① 保持或提高食品本身的营养价值；② 作为某些特殊膳食用食品的必要配料或成分；③ 提高食品的质量和稳定性，改进其感官特性；④ 便于食品的生产、加工、包装、运输或者贮藏。

三、食品添加剂的检测方法

食品添加剂种类繁多，包括多种无机物和有机物。具体每种添加剂的测定方法，也是首先根据样品的性质特点，选择合适的方法，将待测物质从复杂的食品体系中分离、富集，进而进行测定。常用的分离、富集手段包括蒸馏法、溶剂萃取法、沉淀分离法、色谱分离法、掩蔽法等。分离、富集了待测物质后，根据其物理、化学性质选择合适的分析方法进行定性、定量分析，常用的分析方法有容量法、分光光度法、薄层层析法和高效液相色谱法等。

第二节　甜味剂的测定

甜味剂按来源可分为天然的和人工合成的，按营养价值可分为营养型和非营养型。甜味剂是能赋予食品甜味的食品添加剂，目前我国允许使用的甜味剂包括糖精钠、环己基氨基磺酸钠（甜蜜素）、天门冬酰苯丙氨酸甲酯（阿斯巴甜）、甜菊糖苷、甘草酸铵、乙酰磺胺酸钾（安赛蜜）、天门冬酰苯丙氨酸甲酯乙酰磺胺酸、阿力甜、异麦芽酮糖、麦芽糖醇、山梨糖醇、乳糖醇、索马甜、纽甜、D－甘露糖醇及三氯蔗糖（蔗糖素）等 10 多种。另外，还有木糖醇、赤藓糖醇、乳糖醇和罗汉果甜苷等几种可在各类食品中按生产需要适量使用。下面介绍几种主要甜味剂的测定方法。

一、糖精钠的测定

糖精学名为邻－磺酰苯甲酰亚胺，分子式为 $C_7H_5O_3NS$，是一种应用较为广泛的人工合成甜味剂。

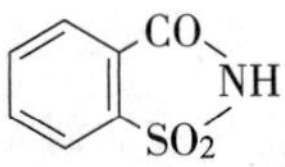

CO NH SO_2

糖精是无色到白色结晶/晶状粉末，水中溶解度很低，但易溶于乙醇、乙醚、氯仿、碳酸钠水溶液及稀氨水中；对热不稳定，长时间加热则失去甜味。

由于糖精难溶于水，在实际食品生产中多用糖精钠。糖精钠为无色结晶，无臭或微有香气，浓度低时呈甜味，浓度高时有苦味；糖精钠易溶于水，不溶于乙醚、氯仿等有机溶剂，比糖精热稳定性好，其甜度为蔗糖的200～700倍。

目前，糖精钠的测定方法主要有薄层色谱法、高效液相色谱法、紫外分光光度法、纳氏比色法、离子选择性电极法等。

（一）高效液相色谱法

GB 5009.28—2016《食品安全国家标准　食品中苯甲酸、山梨酸和糖精钠的测定》规定了食品中苯甲酸、山梨酸和糖精钠的测定方法，第一法就是高效液相色谱法。

1. 原理

样品经水提取，高脂肪样品经正己烷脱脂，高蛋白样品经蛋白沉淀剂沉淀蛋白，采用液相色谱分离、紫外检测器检测，外标法定量。

2. 测定方法

（1）试样制备　取多个预包装的饮料、液态乳等均匀样品直接混合；非均匀的液态、半固态样品用组织匀浆机匀浆；固体样品用研磨机充分粉碎并搅拌均匀；乳酪、黄油、巧克力等采用50～60℃加热熔融，并趁热充分搅拌均匀。取其中的200g装入玻璃容器中，密封，液体试样于4℃保存，其他试样于-18℃保存。

（2）试样提取

① 一般性试样：准确称取约2g（精确到0.001g）试样于50mL具塞离心管中，加水约25mL，涡旋混匀，于50℃水浴超声20min，冷却至室温后加亚铁氰化钾溶液2mL和醋酸锌溶液2mL，混匀，于8000r/min离心5min，将水相转移至50mL容量瓶中，于残渣中加水20mL，涡旋混匀后超声5min，于8000r/min离心5min，将水相转移到同一50mL容量瓶中，并用水定容至刻度，混匀。取适量上清液过0.22μm滤膜，待液相色谱测定。碳酸饮料、果酒、果汁、蒸馏酒等测定时可以不加蛋白沉淀剂。

② 含胶基的果冻、糖果等试样：准确称取约2g（精确到0.001g）试样于50mL具塞离心管中，加水约25mL，涡旋混匀，于70℃水浴加热溶解试样，于50℃水浴超声20min，之后的操作同“一般性试样”。

③ 油脂、巧克力、奶油、油炸食品等高油脂试样：准确称取约2g（精确到0.001g）试样于50mL具塞离心管中，加正己烷10mL，于60℃水浴加热约5min，并不时轻摇以溶解脂肪，然后加氨水溶液（体积比1∶99）25mL，乙醇1mL，涡旋混匀，于50℃水浴超声20min，冷却至室温后，加亚铁氰化钾溶液2mL和醋酸锌溶液2mL，混匀，于8000r/min离心5min，弃去有机相，水

相转移至50mL容量瓶中，残渣同“一般性试样”再提取一次后测定。

（3）色谱条件

① 检测器：紫外检测器，波长230nm；

② 色谱柱：C_{18}柱，柱长250mm，内径4.6mm，粒径5μm，或等效色谱柱；

③ 流动相：甲醇 - 醋酸铵溶液（体积比5∶95）；

④ 流速：1mL/min；

⑤ 进样量：10μL。

（4）测定　取样品处理液和标准溶液注入高效液相色谱仪进行分析，以标准溶液峰的保留时间和峰面积作参照，求出样液中糖精钠的含量。标准溶液的高效液相色谱图如图12 - 1所示。

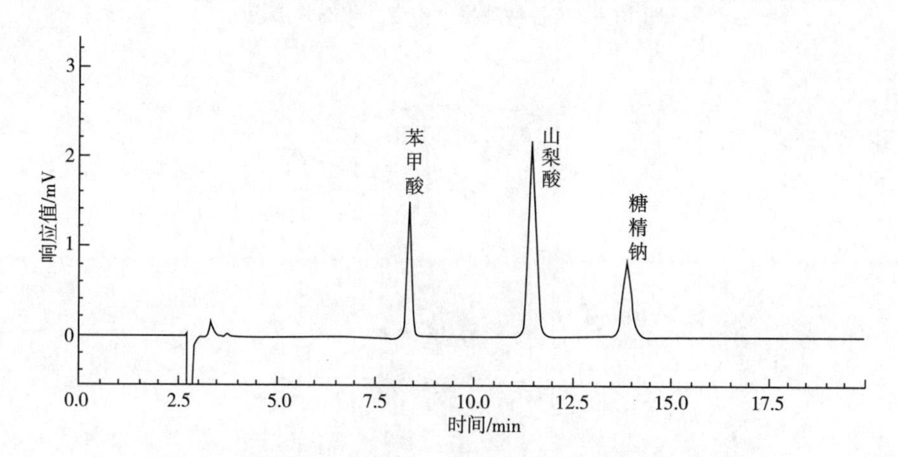

图12 - 1　苯甲酸、山梨酸、糖精钠标准溶液高效液相色谱图

（二）薄层色谱法

薄层色谱法也是适用于各类食品中糖精钠含量测定的方法，还可同时测定食品中苯甲酸、山梨酸、环己基氨基磺酸的含量。在酸性条件下，食品中的糖精钠用乙醚提取，挥去乙醚后，用乙醇溶解残留物。点样于硅胶GF254薄层板或聚酰胺薄层板上，用合适的展开剂展开后喷显色剂显色，再与标准溶液的显色斑点比较，进行定性和半定量测定。

薄层色谱法的主要步骤包括：① 配制标准溶液、展开剂、显色剂；② 样品提取；③ 薄层板制备；④ 点样；⑤ 展开与显色；⑥ 计算。

其中，薄层板制备可以自行配制薄层色谱用硅胶或聚酰胺溶液在干燥玻璃板上涂布，制备薄层板。但是目前多采用商品化的薄层板，相对于自制薄层板，其厚度相对均匀、品质细腻，分离效果更佳。如图12 - 2所示为各种规格大小商品化的薄层板。

点样时，在薄层板下端1 ~ 2cm的基线上，用微量注射器点上定量的样液和糖精钠标准溶液（如10μL或相同体积）。将点好的薄层板放入盛有展开剂的展开槽中，展开剂液高约0.5cm，并已预先达到气液饱和状态。图12 - 3为已点样薄层板置层析缸中展开的状态。

图 12－2　各种规格大小商品化的薄层板

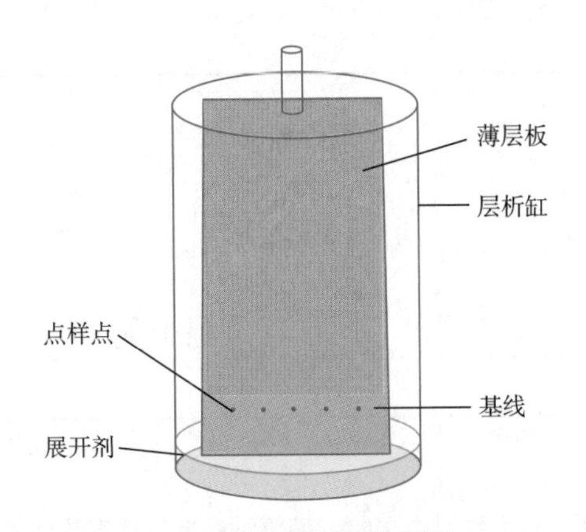

图 12－3　薄层板的展开

展开至距离薄层板顶端 1～2cm 时（溶剂前沿），取出薄层板，挥干，喷显色剂显色，将样液的斑点与标准液的斑点比较，根据斑点的 R_f 值进行定性（R_f 值计算的示意图见图 12－4）；可配合薄层色谱扫描仪进行定量（图 12－5）。

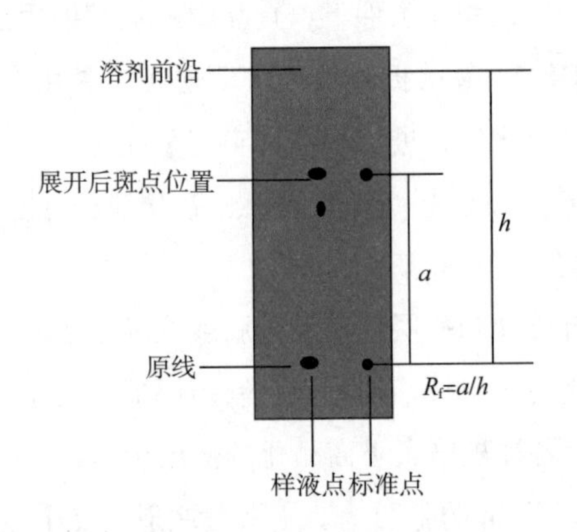

图 12－4　定性依据 R_f 值的计算示意图

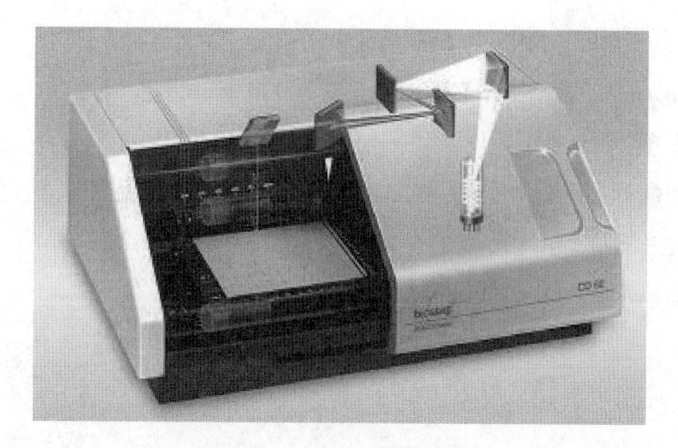

图 12－5　薄层色谱扫描仪

二、环己基氨基磺酸钠的测定

环己基氨基磺酸钠又名甜蜜素，分子式为 $C_6H_{12}NNaO_3S$，结构式如下：

（环己基）—$NHSO_3Na$

环己基氨基磺酸钠是人工合成的非营养型甜味素，为白色针状、片状结晶/结晶粉末，无臭，味甜，稀释溶液的甜度约为蔗糖的 30 倍，对酸、碱、光、热稳定。摄食环己基氨基磺酸钠后约 40% 从尿中排出，60% 从粪便中排出。其致癌作用引起了世界各国争议，至今还没有达成一致看法。FAO/WHO 对其每日允许摄入量（ADI）规定为 0～11mg/kg，我国 GB 2760—2014《食品安全国家标准　食品添加剂使用标准》规定环己基氨基磺酸钠可用于酱菜、调味酱、配制酒、面包、雪糕、冰淇淋、冰棍、饮料等食品。

1. 原理

在酸性介质中环己基氨基磺酸钠与亚硝酸钠反应，生成挥发性的环己醇亚硝酸酯，可利用气相色谱法进行定性定量，其含量可按式（12－1）计算：

$$X = \frac{m_1 \times 10 \times 1000}{m \times V \times 1000} = \frac{10\,m_1}{mV} \tag{12-1}$$

式中　X——试样中环己基氨基磺酸钠的含量，g/kg；

m——样品质量，g；

V——进样体积，mL；

m_1——测定用试样中环己基氨基磺酸钠的含量，μg；

10——正己烷加入量，mL。

2. 色谱条件

色谱柱：不锈钢柱 3mm×2m；

固定相：Cromsorb WAW DMCS80－100 目，涂以 10% SE－30；

温度：柱温 80℃，气化室 150℃，检测器 150℃；

流速：氮气 40mL/min，氢气 30mL/min，空气 300mL/min。

3. 说明与注意事项

（1）含二氧化碳的样品须经加热除去二氧化碳；含酒精的样品加氢氧化钠溶液调至碱性后于沸水浴中加热以除去酒精。

（2）环己基氨基磺酸钠与亚硝酸钠的反应必须在冰浴中进行。

三、天门冬酰苯丙氨酸甲酯的测定

天门冬酰苯丙氨酸甲酯，别名为阿斯巴甜、APM、Canderel 等。分子式为 $C_{14}H_{18}N_2O_5$，结构式如下：

天门冬酰苯丙氨酸甲酯是一种非碳水化合物类的人造甜味剂，属于氨基酸二肽衍生物。天门冬酰苯丙氨酸甲酯在高温或高 pH 情形下会水解，因此不适用需用高温烘焙的食品，不过可与脂肪或麦芽糊精化合提高耐热度。天门冬酰苯丙氨酸甲酯在体内迅速代谢为天冬氨酸、苯丙氨酸和甲醇。FAO/WHO 对其每日允许摄入量（ADI）规定为0 ~ 15mg/kg。我国 GB 2760—2014《食品安全国家标准　食品添加剂使用标准》规定天门冬酰苯丙氨酸甲酯可用于果酱、蔬菜罐头、面包、糕点、饼干、蛋白饮料、碳酸饮料等食品。

1. 原理

根据天门冬酰苯丙氨酸甲酯易溶于水、甲醇和乙醇等极性溶剂而不溶于脂溶性溶剂的特点，对待检测产品进行预处理。各提取液在液相色谱 C_{18} 反相柱上进行分离，在波长 200nm 处检测，以色谱峰的保留时间定性，外标法定量。按下式（12 - 2）计算：

$$X = \frac{\rho \times V}{m \times 1000} \tag{12-2}$$

式中　X——试样中天门冬酰苯丙氨酸甲酯的含量，g/kg；

ρ——由标准曲线计算出进样液中阿斯巴甜的质量浓度，μg/mL；

V——试样的最后定容体积，mL；

m——试样质量，g；

1000——由 μg/g 换算成 g/kg 的换算因子。

2. 色谱条件

色谱柱：C_{18}，柱长 250mm，内径 4.6mm，粒径 5μm；

柱温：30℃；

流动相：甲醇 - 水（体积比 40:60）或乙腈 - 水（体积比 20:80）；

流速：0.8mL/min；

进样量：20μL。

3. 说明与注意事项

（1）碳酸饮料类试样须除二氧化碳后用水定容。

（2）乳饮料类试样需用乙醇沉淀蛋白。

（3）脂肪类乳化制品、可可制品、巧克力及巧克力制品等用水提取，然后再用正己烷除去脂类成分。

第三节　防腐剂的测定

防腐剂是能防止食品腐败、变质，抑制食品中微生物繁殖，延长食品保藏期的一类物质的总称。目前，我国许可使用的品种有：苯甲酸、苯甲酸钠、山梨酸、山梨酸钾、丙酸钠、丙酸钙、对羟基苯甲酸乙酯和丙酯、脱氢醋酸钠等。

一、苯甲酸钠和山梨酸钾的测定

苯甲酸又名安息香酸，其分子式为 $C_7H_5O_2Na$，结构式如下：

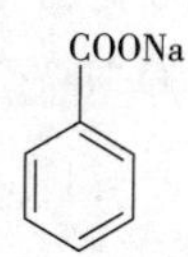

苯甲酸为白色有丝光的鳞片或针状结晶，熔点122℃，沸点249.2℃，100℃开始升华，在酸性条件下可随水蒸气蒸馏，微溶于水，易溶于氯仿、丙酮、乙醇、乙醚等有机溶剂，化学性质较稳定。苯甲酸钠为白色颗粒或结晶性粉末，无臭或微有安息香气味，在空气中稳定，易溶于水和乙醇，难溶于有机溶剂，其水溶液呈弱碱性（pH 约为8），在酸性条件下（pH 2.5～4）能转化为苯甲酸。

在酸性条件下苯甲酸及苯甲酸钠防腐效果较好，适宜用于偏酸的食品（pH 4.5～5）。苯甲酸进入人体后，大部分与甘氨酸结合形成无害的马尿酸。其余部分与葡萄糖醛酸结合生成苯甲酸葡萄糖醛酸苷从尿中排出，不在人体内积累。苯甲酸的毒性较小，FAO/WHO 限定苯甲酸及盐的每日允许摄入量（ADI）以苯甲酸计为0～5mg/kg 体重。

山梨酸的分子式为 $C_6H_7O_2K$，结构式为：$CH_3CH=CHCH=CHCOOK$。山梨酸为无色、无臭的针状结晶，熔点134℃，沸点228℃。山梨酸难溶于水，易溶于乙醇、乙醚、氯仿等有机溶剂，在酸性条件下可随水蒸气蒸馏，化学性质稳定。山梨酸钾易溶于水，难溶于有机溶剂，与酸作用生成山梨酸。山梨酸及其钾盐也是用于酸性食品的防腐剂，适合于在 pH 5～6 时使用。它是通过与霉菌、酵母菌酶系统中的巯基结合来发挥抑菌作用，但其对厌氧芽孢杆菌、乳酸菌无效。山梨酸是一种直链不饱和脂肪酸，可参与体内正常代谢，并被同化而产生二氧化碳和水，几乎对人体没有毒性，是一种比苯甲酸更安全的防腐剂。

（一）苯甲酸钠的测定

1. 原理

盐酸与苯甲酸钠起中和反应，用乙酰萃取反应生成的苯甲酸，根据盐酸标准滴定溶液的用量计算苯甲酸钠的含量。

2. 分析步骤

称取约1.5g试样，精确至0.0001g，置于预先在105～110℃已恒重的称量瓶中，使试样厚度均匀，于105～110℃干燥至恒重。称取1.5g上步得到的干燥物A，精确至0.0001g，置于250mL锥形瓶中，加25mL水溶解，再加50mL乙醚和10滴溴酚蓝指示液（0.4g/L），用盐酸标准滴定溶液（0.5mol/L）滴定，边滴边将水层和乙醚层充分摇匀，当水层显示淡绿色时为终点。

3. 结果计算

苯甲酸钠（以干基计）的质量分数ω_1，按式（12－3）计算：

$$\omega_1(\%)=\frac{V\times c\times M}{m\times 1000}\times 100 \tag{12-3}$$

式中 V——试样消耗盐酸标准滴定溶液的体积，mL；

c——盐酸标准滴定溶液的浓度，mol/L；

M——苯甲酸钠的摩尔质量，M（$C_7H_5O_2Na$）＝144.1g/mol；

m——干燥物A的质量，g。

（二）山梨酸钾的测定

1. 原理

干燥试样以冰醋酸为溶剂，乙酸酐为助溶剂，以结晶紫为指示剂，用高氯酸标准滴定溶液滴定，根据消耗高氯酸标准滴定溶液的体积计算山梨酸钾含量。

2. 分析步骤

称取2～3g试样，精确至0.0002g，置于预先在（105±2）℃干燥至质量恒定的称量瓶中，铺成厚度5mm以下的层。在（105±2）℃的恒温干燥箱中干燥3h，置于干燥器中冷却30min后称量。称取约0.2g上步得到的干燥物，精确至0.0002g，置于已放有48mL冰醋酸和2mL乙酸酐的250mL碘量瓶中，温热使其成溶液。冷却至室温，加2滴结晶紫指示液（5g/L），用高氯酸标准滴定溶液（0.1mol/L）滴定至溶液由紫色变为蓝绿色，即终点。

在测定的同时，按与测定相同的步骤，对不加试样而使用相同数量的试剂溶液做空白试验。

3. 结果计算

山梨酸钾（以$C_6H_7KO_2$计）（以干基计）的质量分数ω_1，按式（12－4）计算：

$$\omega_1 = \frac{\left(\frac{V_1 - V_2}{1000}\right) \times c \times M}{m} \tag{12-4}$$

式中　V_1——试样消耗高氯酸标准滴定溶液的体积，mL；

V_2——空白试验消耗高氯酸标准滴定溶液的体积，mL；

1000——换算系数；

c——高氯酸标准滴定溶液的浓度，mol/L；

M——山梨酸钾的摩尔质量，M（$C_6H_7KO_2$） = 150.2g/mol；

m——试样的质量，g。

二、乳酸链球菌素的测定

乳酸链球菌素的分子式为：$C_{143}H_{230}N_{42}O_{37}S_7$（Nisin A）、$C_{141}H_{228}N_{38}O_{41}S_7$（Nisin Z），结构式如下：

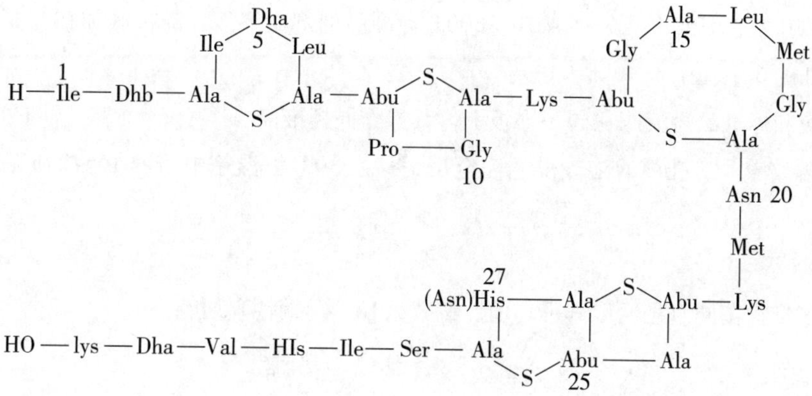

```
                       Dha                                      Ala — Leu
                  Ile   5   Leu                           Gly    15      Met
      1            |         |            S                |              |
H — Ile — Dhb — Ala           Ala — Abu       Ala — Lys — Abu            Gly
                      S               |        |
                                     Pro ——— Gly                S — Ala
                                             10                      |
                                                                   Asn 20
                                                                     |
                                                                    Met
                        27                                           |
                   (Asn)His ——— Ala    S    Abu ——— Lys
                             |      |          |
HO — lys — Dha — Val — HIs — Ile — Ser — Ala        Abu ——— Ala
                                            S    25
```

Nisin A：第二十七位氨基酸为组氨酸（His）；Nisin Z：第二十七位氨基酸为天冬酰胺（Asn）

乳酸链球菌素效价的测定方法如下。

1. 试剂与材料

（1）乳酸链球菌素标准品（效价：1×10^6IU/g）；

（2）盐酸溶液：0.02 mol/L；

（3）吐温 20 溶液：V（吐温 20）：V（水） =1：1；

（4）培养基（S_1）：8g/L 胰蛋白胨、5g/L 酵母膏、5g/L 葡萄糖、5g/L 氯化钠、2g/L 磷酸氢二钠、12 ~ 15g/L 琼脂粉，灭菌后 pH 6.8 ~ 7.0；

（5）检测菌：黄色微球菌（NCIB8166）。

2. 分析步骤

（1）检测菌的培养　用无菌接种环从甘油管或冻干管中取一环检测菌（NCIB8166），接种在无菌的 S_1 平皿上，进行自然分离，挑出饱满、边缘光滑的菌落，扩大，接在 S_1 试管斜面上，在 30℃恒温箱中培养 24h，放入 2 ~ 5℃冰箱中。

（2）菌株悬浮液的制备　取在冰箱中的检测菌（NCIB8166），用无菌生理盐水洗脱下来，制成10^8CFU/mL浓度的细胞悬液，备用。

（3）平板的制备　配制S_1培养基200mL（按比例先把琼脂熔化，依次加入各组分溶解，磷酸氢二钠溶解后加入），经121℃、20min灭菌后，放冷至70℃左右，加入4mL吐温20溶液，充分摇匀，等冷却到50～55℃，加入已制备好的菌株悬浮液适量，使培养基中检测菌的最终浓度为1×10^6个/mL，摇匀，倒入水平放置的已灭菌的平板中，等完全凝固后，用直径为7mm的打孔器，在平板上打出所需的孔数，小心挖掉孔内琼脂，移入洁净工作台中吹风1.5～3.0h（吹风时间按空气中的相对湿度大小而定，同时控制室内温度最低，尽量不要让检测菌生长），吹干后，置2～5℃冰箱中，到次日使用。

（4）标准品溶液的制备　准确称取乳酸链球菌素标准品（精确到0.0001g），溶于盐酸溶液中，使最终浓度为2mg/mL（2000IU/mL），摇匀，用盐酸稀释成300倍、600倍，即成高、低剂量标准溶液。

（5）滴加溶液　取出存放在冰箱中的平板，用移液器取70～80μL标准品高剂量溶液，随机滴加在平板的孔中，滴6个孔，再取70～80μL标准品低剂量溶液，随机滴加在与高剂量溶液同一平板其余孔的6个孔中。

试样溶液和标准品溶液滴在同一平板上，其操作同标准品。

（6）恒温培养　等孔内的溶液渗透完全后，移入30℃恒温箱中培养16～24h后，测量抑菌圈直径。

3. 计算结果

用卡尺测量抑菌圈直径，取其平均值，按式（12－5）计算效价：

$$C_{SH} = C_{BH} \times k^{\frac{(X_{SH}+X_{SL})-(X_{BH}+X_{BL})}{(X_{SH}+X_{BH})-(X_{SL}+X_{BL})}} \qquad (12-5)$$

式中　C_{SH}——试样溶液的效价，IU/mg；

C_{BH}——标准溶液的效价，IU/mg；

X_{SH}——高剂量试样溶液所致的抑菌圈直径，mm；

X_{SL}——低剂量试样溶液所致的抑菌圈直径，mm；

X_{BH}——高剂量标准溶液所致的抑菌圈直径，mm；

X_{BL}——低剂量标准溶液所致的抑菌圈直径，mm；

k——高剂量与低剂量浓度的比值。

若试样估计值不在测定值的90%～110%范围内，须重新估计试样效价，重测。

三、溶菌酶的测定

溶菌酶活力的测定方法如下 。

1. 原理

溶菌酶可水解细菌的细胞壁，造成藤黄微球菌的溶解而引起溶液吸光度值的降低。一个溶菌酶活力单位定义为25℃，pH 6.2 条件下，使用藤黄微球菌悬浊液在 450 nm 处每分钟引起吸光度变化为 0.001 所需溶菌酶的量。

2. 试样溶液的制备

准确称取（100 ±0.1）mg 试样，置于 50mL 容量瓶中，用约 25mL 磷酸盐缓冲液搅拌溶解并稀释定容，充分混匀。再转移 3mL 上述试样制备溶液至 100mL 容量瓶中，用磷酸盐缓冲液搅拌溶解并稀释定容。

3. 标准溶液的制备

精确称取 50mg 蛋清溶菌酶标准品于 50mL 容量瓶中，用约 25mL 磷酸盐缓冲液搅拌溶解并稀释定容，充分混匀（如果需要，冷冻该溶液以备后续测定）。转移 3mL 上述标准制备溶液至 100mL 容量瓶中，用磷酸盐缓冲液搅拌溶解并稀释定容。

4. 测定

取 3 份标准溶液和 3 份试样溶液进行测定。25℃室温下，将 1cm 比色皿放入分光光度计，用磷酸盐缓冲液调整吸光度零点。吸 2.9mL 底物溶液于比色皿，最初 450nm 处吸光度应为 0.70 ± 0.10，3min 之内初始吸光度值变化应小于或等于 0.003 时，方可开始测定。吸取 0.1mL 标准溶液加入底物溶液，充分混合。记录 3min 吸光度值的变化，每 15s 记录 1 次吸光度值。每分钟吸光度值变化应在 0.03 ~ 0.08，若不在要求范围须调整试样溶液的浓度。重复操作测定试样溶液。反应 1min 后稳定，计算时忽略最初 1min 的读数。

5. 结果计算

酶活力 X，按式（12 -6）计算：

$$X = \frac{(A_1 - A_2)}{2 \times m \times 0.001} \tag{12-6}$$

式中 A_1——试样在 450nm 处反应 1min 时的吸光度；

A_2——试样在 450nm 处反应 3min 时的吸光度；

m——用于分析的试样制备溶液中的溶菌酶质量，mg；

2——获得 1min 和 3min 吸光度读数所用的时间，min；

0.001——由单位溶菌酶每分钟引起的吸光度降低的值。

第四节 护色剂的测定

护色剂又名发色剂或呈色剂，是一些能够使肉与肉制品呈现良好色泽的物质。最常用的护色剂有硝酸盐和亚硝酸盐。它们添加在肉及其制品中后转化为亚硝酸，亚硝酸易分解出亚硝基，生成的亚硝基会很快与肌红蛋白反应生成鲜艳的、亮红色的亚硝基肌红蛋白，亚硝基肌红蛋白遇热后，放出巯基（—SH），变成了具有鲜红色的亚硝基血色原，从而赋予食品鲜艳的红色。同时，亚硝酸盐对微生物有抑制作用，与食盐并用可增加抑菌效用，对肉毒梭状芽孢杆菌有特殊抑制作用。然而，过量使用的亚硝酸盐和硝酸盐将对人体产生毒害作用。因为亚硝酸盐与仲胺反应生成具有致癌作用的亚硝胺。此外，过多摄入亚硝酸盐会引起血红蛋白（二价铁）转变成正铁血红蛋白（三价铁），而失去携氧功能，导致组织缺氧。以亚硝酸钠计每日允许摄入量（ADI）为0～0.2mg/kg，以硝酸钠计每日允许摄入量（ADI）为0～5mg/kg。以下介绍亚硝酸盐和硝酸盐的测定方法。

（一）离子色谱法

1. 原理

试样经沉淀蛋白质，除去脂肪后，采用相应的方法提取和净化，以氢氧化钾溶液为淋洗液，阴离子交换柱分离，电导检测器或紫外检测器检测。以保留时间定性，外标法定量。

2. 仪器参考条件

（1）离子色谱仪　配电导检测器及抑制器或紫外检测器，高容量阴离子交换柱，50μL定量环。

（2）色谱柱　氢氧化物选择性，可兼容梯度洗脱的二乙烯基苯－乙基苯乙烯共聚物基质，烷醇基季铵盐功能团的高容量阴离子交换柱，4mm×250mm（带保护柱4mm×50mm），或性能相当的离子色谱柱。

（3）净化柱　包括C_{18}柱、Ag柱和Na柱或等效柱。

（4）淋洗液　氢氧化钾溶液，浓度为6～70mmol/L；洗脱梯度为6mmol/L 30min，70mmol/L 5min，6mmol/L 5min；流速1.0mL/min。

（5）检测器　电导检测器，检测池温度为35℃；或紫外检测器，检测波长为226nm。

（6）进样体积　50μL（可根据试样中被测离子含量进行调整）。

3. 分析步骤

（1）以肉类、蛋类、鱼类及其制品的分析为例，进行试样预处理及提取，其他种类的样品处理方法详见GB 5009.33—2016《食品安全国家标准　食品中亚硝酸盐与硝酸盐的测定》。用四分法取适量或取全部样品，用食物粉碎机制成匀浆，称取试样匀浆5g（精确至0.001g），置于150mL具塞锥形瓶中，加入80mL水，超声提取30min，每隔5min振摇1次，保持固相完全分散。于75℃水浴中放置5min，取出放置至室温，定量转移至100mL容量瓶中，加水稀释至刻度，混匀。溶液经滤纸过滤后，取部分溶液于10000r/min离心15min，上清液备用。

（2）取上述备用溶液约15mL，通过0.22μm水性滤膜针头滤器、C_{18}柱，弃去前面3mL（如果氯离子大于100mg/L，则需要依次通过针头滤器、C_{18}柱、Ag柱和Na柱，弃去前面7mL），收集后面洗脱液待测。

（3）固相萃取柱使用前须进行活化，C_{18}柱（1.0mL）、Ag柱（1.0mL）和Na柱（1.0mL），其活化过程为：C_{18}柱（1.0mL）使用前依次用10mL甲醇、15mL水通过，静置活化30min。Ag柱（1.0mL）和Na柱（1.0mL）用10mL水通过，静置活化30min。

（4）将标准系列工作液分别注入离子色谱仪中，得到各浓度标准工作液色谱图，测定相应的峰高（μs）或峰面积，以标准工作液的浓度为横坐标，以峰高（μs）或峰面积为纵坐标，绘制标准曲线（亚硝酸盐和硝酸盐标准色谱图见图 12－6）。

（5）将空白和试样溶液注入离子色谱仪中，得到空白和试样溶液的峰高（μs）或峰面积，根据标准曲线得到待测液中亚硝酸根离子或硝酸根离子的浓度。

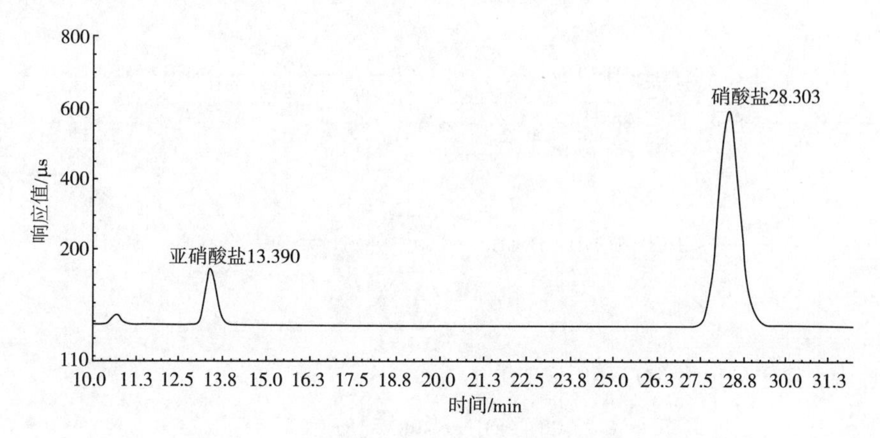

图 12－6　亚硝酸盐和硝酸盐标准溶液的离子色谱图

4. 结果分析及计算

试样中亚硝酸离子或硝酸根离子的含量按式（12－7）计算：

$$X = \frac{(\rho - \rho_0) \times V \times f \times 1000}{m \times 1000} \tag{12-7}$$

式中　X——试样中亚硝酸根离子或硝酸根离子的含量，mg/kg；

ρ——测定用试样溶液中的亚硝酸根离子或硝酸根离子质量浓度，mg/L；

ρ_0——试剂空白液中亚硝酸根离子或硝酸根离子的质量浓度，mg/L；

V——试样溶液体积，mL；

f——试样溶液稀释倍数；

1000——换算系数；

m——试样取样量，g。

试样中测得的亚硝酸根离子含量乘以换算系数 1.5，即得亚硝酸盐（按亚硝酸钠计）含量；试样中测得的硝酸根离子含量乘以换算系数 1.37，即得硝酸盐（按硝酸钠计）含量。

（二）分光光度法

1. 原理

亚硝酸盐采用盐酸萘乙二胺法测定，硝酸盐采用镉柱还原法测定。

试样经沉淀蛋白质，除去脂肪后，在弱酸条件下，亚硝酸盐与对氨基苯磺酸重氮化后，再与盐酸萘乙二胺（即 N－1－萘基乙二胺）偶合形成紫红色染料，外标法测得亚硝酸盐含量。采用镉柱将硝酸盐还原成亚硝酸盐，测得亚硝酸盐总量，由测得的亚硝酸盐总量减去试样中亚硝酸盐含量，即得试样中硝酸盐含量。反应式如下：

$$2HCl + NaNO_3 + H_2N-C_6H_4-SO_3H \xrightarrow{\text{重氮化}}$$

$$Cl-N(=N)-C_6H_4-SO_3H + NaCl + 2H_2O$$

$$2HCl \cdot H_2NH_2CH_2CHN-C_{10}H_7 + Cl-N(=N)-C_6H_4-SO_3H$$

N-1-萘基乙二胺

$$\xrightarrow{\text{偶合}} 2HCl \cdot H_2NH_2CH_2CHN-C_{10}H_7 + N=N-C_6H_4-SO_3H$$

紫红色

在镉柱中，镉定量地将 NO_3^- 还原成 NO_2^-：

$$Cd + NO_3^- \longrightarrow CdO + NO_2^-$$

镉柱经使用后用稀盐酸除去表面的氧化镉可重新使用：

$$CdO + 2HCl \longrightarrow CdCl_2 + H_2O$$

2. 分析步骤

（1）以肉类、蛋类、鱼类及其制品的分析为例，进行试样预处理及提取，其他种类的样品处理方法详见 GB 5009. 33—2016《食品安全国家标准　食品中亚硝酸盐与硝酸盐的测定》。用四分法取适量或取全部样品，用食物粉碎机制成匀浆，称取 5g（精确至 0. 001g）匀浆试样（如制备过程中加水，应按加水量折算），置于 250mL 具塞锥形瓶中，加 12. 5mL 50g/L 饱和硼砂溶液，加入 70℃左右的水约 150mL，混匀，于沸水浴中加热 15min，取出置冷水浴中冷却，并放置至室温。定量转移上述提取液至 200mL 容量瓶中，加入 5mL 106g/L 亚铁氰化钾溶液，摇匀，再加入 5mL 220g/L 醋酸锌溶液以沉淀蛋白质。加水至刻度，摇匀，放置 30min，除去上层脂肪，上清液用滤纸过滤，弃去初滤液 30mL，滤液备用。

（2）亚硝酸盐的测定　吸取 40. 0mL 上述滤液于 50mL 带塞比色管中，另吸取 0. 00mL，0. 20mL，0. 40mL，0. 60mL，0. 80mL，1. 00mL，1. 50mL，2. 00mL，2. 50mL 亚硝酸钠标准使用液（相当于 0. 0μg，1. 0μg，2. 0μg，3. 0μg，4. 0μg，5. 0μg，7. 5μg，10. 0μg，12. 5μg 亚硝酸钠），分别置于 50mL 带塞比色管中。于标准管与试样管中分别加入 2mL 4g/L 对氨基苯磺酸溶液，混匀，静置 3 ~ 5min 后各加入 1mL 2g/L 盐酸萘乙二胺溶液，加水至刻度，混匀，静置 15min，用 1cm 比色杯，以零管调节零点，于波长 538nm 处测吸光度，绘制标准曲线比较。同时做试剂空白。

（3）硝酸盐的测定

① 镉柱还原：先以 25mL 氨缓冲液的稀释液冲洗镉柱，流速控制在 3 ~ 5mL/min（以滴定管代替的可控制在 2 ~ 3mL/min）。

② 吸取20mL滤液于50mL烧杯中，加5mL pH 9.6 ~ 9.7 氨缓冲溶液，混合后注入贮液漏斗，使其流经镉柱还原，当贮液杯中的样液流尽后，加15mL水冲洗烧杯，再倒入贮液杯中。冲洗水流完后，再用15mL水重复1次。当第2次冲洗水快流尽时，将贮液杯装满水，以最大流速过柱。当容量瓶中的洗提液接近100mL时，取出容量瓶，用水定容刻度，混匀。

③ 亚硝酸钠总量的测定：吸取10 ~ 20mL还原后的样液于50mL比色管中。以下按（2）中自“吸取0.00mL，0.20mL，0.40mL，0.60mL，0.80mL，1.00mL……”起操作。

3. 结果分析与计算

亚硝酸盐（以亚硝酸钠计）的含量按式（12 - 8）计算：

$$X_1 = \frac{m_2 \times 1000}{m_1 \times \frac{V_2}{V_1} \times 1000} \tag{12-8}$$

式中 X_1——试样中亚硝酸盐含量，mg/kg；

m_1——样品质量，g；

m_2——测定用样液中亚硝酸盐的含量，μg；

V_1——样品处理液总体积，mL；

V_2——测定用样液体积，mL。

1000——转换系数。

硝酸盐（以硝酸钠计）的含量按式（12 - 9）计算：

$$X_2 = \left(\frac{m_4 \times 1000}{m_5 \times \frac{V_3}{V_2} \times \frac{V_5}{V_4} \times 1000} - X_1 \right) \times 1.232 \tag{12-9}$$

式中 X_2——试样中硝酸钠的含量，mg/kg；

m_4——经镉粉还原后测得总亚硝酸钠的质量，μg；

1000——转换系数；

m_5——试样的质量，g；

V_3——测总亚硝酸钠的测定用样液体积，mL；

V_2——试样处理液总体积，mL；

V_5——经镉柱还原后样液的测定用体积，mL；

V_4——经镉柱还原后样液总体积，mL；

X_1——由式（12 - 8）计算出的试样中亚硝酸钠的含量，mg/kg；

1.232——亚硝酸钠换算成硝酸钠的系数。

备注：镉柱的准备如下。

（1）海绵状镉粉的制备（镉粒直径0.3 ~ 0.8mm） 将适量的锌棒放入烧杯中，用40g/L硫酸镉溶液浸没锌棒。在24h之内，不断将锌棒上的海绵状镉轻轻刮下。取出残余锌棒，使镉沉底，倾去上层溶液。用水冲洗海绵状镉2 ~ 3次后，将镉转移至搅拌器中，加400mL盐酸（0.1mol/L），搅拌数秒，以得到所需粒径的镉颗粒。将制得的海绵状镉倒回烧杯中，静置3 ~

4h，期间搅拌数次，以除去气泡。倾去海绵状镉中的溶液，并可按下述方法进行镉粒镀铜。将制得的镉粒置于锥形瓶中（所用镉粒的量以达到要求的镉柱高度为准），加足量的盐酸（2mol/L）浸没镉粒，振荡5min，静置分层，倾去上层溶液，用水多次冲洗镉粒。在镉粒中加入20g/L硫酸铜溶液（每克镉粒约需2.5mL），振荡1min，静置分层，倾去上层溶液后，立即用水冲洗镀铜镉粒（注意镉粒要始终用水浸没），直至冲洗的水中不再有铜沉淀。

（2）镉柱装填　用水装满镉柱玻璃柱，并装入约2cm高的玻璃棉作垫，将玻璃棉压向柱底时，应将其中所包含的空气全部排出，在轻轻敲击下，加入海绵状镉至适当高度，上面用1cm高的玻璃棉覆盖。如无镉柱玻璃管时，可以25mL酸式滴定管代用，但过柱时要注意始终保持液面在镉层之上。当镉柱填装好后，先用25mL盐酸（0.1mol/L）洗涤，再以水洗2次，每次25mL，镉柱不用时用水封盖，随时都要保持水平面在镉层之上，不得使镉层夹有气泡。

（3）镉柱还原效率测定　吸取20mL硝酸钠标准使用液，加入5mL氨缓冲液的稀释液，混匀后注入贮液漏斗，使其流经镉柱还原，用1个100mL的容量瓶收集洗提液。洗提液的流量不应超过6mL/min，在贮液杯将要排空时，用约15mL水冲洗杯壁。冲洗水流尽后，再用15mL水重复冲洗，第2次冲洗水也流尽后，将贮液杯灌满水，并使其以最大流量流过柱子。当容量瓶中的洗提液接近100mL时，从柱子下取出容量瓶，用水定容至刻度，混匀。取10.0mL还原后的溶液（相当于10μg亚硝酸钠）于50mL比色管中，以下按上述分析步骤中（2）“亚硝酸盐的测定”自“吸取0.00mL，0.20mL，0.40mL，0.60mL，0.80mL，1.00mL……”起操作，根据标准曲线计算测得结果，与加入量一致，还原效率大于95%为符合要求。还原效率计算按式（12-10）计算：

$$X = \frac{m_1}{10} \times 100 \qquad (12-10)$$

式中　X——还原效率，%；

m_1——测得亚硝酸钠的含量，μg；

10——测定用溶液相当于亚硝酸钠的含量，μg。

如果还原率小于95%时，将镉柱中的镉粒倒入锥形瓶中，加入足量的盐酸（2moL/L）中，振荡数分钟，再用水反复冲洗。

（三）其他方法

1. 示波极谱法

样品经沉淀蛋白质，除去脂肪后，在弱酸性的条件下亚硝酸盐与对氨基苯磺酸重氮化后，在弱碱性条件下再与8-羟基喹啉偶合形成橙色染料，该偶氮染料在汞电极上还原产生电流，电流与亚硝酸盐的浓度呈线性关系，可与标准曲线比较定量。

2. 离子选择性电极法

0.1mol/L硫酸钾介质中，用硫酸根除去氯离子干扰，硝酸根离子浓度在$10^{-2} \sim 8 \times 11^{-5}$mol/

L，电位值和硝酸根浓度负对数呈直线关系，由此求出样品溶液中硝酸根含量。此法亚硝酸盐含量占硝酸盐含量的30%～40%时，不影响硝酸盐的测定，如超过这个比例，可加入一定量硝酸盐标准溶液，以提高硝酸盐水平。溶液有颜色或浑浊时不影响测定。

3. 气相色谱法

浓硫酸在低于95℃时，硝酸根可与苯作用生成硝基苯。然后用气相色谱法分析该生成物，以2－氯萘为内标物，给出一定的峰值和保留时间，据此可推算出样液中亚硝酸盐和硝酸盐的浓度。

第五节　漂白剂的测定

漂白剂是指可使食品中有色物质经化学作用分解转变为无色物质或使其褪色的食品添加剂，包括还原型（二氧化硫、亚硫酸钠、亚硫酸氢钠、低亚硫酸钠、焦亚硫酸钠等）和氧化型（过氧化氢、次氯酸等）。各种漂白剂可以单一使用，也可混合使用。食品加工过程中对漂白剂的一般要求是：除了对食品的色泽有一定作用外，对食品的品质、营养价值及保存期均不应有不良的改变。

目前我国允许使用的漂白剂有二氧化硫、亚硫酸钠、硫磺、二氧化氯等7种，大多是以亚硫酸类化合物为主的还原型漂白剂，它们通过所产生的二氧化硫的还原作用来破坏、抑制食品的发色因素，使食品褪色或免于发生褐变。其中使用较多的是二氧化硫和亚硫酸盐，这两者本身并没有什么营养价值，也非食品中不可缺少的成分，而且还有一定的腐蚀性，对人体健康也有一定影响，因此在食品中的添加应加以限制。1994年联合国粮农组织（FAO）/世界卫生组织（WHO）规定了亚硫酸盐的每日允许摄入量（ADI）为0～0.7mg/kg体重，并要求在控制使用量的同时还应严格控制二氧化硫的残留量。除此以外，硫磺也是食品中常用的漂白剂和防腐剂，允许在水果干、蜜饯、干菜、鲜食用菌和藻类、白糖及制品、糖和糖浆、魔芋粉的生产中用于熏蒸，并且最大使用量以二氧化硫残留量计在0.1～0.9g/kg。

测定还原型漂白剂（如二氧化硫和亚硫酸盐）的方法主要有：① 酸碱滴定法；② 盐酸副玫瑰苯胺比色法；③ 碘量法；④ 高效液相色谱法；⑤ 极谱法等，其中常用的是前两种方法。测定氧化型漂白剂的方法主要有：① 滴定法；② 比色定量法；③ 高效液相色谱法；④ 极谱法。

一、二氧化硫和亚硫酸盐的测定

（一）酸碱滴定法

GB 5009.34—2022《食品安全国家标准　食品中二氧化硫的测定》第一法中规定了用酸碱滴定法进行食品中总二氧化硫的测定方法。

1. 原理

采用充氮蒸馏法处理样品，样品酸化后，在加热条件下亚硫酸盐等系列物质释放出二氧化硫，用过氧化氢溶液吸收蒸馏物，二氧化硫溶于吸收液被氧化生成硫酸，用氢氧化钠标准溶液滴定，根据其消耗量计算样品中二氧化硫的含量。

2. 分析步骤

① 样品制备：称取固体或半流体试样 20 ~ 100g（精确至 0.01g，取样量可视含量高低而定）；取液体试样 20 ~ 200mL（g），备用。

② 样品测定：按照图 12 - 7 的装置，将称取好的样品置于蒸馏烧瓶中，加入 200 ~ 500mL 水，装上冷凝装置，打开回流冷凝管开关给水（冷凝水温度 <15℃），将冷凝管的上端 E 口处连接的玻璃导管置于 100mL 锥形瓶底部。锥形瓶内加入 3% 过氧化氢溶液 50mL 作为吸收液（玻璃导管的末端应在吸收液液面以下）。在吸收液中加入 3 滴 2.5g/L 甲基红乙醇溶液作指示剂，并用氢氧化钠标准溶液（0.01mol/L）滴定至黄色即终点（如果超过终点，则应舍弃该吸收溶液）。开通氮气，调节气流在 1.0 ~ 2.0L/min；打开分液漏斗 C 的活塞，使 6mol/L 盐酸溶液 10mL 快速流入蒸馏瓶，立刻加热烧瓶中的溶液至沸腾并保持微沸 1.5h，停止加热。将吸收液放冷后摇匀，用氢氧化钠标准溶液（0.01mol/L）滴定至黄色且 20s 不褪色，并同时做空白试验。

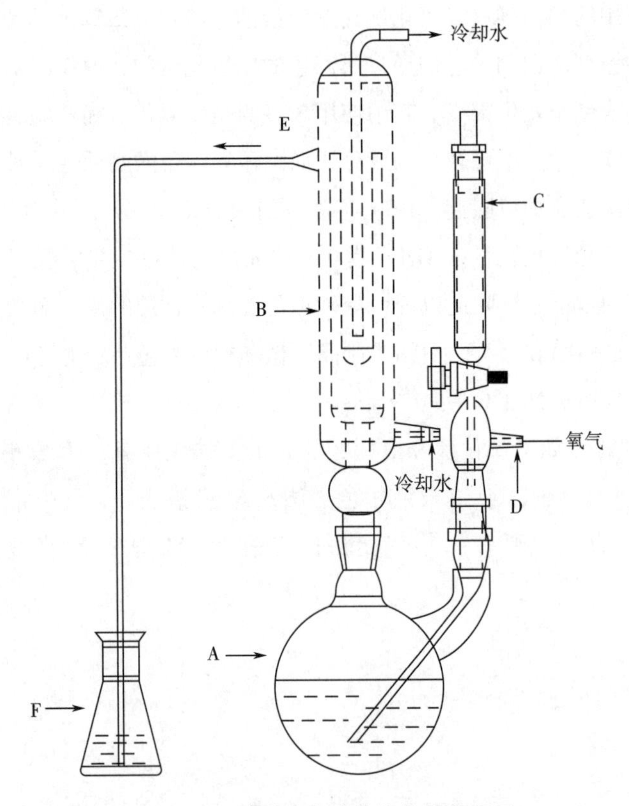

图 12 - 7 酸碱滴定法蒸馏仪器装置图

A—圆底烧瓶 B—回流冷凝管 C—带刻度分液漏斗 D—连接氮气流入口 E—SO_2 导气口 F—接收瓶

3. 结果分析与计算

样品中二氧化硫总含量的计算如式（12-11）所示：

$$X=\frac{(V-V_0)\times c\times 0.032\times 1000\times 1000}{m} \qquad (12-11)$$

式中　X——样品中二氧化硫含量（以 SO_2 计），mg/kg 或 mg/L；

V——滴定样品所用氢氧化钠标准溶液的体积，mL；

V_0——滴定试剂空白所用氢氧化钠标准溶液的体积，mL；

c——氢氧化钠滴定液的浓度，mol/L；

m——样品的质量或体积，g 或 mL；

0.032——1mL 氢氧化钠标准溶液（1mol/L）相当的二氧化硫的质量（g），g/mmoL。

（二）盐酸副玫瑰苯胺比色法

对于葡萄酒中总二氧化硫含量的测定，SN/T 4675.22—2016《出口葡萄酒中总二氧化硫的测定　比色法》规定了以盐酸副玫瑰苯胺比色法测定葡萄酒中总二氧化硫含量的方法。

1. 原理

试样中二氧化硫被甲醛缓冲溶液吸收后，生成稳定的羟甲基磺酸加成化合物，在样品溶液中加入氢氧化钠使加成化合物分解，释放出的二氧化硫与盐酸副玫瑰苯胺（PRA）、甲醛作用，生成紫红色化合物，在波长 577nm 处其吸光度与二氧化硫含量成比例，外标法定量。

2. 测定步骤

（1）样品处理　起泡葡萄酒须预先脱气，将 100mL 试样倒入带排气塞的瓶中，在室温下使用水平振荡器或超声波水浴脱气，直到无气体逸出。试样置于常温封闭条件下保存。

（2）标准曲线绘制　分别吸取 0.00mL，0.50mL，1.00mL，2.00mL，3.00mL，5.00mL 二氧化硫使用液（相当于 0.0μg，0.5μg，1.0μg，2.0μg，3.0μg，5.0μg 二氧化硫），分别置于 15mL 刻度试管中，用水定容至 5.0mL，在各管中分别加入 0.5mL 甲醛缓冲吸收液。加入 250μL 氨磺酸钠（6.0g/L）和 250μL 氢氧化钠溶液（1.5mol/L），混匀。加入 0.5mL PRA 溶液（0.50g/L）。此溶液在（20±3）℃下显色 20min。显色完成后，放入比色杯中，于波长 577nm 条件下，以水为参比测量吸光度。以空白校正后各管的吸光度为纵坐标，以二氧化硫的含量（μg）为横坐标，建立校准曲线。

注：甲醛缓冲吸收液的制备。吸取 36%~38% 的甲醛溶液 5.5mL，0.05mol/L EDTA-2Na 溶液 20.00mL；称取 2.04g 邻苯二甲酸氢钾，溶于少量水中；将 3 种溶液混合，再用水稀释至 100mL；临用前再稀释 10 倍成甲醛缓冲吸收液。

（3）按试样中二氧化硫实际含量，准确移取 0.2~0.5mL 试样，用水稀释至 10.0mL。准确移取 0.5mL（可根据初测浓度确定相应的稀释液取样量）样品稀释液于 MCX SPE 小柱（60mg，3mL；或相同性质的强阳离子交换小柱）中，流出液收集于刻度试管，减压使样液全部流出，再用 2mL 水淋洗，减压，流出液合并，如此再淋洗 1 次，收集全部流出液，用水定容至 5.0mL，加入 0.5mL 甲醛缓冲吸收液。之后同（2）操作，于波长 577nm 条件下，以水为参比测量吸光度。用空白校正后的样液吸光度代入校准曲线计算得到样液所含二氧化硫的质量。同时做空白试验。

3. 结果分析及计算

试样中总二氧化硫含量按式（12－12）计算：

$$\rho = \frac{m}{V_1} \times \frac{V_2}{V_3} \tag{12-12}$$

式中 ρ——试样中二氧化硫的质量浓度，mg/L；

V_1——试样取样体积，mL；

V_2——试样稀释后定容取样体积，mL；

V_3——测量样液的体积，mL；

m——测量样液中二氧化硫的质量，μg。

（三）其他方法

1. 蒸馏－电感耦合等离子体发射光谱法

在密闭容器中对样品进行酸化、蒸馏，蒸馏物用过氧化氢溶液吸收，吸收后的溶液用电感耦合等离子体发射光谱法检测，以硫元素的特征谱线波长定性，待测元素谱线信号强度与元素浓度成正比进行定量，计算样品中的二氧化硫含量。该方法适用于果脯类、干菜、米粉类、粉条、食用菌、葡萄酒和果酒等食品中二氧化硫的测定。

2. 离子色谱法

对于辛辣类、高蛋白、高吸水膨胀性食品，在密闭容器中对样品进行酸化，在氮气流的保护下蒸馏，释放出其中的二氧化硫，释放物用甲醛溶液吸收，将吸收液用配有电导检测器的离子色谱仪测定，外标法定量；如果是其他食品，可以用碱将食品中结合型的亚硫酸释放出来，与甲醇生成稳定的羟甲基磺酸，经活性炭小柱除去提取液中的色谱，石油醚除去提取液中的油脂，用配有电导检测器的离子色谱仪测定，外标法定量。

二、二氧化氯的测定

GB 5009.244—2016《食品安全国家标准　食品中二氧化氯的测定》规定了用分光光度计法进行蔬菜、水果、畜禽肉、水产品等食品中总二氧化氯的测定方法。

1. 原理

试样中的二氧化氯用磷酸盐缓冲溶液提取，经冷冻离心，纤维滤纸过滤，以甘氨酸作掩蔽剂，消除溶液中 Cl_2、ClO^- 等物质的假阳性干扰，加入 N，N－二乙基－对苯二胺（DPD）显色剂与二氧化氯显色，采用分光光度法在552nm 处测定其最大吸光度，从而确定食品中二氧化氯的含量。

2. 测定步骤

（1）试样制备及保存　从所取全部样品中取出有代表性样品约 1kg，经捣碎机充分捣碎均匀，均分成2份，分别装入洁净容器内作为试样。密封并加贴标签。将试样于-18℃以下冷冻保存。在抽样及制样的操作过程中，应防止样品受到污染或发生残留物含量的变化。

（2）样品提取

① 水果及蔬菜：称取试样1.00g（精确至0.01g）于50mL离心管中，加入20mL磷酸盐缓冲溶液（pH 6.5），8000r/min均质提取3min，于高速离心机中10000r/min冷冻离心10min，取出，用纤维滤纸过滤于10mL具塞比色管中，供分光光度计测定。

② 畜禽肉及水产品：称取试样1.00g（精确至0.01g）于100mL离心管中，加入50mL磷酸盐缓冲溶液（pH 6.5），8000r/min均质提取3min，于高速离心机中10000r/min冷冻离心10min，取出，用纤维滤纸过滤于10mL具塞比色管中，供分光光度计测定。

（3）标准曲线的绘制　向一系列10mL具塞比色管中加入一定量的二氧化氯标准使用溶液，使各管中的浓度相当于0.00mg/L，0.05mg/L，0.10mg/L，0.50mg/L，1.00mg/L，2.00mg/L，5.00mg/L的二氧化氯标准溶液。分别加入1.0mL磷酸盐缓冲液（pH 6.5）和1.0mL DPD溶液（1g/L）、1.0mL甘氨酸溶液（100g/L），定容至刻度摇匀，在60s内用1cm比色皿在552nm处测定吸光度，以标准工作液的浓度为横坐标，以响应值（吸收值）为纵坐标，绘制标准曲线。

（4）样品中二氧化氯的测定　取5mL滤液于10mL具塞比色管中，向滤液中加入1mL甘氨酸溶液（100g/L）混合，加入1mL磷酸盐缓冲液（pH = 6.5）和1.0mL DPD溶液（1g/L），用水定容至刻度10mL摇匀。立即在60s内用1cm比色皿在552nm处测定吸光度，根据标准曲线求出二氧化氯的浓度。

注：整个操作过程须避光。

3. 结果分析与计算：

试样中二氧化氯含量按式（12-13）计算：

$$X = \frac{(\rho - \rho_0) \times V}{m} \tag{12-13}$$

式中　X——试样中二氧化氯含量，mg/kg；

ρ——样液中二氧化氯的质量浓度，mg/L；

ρ_0——试剂空白中二氧化氯的质量浓度，mg/L；

V——样液最终定容体积，mL；

m——最终样液所代表的试样质量，g。

第六节　食用合成色素的测定

食用色素是以食品着色、改善食品的色泽为目的的食品添加剂，可分为食用天然色素和食用合成色素两大类。天然色素是从动植物组织中提取的，其安全性高，但稳定性差、着色能力差，难以调出任意的色泽，且资源较短缺，目前还不能满足食品工业的需要；合成色素是用有机物合成的，主要来源于煤焦油及其副产品，资源十分丰富。合成色素具有稳定性好、色泽鲜艳、附着力强、能调出任意色泽等优点，因而得到广泛应用，但由于许多合成色素本身或其代谢产物具有一定的毒性、致泻性与致癌性，因此必须对合成色素的使用范围及用量加以限制，确保其使用的安全性。

食用合成色素种类多，国际上允许使用的有30多种，我国允许使用的主要有苋菜红、胭脂红、赤藓红、新红、诱惑红、柠檬黄、日落黄、亮蓝、靛蓝等。目前，在食品行业中使用单一色素已较少，需使用复合色素方可达到较满意的色泽，因而给其分析测定带来了一定困难。合成色素的测定方法主要有高效液相色谱法和薄层层析法。

薄层层析法测定的原理是：在酸性条件下，用聚酰胺吸附水溶性合成色素而与天然色素、蛋白质、脂肪、淀粉等物质分离。然后在碱性条件下，用适当的溶液将其解吸，再用薄层层析法进行分离鉴别与标准比较定性、定量。常见的几种色素分离的展开剂和测定波长如表12－1所示。

表12－1　常见色素的薄层层析分离展开剂和测定波长

色素	展开剂	测定波长/nm
苋菜红	甲醇－乙二胺－氨水（体积比10∶3∶2）	520
胭脂红		510
靛蓝	甲醇－氨水－乙醇（体积比5∶1∶10）	620
亮蓝		627
柠檬黄	柠檬酸钠溶液（25g/L）－氨水－乙醇（体积比8∶1∶2）	430

高效液相色谱法测定的原理是：食品合成色素在酸性条件下用聚酰胺吸附或用液－液分配法提取，制备成水溶液，然后注入高效液相色谱仪，经反相色谱分离，以保留时间和峰面积进行定性和定量。下面以出口火锅底料中多种合成色素的高效液相色谱测定说明该法。

1. 原理

试样经60℃水浴融化，依次用甲醇－丙酮混合溶液和尿素甲醇溶液（含5%氨水溶液）提取试样中的合成色素，液－液萃取分配后分别经聚酰胺树脂层析柱和凝胶渗透色谱净化，液相色谱测定，外标法峰面积定量。方法适用于火锅底料中新红、苋菜红、胭脂红、诱惑红、赤藓红、日落黄、酸性红G、酸性大红GR、罗丹明B、对位红、苏丹红Ⅰ、苏丹红Ⅱ、苏丹红Ⅲ、苏丹红Ⅳ、苏丹橙G和苏丹红7B的测定。

2. 测定步骤

（1）试样制备与保存　取代表性样品500g，用搅碎机充分搅碎混匀（块状样品须先在60℃水浴熔化后再用搅碎机充分搅碎混匀），均分成2份作为试样，并标明标记。于－18℃以下保存。

（2）试样提取　准确称取5.00g试样（精确至0.01g）于50mL离心管中，加入20mL甲醇－丙酮溶液（1＋1，体积比），置于60℃水浴加热10min，让油脂熔化后，涡旋混匀2min，5000r/min离心5min，上清液转移至150mL旋蒸瓶中，残渣用20mL甲醇－丙酮溶液（1＋1，体积比）重复提取一次，再加15mL 2mol/L尿素甲醇溶液（含5%氨水溶液）重复提取2次，合并提取液，于40℃下旋蒸浓缩至近干。

（3）净化　分别用5mL乙酸乙酯－环己烷溶液（体积比1∶1）、5mL水洗涤旋蒸瓶2次，并将洗涤液转移至50mL离心试管中，涡旋混匀1min，5000r/min离心5min。将有机相层转移至10mL比色管中，40℃下氮气浓缩至近干，用乙酸乙酯－环己烷溶液（体积比1∶1）溶解残渣并定容至5mL，待凝胶渗透色谱（GPC）净化；向水相层中加入1mL 500g/L磷酸溶液，混匀，待聚酰胺树脂层析柱净化。

GPC净化条件如下。① 凝胶渗透色谱仪：净化柱400mm×25mm（内径），内装Bio－Beads，S－X3，38～75μm填料；② 流动相：乙酸乙酯－环己烷溶液（体积比1∶1）；③ 流速：5.0mL/min；④ 进样量：4.5mL；⑤ 开始收集时间：13min；⑥ 结束收集时间：20min。

聚酰胺树脂层析柱净化：将水相待净化液转移至聚酰胺树脂层析柱中，以2～3mL/min流经层析柱，同时用5mL 1g/L磷酸溶液洗涤离心试管并转移至层析柱中，待试液刚刚到达层析柱填料顶端时，再向层析柱中加入5mL 80%甲醇溶液淋洗并抽空，最后用10mL 5%氨水－甲醇溶液洗脱，弃去前3mL洗脱液，收集后7mL洗脱液于10mL比色管中，并用甲醇定容至刻度。

（4）浓缩　将GPC收集液和9.0mL聚酰胺树脂层析柱洗脱液合并至旋蒸瓶中，40℃下旋蒸浓缩至近干，用5mL甲醇－丙酮溶液（体积比1∶1）少量多次洗涤旋蒸瓶并转移至刻度试管中，在40℃下氮气浓缩至近干，用甲醇－丙酮溶液定容至1.0mL，涡旋溶解残渣，过滤膜后，供高效液相色谱测定。

（5）测定　在仪器最佳工作条件下，对标准工作溶液进样，用标准工作曲线按外标法定量。标准工作溶液和样液中各种合成色素的响应值均应在仪器的线性范围内。同时，做空白试验。色谱参考条件如下。① 色谱柱：C_{18}色谱柱（250mm×4.6mm，5μm）或性能相当者；② 流动相：甲醇－0.01mol/L磷酸盐缓冲液，梯度洗脱（0～14min，10%甲醇；14～30min，100%甲醇）；③ 流速：1.0mL/min；④ 进样量：10μL；⑤ 检测波长：程序可变波长，0～13.7min，520nm；13.71～15min，420nm；15.01～30min，520nm；⑥ 柱温：30℃；⑦ 后运行时间：5.0min。

3. 结果分析与计算

各食用色素的参考保留时间见表12－2。

表12－2　各食用色素的参考保留时间　　单位：min

化合物	参考保留时间	化合物	参考保留时间
新红	6.3	罗丹明B	16.6
苋菜红	3.9	苏丹红Ⅰ	18.7
胭脂红	7.8	对位红	19.6
日落黄	8.9	苏丹红Ⅱ	22.0
酸性红G	9.7	苏丹红Ⅲ	23.6
诱惑红	9.9	苏丹红7B	25.3
酸性大红GR	12.6	苏丹红Ⅳ	28.4
赤藓红	13.3	苏丹橙G	14.1

试样中各合成色素的含量可按式（12－14）计算：

$$X_i = \frac{\rho_i \times V \times 1000}{m \times 1000} \tag{12-14}$$

式中　X_i——试样中待测物质的含量，mg/kg；

ρ_i——从标准曲线上得到的待测物质的质量浓度，μg/mL；

V——样液最终定容体积，mL；

m——最终样液所代表的试样质量，g。

第七节　抗氧化剂的测定

抗氧化剂是能阻止或推迟食品氧化变质，提高食品稳定性和延长贮存期的食品添加剂。按作用可分为天然抗氧化剂和人工合成抗氧化剂；按溶解度可分为油溶性抗氧化剂和水溶性抗氧化剂。目前常用的抗氧化剂有：丁基羟基茴香醚（BHA）、2，6－二叔丁基对甲酚（BHT）、没食子酸丙酯（PG）、叔丁基对苯二酚（TBHQ）、茶多酚（TP）、异抗坏血酸等。主要用于油脂及高油脂食品中，可以延缓该类食品的氧化变质。

一、丁基羟基茴香醚与2，6－二叔丁基对甲酚的测定

丁基羟基茴香醚（BHA）通常为α－异构体和β－异构体的混合物，是白色或微黄色结晶粉末或蜡状固体，稍有特殊气味，易溶于油脂，极易溶解于乙醇、丙醇中，几乎不溶于水，对热很稳定，在弱碱条件下不易被破坏；2，6－二叔丁基对甲酚（BHT），为白色结晶及结晶性粉末，无味，无臭或稍有特殊气味，易溶于油脂及乙醇中，不溶于水。

BHA和BHT均为酚型油溶性抗氧化剂，它们的急性毒性较小，在经口的半数致死量（LD_{50}）上，BHA对小鼠为2000mg/kg体重，BHT对小鼠为1390mg/kg体重；BHA对大鼠为2200～5000mg/kg体重，BHT对大鼠为1970mg/kg体重。我国《食品安全国家标准　食品添加剂使用标准》规定BHA和BHT可用于食用油脂、油炸食品、干鱼制品、饼干、方便面、速煮面、果仁罐头、腌腊肉制品等。

（一）气相色谱法

1. 原理

样品中BHA和BHT用石油醚提取，通过层析柱使BHA与BHT净化、浓缩，经气相色谱分离后用氢火焰离子化检测器检测，根据样品峰高与标准峰高比较定量。

2. 测定方法

（1）脂肪提取

① 含油脂高的样品（如桃酥等）：称取50.0g，混合均匀，置于250mL具塞锥形瓶中，加50mL

石油醚（沸程为30～60℃），放置过夜，用快速滤纸过滤后，减压回收溶剂，残留脂肪备用。

② 含油脂量中等的样品（如蛋糕、江米条等）：称取100g左右，混合均匀，置于500mL具塞锥形瓶中，加100～200mL石油醚（沸程为30～60℃），放置过夜，用快速滤纸过滤后，减压回收溶剂，残留脂肪备用。

③ 含油脂少的样品（如面包、饼干等）：称取250～300g，混合均匀后，于500mL具塞锥形瓶中，加入适量石油醚浸泡样品，放置过夜，用快速滤纸过滤后，减压回收溶剂，残留脂肪备用。

（2）样品溶液的纯化

① 色谱柱的制备：于色谱柱底部加入少量玻璃棉，少量无水硫酸钠，将10g硅胶－弗罗里硅土（质量比6∶4），用石油醚湿法混合装柱，柱顶部再加少量无水硫酸钠。

② 试样纯化：称取上述脂肪提取液0.50～1.00 g，用25mL石油醚溶解移入上面制备的层析柱中，再以100mL二氯甲烷分5次淋洗，合并淋洗液，减压浓缩近干时，用二硫化碳定容至2mL，该溶液为待测溶液。

（3）测定　将3μL标准溶液和样品待测溶液分别注入气相色谱仪，测量各组分峰高或面积；并与标准峰高或面积比较计算含量。色谱参考条件如下。① 检测器：火焰离子化检测器（FID）；② 色谱柱：长1.5m，内径3mm玻璃柱，10%（质量分数）QF－1的Gas ChromQ（80～100目）；③ 温度：检测室200℃，进样品200℃，柱温140℃；④ 流速：氮气70mL/min，氢气50mL/min，空气500mL/min。

3. 结果分析及计算

试样中的BHA或BHT的含量可按式（12－15）计算：

$$m_1 = \frac{h_i}{h_s} \times \frac{V_m}{V_i} \times V_s c_s \tag{12-15}$$

式中　m_1——待测溶液中BHA（或BHT）的含量，mg；

h_i——注入色谱仪样品中BHA（或BHT）的峰高或峰面积；

h_s——标准使用液中BHA（或BHT）的峰高或峰面积；

V_i——注入色谱仪样品溶液的体积，mL；

V_m——待测样品定容的体积，mL；

V_s——注入色谱仪中标准使用液的体积，mL；

c_s——标准使用液的质量浓度，mg/mL。

（二）分光光度法

1. 原理

样品经石油醚提取后，通过硅胶柱层析使BHA与BHT分离。BHA与2，6－二氯醌氯亚胺的硼砂溶液作用生成一种稳定的蓝色化合物，BHT与α，α′－联吡啶的氯化铁溶液作用生成橘红色物质，可分别进行比色测定。

2. 测定方法

（1）样品处理　称取经磨碎的样品10g，置于150mL带磨口的三角瓶中，加石油醚50mL，于振荡器上振荡20min，静置，吸取上层清液25mL通过硅胶柱，以石油醚进行淋洗，弃去50mL初液后，用容量瓶收集石油醚淋洗液100mL，摇匀，供BHT测定。用无水乙醇洗涤石油醚淋洗后的硅胶柱，用容量瓶收集淋洗液50mL，供BHA测定。

（2）BHA标准曲线的绘制　准确吸取每毫升含BHA 0.01 mg的标准溶液0.0mL，0.2mL，0.4mL，0.6mL，0.8mL，1.0mL，分别置于25mL比色管中，加入72%乙醇至总体积为8mL，摇匀，加入0.1g/L 2，6－二氯醌氯亚胺溶液1mL。充分混匀后加入硼砂缓冲溶液1mL，摇匀后静置20min，用分光光度计在620 nm波长下测定吸光度，并绘制标准曲线。

（3）BHT标准曲线的绘制　准确吸取每毫升含BHT 0.01 mg的标准溶液0.0mL，0.2mL，0.4mL，0.6mL，0.8mL，1.0mL分别置于25mL比色管中，加入2g/L α，α′－联吡啶溶液1mL，摇匀后，在暗室避光下迅速加入2g/L三氯化铁溶液1mL，摇匀后放置60min，用分光光度计在波长520nm下测定吸光度，并绘制标曲线。

（4）样品测定

① BHT测定：取4mL样品处理液，于25mL比色管中水浴蒸干，加入30%乙醇溶液8mL，2g/L α，α′－联吡啶1mL，以下操作步骤与标准曲线绘制相同，测定吸光度，从标准曲线查出BHT的含量。

② BHA测定：吸取乙醇淋洗液2mL于比色管中，加入72%乙醇至总体积为8mL，加入0.1g/L 2，6－二氯醌氯亚胺溶液1mL，以下操作步骤与标准曲线绘制相同，测定吸光度，从标准曲线查出BHA的含量。

3. 结果计算

试样中的BHA或BHT的含量可按式（12－16）计算：

$$X = \frac{A \times 1000}{m(25/50)(V_2/V_1) \times 1000 \times 1000} \tag{12-16}$$

式中　X——样品中BHA或BHT的质量，g/kg；

A——测定用样液中BHA或BHT质量，μg；

m——样品质量，g；

V_1——供测定样液总体积，mL；

V_2——测定时吸取样液的体积，mL；

25/50——第一次取出石油醚提取液的体积（mL）/提取样品用石油醚的总体积（mL）。

4. 说明与注意事项

（1）样品中BHA与BHT的含量应换算成样品脂肪中BHA与BHT的含量。

（2）2，6－二氯醌氯亚胺乙醇溶液不稳定，只能保存3d，3d后弃去重配。

（3）在测定BHT时，在加完α，α′－联吡啶溶液后的操作必须在避光条件下进行测量，否则测定结果偏高。

（4）对于只添加BHA的食品，样品经石油醚提取后，取出2～4mL挥干，不需硅胶柱分离，直接进行BHA测定。

二、没食子酸丙酯的测定

没食子酸丙酯（PG），为白色至淡褐色结晶性粉末或灰黄色针状结晶，无臭，稍有苦味，水溶液无味。PG 的急性毒性小，对动物经口的 LD_{50}，小鼠为 2500 ~ 3100mg/kg 体重，大鼠为 2500 ~ 4000mg/kg 体重。PG 用途与 BHA 和 BHT 相同，单独使用时最大使用量规定为 0. 1g/kg。与 BHA、BHT 混合使用时，不得超过 0. 1g/kg。

1. 原理

样品经石油醚溶解，用醋酸铵水溶液提取后，没食子酸丙酯（PG）与亚铁酒石酸盐起颜色反应，在波长 540 nm 处测定吸光度，与标准比较定量、最低检出量为 50μg，测定样品为 2g 时，最低检出浓度为 25mg/kg。

2. 测定方法

（1）样品处理　称取 10. 00g 样品，用 100mL 石油醚溶解，移入 250mL 分液漏斗中，加 20mL 醋酸铵溶液（16. 7g/L）振摇 2min，静置分层，将水层放入 125mL 分液漏斗中（若乳化，连同乳化层一起放下），石油醚层再用 20mL 醋酸铵溶液（16. 7g/L）重复提取 2 次，合并水层。石油醚层用水振摇洗涤 2 次，每次 15mL，水洗涤液并入同一个 125mL 分液漏斗中，振摇静置。将水层通过干燥滤纸滤入 100mL 容量瓶中，用少量水洗涤滤纸，加 2. 5mL 醋酸铵溶液（100g/L），加水至刻度，摇匀。将此溶液用滤纸过滤，弃去初滤液的 20mL，收集滤液供比色测定用。

（2）测定　吸取 20. 0mL 上述样品处理液于 25mL 具塞比色管中，加入 1mL 显色剂，加 4mL 水，摇匀。另准确吸取 0. 0mL，1. 0mL，2. 0mL，4. 0mL，6. 0mL，8. 0mL，10. 0mL PG 标准溶液，分别置于 25mL 带塞比色管中，加入 2. 5mL 醋酸铵溶液（100g/L），准确加水至 24mL，加入 1mL 显色剂（显色剂：称取 0. 100g 硫酸亚铁和 0. 500g 酒石酸钾钠，加水溶解稀释至 100mL，临用前配制），摇匀。用 1cm 比色杯，以零管调节零点，在波长 540nm 处测定吸光度，绘制标准曲线比较。

3. 结果计算

样品中的 PG 含量可按式（12 – 17）计算：

$$X = \frac{A \times 1000}{m(V_2/V_1) \times 1000 \times 1000} \qquad (12-17)$$

式中　X——样品中 PG 的含量，g/kg；

A——测定用样液中 PG 质量，μg；

m——样品质量，g；

V_1——提取后样液总体积，mL；

V_2——测定时吸取样液的体积，mL。

三、茶多酚的测定

茶多酚是茶叶中多酚类物质的总称，为白色不定形粉末，易溶于水，可溶于乙醇、甲醇、丙酮、乙酸乙酯，不溶于氯仿。绿茶中茶多酚含量较高，占其质量的15% ~30%，茶多酚的主要成分为：黄烷酮类、花色素类、黄酮醇类和花白素类和酚酸及缩酚酸类6类化合物。具有抗氧化、防辐射、抗衰老、降血脂、降血糖、抑菌抑酶等多种生理活性。

1. 原理

茶叶磨碎样中的茶多酚用70%的甲醇水溶液在70℃水浴上提取，福林酚试剂氧化茶多酚中—OH基团并显蓝色，最大吸收波长义为765nm，用没食子酸作校正标准测定茶多酚。

2. 测定

（1）用移液管分别移取没食子酸工作液、水（作空白对照用）及测试液各1.0mL于刻度试管内，在每个试管内分别加入5.0mL的福林酚试剂（1 mol/L），摇匀。反应3 ~8min内，加入4.0mL 75g/L碳酸钠溶液，加水定容至刻度，摇匀。室温下放置60min。用10mm比色皿、在765nm波长条件下用分光光度计测定吸光度（A、A_0）。

（2）根据没食子酸工作液的吸光度（A）与各工作溶液的没食子酸浓度，制作标准曲线。

3. 结果计算

比较试样和标准工作液的吸光度，按式（12 -18）计算：

$$C_{TP} = \frac{(A - A_0) \times V \times d \times 100}{SLOPE_{std} \times \omega \times 106 \times m} \qquad (12-18)$$

式中 C_{TP}——茶多酚含量，%；

A——样品测试液吸光度；

A_0——试剂空白液吸光度；

$SLOPE_{std}$——没食子酸标准曲线的斜率；

m——样品质量，g；

V——样品提取液体积，mL；

d——稀释因子（通常为1mL稀释成100mL，则其稀释因子为100）；

ω——样品干物质含量（质量分数），%。

4. 说明与注意事项

样品吸光度应在没食子酸标准工作曲线的校准范围内，若样品吸光度高于50μg/mL浓度的没食子酸标准工作溶液的吸光度，则应重新配制高浓度没食子酸标准工作液进行校准。

思考题

1. 食品生产中为什么要添加食品添加剂？

2. 对食品添加剂的质量控制，要综合考虑哪些因素？

3. 掌握几种常见的食品添加剂的定量分析方法。

第十三章

食品中有害物质的测定

本章学习目的与要求

1. 综合了解食品中存在的有害物质的种类与来源及检测的重要性；
2. 掌握食品中常见的农药和兽药残留的常规检测方法及快速检测方法；
3. 综合了解食品中存在的生物毒素的种类及其检测方法；
4. 综合了解食品中存在的环境污染物的种类及其检测方法；
5. 理解食品中非法添加物的概念，综合了解非法添加物的种类及其检测方法。

第一节　概　　述

一、食品中有害物质的定义

《中华人民共和国食品安全法》中规定“食品，是指各种供人食用或者饮用的成品和原料以及按照传统既是食品又是药品的物品，但是不包括以治疗为目的的物品。”“食品安全是指食品无毒、无害，符合应当有的营养要求，对人体健康不造成任何急性、亚急性或者慢性危害。”食品安全不仅要求食品要具有应有的营养功能，而且不可以含有在正常食用条件下会对人体健康造成危害的“有毒或有害的物质”。

世界卫生组织对于“有害物质”是这样定义的：在自然界所有的物质中，当某物质或含有该物质的物质被按其原来的用途正常使用时，若因该物质而导致人体健康、自然环境或生态平衡遭受破坏时，则称该物质为有害物质。

食品中有害物质及其检测

那么，什么是食品中的有害物质呢？众所周知，我们生活的地球生物圈中无处不存在或多或少天然的或人工的有害物质，如天然放射性元素、农药残留等，生长在这个生物圈的动物或农作物不可避免地会被这些物质污染；不同的加工方法也可能导致食品中产生新的已知或未知的有害物质，所以说绝对不含有害物质的食品是很少的。另外，取食不当，如暴饮暴食导致疾病乃至死亡的例子是常有发生的。因此，在谈论食品中的有害物质时，“在正常食用条件下”的限定不仅是必要的，而且是科学的。另外，谈到食品有害物质的危害形式时，精神伤害不可以不提，比如在食品中发现了啮齿类动物的毛发、排泄物或其他让人恶心的有害物质时，可能会对个人或众人造成精神伤害。综合这几方面认识，食品中的有害物质应当理解为在正常食用含有该物质的食品时会对人体的组织器官或生理机能或精神造成任何急性、亚急性、慢性或者致畸、致癌危害的物质。

二、食品中有害物质的种类与来源

食品中的有害物质从其性质上可分为三大类：

一是生物性有害物质，主要包括病毒、细菌、霉菌、寄生虫、害虫等生物污染，这些有害生物若没有被完全杀死而被摄入到人体可以导致某些疾病的发生。

二是化学性有害物质，是食品有害物质的主要形式，主要包括生物代谢物或毒素，天然或人工合成的化学污染物质，食品加工或包装过程中生成的或转移到食品中的有害化学物质。

三是物理性有害物质，如环境中天然存在的放射性元素、混入食品中的金属或非金属碎屑及其他物理性杂质等。

这些有害物质的来源主要有：① 来自环境中天然存在或残存的污染物，如生物毒素、放射性元素等；② 由于不当地使用农药、兽药，包括施药过量、施药期不当或使用被禁药物，而导致的农药残留、兽药残留；③ 加工、贮藏或运输中产生的污染，如操作不卫生、杀菌不合要求或贮藏方法不当等导致的病毒、微生物等；④ 来自特定食品加工工艺的副产物，如肉类熏烤产生的苯并［a］芘、蔬菜腌制产生的亚硝酸盐等；⑤ 来自包装材料中的有害物质，某些有害物质可能迁移到被包装的食品中；⑥ 违法添加非食用物质和滥用食品添加剂；⑦ 某些食品原料中固有的天然有害或有毒物质。

三、加强食品中有害物质检测的必要性

食品的质量安全已经成为全球的焦点之一。我国目前最常见的食品质量问题主要有三个方面：一是卫生指标超标，如菌落总数、大肠菌群等超出甚至严重超出国家强制性标准；二是违法添加非食用物质及滥用食品添加剂，如违规使用已经禁用的人工合成色素、瘦肉精、吊白块、苏丹红、三聚氰胺，食品添加剂（如苯甲酸、山梨酸）的含量超出允许使用量等；三是食品包装、标签等不规范，虚假标签、以次充好等人为造假现象较多。其中，前二者都涉及食品中有害物质的检测。这些不合格的食品给人们的健康、财产及生活带来了很大危害，在国内外造成了不良的影响，严重打击了我国食品进出口贸易。

加强食品中有害物质的检测首先是保证国内外消费者健康的要求；其次是食品企业改进加工工艺、控制食品质量的要求；第三，是确保食品安全、打破贸易壁垒、促进我国食品的进出口贸易、提高我国国际地位及信誉的要求。因此，我们需要加强食品中有害物质的检测。另外，随着食品中安全卫生指标限量值的逐步降低，对检测技术提出了更高的要求，检验检测应向高技术化、速测化、便携化以及信息共享化迈进。

第二节 食品中农兽药残留及其检测

食品中农药残留和兽药残留二者并不是完全分离的，特别是对于动物性食品及水产品来说，除了需要检测相应的兽药残留，还需要检测农药残留是否超标，这是由于长时间大面积地使用难降解的农药，使得农药通过食物链、大气循环、水循环进入到整个生态系统中。

一、农药残留及其检测

（一）农药残留概述

农药（Pesticides）主要是指用来防治危害农林牧业生产的有害生物（害虫、害螨、线虫、病原菌、鼠类及杂草）和调节植物生长的化学药品，但通常也把改善有效成分物理、化学性状的各种助剂包括在内。需要指出的是，对于农药的含义和范围，不同的时代、不同的国家和地区有所差异。如欧洲称为“农用化学品”（Agrochemicals），还有的书刊将农药定义为“除化肥以外的一切农用化学品”。20 世纪 80 年代以前，农药的定义和范围偏重于强调对害物的“杀死”，但 80 年代以来，农药的概念发生了很大变化。今天，我们并不注重“杀死”，而是更注重于“调节”，因此，目前农药又出现了一些新的定义如“生物合理农药”（Biorational Pesticides）、“理想的环境化合物”（Ideal Environmental Chemicals）、“生物调节剂”（Bioregulators）、“抑虫剂”（Insectistatics）、“抗虫剂”（Anti – Insect Agents）、“环境和谐农药”（Environment Acceptable Pesticides 或 Environment Friendly Pesticides）等。尽管有不同的表达，但农药的发展趋势必然是“对害物高效，对非靶标生物及环境安全”。

目前，全世界实际生产和使用的农药品种有上千种，其中绝大部分为化学合成农药。按用途可分为杀虫剂、杀菌剂、除草剂、杀螨剂、植物生长调节剂和杀鼠药等；按化学成分可分为有机氯类、有机磷类、氨基甲酸酯类、拟除虫菊酯类、苯氧乙酸类、有机锡类等；按药剂的作用方式，可分为触杀剂、胃毒剂、熏蒸剂、内吸剂、引诱剂、驱避剂、拒食剂、不育剂等；按其毒性可分为高毒、中毒、低毒三类；按杀虫效率可分为高效、中效、低效三类；按农药在植物体内残留时间的长短可分为高残留、中残留和低残留三类。

农药残留是指由于农药的施用（包括主动和被动施用）而残留在农产品、食品、动物饲料、药材中的农药及其有毒理学意义的降解代谢产物。农药再残留是指一些已禁用的残留持久性强的农药通过环境污染再次在农产品、食品、动物饲料、药材中形成残留。一般来讲，农药残留量是指农药本体物及其代谢物的残留量的总和，表示单位为 mg/kg。提到农药残留我们必须清楚农药最大残留限量（MRL）及每日允许摄入量（ADI）的概念。所谓最大残留限量是指在生产或保护商品过程中，按照农药使用的良好农业规范（GAP）使用农药后，允许农药在各种食品和饲料中或其表面残留的最大浓度；而每日允许摄入量是指人类每日摄入某物质直至终生，而不产生可检测到的健康危害的量，单位为 mg/kg 体重。当农药过量或长期施用，导致食物中农药残存数量超过最大残留限量时，就有可能对人或家畜产生不良影响，或通过食物链对生态系统中其他生物造成毒害。食品中常见农药残留的最大残留限量及每日允许摄入量数据可参考 GB 2763—2021《食品安全国家标准 食品中农药最大残留限量》。

造成农药在食品中残留超限量的主要原因有以下几个方面：第一，过量、过频地使用农药或施用期不当；第二，违规使用已经禁止的农药；第三，残留在土壤、灌溉水、空气等环境中的农药对作物或果蔬造成的二次污染，进而转移到加工食品中。

下面介绍在食品中容易检出或目前市面上使用比较普遍的几类农药及其残留分析。

（二）食品中常见的农药残留

1. 有机氯农药

有机氯农药（OCPs）是具有杀虫活性的氯代烃的总称。通常，OCPs 分为三种主要的类型，即滴滴涕（DDT）及其类似物、六六六（也称 BHC，工业品是多种异构体的混合物，其中，生物活性组分 γ - BHC 仅占 15% 左右，其余均为无效组分）和环戊二烯衍生物。曾经主流的有机氯农药有 DDT、六六六、林丹（Lindane，99% γ - BHC）、氯丹（Chlordane）、硫丹（Endosulfan）、毒杀芬（Camphechlor）、七氯（Heptachlor）、艾氏剂（Aldrin）、狄氏剂（Dieldrin）、异狄氏剂（Endrin）等。

有机氯农药具有一系列的特性：脂溶性很强，不溶或微溶于水；挥发性小，使用后消失缓慢，残存在环境中的有机氯农药虽经土壤微生物的作用，其分解产物也像亲体一样存在着残留毒性。如 DDT 经还原生成滴滴滴（DDD），经脱氯化氢后生成滴滴伊（DDE）；化学结构稳定，不易为生物体内酶降解，因此可在生物体内蓄积，且多贮存于机体脂肪组织或脂肪多的部位。因此，该类农药会通过生物富集和食物链，危害周围的生态系统。另外，有些有机氯农药，如 DDT 能悬浮于水面，可随水分子一起蒸发，从而危害整个生态系统，20 世纪 60 年代科学家们在南极企鹅的血液中检出了 DDT。

由于这类农药具有较高的杀虫活性，杀虫谱广，对温血动物的毒性较低，持续性较长，加之生产方法简单，价格低廉，因此，这类杀虫剂在世界上相继投入大规模的生产和使用，其中，六六六、DDT 等曾经成为红极一时的杀虫剂品种。1962 年，美国科学家卡尔松在其著作《寂静的春天》中怀疑，DDT 进入食物链，是导致一些食肉和食鱼的鸟接近灭绝的主要原因。因此，从 20 世纪 70 年代开始，许多工业化国家相继限用或禁用某些 OCPs，其中主要是 DDT、六六六及狄氏剂。我国从 1983 年 3 月起停止生产六六六和 DDT，1991 年停止生产杀虫脒、二溴氯丙烷等有机氯农药，但由于有机氯农药的性质稳定，在自然界不易分解，属高残留品种，因此在世界许多地方的空气、水域和土壤中仍能够检测出微量 OCPs 的存在，并会在相当长时间内继续影响食品的安全性，危害人类健康。

2. 有机磷农药

有机磷农药（OPPs）是用于防治植物病、虫、害的含有磷元素的有机化合物。分子式中一般含有 C—O—P、C—S—P、C—P 或 C—N—P 键，多为磷酸酯类或硫代磷酸酯类。这一类农药品种多、药效高、用途广、易分解，在人、畜体内一般不积累，在农药中是极为重要的一类。它不但可以作为杀虫剂、杀菌剂，而且也可以作为除草剂和植物生长调节剂。但有不少品种对人、畜的急性毒性很强，在使用时特别要注意安全，近年来，高效低毒的品种发展很快，逐步取代了一些高毒品种，使有机磷农药的使用更安全有效。

目前市场上销售的有机磷农药剂型主要有乳化剂、可湿性粉剂、颗粒剂和粉剂四大剂型，种类达到上百种。常见的有代表性的有机磷农药有敌敌畏（Dichlorvos）、二溴磷（Naled）、久效磷（Monocrotophos）、磷胺（Phosphoamidon）、对硫磷（Parathion）、甲基对硫磷（Parathion - methyl）、杀螟硫磷（Fenitrothion）、倍硫磷（Fenthion）、内吸磷（1059，Demeton）、双硫磷（Temephos）、毒死蜱（Chlorpyrifos）、二嗪农（Diazinon）、辛硫磷（Phoxim）、氧乐果（Omethoate）、丙溴磷（Profenofos）、甲拌磷（3911，Phorate）、马拉硫磷（Malathion）、乐果（Dimethoate）、甲胺磷（Methamidophos）、乙酰甲胺磷（Acephate）、敌百虫（Trichlorfon）、杀虫畏（Tetrachlorvinphos）、杀螟威（Chlorfenvinphos）、杀螟腈（Cyanophos）、异丙胺磷（Isofenphos）等。

有机磷农药大多呈油状或结晶状，工业品呈淡黄色至棕色，除敌百虫和敌敌畏之外，大多有蒜臭味。一般不溶于水，易溶于有机溶剂如苯、丙酮、乙醚、三氮甲烷及油类，对光、热、氧均较稳定，遇碱易分解破坏（敌百虫例外，敌百虫为白色结晶，能溶于水，遇碱可转变为毒性较大的敌敌畏）。

有机磷杀虫剂由于具有药效高，易于被水、酶及微生物降解，很少残留毒性等特点，因而从20世纪40年代到70年代得到飞速发展，在世界各地被广泛应用，有140多种化合物正在或曾被用作农药。但是，有机磷杀虫剂存在抗性问题，某些品种存在急性毒性过高和迟发性神经毒性问题。从70年代以后，有机磷杀虫剂的研究和开发速度大幅放慢了，但在杀虫剂领域，目前它仍被广泛使用。过量或施用时期不当是造成有机磷农药污染食品的主要原因。

3. 氨基甲酸酯类农药

氨基甲酸酯类农药，可视为氨基甲酸的衍生物，氨基甲酸是极不稳定的，会自动分解为 CO_2 和 H_2O，但氨基甲酸的盐和酯均相当稳定，该类农药通常具有以下通式：

$$R_1OOC—N(R_2)(CH_3)$$

其中，R_1 几乎都是苯环、稠环、杂环等基团，其羟基化合物 R_1OH 往往呈弱酸性；R_2 是氢或者是一个易于被化学或生物方法断裂的基团。常见的氨基甲酸酯农药有甲萘威（Carbaryl）、戊氰威（Nitrilacarb）、呋喃丹（Carbofuran）、仲丁威（Fenobucarb）、异丙威（Lsoprocarb）、速灭威（Metolcarb）、残杀威（Propoxur）、涕灭威（Aldicarb）、抗蚜威（Pirimicarb）、灭虫威（Methiocarb）、灭多威（Methomyl）、恶虫威（Bendiocarb）、硫双灭多威（Thiodicarb）、双甲脒（Amitraz）等。

氨基甲酸酯类农药是在有机磷酸酯之后发展起来的合成农药，这类农药一般无特殊气味，在酸性环境下稳定，遇碱性环境分解。大多数品种毒性较有机磷酸酯类高出许多。大部分氨基甲酸酯类的纯品为无色和白色晶状固体，易溶于多种有机溶剂，但在水中溶解度较小，只有少数如涕灭威、灭多虫等例外。氨基甲酸酯一般没有腐蚀性，其储存稳定性很好，只是在水中能缓慢分解，在高温和碱性环境下分解加快。

氨基甲酸酯类农药在农业生产与日常生活中主要用作杀虫剂、杀螨剂、除草剂、杀软体动物剂和杀线虫剂等。其与有机磷类具有相同的毒理机制，均是抑制昆虫乙酰胆碱酶和羧酸酯酶的活性，造成乙酰胆碱和羧酸酯的积累，进而影响昆虫正常的神经传导而致死。20 世纪 70 年代以来，由于有机氯农药受到限用或禁用，且对有机磷农药产生抗性的昆虫品种日益增多，因而氨基甲酸酯的用量逐年增加，这就使得氨基甲酸酯的残留情况备受关注，是目前蔬菜中农药残留的重点检测品种。

4. 菊酯类农药

菊酯类农药主要是指化学合成的除虫菊酯类农药，是一类仿生合成的杀虫剂，是对天然除虫菊酯的化学结构衍生的合成酯类。天然除虫菊酯是除虫菊花的有效成分，其化学结构在 20 世纪 40 年代被确定，此后，开始了有杀虫活性的类似物的合成研究。1973 年，第一个对光稳定的拟除虫菊酯——醚菊酯开发成功之后，溴氰菊酯、氯氰菊酯、杀灭菊酯等优良品种相继问世。由于菊酯类农药是广谱性杀虫剂，具有速效、高效、低毒、低残留、对作物安全等特点，目前，已合成的菊酯数以万计，迄今已商品化的拟除虫菊酯有近 40 个品种，在全世界的杀虫剂销售额中占 20% 左右。拟除虫菊酯主要应用在农业上，如防治棉花、蔬菜和果树的食叶和食果害虫，特别是在有机磷、氨基甲酸酯出现抗药性的情况下，其优点更为明显。除此之外，拟除虫菊酯还作为家庭用杀虫剂被广泛应用，它对地下害虫、螨类害虫、蚊蝇、蟑螂及牲畜寄生虫有较好的防治效果。

拟除虫菊酯分子较大，亲脂性强，可溶于多种有机溶剂，在水中的溶解度小，在酸性条件下稳定，在碱性条件下易分解。拟除虫菊酯类农药的杀虫毒力比有机氯、有机磷、氨基甲酸酯类提高10～100 倍，因而，拟除虫菊酯的用量小、使用浓度低，对人畜较安全，可生物降解，对环境的污染很小。拟除虫菊酯对昆虫具有强烈的触杀作用，有些品种兼具胃毒或熏蒸作用，其作用机制是扰乱昆虫神经的正常生理，使之由兴奋、痉挛到麻痹而死亡。其缺点主要是对鱼毒性高，对某些益虫也有伤害，长期重复使用也会导致害虫产生抗药性。大部分菊酯类农药对鱼类、蜜蜂和天敌的毒性很高，因此，在使用过程中要注意：① 不要让药液流入河流、池塘；② 不宜在放蜂区使用；③ 用药人员要注意防护，戴上口罩、穿长袖衣裤等；④ 不应在高温烈日时施药，不可迎风喷洒等。

拟除虫菊酯在化学结构上具有的共同特点之一是分子结构中含有数个不对称碳原子，因而包含多个光学和立体异构体。这些异构体又具有不同的生物活性，即使同一种拟除虫菊酯，总酯含量相同，若包含的异构体的比例不同，杀虫效果也大不相同。

常见的拟除虫菊酯有丙烯菊酯（Allethrin）、胺菊酯（Tetramethrin）、醚菊酯（Ethofenprox）、苯醚菊酯（Phenothrin）、甲醚菊酯（Methothrin）、氯菊酯（Permethrin）、氯氰菊酯（Cypermethrin）、溴氰菊酯（Deltamethrin）、氰菊酯（Fenpropanate）、杀螟菊酯（Fencyclae）、氰戊菊酯

（Fenvalerate）、氟氰菊酯（Flucythrin）、氟胺氰菊酯（Fluvalinate）、氟氰戊菊酯（Flucythrinate）、溴氟菊酯（Brothrinate）等。

（三）食品中农药残留的检测

随着环保意识和健康意识的加强，农药残留危害性越来越受到重视。许多国家制定了食品中农药残留限量，加强了关键检测技术的研究和应用。2019 年，我国国家卫生健康委员会、农业农村部和国家市场监督管理总局联合发布 GB 2763—2019《食品安全国家标准　食品中农药最大残留限量》，它规定了 483 种农药在 356 种（类）食品中 7107 项残留限量，给出了大部分农药的检测方法指引。GB 2763—2019《食品安全国家标准　食品中农药最大残留量》涵盖的农药品种和限量数量均首次超过国际食品法典委员会数量，标志着中国农药残留限量标准迈上新台阶。而在此基础上修订的 GB 2763—2021《食品安全国家标准　食品中农药最大残留限量》规定了 564 种农药在 376 种（类）食品中 10092 项残留限量。部分方法标准的名称见表 13 - 1。

表 13 - 1　部分食品中农药残留的检测国家标准

序号	标准名称	标准号
1	食品安全国家标准　蜂蜜、果汁和果酒中 497 种农药及相关化学品残留量的测定　气相色谱 - 质谱法	GB 23200. 7—2016
2	食品安全国家标准　水果和蔬菜中 500 种农药及相关化学品残留量的测定　气相色谱 - 质谱法	GB 23200. 8—2016
3	食品安全国家标准　粮谷中 475 种农药及相关化学品残留量测定　气相色谱 - 质谱法	GB 23200. 9—2016
4	食品安全国家标准　桑枝、金银花、枸杞子和荷叶中 413 种农药及相关化学品残留量的测定　液相色谱 - 质谱法	GB 23200. 11—2016
5	食品安全国家标准　食用菌中 440 种农药及相关化学品残留量的测定　液相色谱 - 质谱法	GB 23200. 12—2016
6	食品安全国家标准　茶叶中 448 种农药及相关化学品残留量的测定　液相色谱 - 质谱法	GB 23200. 13—2016
7	食品安全国家标准　果蔬汁和果酒中 512 种农药及相关化学品残留量的测定　液相色谱 - 质谱法	GB 23200. 14—2016
8	食品安全国家标准　食用菌中 503 种农药及相关化学品残留量的测定　气相色谱 - 质谱法	GB 23200. 15—2016

续表

序号	标准名称	标准号
9	食品安全国家标准　食品中有机磷农药残留量的测定　气相色谱－质谱法	GB 23200. 93—2016
10	食品安全国家标准　植物源性食品中9种氨基甲酸酯类农药及其代谢物残留量的测定　液相色谱－柱后衍生法	GB 23200. 112—2018
11	食品安全国家标准　植物源性食品中208种农药及其代谢物残留量的测定　气相色谱－质谱联用法	GB 23200. 113—2018
12	食品安全国家标准　植物源性食品中90种有机磷类农药及其代谢物残留量的测定　气相色谱法	GB 23200. 116—2019
13	食品中有机氯农药多组分残留量的测定	GB/T 5009. 19—2008
14	植物性食品中有机氯和拟除虫菊酯类农药多种残留量的测定	GB/T 5009. 146—2008
15	水果和蔬菜中450种农药及相关化学品残留量的测定　液相色谱－串联质谱法	GB/T 20769—2008
16	粮谷中486种农药及相关化学品残留量的测定　液相色谱－串联质谱法	GB/T 20770—2008
17	蜂蜜中486种农药及相关化学品残留量的测定　液相色谱－串联质谱法	GB/T 20771—2008
18	动物肌肉中461种农药及相关化学品残留量的测定　液相色谱－串联质谱法	GB/T 20772—2008
19	蔬菜和水果中有机磷、有机氯、拟除虫菊酯和氨基甲酸酯类农药多残留的测定	NY/T 761—2008
20	蔬菜中334种农药多残留的测定　气相色谱质谱法和液相色谱质谱法	NY/T 1379—2007

另外，针对出口口岸的农药残留限量要求，我国也制定了系统的出入境检验检疫行业标准，如SN/T 2560—2010《进出口食品中氨基甲酸酯类农药残留量的测定　液相色谱－质谱/质谱法》、SN/T 2915—2011《出口食品中甲草胺、乙草胺、甲基吡恶磷等160种农药残留量的检测方法　气相色谱－质谱法》、SN/T 3768—2014《出口粮谷中多种有机磷农药残留量测定方法　气相色谱－质谱法》、SN/T 4138—2015《出口水果和蔬菜中敌敌畏、四氯硝基苯、丙线磷等88种农药残留的筛选检测　QuEChERS－气相色谱－负化学源质谱法》等。

由于各种农药脂溶性及挥发或半挥发性的特点，决定了提取溶剂采用的是非极性的有机溶剂，检测方法绝大多数采用气相色谱技术进行分析，不同的是样品前处理及检测器会因分析样品及农药种类而有所不同。具体分析农药残留时，根据分析的目的不同，请参考相关的国家标准或行业标准。

（四）农药残留快速检测技术的研究状况

由于传统色谱技术的检测成本高、耗时长，不能对食品或果蔬进行有效的产前、产中、产后监督管理，为有效地快速监督管理农药残留的直接危害，关于农药残留快速检测技术的研究越来越受到重视，快速检测技术也获得了突飞猛进的发展。目前研究和应用较多的快速检测技术主要有活体检测法、化学速测法、酶抑制法、免疫分析法、仪器分析法等。

（1）活体检测法是利用活体生物来进行估测农药残留量的技术，如使用发光细菌或敏感家蝇估测食品样品中农药残留量。敏感家蝇检测方法就是用样品喂食家蝇，根据家蝇的死亡率估测农药残留量。该技术方法直接、简单，但定性及定量性能差，且只对少数农药有效，因此，该类方法的局限性较大。

（2）化学快速检测技术主要是利用有机磷农药在金属催化剂的作用下水解，水解产物与检测液反应，使检测液褪色，再用比色法进行定量。本方法稳定、简单，但定性差，而且局限于有机磷农药，灵敏度也不高，易受一些还原性物质干扰。

（3）酶抑制技术是研究比较成熟、应用最广泛的快速农药残留检测技术，该技术是根据有机磷和氨基甲酸酯类农药对乙酰胆碱酯酶的特异性生化反应建立起来的农药残留的微量和痕量快速检测技术。国内外近几年在酶的种类、底物和检测方法等几方面做了大量的研究工作。特别需要指出的是随着研究的深入，酶抑制技术在检测方法上也有较大的突破，除了目前比较普遍的比色卡法、分光光度计法外，国内外近年又研究出乙酰胆碱酯酶－生物传感器。

目前用于农药残留检测的生物传感器类型有安培型电极、电位型电极、电压生物传感器、纤生物传感器等，间接地测定有机磷农药和氨基甲酸酯类农药残留量。检测灵敏度得到了较大的提高，缩短了检测时间。据报道，国外已经研究出一种检测对硫磷的光纤生物传感器，检测限达到 0.3μg/L，检测时间 10～600s，应用前景广阔。

酶抑制技术检测农药残留操作简便、快速、灵敏、经济、样品无须净化，局限性是定性、定量的性能不很理想，且只能作为有机磷和氨基甲酸酯类农药残留的初筛。另外，在检测韭菜、生姜、番茄等蔬菜样品时易受干扰。

（4）免疫分析技术尤其是酶联免疫技术在农药残留检测中的应用研究在国内外非常活跃，应用也日趋普遍。酶免疫技术分析主要是基于抗原和抗体特异性识别和结合反应的分析方法。大相对分子质量的农药可以直接作为抗原，而小相对分子质量（小于 2500）的农药（或其他有机物质）不能在动物体内引发免疫反应，一般要与相对分子质量大的载体如牛血清白蛋白等生物大分子偶联，使其具有免疫抗原活性，再注入纯种动物体内（如兔或羊），产生抗体，经杂交瘤技术制得相应于该农药（或其他有机物质）的单克隆抗体，这样就可以采用酶联免疫法测定相应的农药残留了。近年来，国外报道了多克隆抗体检测多种有机磷农药残留的酶联免疫检测技术。酶联免疫方法具有特异性强、灵敏度高、方便快捷、分析容量大、检测成本低、安全可靠等优点，被认为是 21 世纪最具竞争力和挑战性的检测技术。

（5）仪器分析技术中的色谱技术被认为是最经典、最准确、最常用的农药残留检测技术。

多用气相色谱仪、气质联用等技术，传统的色谱技术检测时间长、成本高。近几年，固相微萃取技术（SPME），特别是全自动固相微萃取技术可以大幅地缩短样品的前处理时间，实现批量化分析样品。

固相微萃取技术是由固相萃取技术（SPE）发展而来的，和传统的液－液萃取（LLE）技术相比，固相微萃取技术的显著优点是将萃取、浓缩两个步骤合并到一个步骤中完成，操作简单、所需时间短、不需要溶剂、用样量少、选择性强，大幅降低了分析时间。固相微萃取技术装置类似于普通样品注射器（见图13－1），由手柄和萃取头两部分组成。萃取头是一根涂有特性不同的吸附剂的熔融石英纤维（目前，其他固相支持材料及吸附剂的研究是固相微萃取技术的一个重要研究课题），石英纤维接不锈钢针，外套为细不锈钢管（用来保护石英纤维），纤维头可在不锈钢管内伸缩。

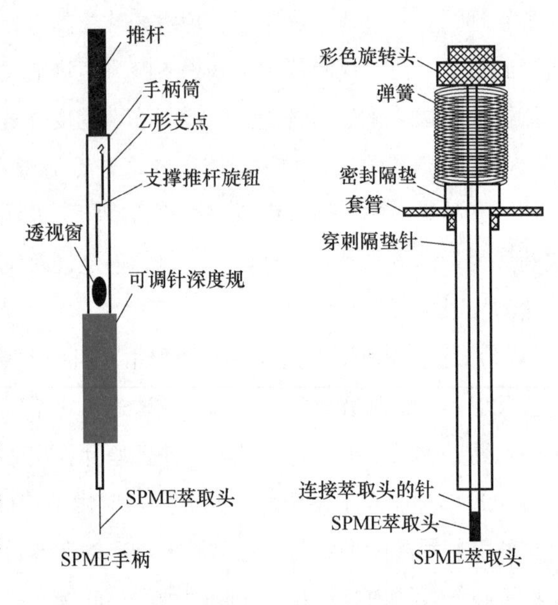

图13－1　固相微萃取装置及萃取头构造示意图

固相微萃取主要是根据有机物与溶剂之间“相似相溶”的原理，利用萃取头上不同特性的吸附剂将组分从试样基质中萃取出来，并逐渐富集，完成试样前处理过程。固相微萃取有三种不同的萃取方式：顶空萃取、空气萃取和直接萃取。对挥发性特别强的样品，可采用顶空或空气萃取，对于半挥发性和不挥发性样品来说，应采用直接萃取。影响SPME萃取效率的因素主要有纤维表面固定相的吸附特性、萃取时间、分析物的离子强度、温度、样品的体积和搅拌速度等。

吸附完毕后，在进行色谱分析前需要先进行解吸附，解吸附过程随SPME后续分离手段不同而不同。对于气相色谱，利用进样器的高温进行解吸附，解吸附的效率与解吸附温度和解吸附时间相关，一般来讲，解吸附温度采用的是接近萃取头最大耐受温度，这样有利于提高解吸附效率，而解吸附时间一般在2min左右。对于液相色谱和毛细管电泳，流动相就是解吸剂，分析物的解吸附主要与溶剂类型、体积和时间有关。固相微萃取的选择性、灵敏度可通过改变石英纤维表面固定相的类型、厚度、pH、基质种类、样品加热或冷却处理等因素来实现。

固相微萃取－气相色谱联用技术SPME－GC适用于挥发、半挥发性有机农药的微量、半微量分析，包括有机氯类、有机磷类、有机氮类（多为三嗪类）化合物。目前在水样、土壤、农产品、中草药等众多领域均有应用。这项联用技术具有灵敏度高、准确度好、便捷的特点，随着萃取头技术的不断完善和成本的逐渐降低，该技术的应用必将变得越来越广泛。

（五）应用举例

SPME－GC法测定浓缩苹果汁中的8种有机磷农药残留。

（1）样品　商品浓缩苹果汁。

（2）试剂　丙酮、氯化钠均为分析纯，有机磷试剂标准品（100μg/mL）：二嗪农、甲基对硫磷、杀螟松、对硫磷、溴硫磷、喹硫磷、三硫磷、伏杀磷，均购于国家标准物质研究中心。

（3）仪器设备　5890Ⅱ型气相色谱仪，带氮磷检测器（NPD），HP－5 石英毛细管柱（30m × 0.53mm，2.65μm），SPME 装置及涂层为 85μm 聚丙烯酸酯（Polyacrylate，PA），石英纤维萃取头（长约 1.0cm，用时将 PA 萃取头在 300℃活化 2h）。

（4）色谱条件　色谱柱柱温起始为 120℃，保持 1.0min，然后以 25℃/min 升至 150℃，保持 2.0min，再以 20℃/min 升至 220℃，保持 1.0min，最后以 5℃/min 升至 250℃，保持 8min；进样口温度 250℃，检测器温度 260℃；气体流速：氮气 40mL/min。

（5）实验步骤

① 标准溶液的制备：采用含 50g/L 氯化钠和 10g/L 丙酮的溶液配制浓度都是 0.2μg/mL 的 8 种有机磷混合标准溶液 50mL，使用时稀释 10～100 倍备用，为标准液。

② 样品处理：称取浓缩苹果汁样品 5.00g 于 50mL 容量瓶中，加入 2.5g 氯化钠和 0.5mL 丙酮，用超纯水溶解并定容至刻度，摇匀。样品溶液中含氯化钠 50g/L、丙酮 10g/L，稀释 10 倍，作为检测液备用。

③ 固相微萃取的吸附与解吸附：准确吸取 50.00mL 标准稀释液或检测液于 100mL 带胶塞（带孔）的三角瓶中，在手动 SPME 手柄作用下将纤维萃取头插入样品液中，辅以磁力搅拌 800r/min，于室温萃取 5min，萃取完成后，将萃取头在 250℃气相色谱进样口解吸 2min，进行有机磷的气相色谱分析测定。

二、兽药残留及其检测

（一）兽药残留概述

兽药是指用于预防、治疗、诊断动物疾病或者有目的地调节动物生理机能的物质（含药物饲料添加剂）。在我国，渔药、蜂药、蚕药也列入兽药管理，统称兽药。

兽药残留是“兽药在动物源食品中的残留”的简称，根据联合国粮农组织和世界卫生组织（FAO/WHO）食品中兽药残留联合立法委员会的定义，兽药残留是指动物产品的任何可食部分所含兽药的母体化合物或其代谢物，以及与兽药有关的杂质。兽药最高残留限量（MRLVD）是指某种兽药在食物或食物表面产生的最高允许兽药残留量（单位 μg/kg，以鲜重计）。

常见兽药残留的种类如下。

1. 抗生素类药物

抗生素类药物多为天然发酵产物，是临床应用最多的一类抗菌药物，如青霉素类、氨基糖苷类、大环内酯类、四环素类、螺旋霉素、链霉素等。青霉素类最容易引发超敏反应，四环素类、链霉素有时也能引起超敏反应。轻至中度的超敏反应一般表现为短时间内出现血压下降、皮疹、身体发热、血管神经性水肿、血清病样反应等，极度超敏反应可能导致过敏性休克，甚至死亡。

长期摄入含氨基糖苷类残留超标的动物性食品，可损害听力及肾脏功能。

2. 磺胺类药物

磺胺类药物主要用于抗菌消炎，如磺胺嘧啶、磺胺二甲嘧啶、磺胺脒等。近年来，磺胺类药物在动物性食品中的残留超标现象，在所有兽药当中是最严重的。长期摄入含磺胺类药物残留的动物性食品后，药物可不断在体内蓄积。磺胺类药主要以原形及乙酸磺胺的形式经肾脏排出，在尿中浓度较高，其溶解度又较低，尤其当尿液偏酸性时，可在肾盂、输尿管或膀胱内析出结晶，产生刺激和阻塞，造成泌尿系统损伤，引起结晶尿、血尿、管型尿、尿痛、尿少甚至尿闭。

3. 硝基呋喃类药物

硝基呋喃类药物主要用于抗菌消炎，如呋喃唑酮、呋喃西林、呋喃妥因等。通过食品摄入超量硝基呋喃类残留后，对人体造成的危害主要是胃肠反应和超敏反应。剂量过大或肾功能不全者摄入，可引起严重毒性反应，主要表现为周围神经炎、药热、嗜酸性白细胞增多、溶血性贫血等。长期摄入可引起不可逆性末端神经损害，如感觉异常、疼痛及肌肉萎缩等。

4. 抗寄生虫类药物

抗寄生虫类药物主要用于驱虫或杀虫，如苯并咪唑、左旋咪唑、克球酚、吡喹酮等。而常用的苯并咪唑类抗寄生虫药物有丙硫苯咪唑、丙氧咪唑、噻苯咪唑、甲苯咪唑、丁苯咪唑等。食用残留有苯并咪唑类药物的动物性食品，对人主要的潜在危害是其致畸作用和致突变作用。对于妊娠期的孕妇有可能发生胎儿畸形，如短肢、兔唇等；对所有消费者来说，可能由于其致突变作用使消费者发生癌变和性染色体畸变，从而其后代有发生畸形的危险。

5. 激素类药物

激素类药物主要用于提高动物的繁殖力和加快生长发育速度，用于动物的激素有性激素和皮质激素。而以性激素（包括多种内源性性激素、人工合成的类似性激素的类固醇化合物和人工合成的具有性激素某些特性的非类固醇化合物）最常用，如孕酮、睾酮、雌二醇、甲基睾酮、丙酸睾酮、苯甲酸雌二醇、己烯孕酮等。正常情况下，动物性食品中天然存在的性激素含量是很低的，因而不会干扰消费者的激素代谢和生理机能。但摄入性激素残留超标的动物性食品，可能会影响消费者的正常生理机能，并具有一定的致癌性，可能导致儿童早熟、儿童发育异常和儿童异性趋向等。

（二）兽药残留的来源

兽药残留的主要原因大致有以下几个方面：① 非法使用违禁或淘汰药物；② 不遵守休药期规定；③ 过量、多次使用药物；④ 兽药标签不合格，造成用户盲目用药；⑤ 屠宰前用药，屠宰前使用兽药用来掩饰有病畜禽临床症状，以逃避宰前检验。需要说明的是环境中残存的农药导致在动物性食品中产生的再污染现象，属于食品中农药残留的范畴，是动物食品质量检测的另一个重要方面。

（三）兽药残留的限量要求

随着人们对动物源食品由需求型向质量型的转变，动物源食品中的兽药残留已逐渐成为全世界关注的焦点之一，加强兽药的生产、使用监管及兽药残留的检测十分必要。为加强兽药残留监控工作，保证动物性食品卫生安全，根据《中华人民共和国食品安全法》和《兽药管理条例》规定，2019 年，我国农业农村部、国家卫生健康委员会和国家市场监督管理总局联合发布了 GB 31650—2019《食品安全国家标准　食品中兽药最大残留限量》，标准规定了动物性食品中阿苯达唑等 104 种（类）兽药的最大残留限量；规定了醋酸等 154 种允许用于食品动物，但不需要制定残留限量的兽药；规定了氯丙嗪等 9 种允许作治疗用，但不得在动物性食品中检出的兽药。表 13－2 列示了食品动物中禁用的兽药及其他化合物。

表 13－2　食品动物（包括鱼类）禁用的兽药及其他化合物清单

兽药及其他化合物名称	禁止用途	禁用动物
β－兴奋剂类：克仑特罗、沙丁胺醇、西马特罗及其盐、酯及制剂	所有用途	所有食用动物
性激素类：己烯雌酚及其盐、酯及制剂	所有用途	所有食用动物
具有雌激素样作用的物质：玉米赤霉醇、去甲雄三烯醇酮、醋酸甲孕酮及制剂	所有用途	所有食用动物
氯霉素及其盐、酯（包括琥珀氯霉素）及制剂	所有用途	所有食用动物
氨苯砜及制剂	所有用途	所有食用动物
硝基呋喃类：呋喃唑酮、呋喃它酮、呋喃苯烯酸钠及制剂	所有用途	所有食用动物
硝基化合物：硝基酚钠、硝呋烯腙及制剂	所有用途	所有食用动物
催眠、镇静类：安眠酮及制剂	所有用途	所有食用动物
林丹（丙体六六六）	杀虫剂	水生食用动物
毒杀芬（氯化烯）	杀虫剂、清塘剂	水生食用动物
呋喃丹（克百威）	杀虫剂	水生食用动物
杀虫脒（克死螨）	杀虫剂	水生食用动物
双甲脒	杀虫剂	水生食用动物
酒石酸锑钾	杀虫剂	水生食用动物
锥虫胂胺	杀虫剂	水生食用动物
孔雀石绿	抗菌、杀虫剂	水生食用动物
五氯酚酸钠	杀螺剂	水生食用动物
各种汞制剂：氯化亚汞、硝酸亚汞、醋酸汞、吡啶基醋酸汞	杀虫剂	所有食用动物
性激素类：甲基睾丸酮、丙酸睾酮、苯丙酸诺龙、苯甲酸雌二醇及其盐、酯及制剂	促生长	所有食用动物
催眠、镇静类：氯丙嗪、地西泮（安定）及其盐、酯及制剂	促生长	所有食用动物
硝基咪唑类：甲硝唑、地美硝唑及其盐、酯及制剂	促生长	所有食用动物

注：食品动物是指各种供人食用或其产品供人食用的动物。

（四）兽药残留检测

目前，兽药残留检测方法主要有四类：① 微生物测定方法，它简单、快速、便宜，但较烦琐；② 分光光度法，它比较简单、便宜、易操作，但主要缺点是精确度较低；③ 色谱法，它具有分离效果好，测定精度高的优点；④ 酶联免疫法，它适用于快速地对药残进行筛选和普查。

在进行兽药残留检验、分析时要从以下四个方面把握：① 采用官方采样程序，注意取样的科学性与代表性；② 采用合理的样品前处理方法；③ 采用正确的药物分析方法；④ 进行准确的结果判断。

目前，动物性食品中兽药残留的检测方法标准大部分都是以强制性国家标准、推荐性国家标准、农业农村部标准、农业农村部公告、进出口行业标准等为主。限量标准主要为 GB 31650—2019《食品安全国家标准　食品中兽药最大残留限量》和各部委公告。表 13－3 中列出了部分兽药残留检测方法标准。由于每年会有一些新的兽药被批准使用，因此，从事与动物食品的生产、加工及兽药检测的人员需要密切注意农业农村部关于兽药的允废及兽药残留检测方法的公告。这些公告可以通过中国兽医药品监察所（农业农村部兽药评审中心）主办的中国兽药信息网（http：//www.ivdc.org.cn/）进行查阅。

表 13－3　部分兽药残留检测方法标准

序号	标准名称	标准号
1	食品安全国家标准　水产品中大环内酯类药物残留量的测定　液相色谱－串联质谱法	GB 31660.1—2019
2	食品安全国家标准　水产品中辛基酚、壬基酚、双酚 A、己烯雌酚、雌酮、17 α－乙炔雌二醇、17 β－雌二醇、雌三醇残留量的测定　气相色谱－质谱法	GB 31660.2—2019
3	食品安全国家标准　水产品中氟乐灵残留量的测定　气相色谱法	GB 31660.3—2019
4	食品安全国家标准　动物性食品中醋酸甲地孕酮和醋酸甲羟孕酮残留量的测定　液相色谱－串联质谱法	GB 31660.4—2019
5	食品安全国家标准　动物性食品中金刚烷胺残留量的测定　液相色谱－串联质谱法	GB 31660.5—2019
6	食品安全国家标准　动物性食品中 5 种 α2－受体激动剂残留量的测定　液相色谱－串联质谱法	GB 31660.6—2019
7	食品安全国家标准　猪组织和尿液中赛庚啶及可乐定残留量的测定　液相色谱－串联质谱法	GB 31660.7—2019
8	食品安全国家标准　牛可食性组织及牛奶中氮氨菲啶残留量的测定　液相色谱－串联质谱法	GB 31660.8—2019

续表

序号	标准名称	标准号
9	食品安全国家标准　家禽可食性组织中乙氧酰胺苯甲酯残留量的测定　高效液相色谱法	GB 31660. 9—2019
10	牛奶和奶粉中玉米赤霉醇、玉米赤霉酮、己烯雌酚、己烷雌酚、双烯雌酚残留量的测定　液相色谱-串联质谱法	GB/T 22992—2008
11	牛奶和奶粉中恩诺沙星、达氟沙星、环丙沙星、沙拉沙星、奥比沙星、二氟沙星和麻保沙星残留量的测定　液相色谱-串联质谱法	GB/T 22985—2008
12	动物源食品中激素多残留检测方法　液相色谱-质谱/质谱法	GB/T 21981—2008
13	食品安全国家标准　动物性食品中13种磺胺类药物多残留的测定　高效液相色谱法	GB 29694—2013
14	食品安全国家标准　动物性食品中呋喃苯烯酸钠残留量的测定　液相色谱-串联质谱法	GB 29703—2013
15	食品安全国家标准　牛奶中氯霉素残留量的测定　液相色谱-串联质谱法	GB 29688—2013
16	食品安全国家标准　动物性食品中林可霉素、克林霉素和大观霉素多残留的测定　气相色谱-质谱法	GB 29685—2013
17	动物源性食品中硝基呋喃类药物代谢物残留量检测方法　高效液相色谱/串联质谱法	GB/T 21311—2007
18	动物源性食品中14种喹诺酮药物残留检测方法　液相色谱-质谱/质谱法	GB/T 21312—2007
19	动物源性食品中β-受体激动剂残留检测方法　液相色谱-质谱/质谱法	GB/T 21313—2007
20	动物源性食品中青霉素族抗生素残留量检测方法　液相色谱-质谱/质谱法	GB/T 21315—2007
21	动物源性食品中磺胺类药物残留量的测定　液相色谱-质谱/质谱法	GB/T 21316—2007
22	动物源性食品中四环素类兽药残留量检测方法　液相色谱-质谱/质谱法与高效液相色谱法	GB/T 21317—2007
23	动物源性食品中硝基咪唑残留量检验方法	GB/T 21318—2007
24	动物性食品中己烯雌酚残留检测　酶联免疫吸附测定法	农业部1163号公告-1—2009
25	动物性食品中阿苯达唑及其标示物残留检测　高效液相色谱法	农业部1163号公告-4—2009
26	动物性食品中庆大霉素残留检测　高效液相色谱法	农业部1163号公告-7—2009

续表

序号	标准名称	标准号
27	动物性食品中甲硝唑、地美硝唑及其代谢物残留检测　液相色谱－串联质谱法	农业部1025号公告－2—2008
28	动物性食品中玉米赤霉醇残留检测——酶联免疫吸附法和气相色谱－质谱法	农业部1025号公告－3—2008
29	动物性食品中磺胺类药物残留检测　酶联免疫吸附法	农业部1025号公告－7—2008
30	动物性食品中四环素类药物残留检测　酶联免疫吸附法	农业部1025号公告－20—2008
31	动物源食品中磺胺类药物残留检测　液相色谱－串联质谱法	农业部1025号公告－23—2008
32	动物源食品中磺胺二甲嘧啶残留检测　酶联免疫吸附法	农业部1025号公告－24—2008
33	动物源性食品中11种激素残留检测　液相色谱－串联质谱法	农业部1031号公告－1—2008
34	动物源性食品中糖皮质激素类药物多残留检测　液相色谱－串联质谱法	农业部1031号公告－2—2008
35	猪肝和猪尿中β－受体激动剂残留检测　气相色谱－质谱法	农业部1031号公告－3—2008

（五）兽药残留分析实例

目前，兽药残留检测方法主要有四类：① 微生物测定方法，它简单、快速、便宜，但较烦琐；② 分光光度法，它比较简单、便宜、易操作，但主要缺点是精确度较低；③ 色谱法，它具有分离效果好，测定精度高的优点；④ 酶联免疫法，它适用于快速地对药残进行筛选和普查。

以酶联免疫吸附法（ELISA）检测动物源食品中氯霉素的残留为例，来学习该方法的测定原理及实验步骤。该法适用于动物源食品如猪、鸡肌肉和肝脏、鱼、虾、肠衣、牛乳和禽蛋样本中氯霉素残留量的快速筛选检验，该方法在猪、鸡肌肉和肝脏、鱼、虾、牛乳样品中氯霉素的检出限为50.0ng/kg，在禽蛋和肠衣样品中氯霉素的检出限为100.0ng/kg。

该方法的原理是利用抗体抗原反应。微孔板包被有针对兔免疫球蛋白（IgG）（氯霉素抗体）的羊抗体，加入氯霉素抗体、氯霉素标记物、标准品或样品溶液。游离氯霉素与氯霉素酶标记物竞争氯霉素抗体，同时氯霉素抗体与羊抗体连接。没有连接的酶标记物在洗涤步骤中被洗去。将酶基质（过氧化尿素）和发色剂（四甲基联苯胺）加入到孔中并孵育，结合的酶标记物将无色的发色剂转化成蓝色的产物。加入反应停止液后使颜色由蓝变为黄，测量在450nm处的吸光度，吸光度值与样品的氯霉素浓度的自然对数成反比。

1. 试剂和材料

以下所有试剂均为分析纯试剂，水为符合 GB/T 6682—2008《分析实验室用水规格和试验方法》规定的二级水。

乙酸乙酯、乙腈、正己烷、84% 乙腈水溶液（体积分数）、0.36mol/L 亚硝基铁氰化钠缓冲液、1mol/L 硫酸锌缓冲液、氯霉素酶联免疫试剂盒（2~8℃冰箱中保存）、酶标板（8 孔 ×12 条，包被有偶联抗原）；氯霉素系列标准溶液（0.05μg/L，0.15μg/L，0.45μg/L，1.35μg/L，4.05μg/L）、氯霉素抗体（10 倍浓缩液，用时用缓冲工作液稀释后使用）、酶标记物、底物液（A、B 液）、终止液、洗涤液（40 倍浓缩液）、缓冲液（2 倍浓缩液）。

2. 样品的制备

将组织样品解冻，剪碎，置于组织匀浆机中高速匀浆；将肠衣干样本剪碎后均质，湿样本须用去离子水漂洗 20min，除去表面的盐分，沥干后置于组织匀浆机中高速匀浆；牛乳样本离心除去脂肪层；鸡蛋样本打碎，用玻璃棒搅匀防止泡沫的产生。

3. 样品的保存

组织、肠衣样本在 -20℃冰箱中贮存备用；牛乳和禽蛋样本在 4℃冰箱中贮存备用。

4. 提取（以组织样品为例，如肌肉、肝脏、鱼虾）

称取试料 3g，置 50mL 离心管中，加入乙酸乙酯 6mL 振荡 10min，室温 3800r/min 以上离心 10min。取出上层液 4mL（约相当于 2g 的样本），50℃下氮气吹干，加入正己烷 1mL 溶解干燥的残留物，再加缓冲液工作液 1mL 强烈振荡 1min，室温 3800r/min 以上离心 15min，取 50μL 用于分析。稀释倍数为 0.5 倍。

5. 测定步骤

（1）平衡　从冷藏环境中取出所需的试剂，置于室温平衡 30min 以上，注意每种液体试剂使用前均须摇匀。

（2）将样本和标准品对应微孔按序编号，每个样本和标准品做 2 个平行，并记录标准孔和样本孔所在的位置。

（3）加入标准品或处理好的试样 50μL 到各自的微孔中，然后加入氯霉素抗体工作液 50μL 到每个微孔中。用盖板膜盖板，轻轻振荡混匀，室温环境中反应 1h。取出酶标板，将孔内液体甩干，加入洗涤液工作液 250μL 到每个板孔中，洗板 4~5 次，用吸水纸拍干。

（4）加入酶标记物 100μL 到每个微孔中，盖板膜盖板，室温环境中反应 30min。取出酶标板，将孔内液体甩干，加入洗涤液工作液 250μL 到每个板孔中，洗板 4~5 次，用吸水纸拍干。

（5）加入底物液 A 液 50μL 和底物液 B 液 50μL 到微孔中，轻轻振荡混匀，室温环境中避光显色 30min。

（6）加入终止液 50μL 到微孔中，轻轻振荡混匀，设定酶标仪于 450nm 处，测定每孔吸光度值。

（7）空白对照试验　完全按提取及检测的步骤进行操作。

6. 结果计算

（1）定性测定　示例：以 0.45μg/L 标准液的吸光度值为判定基准，样品吸光度值大于或等于该值为未检出，小于该值为可疑，需要确证时，可采用气相色谱-质谱法进行确证，可参考GB/T 22338—2008《动物源性食品中氯霉素类药物残留量测定》。

（2）定量测定　按式（13-1）计算相对吸光度值：

$$\text{相对吸光度值（\%）} = \frac{B}{B_0} \times 100 \tag{13-1}$$

式中　B——标准溶液或样品的平均吸光度值；

B_0——0浓度的标准溶液平均吸光度值。

将计算的相对吸光度值（%）对应氯霉素（ng/mL）的自然对数作半对数坐标系统曲线图，对应的试样浓度可从校正曲线算出，见式（13-2）。

$$X = \frac{A \times f}{m \times 1000} \tag{13-2}$$

式中　X——试样中氯霉素的含量，μg/kg或μg/L；

A——试样的相对吸光度值（%）对应的氯霉素的含量，μg/L；

f——试样稀释倍数；

m——试样的取样量，g或mL。

计算结果表示到小数点后两位。

第三节　食品中生物毒素及其检测

一、生物毒素的定义与分类

生物毒素（Biotoxin）是指生物来源并不可自复制的有毒化学物质。按来源可分为植物毒素、动物毒素和微生物毒素，其中，来源于海洋动物、藻类及海洋细菌的毒素被称为海洋毒素。

（1）植物毒素（Phytotoxin）　成分上主要属于非蛋白质氨基酸、肽类、蛋白质、生物碱及苷类等。世界上有毒植物有两千多种，中国有毒植物有九百多种，某些植物毒素，如乌头碱、鱼藤酮、蓖麻毒素、相思子毒素、蒴莲根毒素具有剧毒，乌头碱对人的致死量为3~5mg。食品中常见的植物毒素有氰苷、红细胞凝集素、皂苷（也称皂素）、龙葵碱（也称茄碱）、秋水仙碱、棉酚等。

（2）动物毒素（Zootoxin）　动物毒素大多是有毒动物毒腺制造并以毒液形式注入其他动物体内的蛋白类化合物，如蛇毒、蜂毒、蝎毒、蜘蛛毒、蜈蚣毒、蚁毒等，也包括某些海洋动物产生的毒素如河豚毒素、西加毒素、扇贝毒素、岩蛤毒素、骨螺毒素、海兔毒素等。其中食品中常见的动物性毒素有牛磺胆酸、河豚毒素、岩蛤毒素、组胺等。

（3）微生物毒素（Microtoxin）　包括霉菌毒素、细菌毒素、藻类毒素、蘑菇毒素，其中食品中较常见的微生物毒素主要有：霉菌毒素、细菌毒素、海藻毒素。

二、霉菌毒素及其检测

（一）常见的霉菌毒素

霉菌是一些丝状真菌的通称，在自然界分布很广，几乎无处不有，主要生长在不通风、阴暗、潮湿和温度较高的环境中。霉菌可非常容易地生长在各种食品上并产生危害性很强的霉菌毒素。目前已知的霉菌毒素有200余种，与食品关系较为密切的霉菌毒素有黄曲霉毒素、脱氧雪腐镰刀菌烯醇、展青霉素、赭曲霉毒素、玉米赤霉烯酮、杂色曲霉素、岛青霉素、黄天精、橘青霉素、丁烯酸内酯等。已知有五种毒素可引起动物致癌，它们是黄曲霉毒素（B1、G1、M1）、黄天精、环氯素、杂色曲霉素和展青霉素。GB 2761—2017《食品安全国家标准　食品中真菌毒素限量》规定了食品中黄曲霉毒素B1、黄曲霉毒素M1、脱氧雪腐镰刀菌烯醇、展青霉素、赭曲霉毒素A及玉米赤霉烯酮的限量指标及检测方法。

（1）黄曲霉毒素（Aflatoxin，AFT）　是黄曲霉菌和寄生曲霉菌的代谢产物，其在水中的溶解度很低，在油和氯仿、甲醇、乙醇等一些有机溶剂中易溶，但不溶于乙醚、石油醚、己烷。黄曲霉毒素耐热，100℃下保存20h也不能将其全部破坏，在普通烹调加工的温度下破坏很少。目前已发现的20多种AFT均为二呋喃香豆素的衍生物，根据其在波长365nm紫外光下呈现不同颜色的荧光，可分成B（蓝紫色荧光）和G（黄绿色荧光）两大组；又根据其比移值（R_f）不同，分为B1、B2、G1、G2、M1、M2等。人及动物摄入黄曲霉毒素B1和黄曲霉毒素B2后，在乳汁和尿中可检出其代谢产物黄曲霉毒素M1和黄曲霉毒素M2。在各种黄曲霉毒素中，黄曲霉毒素B1的毒性最强、污染最广泛，因此，在食品卫生监测中，常将黄曲霉毒素B1及其代谢物黄曲霉毒素M1列为监控指标。GB 2761—2017《食品安全国家标准　食品中真菌毒素限量》规定了十几类食品中黄曲霉毒素B1或黄曲霉毒素M1的限量，限值在0.5～20μg/kg。

（2）脱氧雪腐镰刀菌烯醇（Deoxynivalenol，DON）　又称呕吐毒素（Vomitoxin），主要是由某些种类的镰刀菌产生的化学结构和生物活性相似的有毒代谢产物——单端孢霉烯族化合物中的一种。DON易溶于水和极性溶剂甲醇、乙醇、乙腈、丙酮及乙酸乙酯，但不溶于正己烷和乙醚，其耐热、耐压，在弱酸中不分解，加碱及高压处理可以破坏其部分毒力。DON的耐藏力也很强。据报道，病麦经4年的贮藏，其中的DON仍能保留原有的毒性。DON主要污染小麦、大麦、玉米等谷类作物，属于剧毒或中等毒物。研究表明，DON在体内可能有一定的蓄积，但无特殊的靶器官，具有很强的细胞毒性。人和牲畜摄入了被DON污染的谷物以后可产生广泛的毒性效应，不仅引起厌食、呕吐、腹泻、发烧、站立不稳、反应迟钝等急性中毒症状，严重时损害造血系统造成死亡。此外，近年的研究发现，DON不仅可能与人类食管癌、免疫球蛋白A（IgA）肾病有关，还可能对免疫系统有影响，产生明显的胚胎毒性和一定致畸作用，对人类及动物的健康构成威胁。由于DON的危害严重，引起了各国的普遍重视，对谷物及饲料中DON的含量有严格的限量标准。欧盟分类标准中，DON为三级致癌物，要求其含量应小1.0mg/kg；GB 2761—2017《食品安全国家标准　食品中真菌毒素限量》中规定玉米等谷物及其制品中DON限量为1000μg/kg。

（3）展青霉素（Patulin） 荨麻青霉、扩展青霉、棒曲霉、巨大曲霉、雪白丝衣霉等多种真菌的有毒代谢产物，一方面是一种广谱的抗生素；另一方面对小鼠、兔子等试验动物具有较强的毒性，其污染食品和饲料后产生的毒性远大于其抗菌作用。动物毒理试验表明：高剂量的展青霉素对大鼠的肾及胃肠系统有毒性作用，也有致癌、致畸形的作用。目前，已有十几个国家制定了水果及其制品中展青霉素的限量标准。GB 2761—2017《食品安全国家标准 食品中真菌毒素限量》中规定，苹果和山楂制品中展青霉素的最高限量标准为50μg/kg。

（4）赭曲霉毒素（Ochratoxin） 赭曲霉毒素最初是从南非的赭曲霉菌株中分离出的，也可由某些青霉产生，包括7种结构类似的化合物，其中赭曲霉毒素A毒性最大。赭曲霉毒素A是一种无色结晶化合物。可溶于极性有机溶剂和稀碳酸氢钠溶液，微溶于水，有很高的化学稳定性和热稳定性。动物摄入了霉变的饲料后，这种毒素也可能出现在猪和母鸡等的肉中。赭曲霉毒素A主要侵害动物肝脏与肾脏，引起肾脏损伤，大量的毒素也可能引起动物的肠黏膜炎症和坏死。还在动物试验中观察到它的致畸作用。GB 2761—2017《食品安全国家标准 食品中真菌毒素限量》中规定，谷物及其制品、豆类及其制品中赭曲霉毒素A的最高限量值为5.0μg/kg。

（5）玉米赤霉烯酮（Zearalenone） 又称F-2毒素，它首先从有赤霉病的玉米中分离得到，是玉米赤霉菌的代谢产物。其主要存在于玉米和小麦中，虫害、冷湿气候、收获时机械损伤和贮存不当都可以诱发产生玉米赤霉烯酮。玉米赤霉烯酮的耐热性较强，110℃下处理1h才被完全破坏。它具有雌激素样作用，能造成动物急慢性中毒，引起动物繁殖机能异常甚至死亡。GB 2761—2017《食品安全国家标准 食品中真菌毒素限量》中规定，小麦、玉米、小麦粉、玉米面（渣、片）中玉米赤霉烯酮的限量为60mg/kg。

（6）杂色曲霉毒素（Sterigmatocystin） 杂色曲霉毒素最初是1954年从杂色曲霉的培养物中分离出来的，结构上和黄曲霉毒素非常相似；事实上，杂色曲霉毒素和其甲氧基衍生物是黄曲霉毒素生物合成过程的中间体，除杂色曲霉外，黄曲霉、构巢曲霉、寄生曲霉等也都能产生杂色曲霉毒素。

（二）霉菌毒素的检测

由于造成食品污染的霉菌种类很多，不同的霉菌又可产生多种毒素，而且尚有一些毒素是未被认识的，因此，要对各种霉菌毒素都建立检测方法是不切实际的。GB 2761—2017《食品安全国家标准 食品中真菌毒素限量》规定了6种常见霉菌毒素的检测方法，详见表13-4。

表13-4 常见霉菌毒素的检测方法标准

序号	标准名称	标准号
1	食品安全国家标准 食品中黄曲霉毒素B族和G族的测定	GB 5009.22—2016
2	食品安全国家标准 食品中黄曲霉毒素M族的测定	GB 5009.24—2016
3	食品安全国家标准 食品中脱氧雪腐镰刀菌烯醇及其乙酰化衍生物的测定	GB 5009.111—2016

续表

序号	标准名称	标准号
4	食品安全国家标准　食品中展青霉素的测定	GB 5009. 185—2016
5	食品安全国家标准　食品中赭曲霉毒素 A 的测定	GB 5009. 96—2016
6	食品安全国家标准　食品中玉米赤霉烯酮的测定	GB 5009. 209—2016
7	出口花生、谷类及其制品中黄曲霉毒素、赭曲霉毒素、伏马毒素 B_1、脱氧雪腐镰刀菌烯醇、T－2 毒素、HT－2 毒素的测定	SN/T 3136—2012

三、海洋毒素及其检测

（一）常见的海洋毒素

海洋毒素是指来源于海洋动物、海藻及海洋细菌的毒素。常见的与食品有关的海洋毒素有河豚毒素及贝类毒素。

（1）河豚毒素　一种存在于河豚、蝾螈、斑足蟾等动物中的毒素。分子式 $C_{11}H_{17}N_3O_8$，无色棱柱状晶体，对热不稳定，难溶于水，可溶于弱酸的水溶液。在碱性溶液中易分解，在低 pH 的溶液中也不稳定。不同的河豚所含的毒素的量不同，体长的河豚毒性相对高些；其组织器官的毒性强弱也有差异，河豚毒素从大到小依次排列的顺序为：卵巢、肝脏、脾脏、血筋、鳃、皮、精巢。

（2）贝类毒素　主要是由海洋中的有毒藻类通过食物链传递给藻食性的鱼、虾及贝类等生物，并在其体内蓄积形成的有毒高分子化合物，称为贝类毒素。这些鱼、虾及贝类如果不慎被人食用，就会引起人体中毒，严重时可致死。贝类毒素根据毒性机理可以分为麻痹性贝类毒素、腹泻性贝类毒素、神经毒性贝类毒素、失忆性贝类毒素。一般来讲，贻贝（海虹）、蛤蜊、扇贝和干贝的体内容易积累麻痹性贝类毒素；神经毒性贝类毒素则主要出现在佛罗里达海岸和墨西哥湾所捕捞的贝类中；腹泻性贝类毒素在则主要出现在贻贝、牡蛎和干贝中；而失忆性贝类毒素则主要出现在贻贝中。

（二）海洋毒素的检测

常见海洋毒素的检测方法标准如表 13－5 所示。

表 13－5　常见海洋毒素的检测方法标准

序号	标准名称	标准号
1	食品安全国家标准　贝类中麻痹性贝类毒素的测定	GB 5009. 213—2016
2	食品安全国家标准　贝类中腹泻性贝类毒素的测定	GB 5009. 212—2016
3	食品安全国家标准　贝类中失忆性贝类毒素的测定	GB 5009. 198—2016
4	食品安全国家标准　贝类中神经性贝类毒素的测定	GB 5009. 261—2016

续表

序号	标准名称	标准号
5	食品安全国家标准　水产品中河豚毒素的测定	GB 5009.206—2016
6	出口贝类中原多甲藻酸类贝类毒素的测定　液相色谱－质谱/质谱法	SN/T 4251—2015

四、其他生物毒素及其检测

（一）肉毒毒素及其检测

肉毒毒素（Botulinum Toxin）是肉毒梭菌产生的含有高分子蛋白的毒素，通常以由神经毒素和血凝素组成的复合形式存在，它主要抑制神经末梢释放乙酰胆碱，引起肌肉松弛麻痹，特别是呼吸肌麻痹，从而导致死亡，是目前已知的天然毒素和合成毒剂中毒性最强烈的生物毒素。

从1964年由肉毒杆菌中分离出毒素结晶至今，已获得七种（A、B、C、D、E、F和G）类型的毒素，能引起人类中毒的主要是A、B和E型毒素。A型肉毒毒素的纯品是一种白色晶体粉末，易溶于水。粉末状的毒素可长期贮存而不失活性，但其水溶液稳定性较差，受热、机械力和氧的作用而降解。受肉毒毒素污染的食物和水源，一般其毒性可保持数天乃至一周。肉毒毒素不被胃肠液所破坏，易经消化道中毒，若摄入被其污染的食品，则会发生中毒，甚至死亡。

食品中肉毒梭菌及肉毒毒素的检测参见GB 4789.12—2016《食品安全国家标准　食品微生物学检验　肉毒梭菌及肉毒毒素检验》。

（二）微囊藻毒素及其检测

微囊藻毒素（Microcystins，MCs）是蓝藻产生的一类天然毒素。蓝藻又称蓝细菌，广泛分布于淡水、海水、半咸体和陆生环境，其生命力极强，容易在富氮、磷的污染水体中旺盛生长。近年来，随着污染的加剧和全球气温变暖的影响，蓝藻水华发生的规模和频率日趋严重。

微囊藻毒素（MCs）是一类结构上有联系的环状七肽化合物，其一般结构如图13－2所示。MCs结构特征是具有一个被称为Adda的特殊的20碳β－氨基酸：环－D－丙氨酸－L－X－赤－甲基－D－异天冬氨酸－L－Y－Adda－D－异谷氨酸－*N*－甲基脱氢丙氨酸。图13－2中第②、④位氨基酸是非保守的，前者常见的是亮氨酸（L）、精氨酸（R）和酪氨酸（Y）；后者多为精氨酸、丙氨酸（A）。第③位氨基酸是D－β－甲基门冬氨酸（D－MeASP）。第⑤位氨基酸残基3－氨基－9－甲氧基－10－苯基－2，6，8－三甲基－10－苯基－4，6－二烯酸对MCs的生物活性是必不可少的。第⑥位氨基酸是D－谷氨酸。第⑦位氨基酸是*N*－甲基去氢丙氨酸。X、Y为两种可变的L－氨基酸，其变化可产生多种MCs。迄今为止已有75种MCs被确认，最常见的也是毒性最大的MCs有MC－LR（亮氨酸、精氨酸）、MC－RR（两个精氨酸）、MC－YR（酪氨酸、精氨酸）。

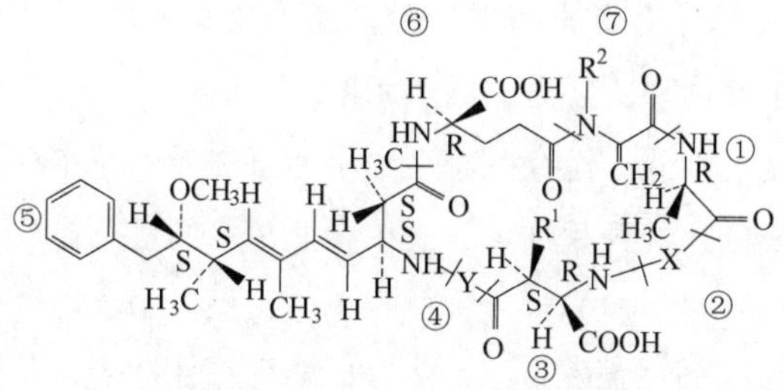

图 13－2　微囊藻毒素的一般结构

动物试验结果表明微囊藻毒素对哺乳动物的毒性很强，主要的靶器官是肝脏，主要通过强烈抑制肝细胞中蛋白磷酸酶（PP－1 和 PP－2）的活性，诱发细胞角蛋白高度磷酸化，使哺乳动物肝细胞微丝分解、破裂和出血，最终导致各种肝脏疾病，例如肝炎，并促进了肝癌的发生。对于微囊藻毒素，目前没有足够数据来说明它的限值，仅对 MC－LR 有一个标准。世界卫生组织（WHO）建议 MC－LR 的日允许摄入量 ADI 值为 0.04μg/kg 体重。我国 GB 5749—2006《生活饮用水卫生标准》规定饮用水中 MC－LR 的控制标准为 0.001mg/L。

美国国家环保局（EPA）目前推行的几种用于水体或水产品中微囊藻毒素测定的方法按先后顺序依次为：免疫分析法、生物分析法、蛋白－磷酸酯酶分析法、高效液相色谱法、液相色谱串联质谱法。我国也制定了相应的标准，如 GB 5009.273—2016《食品安全国家标准　水产品中微囊藻毒素的测定》、GB/T 20466—2006《水中微囊藻毒素测定》、SN/T 4319—2015《出口水产品中微囊藻毒素的检测　液相色谱－质谱/质谱法》、DB31/T 1178—2019《水源水中微囊藻毒素测定　液相色谱－串联质谱法》等。

第四节　食品中污染物的检测

1983 年，联合国粮农组织（FAO）和世界卫生组织（WHO）食品添加剂法规委员会（CCFA）第十六次会议规定：凡不是有意加入食品中，而是在生产、制造、处理、加工、填充、包装、运输和贮藏等过程中带入食品的任何物质都称为污染物，但不包括昆虫碎体、动物毛发和其他不寻常的物质。按照来源归类，食品中的污染物主要来自环境污染和加工污染。

一、食品中环境污染物及其检测

食品中环境污染物主要有农药、兽药、微生物、生物毒素、重金属以及持久性有机污染物等。本节主要介绍重金属以及持久性有机污染物。

（一）食品中重金属及其检测

对于重金属，目前尚没有严格的统一定义，一般来讲，是指密度大于 4.5g/cm^3 的金属，常见的重金属有铅、镉、汞、锡、镍、铬、铜、锰、锌、钨、钼、金、银等。所有重金属超过一定浓度都对人体有害，而且大部分重金属如汞、铅、镉等并非生命活动所必需，当然，部分重金属，如锰、铜、锌等，是生命活动所必需的微量元素。

重金属以单质或化合物的形式广泛存在于地壳中，自然界中原本存在的重金属对环境的影响较小。但现代人类对重金属的违规开采加工、工矿企业污水的任意排放、生活垃圾的不当处理及农药化肥的大量使用等，导致重金属等进入大气、土壤、水体中，最终通过食物链进入农产品及水产品中，甚至直接进入我们的日常饮水中，给我们的生存环境造成污染，给我们的食品安全造成威胁。

重金属对人体的伤害极大，举例如下。① 铅：是重金属污染中毒性较大的一种，一旦进入人体将很难排除。能直接伤害人的脑细胞，特别是胎儿的神经系统，可造成先天智力低下；对老年人会造成痴呆等。另外还有致癌、致突变作用。② 镉：导致高血压，引起心脑血管疾病；破坏骨骼和肝肾，并能引起肾功能衰竭。③ 汞：食入后直接沉入肝脏，对大脑、神经、视力破坏极大。天然水每升水中含0.01mg，就会导致人中毒。④ 锰：超量时会使人甲状腺功能亢进，也能伤害重要器官。⑤ 钴：能对皮肤有放射性损伤。⑥ 钒：损伤人的心、肺，导致胆固醇代谢异常。⑦ 铊：会使人产生多发性神经炎。这些重金属中任何一种都能引起人的头痛、头晕、失眠、健忘、精神错乱、关节疼痛、结石、癌症。

1. 食品中重金属的限量

GB 2762—2022《食品安全国家标准　食品中污染物限量》中规定了食品中铅、镉、汞、砷、锡、镍、铬、亚硝酸盐、硝酸盐、苯并［a］芘、*N*－二甲基亚硝胺、多氯联苯、3－氯－1，2－丙二醇的限量指标。该标准根据污染物可能对公众健康构成风险的高低以及消费者的膳食结构，对不同食品设定了不同的限量值（铅：0.01～5.0mg/kg；砷：0.01～0.5mg/kg；镉：0.003～2.0mg/kg；汞：0.001～0.1mg/kg；锡：50～250mg/kg；镍：1.0mg/kg；铬：0.3～2.0mg/kg）。

2. 重金属的检测

GB 2762—2022《食品安全国家标准　食品中污染物限量》给出了几种常见重金属的检测方法，详见表13－6。

表13－6　常见重金属的检测方法标准

序号	标准名称	标准号
1	食品安全国家标准　食品中铅的测定	GB 5009.12—2017
2	食品安全国家标准　食品中镉的测定	GB 5009.15—2014
3	食品安全国家标准　食品中总汞及有机汞的测定	GB 5009.17—2021
4	食品安全国家标准　食品中锡的测定	GB 5009.16—2014
5	食品安全国家标准　食品中镍的测定	GB 5009.138—2017
6	食品安全国家标准　食品中铬的测定	GB 5009.123—2014
7	食品安全国家标准　食品中多元素的测定	GB 5009.268—2016

除了上述方法外，螯合剂萃取法提取分离重金属元素，也是一种较有效的方法。

（1）螯合剂萃取法的原理　食品中的重金属元素，常与有机物质结合，以金属有机化合物的形式存在。在测定无机元素之前，必须先破坏有机物质，释放出被测组分。样品经一般的前处理后所得的样液，除含有待测元素外，通常还会有多种其他元素。萃取法的原理是释放出的金属离子，与加入的可提供两个或两个以上配位键的络合剂反应，生成两个或两个以上环状结构的金属螯合物。螯合物的结构较稳定，易溶于有机溶剂，而不溶或难溶于水。采用与水不相溶的有机溶剂萃取，金属螯合物即可进入有机相，而另一些组分仍留在水相中，从而达到提取分离的目的。

（2）常用的螯合物　螯合剂一般是有机弱酸或弱碱，它们与金属离子生成难溶于水的中性螯合物分子，就能被有机溶剂萃取。当金属离子与螯合剂的阴离子结合而形成中性螯合物分子，选择合适的萃取剂和控制一定的萃取条件，一般能达到完全萃取，在分析化学中得到了广泛的应用。目前已得到实际应用的螯合剂已达100多种，在食品分析中应用最普遍的有二硫腙（HOZ）、二乙基二硫代氨基甲酸钠（NaDDTC）、丁二酮肟、铜铁试剂（*N*－亚硝基苯胲铵，CUP）等，它们所生成的金属螯合物都相当稳定，难溶于水而易溶于有机溶剂，很多都带有可直接比色的颜色，故用于金属离子的测定十分简便。

（3）影响萃取的因素

① 螯合剂的影响：螯合剂与金属离子生成的螯合物越稳定，萃取效率就越高。因此，应选用能与被测离子生成稳定常数较大的螯合物的螯合剂。另外，螯合剂含疏水基团越多，亲水基团越少，萃取效率也越高。

② pH的影响：溶液的pH越大，即［H^+］越小，越有利于萃取。但溶液的酸度太低时，金属离子可能发生水解反应，或引起其他干扰，反而对萃取不利，因此必须正确地控制溶液的酸度，提高螯合剂对金属离子的选择性，从而达到分步萃取。例如，萃取Zn^{2+}时，最适宜的pH范围是6.5～10，溶液的pH太低，难以生成$ZnDZ_2$螯合物，pH太高，则形成$Zn(OH)_2$，都会降低萃取效率。

③ 萃取溶剂的选择：可根据螯合物的结构，选择结构相似的溶剂，使得金属螯合物在溶剂中有较大的溶解度。例如，含烷基的螯合物可用卤代烷烃（如$CHCl_3$、CCl_4等）作萃取溶剂；含芳香基的螯合物可用芳香烃（如苯、甲苯等）作萃取溶剂。

溶剂对萃取是否适合，主要取决于它们的物理性质和化学性质。一般尽量采用惰性溶剂，若采用含氧的活性溶剂，可能发生副反应而发生干扰。

萃取溶剂的相对密度与水溶液的差别要大，黏度要小，这样才便于分层。

（二）食品中持久性有机污染物及其检测

1. 多环芳烃及其检测

多环芳烃（Polycyclic Aromatic Hydrocarbons，PAHs）是煤、石油、木材、烟草、有机高分子化合物等有机物不完全燃烧时产生的挥发性碳氢化合物，是主要的环境和食品污染物之一。迄今已发现的多环芳烃有200多种，其中有16种是主要的环境污染性多环芳烃，如苯并［a］芘、苯并［a］蒽、萘、苊烯、苊、芴、菲、蒽、荧蒽、芘等。其中，苯并［a］芘、苯并［a］蒽具有强致癌性。研究表明，大气、土壤和水都不同程度地含有苯并［a］芘等多环芳烃，这些多环芳烃通过食物链传递到食品中。

研究发现，在城市及大型工厂附近生长的谷物、水果和蔬菜中的苯并［a］芘含量明显高于农村和偏远山区谷物和蔬菜中所含的量。不过，即使在远离工业中心地区的土壤中，有机物质在土壤微生物的作用下也可形成多环芳烃。另外，食品在熏制和烘烤等加工过程中也可以产生多环芳烃。

多环芳烃的致癌性已被人们研究了200多年，然而，直到1932年，最重要的多环芳烃——苯并［a］芘才从煤矿焦油和矿物油中被分离出来，并在实验动物中发现有高度致癌性。它主要导致上皮组织产生肿瘤，如皮肤癌、肺癌、胃癌和消化道癌，并可通过母体致使胎儿畸形。目前，我国GB 2762—2022《食品安全国家标准　食品中污染物限量》规定了谷物及其制品中苯并［a］芘的限量值为2.0μg/kg，肉及肉制品（熏、烧、烤肉类）、水产动物及其制品（熏、烤水产品）中苯并［a］芘的限量值为5.0μg/kg，乳及乳制品（稀奶油、奶油、无水奶油）、油脂及其制品中的限量值为10μg/kg。规定其按GB 5009.27—2016《食品安全国家标准　食品中苯并［a］芘的测定》。

GB 5009.27—2016《食品安全国家标准　食品中苯并［a］芘的测定》规定苯并［a］芘采用反相液相色谱-荧光检测器方法检测，其他多环芳烃检测方法具体可参考GB 5009.265—2021《食品安全国家标准　食品中多环芳烃的测定》、GB/T 24893—2010《动植物油脂　多环芳烃的测定》、GB/T 23213—2008《植物油中多环芳烃的测定　气相色谱-质谱法》、SN/T 4000—2014《出口食品中多环芳烃类污染物检测方法　气相色谱-质谱法》、SC/T 3042—2008《水产品中16种多环芳烃的测定　气相色谱-质谱法》等。

2. 多氯联苯及其检测

（1）多氯联苯的种类及性质　多氯联苯（Polychlorodiphenyls，PCBs）是一类复杂的人工合成的高分子化合物，是苯环上与碳原子连接的氢被氯不同程度取代的联苯系列化合物。分子式为$C_{12}H_{10-X}Cl_X$，相对分子质量为266.5~375.7，熔点-19~33℃，沸点340~375℃，极难溶于水，易溶于脂肪和有机溶剂，极难分解。多氯联苯根据取代氯原子的数目不同，常温下呈无色透明的液体到固态晶体状态。虽然理论上氯原子的数量可以有10个，但实际常见的多氯联苯多含3~6个氯原子。我国习惯上按联苯上被氯取代的个数将多氯联苯分为三氯联苯、四氯联苯、五氯联苯、六氯联苯。多氯联苯理论上有209个同系物异构体，目前已在商品中鉴定出130种同系物异构体单体，其中大多数为非平面化合物。这类化合物虽然同族体较多，但其分子结构和物理化学性质却很接近。多氯联苯的结构式见图13-3。

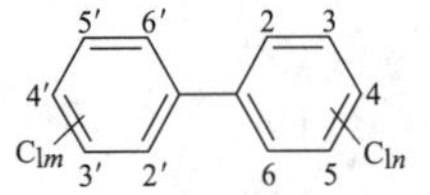

图13-3　多氯联苯的结构式

多氯联苯对免疫系统、生殖系统、神经系统和内分泌系统均会产生不良影响，并且是导致与之接触过的人群发生癌症的一个可疑因素。

（2）多氯联苯对环境及食品的污染　多氯联苯的商业性生产始于20世纪30年代，20世纪70年代开始在全球被禁用。我国于1965年开始生产，到20世纪70年代中已基本停产。但由于其曾被广泛用作电器绝缘材料和塑料增塑剂等，以致目前许多电器系统和生态系统中仍然有多氯联苯的存在。

进入环境的多氯联苯，由于其疏水性，首先污染大气并随着大气扩散，再经沉降及雨水冲洗，最终转移到土壤、河流、海洋及水体的底泥中。研究表明，土壤中多氯联苯主要被吸附在土壤表层，而底泥中的浓度可以高出水体中的数万甚至数十万倍。因多氯联苯对脂肪具有很强的亲和性，极易在生物体内的脂肪中富集，因此，多氯联苯不仅在环境样品中存在，在生物样品中也同时存在。若水体中含0.01μg/L的多氯联苯，在鱼体内的蓄积可达到水中浓度的20万倍，因此，食鱼性动物体内的蓄积浓度较高，如鲨鱼、海豹，其体内多氯联苯浓度可比周围环境高十几倍。另外，研究表明，从南极的企鹅到北极的海豹体内都曾检出多氯联苯，因此多氯联苯污染已成为全球性的问题。

PCBs是斯德哥尔摩公约中优先控制的12类持久性有机污染物（POPs）之一。1997年世界卫生组织（WHO）重新评估二噁英类化合物的毒性当量因子时，将PCBs作为“二噁英样”也包括在内。除职业暴露外，食物摄入是人类接触PCBs的主要途径，超过了人体接触量的90%，动物性食品是其主要来源，因此监测食品中PCBs对于控制其危害十分重要。

（3）食品中多氯联苯的限量　由于多氯联苯的测定需要采用高分辨质谱法，难以在普通实验室推广，为此，联合国全球食品污染物监测规划（GEMS/Food）中规定了PCB28、PCB52、PCB101、PCB118、PCB138、PCB153和PCB180作为多氯联苯污染状况的指示性单体进行替代性监测，而我国也沿用了这一做法，并在GB 2762—2022《食品安全国家标准　食品中污染物限量》中规定了水产动物及其制品中PCBs的限量为20μg/kg，油脂及其制品（水产动物油脂）中PCBs限量为200μg/kg（以PCB28、PCB52、PCB101、PCB118、PCB138、PCB153和PCB180总和计）。

（4）食品中多氯联苯的检测　GB 2762—2022《食品安全国家标准　食品中污染物限量》规定我国食品中多氯联苯的检验按GB 5009.190—2014《食品安全国家标准　食品中指示性多氯联苯含量的测定》进行。

3. 二噁英及其检测

（1）二噁英的种类及性质　二噁英（Dioxin），是指含有2个或1个氧键连结2个苯环的含氯有机化合物（其母核结构式如图13-4所示）。由于氯原子的取代位置不同，构成75种异构体多氯代二苯（Polychlorodibenzodioxins，PCDDs）和135种异构体多氯二苯并呋喃（Plolycholoro dibenzo-furan，PCDFs），详见表13-7。

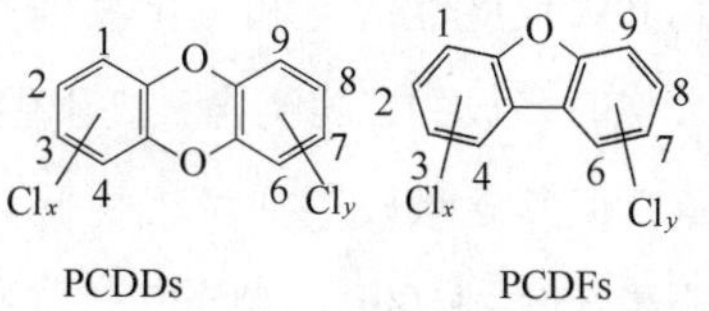

PCDDs　PCDFs

图13-4　二噁英的母核结构

表13－7　二噁英的同系物及异构体

PCDDs	相对分子质量	异构体数目	PCDFs	相对分子质量	异构体数目
MCDD	218.12	2	MCDF	197.13	4
DCDD	151.97	10	DCDF	235.98	16
TriCDD	289.29	14	TriCDF	273.29	28
TetraCDD	319.90	22	TetraCDF	303.90	38
PentaCDD	353.86	14	PentaCDF	337.86	28
HexaCDD	387.96	10	HexaCDF	387.96	16
HeptaCDD	421.78	2	HeptaCDF	406.79	4
OCDD	455.74	1	OCDF	439.75	1
合计		75	合计		135

二噁英为脂溶性化合物，难于生物降解，且随着两个环上的卤素含量增加，其在环境中的稳定性、亲脂性、热稳定性以及对酸、碱、氧化剂和还原剂的抵抗能力增加。二噁英的毒性很强，PCDFs与PCDDs的毒性相近，其中，毒性最强的是17种在2、3、7、8位有氯代的化合物，而其中又以2，3，7，8－TCDD的毒性最强，它是目前已知的最毒的化合物。二噁英还具有强烈的致肝癌毒性，对人类不致命的慢性症状包括痤疮、脱发、尿血、神经麻木和体重减轻，有时会出现极度衰弱。

已有不少国家对食品中二噁英做了最高残留量限量规定，对于乳制品：比利时为5ng/kg体重、荷兰为6ng/kg体重、德国为5ng/kg体重；美国食品药品管理局（FDA）规定日摄入量不超过0.01ng/kg体重，WHO根据最新毒性资料，规定日摄入量不超过1～4pg/kg体重。我国尚未制定食品中二噁英的限量标准。

（2）二噁英的主要来源　二噁英主要来自以下几个途径。

① 含氯化合物的生产和使用：这些含氯化合物主要包括作为农药或防腐剂的氯酚类、作为除草剂的氯代苯氧酸型除草剂、被广泛用于电器设备的多氯联苯、造纸行业的纸浆加氯漂白等。

② 垃圾的焚烧：垃圾的不充分燃烧可产生大量的有害化合物。如含有聚氯乙烯塑料的垃圾在焚烧过程中可能产生酚类化合物和强反应性的氯和氯化氢等，这些物质是合成二噁英的前体。医院废弃物中含有卤代化合物，焚烧时释放的二噁英含量高于生活垃圾，废水处理后的污泥经脱水后进行焚烧处理也可释放二噁英，但其含量较生活垃圾稍低。据估计，每50万人在生活当中产生的垃圾经焚烧处理，每天可产生350～1600mg二噁英。

③ 煤、石油、汽油、沥青等的燃烧：汽油的不完全燃烧，致使汽车排出的尾气中也含

有二噁英，其中 2，3，7，8 - TCDD 为 0.5 ~ 16.7pg/m^3，2，3，7，8 - TCDF 为 0.55 ~ 201.4pg/m^3。

④ 含除草剂的枯草残叶的燃烧及森林大火也会产生二噁英。

（3）二噁英的检测　环境中的二噁英主要是通过食物链和生物富集作用进入食品。由于二噁英的脂溶性，导致其在食品脂肪中的浓度较高。目前，检测二噁英最常用的分析方法是高分辨率气相色谱 - 质谱法，质谱仪分辨率至少要在 10000 以上。对氯取代基小于 7 个的 PCDDs 和 PCDFs 的测定，选用极性毛细管色谱柱；对氯取代基等于或大于 7 个的 PCDDs 和 PCDFs，则选用极性小或非极性的毛细管色谱柱。采用非分流进样及选择离子检测方式，用内标法定量。由于二噁英种类繁多、标准品不全、含量少而且常常会受到多氯联苯或多氯二苯醚的干扰等，因此，目前的分析方法还不能完全将其所有的异构体进行分离检测。二噁英残留量的分析需要随着分析手段的提高而不断改进。在此仅介绍二噁英检测的一般性方法。

① 二噁英的提取方法：

a. 碱分解法。对于蛋白质或脂肪含量高的样品，可称取 50 ~ 100g，加含 1mol/L 氢氧化钾的乙醇溶液 300mL，在室温下振荡 2h，再加入 1∶1 正己烷饱和水 - 正己烷 300mL 提取 10min，分离水相后，于水相中再加入 150mL 正己烷提取，有机层用硫酸钠脱水。

b. 丙酮 - 正己烷提取法。蔬菜类样品，捣碎后取 100g，加入 2 × 200mL 1∶1 丙酮 - 正己烷振荡提取 1h，过滤，合并正己烷层，加入 1 体积正乙烷饱和水，振荡 10min，弃去水层，正己烷层用无水硫酸钠脱水。

c. 草酸钠 - 乙醇 - 乙醚 - 正己烷提取法。对于牛乳样品，取牛乳 100mL，加入饱和草酸钠溶液 50mL、乙醇 100mL 和乙醚 100mL，搅拌均匀后，加入正己烷 200mL，振荡 10min，下层再用 200mL 正己烷提取 2 次，合并正己烷层，加入 20g/L NaCl 200mL 振摇，弃去水相，正己烷层用无水硫酸钠脱水。

② 常用的净化方法：

a. 浓硫酸与多层硅胶柱处理法。在提取样液中加入浓硫酸，分解提取液中共存的有机成分及有色物质，然后将有机相用多层硅胶柱净化。层析柱从下至上分别装填 0.9g 硅胶、3g 2% 氢氧化钾硅胶、0.9g 硅胶、4.5g 44% 硫酸硅胶、6g 22% 硫酸硅胶、0.9g 硅胶和 3g 10% 硝酸银硅胶，最上层为 6g 无水硫酸钠。本法净化效果较好，但费时、烦琐。

b. 硅胶柱层析处理法。用 130g 活化硅胶填充柱吸附试样，用正己烷或苯洗脱二噁英类化合物。

c. 其他净化方法。氧化铝柱层析法、聚酰胺色谱分离方法或透析法等。

③ 分析方法：气相色谱 - 质谱联用分析法。

二、食品加工污染物及其检测

烟熏、油炸、焙烤、酶解、腌制等加工技术，在改善食品的外观和质地，增加风味，延长保存期，钝化有毒物质（如酶抑制剂、红细胞凝集素）以及提高食品的可利用度等方面发挥了很大作用，但随之还产生了一些有害物质，相应的食品存在着严重的安全性问题，对人体健康可产生很大的危害，例如，在习惯吃熏鱼的冰岛、芬兰和挪威等国家，胃癌的发病率非常高。我国胃癌和食管癌高发区的居民也有喜食烟熏肉和腌制蔬菜的习惯。食品加工过程中形成的有害物质主要有：多环芳烃、杂环胺类化合物、*N*－亚硝基化合物、丙烯酰胺、氯丙醇等。本节主要介绍*N*－亚硝基化合物、丙烯酰胺和氯丙醇。

（一）*N*－亚硝基化合物

N－亚硝基化合物（NOC），根据其化学结构，可分为两类：一类为亚硝胺，另一类为*N*－亚硝酰胺。低分子质量的亚硝胺在常温下为黄色油状液体，高分子质量的为固体。二甲基亚硝胺可溶于水及有机溶剂，其他亚硝胺只能溶于有机溶剂。亚硝胺在通常条件下不易水解、氧化，化学性质稳定。*N*－亚硝酰胺的化学性质较活泼，在酸性条件下可分解为相应的酰胺和亚硝酸，或经重氮甲酸酯重排，放出氮和羟酸酯；在碱性条件下可快速分解为重氮烷。亚硝胺和*N*－亚硝酰胺在紫外光照射下都可发生光分解反应。

通过对300多种*N*－亚硝基化合物的研究，已经证明约90%具有强致癌性，其中*N*－亚硝酰胺是终末致癌物，亚硝胺需要在体内活化后才能成为致癌物。

含有*N*－亚硝基化合物较多的食品有干鱿鱼（300μg/kg）、熏肉（0.3～6.5μg/kg）、熏鱼（4～9μg/kg）、咸鱼（12～24μg/kg）、咸肉（0.4～7.6μg/kg）、油煎火腿（10～20μg/kg）、干香肠（19μg/kg）等。另外，在啤酒及干酪、乳粉、奶酒等全乳制品中也含有微量的*N*－亚硝基化合物，一般在0.5～5.0μg/kg。

我国GB 2762—2022《食品安全国家标准　食品中污染物限量》规定肉制品（肉类罐头除外）中*N*－二甲基亚硝胺限量为3.0μg/kg，水产制品（水产品罐头除外）的为4.0μg/kg，同时规定检测方法为GB/T 5009.26—2016《食品安全国家标准　食品中*N*－亚硝胺类的化合物测定》。该标准的第一法是气相色谱－质谱法，第二法为气相色谱－热能分析仪法，两种方法均适用于肉及肉制品、水产动物及其制品中的*N*－二甲基亚硝胺的检测。

（二）丙烯酰胺

1. 丙烯酰胺的概述

丙烯酰胺（$CH_2{=}CH{-}CONH_2$）是一种白色晶体物质，相对分子质量为70.08，是1950年以来广泛用于生产化工产品聚丙烯酰胺的前体物质。聚丙烯酰胺主要用于水的净化处理、纸浆的加工及管道的内涂层等。人体可通过消化道、呼吸道、皮肤黏膜等多种途径接触丙烯酰胺。在食品加工过程中形成的丙烯酰胺被发现以前，人们认为饮水是接触丙烯酰胺的一种重要途径，为此WHO将水中丙烯酰胺的含量限定为0.5μg/L。2002年4月，科学家在油炸马铃薯中首次发现丙烯酰胺的存在。随后一些国家的相关机构对丙烯酰胺在食品中的含量进行了测定，并证实了科学家的发现。自此，人们开始正视食品中存在丙烯酰胺暴露的风险。

急性毒性试验结果表明，丙烯酰胺属于中等毒性物质。大量的动物试验研究表明丙烯酰胺主要引起神经毒性，此外，由于生殖毒性、发育毒性、致突变毒性及致癌毒性，食品中丙烯酰胺的污染引起了国际社会和各国政府的高度关注。

2. 食品中丙烯酰胺的形成

食品中的丙烯酰胺，是高碳水化合物、低蛋白质的植物性食物材料经加热（120℃以上）烹调时形成的，当加工温度较低时，如用水煮，丙烯酰胺的生成量相当低，140～180℃为生成的最佳温度。此外，水含量也是影响丙烯酰胺形成的重要因素，特别是烘烤、油炸食品最后阶段水分减少、表面温度升高后，其丙烯酰胺生成量更高。丙烯酰胺的主要前体物为游离天冬氨酸（马铃薯和谷类中的代表性氨基酸）与还原糖，二者发生美拉德反应生成丙烯酰胺。食品中形成的丙烯酰胺比较稳定，但咖啡除外，随着储存时间延长，丙烯酰胺含量会降低。

3. 食品中丙烯酰胺的含量

丙烯酰胺的形成与加工烹调方式、温度、时间、水分等有关，因此不同食品加工方式和条件不同，其形成丙烯酰胺的量有很大不同。即使是相同的食品，不同批次产品丙烯酰胺含量也有很大差异。在食品添加剂联合专家委员会（JECFA）64 次会议上，从 24 个国家获得的 2002—2004 年间食品中丙烯酰胺的检测数据共 6752 个，其中 67.6% 的数据来源于欧洲，21.9% 来源于南美，8.9% 的数据来源于亚洲，1.6% 的数据来源于太平洋。检测的对象包含早餐谷物、马铃薯制品、咖啡及其类似制品、乳类、糖和蜂蜜制品、蔬菜和饮料等主要消费食品，其中含量较高的三类食品是：高温加工的马铃薯制品（包括薯片、薯条等），平均含量为 0.48mg/kg，最高含量为 5.3mg/kg；咖啡及其类似制品，平均含量为 0.51mg/kg，最高含量为 7.3mg/kg；早餐谷物类食品，平均含量为 0.31mg/kg，最高含量为 7.8mg/kg；其他种类食品的丙烯酰胺含量基本在 0.1mg/kg 以下。

中国疾病预防控制中心营养与食品安全研究所提供的资料显示，在监测的 100 余份样品中，丙烯酰胺含量为：薯类油炸食品，平均含量为 0.78mg/kg，最高含量为 3.2mg/kg；谷物类油炸食品平均含量为 0.15mg/kg，最高含量为 0.66mg/kg；谷物类烘烤食品平均含量为 0.13mg/kg，最高含量为 0.59mg/kg；其他食品，如速溶咖啡为 0.36mg/kg、大麦茶为 0.51mg/kg、玉米茶为 0.27mg/kg。就这些少数样品的结果来看，我国的食品中的丙烯酰胺含量与其他国家的相近。

4. 丙烯酰胺的可能摄入量

根据对世界上 17 个国家丙烯酰胺摄入量的评估结果显示，一般人群平均摄入量为 0.3～2.0mg/（kg 体重·d），按体重计，儿童丙烯酰胺的摄入量为成人的 2～3 倍。其中丙烯酰胺主要来源的食品为炸马铃薯条 16%～30%，炸马铃薯片 6%～46%，咖啡 13%～39%，饼干 10%～20%，面包 10%～30%，其余均小于 10%。由于我国尚缺少足够数量的各类食品中丙烯酰胺含量数据，以及这些食品的摄入量数据，因此，还不能确定我国人群的暴露水平。但由于食品中以油炸薯类食品、咖啡食品和烘烤谷类食品中的丙烯酰胺含量较高，而这些食品在我国人群中的摄入水平应该不高于其他国家，因此，我国人群丙烯酰胺的摄入水平应不高于 JECFA 评估的一般人群的摄入水平。

丙烯酰胺的检测方法可参见 GB 5009.204—2014《食品安全国家标准　食品中丙烯酰胺的测定》以及 SN/T 2096—2008《食品中丙烯酰胺的检测方法　同位素内标法》。

（三）氯丙醇

氯丙醇，丙三醇和盐酸反应生成的产物，包括 3－氯－1，2－丙二醇（3－MCPD）、2－氯－1，3 丙二醇（2－MCPD）、1，3－二氯－2－丙醇（1，3－DCP）和 2，3－二氯－1－丙醇（2，3－DCP）。其中，主要产物是 3－MCPD。氯丙醇微溶于水，易溶于有机溶剂。不同的氯丙醇其毒性不一样，3－MCPD 会影响肾脏功能及生育能力，还可引发癌症；1，3－DCP 会引起肝、肾脏、甲状腺等的癌变；2，3－DCP 对肾脏、肝脏和精子也有一定的毒性。

食品中的氯丙醇主要来源于酸水解蛋白；焦糖色素的不合理使用和生产；食品生产用水被氯丙醇污染；食品包装材料中氯丙醇的迁移，如袋泡茶的包装袋；以含氯凝聚剂制成的净水剂等。其中，酸水解动植物蛋白时，原料的脂肪或油脂中存在的三酰甘油也被水解成丙三醇，并进一步与盐酸反应生成氯丙醇。在国外，水解植物蛋白作为风味剂在食品中大量使用，包括许多加工和预加工食品、汤、肉汁混合物、风味快餐和固体汤料中，其典型的添加水平在 0.1% ~0.8%；在我国，允许用水解植物蛋白来生产配制酱油，因此，有可能导致一些酱油制品含有氯丙醇。

美国、英国、瑞士及欧盟规定食品中氯丙醇的最高限量标准分别为 1mg/kg、0.01mg/kg、10mg/kg 及 1mg/kg。我国 GB 2762—2022《食品安全国家标准　食品中污染物限量》规定添加酸水解植物蛋白的液态调味品限量为0.4mg/kg，固态调味品为 1.0mg/kg，同时规定检测方法为 GB/T 5009.191—2016《食品安全国家标准　食品中氯丙醇及其脂肪酸含量的测定》。

第五节　食品中非法添加物的检测

非法添加物，是指那些不属于传统上被认为是食品原料的，不属于批准使用的新资源食品的，不属于卫生健康委员会公布的食药两用或作为普通食品管理物质的，也未列入我国 GB 2760—2014《食品安全国家标准　食品添加剂使用卫生标准》、GB 14880—2012《食品安全国家标准　食品营养强化剂使用卫生标准》及卫健委食品添加剂公告的，以及其他我国法律法规允许使用物质之外的物质。本节主要就食品和保健品中出现的非法添加物质及其检测方法进行介绍。

一、食品中非法添加物质

我国以 2008 年“三鹿乳粉”重大食品安全事件爆发为起点，诸如吊白块、瘦肉精、苏丹红、毒米、毒油、孔雀石绿等众多食品安全事件频频发生，使得我国乃至全球的食品安全问题形势十分严峻。这些食品安全事件大部分都是在食品中添加了非法添加物引起的，食品非法添加物成了行业关注的热点问题。

国家高度重视非法添加物和食品安全，2011 年 4 月 21 日，国务院办公厅下发了《关于严厉打击食品非法添加行为 切实加强食品添加剂监管的通知》，要求全面部署开展严厉打击食品非法添加和滥用食品添加剂的专项行动。原卫生部和原农业部等部门根据风险监测和监督检查中发现的问题，不断更新非法使用物质名单，至今已公布 151 种食品和饲料中非法添加物名单，其中包括 23 种可能在食品中“违法添加的非食用物质”，具体分类列于表 13 - 8，并对部分种类进行详细叙述。

表 13 - 8　可能在食品中“违法添加的非食用物质”清单

序号	类别	名称	主要成分	可能违法添加的食品品种
1	染料类	苏丹红	苏丹红Ⅰ、苏丹红Ⅱ、苏丹红Ⅲ、苏丹红Ⅳ	辣椒粉、含辣椒类的食品（辣椒酱、辣味调味品）
		王金黄、块黄	碱性橙Ⅱ	豆腐皮
		玫瑰红 B（罗丹明 B）	罗丹明 B	调味品、花生
		碱性嫩黄	碱性嫩黄	豆制品、小米、玉米粉
		酸性橙Ⅱ	酸性橙Ⅱ	黄鱼、腌卤肉制品、熟肉制品、红壳瓜子、辣椒面和豆瓣酱
		碱性黄	碱性黄	大黄鱼
		孔雀石绿及结晶紫	孔雀石绿及隐性孔雀石绿，结晶紫及隐性结晶紫	鱼类
		美术绿	铅铬绿（铬黄和铁蓝或酞青蓝）	茶叶
2	富含氮化合物类	蛋白精	三聚氰胺等	乳及乳制品
3	邻苯二甲酸酯类物质	17 个邻苯二甲酸酯类化合物	DEHP、DINP、邻苯二甲酸二苯酯、DMP、DEP、DBP、DPP、DHXP、DNP、DIBP、DCHP、DNOP、BBP、DMEP、DEEP、DBEP、BMPP 等	乳化剂类食品添加剂、使用乳化剂的其他类食品添加剂或食品等

续表

序号	类别	名称	主要成分	可能违法添加的食品品种
4	工业用或其他非食品级物质	工业火氢	氧化钠碱	海参、鱿鱼等水发产品、生鲜乳
		工业硫磺	硫	白砂糖、辣椒、蜜饯、银耳、龙眼、胡萝卜、姜、馒头等
		工业矿物油		大米
		工业明胶		冰淇淋、肉皮冻等
		工业酒精	乙醇	酒
		工业醋酸	醋酸	食醋
		镁盐	氯化镁、硫酸镁等	木耳
		甲醛	甲醛	水发水产品、血豆腐
		工业硫酸铜	硫酸铜	皮蛋
5	杀虫剂	有机磷农药	敌敌畏、敌百虫等	火腿、鱼干、咸鱼、腌制食品等
6	抗菌药物类	喹诺酮类	环丙沙星等	麻辣烫类食品，鲜活水产品、肉制品、猪肠衣、肉类食品等
		酰胺醇类	氯霉素等	鲜活水产品、肉制品、猪肠衣、肉类食品等
		四环素类	四环素等	鲜活产品、肉制品、猪肠衣、蜂蜜
		β－内酰胺类	阿莫西林等	鲜活水产品、肉制品、猪肠衣、肉类、豆制品等
		磺胺类	磺胺二甲嘧啶等	鲜活产品、叉烧肉制品、猪肠衣、蜂蜜
		硝基呋喃类	硝基唑酮等	鲜活水产品
7		吊白块	次硫酸氢钠、甲醛	腐竹、粉丝、米粉、面粉、竹笋等
8		硼酸与硼砂	硼酸与硼砂	腐竹、肉丸、凉粉、凉皮、面条、饺子皮等
9		硫氰酸盐	硫氰酸钠等	乳及乳制品
10		硫化钠	硫化钠	味精
11		二氧化硫脲	二氧化硫脲	馅料原料

续表

序号	类别	名称	主要成分	可能违法添加的食品品种
12		荧光增白物质	荧光增白剂	双孢蘑菇、金针菇、白灵菇、面粉
13		溴酸盐	溴酸钾等	小麦粉、面制品
14		β-内酰胺酶（金玉兰酶制剂）	β-内酰胺酶	乳与乳制品
15		富马酸二甲酯	富马酸二甲酯	糕点
16		乌洛托品	六亚甲基四胺	腐竹、米线等
17		磷化物	磷化铝等	木耳
18		硅酸钠（水玻璃）	硅酸钠	面制品
19		废弃油脂	废弃动植物油脂	食用油脂
20		皮革水解物	皮革水解蛋白	液态乳、乳粉
21		毛发水	水解氨基酸	酱油等
22		罂粟及罂粟壳	罂粟碱、吗啡、那可丁、可待因和蒂巴因	火锅底料及小吃类
23		过氧化苯甲酰	过氧化苯甲酰	小麦粉

1. 染料类非法添加

染料类非法添加物一直是食品中非法添加的重灾区，2005 年水产品中孔雀石绿事件和 2006 年咸鸭蛋中苏丹红事件等均和染料类非法添加物有关。染料类非法添加物主要包括苏丹红、碱性橙、孔雀石绿、美术绿等工业染料，它们色泽鲜艳，廉价易得，一直备受不法商贩的青睐。

苏丹红是一类人工合成的偶氮苯基萘酚化合物，主要包括苏丹红Ⅰ、Ⅱ、Ⅲ、Ⅳ，常作为工业染料被广泛用于如溶剂、油、蜡、汽油的增色。苏丹红本身不会对人体产生有害的影响，但其初级代谢产物苯胺对人体具有强烈的致癌作用。欧盟于 1995 年就禁止其作为色素在食品中添加，我国卫生部在 2005 年发布公告《关于禁止将苏丹红作为食品添加剂使用的公告》（卫生部公告 2005 年第 5 号），可能添加苏丹红的产品有香肠、泡面、熟肉、馅饼、辣椒粉、调味酱等。目前苏丹红的检测方法主要参照 GB/T 19681—2005《食品中苏丹红染料的检测方法　高效液相色谱法》。

2. 富含氮化合物类非法添加

富含氮化合物类非法添加主要是指三聚氰胺，俗称密胺、蛋白精，是一种三嗪类含氮杂环有机化合物，白色单斜晶体，几乎无味，微溶于水，可溶于甲醇、甲醛、醋酸、热乙二醇、甘油、吡啶等，不溶于丙酮、醚类。三聚氰胺是一种用途广泛的有机化工中间产品，主要用于生产三聚氰胺甲醛树脂、装饰面板、阻燃剂、食品包装材料等。三聚氰胺在动物体内可与其他化合物结合为不可溶的化合物，并积聚于肾脏产生结石，严重时可引起人和动物的肾脏衰竭。由于三聚氰胺中氮含量很高，达57.1%，部分不法商家为提高产品中蛋白质含量（氮含量），可能会人为非法添加三聚氰胺，2008年“大头娃娃”事件就是食用了非法添加了三聚氰胺的婴幼儿配方乳粉导致的。可能添加三聚氰胺的产品主要为乳和乳制品。目前三聚氰胺的检测方法主要参照GB/T 22388—2008《原料乳与乳制品中三聚氰胺检测方法》和GB/T 22400—2008《原料乳中三聚氰胺快速检测　液相色谱法》。

3. 邻苯二甲酸酯类物质非法添加

邻苯二甲酸酯类物质又称塑化剂、增塑剂，主要用于塑料、涂料、橡胶制品中，也可用于食品包装材料中。根据侧链结构不同，邻苯二甲酸酯类物质共有20多种，其中常见的有邻苯二甲酸二甲酯（DMP）、邻苯二甲酸二乙酯（DEP）、邻苯二甲酸二正丁酯（DBP）、邻苯二甲酸二(2-乙基)己酯（DEHP）、邻苯二甲酸二正辛酯（DOP）、邻苯二甲酸二异壬酯（DINP）、邻苯二甲酸二异癸酯（DIDP）等。

塑化剂不属于GB 2760—2014《食品安全国家标准　食品添加剂使用卫生标准》中允许使用的食品添加剂品种，严禁在任何食品中添加。食品中的塑化剂主要来自于食品包装材料向食品的迁移，凡是与塑料、涂料和橡胶制品接触的食品均可能存在塑化剂，但塑化剂的迁移量是有限的，一般为1mg/kg以下。塑化剂在食品中违法添加主要起到乳化、增稠的作用，2011年5月我国台湾曝出全球首例在饮料中违法添加塑化剂邻苯二甲酸酯类的事件，就是生产厂商为降低成本，用廉价的DEHP代替棕榈油添加在乳化香精中，导致饮料中DEHP含量高达600000mg/kg，对人体健康造成威胁。可能添加塑化剂的产品主要为乳化剂类食品添加剂、使用乳化剂的其他类食品添加剂或食品等。目前塑化剂的检测方法主要参照GB 5009.271—2016《食品安全国家标准　食品中邻苯二甲酸酯的测定》。

二、保健品中非法添加物质

近年来，保健食品行业在我国形成了一个规模庞大的产业。然而由于该行业发展过快、过热，呈现出较为混乱的局面，一些不法商家为吸引消费者，牟取暴利，故意夸大疗效，在产品中随意添加见效快、副作用大的化学药，为消费者埋下了健康隐患。目前，保健食品中非法添加化学药的情形主要集中在如下五大类保健品中：补肾壮阳类、减肥类、降血糖类、降血压类、降血脂类。

（一）补肾壮阳类非法添加情形

“补肾壮阳”说法来源于我国传统中医，是中医培本固元、治疗“阳痿”的一种方法，但见效慢、治疗周期长。为满足消费者对“补肾壮阳”追求立竿见影的心理，使得不法商家有机可乘，他们往往宣称是纯中药，实际上在其中添加了壮阳类的化学药。早期这类化学药多数被添加在保健品中，近几年来随着保健品市场监管力度的加大，这些物质又被添加到食品中，例如糖果、咖啡、酒类、固体饮料等。

1. 壮阳类化学药概述

壮阳类化学药主要包括：磷酸二酯酶-5（PED-5）抑制剂、蛋白同化制剂、肾上腺素受体阻滞剂、多巴胺（DA）受体激动剂和天然前列腺素（PG）类，其中最为常见且品种最多的是PED-5抑制剂。PED-5抑制剂类化合物大部分在甲醇中溶解，部分在甲醇中微溶，在二氯甲烷和二甲基甲酰胺中溶解，根据其分子结构进行分类，大致可分为5类：西地那非类、伐地那非类、他达那非类、红地那非类和爱地那非类。

2. 作用机理及毒副作用

那非类化学药的作用机理均为PDE-5的选择性抑制，能够通过抑制海绵体内环单磷酸鸟苷（cMP）的降解，增加海绵体内cMP的水平，松弛平滑肌，血液流入海绵体，利于阴茎勃起。但PED-5抑制剂类化学药均具有不同程度毒副作用，如头晕头痛、面部充血、鼻塞、眼睛充血、视力下降，严重的会引起血尿、血精、异常勃起、震颤、虚脱，原患有前列腺炎、前列腺增生者则会加重病情，严重者会导致血压骤降而引起心脏病发作，甚至造成生命危险。

3. 相关检测标准方法

目前那非类化合物的检测主要以液相色谱-质谱法为主，可参照的标准有SN/T 4054—2014《出口保健食品中育亨宾、伐地那非、西地那非、他达那非的测定　液相色谱-质谱法》、原国家食品药品监督管理局药品检验补充检验方法和检验项目批准件《补肾壮阳类中成药中PDE-5型抑制剂的快速检测方法》（编号2009030）和“总局关于发布食品中那非类物质的测定和小麦粉中硫脲的测定2项检验方法的公告（2016年第196号）”中附件1《食品中那非类物质的测定》（BJS201601），检测方法均为液相色谱-质谱法，涉及那非类物质90种。

（二）减肥类非法添加情形

肥胖是指不正常或者过快的脂肪积累，是一系列慢性疾病如糖尿病、高血压、高血脂等心血管疾病的影响因素。鉴于医疗和精神层面的影响，病人常服用一些非处方药或宣称有减肥功能的食品或保健品，由此市场上出现了各式各样的减肥产品。有些产品打着纯中药制剂的旗号，实际在其中添加了具有减肥或辅助减肥效果的化学药，而消费者在不知情的情况下长期或过量服用这些产品，会对身体产生极大伤害。

1. 减肥类化学药概述

引起肥胖的原因复杂，减肥的途径也各有不同，统计文献报道，减肥保健食品中可能非法添加的化合物有近100种，根据各化合物所含功能基团不同，其溶解性、极性等理化性质也有不同。常见的减肥类非法添加药物按作用机制可分为以下7大类：①食欲抑制剂：如西布曲明、芬氟拉明、利莫那班、安非拉酮等；②能量消耗增强剂：如咖啡因、麻黄碱、伪麻黄碱、安非他明等；③泻药：如酚酞、吡沙可啶、双醋酚丁、匹可硫酸钠等；④降血脂药物：如奥利司他、阿卡波糖、辛伐他汀、洛伐他汀等；⑤利尿剂：如呋塞米、螺内、氢氯噻嗪、吲达帕胺、布美他尼等；⑥抗抑郁剂：如氟西汀、安非他酮、帕罗西汀、西酞普兰、奈法唑酮等；⑦降血糖剂：如二甲双胍、苯乙双胍等。

2. 作用机理及毒副作用

食欲抑制剂通过兴奋下丘脑饱觉中枢，控制食欲中枢，再通过神经的作用抑制食欲，使肥胖者容易接受饮食量控制；能量消耗增强剂通过提高机体能量代谢，增加热量消耗而减轻体重；泻药能刺激结肠推动性蠕动产生作用；抗抑郁剂因增加5－羟色胺（5－HT）和阻断α受体而干扰睡眠和影响血压，中枢和外周自主神经功能的失平衡会诱发惊厥及摄食、体重的改变。降血糖、降血脂和利尿药物经过代谢后能达到辅助减肥的功效。

减肥类化学药在临床上均具有不同程度的毒副作用。有研究表明，西布曲明的不良反应发生率为59.2%，主要表现为头疼与头晕（18.4%）、便秘（14.4%）、口干与口苦（13.6%）等；另有报道，服用西布曲明产生口干、便秘、头痛、失眠等不良反应的总发生率为22.27%。有报道称，酚酞可诱发心律失常和呼吸窘迫症，过量可引起高血糖、低血钙、低血钾、肌肉痉挛或乏力等电解质紊乱综合征，以及肺水肿、呼吸麻痹、血压降低甚至死亡。氟西汀可导致恶心、呕吐、口干、焦虑、失眠、头痛，颤抖等症状。

3. 相关检测标准方法

目前减肥类非法添加化合物的检测主要以液相色谱－质谱法为主，可参照的标准有SN/T 3866—2014《出口保健食品中酚酞和大黄素的测定　液相色谱－质谱/质谱法》、原国家食品药品监督管理局药品检验补充检验方法和检验项目批准件《液质联用（HPLC/MS/MS）分析检定西布曲明的补充检验方法》（编号2006004）和“总局关于发布《保健食品中75种非法添加化学药物的检测》等3项食品补充检验方法的公告（2017年第138号）”中附件1《保健食品中75种非法添加化学药物的检测》（BJS201710）。

（三）降血糖类非法添加情形

糖尿病是一种常见病和多发病，其发病率一直处于上升趋势，其危害程度仅次于恶性肿瘤和心血管疾病，是威胁人类健康的第三大疾病。针对糖尿病的治疗可采用中医治疗和西医治疗，但西药副作用大，过量服用会产生严重不良反应，而中药对于糖尿病等慢性疾病的长期治疗和并发症的防治有其独特的优势，已成为人们预防和长期治疗服用的首选。但是不法分子为增加疗效，在中成药或保健品中非法添加了降糖类化学药，而且加入量通常超过最大剂量，患者服用这样的中成药或保健食品容易发生严重不良反应，对患者的身体健康危害极大。

1. 降糖类非法添加药物概述

降糖类化学药其分子结构不同，降糖的机理也不同。据现有文献的报道，降糖类保健食品中可能非法添加的化合物有几十种，其按照作用机制可分为5大类：① 双胍类：包括盐酸二甲双胍、盐酸苯乙双胍、盐酸丁双胍等；② 磺酰脲类：包括甲苯磺丁脲、格列本脲、格列齐特、格列喹酮、格列吡嗪、格列美脲等；③ 噻唑烷酮类（胰岛素增敏剂）：包括吡格列酮、罗格列酮等；④ 非磺酰脲类（促胰岛素分泌药）：包括瑞格列奈、那格列奈、米格列奈等；⑤ α－葡萄糖苷酶抑制剂：包括阿卡波糖、伏格列波糖、维格列波糖等。

2. 作用机理及毒副作用

双胍类药物降糖机制是增加基础状态下糖的无氧酵解，抑制肠道内葡萄糖的吸收，增加外周组织对葡萄糖的利用，减少糖原生成和减少肝糖输出，增加胰岛素受体的结合和受体后作用，改善对胰岛素的敏感性；磺酰脲类药属于促胰岛素分泌剂，其降糖作用是通过刺激胰岛 B 细胞分泌胰岛素，从而增加体内的胰岛素水平，使血糖降低。

服用降血糖西药均具有不同程度的毒副作用，例如，甲苯磺丁脲类会对肝功能造成损害而导致黄疸，其引起的低血糖症状严重且时间长，有时可致命；格列美脲会导致低血糖、虚弱、头晕、胃肠不适、恶心等；盐酸二甲双胍和苯乙双胍易发生乳酸性酸中毒的心力衰竭、腹水等；磺酰脲类药不良反应为低血糖反应，另有粒细胞计数减少（表现为咽痛、发热、感染）、血小板减少症（表现为出血、紫癜）等血液系统反应等。

3. 相关检测标准方法

目前降糖类非法添加化合物的检测主要以液相色谱－质谱法为主，可参照的标准有 SN/T 3864—2014《出口保健食品中二甲双胍、苯乙双胍的测定》、原国家食品药品监督管理局药品检验补充检验方法和检验项目批准件《降糖类中成药中非法添加化学药品补充检验方法》（编号 2009029）和“总局关于发布《保健食品中 75 种非法添加化学药物的检测》等 3 项食品补充检验方法的公告（2017 年第 138 号）”中附件 1《保健食品中 75 种非法添加化学药物的检测》(BJS201710)。

（四）降血压类非法添加情形

高血压是最为常见的慢性疾病之一，是我国心脑血管病最主要的危险因素，也是一种世界性的常见的严重危害人们健康的疾病。西药治疗高血压疾病虽然见效快、降压作用较强，但存在着一定的副作用。很多高血压患者担心长时间服用西药不良反应较大，更青睐于降血压类保健食品。受利益驱使，一些不法分子及商家为增强产品功效，会在降血压类保健食品中非法添加化学药物，患者在不知情的情况下若同时服用其他降压类西药，超量服用容易造成肝、肾、心脏的损伤及不良反应，严重者可导致死亡。

1. 降压类非法添加药物概述

不同降血压化学药其作用机理不同，治疗时可从多方面作用达到调节血压的目的。总的来说，常见的降血压药物按照功能机理分可分为 7 类：① 血管紧张素转化酶（ACE）抑制药：卡托普利、赖诺普利、依那普利、地拉普利、阿拉普利、西拉普利等；② 血管紧张素Ⅱ受体拮抗药：缬沙坦、氯沙坦、厄贝沙坦、替米沙坦、坎地沙坦、替米沙坦等；③ 中区性降压药：可乐定、雷美尼定、莫索尼定等；④ 肾上腺素 α－受体阻断药：哌唑嗪、特拉唑嗪、多沙唑嗪、布那唑嗪、酚苄明等；⑤ 肾上腺素 β－受体阻断药：阿替洛尔、美托洛尔、卡替洛尔、吲哚洛尔、布拉洛尔等；⑥ 钙拮抗药物：硝苯地平、氨氯地平、尼莫地平、非洛地平、尼群地平、尼索地平、尼可地尔等；⑦ 利尿降压药：呋塞米、氢氯噻嗪、氯噻酮、吲达帕胺、氨苯蝶啶等。

2. 作用机理及毒副作用

利尿药降压机制与利尿排钠有关，初期降压作用可能是通过排钠利尿，减少血容量，导致心输出量降低。钙通道阻滞剂是通过阻滞细胞膜L型钙通道，抑制平滑肌Ca^{2+}进入血管平滑肌细胞内，使血管平滑肌松弛、心肌收缩力降低，从而使心肌氧耗降低，心肌供血得到改善，缺血心肌细胞得到保护，充分发挥抗血压的作用；肾上腺素受体阻断药降压机制主要是对血管α1受体的阻断作用和直接舒张血管作用，或（和）阻断心脏β1受体，可使心率减慢，心收缩力减弱，心输出量减少，心肌耗氧量下降，血压稍降低；中枢性降压药主要是作用于中枢α2受体或咪唑啉受体产生作用，如可乐定等。

服用降血压西药均具有不同程度的毒副作用。例如，长期服用噻嗪类利尿药可致低血钠、低血钾，由于代偿作用，可引起血浆肾素－血管紧张素－醛固酮系统活性增高；此外，利尿药还可增加血中胆固醇、甘油三酯及低密度脂蛋白胆固醇、血糖和尿酸的含量。可乐定类降压药常见的不良反应是口干和便秘，其他的非法添加药物毒副作用还有嗜睡、焦虑、抑郁、眩晕、腮腺肿痛、水肿、恶心、体重增加、心动过缓、轻度直立性低血压、食欲不振等。

3. 相关检测标准方法

针对降血压类中保健食品中非法添加化学药的检测标准有：原国家食品药品监督管理局药品检验补充检验方法和检验项目批准件《降压类中成药中非法添加化学药品补充检验方法》（编号2009032）和“总局关于发布《保健食品中75种非法添加化学药物的检测》等3项食品补充检验方法的公告（2017年第138号）”中附件1《保健食品中75种非法添加化学药物的检测》（BJS201710）。

（五）降血脂类非法添加情形

高脂血症（HP）是指由于血脂代谢或转运异常使血浆中的一种或多种脂质过高，血清总胆固醇、甘油三酯或低密度脂蛋白胆固醇水平过高和（或）血清高密度脂蛋白胆固醇过低的病症。对于高脂血症的治疗，西医治疗见效快且疗效显著。某些不法厂商受利益驱动，在降血脂保健品中非法掺杂化学合成降血脂药，使其治疗效果加快以吸引更多的消费者。若患者在不知情的情况下服用，会导致极大的安全风险。

1. 降脂类非法添加药物概述

目前降血脂类化学药种类繁多、专属性强，临床应用时须针对不同类型的症状给予对症治疗或进行联合用药。常见的降血脂类化学药按作用机理可分为4类：①羟甲基戊二酰辅酶A（HMG－CoA）还原酶抑制药：如洛伐他汀、辛伐他汀、普伐他汀、氟伐他汀、阿托伐他汀、匹伐他汀等；②胆汁酸螯合剂：如考来烯胺（又称消胆胺、降胆敏、降脂1号）、考来替泊、地维烯胺、考来替兰、考来维兰等；③苯氧酸类：如氯贝丁酯（又称氯苯丁酯、安妥明）、非诺贝特、苯扎贝特、利贝特、吉非贝齐等；④烟酸类：如烟酸、烟酸肌醇酯、烟酸铝等。

2. 作用机理及毒副作用

他汀类药物结构与羟甲基戊二酰辅酶A相似，且对羟甲基戊二酰辅酶A还原酶的亲和力更大，对该酶可产生竞争性的抑制作用，结果使血脂总胆固醇（TC）、低密度脂蛋白（LDL）胆固醇和载脂蛋白B（Apo-B）水平降低，对动脉粥样硬化和冠心病有防治作用。苯氧酸类可增强脂蛋白酶活性，促进肝脏合成脂肪酸，促进高密度脂蛋白（HDL）合成和胆固醇的逆运转，以及促进LDL的清除。烟酸类是“较为全效”的调节血脂药，伴随治疗剂量增加，烟酸降低TG及LDL、升高HDL的作用也随之增强，并同时伴有脂蛋白a降低。

服用降血脂类化学药均具有不同程度的毒副作用。例如，他汀类、苯氧酸类会导致肌病、肌痛、横纹肌溶解症、胰腺炎、肝脏冬氨酸氨基转氨酶（AST）及丙氨酸氨基转氨酶（ALT）升高、史蒂文斯-约翰综合征、大疱性表皮坏死松解症、多形性红斑等。烟酸类会导致面部浮肿、面部潮红、外周水肿、少见心房颤动、心动过速、肌病、肌痛、体位性低血压以及心悸等。

3. 相关检测标准方法

针对降血脂类中保健食品中非法添加化学药的检测标准有：“关于印发保健食品中非法添加沙丁胺醇检验方法等8项检验方法的通知（食药监食监三〔2016〕28号文）”中附件8《保健食品及其原料中洛伐他汀及类似物检验方法》、“关于印发保健食品安全风险监测有关检测目录和检测方法的通知（食药监办许〔2010〕114号文）”中附件1《辅助降血脂类保健食品违法添加药物的检测方法》和“总局关于发布《保健食品中75种非法添加化学药物的检测》等3项食品补充检验方法的公告（2017年第138号）”中附件1《保健食品中75种非法添加化学药物的检测》（BJS201710）。

思考题

1. 食品中有害物质的种类与来源有哪些？
2. 常见农药的种类有哪些？以及不同种类的农药常用检测方法有哪些？
3. 请举例几种常见重金属，具体描述其在食品中的限量值范围以及检测标准方法？
4. 食品中常见有机环境污染物有哪些？一般如何检测？
5. 如何判别非法添加物？保健食品中非法添加情形有哪些，请详细举例说明。

第十四章

食品病原微生物的检测

本章学习目的与要求

1. 综合了解食品中存在的病原微生物的种类、危害及检测的必要性；
2. 掌握利用生化检测法和分子生物学检测方法对食品病原微生物进行检测。

第一节　食品病原微生物及其危害

凡侵入人体可以引起感染甚至传染病的微生物统称为病原微生物，或称病原体。污染到食品中的病原微生物称为食品病原微生物，它是引起食源性疾病的一大主因。病原微生物污染食品的途径主要有食品原料污染、加工不卫生、加工交叉污染、杀菌不彻底、保存不当等。近年来，由食品病原微生物导致的食品安全恶性事件不断发生，如1996年日本发生了世界上规模最大的大肠埃希菌O157: H7食物中毒事件，感染人数接近上万人次；2001年，全球有至少15个国家发生过“疯牛病”食品安全事件，导致欧盟与北美地区的经济遭受重大损失；2005年禽流感肆虐多个东南亚国家，为亚洲各国的食品安全部门敲响警钟；2011年，德国出现了污染有肠出血性大肠埃希菌（Enterohemorrhage *E. coli*，EHEC）的黄瓜，导致至少25人死亡。2020年，新型冠状病毒SAR－CoV－2肆虐，深刻影响全球社会及经济活动。虽然大量研究表明食品不会直接被病毒感染，但可受到含有病毒的食品包装材料或者携带病毒的食品加工者的污染。为确保食品的安全，减少消费者的担心和忧虑，让消费者能够食用更营养和健康的食品，各国越来越重视控制和预防食源性疾病，不断建立和完善预警体系。其关键环节是建立高效可靠的病原微生物检测方法。

我国食物中毒的高危食品为：肉类、粮食、海产品、水果蔬菜、鸡蛋、豆类和乳制品。我国致病性微生物引起的食源性疾病现状调查表明，由肠道致病菌（如沙门菌、副溶血性弧菌、大肠埃希菌O157: H7、单核细胞增生李斯特菌、伤寒沙门菌、霍乱弧菌、痢疾杆菌等）污染食品而引起的食物中毒以及疾病散发是直接造成人体健康损害的主要食源性危害。受这类病菌威胁最大的人群是儿童、孕妇、老年人及免疫功能缺陷者。其中，沙门菌中毒一直居我国微生物性食物中毒的首位，但近年监测数据显示，副溶血性弧菌中毒感染病例在沿海地区和部分内地省区呈上升的趋势，其次是葡萄球菌肠毒素中毒，变形杆菌、蜡样芽孢杆菌和致病性大肠埃希菌中毒等。表14－1对常见的食源性病原微生物的生长条件、感染后的临床表现及污染环节等进行简要的介绍。

表 14－1　常见食品病原微生物及危害

微生物名称	特点	易引起的病症及临床症状	污染环节
沙门菌	革兰阴性肠道杆菌，O 抗原为脂多糖，能耐 100℃达数小时，不被乙醇或 1g/L 苯酚溶液破坏。H 抗原和 Vi 抗原不稳定，经 60℃加热、苯酚处理等易破坏或丢失	肠胃炎、伤寒和副伤寒	蛋、家禽和肉类产品
弯曲菌	微嗜氧革兰阴性杆菌，相对脆弱，对周围环境敏感，易为干燥、直射阳光及弱消毒剂等杀灭，58℃ 5min 可杀死	发热、腹泻、呕吐和肌肉痛，很少发生死亡	生的和未煮熟的家禽，生的和巴氏杀菌不彻底的牛乳、蛋制品、生火腿，以及未经氯处理的水
肠出血性大肠埃希菌 O157: H7	革兰阴性杆菌，可在 7～50℃的温度中生长，其最佳生长温度为 37℃。某些菌株可在 pH 达到 4.4 和最低水分活度（A_w）为 0.95 的食物中生长。通过烹调食物，使食物的所有部分至少达到 70℃以上时可杀灭该菌	腹部绞痛和腹泻，发烧和呕吐，一些病例可发展为血性腹泻以及溶血尿毒综合征；少数病人的染病可发展到危及生命	家畜和其他反刍动物；未经烹调或烹调不透的肉制品和原料乳；受粪便污染的水和其他食物以及食物制备期间的交叉污染（如受污染的厨房用具）
李斯特菌	革兰阳性杆菌，能在 2～42℃下生存（也有报道 0℃条件下能缓慢生长）能在冰箱冷藏室内较长时间生长繁殖。酸性、碱性条件下都适应	健康成人个体出现轻微类似流感症状，新生儿、孕妇、免疫缺陷患者表现为呼吸急促、呕吐、出血性皮疹、化脓性结膜炎、发热、抽搐、昏迷、自然流产、脑膜炎、败血症直至死亡	存在于绝大多数食品中，如肉类、蛋类、禽类、海产品、乳制品、冰淇淋和蔬菜
霍乱弧菌	革兰阴性菌，对热、干燥、日光、化学消毒剂和酸均很敏感，耐低温，耐碱。湿热 55℃ 15min，100℃ 1～2min，水中加 0.5mg/kg 氯 15min 可被杀死。1g/L 高锰酸钾浸泡蔬菜、水果可达到消毒目的。在正常胃酸中仅生存 4min	曾在世界上引起多次大流行，主要表现为剧烈的呕吐、腹泻、脱水，死亡率很高	污染的水源或食物，包括米饭、蔬菜、米粥和各种类型海鲜都与霍乱暴发有关

续表

微生物名称	特点	易引起的病症及临床症状	污染环节
朊病毒	小团的蛋白质，没有脱氧核糖核酸（DNA）或核糖核酸（RNA）进行复制，对各种理化作用具有很强抵抗力，传染性极强	痴呆或神经错乱，视觉模糊，平衡障碍，肌肉收缩等。病人最终因精神错乱而死亡，即克－雅氏症	被疯牛病污染了的牛肉、牛脊髓
致泻大肠埃希菌	革兰阴性无芽孢杆菌，包括产毒性大肠埃希杆菌和侵袭性大肠埃希杆菌。在卫生学上被作为卫生监督的指示菌	常见于夏季，病人体温呈不规则热型，38～40℃持续数天，每天腹泻10～20次，与霍乱基本相似，多有恶心、呕吐，婴幼儿常出现惊厥	广泛分布于水、土壤和腐物中
志贺菌属	革兰阴性杆菌，理化因素的抵抗力较其他肠道杆菌弱，一般56～60℃经10min即被杀死。在37℃水中存活20d，在冰块中存活96d，蝇肠内可存活9～10d，对化学消毒剂敏感，10g/L苯酚溶液中15～30min死亡	是人类常见的肠道致病菌，引起细菌性痢疾。因该病菌常易出现耐药性和治疗不彻底，而导致慢性菌痢或带菌者传播，给该病的防治带来很大困难	传染源主要为病人和带菌者，通过污染了痢疾杆菌的食物、饮水等经口感染
变形杆菌	革兰阴性杆菌，广泛分布在自然界中，在20～40℃繁殖旺盛	发病多在夏秋两季，可引起多种感染。常见感染有呼吸道感染、腹泻、尿路感染、腹膜炎、中耳炎、乳突炎、心内膜炎、脑膜炎、败血症，还可引起食物中毒	主要以动物性食品为主，其次为豆制品和凉拌菜，及在食用前未彻底加热的被污染食品
副溶血性弧菌	革兰阴性多形态杆菌或稍弯曲弧菌，分布极广的嗜盐性海洋微生物，存活能力强，在抹布和砧板上能生存1个月以上，海水中可存活47d。但对酸较敏感，pH 6以下即不能生长	多在夏秋季于沿海地区发病，常造成集体发病，临床上以急性起病、腹痛、呕吐、腹泻及水样便为主要症状	污染主要来自海产品，如生食海产品，加工烹调不当或生熟交叉污染

续表

微生物名称	特点	易引起的病症及临床症状	污染环节
葡萄球菌	革兰阳性球菌，致病最适温度为37℃，能在pH 4.5 ~9.8 下生长，最适为7.4	侵袭性疾病主要引起化脓性炎症；毒性疾病由金黄色葡萄球菌产生的有关外毒素引起。中毒者先出现唾液分泌亢进，接着为恶心、呕吐、腹痛、水样腹泻、腹部痉挛，严重者则有血便或吐出物中夹有血液，还常发生头痛、肌肉痉挛、出汗、虚脱等症状。儿童对肠毒素比成人敏感，故儿童发病率较高，病情也比成人严重	可污染淀粉类（剩饭、粥、米面等）、牛乳及乳制品、鱼、肉、蛋类等
溶血性链球菌	革兰阳性球菌，在自然界广泛分布，抵抗力一般不强，60℃ 30min 即被杀死，对常用消毒剂敏感，在干燥尘埃中生存数月	可引起皮肤、皮下组织的化脓性炎症、呼吸道感染、流行性咽炎的爆发性流行以及新生儿败血症、细菌性心内膜炎、猩红热和风湿热、肾小球肾炎等变态反应	食品加工或销售人员口腔、鼻腔、手、面部有化脓性炎症时造成食品的污染；食品在加工前就已带菌、乳牛患化脓性乳腺炎或畜禽局部化脓时，其乳和肉尸某些部位污染；熟食制品因包装不善而使食品受到污染
蜡样芽孢杆菌	革兰阳性的需氧芽孢杆菌，与其他芽孢杆菌相同，它会产生防御性的内芽孢	中毒症状主要表现为两个方面：其一是以恶心、呕吐为主，并伴有头昏、发烧、四肢无力、结膜充血等症状；其二是以腹痛、腹泻为主，主要由腹泻毒素所致	错误的烹调方法造成细菌孢子残留在食物上，食物被不当冷冻而让孢子发芽，吃了冷藏不当而变质的剩饭是造成呕吐病症的最主要的原因

注：以上12种致病细菌的卫生标准是：在食品中不得检出。

第二节　食品病原微生物的检测方法

食品病原微生物及其检测

食品微生物检测方法主要包括生化检测法和分子生物学检测方法两大类。生化检测法的主要原理是不同细菌具有各自独特的酶系统，因而对底物的分解能力各异，其代谢的产物也不同，并且这些代谢产物又有不同的生化特征，从而利用生物化学的方法测定这些代谢产物以鉴定细菌的种类。虽然传统检测方法操作简便，但也存在很多局限性，例如，微生物培养过程费时费力，且仅能测定活菌的总数，对一些特定的病原菌和污染菌无法实现定性和定量检测，对已杀菌或灭活的食物更是无能为力。分子生物学检测方法则可针对病原微生物的核酸分子特征进行鉴定，具有快速、准确及高效等特点。近年来，微生物检测技术由传统的生化检测转而向分子生物学检测迈进，并向通量化、自动化和标准化方向发展，其中主要包括常规凝胶聚合酶链式反应（PCR）法、荧光定量 PCR 法和基因芯片检测法等技术。分子生物学检测技术凭借其极好的特异性和灵敏性而备受瞩目，成为食品安全检测的有力工具。

一、生化检测方法

基于不同微生物生长过程的生理及生化反应表现，鉴别在形态和其他方面不易区别的微生物，可为微生物分类鉴定提供重要的参考依据。目前微生物检验中常用的生化检测反应包括如下几类。

1. 糖酵解试验

原理：不同微生物分解利用糖类的能力有很大差异，或能利用或不能利用，能利用者，或产气或不产气，可用指示剂及发酵管检验。

试验方法：以无菌操作，用接种针或接种环移取纯培养物少许，接种于发酵液体培养基管中，若为半固体培养基，则用接种针穿刺接种。接种后，于（36±1.0）℃培养，每天观察结果，检视培养基颜色有无改变（产酸），小导管中有无气泡，微小气泡也为产气阳性；若为半固体培养基，则检视沿穿刺线和管壁及管底有无微小气泡，有时还可看出接种菌有无动力，若有动力，培养物可呈弥散生长。本试验主要是检测细菌对各种糖、醇和糖苷等的发酵能力，从而进行各种细菌的鉴别，因而每次试验须同时接种多管。一般常用的指示剂为酚红、溴甲酚紫、溴百里蓝和 An－drade 指示剂。

应用：是鉴定细菌最主要和最基本的试验，特别对肠菌科细菌的鉴定尤为重要。

2. 淀粉水解试验

原理：某些细菌可以产生分解淀粉的酶，把淀粉水解为麦芽糖或葡萄糖。淀粉水解后，遇碘不再变蓝色。

试验方法：以18～24h的纯培养物，涂布接种于淀粉琼脂斜面或平板（一个平板可分区接种，试验数种培养物）或直接移种于淀粉肉汤中，于（36±1）℃培养24～48h，或于20℃培养5d。然后将碘试剂直接滴浸于培养物表面，若为液体培养物，则加数滴碘试剂于试管中。立即检视结果，阳性反应（淀粉被分解）为琼脂培养基呈深蓝色、菌落或培养物周围出现无色透明环、或肉汤颜色无变化。阴性反应则无透明环或肉汤呈深蓝色。

淀粉水解是逐步进行的过程，因而试验结果与菌种产生淀粉酶的能力、培养时间、培养基含有的淀粉量和pH等均有一定关系。培养基pH必须为中性或微酸性，以pH 7.2最合适。淀粉琼脂平板不宜保存于冰箱，临用时制备。

3. V－P试验

原理：某些细菌在葡萄糖蛋白胨水培养基中能分解葡萄糖产生丙酮酸，丙酮酸缩合，脱羧成乙酰甲基甲醇，后者在强碱环境下，被空气中的氧氧化为二乙酰，二乙酰与蛋白胨中的胍基生成红色化合物，称V－P（+）反应。

试验方法：

（1）奥梅拉氏法（O'Meara） 将试验菌接种于通用培养基，于（36±1）℃培养48h，培养液1mL加O'Meara试剂［加有3g/L肌酸（Creatine）或肌酸酐（Creatinine）的0.4g/mL氢氧化钠水溶液］1mL，摇动试管1～2min，静置于室温或（36±1）℃恒温箱，若4h内不呈现红色，即判定为阴性。也有主张在48～50℃水浴放置2h后判定结果。

（2）贝立托氏法（Barritt） 将试验菌接种于通用培养基，于（36±1）℃培养4d，培养液2.5mL先加入α－萘酚（2－Naphthol）－乙醇溶液0.6mL，再加0.4g/mL氢氧化钾水溶液0.2mL，摇动2～5min，阳性菌常立即呈现红色，若无红色出现，静置于室温或（36±1）℃恒温箱，如2h内仍不显现红色，可判定为阴性。

（3）快速法 将5g/L肌酸溶液2滴放入小试管中，挑取产酸反应的三糖铁琼脂斜面培养物于接种环，接种于其中，加入0.05g/mL α－萘酚3滴和0.4g/mL氢氧化钠水溶液2滴，振动后放置5min，判定结果。不产酸的培养物不能使用。

应用：本试验一般用于肠杆菌科各菌属的鉴别。在用于芽孢杆菌和葡萄球菌等其他细菌时，通用培养基中的磷酸盐可阻碍乙酰甲基醇的产生，故应省去或以氯化钠代替。

4. 甲基红（Methyl Red）试验

原理：肠杆菌科各菌属都能发酵葡萄糖，在分解葡萄糖过程中产生丙酮酸，进一步分解中，由于糖代谢的途径不同，可产生乳酸、琥珀酸、醋酸和甲酸等大量酸性产物，可使培养基pH下降至4.5以下，使甲基红指示剂变红。

试验方法：挑取新的待测纯培养物少许，接种于通用培养基，培养于（36±1）℃或30℃（以30℃较好）3～5d，从第2d起，每日取培养液1mL，加甲基红指示剂1～2滴，阳性呈鲜红色，弱阳性呈淡红色，阴性为黄色。迄至发现阳性或至第5d仍为阴性，即可判定结果。

甲基红为酸性指示剂，pH范围为4.4～6.0，其pK为5.0。故在pH 5.0以下，随酸度而增强红色，在pH 5.0以上，则随碱度而增强黄色，在pH 5.0或上下接近时，可能变色不够明显，此时应延长培养时间，重复试验。

应用：主要应用于鉴别大肠杆菌与产气肠杆菌，前者阳性，后者阴性。

5. 靛基质（Indole）试验

原理：某些细菌能分解蛋白胨中的色氨酸，生成吲哚。吲哚的存在可用显色反应表现出来。吲哚与对二甲基氨基苯醛结合，形成玫瑰吲哚，为红色化合物。

试验方法：将待测纯培养物小量接种于试验培养基管，于（36±1）℃培养24h后，取约2mL培养液，加入Kovacs氏试剂2～3滴，轻摇试管，呈红色为阳性；或先加少量乙醚或二甲苯，摇动试管以提取和浓缩靛基质，待其浮于培养液表面后，再沿试管壁徐缓加入Kovacs氏试剂数滴，在接触面呈红色，即为阳性。

实验证明靛基质试剂可与17种不同的靛基质化合物作用而产生阳性反应，若先用二甲苯或乙醚等进行提取，再加试剂，则只有靛基质或5－甲基靛基质在溶剂中呈现红色，因而结果更为可靠。

应用：主要用于肠杆菌科的鉴定。

6. 硝酸盐（Nitrate）还原试验

原理：有些细菌具有还原硝酸盐的能力，可将硝酸盐还原为亚硝酸盐、氨或氮气等。亚硝酸盐的存在可用硝酸试剂检验。

试验方法：临试验前将试剂A（磺胺酸冰醋酸溶液）和B（α－萘胺－乙醇溶液）试液各0.2mL等量混合，取混合试剂约0.1mL加于液体培养物或琼脂斜面培养物表面，立即或于10min内呈现红色即为阳性，若无红色出现则为阴性。

用α－萘胺进行试验时，阳性红色消退很快，故加入后应立即判定结果。进行试验时必须有未接种的培养基管作为阴性对照。α－萘胺具有致癌性，故使用时应注意。

应用：肠杆菌科细菌都能还原硝酸盐为亚硝酸盐，铜绿甲单孢菌、嗜麦芽窄单孢菌科产生氮气。

7. 明胶（Gelatin）液化试验

原理：有些细菌具有明胶酶（又称类蛋白水解酶），能将明胶先水解为多肽，再进一步水解为氨基酸，失去凝胶性质而液化。

试验方法：挑取18～24h待试菌培养物，以较大量穿刺接种于明胶高层约2/3深度或点种于平板培养基。于20～22℃培养7～14d。明胶高层也可培养于（36±1）℃。每天观察结果，若因培养温度高而使明胶本身液化时应不加摇动，静置冰箱中待其凝固后，再观察其是否被细菌液化，如确被液化，即为试验阳性。平板试验结果的观察为在培养基平板点种的菌落上滴加试剂，若为阳性，10～20min后，菌落周围应出现清晰带环。否则为阴性。

应用：肠杆菌科细菌的鉴别。如沙雷菌、变形杆菌等可液化明胶。

8. 尿素酶（Urease）试验

原理：有些细菌能产生尿素酶，将尿素分解，产生2个分子的氨，使培养基变为碱性，酚红呈粉红色。尿素酶不是诱导酶，因为不论底物尿素是否存在，细菌均能合成此酶。其活性最适

pH 为 7.0。

试验方法：挑取 18 ~ 24h 待试菌培养物大量接种于液体培养基管中，摇匀，于（36 ± 1）℃培养 10min，60min 和 120min，分别观察结果。或涂布并穿刺接种于琼脂斜面，不要到达底部，留底部作变色对照。培养 2.4h 和 24h 分别观察结果，如阴性应继续培养至 4d，作最终判定，变为粉红色为阳性。

应用：主要检测幽门螺杆菌。

9. 氧化酶（Oxidase）试验

原理：氧化酶即细胞色素氧化酶，为细胞色素呼吸酶系统的终末呼吸酶，氧化酶先使细胞色素 C 氧化，然后此氧化型细胞色素 C 再使对苯二胺氧化，产生颜色反应。

试验方法：在琼脂斜面培养物上或血琼脂平板菌落上滴加试剂 1 ~ 2 滴，阳性者 Kovacs 氏试剂呈粉红色至深紫色，Ewing 氏改进试剂呈蓝色。阴性者无颜色改变。应在数分钟内判定试验结果。

应用：用于肠杆菌科细菌与假单胞菌的鉴别，前者阴性。

10. 硫化氢（H_2S）试验

原理：有些细菌可分解培养基中含硫氨基酸或含硫化合物，而产生硫化氢气体，硫化氢遇铅盐或低铁盐可生成黑色沉淀物。

试验方法：在含有硫代硫酸钠等指示剂的培养基中，沿管壁穿刺接种，于（36 ± 1）℃培养 24 ~ 28h，培养基呈黑色为阳性。阴性应继续培养至 6d。也可用醋酸铅纸条法，将待试菌接种于一般营养肉汤，再将醋酸铅纸条悬挂于培养基上空，以不会被溅湿为适度，用管塞压住于（36 ± 1）℃培养 1 ~ 6d。纸条变黑为阳性。

应用：用于肠杆菌科中属及种的鉴定，如沙门菌、变形杆菌多为阳性。

11. 三糖铁（TSI）琼脂试验

试验方法：以接种针挑取待试菌可疑菌落或纯培养物，穿刺接种并涂布于斜面，于（36 ± 1）℃培养 18 ~ 24h，观察结果。

本试验可同时观察乳糖和蔗糖发酵产酸或产酸产气（变黄）；产生硫化氢（变黑）。葡萄糖被分解产酸可使斜面先变黄，但因量少，生成的少量酸，因接触空气而氧化，加之细菌利用培养基中含氮物质，生成碱性产物，故使斜面后来又变红，底部由于是在厌氧状态下，酸类不被氧化，所以仍保持黄色。

应用：用于鉴定革兰阴性菌发酵蔗糖、乳糖、葡萄糖及产生硫化氢的生化反应。

二、分子生物学检测方法

分子生物学检测技术是以微生物的遗传物质为检测靶标，设计与待检测的基因特异性结合的寡核苷酸引物或者探针，通过生物酶进行体外扩增及荧光物质的结合，实现待检测基因的快速及高灵敏度的检测，因而在食品微生物检测中的应用更具有优势。其中以 PCR 及其衍生技术使用范围最广，该技术能使微量的核酸在数小时之内扩增至原来的数百万倍以上。只要选择针对微生物特定基因的引物，即可特异性地大量扩增某一特定的DNA片段至易检测水平。理论上可以通过特异性地扩增任意致病菌的基因片段，而对其实现准确快速的检测。

实时荧光定量PCR是在常规PCR反应体系中增加了荧光染料或经过修饰的化学荧光探针（如SYBR Green I染料、TaqMan探针等），从而提升检测的灵敏度和准确度。以下以介绍荧光定量PCR技术在食品微生物检测中的实际应用例子。

（1）实验目的　应用实时荧光定量PCR法检测乳品中的单核细胞增生李斯特菌。

（2）实验背景　单核细胞增生李斯特菌，简称单增李斯特菌，是一种可在低温下生长，能引起人畜共患病的食源性致病菌。可污染乳及乳制品、蔬菜、水产品、肉制品等食物。现行的食品安全法规规定：食品中不得检出单增李斯特菌。

（3）实验仪器　ABI 7500荧光定量PCR仪

（4）实验设计及流程　以市售经培养鉴定不含单增李斯特菌的纯牛乳作为阴性对照，污染的实验样本采用人工接种，将经培养12h的单增李斯特菌稀释成17CFU/mL，17×10CFU/mL，17×10^2CFU/mL浓度梯度的单增李斯特活菌，37℃振荡培养。

在2h，6h，8h，12h后分离微生物并进行单增李斯特菌总RNA的提取，而后进行反转录成cDNA。以单增李斯特菌的必要毒力基因*hlyA*为靶基因，设计特异性引物和TaqMan探针，以第二步反转录所得的cDNA为模板，同时以去离子水作为阴性对照，进行实时RT－PCR检测，研究此方法检测单增李斯特菌人工污染乳的灵敏度。

（5）实验结果分析　结果显示接种浓度分别为17CFU/mL，17×10CFU/mL，17×10^2CFU/mL的人工污染乳样品在增菌2h时，均无荧光信号产生，说明增菌2h的细菌总数未达到此体系的检测要求。在增菌6h时，3梯度接种浓度经实时荧光定量PCR检测，均有荧光信号产生；继续增菌8h、12h后，模板量逐渐增多。所以实时荧光定量PCR体系应用在单增李斯特菌人工污染乳时，经6h增菌，检测限可达17CFU/mL。

思考题

1. 对病原微生物进行检测的生化检测依据是什么？
2. 常用的病原微生物分子生物学检测方法有哪些？

第十五章

食品接触材料及制品的安全性检测

本章学习目的与要求

1. 综合了解食品中常见的食品接触材料及制品及其潜在的安全问题；

2. 掌握几类常见的食品接触材料的安全性检测方法。

第一节　概　　述

食品接触材料及制品是指在正常使用条件下，各种已经或预期可能与食品或食品添加剂（以下简称食品）接触，或其成分可能转移到食品中的材料和制品，包括食品生产、加工、包装、运输、贮存、销售和使用过程中用于食品的包装材料、容器、工具和设备，及可能直接或间接接触食品的油墨、黏合剂、润滑油等，不包括洗涤剂、消毒剂和公共输水设施。常用的食品接触材料及制品有塑料材料及制品、纸和纸板材料及制品、金属材料及制品、橡胶材料及制品、玻璃制品、陶瓷制品、搪瓷制品等。其中，塑料、纸、金属、玻璃已成为食品包装工业中四大支柱材料。

随着大家对食品安全问题的关注程度不断增加，由食品接触材料及制品导致的食品安全问题引起了社会各界的关注。食品接触材料及制品对于食品安全有着双重意义：一是合适的材料和使用方式可以保护食品不受外界的污染，保持食品本身的水分、成分、品质等特性不发生改变；二是材料本身的化学成分会向食品迁移，如果迁移的量超过一定界限，会影响到食品的卫生。世界各地特别是美国、欧盟、日本等发达国家和地区的分析与研究结果表明，与食品接触的器皿、餐厨具和包装容器以及包装材料中的有害元素、有害物质已经成为食品污染的重要来源之一。

随着食品科技和包装工业的迅速发展，许多新型的包装材料和包装形式不断出现，如何对各类包装材料在食品中的应用进行规范和管理一直受到各国政府的关注。美国、欧盟等国家和地区针对食品接触材料已经建立了较为完善的法规体系，食品接触材料的范围和定位明确，将对食品接触材料的管理与对食品添加剂、食品本身的管理一起构成了对食品安全的全面管理。在管理机制上，设置公开、透明、高效的评价审核机制，充分引入危险性评估的原则。评价一种新材料的安全与否，除考虑材料本身的结构、性质外，还应充分考虑其用途，以迁移量为基础评价其对食品安全的影响。尽管在有些材料的管理上，欧盟往往采取更为谨慎的措施（或是出于贸易的考虑），但总体上仍基于危险性评估原则。他们积极发挥生产企业和社会机构的技术力量，大量的安全性评价等实验室工作基本由生产者自己完成；建立权威的技术评价机构，科学、高效地评价各类材料的安全性。相比之下，我国在食品接触材料安全方面的工作起步较晚，但经过近二十年的努力，特别是2015年至今发布实施的GB 9685、GB 4806、GB 31603和GB 31604等系列标准后，逐步建立了包括通用标准、产品标准、检测方法、生产规范在内的较为完善的食品接触材料法规和标准体系。在食品接触材料质量安全控制方面，控制指标在原来的蒸发残渣、高锰酸钾消耗量、重金属等基本项目的基础上，增加了数十种有毒有害物质的最大残留量（QM）、特定迁移限量（SML）或特定迁移总量限量［SML（T）］要求，对加强我国食品接触材料的安全监管，提升产品质量安全水平，扩大对外贸易，具有重要意义。

鉴于食品接触材料及制品可能对食品安全造成生物性、化学性污染。为确保食品安全，防止有毒物质和有害生物危害人体健康，保护消费者的合法权益，对食品接触材料及制品的种类来源、性质、作用、成分含量及危害程度进行分析十分必要。

第二节　食品接触材料及制品的安全性检测方法

一、食品接触用塑料材料及制品

塑料材料是指以一种或几种树脂或预聚物为主要结构组分，添加或不添加添加剂，在一定的温度和压力下加工制成的具有一定形状，介于树脂与塑料制品之间的高分子材料，包括塑料粒子（或切片）、母料、片材等。塑料制品是指以塑料树脂或塑料材料为原料，添加或不添加添加剂，成型加工成具有一定形状的成型品。在众多的食品接触材料中，塑料制品占有举足轻重的地位，这类产品具有重量轻，运输销售方便、化学稳定性好、易于加工、装饰效果好等优点，对食品有良好的保护作用。但是，塑料制品也存在一定的卫生安全隐患。

食品容器和包装材料的安全性检测

（1）塑料制品中的游离单体、裂解物、降解物及老化产生的有害物质　一般来讲，用于包装的大多数塑料树脂是无毒的，但他们的单体分子却大多为有毒或低毒物质，如常见单体氯乙烯、苯乙烯、丙烯腈、六亚甲基二异氰酸酯、双酚A等。当未聚合的单体以游离形式存在于塑料树脂中时，容易对食品造成污染。此外，塑料作为一类高分子材料，其相对分子质量并不是单一的，还含有制备过程中生成的低聚体、放置老化过程中产生的降解物、加工过程中带入的挥发性有害物质等。这些物质多以不稳定的形式存在于塑料之中，容易发生迁移，而迁移程度取决于材料中该物质的浓度、结合形式或流动程度，包装材料的厚度，与材料接触食物的性质，该物质在食品中的溶解性、持续接触时间以及接触温度等多个因素。当食品包装用的塑料树脂中残留有这些物质时，将会对人体健康构成潜在的威胁。

（2）塑料制品中的添加剂　塑料材料常加入多种添加剂用以改善塑料制品的性能，如增塑剂、稳定剂、着色剂和其他添加物，这些添加剂中有些物质具有致癌、致畸性，选用无毒或低毒的添加剂是塑料能否用作食品包装的关键；同时，为赋予塑料包装更多的色彩与信息而进行的油墨印刷，也给食品安全带来了一定的卫生隐患。这是由于塑料作为一种高分子聚合材料，其本身不能与染料结合，当油墨快速印制在复合膜、塑料袋上时，须使用甲苯、二甲苯、丁酮、醋酸乙酯、异丙醇等混合溶剂，一旦缺乏严格的生产操作工艺，包装中容易残留各类溶剂，对食品安全构成潜在威胁。

（3）回收问题　塑料材料的回收再利用是大势所趋，由于回收渠道复杂，回收容器上常残留有害物质，难以保证清洗处理完全。为掩盖回收品质量缺陷，往往会添加大量涂料，导致色素超标，对食品造成污染。

（4）塑料包装表面污染问题　由于塑料易带电，易造成包装表面被微生物及微尘杂质污染，进而污染包装食品。

下边介绍塑料材料及制品中有害物质的检测。

1. 单体的检测

（1）氯乙烯　以聚氯乙烯（PVC）树脂为原材料的塑料制品广泛应用于我们的日常生活中，比如保鲜膜、方便食品的包装等。氯乙烯单体是一种严重致癌的物质，长期低浓度接触可引起神经系统、消化系统、血管等病变，故聚氯乙烯用作食品接触用材料时应严格控制材料中氯乙烯（VC）单体残留量。我国 GB 4806.6—2016《食品安全国家标准　食品接触用塑料树脂》规定食品接触用聚氯乙烯树脂、塑料材料及制品中氯乙烯的特定迁移量（SML）均须≤0.01mg/kg 或最大残留量（QM）≤1mg/kg；GB 4806.7—2016《食品安全国家标准　食品接触用塑料材料及制品》规定食品接触用塑料材料及制品中氯乙烯单体的特定迁移量（SML）均须≤0.01mg/kg。美国相关标准规定，聚氯乙烯包装材料、板材、片材中氯乙烯单体残留量≤0.01mg/kg。

目前，对于氯乙烯的测定主要采用气相色谱法和气相色谱-质谱联用法。GB 31604.31—2016《食品安全国家标准　食品接触材料及制品　氯乙烯的测定和迁移量的测定》给出了食品接触材料及其制品中氯乙烯及氯乙烯迁移量的测定方法。对于氯乙烯的测定，方法根据气体有关定律，将试样放入密封平衡瓶中，用溶剂溶解。在一定温度下，氯乙烯扩散，当达到气液平衡时，取液上气体注入气相色谱仪中，氢火焰离子化检测器测定，外标法定量；对于氯乙烯迁移量的测定，将食品模拟物放入密封平衡瓶中，在一定温度下，氯乙烯扩散，当达到气液平衡时，取液上气体注入气相色谱仪，氢火焰离子化检测器测定，外标法定量。

（2）苯乙烯　苯乙烯是合成丙烯腈-丁二烯-苯乙烯共聚物（ABS）、丙烯腈-苯乙烯共聚物（AS）的重要单体。目前，食品包装、塑料餐具等产品及果汁机、冰箱等家电的许多部件由ABS、AS 等材料制成，这类材料在高温下容易分解出苯乙烯单体，而苯乙烯单体对人眼和上呼吸道有刺激和麻醉作用，长期接触可引起阻塞性肺部病变，其慢性中毒可致神经衰弱综合征等症状。GB 4806.6—2016《食品安全国家标准　食品接触用塑料树脂》规定食品接触用苯乙烯均聚物及与丁二烯共聚物树脂中苯乙烯最大残留量（QM）≤0.5%。美国相关标准规定，接触脂肪食品的聚苯乙烯树脂中苯乙烯残留量为≤5.0mg/kg，其他食品包装聚苯乙烯树脂中苯乙烯单体残留量≤10.0mg/kg。

苯乙烯的测定以气相色谱法为主，部分采用气相色谱－质谱联用法，常与顶空萃取相结合，采用外标法或内标法定量。GB 31604.16—2016《食品安全国家标准　食品接触材料及制品　苯乙烯和乙苯的测定》给出了食品接触材料及制品中苯乙烯的测定方法：试样经二硫化碳提取后，目标物在气相色谱仪中的色谱柱进行分离，有机化合物在氢火焰中生成离子化合物进行检测，内标法定量。

（3）丙烯腈　以丙烯腈为主要单体的共聚物具有良好的耐冲击性、耐热性和耐腐蚀性，具有较好的保气、保味性能，在调味品、加工肉类、营养补充剂和巧克力等食品的包装中应用广泛。然而，丙烯腈属于高毒类物质，致癌性等级为第二级B类（Group 2B），即可疑人类致癌物，长期接触可能导致DNA损伤，精子形态学和细胞遗传学改变，此外，丙烯腈进入人体后可产生多种急性和慢性中毒症状，对人类的健康构成威胁。GB 4806.6—2016《食品安全国家标准　食品接触用塑料树脂》规定丙烯腈－苯乙烯共聚物树脂、丙烯腈－丁二烯－苯乙烯树脂、丙烯酸甲酯与丁二烯和丙烯腈的聚合物树脂，丙烯酸甲酯与1，1－二氯乙烯和丙烯腈的聚合物树脂，甲基丙烯酸甲酯与丁二烯、苯乙烯和丙烯腈的共聚物树脂中丙烯腈的特定迁移量（SML）均须≤0.01mg/kg；GB 4806.7—2016《食品安全国家标准　食品接触用塑料材料及制品》规定食品接触用塑料材料及制品中丙烯腈单体的特定迁移量（SML）均须≤0.01mg/kg。

气相色谱法是丙烯腈的检测中最常用的方法，GB 31604.17—2016《食品安全国家标准　食品接触材料及制品　丙烯腈的测定和迁移量的测定》给出了食品接触材料及制品中丙烯腈的测定方法和迁移量的测定方法，对于丙烯腈的测定，食品接触材料及制品经*N*，*N*－二甲基甲酰胺溶解或分散于顶空瓶中，加热使待测成分达到气液平衡，然后定量吸取顶空气进行气相色谱测定；对于迁移量的测定，食品接触材料及制品采用食品模拟物浸泡，丙烯腈迁移到浸泡液中，取一定量模拟物浸泡液加入顶空瓶中，加热使待测成分达到气液平衡，然后定量吸取顶空气进行气相色谱测定，内标法定量。

（4）己内酰胺　己内酰胺是聚酯酰胺（俗称“尼龙”）的单体，尼龙在食品包装领域常用作食品包装薄膜。有资料显示，在加热时，尼龙中的部分低聚物和残留单体可渗透到食物中，给食物带来不愉快的苦味，同时，对食品安全造成潜在的威胁。GB 4806.6—2016《食品安全国家标准　食品接触用塑料树脂》规定对苯二甲酸与1，6－己二胺（1∶1）的聚合物与己内酰胺的聚合物、己二酸与己内酰胺、1，6－己二胺和4，4′－亚甲基二（环己胺）的聚合物、己内酰胺与亚胺基六次甲基亚胺基己二酰的聚合物、聚己内酰胺（聚酰胺6）中特定迁移总量限量［SML（T）］均须≤15mg/kg（以己内酰胺计）；GB 4806.7—2016《食品安全国家标准　食品接触用塑料材料及制品》规定食品接触用塑料材料及制品中己内酰胺单体的特定迁移总量限量［SML（T）］均须≤15mg/kg（以己内酰胺计）；同样，欧美也多以迁移量为标准进行限量规定，例如，欧盟2002/72/EC指令规定食品或食品模拟物中己内酰胺迁移量≤15mg/kg。

食品包装材料中己内酰胺的测定多采用反相高效液相色谱法，也可采用气相色谱法进行测定，但较为少见。GB 31604.19—2016《食品安全国家标准　食品接触材料及制品　己内酰胺的测定和迁移量的测定》给出了食品接触材料及制品中己内酰胺的测定方法和迁移量的测定方法：对于己内酰胺的测定，试样经水提取后，己内酰胺溶解在提取液中，经滤膜过滤后用配有紫外检测器的高效液相色谱仪进行检测，外标法定量；对于己内酰胺迁移量的测定，样品经浸泡后，水基、酒精、酸性食品模拟物中的己内酰胺直接通过高效液相色谱分离，采用紫外检测器进行测定，外标法定量；油基食品模拟物中己内酰胺通过乙醇水溶液萃取后测定。

2. 增塑剂的检测

（1）邻苯二甲酸酯（PAEs）　邻苯二甲酸酯（PAEs），又名酞酸酯，是当前使用量最大的一类增塑剂，被广泛应用于塑料树脂中用以增加产品的可塑性和柔软性。PAEs 通过物理作用与塑料分子结合，即通过增塑剂与塑料树脂分子之间的氢键和范德华力连接，这种非化学键合的结合方式使得增塑剂易从塑料制品中逸出而污染食品。此外，PAEs 也普遍用作纸包装内壁箔片添加剂。已有研究表明，PAEs 为一类环境激素，具有雌激素的特征及抗雄激素生物效应，会干扰动物和人体正常的内分泌功能。此外，PAEs 对中枢神经系统有抑制和麻醉作用，长期接触还可能会引起多发性神经炎、感觉迟钝、麻木等症状。GB 9685—2016《食品安全国家标准　食品接触材料及制品用添加剂使用标准》明确了食品接触材料及制品中允许使用的邻苯二甲酸酯类增塑剂的种类，允许使用的有邻苯二甲酸二烯丙酯（DAP）、邻苯二甲酸二（α－乙基己酯）（DEHP）、邻苯二甲酸二丁酯（DBP）、邻苯二甲酸二异壬酯（DINP）、邻苯二羧酸－二－C_8－C_{10}支链烷基酯（C_9富集）5 种，并且规定了其在塑料材料及制品、橡胶材料、涂料和涂层、油墨、黏合剂、纸和纸板材料及制品、硅橡胶等材质中的使用原则、最大使用量、特定迁移限量（SML）或最大残留量（QM）、特定迁移总量限值［SML（T）］及其他限制性要求。

邻苯二甲酸酯检测中最常用的是气相色谱－质谱联用法，液相色谱法和液相色谱－质谱联用法也较为常见。GB 31604.30—2016《食品安全国家标准　食品接触材料及制品　邻苯二甲酸酯的测定和迁移量的测定》给出了接触材料及制品中邻苯二甲酸二甲酯（DMP）、邻苯二甲酸二乙酯（DEP）、邻苯二甲酸二烯丙酯（DAP）、邻苯二甲酸二异丁酯（DIBP）、邻苯二甲酸二正丁酯（DBP）、邻苯二甲酸二（2－甲氧基）乙酯（DMEP）、邻苯二甲酸二（4－甲基－2－戊基）酯（BMPP）、邻苯二甲酸二（2－乙氧基）乙酯（DEEP）、邻苯二甲酸二戊酯（DPP）、邻苯二甲酸二己酯（DHXP）、邻苯二甲酸丁基苄基酯（BBP）、邻苯二甲酸二（2－丁氧基）乙酯（DBEP）、邻苯二甲酸二环己酯（DCHP）、邻苯二甲酸二（2－乙基）己酯（DEHP）、邻苯二甲酸二苯酯（DPhP）、邻苯二甲酸二正辛酯（DNOP）、邻苯二甲酸二异壬酯（DINP）、邻苯二甲酸二壬酯（DNP）共 18 种邻苯二甲酸酯类物质的测定方法。对于邻苯二甲酸酯的测定，食品塑料包装材料及制品经粉碎后，用正己烷超声提取，提取液经过滤后，采用气相色谱－质谱联用法测定，采用特征选择离子监测扫描模式（SIM），以保留时间和碎片的丰度比定性，外标法定量；对于邻苯二甲酸酯迁移量的测定，食品塑料包装材料及制品采用食品模拟物浸泡，增塑剂迁移到浸泡液中，取一定量模拟物浸泡液进行浓缩，正己烷溶解后离心，上清液经气相色谱－质谱测定，在一定浓度范围内，可以对样品中的增塑剂迁移量进行外标法定量检测并确证。

（2）己二酸酯　己二酸酯类的分子结构为：$R_1—CO—C_4H_8—CO—R_2$。这类物质主要有己二酸二乙酯（DEA）、己二酸二异丁酯（DIBA）、己二酸二丁酯（DBA）、己二酸二（2－丁氧基乙基）酯（BBOEA）和己二酸二（2－乙基己基）酯（DEHA）等。在保鲜膜中添加己二酸酯类增塑剂，可增加保鲜膜的附着力和光稳定性。同时，与环状结构的增塑剂相比，具有链状结构的己二酸酯类增塑剂在较低温度下可保持聚合物分子链间的运动，因而具有良好的耐寒性能，且烷基链的长度越长，其耐寒性能越好，因此，广泛应用于冷冻食品包装膜。但该类增塑剂是一种生物内分泌干扰素，可干扰人体激素的分泌，在体内长期积累会导致突变、癌变和畸形，因此，很多国家开始限制在食品包装膜中使用己二酸酯类增塑剂。

己二酸酯类化合物的测定多采用气相色谱－质谱联用仪法，GB 31604.28—2016《食品安全国家标准　食品接触材料及制品　己二酸二（2－乙基）己酯的测定和迁移量的测定》给出了食品接触材料及制品中DEHA的测定方法和迁移量的测定方法，对于DEHA的测定，用四氢呋喃溶解试样，加入甲醇沉淀其中的聚合物，过滤后，DEHA留在滤液中，采用气相色谱－质谱仪测定，外标法定量；对于迁移量的测定，试样经浸泡试验后，DEHA迁移到食品模拟物中，经液液萃取后，将提取液注入气相色谱－质谱仪中检测，外标法定量。SN/T 1778—2006《PVC食品保鲜膜中DEHA等己二酸酯类增塑剂的测定　气相色谱串联质谱法》规定了PVC食品保鲜膜中DEHA等己二酸酯类增塑剂的测定方法，该方法以己二酸二（1－丁基戊基）酯（BBPA）为内标物，经异丙醇超声波提取、定容后，用气相色谱－质谱仪进行检测，内标法定量。

3. 溶剂残留

食品包装印刷污染已经成为食品二次污染的主要原因之一，印刷污染问题在复合包装膜材料中表现得更为突出，尤其是食品包装中的溶剂残留问题，已经引起了世界范围内的关注。复合包装膜材料残留溶剂主要来源于生产、印刷过程中使用的油墨和黏合剂。这是由于塑料作为高分子材料其本身是不能与染料、油墨相结合，塑料包装在印刷、复合、涂布工序中需要使用大量的有机溶剂，如甲苯、乙酸乙酯和丁酮等。按照工艺的要求，这些溶剂在生产过程中都应该被挥发掉，但是在实际生产中由于各种原因总会有或多或少的溶剂没有被完全除去，即所谓的残留溶剂，通常是几种或多种溶剂的混合体，这些溶剂大多有很强的毒性，尤其是苯类溶剂，有致癌性，必须严格加以限制。GB/T 10004—2008《包装用塑料复合膜、袋干法复合、挤出复合》的标准中规定了溶剂残留量总量≤5.0 mg/m^2，其中苯类溶剂不得检出。

溶剂残留的测定以气相色谱法为主。GB/T 10004—2008《包装用塑料复合膜、袋干法复合、挤出复合》规定，裁取0.2m^2待测样品，并将样品迅速裁成10mm×30mm的碎片，放入清洁的在80℃条件下预热过的瓶中，迅速密封，送入（80±2）℃干燥箱中放置30min。用5mL注射器取1mL瓶中气体，迅速注入色谱中测定。对于带有顶空装置的仪器，可按照顶空瓶的容量适当选择待测样品的面积，并参照以上条件对样品进行处理和进样。

二、食品接触用纸和纸板材料及制品

纸是一种古老而传统的包装材料，纸和纸包装容器在现代包装工业体系中占有非常重要的地位。纸具有加工性能好，印刷性能优良，便于复合加工、原料丰富，品种多样，成本低廉，可回收利用等一系列独特的优点。据统计，目前部分发达国家纸类包装材料占包装材料总量的40%～50%，我国占40%左右，从发展趋势来看，纸类包装材料的用量会越来越大。食品接触用纸和纸板材料及制品是指在正常或可预见的使用条件下，预期与食品接触的各种纸和纸板材料及制品，包括涂蜡纸、纸浆模塑制品及食品加工烹饪用纸等。尽管纸包装材料性能优越，但其安全性也不容忽视。生产原材料受到污染，加工处理中的杂质、细菌和化学残留物，非法使用废旧纸和社会回收废纸等，都将会给食品安全带来影响。纸中有害物质的来源及对食品安全的影响主要包括以下几个方面：

（1）原料本身的问题　生产食品包装纸的原材料有木浆、草浆等，造纸用的植物纤维在生长过程中吸收环境中的有害物质，导致食品包装用纸原料存在重金属、农药残留等污染问题。或采用了霉变的原料，使成品染上大量霉菌。甚至使用社会回收废纸作为原料，废纸在脱墨的过程中带入了多氯联苯、铅、镉等有害物质，造成化学物质残留。

（2）生产过程使用添加物　为获得较好的外观性能，在造纸过程中的添加多种化学物质，如防渗剂、施胶剂、填料、漂白剂、染色剂等，给食品安全带来潜在威胁。纸中微量元素溶出物大多来自纸浆的添加剂、染色剂和各类无机颜料，如红色染料中的镉、黄色染料中的铅，这些金属即使在mg/kg级以下也能溶出进而污染食品；为增加纸的白度而添加的荧光增白剂，使得包装纸和原料纸中含有荧光化学污染物；使用甘油类柔软剂制造的玻璃纸和使用石蜡制作的浸蜡包装纸，有可能含有过高的多环芳烃化合物；此外，从纸制品中还能溶出防霉剂或树脂加工时使用的甲醛。

（3）油墨印染问题　国内食品包装印刷油墨以溶剂型为主，可分为苯溶性印刷油墨、醇溶性印刷油墨、水溶性印刷油墨等，其中苯溶性油墨因其性能好、成本低而使用最为广泛，但部分溶剂会残留在复合膜之间，导致残留的苯类溶剂超标；同时，油墨中所使用的颜料、染料中，存在着重金属（铅、镉、汞、铬等）、苯胺或稠环化合物等物质，引起重金属污染，而苯胺类或稠环类染料是致癌物质。此外，在包装过程中，已印刷的承印面与食品之间发生直接接触，印刷品相互叠在一起，也会使食品或无印刷面也接触油墨，造成二次污染。

（4）贮存、运输过程中的污染　纸包装物在贮存、运输时表面受到灰尘、杂质及微生物污染，对食品安全造成影响。

下面介绍食品接触用纸和纸板材料及制品中有害物质的检测。

1. 荧光增白剂

荧光增白剂是一种荧光染料，它能吸收300～400nm的紫外光，发射420～480nm的可见蓝光，可消除纸浆中的黄色，起到增白、增亮的效果。由于荧光增白剂能显著改善纸张的品质，因此，目前大多数以天然纤维为基材的产品都添加了荧光增白剂。用于纸类的荧光增白剂多为二苯乙烯的衍生物，具有环状共轭化学结构。医学临床实验证明：荧光增白剂一旦进入人体，就不容易分解，毒性会积累在肝脏或其他主要器官，成为潜在的致癌因素；如果有伤口，荧光增白剂和伤口处的蛋白质结合，会阻碍伤口的愈合，荧光物质可以使细胞产生变异性，如对荧光剂接触过量，毒性累积在肝脏或其他重要器官，就会成为潜在的致癌因素。GB 4806.8—2016《食品安全国家标准　食品接触用纸和纸板材料及制品》规定食品接触用纸和纸板材料及制品中荧光性物质在波长 254nm 及 365nm 下须为阴性。

目前，我国食品接触用纸和纸板材料及制品中荧光性物质的检测按照 GB 31604.47—2016《食品安全国家标准　食品接触材料及制品　纸、纸板及纸制品中荧光增白剂的测定》的规定进行：由于荧光增白剂在吸收近紫外光（波长范围在 300～400nm）后，分子中的电子会从基态跃迁，然后在极短时间内又回到基态，同时发射出蓝色或紫色荧光（波长范围在 420～480nm）。因此，在波长 365nm 紫外灯照射下，通过观察试样是否有明显荧光现象来定性测定试样中是否含有荧光增白剂。如果试样出现多处不连续小斑点状荧光或试样有荧光现象但不明显时，可用碱性提取液提取，然后将提取液调节为酸性，再用纱布吸附提取液中的荧光增白剂，在波长 365nm 紫外灯下，观察纱布是否有明显荧光现象，来确证试样中是否含有荧光增白剂。

2. 多氯联苯（PCBs）

多氯联苯（PCBs）是一组氯代芳烃化合物，由于它化学性质稳定，并且不易燃烧，热传导性好，绝缘性好，在工业上得到广泛的应用，曾大量在电容器、变压器等电力设备中作为绝缘油、油墨、油漆等的添加剂。PCBs 的化学性质相当稳定，进入人体后易被吸收，并积存起来，很难排出体外。动物毒性试验表明它对免疫系统、生殖系统、神经系统和内分泌系统均会产生不良影响，并且是导致与之接触过的人群发生癌症的一个可疑因素，是斯德哥尔摩公约中优先控制的 12 类持久性有机污染物之一。

我国食品包装用纸中的多氯联苯的来源主要是脱墨废纸。废纸经过脱墨后，虽可将油墨颜料脱去，但是多氯联苯仍可残留在纸浆中。有些不法企业，为降低成本通常掺入一定比例的废纸，用这些废纸作为食品包装纸时，纸浆中残留的多氯联苯就会污染食品，进而进入人体，给人们的健康带来威胁。

PCBs 检测常用的仪器分析方法有：① 气相色谱法，配备电子捕获检测器（ECD），方法选择性好、灵敏度高、易于操作和维修；② 气相色谱-质谱联用法，方法可同时达到定性和定量的目的；③ 气相色谱-三重四级杆法，此法在低浓度水平的定性和定量方面更具优势。纸类食品包装材料中多氯联苯检测的常规检测以前两种方法居多，后者多用于科学研究。GB 31604.39—2016《食品安全国家标准　食品接触材料及制品　食品接触用纸中多氯联苯的测定》给出了食品接触用纸中 PCBs 的检测方法。利用正己烷-二氯甲烷混合溶液提取纸中的 PCBs，经浓硫酸磺化处理后采用气相色谱法或气相色谱-质谱联用法检测，内标法定量。

气相色谱-质谱联用法测定参考条件如下：进样口温度 280℃；色谱柱为 5% 苯基-甲基聚硅烷填料毛细管柱（30m×0.25mm，0.25μm）；柱温初始温度 90℃，以 15℃/min 升温至 200℃，保持 5min 后，以 2.5℃/min 升温至 250℃，保持 2min，再以 20℃/min 升温至 280℃，保留 5min；离子源温度 230℃；离子源电压 70eV；载气为高纯氦气（纯度≥99.999%），流速1.0mL/min；进样方式为不分流模式，进样体积 1.0μL；测定方式为选择离子监测方式，8 种多氯联苯及内标物的特征离子见表 15-1。

表15－1　8种多氯联苯及内标物的特征离子

名称	代号	特征离子质荷比（m/z）	
		定量离子	定性离子
三氯联苯	PCB18	256	256　258　186
三氯联苯	PCB28	256	256　258　186
四氯联苯	PCB52	292	292　290　220
五氯联苯	PCB101	326	326　328　254
五氯联苯	PCB118	326	326　328　254
六氯联苯	PCB138	360	360　362　290
六氯联苯	PCB153	360	360　362　290
七氯联苯	PCB180	394	394　396　324
$^{13}C_{12}$－十氯联苯	$^{13}C_{12}$－PCB209	440	440　438

3. 重金属（铅和砷）

食品接触用纸和纸板材料及制品中重金属的来源主要有两个方面，首先是造纸用的植物纤维在生长过程中吸收了自然界存在的一些重金属。其次，由于一些不法企业使用了废纸，废纸中的油墨、填料等可能含有有毒重金属，从而导致食品接触用纸和纸板材料及制品中可能含有有毒重金属。重金属进入人体后，会在肝、肾、骨骼、心脏和脑等部位蓄积，蓄积到一定限度后，会对人体的健康构成很大危害。例如，铅对人体大部分组织器官都有毒性作用，主要损害神经系统、造血系统、消化系统、人体免疫系统和肾脏；砷元素在自然环境中极少，因其不溶于水，故无毒，但极易氧化为剧毒的三氧化二砷，即俗称的“砒霜”。GB 4806.8—2016《食品安全国家标准　食品接触用纸和纸板材料及制品》规定了与食品直接接触的纸和纸板材料及制品中的铅和砷的残留量：铅≤3.0mg/kg，砷≤1.0mg/kg。

GB 31604.34—2016《食品安全国家标准　食品接触材料及制品　铅的测定和迁移量的测定》（第一部分　铅的测定）规定：纸制品经粉碎后，采用干法消解，消解液经石墨炉原子吸收光谱仪测定；或者纸制品经粉碎后，采用硝酸消解，消解液经稀释定容后用电感耦合等离子体质谱仪测定。GB 31604.49—2016《食品安全国家标准　食品接触材料及制品　砷、镉、铬、铅的测定和砷、镉、铬、镍、铅、锑、锌迁移量的测定》（第一部分　砷、镉、铬、铅的测定）规定：纸制品经粉碎后，采用硝酸消解，消解液经稀释定容后用电感耦合等离子体质谱仪测定。

三、食品接触用金属材料及制品

金属包装制品主要是以铁、铝等加工成型的桶、罐等，以及用铝箔制作的复合材料容器。常见的金属包装材料有镀锡薄钢板、镀铬薄钢板、镀锌薄钢板等。金属包装制品的使用历史悠久，制作工艺成熟，其发展可以追溯到19世纪。随着时代的发展，金属包装材料对我们日常生活产生了重大的影响，给人们带来了极大的便利。因其具有优异的机械性、阻隔性、加工性与独特的金属光泽而倍受现代食品包装行业青睐，加之人们对绿色环保包装要求的与日俱增，这种可回收材料更是备受关注。统计显示，目前在我国、日本和欧洲等地，金属包装材料占包装材料总量的第三位；在美国，金属包装材料的使用量占第二位。虽然金属罐有诸多良好性能，但其在化学稳定性与耐蚀性方面均存在明显不足。

食品接触用金属材料及制品是指在正常使用条件下，预期或已经与食品接触的各种金属（包括各种金属镀层及合金）材料及制品，其对食品安全的影响主要包括三个方面。

（1）金属材料中金属离子的溶出与迁移　重金属离子的迁移一般只发生在某些不需要涂布处理的干性食品包装中或包装内壁有机保护层受损的情况下，尤其当食品呈酸性时，极易发生腐蚀现象，影响食品的口感和保质期。如不锈钢制品中加入了大量镍元素，受高温作用后，容器表面呈黑色，同时其传热快，容易使食物中不稳定物质发生糊化、变性等，还可能产生致癌物。铝制包装材料的抗腐蚀性很差，易发生化学反应析出或生成有害物质，其主要的食品安全性问题在于铸铝和回收铝中的杂质，正常铝原料的纯度较高，有害金属较少，而回收铝中的杂质和金属难以控制，易造成食品污染。

（2）金属包装材料内壁的有机涂层材料　在金属包装材料的内壁涂布合适的有机涂层，可有效地避免食品与金属罐的直接接触，避免了电化学腐蚀，在一定程度上解决了金属罐体的重金属离子的迁移问题，但同时也带来了新的食品安全隐患。如涂层中的化学污染物双酚A（BPA）、双酚A二缩水甘油醚（BADGE）、酚醛清漆甘油醚（NOGE）及其衍生物等，罐头食品在加工过程中经历高温杀菌，储运过程中受到暴晒、剧烈震荡等影响都有可能引起双酚污染物向食品中的迁移。它们通过食物链进入人体，对人类健康造成不利影响。

（3）金属包装材料的外壁涂层材料及有机印刷油墨　外壁涂料是为防止外壁腐蚀以及起到装饰和广告的作用，其中含苯溶液的涂料及油墨也可能通过渗透而污染食品。

下面介绍食品接触用金属材料及制品中有害物质的检测方法。

1. 表面涂层中的有害物质

食品罐内涂料涂层中的化学污染物主要包括双酚A（BPA）、双酚A二缩水甘油醚（BADGE）、酚醛清漆缩水甘油醚（NOGE）及其衍生物。目前，我国相关的国家标准有GB 4806.10—2016《食品安全国家标准　食品接触用涂料及涂层》，检测项目除了总迁移量、高锰酸钾消耗量和重金属含量，还规定了双酚A、双酚S等多种单体及其他起始物的特定迁移限量、特定迁移总量限量、最大残留量等，但并未对BADGE、NOGE及其衍生物做出相关限量。

（1）双酚A（BPA）　双酚A又名二酚基丙烷，是环氧树脂和聚碳酸酯塑料的添加剂，制成的塑料产品被广泛用于金属的涂层，应用于包括食用油、食品罐头、瓶盖和供水管等产品中。双酚A是一种弱雌激素，会扰乱人体内的代谢过程。此外，有资料显示，双酚A具有一定的胚胎毒性和致畸性，可明显增加动物卵巢癌、前列腺癌、白血病等癌症的发生，双酚A可能影响婴幼儿的成长发育，并对儿童大脑和性器官造成损伤。目前，与双酚A相关的食品接触材料国家标准，除了 GB 4806.10—2016《食品安全国家标准　食品接触用涂料及涂层》，还有 GB 4806.6—2016《食品安全国家标准　食品接触用塑料树脂》和 GB 4806.7—2016《食品安全国家标准　食品接触用塑料材料及制品》。GB 4806.10—2016《食品安全国家标准　食品接触用涂料及涂层》规定 4，4′－（1－甲基亚乙基）双苯酚与 1，1′－磺酰基－双（4－氯苯）的聚合物等食品接触用涂料及涂层中双酚 A 单体的特定迁移量（SML）均须≤0.6mg/kg。GB 4806.6—2016《食品安全国家标准　食品接触用塑料树脂》规定 3－氯邻苯二甲酸酐与 1，3－苯二胺、4－氯邻苯二甲酸酐、邻苯二甲酸酐和 4，4′－亚异丙基二苯酚（双酚 A）的聚合物，3－氯邻苯二甲酸酐与间苯二胺、4－氯邻苯二甲酸酐和 4，4′－（1－甲基乙基缩醛）双酚的聚合物［以 4－（1－甲基－1－苯乙基）苯酚（对枯基苯酚）为封端剂］，4，4′－亚异丙基二苯酚（双酚 A）和（氯甲基）环氧乙烷的聚合物与甲基丙烯酸、顺丁烯二酸酐和甲苯二异氰酸酯的聚合物等塑料树脂中的双酚 A 的特定迁移量（SML）均须≤0.6mg/kg；GB 4806.7—2016《食品安全国家标准　食品接触用塑料材料及制品》规定食品接触用塑料材料及制品中双酚 A 单体的特定迁移量（SML）均须≤0.6mg/kg。

目前涉及双酚 A 检测的标准大多是检测酚的总量，检测方法有滴定法、可见分光光度计法，如 GB 31604.46—2016《食品安全国家标准　食品接触材料及制品　游离酚的测定和迁移量的测定》。检测对象为双酚 A 的标准有 GB 31604.10—2016《食品安全国家标准　食品接触材料及制品　2，2－二（4－羟基苯基）丙烷（双酚 A）迁移量的测定》和 GB/T 23296.16—2009《食品接触材料　高分子材料食品模拟物中 2，2－二（4－羟基苯基）丙烷（双酚 A）的测定　高效液相色谱法》。GB 31604.10—2016《食品安全国家标准　食品接触材料及制品　2，2－二（4－羟基苯基）丙烷（双酚 A）迁移量的测定》规定了食品接触材料及制品（聚氯乙烯、聚碳酸酯、环氧树脂及其成型品）中双酚 A 迁移量的测定方法，对于食品接触材料及制品（聚氯乙烯、聚碳酸酯、环氧树脂及其成型品）的食品模拟物采用液相色谱－质谱/质谱进行检测，其中水基、酸性食品、酒精类食品模拟物直接进样，油基食品模拟物通过甲醇溶液萃取后进样利用液相色谱－质谱/质谱方法对食品模拟物中的双酚 A 进行检测，采用外标峰面积法定量。GB/T 23296.16—2009《食品接触材料　高分子材料　食品模拟物中 2，2－二（4－羟基苯基）丙烷（双酚 A）的测定　高效液相色谱法》规定了食品模拟物中双酚 A 的测定方法，食品模拟物中的双酚 A 通过高效液相色谱柱进行分离，采用荧光检测器进行检测，水基食品模拟物直接进样，橄榄油模拟物通过甲醇溶液萃取后进样，外标法定量。

（2）双酚 A 二缩水甘油醚（BADGE）及其衍生物　BADGE 作为金属罐内涂料的初始原料、热稳定剂和增强剂广泛用于生产罐头涂料。聚氯乙烯有机溶胶高温烘烤时产生的氯化氢与 BADGE 结合生成其氯丙醇衍生物，在罐头食品的高压杀菌和常温储藏过程中，BADGE 及其氯丙醇衍生物会向内容物迁移从而诱发食品安全隐患。BADGE 脂溶性较强，在含油量较高的鱼、肉罐头中以多种衍生物的形式存在，根据罐头品种的不同其迁移机理不同，含量也略有不同。涂料中溶出的 BADGE 及其氯代醇衍生物被认为是导致动物体细胞癌变的“头号元凶”。环境毒理学将上述衍生物定义为环境激素，又称“外因性内分泌干扰物”，其对生态系统中动物雌雄比例失调起着不容忽视的作用。目前，我国并未对食品接触材料中的 BADGE 做出相关限量。国外对于 BADGE 做出了明确而严格的限定，如欧盟指令 2002/16/EC 规定 BADGE 及其 4 种衍生物（BADGE · 2HCl，BADGE · HCl，BADGE · HCl · H_2O，BADGE · H_2O）的总量应 <1mg/kg。

关于 BADGE 及其衍生物的检测方法，每年国外都有大量研究报告，但国内却鲜见报道，由于不同的检测方法对同一种产品的检测结果会大相径庭，因此，确立一种合理、规范的检测方法是当务之急。目前，常用的检测方法主要包括高效液相色谱法和超高压液相色谱，配紫外检测器、荧光检测器、质谱或者串联质谱等，气相色谱使用也较为广泛，酶联免疫法近些年来也用于双酚物的快速检测。采用液相色谱 - 质谱联用测定 BADGE 及其衍生物，使用乙腈溶液浸泡提取金属包装材料及制品的表面涂层，试样在浓缩后，以液相色谱 - 质谱联用仪测定，外标法定量。测定的参考色谱条件：色谱柱为 C_{18}（5μm，150mm × 4.6mm）或相当者；流动相为乙腈和水，梯度洗脱；流速 0.5mL/min；柱温 40℃；进样量 20μL。

（3）酚醛清漆缩水甘油醚（NOGE）及其衍生物　NOGE 是一类相对分子质量不固定的酚醛清漆多元甘油醚的混合物，其中相对分子质量最小的双环结构 NOGE 称为 BFDGE。食品罐内涂料含有 30 % ~40 % 双环（2R）NOGE，少量三环（3R）~八环（8R）NOGE，2R - NOGE、3R - NOGE 和 4R - NOGE 的同系物分别有 3、7 和 27 种异构体。它能清除聚氯乙烯有机溶胶涂料在 190℃高温裂解时释放的氯化氢气体，使环氧基转化成氯代醇。研究人员对市场上出售的各种罐头的抽样结果表明，在抽检的 60 种罐头中有 26 种 NOGE 的浓度分布在 1.2 ~6.9mg/kg，超过欧盟指令 <1mg/kg 的限量值，由于 NOGE 的分子结构与 BADGE 相似且家族成员众多，从安全性出发，欧盟食品科学委员会（SCF）建议：所有含 NOGE 成分及其氯代氢和分子质量 <1000u 的衍生物的总溶出值应 <1mg/kg，NOGE 在与食品接触材料中的检出限量为 0.2 mg/6dm^2，该指令从 2003 年 3 月 1 日起实行，并规定 NOGE 可用于食品直接接触的包装材料的截止日期为 2004 年 12 月 31 日。

液相色谱法是目前对 NOGE 最为普遍的检测方法，由于国内检测相关标准较少，本方法录自欧盟 BS EN 15137：2006。本方法规定了 NOGE 组分的测定，包括含有超过两个芳香环的 NOGE [两环的 NOGE 相当于 BFDGE：二（2 - 羟苯基）甲烷双（2，3 - 环氧丙基）醚]，至少有一个环氧基团的 NOGE，以及它们在罐头涂层中含有氯乙醇官能团且分子质量不超过 1000u 的衍生物。这些化合物包括 p，p - BFDGE · 2H_2O、o，p - BFDGE · 2H_2O、o，o - BFDGE · 2H_2O、p，p - BFDGE · H_2O、o，p - BFDGE · H_2O、o，o - BFDGE · H_2O、NOGE · per H_2O（3 环异构体）、NOGE · per H_2O（4 环异构体）、NOGE · per H_2O（5 环异构体）、NOGE · per H_2O（6 环异构体）、p，p - BFDGE、o，p - BFDGE、o，o - BFDGE、3 环 NOGE 异构体、4 环 NOGE 异构体、5 环 NOGE 异构体、6 环 NOGE 异构体。

本方法用高效液相色谱（带荧光检测器）检测，对于溶液中 NOGE 及其氢氧和含氯衍生物的检出限是 1μg/mL。由于在罐头涂层中由其他组分或者不稳定的单体形成了一个复杂的衍生物或产物混合物，因此直接用高效液相色谱分析罐头涂层的提取物可能导致色谱图很难分析。通过水解所有的环氧基团及他们的反应产物，简化了 NOGE 的定量和确认。本方法适用于罐头涂层上

NOGE 及其氢氧和含氯衍生物的测定。

方法原理：罐头涂层在室温下用乙腈提取 24h，然后将提取液注入反相高效液相色谱柱中，梯度洗脱分离，以荧光检测器测定。以保留时间、与参照物的荧光和紫外响应对照定性。为对 NOGE 及其衍生物进行定性和定量，环氧和含氯的化合物在高温的碱性介质中被完全水解成二醇化合物，水解产物（NOGE 一水化合物）被高效液相色谱分离并用荧光检测器检测。NOGE 一水化合物因为极性的增加因此在色谱上先出峰。水解后的色谱图含有更少的峰，这是因为所有的环氧成分和含氯衍生物都不存在了，若有杂峰，则认为是基质干扰物。测定二醇物质总量以保证与限量的一致。相应的，NOGE 一水化合物总量随着水解前最初的总量的减少而减少。

样品处理方法。

① 从罐头涂层中提取：按 1 dm^2 罐头涂层表面积加 33mL 乙腈的比例加入乙腈，在室温下提取 24 h。将提取溶液加入液相色谱小瓶中，上机测试。为确保提取完全，建议加入新的乙腈，在室温下再次提取 24 h。若第一次提取完全，则不需进行第二次提取。若适当提高温度可以缩短提取时间，并能够提取完全，也是可行的。如果实验操作中所用试剂体积/表面积比率超过 33mL/dm^2，则将乙腈提取液的体积浓缩至 33mL/dm^2。以 NOGE 作稳定剂的有机溶胶涂层可能含有大量的 NOGE 及其衍生物。对于这些样品，可能要增加乙腈提取液的体积，以保证其仪器响应在线性范围内。对于这些样品，准确的定量已不重要，因为 NOGE 及其衍生物的含量已远远超过代表残留量（QMA）（0.2mg/6dm^2）。提取后，将提取液水解，以使 NOGE 及其衍生物水解为 NOGE 一水化合物，以 NOGE 一水化合物的水平来定量。

② 水解罐头涂层提取液：吸取 2.0mL 提取液于顶空小瓶里，在热反应装置上加热通氮气吹干。用 400μL 乙腈溶解残渣，加入 1600μL pH 8.5 的硼酸缓冲溶液，涡旋振荡、混匀。盖上顶空小瓶盖，放入（100 ± 5）℃烘箱内强迫水解 20h + 2h。取出小瓶，冷却至室温，将水解液转移到液相色谱小瓶中。

测试条件：高效液相色谱的色谱柱为不锈钢 ODS（250mm × 4.6mm，5μm），能使 NOGE 的峰形对称，且能够使 NOGE 与 NOGE 的水解产物分离。在 NOGE 及其衍生物测定中，用一根 C_{18} 色谱柱和一根涂有硅胶层的预柱，高效液相色谱梯度洗脱测定；预柱为不锈钢 ODS（30mm × 4.6mm，5μm）。如果样液干净，则可以不用预柱。进样体积 20 ~ 50μL。检测器为紫外检测器，波长 225nm，荧光检测器激发波长 275nm，发射波长 305nm；柱温 40℃；流速 1.1mL/min。梯度洗脱：每步采用线性梯度洗脱，根据进样样品的成分，梯度洗脱的最后一步可以调整。对于污染严重的溶液，建议在连续进样中适当地用纯乙腈冲洗色谱柱。

2. 重金属

GB 4806.9—2016《食品安全国家标准　食品接触用金属材料及制品》规定了与食品直接接触的不锈钢制品中砷、镉、铅、铬、镍的迁移量限制分别为 0.04mg/kg，0.02mg/kg，0.05mg/kg，2.0mg/kg，0.5mg/kg；其他金属材料及制品中砷、镉、铅的迁移量限制分别为 0.04mg/kg，0.02mg/kg，0.2mg/kg。各元素的检测方法按照以下国家标准执行：GB 31604.24—2016《食品安全国家标准　食品接触材料及制品　镉迁移量的测定》、GB 31604.25—2016《食品安全国家标

准 食品接触材料及制品 铬迁移量的测定》、GB 31604.33—2016《食品安全国家标准 食品接触材料及制品 镍迁移量的测定》、GB 31604.34—2016《食品安全国家标准 食品接触材料及制品 铅的测定和迁移量的测定》、GB 31604.38—2016《食品安全国家标准 食品接触材料及制品 砷的测定和迁移量的测定》、GB 31604.49—2016《食品安全国家标准 食品接触材料及制品 砷、镉、铬、铅的测定和砷、镉、铬、镍、铅、锑、锌迁移量的测定》。

四、其他食品接触材料及制品

（一）陶瓷与搪瓷

搪瓷器皿是将瓷釉涂覆在金属坯胎上，经过烧烤而制成的产品，搪瓷的釉配料配方复杂。陶瓷器皿是将瓷釉涂覆在黏土、长石和石英等混合物烧结成的坯胎上，再经焙烧而成的产品。我国是使用陶瓷制品历史最悠久的国家，陶瓷容器美观大方，有很好的保护食品风味的作用。陶瓷制品用作食品包装容器主要有瓶、罐、缸、坛等。陶瓷配方复杂，材料来源广泛，反复使用以及加工过程中添加的化学物质可能造成食品安全性问题。其危害主要由制作过程中在坯体上涂覆的瓷釉、陶釉、彩釉引起。釉料主要由铅、锌、镉、锑、钡、铜、铬、钴等多种金属氧化物及其盐类组成，多为有害物质。搪瓷和陶瓷分别在800～900℃和1000～1500℃下烧制而成，如果烧制温度低，就不能形成不溶性的硅酸盐，在盛装酸性食品（如醋、果汁）和酒时，这些物质容易溶出而迁入食品，引起安全问题。如使用鲜艳的红色或黄色彩绘图案，会出现铅或镉的溶出。GB 4806.3—2016《食品安全国家标准 搪瓷制品》和 GB 4806.4—2016《食品安全国家标准 陶瓷制品》分别规定了各种搪瓷制品和陶瓷制品中铅和镉的限值。

（二）橡胶制品包装材料

橡胶被广泛用于制作奶瓶、瓶盖、输送食品原料、辅料、水的管道等。有天然橡胶和合成橡胶两大类。天然橡胶是以异戊二烯为主要成分的天然高分子化合物，本身既不分解，在人体内部也不被消化吸收，因而被认为是一种安全、无毒的包装材料。但由于加工的需要，常在其中加入多种助剂，如促进剂、防老剂、填充剂等，给食品带来安全隐患。天然橡胶的溶出物受原料中天然物（蛋白质、含水碳素）的影响较大，而且由于硫化促进剂的溶出使其数值加大。合成橡胶是用单体聚合而成，残留单体和残留添加物逸出对食品安全有一定影响。GB 4806.11—2016《食品安全国家标准 食品接触用橡胶材料及制品》除了规定总迁移量、高锰酸钾消耗量、重金属的限值外，还规定了天然橡胶、合成橡胶、硅橡胶的单体及其他起始物、经硫化的热塑性弹性体的单体及其他起始物的特定迁移限量、特定迁移总量限量和最大残留量。

（三）玻璃制品

玻璃作为一种古老的包装材料，早在3000多年前就已经被埃及人用于贮藏食品。玻璃是由硅酸盐、金属氧化物等无机物质组成的熔融物，是一种惰性材料，无毒无味。一般认为玻璃与绝大多数内容物不发生化学反应，其化学稳定性极好，并且具有光亮、透明、美观、阻隔性能好、可回收再利用等优点。其中最显著的特征是其光亮和透明。但玻璃的高度透明性对某些内容食品是不利的，为防止有害光线对内容物的损害，通常用各种金属盐着色剂使玻璃着色，如蓝色需要用氧化钴，茶色需要用石墨，竹青色、淡白色及深绿色需要用氧化铜和重铬酸钾，无色需要用碱。玻璃主要的安全性问题是从玻璃中溶出的迁移物，如二氧化硅、无机盐和金属离子等。GB 4806.5—2016《食品安全国家标准　玻璃制品》规定了各种玻璃制品中铅和镉的限值。

（四）木制容器制品

木制食品包装容器表面都要经过处理，或涂抹涂料或上釉。而且，为使容器美观，常使用染料着色，这些都会给食品带来安全隐患。此外，密度纤维板制月饼、茶叶包装盒等，因加工不当，或材料问题，常含有大量游离甲醛和其他一些有害挥发物质，威胁食品安全。

（五）有害物质的检测方法

1. 防霉剂的测定

食品包装材料尤其是木竹制容器及餐具常需要经过一定的防霉处理。处理的过程中常用到各类的防霉剂，如邻苯基苯酚、噻苯咪唑、联苯和抑霉唑等防霉剂主要是起杀菌和防霉作用的，它们已广泛使用在食品及食品相关制品的防霉中，且安全性好，但过量使用会对身体造成影响。GB 19790.2—2005《一次性筷子　第2部分：竹筷》规定了一次性竹筷中噻苯咪唑、邻苯基苯酚、联苯、抑霉唑残留量不超过10mg/kg，同时也给出了该四种化合物的测定方法。

使用甲醇超声提取试样中噻苯咪唑、邻苯基苯酚、联苯、抑霉唑，提取液经过滤后，用配有二极管阵列检测器或紫外检测器的液相色谱仪进行测定，外标法定量。

提取方法：从样品中随机抽取样品5双，把附在试样上的竹屑、碎片等清除干净。将每双一次性竹筷切成长约2cm的竹棍，再劈成厚约1mm、长小于1cm的竹条，准确称取1g（准确至0.001g）试样于30mL具塞离心管中，准确加人5.0mL甲醇，具塞混匀，置于超声波清洗器中超声30min，然后在涡旋混匀器上混匀3min，于2000r/min离心5min，上清液过0.45μm微孔滤膜后，上高效液相色谱测定，外标法定量。

测定条件：色谱柱为ODS柱（25cm×4.6mm，5μm）或类似柱；流动相为称取十二烷基磺酸钠0.681g，加入350mL甲醇，50mL乙腈，100mL水和1mL磷酸溶解，过0.45μm微孔滤膜；流速0.5mL/min；噻苯咪唑、邻苯基苯酚、联苯检测波长247nm，抑霉唑的检测波长226nm；进样量10μL；柱温40℃。

2. *N*－亚硝胺和*N*－亚硝胺可生成物（*N*－亚硝基类物质）

N－亚硝胺在哺乳动物体内可转化为具有致癌作用的活性代谢物，对人类健康构成威胁。欧洲委员颁布出台了监控婴儿橡胶奶嘴中可能释放出的*N*－亚硝胺类及*N*－可亚硝胺化物质的指令93/11/EEC，指令规定婴儿橡胶奶嘴中不得检出亚硝胺类及可亚硝胺化物质，即*N*－亚硝胺类总

迁移限量<0.01mg/kg，*N*-可亚硝胺化物质残留量<0.1mg/kg。欧盟93/11/EEC指令使用气相色谱法测定*N*-亚硝基类物质和*N*-可亚硝胺化物质，将试样中*N*-亚硝胺和*N*-亚硝胺可生成物经浸泡后，*N*-亚硝基类物质经二氯甲烷提取后，直接用气相色谱仪进行测定；可亚硝胺化物质用盐酸酸化后转变为*N*-亚硝胺，用二氯甲烷提取后，气相色谱仪测试，外标法定量。

我国GB 4806.2—2015《食品安全国家标准　奶嘴》规定以天然橡胶、顺式-1，4-聚异戊二烯橡胶、硅橡胶为主要原料加工制成的奶嘴中*N*-亚硝胺释放量≤0.01mg/kg，*N*-亚硝胺可生成物释放量≤0.1mg/kg，并规定采用GB/T 24153—2009《橡胶及弹性体材料*N*-亚硝基胺的测定》进行检测。

3. 重金属

参照以下标准执行：GB 31604.24—2016《食品安全国家标准　食品接触材料及制品　镉迁移量的测定》、GB 31604.25—2016《食品安全国家标准　食品接触材料及制品　铬迁移量的测定》、GB 31604.33—2016《食品安全国家标准　食品接触材料及制品　镍迁移量的测定》、GB 31604.34—2016《食品安全国家标准　食品接触材料及制品　铅的测定和迁移量的测定》、GB 31604.38—2016《食品安全国家标准　食品接触材料及制品　砷的测定和迁移量的测定》、GB 31604.49—2016《食品安全国家标准　食品接触材料及制品　砷、镉、铬、铅的测定和砷、镉、铬、镍、铅、锑、锌迁移量的测定》。

思考题

1. 与食品接触的材料和制品有哪些类型？
2. 塑料材料和制品对食品安全的冲击来源于哪些方面？
3. 如何有效控制食品中使用的金属材料及制品对健康产生的潜在影响？

第四篇

其他食品检测

第十六章

辐照食品的检测

本章学习目的与要求

1. 综合了解食品中的辐照技术及辐照食品及其对食品的安全性影响；

2. 掌握辐照处理可能对食品造成的化学、生物学效应及其对应的检测方法。

第一节 概 述

一、辐照技术及辐照食品概况

食品辐照是利用电离辐射在食品中产生的辐射化学与辐射微生物学效应而达到抑制发芽、延迟或促进成熟、杀虫、杀菌、灭菌和防腐等目的的辐照过程。食品辐照技术是20世纪发展起来的一种达到食品保藏或保鲜等目的的新型食品储存保鲜加工技术。辐照食品是指为达到某种实用目的，如保藏、杀虫、抑芽、灭菌等，按辐射工艺规范规定的要求，经过一定剂量电离辐射或电离能量处理过的食品。食品辐照可用的辐照射线源包括^{60}Co或^{137}Cs放射性核素产生的γ射线，电子加速器产生的能量不高于5MeV的X射线、电子加速器产生的能量不高于10MeV的电子束，其中γ射线具有强大的穿透能力，应用最为普遍。辐照处理的食品有较高的卫生质量，并能在常温和一般条件下保存较长的时间。

食品辐照技术的应用主要包括以下几个方面：抑制鳞茎和块根类蔬菜的发芽，延迟果蔬成熟和延长货架期，辐照杀灭食品中的致病微生物，辐照杀灭食品中的害虫和寄生虫，辐照处理改善食品的风味和加工品质以及在国际贸易中应用辐照检疫处理。欧盟在指令1999/2/EC中规定，食品辐照只能用于以下目的：① 通过杀死致病微生物来减少食源性疾病的发病率；② 延缓或中止食物腐败过程，杀死腐败菌的生物，减少食物的腐烂；③ 减少因早熟、发芽引起的食物损失；④ 清除食品中对植物或植物产品有害的微生物。

根据不同的辐照目的，人们采用不同的辐照工艺进行食品和农产品的辐照加工。辐射保藏按食品的吸收剂量［食品受辐照后，每单位质量吸收的能量，单位是戈端（Gy），1Gy = 1J/kg］分为3个剂量档次，详见表16－1。在考虑进行食品辐照时，应注意辐照加工同其他食品加工方法一样，在某些情况中也可能对食品的质量和品质产生危害。因此，在食品辐照中应根据辐照目的采用合适的辐照工艺，才能保证食品辐照的质量。

表 16－1　辐照档次分类

分类	剂量范围	作用	说明	应用
高剂量	10～50kGy	辐射商业无菌	该使用剂量使食品中微生物减少到零或有限个数，辐照后的食品可在通常条件下贮藏，但必须防止再污染	辐照密封包装的蔬菜、肉、精制食品、海鲜、火腿、香料、调料和调味品
中剂量	1～10kGy	辐射巴氏杀菌	该使用剂量使食品中检测不出特定的无芽孢的致病菌（如沙门菌等），既可延长食品贮存期、杀灭致腐和致病微生物又可改善工艺品质	辐照鲜鱼、浆果、脱水蔬菜等
低剂量	1kGy 以下	辐射耐贮杀菌	可杀灭昆虫和寄生虫，降低其腐败菌数，延长新鲜食品的后熟期及保藏期	辐照谷物、马铃薯、豆类、肉干、鲜猪肉、新鲜水果及蔬菜等

由于辐照食品在减少食物传播疾病的发生率，降低农产品产后损耗，延长食品货架寿命等方面所显示出的优越性，已被越来越多国家的政府和工业部门所认识。辐照食品的安全性已得到官方承认。1980 年，国际辐照食品联合专家委员会确认，“为储存起见，任何辐照低于 10 kGy 的食品都不需要进行毒理学测试”。1983 年，国际食品法典委员会（CAC）正式颁布了 CODEX STAN 106—1983《辐照食品通用条例》，为各国制定辐照食品卫生条例奠定了基础。

我国 GB 18524—2016《食品安全国家标准　食品辐照加工卫生规范》规定，辐照食品的种类应在 GB 14891 系列标准规定的范围内，不允许对其他食品进行辐照处理。我国辐照食品种类已达 7 大类 56 个品种，包括：① 熟畜禽肉类；② 花粉；③ 干果果脯类；④ 香辛料类；⑤ 新鲜水果、蔬菜类；⑥ 猪肉；⑦ 冷冻包装畜禽肉类等。欧盟指令 1999/3/EC 规定，欧盟的辐照食品包括草药、香料和蔬菜调味料，最大平均吸收辐射剂量为 10kGy。除了欧盟确定的辐射剂量外，各成员国还制定了一份辐照食品允许的最大剂量清单，该清单在欧盟清单公布之前有效。《欧盟成员国授权的辐照食品和食品配料清单》是根据指令 1999/2/EC 第 4 条第（6）款的规定建立，现行有效版为 2009 版（2009/C 283/02）。在发布欧盟辐照食品清单后，该成员国辐照食品清单失效。目前该清单主要包含 29 种产品在 7 个成员国（比利时、捷克、法国、意大利、荷兰、波兰和意大利）的辐照剂量要求。该 29 种产品主要涉及以下产品类别：①水果和蔬菜（包括根菜类）；②谷物、谷物片、米粉；③香料、调味品；④鱼、贝类；⑤新鲜肉类，家禽，蛙腿；⑥乳品类；⑦阿拉伯胶、酪蛋白/酪蛋白酸盐、蛋清；⑧血液制品。美国联邦法规 21CFR 第 179 部分“食品生产、加工和加工中的辐照”规定关于辐照源的不同用途、食品类型、用途、辐照剂量、标签、包装等。

二、辐照食品的安全性

对于辐照食品，消费者主要关心两方面问题：一是辐照食品有无放射性危险；二是卫生安全性。

人们对辐照食品的恐惧很大程度上是担心辐照食品具有放射性，特别关注辐照食品是否被放射性元素污染和是否诱发了感生放射性。在食品辐照处理过程中，作为辐照源的放射性物质被密封在双层的钢管内，射线只能透过钢管壁照射到食品上，放射源不可能泄漏污染食品，也绝对不允许放射源泄漏的事件发生。物质在经过射线照射后，可能诱发放射性，称为感生放射性。射线必须达到一定的阈值，才可能诱发感生放射性。美国军方研究表明：16MeV 的能量所诱发的感生放射性可以忽略，而现在辐照食品常用的辐射源能量都在 10MeV 以下，辐照食品不可能诱发感生放射性或者诱发的感生放射性可以忽略不计。

在食品辐照过程中辐照处理会引起食品营养成分、感官品质和物理性质的一些变化，同时会产生一些辐照产物。辐照食品营养成分检测表明，低剂量辐照处理不会导致食品营养品质的明显损失，食品中的蛋白质、糖和脂肪保持相对稳定，而必需氨基酸、脂肪酸、矿物质和微量元素也不会有太大损失，在某些情况下辐照可能会造成维生素的损失，然而这种损失很少，并且营养损失量同其他普通食品加工过程基本类似，可谓是微不足道。辐照食品营养卫生和辐射化学的研究结果表明，食品经辐照后，辐射降解产物的种类和有毒物质含量与常规烹调方法产生的无本质区别。可以认为，食品辐照处理在化学组成上所引起的变化对人体健康无害，也不会改变食品中微生物菌落的总平衡，也不会导致食品中营养成分的大量损失。大量的动物喂养和人体食用实验证明：辐照对食品的营养价值的消化吸收影响很小，辐照食品基本保持了其宏观营养成分（蛋白质、脂类和糖类），辐照食品具有良好的适应性。大量动物毒理实验表明，在通常照射剂量下，食物未出现致畸、致突变与致癌效应。1980 年，联合国粮农组织（FAO）、国际原子能机构（IAEA）、世界卫生组织（WHO）和食品添加剂联合专家委员会（JECFI）便作出结论：任何食品总体平均吸收剂量不足 10kGy 时，没有毒理学的危害，不再要求做毒理学试验，同时在营养学和微生物方面也是安全的。

三、辐照食品检测的必要性

要使辐照食品商业化，消费者的态度是至关重要的。他们对辐照食品所持的不信赖态度，一是出自一些消费者对辐照食品的恐惧心理，这种心理来自对核能的恐惧和对辐照食品缺乏认识，可通过深入的宣传提高消费者认识，消除他们对辐照食品的疑虑；二是由于目前还缺乏权威的检测辐照食品的技术，因此消费者一方面担心一些生产企业生产和销售的食品不卫生，另一方面又担心低劣食品鱼目混珠。纵然辐照食品在贴上辐照标志后才能进入市场，但如何鉴别辐照标志的真实性也是一大问题。在消费市场中，常会发生这样的事情，当辐照食品畅销时，一些未辐照食品也可能贴上辐照标志；当辐照食品滞销时，一些销售商也可能将辐照标志从食品包装上除去。因此，为消除消费者对辐照食品的疑虑，提高消费者对辐照食品的接受程度，就必须发展食品辐照的检测技术。

从世界角度看，要使辐照食品商业化，还必须克服存在的贸易壁垒。这种贸易壁垒是由不同国家对辐照食品持不同态度引起的，例如德国、瑞士、英国和澳大利亚，它们禁止生产、销售和进口辐照食品（德国已从1993年1月1日起允许从欧洲共同体成员国进口特殊用途的辐照食品）；而另一些国家和国际组织则允许生产销售和进口辐照食品，但是它们对辐照食品有自己的要求和标准，中国、CAC、欧盟和美国食品标识相关法规标准明确规定，预包装食品标签标识中辐照食品标签属于强制性标示内容，我国的GB 7718—2011《食品安全国家标准 预包装食品标签通则》规定经电离辐射线或电离能量处理过的食品，应在食品名称附近标示“辐照食品”；经电离辐射线或电离能量处理过的任何配料，应在配料表中标明。欧盟1999/2/EC规定提供消费者经过辐照的终产品、经过辐照并作为终产品的一种成分以及复合成分中使用的辐照成分（即使这些成分少于25%）等均需要进行辐照处理标识（即：辐照食品或含有辐照成分的食品必须贴上标签），并附带相应辐照文件。在国际贸易中每个国家都想验证辐照食品是否严格按照自己的要求和标准进行加工处理。

辐照食品的商业化和国际贸易除了技术可行性、卫生安全性以外，还涉及制度与法规的健全化、经济的可行性以及消费者的可接受性等。发展辐照食品检测技术可提供检测食品是否已被辐照和测定辐照食品吸收剂量的方法，强化关于辐照食品的国家法规，提高消费者对辐照食品的信任度。因此，建立辐照食品检测方法必将推进国际贸易和促进辐照食品商业化。

第二节 辐照处理对食品的影响

一、食品辐照的化学效应

食品的主要成分，如蛋白质、脂类、糖类及维生素在食品被辐照时会发生一些化学变化。研究这些辐解产物的种类、数量、产生过程以及它们与传统保藏方法所得结果的区别是非常重要的。

形成的辐解产物的数量依赖于许多因素，包括吸收剂量、剂量率、温度、食品的状态（液态、固态或冷动态）以及添加剂和氧含量。由电离辐射使食品产生多种离子、粒子及质子的基本过程如下：① 直接作用，生物大分子直接吸收辐射能后引起的辐射效应，称为初级辐射，即物质接受辐射能后，形成离子、激发态分子或分子碎片，程度与辐射强度有关；② 间接作用，生物大分子从周围水分子中吸收辐射能后引起的辐射效应，称为次级辐射，受温度等其他条件影响。

在没有链式反应的情况下，辐解产物的辐射化学产额通常在1~6个分子/100eV，就是说，剂量为10kGy、食品密度为1.8g/cm^{3}时的总产率少于6×10^{-3}mol/kg，即10kGy下不会引起食品主要组分的明显减少。然而在某些情况下，即使少量辐解产物也会导致食品质量的明显下降，如引起软化或出现不良气味。

食品主要成分的辐解研究的另一个目的是辐照食品的鉴定，特别是在国际贸易中接受国希望知道进口的食品是否经过电离辐照。如果辐照过，接受了多大剂量的辐照，是否符合本国辐照食品的法规等。这些都有赖于食品成分辐解研究的成果。

（一）蛋白质和氨基酸

食品中包括酶和氨基酸在内的蛋白质类物质，在受到辐射处理的情况下，都会随着辐射剂量不同而产生一定程度的变化。大剂量辐射处理下部分氨基酸会受到破坏，30kGy 处理可以破坏明胶中部分胱氨酸和赖氨酸等。氨基酸溶液经辐照后可发生脱氨基作用和脱羧基作用。对辐射的稳定性，食物中的氨基酸要大于溶液中的氨基酸。

蛋白质包括酶在受到辐射处理时，其四级结构和三级结构容易破坏，酶失去活性，蛋白质发生变性。在比较纯的溶液中比在复杂体系中的食品特别是固态食品中更容易受到破坏和变性。高剂量辐照含蛋白质食品可能导致食品产生不正常味道。

适当剂量辐照的食品其蛋白质营养成分无明显变化，氨基酸组分也是恒定的。

（二）脂类

电离辐射对脂类的主要作用有三种：理化性质的变化、诱发自氧化及非自氧化的辐解变化。在通常食品辐照剂量下，其物理性质，如熔点、折射率、介电常数、黏度和密度等没有显著变化。

辐照促进了食品脂类自氧化过程，这是由于辐照使脂肪酸长链中 C—C 链发生断裂和生成烷基自由基，在有氧存在下发生氧化作用，产生烃类物质。氧化作用的程度与温度、氧气存在量、脂肪酸饱和程度及是否存在助氧化剂和抗氧化剂等有关。但研究表明，与未经辐照但被光、热等其他处理方法引发氧化的脂肪中所发现的降解产物是基本相同的。

（三）糖类

固态低相对分子质量糖类辐照后其理化性质会发生很大的变化，如熔点随辐照剂量增加而下降，辐照后通常产生棕色物质，并使某些糖的旋光性减少。辐照可使气体释出，主要是 H_2、CO_2 和痕量 CH_4、CO 和 H_2O 等，当辐照过的糖溶于水时溶液呈酸性，其 pH 为 3～5。总之，辐照固态糖可形成许多类糖的辐解产物。单糖和低聚糖在比较单一的水溶液中受到高剂量的辐射后形成明显的降解产物，也伴有 pH 下降。50kGy 处理可以使还原糖的还原性降低，类似于 100℃ 加热处理 10h 的变化。在复杂体系中其他成分的保护作用使其对辐射的敏感性降低。

寡糖和多糖辐照可形成单糖及类似单糖的辐射分解产物。淀粉和纤维素辐解后，多糖链断裂，生成更小的单位，如小相对分子质量的低聚糖、麦芽糖、糊精等，辐射剂量越大，断裂程度越大，但很难得到单分子的葡萄糖、麦芽糖等。谷物和面粉基本上由淀粉组成，辐照可以引起这些大分子的解聚作用。

使用 20～50kGy 剂量辐照，不会引起糖类的食品质量和营养价值的明显变化。

（四）维生素

辐射对维生素的效应很大程度取决于维生素存在的环境。单纯的维生素溶液相对容易受到辐射处理而破坏，在食品复杂体系中对维生素的保护作用明显，这是由于水溶液中电离辐射对维生素的破坏主要是水辐解产物间接作用的结果。无论是水溶性还是脂溶性维生素，在食品体系中的辐射稳定性与其热稳定性相对应，与氧气存在状况有关，在有氧气存在下越是热不稳定的维生素，对辐射的敏感性越强，越容易受到辐射破坏。

二、食品辐照的生物学效应

生物学效应指辐射对生物体如微生物、昆虫、寄生虫、植物等的影响。这种影响是由于生物体内的化学变化造成的。已证实辐射不会产生特殊毒素，但在辐射后某些机体组织中有时发现带有毒性的不正常代谢产物。辐射对活体组织的损伤主要是影响其代谢反应，损伤程度因机体组织受辐射后的恢复能力而异，还取决于所用的辐射总剂量大小。

（一）辐射对微生物的作用

辐射对一般微生物的作用机制，有直接效应和间接效应两种。直接效应是指微生物接受辐射后本身发生的反应，可使微生物死亡。细胞内 DNA 受损，即 DNA 分子碱基发生分解或氢键断裂等。细胞内膜受损，造成细胞膜泄漏，酶释放出来，酶功能紊乱，干扰微生物代谢，使新陈代谢中断，从而使微生物死亡。间接效应是指来自被激活的水分子或电离所得的游离基产生的作用。当水分子被激活和电离后，成为游离自由基，起氧化还原作用，这些激活的水分子就与微生物内的生理活性物质相互作用，而使细胞生理机能受到影响。

（二）辐射对虫类的作用

辐射对昆虫的效应是与其组成细胞的效应密切相关的。对于昆虫细胞来说，辐射敏感性与它们的生殖活性成正比，与它们的分化程度成反比。处于幼虫期的昆虫对辐射比较敏感，成虫（细胞）对辐射的敏感性较小，高剂量才能使成虫致死，但成虫的性腺细胞对辐射是敏感的，因此使用低剂量可造成绝育或引起配子在遗传上的紊乱。

辐射可使寄生虫不育或死亡。猪肉中旋毛虫的不育剂量为 0.12kGy，这个剂量也可以防止相应的虫卵生长发育成为成虫；死亡剂量为 7.5kGy。牛肉中绦虫的致死剂量是 3.0～5.0kGy。总之，在比较低的辐射剂量作用下，即可杀灭寄生虫。

（三）辐射对植物的作用

辐射应用在植物性食品（主要是水果和蔬菜）上，通过对其 DNA 的部分破坏作用，影响其生理代谢过程，达到抑制块茎、鳞茎类的发芽，推迟蘑菇开伞，调节后熟和延缓衰老的目的。

抑制发芽：电离辐射处理可以抑制植物器官发芽，其原因是植物分生组织被破坏，核酸和植物激素代谢受到干扰，以及核蛋白发生变性。0.15kGy 的辐射处理即可抑制马铃薯、甘薯、洋葱、大蒜和板栗等的发芽，也可以抑制马铃薯在光照条件下的绿变。3kGy 辐射处理可以抑制蘑菇开伞。

调节呼吸和后熟：水果在后熟之前其呼吸率降至极小值，当后熟开始时呼吸作用大幅度地增长，并达到顶峰，然后进入水果的老化期，在老化期呼吸率又降低。如果在水果后熟之前呼吸率最小时用辐射处理，此时辐射能推迟其后熟期，主要是能改变植物体内乙烯的生长率从而推迟水果后熟。番茄、青椒、青瓜、洋梨等经过 1kGy 的低剂量辐射处理即可达到绝大多数果蔬延迟后熟的目的。

第三节　辐照食品的检测方法

辐照食品及其检测

自从 1989 年国际食品辐照协作规划组织（IMRP）将辐照食品分析检测技术推广应用以来，辐照食品检测已成为辐照技术中非常活跃的研究领域之一，每届的 IMRP 都讨论辐照食品检测方法，以推动检测方法向国际标准化发展。在这方面欧盟走在前面，制定了相应标准。2001 年国际食品法典委员会（CAC）第 24 届会议批准了国际标准《辐照食品鉴定方法》，该标准是由欧盟提出，并在欧盟标准的基础上建立的。截至 2004 年，CAC 先后颁布了 10 项辐照食品的鉴定方法标准，成为各国食品辐照行业借鉴的主要参考标准。这些检测方法主要分为三大类，即化学分析检测法、物理分析检测法和生物学分析检测法。这些检测方法的建立，不但提供了鉴定食品是否已被辐照和测定辐照食品吸收剂量的方法，而且进一步强化了有关辐照食品的国家法规，提高了消费者对辐照食品的信任度，有力促进了国际贸易和辐照食品商业化的快速发展。

一、化学分析检测法

电离辐射与食品物质的相互作用，可在食品组分上诱发复杂的化学变化，这些变化是由自由基过程产生的。但是，这些自由基也可由其他一些过程产生，如由热处理、光解、金属离子的催化、酶催化作用、研磨、超声波作用，以及在食品贮存过程中由氧和过氧化物相互作用产生。因此，不是所有化学变化的结果都能用来指示食品是否已被辐照，只有其中的一些辐照专一性辐解产物，一些在食品辐照前后含量有明显变化的产物，以及辐照在食品组成上诱导的某些化学特性，才能用于辐照食品的检测。

（一）辐照含脂食品中 2 - 烷基 - 环丁酮测定

在辐照中，甘油三酸酯中的酰氧键发生断裂，这一反应导致 2 - 烷基 - 环丁酮的形成，

2 - 烷基 - 环丁酮与母体脂肪酸有相同数量碳原子，而且羰基在 2 号环位上。因此，知道了脂肪酸的结构，就能确定 2 - 烷基 - 环丁酮的结构。2 - 烷基 - 环丁酮只存在于辐照的甘油三酸酯中，而不存在于加热或氧化的脂肪中。因此，2 - 烷基 - 环丁酮可作为含脂食品辐照的标志化合物。我国国家标准采用气相色谱 - 质谱法检测辐照含脂食品中 2 - 十二烷基环丁酮的含量。

（二）利用挥发性碳氢化合物检测含脂辐照食品

在辐照过程中，化学键在初级和次级反应中断裂。脂肪酸中的甘油三酸酯部分主要在羰基的 α 和 β 的位置上发生断裂，产生相应的 C_{n-1}、C_{n-2} 的烷烃和烯烃以及 C_n 醛类碳氢化合物。虽然在未辐照的脂肪中也存在挥发性的产物，但是它们的碳链长度比辐照生成的要短得多，即二者产物的定量分布不同。因此，C_{n-1}、C_{n-2} 的烷烃和烯烃以及 C_n 醛被认为是辐照专一产物。辐照产生的这些碳氢化合物可通过气相色谱法检测。该法包括以下几步：

1. 脂肪的提取

常用戊烷 - 异丙醇混合溶剂（体积比 3∶2）作为提取溶剂，萃取约 1.5min，将萃取物离心 10min，吸取油层，残渣再用溶剂提取。将提取液合并，用旋转蒸发器除去溶剂（35℃）。

2. 净化

采用真空蒸馏法将碳氢化合物分离，也可采用以戊烷为淋洗剂，硅酸镁为担体的柱色谱法分离，淋洗剂用量为 150mL，流速为 5mL/min，洗出液浓缩至约 0.2mL。

3. 检测

碳氢化合物可采用气相色谱法测定，使用氢焰离子化检测器，也可采用气相色谱 - 质谱联用法、液相色谱法或液相色谱 - 质谱联用法测定。

此法适用于所有含脂食品，包括含脂量很低的食品。对鸡肉、牛肉、猪肉、鱼肉、有壳水生动物（如贝类、虾、蟹等）、蛙腿、芒果、木瓜、乳酪、鳄梨、蛋类等均适用。方法的灵敏度依赖于食品类型、脂肪的组成和含量，在某些情况下，可以成功地检测 100Gy 剂量的辐照食品。

二、物理分析检测法

（一）辐照食品的电子自旋共振光谱检测法（ESR）

电离辐射是产生自由基的重要手段，在电离辐射作用下形成的原初产物——激发分子、正离子和电子都能进一步反应产生自由基。在一个体系中，大多数自由基的寿命很短，它们可通过自由基相互反应很快消失，这些自由基对辐照食品的检测意义不大。只有一些特殊的体系（如干燥固体样品）或含有硬组织（如骨头、钙化的表皮、硬果壳、籽、核等）的体系，自由基通常有较长的寿命，它们对辐照食品的检测才具有实际意义。辐照在这些部位产生的自由基，其相互反应因扩散困难而受到限制，只有一些较易扩散的小活性自由基才能与它们反应，因而他们的自由基有较长的寿命。GB 31642—2016《食品安全国家标准　辐照食品鉴定　电子自旋共振波谱法》的检测方法如下。

1. 原理

当食品经电离辐射照射后，会产生一定数量自由基。对自由基施加一定外加磁场，激发电子自旋共振。电子自旋共振波谱仪检测电子自旋共振现象，并记录电子自旋共振波谱线。食品辐照后产生的大多数自由基寿命很短，通过自由基相互反应会迅速消失。电子自旋共振法依赖对长寿命自由基的电子自旋共振谱线进行分析。含纤维素和含骨食品中的自由基扩散困难，通常具有较长的寿命，适用于电子自旋共振法检测。当ESR图谱上出现典型的不对称信号（分裂峰），可作为食品接受辐照的判定依据。

2. 样品制备与测定

（1）含骨类动物食品　完全剔除骨头样品表面的肉和筋膜，把骨敲成碎块，去除骨髓，必要时可用水或甲醇-乙醚溶液（体积比4∶1）清洗，使骨头干净清洁。清洗后，将骨头置于真空干燥箱中干燥（真空度：180Pa，冷冻温度：-45℃，干燥时间：12h）。干燥的骨样品粉碎成平均粒径约为1mm的颗粒，称量100mg，置于ESR样品管中。将样品管放入ESR波谱仪谐振腔中，扫描测量。

（2）含纤维素食品

① 干果类食品：用适宜工具从果壳中取出50~100mg样品，装入ESR样品管。将样品管放入ESR波谱仪谐振腔中，扫描测量。

② 香辛料类食品：取样品150~200mg，干燥后置于ESR样品管。将样品管放入ESR波谱仪谐振腔中，扫描测量。

③ 浆果类水果：取适量浆果置于50mL塑料管中，涡旋振荡混匀。将混匀后的样品转入大烧杯中，加入500mL去离子水，玻璃棒搅拌混匀。待种子自然沉淀后，除去果浆和多余水分。重复上述步骤以充分去除残留果浆。将种子铺展到滤纸上，吸收掉多余水分，然后置于冷冻干燥机或真空干燥箱（40℃）干燥4h。称取150~200mg完整种子装于ESR样品管中。将样品管放入ESR波谱仪谐振腔中，扫描测量。

浆果种子应保存完整，研磨等操作会减弱电磁信号并可能改变ESR波谱形状。

3. 波谱仪参考条件

① 含骨类动物食品：微波频率9.5GHz，功率为5~12.5mW；中心磁场348mT，扫场宽度5~20mT；信号通道调制频率50~100kHz，调制振幅0.2~0.4mT，时间常数50~200ms，扫描频率2.5~10mT/min；增益$1.0\times10^{4}\sim1.0\times10^{6}$。

② 含纤维素食品：微波频率9.78GHz，功率为0.4~0.8mW；中心磁场348mT，扫场宽度20mT；信号通道调制频率50~100kHz，调制振幅0.4~1.0mT，时间常数100~200ms，扫描频率5~10mT/min。

ESR法可用于检测贮存食品中产生的自由基是否稳定。一般来讲，自由基的寿命很短，尤其在液态下很不稳定。但如果食品中存在固态或干硬物成分（如骨头或碎骨、纤维素等），自由基则能为其所捕获而稳定。当辐照剂量为6~8kGy时，辐照产生的自由基在固相成分中相当稳定，可采用ESR法测得。含有纤维素的食物如坚果、花生、胡桃辐照后可测得ESR吸收光谱。含有骨或碎骨的禽肉和鱼肉辐照后在 ESR 光谱中能观测到相似的信号。对羊骨辐照的 ESR 信号研究结果表明：信号随辐照剂量增加而增强，且样品与处理方法对光谱的吸收峰也有一定影响。ESR 检测法还可用于含结晶糖辐照食品的检测。

辐照后样品中不同的单糖和二糖会显现不同的 ESR 谱线，其检测信号的强度随着顺磁性化合物的浓度和辐照剂量的增加而增强。ESR 法的检测限和稳定性受样品中羟磷灰石的矿质化程度和结晶糖影响。通常，大种属动物的骨骼高度矿质化，辐照剂量较低的不同种类和个体之间其检测限存在差异。对于低矿质化的鱼骨来说，如果超过了加热干燥所允许的温度，可能产生较强的干扰信号，影响放射诱导信号的检测。此外，若样品中没有糖晶体，辐照样品将不会产生 ESR 信号。

ESR 方法已成功地用于一些含骨头或钙化组织的食品、含纤维素的干燥食品和香辛料调味品及含结晶糖的食品等的辐照检测。ESR 方法的优点是准确、灵敏，可以检测 0.2kGy 剂量辐照的食品，并可用于估测受辐照食品的吸收剂量。缺点是在进行 ESR 测量前必须将样品研磨成一定大小的颗粒，此过程本身也可能产生自由基，此外，ESR 设备昂贵并需要专业技术人员。

（二）热释光分析法（TL）

当固体样品受电离辐射照射时，部分自由电子或空穴被晶格缺陷俘获，这些晶格缺陷称为陷阱（电子陷阱或空穴陷阱）。陷阱吸引、束缚异性电荷的能力，称为陷阱深度。当陷阱很深时，常温下电子或空穴可被俘获几百年、几千年乃至更长的时间。当样品被加热时，电子获得能量，一些电子可从陷阱中逸出，当逸出的电子返回到稳定态时，就伴随有热释光发射。如果电子被陷落在不同深度的陷阱中，则随着温度的升高，首先逸出的是浅陷阱中的电子。因此，记录到的光发射是加热温度的函数，而发光曲线则由几个“发光峰”组成。热释光现象比较普遍地存在于辐照和未辐照的固体样品中，因此，要区分辐照和未辐照样品，就需要一个建立在广泛实验基础上的阈值。将未知样品的热释光分析（TL）强度值与阈值比较，若未知样品的 TL 强度值大于阈值，则此样品是辐照的，反之，则是未辐照的。

（三）辐照食品的激光成像检测方法（PSL）

利用光刺激发光法可检测辐照食品。大部分的食物中都能发现矿物残渣，特别是硅酸盐或生物无机物质，比如来自于贝壳或者外骨骼的方解石，或者来自于骨或牙齿的羟磷灰石。当暴露在电离辐射中时，这些物质能通过束缚在结构、空隙或杂质中的载体储存能量。激发光谱学显示光刺激矿物质可以释放这些载体。随后发现整个草药和香料样品和其他食品在光刺激后可以获得同样的光谱。PSL 测定并不破坏样品，因此整个样品，或者其他有机和无机混合物质，可以重复测量。但是如果重复测量一个样品，其 PSL 信号会衰减。

该检测方法包括筛查（初始）PSL 测量以确定样品的初始状态（接受的样本或仪器准备时的 PSL 强度）和校正辐射剂量辐照后任意第二次测量以确定样品的 PSL 敏感性（初始 PSL 测量

后，被检测样品以已知剂量辐照后录得的 PSL 强度）。

对于筛查（接受的样本或仪器准备时的 PSL 强度）信号等级与两个阈值相比［用于分类的 PSL 强度值。在筛查模式，两个阈值，一个低阈值（T1）和一个高阈值（T2）被用于样品分类］，大部分的辐照样品产生很强的高于高阈值水平的信号。信号若低于低阈值表明样品未经过辐照。信号介于两个阈值之间的中间信号表明它们需要进一步检测。阈值的使用产生了一种有效的筛查方法，并且可以辅助校正法、热释光分析法或其他方法使用。

对于校正法，初始 PSL 测量后，样品暴露于特定剂量的辐射下，然后再次测量。辐照样品在此次辐照后只显示轻度 PSL 减低，而未经辐照的样品在辐照后常显示 PSL 信号的显著减低。

该方法使用 PSL 系统（由样品容器、刺激源、脉冲刺激和同步光子计数系统组成）进行检测。放射源在校正 PSL 测量前能以特定辐射剂量辐照样品。对贝类、草药、香料和它们的混合物测定，可应用^{60}Co 射线放射源，固定放射剂量为 1kGy。

对于样品制备，如可能的话，样品应是从食品转运时避光的位置取得的，因为 PSL 强度见光后降低。在分析前，样品应避光，并在黑暗中保存。样品的加样和处理应尽可能在柔和灯光下进行。

筛查测量时，进行样品检测并记录特定测量时间得到的结果。结果根据预先设定的阈值分类。筛查检测后，样品应该覆盖以防止物质损失或污染，之后样品暴露在特定的辐射剂量下。在辐照后，进一步的处理应尽可能在弱光下进行。以室温保存过夜后（甲壳类动物和其他易腐烂物质建议冷藏），进行校正测量。

PSL 方法原则上可以应用于含有矿物残渣的辐照食品的检测。样品的 PSL 敏感性取决于单个样品内含有的矿物质的量和类型。低于低阈值（T1）的信号大致与非辐照物质相关，但是也可能来自低敏感性辐照物质。校正法能帮助鉴别这些情况。低敏感性样品（校正后显示阴性或中间信号）应进一步用 TL 分析或其他标准化或认可的方法检测。总体来讲，建议用校正 PSL 测量方法检测低矿物质含量的甲壳类动物和干净香料（比如肉豆蔻、地生白和黑胡椒），以避免错误的阴性结果。

非混合食品可以得出最佳的结果。咖喱粉等的混合食品以及混合物可能含有具有一定范围 PSL 敏感性的矿物残渣，从而校正 PSL 可能得出模糊的结果。样品中盐的存在可在一定程度上主导 PSL 强度，使任何剩余辐照成分的信号被掩盖。样品水化后再次测量能识别和校正这种情况。

三、生物学分析检测法

（一）辐照食品的微生物计数比较检测法（DEFT/APC Screen Method）

直接表面荧光过滤器（Direct Epifluorescent Filter Technique）/平板计数（Aerobic Plate Count）技术（DEFT/APC），又称辐照食品的微生物计数比较检测法，该方法通过结合 DEFT/

APC 平行试验进行辐照检测，是专门用于验证食品辐照处理的微生物定性的标准方法。APC 提供了辐照后存活的微生物数量，而 DEFT 计数显示了样品中包括未存活细胞在内的微生物总数，该方法可测定各种需氧菌的总数与活的微生物数的比值，该比值不仅能提供进行辐照处理的证据，并且能说明辐照食品处理前的微生物学性质。对于未辐照食品来说，两种计数法的结果应相近；但是辐照食品中 APC 法所得结果显然少于 DEFT 法。经过 5 ~ 10kGy 剂量辐照的样品中，DEFT 计数和 APC 计数的差异一般在 3 ~ 4 个数量级。但是如果样品中的微生物过少（APC $< 10^3$ CFU/g），这一方法也将受到限制，且 DEFT 计数和 APC 计数的这种差异在其他的可导致微生物死亡的食品处理方法中也存在，如加热法。因此，对 DEFT/APC 技术检出的辐照产品，推荐用标准参考方法（如 EN 1788、EN 13751）进一步确认阳性结果，从而证实有疑问的食物经过辐照处理。该检测方法可用于辨别 5kGy 的辐射剂量。此项技术的局限性是如果辐照前初始污染很轻，辐射剂量很低，或者辐照是为延缓成熟而非巴氏杀菌，则必须要求对辐照食品进行低温保藏，在贮藏期内微生物的增殖会影响结果的可靠性。这种方法已成功地用于草药和香料的检测。如果净化处理使用了烟熏消毒或加热法，其 DEFF/APC 的计数差异与辐照后得到的计数差异很相似。一些香料如丁香、肉桂、大蒜和芥末等中若含有抗微生物活性的抑制成分则可能会导致 APC 计数的下降。

（二）DNA 彗星实验法

电离辐照等各种不同的物理和化学作用都可导致 DNA 断裂，含 DNA 的食物经过电离辐照后，大分子物质发生了改变，如单键或双键的断裂。DNA 碎片会伸展开来或从细胞内转移出，在正电极方向形成一个尾巴，使得被破坏细胞的外形看起来像彗星，这种断裂可以通过对单细胞和细胞核的微凝胶体电泳进行检测。这一检测 DNA 断裂程度的彗星法可以在不同的条件下进行。一般在碱性条件下，可以检测到 DNA 的单键和双键断裂，同时碱性异变的位置也可以被测量到；在中性条件下，仅能观察到 DNA 的双键断裂。但由于细胞核中 DNA 超螺旋结构的解螺旋，在中性条件下，DNA 的单键断裂会对彗星的形状产生影响，被辐照的细胞会显示出从细胞核向正电极的延长现象，这样就比未经辐照的细胞有更长的彗尾（即更多的分裂）。而未经辐照的细胞接近圆形，或只有很轻微的彗尾。这种检测方法原则上讲可用于所有含 DNA 的辐照食品检测。目前已成功应用于多种食品，包括动物食品和植物食品。但由于 DNA 片段可能是由其他方法得到，所以这只是一种筛选试验，其结果也须进一步验证。

（三）微生物学筛选法（LAL/GNB）

内毒素是革兰阴性菌的菌体中存在的毒性物质的总称，是细菌细胞壁上的特有成分，其毒性成分主要为类脂质。只有在细菌裂解后，内毒素才会释放出来，可引起宿主发热和内毒素休克等症状。在适宜条件下，细菌内毒素可激活鲎试剂中的凝固酶原，使鲎试剂产生凝集反应形成凝胶。内毒素与革兰阴性菌含量呈正相关，所以可根据内毒素的含量测定革兰阴性菌的含量。食品经过一定剂量的辐照后，食品中的革兰阴性细菌基本上被杀死，但残留的内毒素不会因辐照处理而消失。因此，可通过内毒素浓度测定，计算被辐照食品中死亡和存活革兰阴性细菌的总数，同时对食品中存活的革兰阴性细菌进行培养计数，通过两者的差异，可判断食品是否经过辐照。若两个数值的差异明显，表明样品可能接受过辐照。该方法已成功通过实验室验证，通常适用于冷冻畜禽肉和水产品等各类生鲜食品的辐照鉴定。在进行辐照鉴定的同时，还可以提供待辐照样品微生物学质量的情况。但样品中存在大量的失活的微生物组织，可能由多种原因造成，所以该方法只能说明样品可能经过电离辐射。因此，和上述的两种生物学方法一样，有必要采用标准的参考方法（EN 1784、EN 1785 或 EN 1786 等）来证实食品是否经进辐照。该方法尤其适用于微生物实验室中对食品的日常检测试验。

四、辐照食品检测技术的展望

辐照食品鉴别，经世界各国学者的努力，如今已经取得很大的发展与突破。6 个欧洲标准参考方法（如 GC - MS、TL 等）可用于大部分辐照食品的鉴别，为保证鉴别结果的准确性，在未来相当长的时间里，这些方法的应用仍将处于主导地位。另外 4 个推荐标准（如 LAL/GNB、PSL 等），由于存在多种影响因素，只能作为初步筛选的方法，但也获得了欧洲标准委员会的批准，并且它们都具有简单、方便、耗资少等优点。在今后辐照食品鉴别技术的研究和应用过程中，这些简便的方法必将越来越多地受到重视。

近年来，国内学者利用食品辐照后物理性质（如电性质、黏度等）、化学反应、生物学特征（如组织和形态特征）、微生物系统、昆虫等的变化检测辐照食品进行了大量研究工作，并取得了一定成果，先后制定并发布了 NY/T 2212—2012《含脂辐照食品鉴定　气相色谱分析碳氢化合物法》、NY/T 2213—2012《辐照食用菌鉴定　热释光法》、GB 23748—2016《食品安全国家标准　辐照食品鉴定　筛选法》、GB 31642—2016《食品安全国家标准　辐照食品鉴定　电子自旋共振波谱法》和 GB 21926—2016《食品安全国家标准　含脂类辐照食品鉴定 2 - 十二烷基环丁酮的气相色谱 - 质谱分析法》等标准。然而，上述方法的适用范围不尽相同，均存在一定的局限性，难以适用于不同种类辐照食品的检测与鉴别。因此，加强多学科技术合作与攻关，研究发展通用性更好、简便、快速、准确的辐照食品检测技术，制定完善辐照农副产品和食品鉴定检测方法标准，与国际接轨成为今后的发展方向。

思考题

1. 如何看待辐照食品的安全性问题？
2. 如果对肉干产品进行辐照处理，将对样品中的哪些成分造成影响？

第十七章

转基因食品的检测

本章学习目的与要求

1. 综合了解转基因食品的定义及其潜在的安全性问题；
2. 掌握从核酸水平和蛋白质水平对转基因食品进行检测。

第一节 概 述

一、转基因食品的定义

基因工程技术可将一种或几种外源基因转移到受体生物（动物、植物或微生物）中，改变受体物种的某些遗传性状，从而达到使受体生物性状、营养价值或品质向人们所需目标转变的需求。由转基因物种作为原料所生产的食品即为转基因食品，转基因食品也称为基因改造食品或基因修饰食品（Genetically Modified Food，GMF）。根据食品原料的来源分类，转基因食品可分为转基因植物食品、转基因动物食品和转基因微生物食品，目前市场上主要以转基因植物食品占主导地位。1983 年，第一例转基因植物在美国培植成功，标志着现代农业生物技术发展进入了一个新的时代。在随后的 30 多年里，转基因技术在农林领域获得了迅猛发展，转基因作物品种达上百种，主要有大豆、玉米、棉花、油菜等，由转基因作物加工生产的转基因食品和食品成分达 4000 余种。据国际农业生物技术应用服务组织（International Service for The Acquisition of Ari - biotech Applications，ISAAA）统计，2018 年全球种植转基因作物的面积已达 1.917 亿 hm^2，比 2017 年的 1.898 亿 hm^2 增加了 190 万 hm^2，增幅比例为 1%。美国、巴西、阿根廷、加拿大和印度等 5 大转基因作物种植国占全球转基因作物面积的 91%。中国也有大面积种植转基因作物，主要种植 Bt 抗虫棉。表 17 - 1 列示了全球排名前 10 位的转基因作物种植国家及其主要产品。随着转基因作物商品化应用的增多，转基因食品也将越来越多，必将对人类未来的发展带来深刻的影响。

表17-1　2018年全球转基因作物在各国的种植面积（排名前10位）

排名	国家	种植面积/ $\times 10^6 hm^2$	转基因作物
1	美国	75.0	玉米、大豆、棉花、油菜、甜菜、苜蓿、木瓜、南瓜、马铃薯、苹果
2	巴西	51.3	大豆、玉米、棉花、甘蔗
3	阿根廷	23.9	大豆、玉米、棉花
4	加拿大	12.7	油菜、玉米、大豆、甜菜、苜蓿、苹果
5	印度	11.6	棉花
6	巴拉圭	3.8	大豆、玉米、棉花
7	中国	2.9	棉花、木瓜
8	巴基斯坦	2.8	棉花
9	南非	2.7	玉米、大豆、棉花
10	乌拉圭	1.3	大豆、玉米

二、转基因食品的安全性

转基因作物是利用基因工程技术导入异源的基因来增强其对昆虫或病毒引起的植物病害的抗性或对除草剂的耐受性，可实现在减少农药使用量的情况下，提高经济作物的产量。因此，以转基因作物原料生产的食品与传统食品的主要差异在于前者含有来源于异源生物体的基因以及外源基因所编码的蛋白质。尽管目前尚缺乏科学依据证明转基因作物及其产品会对人类健康和生存环境的安全性构成威胁，但其潜在的风险还是引起了世界各国政府和公众的极大关注和广泛忧虑。

（一）转基因食品对人体健康可能产生的影响

转基因食品携带的抗生素抗性基因有可能被动物与人的肠道病原微生物摄入细胞进而发生遗传物质的重组，产生耐受抗生素的变异微生物。尽管发生基因转移的概率很低，但未来转基因食品研发中，应鼓励采用不涉及抗生素抗性基因的转基因食品。转基因食品中外源基因所编码的蛋白序列可能含有与致敏蛋白相似的多肽片段，从而导致食用该类转基因食品会产生过敏反应。1996年，美国先锋种子公司在一项研究中，将巴西坚果的一种富含甲硫氨酸和半胱氨酸的蛋白质（2S albumin）基因转入普通的大豆中，以进一步提高大豆的营养品质，但发现对食用巴西坚果过敏的人群也对该转基因大豆产生同样的过敏反应，最终该转基因大豆没有被批准商业化生产。另外，外源基因导入受体作物后可能会产生非预期效应，导致转基因作物所生产的食物营养成分发生改变，或作物中原来低水平的毒素在转基因后其含量会提高，甚至会产生新的毒素等。

（二）转基因作物对环境生态可能产生的影响

转基因作物本身可能转变成杂草。相比于相同物种，转基因作物所携带有额外的“新基因”

（抗虫、抗病毒或耐寒、耐旱等基因）赋予其更强的生存能力，更易适应劣势环境的生长。转基因作物的杂草化可产生严重的经济和生态后果。同时转基因作物也可通过与近源植物进行杂交，使这些植物的野生近缘物种变成杂草。抗虫类转基因植物，除对害虫产生毒害而使其死亡外，对环境中的许多非目标生物也产生直接或间接的影响，甚至使其死亡，造成生态链的失衡。转基因作物中病毒基因有可能与侵染该植物的其他病毒进行重组，产生新病毒或超级病毒。

（三）世界各国对转基因食品的监管

转基因食品作为现代生物技术的一种重要衍生物，所产生的社会和经济效益十分显著。但另一方面也必须清醒地认识到转基因作物及转基因食品带来的潜在安全性问题，其对人类的健康及自然环境的影响可能需要经过长时间才会突显出来。因此，对于转基因技术的发展，一方面应积极稳妥地对转基因食品进行研究开发；另一方面应建立相应的法律法规对其加强监督管理，制定出操作性强的安全评价细则。基于转基因食品潜在安全的不确定性，世界各国政府都加强对转基因食品进行管理。中国建立了一整套适合我国国情并且与国际接轨的法律法规和技术管理规程。2001 年，国务院公布了《农业转基因生物安全管理条例》，明确规定农业转基因生物实行安全评价制度、标识管理制度、生产许可制度、经营许可制度和进口安全审批制度。农业部和质检总局制定了《农业转基因生物安全评价管理办法》、《农业转基因生物进口安全管理办法》、《农业转基因生物标识管理办法》、《农业转基因生物加工审批办法》和《进出境转基因产品检验检疫管理办法》5 个配套规章。美国 FDA 在 2001 年颁布的《转基因食品自愿标识指导性文件》用于指导转基因食品的生产、销售与管理。欧盟在 2000 年颁布了《外源性污染物标识条例》，对于转基因农产品标识的对象、范围、临界值做出了详细的规定。日本出台了《转基因食品和食品添加剂安全评价指南》对转基因农产品及其加工产品进行安全评估。

（四）转基因食品检测的必要性

2015 年中国颁布的《中华人民共和国食品安全法》，明确规定食品产品中如含有转基因成分，需要在包装上标明“转基因标识”。我国如此重视转基因食品的标识，体现了对消费者知情权和选择权的尊重及保护。加强对转基因食品生产及销售环节的监控及检测，可促使转基因食品生产企业严格遵照相关的法规进行生产及销售，保护消费者的合法权益。同时有助于防止转基因食品原料在耕种、收割、运输、储存和加工过程中混入非转基因食品中，避免对普通食品造成“污染”的可能。加强对进出口转基因食品的检测，也有利于我国企业生产和销售与国际接轨，保证我国进口转基因食品的安全性。随着商品化的转基因食品的种类越来越多，对转基因成分的准确定性与定量检测显得日趋重要，这样对转基因食品检测技术也提出越来越高的要求。我国大面积种植转基因作物种类较少，转基因食品加工原料大量从国外进口，如 2019 年，我国进口 8500 万 t 转基因大豆。建立和研发多种高效、准确及灵敏的转基因食品检测方法势在必行，以保证广大人民群众的利益，同时又可以促进我国转基因食品产业的健康良性发展。

第二节　转基因食品的检测方法

转基因食品及其检测

转基因食品的检测主要从两个方面入手，一是核酸水平，即检测遗传物质中是否含有外源基因；二是蛋白质水平，即对外源基因表达的蛋白质产物或其功能进行检测。外源基因会对插入位点附近基因表达水平及其代谢产物造成一定的影响，监控该类基因的变化也可作为是否为转基因食品的参考依据，但此类型检测难度大、成本高，在实际工作中较少采用。转基因食品检测常用的方法有核酸水平的聚合酶链式反应（PCR）法，蛋白质水平的检测方法有酶联免疫吸附法（ELISA）检测及胶体金标记免疫试纸条检测方法。下面对转基因食品涉及的检验技术进行简要介绍。

一、核酸水平检测转基因产品

食品中转基因成分检测采用的PCR方法是以检测整合到生物体内外源基因DNA序列为目的的检测方法。PCR技术的基本原理与细胞内DNA复制过程类似，其特异性依赖于与靶序列两端互补的寡核苷酸引物，经由变性—退火—延伸三个基本反应步骤，使待扩增目的基因获得放大几百万倍扩增。为提升检测的灵敏度与准确性，在PCR反应体系中，除采用特异的引物外，还加入了与模板DNA匹配的具有荧光标记的探针，随着PCR反应的进行，PCR反应产物不断累计，荧光信号强度也等比例增加。每经过一个循环，收集一个荧光强度信号，这样就可以通过荧光强度变化监测产物量的变化，从而得到一条荧光扩增曲线，当荧光信号超过所设定的阈值（Threshold）时，荧光信号可被检测出来，该技术称为实时荧光定量PCR技术。由于检测样品中模板的Ct值（反应管内的荧光信号达到设定阈值时所经历的循环数）与该模板起始拷贝数的对数存在线性关系，起始拷贝数越多，Ct值越小，通过制备的标准曲线计算出该样品内标准基因和某品系的起始拷贝数，计算出的两个目标核酸拷贝数的比值（百分数）即为测定品系的相对百分含量。转基因作物中含有异源基因种类繁多，需要设计多种的特异引物进行筛选检测，这样增加了检测的难度及工作量。但转基因植物及产品中往往使用相同或相似的启动子、终止子或标记基因，这些基因原件大多来自微生物，非植物本身所固有，因此检测具有特异性。例如，常用的花椰菜花叶病毒启动子（*CaMV35S*）、根癌农杆菌启动子和终止子调控序列（*NOS*）、卡那霉素抗性选择标记基因（*NPT*-Ⅱ），可通过检测样品是否含有特定的启动子、终止子或标记基因序列作为鉴别样品是否含有转基因成分的依据。

现行国标GB/T 19495.5—2018《转基因产品检测　实时荧光定量聚合酶链式反应（PCR）检测方法》提供了通用的荧光定量PCR技术在转基因植物方面的检测应用实例，具体检测流程如下。

1. 样品 DNA 制备

采用植物基因组 DNA 提取试剂盒进行待检测样品 DNA 提取。每个样品应制备 3 个测试样品提取 DNA（提取平行重复），并进行 DNA 浓度测定。

2. 实时荧光 PCR 检测及反应程序

实时荧光 PCR 反应体系按表 17－2 所示成分进行配制。

表 17－2　实时荧光 PCR 反应体系

名称	反应终浓度
10×PCR 缓冲液	储存液进行 10 倍稀释
$MgCl_2$	2.5mmol/L
dNTP（含 dUTP）	0.2mmol/L
UNG 酶	0.075U/μL
上游引物	100～600nmol/L
下游引物	100～600nmol/L
探针	100～300nmol/L
Taq 酶	0.05U/μL
ROX	50 倍稀释
DNA 模板	10～60ng（与检测样品基因组大小相关）
反应体系的各试剂的量可根据实际需求进行适当调整	

实时荧光 PCR 反应扩增的参数为：50℃/2min；95℃/10min；95℃/15s；60℃/60s，40 个扩增循环。荧光信号采集条件设置应与探针标记的报告基团一致，具体设置方法可参照仪器使用说明书。

为保证检测结果的准确性，实验需要设立对照实验：①阳性对照，为目标转基因植物品系基因组 DNA，或含有上述片段的质粒标准分子 DNA；②阴性对照，相应的非转基因植物样品 DNA；③空白对照，设两个，一是提取 DNA 时设置的提取空白对照（以双蒸水代替样品），二是 PCR 反应的空白对照（以双蒸水代替 DNA 模板）。

3. 标准曲线制备

为实现对检测样品的定量分析，需要制备检测样品的标准曲线（须设置至少 5 个浓度点），且设置的最低浓度点应该尽量接近该扩增目标的定量下限。标准曲线上的每个浓度应至少做 3 个平行重复。

将基体标准物质基因组 DNA（或基因组 DNA 标准物质）或含有目标转基因品系和植物内标准基因的质粒进行梯度稀释，如可采用 5 倍梯度对 DNA 模板进行稀释至 4×10^4 拷贝，8000 拷贝，1600 拷贝，320 拷贝和 25 拷贝，其中 25 拷贝为定量下限模板浓度。每个浓度模板 DNA 设置至少 3 个平行重复扩增。扩增后，根据扩增 Ct 值与样品浓度（拷贝数）对数值间的线性关系制备标准曲线。标准曲线即以 DNA 拷贝数的对数作为横坐标，Ct 值作为纵坐标作图，并获得标准曲线方程。

4. 质量控制

检测过程中出现以下指标有一项不符合者，须重新进行实时荧光 PCR 扩增。空白对照：内标准基因扩增 Ct 值≥40，品系特异性序列扩增 Ct 值≥40；阴性对照：内标准基因扩增 Ct 值≤30，品系特异性序列扩增 Ct 值≥40；阳性对照：内标准基因扩增 Ct 值≤30，品系特异性序列扩增 Ct 值≤35。

被检测的样品核酸浓度应在标准曲线测定范围内，如不在标准曲线测定范围内，则须对样品核酸浓度进行适当调整后重新进行检测。扩增平行重复测试结果（转基因品系百分含量）的相对标准偏差≥25%，或提取平行重复的测试结果（转基因品系百分含量）的相对标准偏差≥35%，则应重新进行实验，重新进行的实验应从制备测试样品开始。

5. 结果计算及结果分析

将样品中检测反应获得的 Ct 值，在标准曲线方程中进行计算，从而获得待检测样品的基因含量的拷贝数。检测分析结果有 3 种可能，分别为：①检出物种内标准基因，但未检出目标品系特异性序列；②检出物种内标准基因和品系特异性序列，但含量小于定量下限；③检出物种内标准基因和目标品系特异性序列，含量在标准曲线的测定范围。

二、蛋白质水平检测转基因产品

异源基因在转基因作物中能够被受体植物识别而在植物体内产生相应的蛋白质，通过检测样品中是否含有外源蛋白质，即可判断是否含有转基因的成分。ELISA 分析法和胶体金标记免疫试纸条法是基于抗体与抗原可以特异性相互作用的免疫学原理开发而来的。该类检测方法操作简单，不需要特殊的仪器，检测灵敏且操作时间短，适合于对转基因食品的快速检测。但是也有其局限性：① 检测范围窄。针对转基因产生抗原的特性单克隆抗体较少，研发难度大，只能检测少数几种转基因蛋白抗原；② 易出现假阴性结果。转基因食品中“新蛋白”含量较低，难以检出。蛋白质在食品加工过程中有可能失去抗体所识别的抗原表位，从而造成检测结果假阴性的现象。此外，蛋白质在受体生物基因组内表达前后如进行新的修饰，也可导致检测敏感性降低而造成假阴性结果。因此，转基因食品中转基因成分蛋白水平的 ELISA 检测和胶体金标记免疫试纸条检测在实际检测中使用范围有限。

目前 GB/T 19495. 8—2004《转基因产品检测　蛋白质检测方法》提供了大豆转 *CP4 EPSPS* 基因成分的 ELISA 检测方法。具体如下。

1. 样品的预处理

取 500g 以上大豆，粉碎、微孔滤膜过滤。在操作过程中小心避免污染，避免局部过热。定性检测的微孔滤膜孔径应为 450μm，保证孔径小于 450μm 的粉末质量占大豆样品的 90% 以上。定量检测的样品先用孔径为 450μm 的微孔滤膜过滤后，再经 150μm 的微孔滤膜过滤，过滤得到的样品量只要能满足检测要求即可。对于其他类型的材料采用类似的方法处理。在检测不同批次样品之间应对处理大豆样品的所有设备进行彻底清洁：首先，尽可能除去残留材料，然后用酒精洗涤两遍，用水彻底清洗，风干。工作区应保持清洁，避免样品交叉污染。

2. 样品抽提

测试样品、阴性及阳性标准品在相同条件下抽提两次。每种标准品在称量时按照含量由低到高的顺序进行。

将每一种样品称出（0.5 ±0.01）g，放入15mL聚丙烯离心管中，为避免污染，在称量不同样品时，用酒精棉擦干净药匙并晾干，或使用一次性药匙。向每一个离心管中加4.5mL抽提缓冲液。将缓冲液与管内物质剧烈混匀并涡旋振荡，使之成为均一的混合物（低脂粉末和分离蛋白质须延长混合时间，有时超过15min；全脂粉末容易混匀，不超过5min），4℃下5000*g*离心15min。小心吸取上清液于另一干净的聚丙烯离心管中，每管吸取1mL上清液。上清液可于2～8℃储存，时间不超过24h。在检测时，用大豆检测缓冲液按表17－3所列比例稀释样品溶液。

表17－3　不同基质的稀释度

基质	稀释度
大豆	1∶300
豆粉	1∶300
脱脂豆粉	1∶300
分离蛋白	1∶10

3. ELISA操作步骤

蛋白质抽提流程见表17－4，试验流程见表17－5。

表17－4　蛋白质抽提流程

程序	详细说明
称量	称量0.5g测试样品或空白或参照标准品
加缓冲液	加入抽提缓冲液4.5mL
混匀	使测试样品与抽提缓冲液充分混匀，高脂粉末低于5min，低脂粉末、分离蛋白质15min以上
离心	在4℃下5000*g*离心15min，吸取上清液到另一干净离心管中
稀释	根据基质不同以1∶300或者1∶10稀释，稀释测试样品溶液、空白、阳性和阴性样品

表17－5　ELISA实验流程

程序	体积	详细说明
加样	100μL	微量移液器吸取已稀释的样品溶液、空白、阳性和阴性标准品至相应酶标孔
孵育		37℃孵育1h
洗涤		用洗涤缓冲液洗涤3次
加样	100μL	向每个酶标孔中加入偶联抗体

续表

程序	体积	详细说明
孵育		37℃孵育 1h
洗涤		用洗涤缓冲液洗涤 3 次
加样	100μL	向每个酶标孔中加入显色底物
孵育		室温下孵育 1h
加样	100μL	向每个酶标孔中加入终止液
混匀		轻轻混匀 10s
测量吸光度		用酶标仪测量每孔在 450nm 的吸光度

4. 测试样品中目标蛋白浓度的计算

测试样品及参照标准的数值需减去空白样的数值，所测量的阳性标准品的平均值用于生成标准曲线，测试样品的平均值根据标准曲线计算相应浓度。

5. 结果可信度判断的原则

对于阳性标准品（大豆种子）而言，该方法检测的灵敏度必须保证在 0.1% 以上，定量检测的线性范围是 0.5% ~3% 。每一轮检测都必须符合表 17－6 所示的结果可信度判断的原则。每一轮反应应当包括空白、阳性标准品、阴性标准品和测试样品。所有样品检测液、空白对照都必须设置一个重复。如果不符合表 17－6 所示的条件，所有检测试验须重新操作。

表 17－6　结果可信度判断的条件

样品类别	结果可信度判断原则
空白对照	OD_{450nm} <0.3
阴性标准品	OD_{450nm} <0.3
2.5% 阳性标准品	OD_{450nm} ≥0.8
所有阳性标准品，OD 值	重复的 OD 值差异≤15% 重复的 CV≤15%
未知样品溶液	重复的 CV≤20% 重复的浓度值差异≤20%

三、转基因食品检测技术发展的现状和展望

随着转基因食品商业化种类的日益增多，对检测技术的检测效率、灵敏度及准确度等提出了新的要求。除了上述介绍的荧光 PCR 检测技术、免疫检测技术用于检测转基因食品外，高灵敏、

高通量的检测方法也不断涌现。如液相芯片技术，该技术是以荧光编码微球为基础，微球编码带有大量的活性基团，可与核酸探针、抗原、抗体等分子偶联。微球因加入不同的荧光染料，从而可以将微球进行分类，每种微球可特异性地偶联针对目标 DNA 序列的寡核苷酸探针，最多可实现 100 种不同探针分子的标记，通过流式细胞检测技术实现多靶基因样品的检测。与荧光定量 PCR 技术不同，数字 PCR 是最新的定量技术，该技术是基于单分子 PCR 方法来进行计数的核酸定量，是一种绝对定量的方法。主要采用微流控或微滴化方法，将大量稀释后的核酸溶液分散至芯片的微反应器或微滴中，每个反应器的核酸模板数少于或者等于 1 个。这样经过 PCR 扩增循环之后，含有单个核酸分子模板的反应器会产生荧光信号，没有模板的反应器无荧光信号。根据相对比例和反应器的体积，推算出原始溶液的核酸浓度，从而精确地定量分析。另外还有生物芯片法，具有高通量、微型化、自动化和信息化的特点，通过设计不同的探针阵列实现多种靶目标基因同时检测。传感器、光谱法等检测技术也被应用到转基因检测中。顺应转基因食品检测发展的需求，国内多家生物技术公司针对转基因食品也开发出多种相应的检测试剂盒及检测仪，我国在转基因食品研发及检测领域逐渐达到国际先进水平。

思考题

1. 什么是转基因食品？

2. 转基因食品的潜在危害体现在哪些方面？

3. 转基因食品检测的常用技术以及新发展的技术分别都有哪些？对每种技术的检测原理进行归纳总结。

第十八章

新食品原料的检测

本章学习目的与要求

1. 理解新食品原料的概念、安全性及其管理和申报规定；
2. 了解对新食品原料检测的必要性及我国的基本情况；
3. 通过非标检测方法，理解新食品原料检测的特殊性。

第一节　新食品原料概论

一、新食品原料的发展及其定义

新食品原料

《中华人民共和国食品卫生法（试行）》（1983 年）第二十二条规定：“利用新资源生产的食品必须报卫生部审核批准方可生产”，这首次提出了新资源食品的概念；《食品新资源卫生管理办法》（1987 年）对新资源食品审批工作程序做了具体要求；《中华人民共和国食品卫生法》（1995 年）正式实施，第二十条规定：“利用新资源生产食品在生产前须按规定的程序报请审批”；2007 年，《新资源食品管理办法》发布并制定《新资源食品安全性评价规程》和《新资源食品卫生许可申报与受理规定》；《中华人民共和国食品安全法》（2009 年）发布实施，第四十四条提出：“利用新的食品原料生产食品应向卫生部提出申请，经安全性评估符合食品安全要求的方可予以批准”；《新食品原料安全性审查管理办法》（以下称《管理办法》）于 2013 年 10 月 1 日起施行，“新资源食品”正式改名为“新食品原料”。根据《管理办法》第二条给出的定义，新食品原料是指在我国无传统食用习惯的以下物品：① 动物、植物和微生物；② 从动物、植物和微生物中分离的成分；③ 原有结构发生改变的食品成分；④ 其他新研制的食品原料。其中，定义中的“传统食用习惯”是指某种食品在省辖区域内有 30 年以上作为定型或者非定型包装食品生产经营的历史，并且未载入《中华人民共和国药典》。此外，《管理办法》所称的新食品原料不包括转基因食品、保健食品、食品添加剂新品种。

二、新食品原料的安全性、管理及申报规定

《管理办法》中明确指出：新食品原料应当具有食品原料的特性，符合应当有的营养要求，

且无毒、无害，对人体健康不造成任何急性、亚急性、慢性或者其他潜在性危害。

《管理办法》对新食品原料的安全性评估的原则、内容和要求作了详细规定：原国家卫生和计划生育委员会负责新食品原料安全性评估材料的审查和许可工作，新食品原料应当经过原国家卫计委安全性审查后，方可用于食品生产经营；原国家卫计委根据新食品原料的安全性审查结论，对符合食品安全要求的，准予许可并予以公告；对不符合食品安全要求的，不予许可并书面说明理由；新食品原料生产单位应当按照新食品原料公告要求进行生产，保证新食品原料的食用安全；原国家卫计委对与食品或者已公告的新食品原料具有实质等同性的新食品原料，应当作出终止审查的决定，并书面告知申请人。"实质等同"是指如某个新申报的食品原料与食品或者已公布的新食品原料在种属、来源、生物学特征、主要成分、食用部位、使用量、使用范围和应用人群等方面相同，所采用工艺和质量要求基本一致，可以视为它们是同等安全的，具有实质等同性。

除《管理办法》之外，有关新食品原料的申报、审查等的一般性要求和具体内容，参见2013年国家卫生和计划生育委员会发布的《新食品原料申报与受理规定》和《新食品原料安全性审查规程》等相关文件。拟从事新食品原料生产、使用或者进口的单位或者个人需提交的主要申报材料及技术要求见表18－1。

表18－1　新食品原料的主要申报材料及技术要求

申报材料	包括内容	具体要求
1. 新食品原料研制报告	（1）研发背景、目的和依据	
	（2）新食品原料名称	包括商品名、通用名、化学名、英文名、拉丁名等
	（3）新食品原料来源	① 动物和植物类：产地、食用部位、形态描述、生物学特征、品种鉴定和鉴定方法及依据等 ② 微生物类：分类学地位、生物学特征、菌种鉴定和鉴定方法及依据等资料 ③ 从动物、植物、微生物中分离的成分及原有结构发生改变的食品成分：动物、植物、微生物的名称和来源等基本信息，新成分的理化特性和化学结构等资料。原有结构发生改变的食品成分还应提供该成分结构改变前后的理化特性和化学结构等资料 ④ 其他新研制食品原料：来源、主要成分的理化特性和化学结构，相同或相似物用于食品的情况等
	（4）新食品原料主要营养成分及含量	包括可能含有的天然有害物质（如天然毒素或抗营养因子等）
	（5）新食品原料食用历史	国内外人群食用的区域范围、食用人群、食用量、食用时间及不良反应资料

续表

申报材料	包括内容	具体要求
1. 新食品原料研制报告	(6) 新食品原料使用范围和使用量及确定依据	
	(7) 新食品原料推荐摄入量、适宜人群及依据	
	(8) 新食品原料与食品或已批准的新食品原料具有实质等同性	应当提供此项内容的对比分析资料
2. 安全性评估报告	(1) 成分分析报告	包括主要成分和可能的有害成分检测结果及检测方法
	(2) 卫生学检验报告	3 批代表性样品的污染物、微生物检测结果及方法
	(3) 毒理学评价报告主要包括以下试验： ①急性经口毒性试验 ②三项遗传毒性试验 ③90d 经口毒性试验 ④致畸试验 ⑤生殖毒性试验 ⑥慢性毒性试验 ⑦致癌试验 ⑧代谢试验 ⑨28d 经口毒性试验 ⑩二项遗传毒性试验	(1) 国内外均无传统食用习惯的（不包括微生物类），原则上应当进行①～⑧ 8 项试验 (2) 仅在国外个别国家或国内局部地区有食用习惯的（不包括微生物类），原则上进行①～⑤ 5 项试验；若有关文献材料及成分分析未发现有毒性作用且人群有长期食用历史而未发现有害作用的新食品原料，可以先评价①～④ 4 项试验 (3) 已在多个国家批准广泛使用的（不包括微生物类），在提供安全性评价材料的基础上，原则上进行①、②、⑨ 3 项试验 (4) 国内外均无食用习惯的微生物，应当进行①～⑤ 5 项试验。仅在国外个别国家或国内局部地区有食用习惯的微生物类，应当进行①～③ 3 项试验；已在多个国家批准食用的微生物类，可进行①、⑩ 2 项试验。大型真菌的毒理学试验按照植物类新食品原料进行 (5) 据新食品原料可能的潜在危害，选择必要的其他敏感试验或敏感指标进行毒理学试验，或根据专家评审委员会的评审意见，验证或补充毒理学试验
	(4) 微生物耐药性试验和产毒能力试验报告	
	(5) 安全性评估意见	按照危害因子识别、危害特征描述、暴露评估、危险性特征描述的原则和方法进行

续表

申报材料	包括内容	具体要求
3. 生产工艺	（1）动物、植物类	对于未经加工处理的或经过简单物理加工的，简述物理加工的生产工艺流程及关键步骤和条件，非食用部分去除或可食部位择取方法；野生、种植或养殖规模、生长情况和资源的储备量，可能对生态环境的影响；采集点、采集时间、环境背景及可能的污染来源；农业投入品使用情况
	（2）微生物类	发酵培养基组成、培养条件和各环节关键技术参数等；菌种的保藏、复壮方法及传代次数；对经过驯化或诱变的菌种，还应提供驯化或诱变的方法及驯化剂、诱变剂等研究性资料
	（3）从动、植物和微生物中分离的和原有结构发生改变的食品成分	详细、规范的原料处理、提取、浓缩、干燥、消毒灭菌等工艺流程图和说明，各环节关键技术参数及加工条件，使用的原料、食品添加剂及加工助剂的名称、规格和质量要求，生产规模以及生产环境的区域划分。原有结构发生改变的食品成分还应提供结构改变的方法原理和工艺技术等
	（4）其他新研制的食品原料	详细的工艺流程图和说明，主要原料和配料及助剂，可能产生的杂质及有害物质等
4. 执行的相关标准	包括安全要求、质量规格、检验方法等	执行的相关标准应当包括新食品原料的感官、理化、微生物等的质量和安全指标，检测方法以及编制说明
5. 国内外研究利用情况和相关安全性评估资料	（1）应用情况	国内外批准使用和市场销售应用情况
	（2）安全性评估资料	国际组织和其他国家对该原料的安全性评估资料
	（3）文献资料	科学杂志期刊公开发表的相关安全性研究文献资料

三、新食品原料检测的必要性

1. 申报新食品原料必须进行相关检测

从表 18－1 可看出，按照相关文件规定，拟从事新食品原料生产、使用或者进口的单位或者个人申报新食品原料必须提供一系列材料，例如，新食品原料的成分分析报告，需要检测新食品原料的主要成分和可能的有害成分以及提供相应的检测方法；同时，也需要提供包括新食品原料的感官、理化、微生物等的安全要求、质量规格、检验方法、执行的相关标准等相关检测指标。

2. 单位或个人清楚界定新食品原料的需要

单位或个人对拟申报的食品原料进行必要的检测，根据检测结果指标，才能清楚界定其是否属于新食品原料，如该食品原料与食品或者已公布的新食品原料在种属、来源、生物学特征、主要成分、食用部位、使用量、使用范围、应用人群、采用工艺和质量要求基本一致，即具有实质等同性时，可界定为非新食品原料。

四、我国新食品原料的现状

自2013年10月以后，“新食品原料”正式取代了早前的“新资源食品”概念。而“新资源食品”的概念，我国早在1987年就已经提出了。而无论采取哪个名称，我国在近30年期间，为规范地管理好这类特殊的食品，更好地保护消费者的安全，先后出台了多项法规、办法，加强对新食品原料的评价和管理。原卫生部和原国家卫计委以公告的形式批准新食品原料，根据新食品原料的不同特点，公告主要包括以下内容：①名称；②来源；③生产工艺；④主要成分；⑤质量规格要求；⑥标签标识要求；⑦其他需要公告的内容。例如，茶叶茶氨酸的公告内容见表18－2。

表18－2　新食品原料茶叶茶氨酸公告内容

中文名称	茶叶茶氨酸	
英文名称	Theanine	
基本信息	来源：山茶科山茶属茶树（*Camellia sinensis*） 结构式：HO(C=O)CH(NH$_2$)CH$_2$CH$_2$C(=O)NHCH$_2$CH$_3$ 分子式：$C_7H_{14}N_2O_3$ 相对分子质量：174. 2	
生产工艺简述	以茶叶为原料，经提取、过滤、浓缩等工艺制成	
食用量	IU 0. 4g/d	
质量要求	性状	黄色粉末
	茶氨酸含量（g/100g）	≥20
	水分（g/100g）	≤8
其他需要说明的情况	1. 使用范围不包括婴幼儿食品 2. 卫生安全指标应当符合我国相关标准	

新食品原料的申报要求和官方审核都是十分复杂和严格的，通常从受理到最终通过需要至少2～3年，其中受理到征求意见的周期也至少1年左右。除原料本身的性质和使用历史外，其充分的研发资料和安全性评估资料的准备都与产品申报周期密切相关。从2008年以来，截止到

2019年底，国家卫健委公开受理新食品原料（新资源食品）约360个，批准128个，终止审查47个。以2019年为例，全年共新受理新食品原料申请6个，见表18－3。

表18－3 2019年新受理新食品原料申请情况

序号	受理时间	受理编号	名称
1	2019－05－05	卫食新申字（2019）第0001号	木聚糖
2	2019－06－12	卫食新申字（2019）第0002号	铁皮石斛原球茎
3	2019－10－10	卫食新申字（2019）第0003号	食叶草
4	2019－12－09	卫食新申字（2019）第0004号	马乳酒样乳杆菌ZW3
5	2019－12－09	卫食新申字（2019）第0005号	油葡萄（山桐子）油
6	2019－12－13	卫食新申字（2019）第0006号	鼠李糖乳杆菌MP108

2019年发布了7个原料［赶黄草、β－1，3－葡聚糖、瑞士乳杆菌R0052、婴儿双歧杆菌R0033、两歧双歧杆菌R0071、铁皮石斛原球茎、蝉花子实体（人工培植）］的征求意见稿，批准了弯曲乳杆菌、明日叶和枇杷花3个新食品原料，并新增终止审查原料2个，见表18－4。

表18－4 2019年新增的终止审查原料

序号	产品名称	审查意见	受理日期和编号
1	金线莲（后更名为金线兰）	鉴于该产品具有地方传统食用习惯，建议按照《食品安全法》第29条管理，终止审查	2011.06.01，卫食新申字（2011）第0013号；2013.09.30，卫食新申字（2013）第0040号
2	明日叶提取物（后更名为明日叶汁粉）	国家卫生健康委已批准公告明日叶为新食品原料（2019年第2号公告），明日叶汁粉除生产工艺按申报材料外，产品的其他指标按照已公告的明日叶有关内容执行（质量指标按照企业产品质量规格执行）	2013.08.27，卫食新进申字（2013）第0025号

尽管主管新食品原料部门不断加大审查力度，批准公告了多个新食品原料，为促进我国新食品原料的开发利用发挥了良好的作用，但是目前的评价和管理工作尚存在一些明显的问题：

（1）很多新食品原料在完成毒理学安全性评价后便与产品一同申报保健食品，从而导致很大一部分含有新食品原料成分的产品以保健食品的形式进入市场而带来潜在的食品安全性问题，同时，这也是对新食品原料评审资源的一种闲置和浪费。

（2）新食品原料相关知识和法规的普及不足，消费者对此概念模糊不清，同时，监督部门也使很大一部分新食品原料按照普通食品获得批准而进入市场，从而带来潜在的食品安全问题。

第二节　新食品原料的检测

一、新食品原料检测的特殊性

如表 18－1 所示，根据新食品原料审批的要求，安全性评估报告的编写和提交是一项重要的工作内容。安全性评估报告主要包括成分分析报告、卫生学检验报告、毒理学评估报告以及微生物耐药性试验和产毒能力试验报告等。其中，产品成分的分析报告和毒理学评估报告最为关键。一般来讲，毒理学安全性评估涉及的急性经口毒性试验、三项遗传毒性试验、90d 经口毒性试验、致畸试验和生殖毒性试验、慢性毒性和致癌试验及代谢试验等试验，有相关的标准方法可执行检测；成分分析报告主要包括产品的主要营养成分及含量，可能含有的天然有害物质（如天然毒素或抗营养因子等）等，需要提供其检测结果及检测方法。一些常规项目的检测方法可以参考相关的国家标准或行业标准的测定方法进行，而对于大多数的新食品原料，由于其功能性成分往往是较新的种类，相关研究较少，相关的国家标准或行业标准还未颁布，这时就需要采用非标的检测方法。对于这些非标检测方法，提交报告时除了要提供产品成分的分析结果，还要提供所采用的非标测定方法的依据（如文献依据、理论依据及试验依据等），以及方法学验证的内容和结果（包括统计分析的结果）。

二、新食品原料检测非标检测方法的示例

2009 年 18 号公告中甘油二酯油被批准为新食品原料。甘油二酯油是以大豆油、菜籽油等常规食用油为原料，经酶催化技术富集油脂中的甘油二酯天然成分而获得的新食品原料，是具有预防肥胖、降低血脂等有益功能的常规食用油换代品。国家标准和行业标准中未有甘油二酯油的检测方法，下面以甘油二酯油为例，建立新食品原料检测的非标检测方法。

甘油二酯油的主要成分是甘油二酯（DAG）。目前，甘油二酯含量的分析方法主要有薄层色谱法（TLC）、高效液相色谱法（HPLC）、气相色谱法（GC）等。TLC 的缺点是精度不高，GC 的缺点是分析时间长、需要高温柱、响应值波动大，HPLC 最适合分析甘油二酯含量，根据其检测器种类不同主要有紫外检测器（UV）、示差检测器（RID）、高蒸发光检测器（ELSD）等。HPLC－UV 由于 UV 对脂肪酸双键数非常敏感，因此，饱和度不同的等量油脂会产生差异较大的响应值，定量分析可行性差。HPLC－ELSD 属质量型检测方法，是酯类分析最适合和最通用的方法，但进行分析时仪器条件的改变对分析响应值有很大的影响，并且需要标准品校正。HPLC－

RID 根据物质的折光率差异进行定量分析，甘油三酯、甘油二酯、单甘酯、脂肪酸等物质的折光率基本相同，因此采用 HPLC - RID 对甘油二酯含量进行测定。

1. 材料与方法

（1）仪器和试剂　高效液相色谱议：检测器，2410 示差折光检测器；主机泵，515 HPLC Pump；色谱柱，3. 9mm × 150mm 液相色谱柱。

试剂：1，3 - 二亚油酸甘油二酯；1，2 - 二亚油酸甘油二酯。

（2）高效液相色谱操作条件　流动相：V（正己烷）∶V（异丙醇）=50∶1；流速：1. 0mL/min；柱箱温度：35℃；检测器温度：35℃；进样量：20μL。

（3）标准曲线的绘制　精确称取约 0. 1000g 的 1，3 - 二亚油酸甘油二酯、1，2 - 二亚油酸甘油二酯标准品，用流动相配制成 1. 0mg/mL，2. 0mg/mL，4. 0mg/mL，6. 0mg/mL，8. 0mg/mL，10. 0mg/mL 的标准溶液，用高效液相色谱仪测定，以峰面积和浓度作标准曲线。

（4）样品的测定方法　取固定化脂肪酶 Novozyme 435 催化玉米油甲醇解反应产物 1 滴，准确称量，用 1mL 流动相溶解，进样分析，外标法定量。

（5）精密度实验　取固定化脂肪酶 Novozyme 435 催化玉米油甲醇解反应产物 1 滴，准确称量，同时取 11 份，按（4）分析测定。

（6）回收率实验　取已经测定甘油二酯含量的样品 6 份，每份 1mL，分成两组，其中一组各加入 1. 0mg/mL 甘油二酯标准样品 1mL，另一组各加入 8. 0mg/mL 甘油二酯标准样品 1mL，按（4）分析测定。

2. 结果

（1）甘油二酯标准曲线　1，3 - 二亚油酸甘油二酯和 1，2 - 二亚油酸甘油二酯的标准曲线如图 18 - 1 所示，其中 1，3 - 二亚油酸甘油二酯的回归标准曲线方程为：$A = 1.1151C + 0.3855$，相关系数 $R = 0.9989$；1，2 - 二亚油酸甘油二酯的回归标准曲线方程为：$A = 1.1020C + 0.1762$，相关系数 $R = 0.9995$。表明 1，3 - 二亚油酸甘油二酯、1，2 - 二亚油酸甘油二酯的标准曲线都具有显著的相关性。

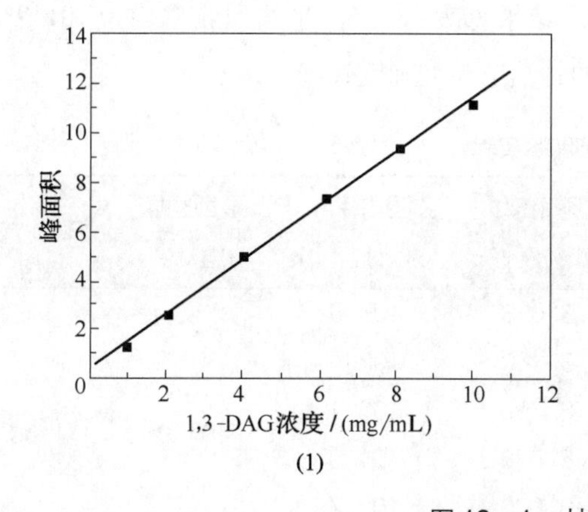

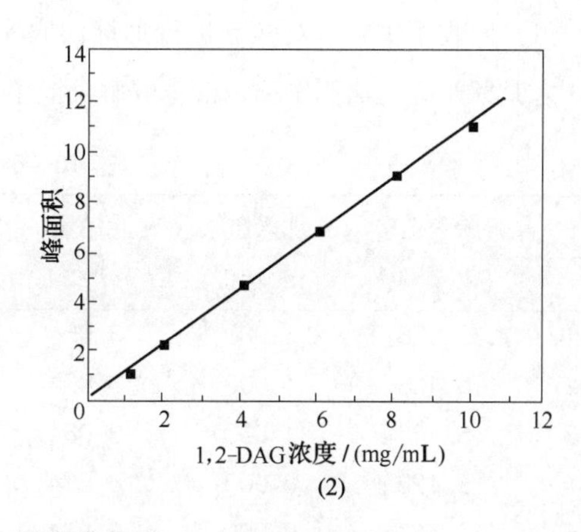

图 18 - 1　甘油二酯标准曲线

（1）1，3 - 二亚油酸甘油二酯　（2）1，2 - 二亚油酸甘油二酯

（2）样品检测　如图18－2所示，甘油三酯、脂肪酸甲酯、1，3－二亚油酸甘油二酯、游离脂肪酸、1，2－二亚油酸甘油二酯、单甘酯的保留时间分别为1.440min、1.545min、1.890min、2.080min、2.360min、10.410min，12min就能够分析完一个样品。

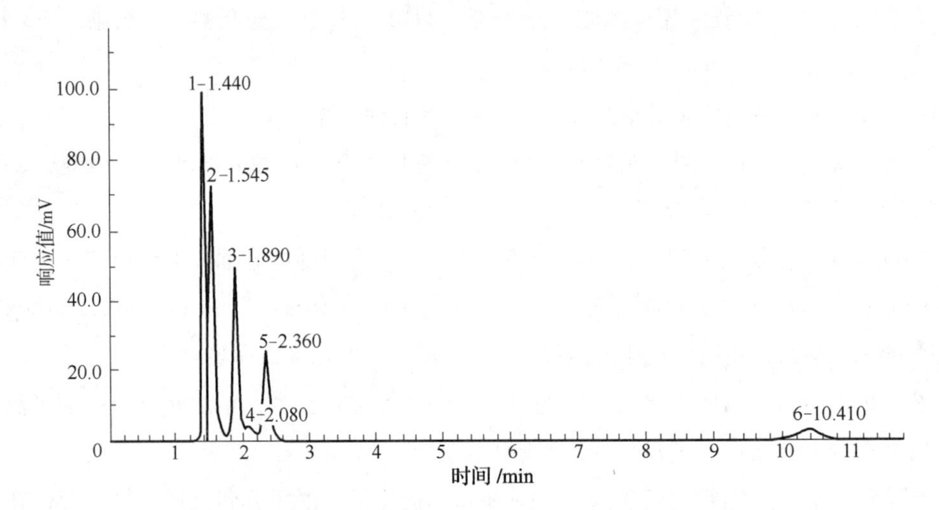

图18－2　玉米油甲醇解反应产物HPLC－RID色谱图

1—甘油三酯　2—脂肪酸甲酯　3—1，3－二亚油酸甘油二酯

4—游离脂肪酸　5—1，2－二亚油酸甘油二酯　6—单甘酯

（3）精密度实验　精密度实验测定11次，样品中甘油二酯的百分含量均值为34.18%，相对标准偏差（RSD）为1.27%，见表18－5。此法测定玉米油甲醇解反应生成的甘油二酯重现性较好。

表18－5　精密度试验　单位：%

序号	1	2	3	4	5	6	7	8	9	10	11
含量	33.7	34.0	34.5	34.2	34.0	33.9	34.6	34.3	34.1	34.3	33.8
均值	34.18										
RSD	1.27										

（4）回收率实验　对样品进行加标回收实验，结果见表18－6。平均回收率均为101.9%，RSD为1.80%，此法测定玉米油甲醇解反应生成的甘油二酯准确度较好。

表18－6　回收率实验

序号	原含量/(mg/mL)	加入量/(mg/mL)	混合量/(mg/mL)	测定值/(mg/mL)	回收率/%	平均回收率/%	RSD/%
1	5.128	1.000	3.064	3.083	100.6	101.9	1.80
2	5.128	1.000	3.064	3.160	103.1		
3	5.128	1.000	3.064	3.159	103.1		
4	5.128	8.000	6.564	6.688	101.9		
5	5.128	8.000	6.564	6.809	103.7		
6	5.128	8.000	6.564	6.497	98.9		

3. 小结

应用 HPLC - RID 法进行油脂中甘油二酯主要成分的定量分析，采用 Nova - Pak 硅胶柱，流动相为正己烷 - 异丙醇（体积比 50：1），12min 可完成 1 个样品分析。应用外标法定量，该分析方法在 1.0 ~ 10.0mg/mL 的浓度范围内线性良好，RSD 为 1.27%，平均回收率为 101.9%。此测定方法具有定量准确、步骤简单等优点。

思考题

1. 新食品原料有哪些特殊性?
2. 拟从事新食品原料生产、使用或者进口的单位或者个人，应当提交哪些类型的材料?

第五篇

食品分析方法汇编

第十九章

食品感官分析及仿生仪器分析

本章学习目的与要求

1. 综合了解食品感官分析的特征、类别和基本要求；
2. 掌握常见的几类感官分析方法，并进行归纳、对比；
3. 综合了解仿生仪器电子鼻、电子舌在食品感官分析中的应用。

第一节 食品感官分析的定义与特征

食品感官分析是使用人的感觉（视觉、嗅觉、味觉、听觉、触觉），即通过眼观、鼻嗅、口尝、耳听以及手触等方式，对食品的色、香、味、形等品质做出客观的评价，最后以数据、文字或符号的形式进行评判。

食品感官分析概述

食品感官分析过程包括组织、测量、分析和结论这四种活动。组织主要包括评价员的组成、评价程序的建立、评价方法的设计和评价时的外部环境的保障，其目的在于确保感官分析实验在一定的控制条件下制备和处理样品，在规定的程序下进行实验，从而使各种偏见和外部因素对结果的影响降到最低；测量是根据评价员在视觉、嗅觉、味觉、听觉和触觉方面的行为反应数据，在产品性质和人的感知之间建立一种联系，从而表达产品性质及数量关系；分析是采用统计学的方法对评价员评价的数据进行分析统计，可借助计算机及软件完成，是感官评定过程的重要部分；结论是在实验结果和数据分析的基础上进行合理判断，包括所采用的方法、实验的局限性和可靠性。

由此可见，食品感官分析是一门综合理化分析、心理学、生理学和统计学的一门应用学科，它具有以下特征：

（1）食品感官分析是一门测量的科学，与其他的分析检验过程一样，也涉及到精密度、准确度和可靠性。统计学的应用可将风险降到很低的水平，感官分析中通常采用的显著性水平为≤5%。

（2）食品感官分析简单易行、灵敏度高、直观准确。食品质量的优劣最直接表现在它的感官性状上，通过感官指标来鉴定食品的优劣和真伪，不仅简单直接、灵敏，还可以克服化学分析和仪器分析方法的许多不足，目前已被国际上普遍承认和采用，并已日益广泛地应用于食品质量检查、原材料选购、工艺条件改变、食品的贮藏和保鲜、新产品开发、市场调查等许多方面。感官由感觉细胞或一组对外界刺激有反应的细胞组成，这些细胞获得刺激后，能将刺激信号通过神经传导到大脑。人的感官是十分有效而敏感的综合检验器，也是一种择食本能和自我保护的最原始方法，消费者常凭借感官鉴别对某种食品做出是否接受的最终判断。如果人体的感觉器官正常，又熟悉有关食品质量的基本知识，掌握了各类食品质量感官鉴别方法，就能在生活和工作中，正确选购食品和食品原料，并鉴别出其质量的优劣。食品感官分析可在专门的感官分析实验室进行，也可在评比、鉴定会现场，甚至购物现场进行。

（3）食品感官分析是通过观察和测量人的反应方式的一种心理过程，属于行为研究的方法。心理作用对感官分析的结果具有一定的影响作用。

第二节　食品感官分析的类别

食品感官分析主要依赖人的感官进行分析。感官最主要的特征是：① 感官对周围环境和机体内部的化学、物理变化非常敏感；② 一种感官只能接受和识别一种刺激；③ 只有在一定范围内的刺激量才会对感官产生作用；④ 某种强刺激连续施加到感官上一段时间后，感官会产生疲劳（适应）现象，感官灵敏度会暂时明显下降；⑤ 心理作用对感官识别刺激有影响作用；⑥ 不同感官在接收信息时，会相互影响。

按照接收刺激的感官不同，人类相应产生多种不同的感觉，其中视觉、听觉、嗅觉、味觉和触觉是五种基本感觉，另外还包括温觉、痛觉、疲劳等多种感觉。食品感官分析时常用的感觉是五种基本感觉，因而感官分析的主要类别为视觉检验、嗅觉检验、味觉检验、听觉检验和触觉检验。

（一）视觉检验

视觉检验通常包括观看产品的外观形态和颜色特征。视觉是眼球接收外界光线刺激后产生的感觉，人的肉眼只能接收处于波长 380 ~ 780nm 范围内的光波，即可见光波。同时，人眼可观察到物体颜色的明度、色调和饱和度这三个属性。

当可见光聚焦于人眼视网膜时，感光细胞接收光刺激，产生信号。感光细胞中最重要的有锥体细胞和杆体细胞，它们分别执行着不同的视觉功能：杆体细胞是暗视觉器官，只能在较暗条件下起作用，适用于微光视觉，但不能分辨颜色与物体的细节；锥体细胞是明视觉器官，在光亮条件下，能够分辨颜色与物体的细节。正常的锥体细胞中含有三种感光色素，每一种分别对红、绿或蓝光最为敏感，如果缺乏这些色素中的任何一种，人就会患有各种色盲症。作为感官分析的评价检验员是不允许有色盲症的。

视觉虽不像味觉和嗅觉那样对食品风味分析起决定性作用，但它的作用不容忽视。视觉是认识周围环境，建立客观事物第一印象的最直接和最简捷的途径，绝大部分外部信息要靠视觉来获取，因此在食品感官分析中，视觉的地位相当重要。

食品的色泽是人们评价食品品质的一个重要因素。不同的食品显现各不相同的颜色，并常与该食物的新鲜度、成熟程度或煮熟程度相联系，与香气和风味的变化有关。例如，食品色彩的明亮度与其新鲜度有关，而色彩的饱和度则与食品的成熟度有关。食品的颜色变化也会影响其他感觉。实验证实，只有当食品处于正常颜色范围内才会使味觉和嗅觉在对该种食品的评定上正常发挥，否则这些感觉的灵敏度会下降，甚至不能正确感觉。食品颜色对人的心理影响是显而易见的。有研究发现，在给糖浆甜度打分时，即使深色蔗糖溶液的蔗糖含量比浅色蔗糖溶液的含量低 1%，但前者的甜度打分可能会高出后者 2% ~ 10%；另有研究发现，黄色溶液的甜味阈值要明显高于无色溶液，而绿色溶液的甜味阈值却又明显低于无色溶液。绿色溶液和黄色溶液与无色溶液相比，有较高的苦味阈值。可能认为，绿色和黄色容易与“未成熟的水果”联系起来，并因此认为该溶液甜味较低，从而需要更多的甜味来达到甜味阈值。

（二）嗅觉检验

挥发性物质气体分子刺激鼻腔的嗅觉神经，并在中枢神经引起的感觉就是嗅觉。嗅觉也是一种基本感觉，它比视觉原始，比味觉复杂，嗅觉的敏感性比味觉敏感性高很多。很多时候，用仪器分析的方法不一定能检查出来的极轻微变化，用嗅觉鉴别却能够发现。例如，鱼、肉等食品材料发生轻微的腐败变质时，其理化指标变化不大，但灵敏的嗅觉可以察觉到异味的产生。

目前对于嗅觉能辨认的气味仍没有比较确切的定义，而且很难定量测定，气味的分类也比较混乱，尚未有一个公认的分类方法。对气味的表达，在语言上也同样存在很大的困难。尽管如此，嗅觉对食品品质的判断仍然十分重要，因为食品的正常气味是人们是否能够接受该食品的一个决定因素。食品的气味常与该食物的新鲜程度、加工方式、调制水平有很大关联。食品的味道和气味共同组成食品的风味特性，影响人类对食品的接受性和喜好性。因此，嗅觉与食品风味有密切的关系，是进行感官分析时所使用的重要感官之一。

食品的气味是一些具有挥发性的物质形成的，它对温度的变化非常敏感，因此在进行嗅觉检验时，可把样品稍加热，但最好是在 15 ~ 25℃ 的常温下进行，因为食品中的气味挥发物质常随温度的升高而减少。在鉴别食品的异味时，液态食品可滴在清洁的手掌上摩擦，以增加气味的挥发；识别畜肉等大块食品时，可将一把尖刀稍微加热刺入深部，拔出后立即嗅闻气味。

不同的人嗅觉差别很大，即使嗅觉敏锐的人也会因气味而异。通常认为女性的嗅觉比男性敏锐，但世界顶尖的调香师都是男性。嗅觉器官长时间接触浓气味物质的刺激会疲劳而处于不灵敏状态，如人闻芬芳香水时间稍长就不觉其香，或长时间处于恶臭气味中也能忍受，因此检验时先识别气味淡的，后鉴别气味浓的，检验一段时间后，应稍作休息。吸烟也会影响嗅觉功能的正常发挥，因此应该禁止。有些人会患有某些嗅盲，即所谓嗅觉缺失症，对气味极端不敏感，这主要是由遗传因素决定的。作为感官分析的评价检验员是不应有嗅觉缺失症的。当人的身体疲劳、营养不良、生病时可能会发生嗅觉减退或过敏现象，如人患萎缩性鼻炎时，嗅黏膜上缺乏黏液，嗅细胞不能正常工作造成嗅觉减退。心情好时，敏感性高，辨别能力强。另一方面，通过训练可提高嗅觉的灵敏度，实际辨别的气味越多，越易于发现不同气味间的差别，辨别能力就会提高。

（三）味觉检验

可溶性呈味物质溶液对口腔内的味感受体形成的刺激，神经感觉系统收集和传递信息到大脑的味觉中枢，经大脑的综合神经中枢系统的分析处理，使人产生味觉。通过待测物作用于味觉器官所引起的反应评价食品的方法称为味觉检验。从试验角度讲，纯粹的味觉检验应是堵塞鼻腔后，将接近体温的试样送入口腔内而获得的感觉。而实际中的味觉检验往往是味觉、嗅觉、温度觉和痛觉等几种感觉在嘴内的综合反应。

味觉是人的基本感觉之一，对人类的进化和发展起着重要的作用。味觉一直是人类对食物进行辨别、挑选和决定是否予以接受的主要因素之一。同时由于食品本身所具有的风味对相应味觉的刺激，使得人类在进食的时候产生相应的精神享受，因此味觉在食品风味评价上具有重要地位。

口腔内舌头上隆起的部分——乳突，是味觉感受器，在乳突上分布有味蕾，味蕾是味的受体，呈纺锤状，其中间含有味细胞。由于舌表面的味蕾乳头分布不均匀，而且对不同味道所引起刺激的乳头数目不相同，因此舌头各个部分感觉味道的灵敏度有差别。基本味觉主要有酸、甜、苦、咸四种。例如，在舌前部容易感觉甜味和咸味，苦味在舌后部较为灵敏，而酸味则在舌两侧感觉较易。

味觉与温度有关，一般在10～45℃范围内较适宜，以30℃时最为敏锐。影响味觉的因素还与呈味物质所处介质有关联，介质的黏度会影响味感物质的扩散，黏度增加，味觉辨别能力降低。

味觉同样会有疲劳现象，并受身体疾病、饥饿状态、年龄等个人因素影响。味觉的灵敏度存在着广泛的个体差异，特别是对苦味物质。这种对某种味觉的感觉迟钝，也被称作“味盲”，味盲是一种先天性变异。甜味盲者的甜味受体是封闭的，甜味剂只能通过激发其他受体而产生味感；少数几种苦味剂难于打开苦味受体上的金属离子桥键，所以苦味盲者感受不到它们的苦味，苯硫脲（PTC）是最典型的苦味盲物质。作为感官分析的评价检验员是不应有味盲的。

在作味觉检验时，也应按照刺激性由弱到强的顺序，最后鉴别味道强烈的食品。每鉴别一种食品之后必须用温开水漱口，并注意适当的中间休息。

（四）听觉检验

听觉也是人类认识周围环境的重要感觉。听觉在食品感官分析中主要用于某些特定食品（如膨化谷物食品）和食品的某些特性（如质构）的评析上。

听觉是耳朵接收声波刺激后而产生的一种感觉。人类的耳朵分为内耳和外耳，内、外耳之间通过耳道相连接。外界的声波以振动的方式通过空气介质传送至外耳，再经耳道、耳膜、中耳、听小骨进入耳蜗，此时声波的振动已由耳膜转换成膜振动，这种振动在耳蜗内引起耳蜗液体相应运动进而导致耳蜗后基膜发生移动，基膜移动对听觉神经的刺激产生听觉脉冲信号，使这种信号传至大脑从而感受到声音。

声波的振幅和频率是影响听觉的两个主要因素。声波振幅大小决定听觉所感受到声音的强弱。振幅大则声音强，振幅小则声音弱。声波振幅通常用声压或声压级表示，即分贝（dB）。频率是指声波每秒钟振动的次数，它是决定音调的主要因素。正常人只能感受频率为30～15000Hz的声波；对其中500～4000Hz频率的声波最为敏感。能产生听觉的最弱声信号定义为绝对听觉阈，而把辨别声信号变化的能力称为差别听觉阈。正常情况下，人耳的绝对听觉阈和差别听觉阈都很低，能够敏感地分辨出声音的变化及察觉出微弱的声音。

听觉与食品感官分析有一定的联系。食品的质感，尤其是咀嚼食品时发出的声音，在决定食品质量和食品接受性方面起重要作用。比如，焙烤制品中的酥脆薄饼，爆玉米花和某些膨化制品，在咀嚼时应该发出特有的声响，否则可认为质量已变化而拒绝接受这类产品。另外，声音对食欲也有一定影响。

（五）触觉检验

通过被检验物作用于触觉感受器官所引起的反应评价食品的方法称为触觉检验。

触觉检验主要借助手、皮肤等器官的触觉神经来检验食品的弹性、韧性、紧密程度、稠度等。例如，根据鱼体肌肉的硬度和弹性，可以判断鱼是否新鲜或腐败；对谷物，可以用手抓起一把，凭手感评价其水分含量高低；对饴糖和蜂蜜，用掌心或指头揉搓时的润滑感可鉴定其稠度。此外，在品尝食品时，除了味觉、嗅觉外，还可评价其脆性、黏度、松化度、弹性、硬度、冷热、油腻性和接触压力等触感。

进行感官分析时，通常先进行视觉检验，再依次进行嗅觉、味觉及触觉检验。对于特定产品，听觉检验作为辅助检验。

第三节　食品感官分析的基本要求

食品感官分析的基本要求

食品感官分析是以人的感觉为基础，通过感官评价食品的各种属性后，再经统计分析获得客观结果的试验方法。整个分析过程中的四种活动（组织、测量、分析和结论）将涉及多项工作，只有把每一项工作都仔细做好，才有助于获得有效的数据和客观的结论。这四种活动的执行，会受到多种外界客观因素以及评价员主观因素的影响，因此，在感官分析过程中，需要较全面考虑各种实验因素，包括环境因素、人员因素、样品因素等，以确保分析过程能有序、可控开展，确保分析结果客观可靠。表 19－1 列出了在进行感官分析前应考虑到的问题以及相应需做好的准备。

表 19－1　感官分析前应考虑的问题及相应准备

（一）检验对象	（四）样品
（二）检验类型	① 大小和形状
（三）评价员	② 体积
① 招聘	③ 装载工具
联系方式	④ 准备温度
管理层批准	⑤ 最大保持时间
② 筛选	（五）检验计划
接收通知	① 评价员报到
动机	② 味觉清除
培训	③ 指令

续表

对于技术人员 对于评价员 ④ 评分表 说明 标度类型 品质用语 固定用语 ⑤ 编码 ⑥ 随机化/均衡化 ⑦ 品评室细节 铅笔 餐巾 痰盂	⑧ 清扫 ⑨ 布置安排 ⑩ 评价员的报告 （六）检验区域 ① 评价员的隔离 ② 温度 ③ 相对湿度 ④ 光照条件 ⑤ 噪声（听觉） ⑥ 背景气味/空气清洁处理/正压 ⑦ 可接近性 ⑧ 安全性

对于食品感官分析实验，外部环境条件、参与实验的人员和样品的制备是实验得以顺利进行并获得理想结果的三个必备要素。下面从感官分析实验室的要求、感官分析评价人员的选择与培训以及感官分析样品的制备与呈送这三个方面来介绍食品感官分析应注意的事项。

一、感官分析实验室的要求

环境条件对食品感官评价有很大影响，这种影响体现在两个方面，即对感官分析评价人员心理和生理上的影响以及对样品品质的影响。通常，感官分析环境条件的控制都从如何创造最能发挥感官作用的氛围和减少对评价人员的干扰和对样品质量的影响着手。因此，感官分析实验室的设置和各种条件的控制应从总体上符合这些要求，同时还可结合不同的试验类型作相应的配置。

一般来讲，食品感官分析实验室应达到的要求如下。

（1）一般要求　感官分析实验室应建立在环境清净、交通便利的地区，应尽量创造有利于感官检验的顺利进行和评价员正常评价的良好环境，尽量减少可导致评价员精神分散以及可能引起身体不适或心理因素变化的环境因素；周围不应有外来气味或噪声。

（2）功能要求　食品感官检验室至少由两个基本部分组成：检验区和样品制备区。若条件允许，也可设置一些附属部分，如办公室、休息室、更衣室、盥洗室等。

制备区内应配备有用于制备样品的必要设备，如炊具、冰箱、容器、盘子、天平等。检验区是感官评价人员进行感官检验的场所，通常设有单独检验区和集体工作区。其中单独检验区由若干个隔挡小间构成，小间的数目一般为 5～10 个，一般不少于 3 个，小间的面积大约在 0.9m × 0.9m 范围，内设工作台和座椅，并配备漱口用的清水和装废液用的容器，有条件的话，可配备固定的水龙头和漱口池。每位评价员独立在检验小间内进行评价工作。集体工作区主要用于检验员之间进行讨论，也用于检验员的培训、授课等。集体工作区应设 1 张大型桌子及 5 ~ 10 把舒适椅子，桌子应配有可拆卸的隔板。推荐的感官分析实验室平面设计见图 19 – 1。

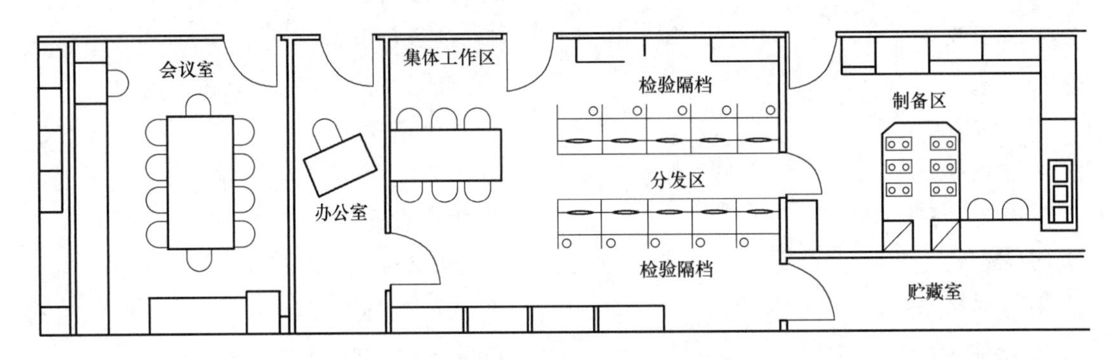

图 19 – 1　感官分析实验室平面图示例

（3）试验区内的环境要求　这里专指试验区环境内的室温、相对湿度、换气速度和空气纯净程度。① 温度和相对湿度：室温在 20 ~ 22℃，相对湿度保持在 55% ~ 65%；② 换气速度：换气速度以半分钟左右置换一次室内空气为宜；③ 空气的纯净度：检验区应安装带有磁过滤器的空调，用以清除异味；④ 光线和照明：推荐的灯的色温为6500K；⑤ 颜色：检验区墙壁的颜色和内部设施的颜色应为中性色，以免影响检验样品；⑥ 噪声：检验期间应控制噪声，推荐使用防噪声装置。

二、感官分析评价人员的选择与培训

感官分析的评价员可分为以下三类：评价员、优选评价员及专家。评价员可以是尚未完全满足判断准则的准评价员和已经参与过感官评价的初级评价员；优选评价员是经过选拔并受过培训的评价员；专家是已在评价小组的工作中表现出突出的敏锐性并拥有良好长期记忆的专家评价员，或者是运用其特定领域的专业知识的专业性专家评价员。分析型评价员的任务是评价食品的质量，这类人员必须具备一定的条件并经培训和测试方可胜任。

1. 感官分析评价员的选择

食品感官分析人员的选择一般需要经过招募、初选、筛选等过程。招募是建立优选评价员小组的重要基础工作，有多种不同的招募方法和标准，以及各种测试来筛选候选人是否适应将来的培训。招募时，可通过候选评价员自己填写的背景资料调查表，以及经验丰富的感官分析人员对其进行面试综合得到的信息，判断候选人是否符合评价员的基本条件和要求。需要综合考虑候选人的如下信息：

（1）兴趣和动机　对感官分析工作及被调查产品感兴趣的候选人比缺乏兴趣和动机的候选人可能更有积极性并成为更好的感官评价员。

（2）对食品的态度　应确定候选评价员厌恶的某些食品，同时应了解是否存在由于文化、种族或其他原因的食品偏好，那些对某些食品有偏好的人常常会成为好的描述性分析评价员。

（3）知识和才能　候选人应能说明和表达出第一感知，这需要具备一定的生理和才智方面的能力，同时具备思想集中和保持不受外界影响的能力。

（4）健康状况　候选评价员应健康状况良好，没有影响他们感官的功能缺失、过敏或疾病，并且未服用损害感官能力进而影响感官判定可靠性的药物。

（5）表达能力　在考虑选拔描述性检验员时，候选人表达和描述感觉的能力特别重要。这种能力可在面试以及随后的筛选检验中考察。

（6）可用性　候选评价员应能参加培训和持续的感官评价工作，那些经常出差或工作繁重的人不宜从事感官分析工作。

（7）个性特点　候选评价员应在感官分析工作中表现出兴趣和积极性，能长时间集中精力工作，能准时出席评价会，并在工作中表现诚实可靠。

（8）其他因素　包括年龄、性别、国籍、教育背景、感官分析经验等。

通过初选入围的评价员，需经过筛选检验，适合感官分析工作的候选者可进入下一步培训。筛选检验的内容主要包括感官功能检验、感官灵敏度检验以及描述和表达感受的潜能的检验三个方面。具体的测试一般包括色彩分辨测试、味觉和嗅觉测试、匹配检验、敏锐度和辨别能力测试、描述能力测试等。在筛选检验中，最好使用与正式感官评价实验相类似的实验材料，这样既可以使参加筛选实验的人员熟悉今后实验中将要接触的样品的特性，也可以减少由于样品间差距而造成人员选择的不适当；其次，在筛选过程中，要根据各次实验的结果随时调整实验的难度；最后，须多次筛选直至挑选出人数适宜的最佳人选。

2. 感官分析评价员的培训与考核

培训的目的是向候选评价员提供感官分析基本技术与基本方法及有关产品的基本知识，提高他们觉察、识别和描述感官刺激的能力，使最终能胜任该项工作。内容包括认识感官特性、接受感官刺激、使用感官检验设备、学习感官评价分析方法、学习使用评价标度、设计和使用描述词语以及了解产品有关特性知识等。对候选评价员进行培训与训练可起到如下作用：① 提高和稳定感官评价人员的感官灵敏度；② 降低感官评价人员之间及感官评价结果之间的偏差；③ 降低外界因素对评价结果的影响。

在培训的基础上进行考核以确定优选评价员的资格。考核主要是检验候选评价员操作的正确性、稳定性和一致性。正确性即考查每个评价员是否能正常地评价样品，例如正确区别、正确分类、正确排序、正确评分等。稳定性即考查每个评价员对同一组样品先后评价的再现程度。一致性即考查各评价员之间是否掌握同一标准、作出一致评价。

不同类型、适合不同检验目的的候选评价员考核的方法和要求各不相同。考核合格的评价员可正式录用。优选评价员的评价水平可能会下降，因此，对其操作水平应定期检查和考核，达不到规定要求的应重新培训。

三、感官分析样品的制备与呈送

（1）样品数量　每种样品应有适当的数量，一般以 3 ~ 5 次品尝数量为宜，例如液体 30mL、固体28g左右，嗜好性试样应多一些。

（2）样品温度　在检验程序中，必须规定产品的呈送温度，适于热吃的食品，一般应在60～70℃，液体牛乳、啤酒则在15℃，冰淇淋在品尝之前应在－15～－13℃下至少保持12h。

（3）呈送器皿　盛载样品的器皿应清洁无异味，器皿的颜色、大小应一致。推荐使用一次性容器，既能保证一致性，也可避免清洗的麻烦。

（4）样品的编号和呈送　所有检测样品均应编码，通常由工作人员以随机的三位数编号。检验样品的顺序也应随机化。

例如，有A、B、C、D、E五个样号，对它们进行编号和决定检验顺序的方法如下：首先从随机数表（见附录一）中任意选择一个位置，例如选从第5行第10列开始以多位数（例如三位数）来编号是343，往下移依次是774，027，982，718，当然，也可以往其他方向移，取出不同的三位数。检验顺序也可查此表确定，先在表中任选一个位置，例如从第10行第10列开始往右取5个数（由于只有5个样品，数字大于5的不选），得先后顺序为5，1，4，2，3。

当由多个检验人员检验时，提供给每位检验人员的样品编号和检验顺序彼此都应有所不同，表19－2所示为八位检验员对四个样品进行感官检验时的样品编号和检验顺序（括号内数字）。

表19－2　四种样品的编号和八位评价员的品尝顺序

评价员	样品和品尝顺序			
	A	B	C	D
1	198（1）	571（3）	349（4）	141（2）
2	974（2）	609（1）	428（4）	441（3）
3	552（2）	688（3）	769（4）	037（1）
4	687（4）	033（2）	290（3）	635（1）
5	303（3）	629（2）	897（1）	990（4）
6	734（3）	183（1）	026（2）	997（4）
7	042（2）	747（4）	617（1）	346（3）
8	706（4）	375（3）	053（1）	367（2）

（5）对于不宜直接感官分析的样品，例如香料、调味品、糖浆、奶油等，可将样品以一定比例添加到中性的食品载体中（如牛乳、面条、米饭、馒头、菜泥、面包、乳化剂等），然后再品尝。

第四节　食品感官分析的常用方法

一、食品感官分析方法的选择和分类

在选择合适的分析方法之前，首先要明确每次感官分析的目的。食品感官分析的目的一般有两大类：一是区分产品间的差别，二是对产品的特性进行感官描述。根据目的，可选用相应的分析方法，常用的方法有三类：① 差别检验：用于确定产品之间是否存在感官差别；② 标度和类别检验：用于估计差别的顺序和大小，或者确定样品应归属的类别或等级；③ 分析或描述性检验：用于识别存在于某样品中的特殊感官指标，该指标也可以是定量的。

感官分析结果的判断常用统计学的方法，这里先简单介绍几个统计学术语。

原假设：在样品进行感官检验之前所设定的一种假设，即两个样品之间在特性强度上没有差别（或对其中之一没有偏爱），$P=P_0$。

备择假设：当原假设被拒绝时而接受的一种假设。如果原假设是 $P=P_0$，那么备择假设可以是双边的（$P\neq P_0$），也可以是单边的（例如 $P>P_0$）。

显著水平：检验结果可能出现两种情况，即① 接受原假设或② 拒绝原假设而接受备择假设。显著水平指当原假设是真而被拒绝的概率（或这种概率的最大值），也可看作是得出这一结论所犯错误的可能性。在感官分析中，通常选定5%的显著水平可认为是足够的。应当注意，原假设可能在“5%的水平”上被拒绝，而在“1%的水平”上不被拒绝。因此，对5%的水平用“显著”来表示，而对1%的水平用“非常显著”来表示。

二、常用的几类感官分析的方法

（一）差别检验

差别检验（Difference Test）是食品感官分析中常用的方法，要求评价员评定两个或两个以上样品是否存在感官差异或存在差异大小，特别适用于容易混淆产品的感官性质分析。差别检验让评价员回答两种样品之间是否存在不同，一般不允许“无差异”的回答。差别检验主要分为成对比较检验、三点检验、二－三点检验、五中选二检验、“A” －“非A”检验、简单差别检验和对照差异检验等。差别检验广泛用于食品配方设计、产品优化、成本控制、质量控制、包装研究、货架寿命、原料选择等方面的感官评价。

食品感官分析中的差别检验法

1. 成对比较检验（Paired Comparison Test）

成对比较检验也称二项必选检验（2－Alternative Forced Choice，2－AFC），适用于确定两种样品之间在某个感官属性上是否存在某种差别、差别的方向、是否偏爱其中的一种等，如哪个样品更甜（酸、涩、苦）等。成对比较检验是操作最简单、应用最为普遍的感官分析方法，可用于产品开发、工艺改进、质量控制等方面，常用于更复杂感官评定之前，也可用于对评价员的选择和培训。分析检验时，以随机顺序同时呈送两个样品A和B给评价员，要求评价员对这两个样品进行评价比较，判定两个样品在某个感官属性上的差异强度。一般情况下评价员要给出选择，若感觉不到可以猜测。成对比较检验比较简单，即使没有受过培训的人也可以参加试验，但作为评价员必须熟悉所要评价的感官属性。如果试验特别重要，需要针对某个特殊感官属性进行评价，就需要对评价员进行必要的培训、筛选，以确保评价员对要评定的属性特别敏感。经过筛选的评价员至少应该有20人，如果是没有受过培训的人员，则应该更多。

成对比较检验的统计分析采用二项分布进行检验。统计回答正确的人数 x，在规定的显著水平下查临界值 $x_{a,n}$ 进行比较，作出推断。如果回答正确的人数大于等于其相应的临界值，即 $x \geqslant x_{a,n}$，则表明2个样品的感官性质在设定的 α 水平上有显著差异；否则，2个样品没有显著差异。

在成对比较检验中，有单边检验和双边检验之分。如果在试验前对2个样品的感官差异没有预期，即在理论上不可能预期哪个样品感官特性更强，则采用双边检验，此时称为无方向性的成对检验；如果试验前对2个样品某种感官差异方向有预期，即理论上可预期哪个样品的感官特性更强，则为单边检验，此时称为方向性的成对比较检验或定向成对比较检验。因此，在对评价员的评价结果进行分析时，首先应根据A、B 2个样品的感官特性强度的差异大小，确定检验是双边的还是单边的。如果样品A的特性强度明显优于B，或者评价员作出样品A比样品B的特性强度大（或被偏爱）的判断概率高，则该检验是单边的；如果没有理由预期A或B的特性强度大于对方或被偏爱，则该检验是双边的。

对于单边检验，统计有效回答表中的选择数，与表19－3中对应的某显著水平的响应临界值比较，若大于或等于表中的数，则说明在此显著水平下拒绝原假设，接受备择假设，即样品间有显著性差异，或此产品更受偏爱；对于双边检验，对照表19－4中的相应数字，作出判断。

表19－3　方向性成对比较检验正确响应临界值（单边）

答案数目	显著水平			答案数目	显著水平			答案数目	显著水平		
(n)	5%	1%	0.1%	(n)	5%	1%	0.1%	(n)	5%	1%	0.1%
7	7	7	—	24	17	19	20	41	27	29	31
8	8	8	—	25	18	19	21	42	27	29	32
9	9	9	—	26	18	20	22	43	28	30	32
10	10	10	10	27	19	20	22	44	28	31	33
11	9	10	11	28	19	21	23	45	29	31	34
12	10	11	12	29	20	22	24	46	30	32	34
13	10	12	13	30	20	22	24	47	30	32	35
14	11	12	13	31	21	23	25	48	31	33	35
15	12	13	14	32	22	24	26	49	32	34	36
16	12	14	15	33	22	24	26	50	32	34	37
17	13	14	16	34	23	25	27	60	37	40	43
18	13	15	16	35	23	25	27	70	43	46	49
19	14	15	17	36	24	26	28	80	48	51	55
20	15	16	18	37	24	27	29	90	54	57	61
21	15	17	18	38	25	27	29	100	59	63	66
22	16	17	19	39	26	28	30				
23	16	18	20	40	26	28	31				

表 19－4　无方向性成对比较检验正确响应临界值（双边）

答案数目 (n)	显著水平 5%	显著水平 1%	显著水平 0.1%	答案数目 (n)	显著水平 5%	显著水平 1%	显著水平 0.1%	答案数目 (n)	显著水平 5%	显著水平 1%	显著水平 0.1%
7	7	—	—	24	18	19	21	41	28	30	32
8	8	8	—	25	18	20	21	42	28	30	32
9	8	9	—	26	19	20	22	43	29	31	33
10	9	10	—	27	20	21	23	44	29	31	34
11	10	11	11	28	20	22	23	45	30	32	34
12	10	11	12	29	21	22	24	46	31	33	35
13	11	12	13	30	21	23	25	47	31	33	36
14	12	13	14	31	22	24	25	48	32	34	36
15	12	13	14	32	23	24	26	49	32	34	37
16	13	14	15	33	23	25	27	50	33	35	37
17	13	15	16	34	24	25	27	60	39	41	44
18	14	15	16	35	24	26	28	70	44	47	50
19	15	16	17	36	25	27	29	80	50	52	56
20	15	17	18	37	25	27	29	90	55	58	61
21	16	17	19	38	26	28	30	100	61	64	67
22	17	18	19	39	27	28	31				
23	17	19	20	40	27	29	31				

下面具体以两例来说明单边和双边检验。

[例 19－1] 方向性成对比较检验（单边检验）

某饮料厂生产 2 种饮料，编号为“527”和“806”，其中“527”配方明显较甜。将 2 种样品呈送给 30 名评价员进行评价，评价结果填入表 19－5 的调查问卷中。结果，22 人认为“527”更甜，8 人回答“806”更甜。请应用成对比较检验来进行分析。

表 19－5　成对比较试验调查问卷

姓名：__________
产品：__________
日期：__________
请评价您面前的 2 个产品，2 个样品中哪个__________更甜。

分析：编号为“527”和“806”的两种饮料，其中“527”配方明显较甜，属单边检验，所以设定如下。

原假设 H_0：饮料“527”的甜味与饮料“806”的甜味相同。

备择假设 H_A：饮料“527”的甜味大于饮料“806”的甜味。

统计评价结果，有22人认为“527”更甜，8人回答“806”更甜。查表19－3方向性成对比较检验正确响应临界值表，当有效评价员为30人，显著水平 $\alpha=0.05$ 时，正确响应临界值为20。本试验有22人认为“527”更甜，大于临界值，所以认为“527”比“806”更甜（拒绝原假设，接受备择假设）。

［**例19－2**］无方向性成对比较检验（双边检验）

某饮料厂生产2种饮料，编号分别为“798”和“379”，其中1种略甜，但2种都有可能使评价员感到更甜。将2种样品呈送给30名评价员进行评价，评价结果填入表19－5的调查问卷中。结果，18人认为“798”更甜，12人选择“379”更甜。请应用成对比较检验来进行分析。

分析：编号分别为“798”和“379”的饮料，其中1种略甜，但2种都有可能使评价员感到更甜，属双边检验，所以设定如下。

原假设 H_0：饮料“798”的甜味与饮料“379”的甜味相同。

备择假设 H_A：饮料“798”的甜味不等于饮料“379”的甜味。

统计评价结果，有18人认为“798”更甜，12人选择“379”更甜。查表19－4无方向性成对比较检验正确响应临界值表，当评价员为30人，显著水平 $\alpha=0.05$ 时，正确响应临界值为21。本试验有18人认为“798”更甜，小于临界值，所以认为“798”和“379”2种饮料甜度无明显差异（接受原假设）。

2. 三点检验

三点检验（Triangle Test）是用于2个样品间是否存在感官差别的分析评价方法。这种评价可能涉及1个或多个感官性质的差异分析，但三点检验不能表明产品在哪些感官性质上有差异，也不能评价差异的程度。三点检验是1种必选检验方法，这种方法也称为三点试验法、三角试验法。其猜对率为1/3，如做数次重复试验，则猜对率更低，通常适用于鉴别2种样品之间的细微差别，也可用于挑选和培训评价员或者检查评价员的能力。检验时，同时提供3个已编码的样品给评价员，其中有2个是相同的样品，要求评价员挑选出其中不同于这2个样品的另一个样品。

当加工原料、加工工艺、包装方式或贮藏条件发生变化时，为确定产品感官特征是否发生变化，三点检验是1个有效的检验方法。但对于刺激性强的产品，由于可能产生感官适应或滞留效应，不宜使用三点检验。

三点检验时，一般要求评价员在20～40名。如果产品之间的差别非常大，容易辨别时，也可选12名评价员即可。如果实验目的是检验2种产品是否相似时，要求参评人数为50～100名。对于评价员，必须基本具备同等的评价能力和水平，熟悉三点检验的形式、目的、评估过程以及用于测试的产品。

作为供检验的样品，必须能够代表产品的性质，同时，供检验的样品要使用相同的方法进行准备（如相同的加热、溶解方法等），对样品要采用三位数的随机数字进行编码。

在三点检验中，对于比较的2种样品A和B，每组3个样品的可能排列次序有6种，即AAB、ABA、BAA、BBA、BAB、ABB。在试验时，为保证每个样品出现的概率相等，总的样品组数和评价员数量应该是6的倍数。如果样品数量或评价员的数量不能实现6的倍数时，也应该做到2个“A”1个“B”的样品组数和2个“B”1个“A”的样品组数相等，至于每个评价员得到哪组样品应随机安排。当评价员人数不足6的倍数时，可舍去多余样品组，或向每个评价员提供6组样品做重复检验。

对评价员的评价结果进行分析时，统计结果查表19－6，如果回答正确的统计数大于或者等于表中相应的数字，则拒绝原假设而接受备择假设。

表19－6　三点检验正确响应临界值

答案数目	显著水平			答案数目	显著水平			答案数目	显著水平		
(n)	5%	1%	0.1%	(n)	5%	1%	0.1%	(n)	5%	1%	0.1%
4	4	—	—	33	17	18	21	62	28	31	33
5	4	5	—	34	17	19	21	63	29	31	34
6	5	6	—	35	17	19	22	64	29	32	34
7	5	6	7	36	18	20	22	65	29	32	35
8	6	7	8	37	18	20	22	66	30	32	35
9	6	7	8	38	19	21	23	67	30	33	36
10	7	8	9	39	19	21	23	68	31	33	36
11	7	8	10	40	19	21	24	69	31	34	36
12	8	9	10	41	20	22	24	70	31	34	37
13	8	9	11	42	20	22	25	71	32	34	37
14	9	10	11	43	20	23	25	72	32	34	38
15	9	10	12	44	21	23	25	73	33	35	38
16	9	11	12	45	21	24	26	74	33	36	39
17	10	11	13	46	22	24	26	75	34	36	39
18	10	12	13	47	22	24	27	76	34	36	39
19	11	12	14	48	22	25	27	77	34	37	40
20	11	13	14	49	23	25	28	78	34	37	40
21	12	13	15	50	23	26	28	79	35	38	41
22	12	14	15	51	24	26	29	80	35	38	41
23	12	14	16	52	24	27	29	82	36	39	42
24	13	15	16	53	25	27	29	84	36	39	43
25	13	15	17	54	25	27	30	86	38	40	44
26	14	15	17	55	26	28	30	88	38	41	44
27	14	16	18	56	26	28	31	90	38	42	45
28	15	16	18	57	26	29	31	92	40	43	46
29	15	17	19	58	27	29	32	94	41	44	47
30	15	17	19	59	27	29	32	96	41	44	48
31	16	18	20	60	27	30	33	98	42	45	49
32	16	18	20	61	28	30	33	100	42	45	49

［例 19－3］三点检验——茶叶试验

现有 2 种茶叶，1 种是原产品，1 种是新种植的品种，感官检验人员想知道这 2 种产品之间是否存在差异。

试验设计：因为试验目的是检验 2 个产品之间的差异，将置信水平设为 5%，有 12 个品评人员参加检验，因为每位评价员所需的样品是 3 个，所以一共准备了 36 个样品，新产品和原产品各 18 个，按表 19－7 安排试验。试验中使用随机号码。

表 19－7　茶叶差异试验准备工作表

样品准备工作表				
日期：________				
编号：________				
样品类型：________				
试验类型：________				
产品情况	含有 2 个 A 的号码使用情况			含有 2 个 B 的号码使用情况
A：新产品	533　681			576
B：原产品（对比）	298			885　372
呈送容器标记情况				
小组	号码顺序			代表类型
1	533	681	298	AAB
2	576	885	372	ABB
3	885	372	576	BBA
4	298	681	533	BAA
5	533	298	681	ABA
6	885	576	372	BAB
7	298	681	298	AAB
8	533	885	372	ABB
9	885	372	576	BBA
10	298	681	533	BAA
11	533	298	681	ABA
12	885	576	372	BAB

样品准备程序：

（1）2 种产品各准备 18 个，分 2 组（A 和 B）放置，不要混淆。

（2）按照上表的编号，每个号码各准备 6 个，将两种产品分别标号。即新产品（A）中标有 533、681 和 298 号码的样品个数分别为 6 个，原产品（B）中标有 576、885 和 372 的样品个数也分别是 6 个。

（3）将标记好的样品按照上表进行组合，每份相应的小组号码和样品号码也写在答卷上，呈送给品评人员。

试验结果：将12份问答卷收回，按照上表核对答案，统计答对的人数。经核对，在该试验中，共有9人做出了正确选择。根据表19-6，在$\alpha=5\%$、$n=12$时，对应的临界值是8，所以结论是这2种茶叶产品（新产品和原产品）之间是存在差异的。

3. 二-三点检验法

二-三点检验法常用于区别2个同类样品之间是否存在感官差异，尤其是当2个样品中有1个是标准样或对照样时，本方法应用更合适。在评价时，同时呈送给每个评价员3个样品，其中1个为对照样，另外2个是随机编号的样品（其中有1个是与对照样相同的）。评价员在先熟悉了对照样之后，被要求从2个编号的样品中挑选出与对照样相同的样品。方法的实质是2个样品选1，选对率为1/2，所以也称为一-二点检验法。虽然从统计学上讲，这种方法的猜对率较高，为1/2，检验效率较差，但这种方法比较简单明了，常用于风味较强、刺激性较大、余味较持久的产品检验，以降低检验次数，避免感觉疲劳。而对于外观有明显差别的样品不适宜使用此法进行检验。该法在检验时，至少应有评价员15人。如果能用30~40甚至更多的人来评价，检验效果更好。通常评价员需要经过训练以熟悉评价方法、过程及对照样。而检验中的对照样，可以采取已有确定的标准样做为固定对照，或者采取将进行比较的2个样品随机作为对照。因此，根据对照样的不同，二-三点检验法有固定对照模型和平衡对照模型2种评价模型。

4. 五中选二检验法

五中选二检验法是检验2种样品间是否存在总体感官差异的1种方法。该法同时呈送给每位评价员5个已编码的样品，其中2个是同种样品，另外3个是另一种样品。要求评价员在品尝后，将与其他3个不同的2个样品选出。在统计学上讲，该法的猜对率仅为1/10，比三点检验、二-三点检验的猜中率低很多，检验效率高，是1种非常有效的检验方法。该法可识别2个样品间的细微感官差异。当评价员少于10名时，常采用此检验。由于要同时评定5个样品，检验中容易受感官疲劳和记忆效果的影响，一般此检验只用于视觉、听觉和触觉方面的检验，不适用于气味或滋味的检验。应用该法进行检验时，评价员必须经过培训，一般需要10~20人。当样品间差异较大容易辨别时，也可以只选5位评价员进行评价。

5. “A”-“非A”检验法

“A”-“非A”检验法特别适用于检验具有不同外观或后味强烈样品的差异检验，也适用于确定评价员对1种特殊刺激的敏感性检验。评价过程中，先将样品“A”呈送给评价员评价，在评价员熟悉“A”样品后，以随机的方式再将一系列样品呈送给评价员，其中有“A”也有“非A”的样品。要求评价后指出哪些是“A”，哪些是“非A”。当2种产品中的1个非常重要时，可以作为标准产品或者参考产品，并且评价员非常熟悉该样品；或者其他样品都必须和当前样品进行比较时，优先使用“A”-“非A”检验，它的实质是1种顺序成对差别检验或简单差别检验。检验时，评价员没有机会同时评价样品，他们必须根据记忆来比较2个样品，判断其相同还是不同，因此评价员必须经过训练，以便理解此检验方法。

6. 对照差异检验法

对照差异检验法，又称差异程度检验，它不仅要判断 1 个或多个样品和对照之间是否存在差异，而且还要评估所有样品与对照之间差异程度的大小。检验时，呈送给评价员 1 个对照样和 1 个或几个待测样（其中包括作为盲样的对照样），并告知评价员待测样中含有对照盲样，要求评价员按照评价尺度定量地给出每个样品与对照样的差异大小。对照差异检验的评定结果是通过各样品与对照间的差异结果来进行统计分析的，以判断不同产品与对照间的差异显著性。对照差异检验的实质是评估样品差别大小的 1 种简单差异试验。应用对照差异检验时，一般需要 20 ~ 50 个评价员，评价员可以是经过训练的，也可以是未经训练的，但两者不能混在一起来评定。

（二）标度和类别检验

在标度与类别检验中，评价员通常使用某种差异标度来对两个以上的样品进行评价，并判定出哪个样品好，哪个样品差，以及它们之间的差异大小和方向等，通过试验得出样品间差异的顺序和大小，或者样品应归属的类别或等级。试验选择何种手段解释数据，取决于试验的目的及样品数量。此类检验法常用排序法、评分法和分类检验法等。

1. 排序法

比较数个样品，按指定特性由强度或嗜好程度排出序列的方法称为排序检验法（Ranking Test）。该法只排出样品的次序，不要求评价样品间差异的大小。此检验法可用于消费者的可接受性调查，也可用于因不同原料、加工、处理、包装和贮藏等各环节而造成的产品感官特性差异。在对样品作更精细的感官分析之前，可首先采用这种方法，此法也可用于评价员的选择和培训。

样品以三位数的随机数字编码，以随机或平衡的次序呈送给评价员，要求评价员根据某一属性强弱对其进行排序。样品可以只呈送一次，也可以采用不同的编码呈送多次。一般样品被呈送两次以上后，准确度可以显著增加。一次评价只能评定一个感官性质，如果需要对同系列样品按照多种属性来排序，则需要针对每个属性分别评价，分开进行排序，以防止相互干扰。对于两个在某个属性上特别相近的样品，鼓励评价员作出猜测，如果评价员不能对其进行选择，则可以给出“相一致”的结论。

对于进行排序检验分析的评价员，试验前需要特殊指导和训练，使他们能反复辨别某种属性的差异，具有区别细微差别的能力。参加评定的评价员至少有 8 人，多于 16 人的结果更为准确。排序检验结果的分析方法有 Friedman 分析、Kramer 检验、Page 检验等。

2. 评分法

要求评价员采用等距标度或比率标度等对所有产品感官性质强度进行定量评定，给出每个样品的感官评价值，称为差异评分法。它不同于其他方法所谓的绝对性判断，即根据评价员各自的鉴定标准进行判断。对于粗糙评分现象可由增加评价员人数来克服。本法可以同时鉴评一种或多种产品的一个

食品感官分析中的评分法

或多个指标的强度及其差异，所以应用较为广泛，尤其是用于鉴评新产品、评比评优等。检验前，首先确定所使用的标度类型，使评价员对每一个评分点代表的意义有共同的认识。检验时，由评价员评价样品指标，由组织者按事先规定的规则转换成分数值，也可由评价员直接给出样品的分数值。

对评价员进行筛选、培训，使评价员熟悉所评价样品的性质、操作程序，具有识别性质细微差别的能力。参加评定的评价员数至少需要 8 名。检验时，以平衡或随机顺序将样品呈送给评价员，样品以 3 位数随机数字编码，样品可以呈送 1 次，也可以呈送多次（重复试验），要求评价员采用类别尺度、线性尺度或数字估计等方法对样品特定感官性质强度进行评定，最后用方差分析对数值结果进行分析，比较各个样品的差异性。

3. 分类检验法

分类检验法（Grading Test）是在确定产品类别标准的情况下，要求评价员在品评样品后，将样品划分为相应的类别。当样品评分困难时，可用分类检验法评价出样品的好坏差异，得出样品的级别、好坏，也可以鉴定出样品的缺陷等。

样品以随机的顺序呈现给评价员，要求评价员按顺序评价样品后，根据评价表中所规定的分类方法对样品进行分类。评价完成后，由组织人员将评价员的结果进行整理，统计出每个样品分属各级别的评价员数量。根据每个样品分属每个级别的评价员数量，采用 χ^2 检验比较两种或多种产品落入不同类别的数量，从而得出每个样品应属的级别，并判断样品间的感官质量是否有差异。

（三）分析或描述性检验

分析或描述性检验是感官检验中最复杂、最全面、信息量最大的感官评价方法，是感官科学家使用的最新工具。通过视觉、听觉、嗅觉、味觉和触觉等所有感官对产品进行全面的描述与分析，以获得关于产品完整的感官特征，为鉴定产品之间的区别和相似性提供基础，为感官分析人员确定产品的特性和接受程度提供重要信息。

分析或描述性检验通常是由 1 组（5 ~ 100 名）合格的感官评价人员对产品提供定性、定量描述的感官评定方法。如对外观、颜色、风味（气味、味觉）、组织（硬度、黏度、脆度、弹性、附着度）及几何特性等各个感官特性方面进行分析或描述。两个感官特征性质相同的样品，在强度上可能有所不同，这就是两个样品之间的差别，通过定量的分析能够从强度或程度上对该性质进行说明。分析或描述性检验适用于一个或多个样品，可以同时定性和定量地表示一个或多个感官指标。因此，分析或描述性检验要求评价员除具备感知食品品质特征和次序的能力外，还要求具备描述食品品质特征的专有名词的定义及其在食品中的实质含义的能力，以及总体印象或总体特征和总体差异分析能力。要获得一个产品详细的感官特性说明，或者要对几个产品进行比较时，分析或描述性检验通常都非常有效。分析或描述性检验常分为简单描述检验（定性描述检验）及定量描述检验两类。

1. 简单描述检验

要求评价员对构成产品特性的各个指标进行定性描述，尽量完整地描述出样品的品质。此法可用于识别或描述某一特殊样品或许多样品的特殊指标，或将感觉到的特性指标建立一个系列。常用于质量控制，描述产品在贮存期间的变化或已经确定的差异检测，也可用于培训评价员。

对产品特征进行定性描述的“感官参数”的叫法有很多，比如性质、特征、指标、描述性词汇等，这些定性方面的性质包括用于描述产品感官性质的一切词汇，主要包括外观、气味、风味、口感和质地等方面。比如，用于外观的词汇有：苍白、油斑、白斑、褪色、斑纹、有杂色、浑浊的、澄清的、透明的、有颗粒的等；用于气味的词汇有：香草味、水果味、花香等；用于风味的词汇有：巧克力味、酸败味、酸、甜、苦、咸、金属味等。

在进行检验前，首先提供一张适合于样品的描述性词汇表，使评价员能根据指标检查表进行评价，最后根据每一个描述性词汇的使用频数得出评价结果。最好对评价结论作公开讨论。描述分析要求使用精确的、特定的概念，并采用仔细筛选过的科学语言，清楚地把这种概念表达出来。感官评价人员要使用精确的风味描述词语，必须经过一定的训练和前期实践。

2. 定量描述检验

要求评价员尽量完整地对形成样品感官特征的各个指标及其强度进行评价的检验方法称为定量描述检验。这种检验使用简单描述检验中所确定的词汇中选择的词汇，对其强度加以评价，表达了每个感官特性的程度，即定量方面的性质，这种程度通过一些测量尺度（标度）的数值来表示，数值的有效性和可靠性取决于以下三个方面：① 选用尺度的范围要足够宽，可以包括该感官性质的所有强度范围，同时精确度要足够高，可以表达两个样品之间的细小差别；② 对评价员进行全面培训，熟悉掌握标度的使用；③ 不同的品评人员在不同的品评中，参照标度的使用要一致，这样才能保证结果的一致性。

定量描述检验中常用的标度有类别标度、线性标度和量值估计标度3种。类别标度也称“评估标度”，要求评价员就样品的某项感官特性在给定的数值或等级中为其选定1个合适的位置。类别标度的数值通常是7～15个类项，较常用的是9点类别标度。线性标度也称图表评估或视觉相似标度，要求评价员在1条线上标记出能代表某感官性质强度或数量的位置。量值估计标度有2种形式：① 给评价员1个有固定值的标准刺激作为参照或基准，所有其他刺激与此标准刺激相比较而得到标示；② 不给出标准刺激，评价员可选任意数字赋予第一个样品，将所有样品与第一个样品的强度比较而得到标示。

定量描述检验可以采取多种形式，感官剖面检验是其中一种，常用于质量控制、质量分析、鉴定产品之间的差异、新产品研制、提供产品特征的永久记录、检测产品在贮藏期间的变化，以及提供与仪器检验数据对比的感官数据等方面，也可用于优选评价员的培训。

感官剖面检验所依据的原理是：产品的风味是由可识别的味觉和嗅觉特性，以及不能单独识别的特性的复合体所组成。感官剖面检验用一种可再现的方式描述和评估产品风味，鉴别形成产品综合印象的各个风味特性，并评估其强度。强度的表示可用数字（如0 = 不存在，1 = 刚好可识别，2 = 弱……5 = 很强），也可用一直线，以在直线中的位置或距端点的距离表示，如图19－2所示。

下例是某评价员对萝卜泡菜的感官剖面检验分析实例，鉴评表如表19－8所示。

表 19-8 萝卜泡菜风味鉴评表

样品：萝卜泡菜（样品 1、2、3） 检验日期 年 月 日

感官特征	标度（0~7）		
	样品 1	样品 2	样品 3
酸腐味	3.5	4	5
生萝卜气味	5	3.5	2
生萝卜味道	4.8	3.5	2
酸味	3.2	4	6
馊气味	2.8	4.3	5.2
馊味道	2.5	4	5
劲道	4.5	4	5
柔嫩	3.2	4	3
脆性	4.5	3.8	3.6

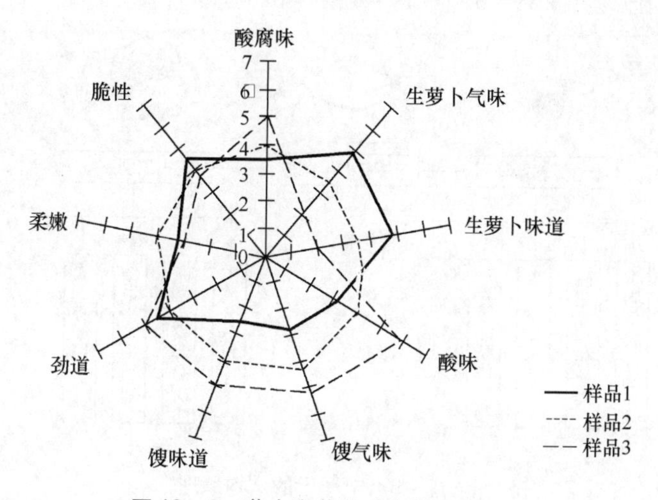

图 19-2 萝卜泡菜的感官剖面检验图

第五节 仿生仪器分析

一、电子舌

电子舌（Electronic Tongue，ET）是一种仿生味觉系统，它模拟人的舌头及其神经系统的信息处理过程，分析和识别液体的“味道”，获得的是样品的整体信息，也称“指纹”数据，而不是像普通化学分析方法（如色谱法、光谱法、毛细管电泳法等）所获得的被测样品中某种或某

几种成分的定性与定量结果。电子舌可根据不同食品获得不同信号，并将这些信号与已建立的数据库中的信号进行比较，从而识别食品的味道以鉴别真伪。电子舌使用类似于生物系统的材料作传感器的敏感膜，当敏感膜的一侧与味觉物质接触时，膜电势发生变化从而产生响应，可检测出各类物质之间的相互关系。电子舌可被定义为一种具有非专一性、弱选择性、对溶液中不同组分（有机和无机，离子和非离子）具有高度交叉敏感性的传感器单元组成的传感器阵列，结合适当的模式识别算法和多变量分析方法对阵列数据进行处理，从而获得溶液样本定性定量信息的一种分析仪器。

电子舌具有多方面的优点：① 无伤探测，无须对样品进行预处理；② 可用于某些特定场合中对有害液体的检测，从而避免感官分析人员接触有毒液体；③ 与传统化学测量方法相比，快速、节约；④ 与人的感官分析相比，更客观、更科学。因而，电子舌在食品、医药、化工等多个领域得到广泛应用，尤其在食品领域，电子舌可用于食品味道的评价及比较、溯源、质量分级、掺伪鉴别和加工过程检测，方法快速、简便、灵敏度高。

从以上的电子舌的定义可见，电子舌主要由味觉传感器阵列、信号采集系统和模式识别系统组成，电子舌的结构原理见图 19－3，图 19－4 是 Astree 电子舌系统。

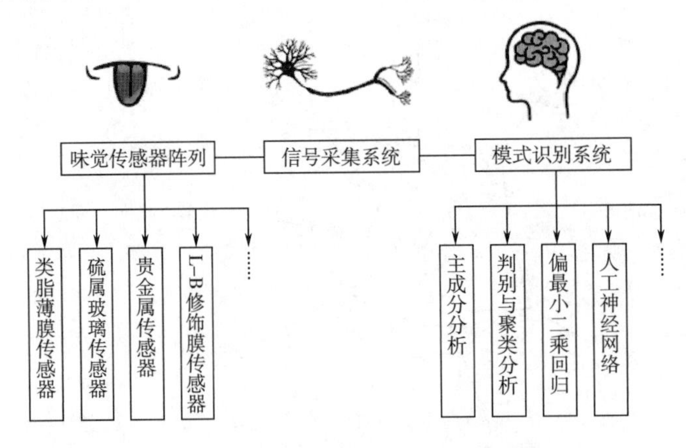

图 19－3　电子舌的结构原理

图 19－4　Astree 电子舌系统

1—液体自动进样器　2—传感器阵列　3—主机单元　4—Astree 软件

其中，味觉传感器阵列是最重要的部件，常用的传感器主要有类脂薄膜传感器、硫属玻璃传感器、非修饰及修饰贵金属传感器等，对其优化和改进主要集中在材料的表面修饰、电活性材料的选择以及不同传感器的组合方面。这些传感器具有交叉敏感性，即传感器不仅对某一特定的化学物质有响应，而是响应一类或几类化学物质；具备广域选择性，对各种味道有选择性地响应。表 19－9 列示了各种不同味觉传感器的可检测味觉信息。基于不同传感器阵列的工作原理，电子舌可分为电位型、伏安型、阻抗谱型、光寻址电位型、多通道味觉型和生物味觉型等多种类型。

信号采集系统具有传输和储存由传感器与液体样品接触产生的电信号的作用，将从传感器采集的电信号经过放大降噪处理，经 A/D 转换转化为计算机能识别的数字信号传到计算机并存储在内，等待计算机进一步处理。

模式识别系统是电子舌的关键部件之一，它根据研究对象的特征或属性，利用计算机运用一定的分析算法对样品信息进行判断、分类和识别，使识别的结果最大可能地接近实际值。模式识别系统由三部分构成：① 数据的获取与前处理，对获取的模式信息进行去噪声，提取有用信息；② 特征提取与选择：对原始数据进行变换，得到最能反映分类本质的信息；③ 分类决策：用已有的模式及模式类的信息进行训练，获得一定分类准则，对未知模式进行分类。目前针对模式识别系统的研究主要在于对不同化学计量学方法的选择、组合及优化，如主元分析、方差分析、判别与聚类分析、偏最小二乘回归和人工神经网络等，以对在多组分环境中每个传感器产生的多维复杂响应信号进行处理。

表 19－9　不同味觉传感器的可应测味觉信息

传感器	味觉	味觉信息	
		先味	回味
鲜味传感器 AAE	鲜味	鲜味	丰度（浓郁感）
咸味传感器 CT0	咸味	咸味	—
酸味传感器 CA0	酸味	酸味	—
苦味传感器 C00（检测酸苦味物质）	酸性苦味	苦味	酸性苦味回味
苦味传感器 AN0（检测矿物性苦味）	碱性苦味	—	碱性苦味回味
涩味传感器 AEI	涩味	涩味	涩味回味
苦味传感器 BT0（检测盐酸盐苦味）	碱基盐类苦味	—	碱基盐类苦味回味
甜味传感器 GL0	甜味	甜味	—

注：“—”表示未得到味觉信息。

二、电子鼻

电子鼻（Electronic Nose，EN）是一种仿生嗅觉系统，也称气味扫描仪，它是模拟生物鼻对气体分子感知、分析和识别的原理进行物质的分类和成分的识别以确定气味的一种电子系统。电子鼻可被定义为一种由多个性能彼此重叠的气敏传感器和适当的模式分类方法组成的具有识别单一和复杂气味能力的装置。与传统的成分分析仪器相比，电子鼻无须进行样品前处理，很少或几乎不用有机溶剂，是一种绿色检测技术；并且它获得的不是被测样品中某种或某几种成分的定性与定量的结果，而是能快速、有效地识别被测样品中挥发成分的整体信息；它不仅可以根据各种不同的气味检测到不同的信号，而且可以将这些信号与利用标样建立的数据库中的信号加以比较，进行识别和判断。电子鼻最早的应用始于1982年，至今已经历了40年的变化和发展。由于它独特的性能，电子鼻已广泛应用于食品、医学、环境检测等领域，在检测时充分发挥其客观性、可靠性和重现性等优点，主要用以识别、分析、检测一些挥发成分。

电子鼻系统主要包括气体传输/采样系统、气体传感器阵列、信号预处理单元、计算机模式识别和气味表达五部分。当目标气体通过气体传输/采样系统的收集，置于气体传感器阵列测试环境中时，气体传感器阵列相当于人的初级神经元（嗅觉细胞），对气体具有高的灵敏度和交叉灵敏度，每个传感器中的敏感材料可与气体发生吸附、解吸附的化学作用，并将化学变化的输入转化为电信号；信号预处理单元相当于二级嗅觉神经元（嗅觉神经网络）对初级神经元的信息调节、放大、提取等处理作用，对气体传感器阵列产生的电信号进行滤波、特征提取、信号放大、A/D转换、传输；计算机模式识别，相当于人的大脑，采用合适的模式识别算法对处理后的数据进行分析，从而对信号进行识别和判断。可见，电子鼻技术的发展主要依赖于传感器技术与信号的处理/识别技术的发展。

不同的气体与敏感材料发生反应时，具有自己的特征响应谱，构成电子鼻气体传感器阵列中的各个传感器各自对特定气体具有相对较高的敏感性，因此，由一些不同敏感对象的传感器构成的电子鼻可以测得被测样品挥发性成分的整体信息，与人的鼻子闻到的是样品的总体气味一样。常用的气体传感器根据材料类型可以分为金属氧化物型半导体传感器（如SnO_2、ZnO、WO_3等）、导电聚合物传感器（如吡咯、苯胺、噻吩、吲哚等碱性有机物的聚合物及衍生物）、质量传感器（如石英晶体微天平、声表面波传感器）三大类。目前常见的商品化电子鼻主要有PEN3电子鼻（图19－5）和FOX系列电子鼻。PEN3电子鼻中就使用了十个不同的传感器组成气体传感器阵列进行检测，每个传感器对不同气体具有不同的响应性能，参见表19－10。

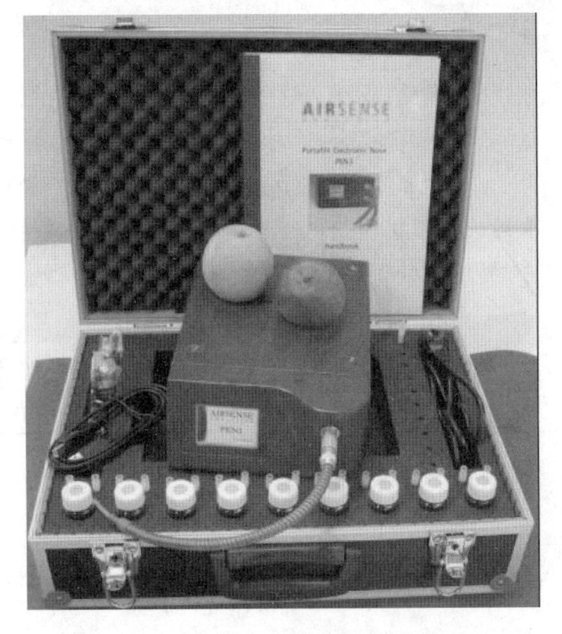

图19－5　PEN3电子鼻

表19－10　PEN3电子鼻的传感器及其性能特点

传感器序号	传感器名称	性能特点	参考物质及检测限
S1	W1C	对芳香成分灵敏	Toluene，10mg/L
S2	W5S	对氮氧化物很灵敏	NO_2，1mg/L
S3	W3C	对氨水、芳香类化合物灵敏	Propane，1mg/L
S4	W6S	对氢气有选择性	H_2，100μg/L
S5	W5C	对烷烃、芳香类化合物及极性小的化合物灵敏	Propane，1mg/L
S6	W1S	对甲烷灵敏	CH_3，100mg/L
S7	W1W	对硫化物、含硫有机化合物灵敏	H_2S，1mg/L
S8	W2S	对乙醇及部分芳香族化合物灵敏	CO，100mg/L
S9	W2W	对芳香族化合物、有机硫化物灵敏	H_2S，1mg/L
S10	W3S	对烷烃灵敏	CH_3，100mg/L

信号预处理单元的作用是对传感器阵列传入的信号进行滤波、交换和特征提取，尤其重要的是特征提取。不同的处理系统就是按特征提取方法的不同来区分的，常用的方法有相对法、差分法、对数法和归一法等，这些方法既可以处理信号，为模式识别过程做好数据准备，也可以利用传感器信号中的瞬态信息检测、校正传感器阵列。

计算机模式识别是对预处理之后的信号再进行适当的处理，以获得混合气体的组成成分和浓度的信息。模式识别的过程一般分为两个阶段：① 监督学习阶段，在该阶段运用被测气体样品来训练电子鼻，使其自我学习，知道需要感应的气体是什么；② 应用阶段，经过训练的电子鼻会使用模式识别的方法对被测气体进行识别。常用的模式识别方法主要有① 统计模式识别技术，包括主成因分析（PCA）、偏最小二乘法（PLS）、局部最小方差、线性分类、判别式分析等；② 人工神经网络（ANN）技术，它最大的优点就是可以实现复杂的非线性映射，能较好地解决交叉响应带来的非线性严重等问题，同时，它还具有良好的容错性能，有助于提高气体检测的精度；③ 进化神经网络（ENN）技术，它是一种用遗传算法（GA）优化的神经网络技术。

电子鼻尚存在一些问题有待改进，如传感器制作工艺的改进、性能的提高，以及信号处理方法的进一步完善。随着新型传感器技术，微细加工技术的提高以及信号处理方法的不断完善，电子鼻将会具有更加高级的智能，其应用前景也将更加广阔。

思考题

1. 感官分析的局限性都有哪些？
2. 仿生仪器分析与感官分析相比，主要的优势在哪些方面？

第二十章

食品的物理特性分析

本章学习目的与要求

1. 掌握相对密度法、折光法及旋光法对食品的相关物理特性进行分析；
2. 掌握色度法、黏度法、质构法及热分析法对食品的相关物理特性进行分析。

第一节　相对密度法

一、相对密度的定义与应用

食品的相对密度、折光率及旋光率

密度是指单位体积中的物质质量，以 ρ 表示，单位为 g/mL。相对密度即物质的质量与同体积同温度纯水质量的比值，用 d 表示，是个量纲为一的物理概念。一般的液态食品都有一定的相对密度，与其所含的固形物含量之间具有一定的数学关系，测定液态食品的相对密度可求出其固形物的含量；当其所含固形物的成分及浓度发生变化时，相对密度也随之改变，因此，测定液态食品的相对密度可用于检验食品的纯度或浓度，用于判别食品是否变质或掺杂。当变质或掺杂发生时，液体食品的组成成分及含量会发生变化，相对密度发生改变，测定相对密度可初步判断食品是否正常以及纯净的程度。例如，在15℃时，正常牛乳的相对密度在1.028～1.034，脱脂乳的相对密度在1.034～1.040。当牛乳的相对密度低于1.028，很可能是掺水了；而当相对密度高于1.034，很可能是添加了脱脂乳或牛乳部分脱脂导致相对密度增高。因此，常用比重计检测牛乳的相对密度和全乳固体来判断是否掺水或掺杂。

二、相对密度的检测方法

测定液态食品相对密度的方法主要有密度瓶法、密度天平（即韦氏天平，Westphal Balance）法和密度计法等。

1. 密度瓶法

在一定温度下（一般在20℃下），用同一密度瓶分别称量待测样品溶液和蒸馏水的质量，根据两者之比即可求出待测样品溶液的相对密度。由水的质量可确定密度瓶的容积即待测样品溶液的体积，根据待测样品溶液的质量及体积可求出其密度。

常用的密度瓶有两种，一种是如图 20－1（1）所示的带温度计的精密密度瓶，可用于测量具挥发性的液体样品；另一种如图 20－1（2）所示，是普通的带毛细管的密度瓶，可用于测量较黏稠的液体样品。

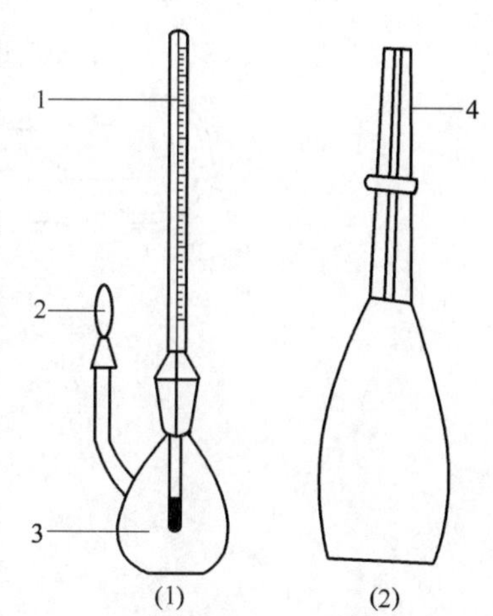

图 20－1 常用密度瓶

（1）带温度计的精密密度瓶

（2）普通密度瓶

1—温度计 2—小帽

3—密度瓶体 4—毛细管

待测样品溶液在 20℃时的相对密度按式（20－1）进行计算：

$$d_{20}^{20} = \frac{m_2 - m_0}{m_1 - m_0} \qquad (20-1)$$

式中 d_{20}^{20}——待测样品溶液在 20℃时的相对密度；

m_0——密度瓶的质量，g；

m_1——密度瓶加蒸馏水的质量，g；

m_2——密度瓶加待测样品溶液的质量，g。

计算结果表示到称量天平的精度的有效数位。在重复性条件下获得的两次独立测定结果的绝对差值不得超过算术平均值的 5%。

密度瓶法适用于测定各种液体食品的相对密度，测定结果准确，但操作较烦琐；实验中不少操作需要细致对待，例如温度的控制、瓶中气泡的排除、密度瓶外壁的防油污等。

2. 韦氏天平法

韦氏天平也称液体比重天平，最早由法国学者韦斯特法尔（Westphal）提出，是一种结合阿基米德定律和杠杆平衡原理的机械式天平和液体静力天平。

根据阿基米德定律，当物体完全浸入某种液体中时，它所受到的浮力与其排开的液体质量成正比。一定温度（一般为 20℃）时，分别测量同一物体（玻璃浮锤）在蒸馏水中和待测液体样品中所受到的浮力，由于玻璃浮锤所排开蒸馏水的体积和排开待测液体样品的体积相同，因此根据蒸馏水的密度及玻璃浮锤在蒸馏水与待测液体样品中所受到的浮力，即可计算出待测液体样品的密度。韦氏天平构造如图 20－2 所示。

玻璃浮锤排开蒸馏水或待测样品的体积 V 按式（20－2）计算：

$$V = \frac{m_{水}}{\rho_0} = \frac{P_1}{\rho_0} \qquad (20-2)$$

待测样品在 20℃时的密度按式（20－3）进行计算：

$$\rho_{20} = \frac{m_{样}}{V} = \frac{P_2}{P_1} \times \rho_0 \qquad (20-3)$$

待测样品在 20℃时的相对密度按式（20－4）进行计算：

$$d_{20}^{20} = \frac{P_2}{P_1} \qquad (20-4)$$

式中 $m_{水}$——蒸馏水的质量，g；

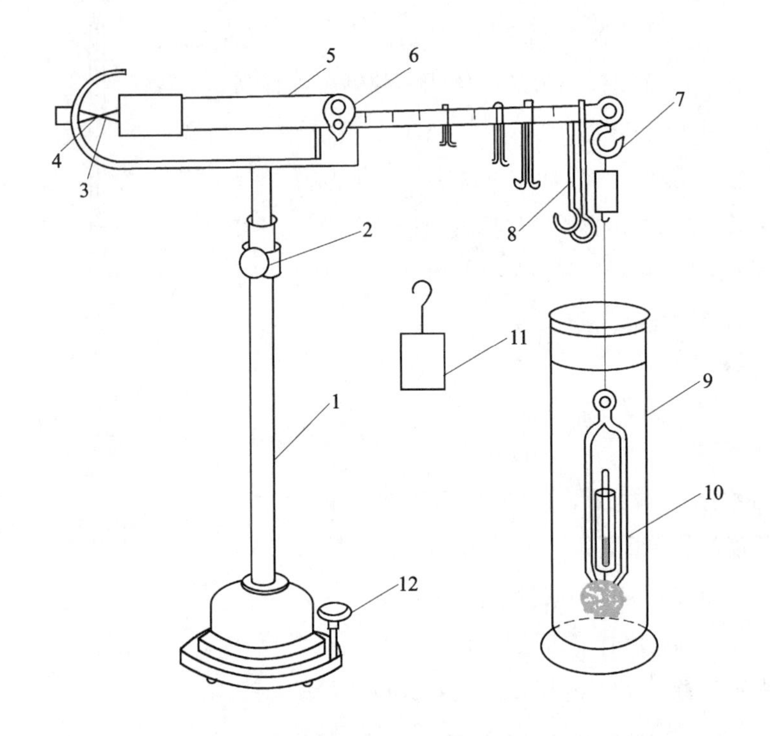

图 20－2　韦氏天平基本构造

1—支架　2—调节升降旋钮　3、4—指针　5—横梁　6—刀口
7—挂钩　8—游码　9—玻璃圆筒　10—玻璃浮锤　11—砝码　12—调零旋钮

$m_{样}$——待测液体样品的质量，g；

ρ_{20}——待测液体样品在 20℃时的密度，g/mL；

d_{20}^{20}——待测液体样品在 20℃时的相对密度；

P_1——玻璃浮锤浸入水中时游码的读数，g；

P_2——玻璃浮锤浸入待测液体样品中时游码的读数，g；

ρ_0——20℃时蒸馏水的密度（0.99820g/mL）。

重复性条件下获得的两次独立测定结果的绝对差值不得超过算术平均值的 5%。

3. 密度计法

按照工作原理的不同，测定液体密度的密度计可分为浮子式密度计、静压式密度计、振动式密度计和放射性同位素密度计等。

浮子式密度计也称玻璃比重计，它是根据物体漂浮在液体中所受到的重力和浮力平衡的原理制作的。密度计是一根粗细不均匀的密封玻璃管，为让玻璃管能直立漂浮在液体中，管的下部一般填充有密度较大的金属（图 20－3）。密度计的重力 G 恒定，将它置于不同的液体中，其受到的浮力 F 也不变。由阿基米德原理 $F=\rho gV$ 可知，当待测液体密度 ρ 越大，密度计排开液体的体积 V 越小，即密度计浸入液面下的体积越

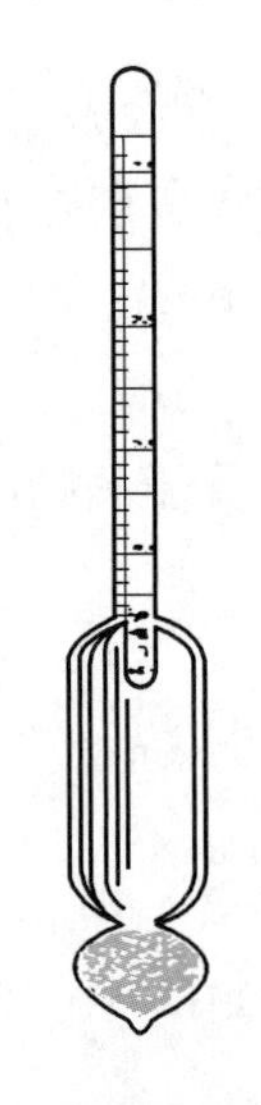

图 20－3　普通浮子式密度计

少，反之，当待测液体密度ρ越小，密度计排开液体的体积V越大，即密度计浸入液面下的体积越多。此类型的密度计使用方便、直接，只需将密度计竖直插入待测液体中，待密度计平衡后，从玻璃管的刻度处可直接读出待测液体的密度。密度计可分为重表和轻表两种，重表测量密度比纯水大的液体密度，轻表测量密度比纯水小的液体。普通密度计的刻度值一般以绝对密度表示，如果规定待测样品的温度，可以用相对密度数值（一定温度、压力下，待测液体的密度与纯水密度的比值）作为刻度值。

静压式密度计的工作原理是：一定高度液柱的静压力与该液体的密度成正比，因而可利用静压数值来计算待测液体的密度。

振动式密度计的工作原理是：当物体受到激发产生振动，其振动频率或振幅与物体的质量有关，如果在物体内填充一定体积的液体样品，则其振动频率或振幅的变化便反映一定体积的待测液体样品的质量或密度。

放射性同位素密度计的工作原理是：放置于仪器内的放射性同位素辐射源的放射性辐射（如γ射线）在透过一定厚度的被测样品后，待测样品对射线的吸收量与该样品的密度有关，通过测定放射线检测器所接收的与吸收量相关的信号可反映出待测样品的密度。

第二节　折光法

一、折光法的定义与应用

食品的相对密度、折光率及旋光率

利用折射率确定待测物质浓度、纯度和判断物质品质的分析方法称为折光法。折射率是物质重要的物理常数之一，许多纯物质都具有一定的折射率。溶液的折射率一般随着浓度的增大而递增；折射率的大小取决于物质的性质，即不同的物质有不同的折射率；而对于同种物质，其折射率的大小取决于该物质溶液的浓度的大小。如果其中含有杂质，折射率就会发生偏差，杂质越多，偏差越大。正常情况下，某些液态食品的折射率处于一定范围，当这些液态食品因掺杂、浓度改变或品种改变等而引起食品的品质发生变化时，折射率也会发生变化，所以通过折射率的测定可以鉴别食品的组成，确定食品浓度，判断食品的纯度及品质。例如，蔗糖溶液的折射率随浓度提高而增高，通过折射率可确定蔗糖溶液的浓度及饮料、糖水罐头等食品的糖度，还可以测定以糖为主要成分的果汁、蜂蜜等食品的可溶性固形物的含量。不同的脂肪酸均有其特定的折射率，当碳原子数目相同时，不饱和脂肪酸的折射率比饱和脂肪酸的折射率大得多；不饱和脂肪酸相对分子质量越大，折射率也越大；酸度高的油脂折射率低。因而测定折射率可以鉴别油脂的脂肪酸组成和品质。必须指出的是，折光法测得的只是可溶性固形物含量，因为固体粒子不能在折射仪上反映出它的折射率。因此，含有不溶性固形物的样品，不能用折光法直接测出总固形物。但对于番茄酱、果酱等个别食品，已通过实验编制了总固形物与可溶性固形物关系表，可先用折光法测定可溶性固形物含量，然后利用关系表查出总固形物的含量。

二、折射率的检测方法

液体的折射率常用折射仪进行测定。折射仪的工作原理主要是利用光折射极限。在一定的温度和压力下，光线从一种透明介质进入另一种透明介质时，由于光在不同介质中的传播速度不同，光传播方向会发生改变，在界面上产生折射。根据折射定律，折射率是光线入射角 α_1 的正弦与折射角 α_2 的正弦之比，即式（20－5）：

$$n = \frac{\sin\alpha_1}{\sin\alpha_2} = \frac{v_1}{v_2} \tag{20-5}$$

当光由光疏介质 A 进入光密介质 B 时，折射角 α_2 必小于入射角 α_1（因为光在光密介质 B 中的传播速度 v_2 小于在光密介质 A 中的传播速度 v_1）。当入射角为90°时，$\sin\alpha_1=1$，这时折射角达到最大，称为临界角，用 $\alpha_{临}$ 表示。这时，所有的入射光（1′、2′、3′线）全部折射在临界角以内（1、2、3 线），临界角以外无光线，结果临界线（4 线）左边明亮，右边完全黑暗，形成明显的黑白分界（图 20－4）。利用这一原理，通过实验可测出 $\alpha_{临}$，从而得出折射率。

这时的折射率 n_D 按照式（20－6）计算：

$$n_D = \frac{1}{\sin\alpha_{临}} \tag{20-6}$$

三、折射仪

测量折射率较为经典的仪器是阿贝折射仪，它是利用进光棱晶和折射棱晶夹着薄薄一层样液，经过光的折射后，测出样液的折射率而得到样液浓度的一种仪器。阿贝折射仪能测定透明、半透明液体或固体的折射率 n_D。如果仪器接上恒温器，则可测定温度为 0～70℃ 内样品的折射率 n_D。阿贝折射仪还能测出蔗糖溶液的质量分数（°Bx）（0～95%，相当于折射率为 1.333～1.531），广泛应用于制药、食品、日用化工、制糖工业。在实际测量时，阿贝折射仪的入射光不是单色光，而是由多种单色光组成的普通白光，因不同波长的光的折射率不同而产生色散，在目镜中看到的是一条彩色的光带，而没有清晰的明暗分界线，为此，阿贝折射仪中安置了一套消色散棱晶（又称补偿棱晶）。通过调节消色散棱晶，使色散光线消失，明暗分界线变得清晰。此时测得的液体的折射率相当于用单色光钠光 D 线（$\lambda=589.3$nm）所测得的折射率 n_D。图 20－5 所示为数显式阿贝折射仪。

目前先进的折射仪主要向小型化、便携化、操作方便、测量精度高等方向发展。图 20－6 所示为目前较为先进的两款折射仪。

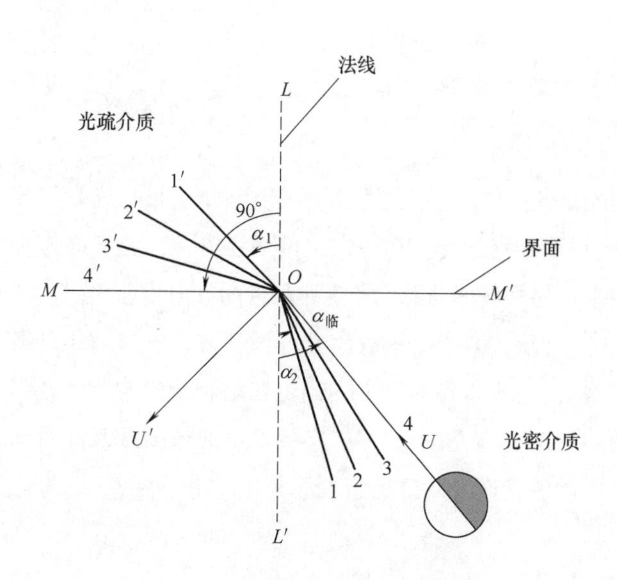

图 20－4　折射仪工作的光学原理

图 20－5　数显式阿贝折射仪

(1) J157-Rudolph 折射仪

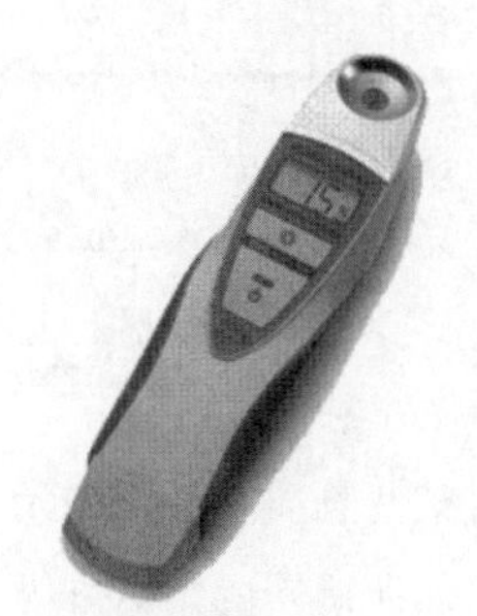

(2) 手持式折射仪

图 20－6　折射仪

第三节　旋光法

一、旋光法的定义与应用

自然光通过起偏装置产生偏振光，偏振光经过具有旋光性的物质时，其振动面会发生旋转，检偏器读取的旋转角度的大小与这些物质的浓度存在着数学关系。利用旋光仪测定物质的旋光度以确定其含量的方法称为旋光法。

食品的相对密度、折光率及旋光率

利用旋光法可检测食品样品的浓度、含量及纯度等，因而旋光法广泛应用于制药、制糖、食品、香料、味精以及石油化工等的化验分析及过程质量控制。例如，糖厂通常利用旋光法测定蔗糖含量来监控产品的生产过程；利用旋光法可鉴别蜂蜜中是否掺入了其他糖类。

二、旋光度的检测方法

液体的旋光度常用旋光仪进行测定。旋光仪的工作原理主要是利用旋光现象。可见光是一种波长为380~780nm的电磁波，其振动方向可以取垂直于光传播方向上的任意方位，通常称为自然光。自然光有无数个与光线前进方向互相垂直的光波振动面，若光线前进的方向指向我们，则与之互相垂直的光波振动平面如图20-7（1）所示，图中箭头表示光波振动方向。如果让自然光通过某些偏振元件（如偏振器、尼科尔棱镜等），可以使振动方向固定在垂直于光波传播方向的某一方位上，形成所谓平面偏振光，如图20-7（2）所示，图中实线表示通过偏振元件后光波仅有一个光波振动平面。只在一个平面上振动的光称为偏振光。

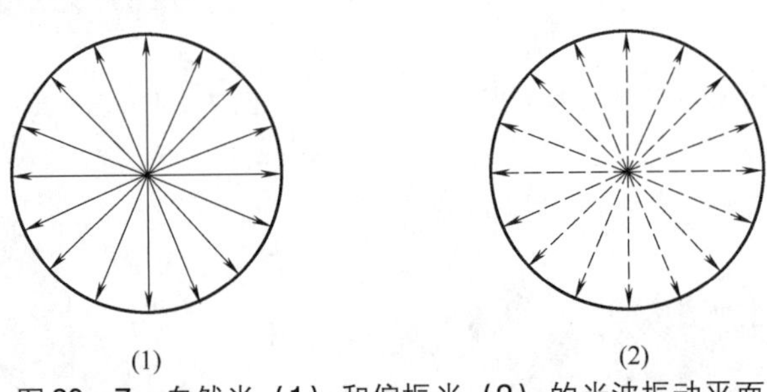

图20-7 自然光（1）和偏振光（2）的光波振动平面

偏振光通过某些物质时，偏振光的振动平面方向会转过一个角度，这些物质称为旋光物质，偏振光的振动平面所旋转的角度称为该物质的旋光度，以α表示。食品中的许多成分都具有旋光性，如单糖、低聚糖、淀粉以及大多数氨基酸等。不同的旋光物质有不同的旋光度，这是决定旋光度的主要因素之一，除此之外，旋光度的大小与光源的波长、测定温度、旋光物质溶液的浓度及液层的厚度有关。对于特定的旋光物质，在光源波长和测定温度固定的情况下，其旋光度α与旋光物质溶液的浓度c和液层的厚度L成正比，即如式（20-7）所示：

$$\alpha = K \times c \times L \qquad (20-7)$$

式中　K——系数。

当旋光物质的浓度为1g/mL，液层的厚度为1dm时，所测得的旋光度称为比旋光度，以$[\alpha]_{\lambda}^{t}$表示，则有式（20-8），$[\alpha]_{\lambda}^{t}$表示单位长度的某种旋光物质，温度为t℃时，对波长为λ的平面偏振光的旋光度：

$$[\alpha]_{\lambda}^{t} = K \times 1 \times 1 \qquad (20-8)$$

即$K=[\alpha]_{\lambda}^{t}$，结合式（20-7），则有：

$$\alpha = [\alpha]_{\lambda}^{t} \times c \times L \qquad (20-9)$$

式中　$[\alpha]_{\lambda}^{t}$——比旋光度，°；

t——测定温度，℃；

λ——光源波长，nm；

α——旋光度，°；

L——液层厚度或旋光管长度，dm；

c——待测溶液浓度，g/mL。

比旋光度与光源波长及测定温度有关，通常规定用钠光 D 线（λ =589.3nm）在 20℃时测定，此时，比旋光度用 $[\alpha]_D^{20}$ 表示，这个 $[\alpha]_D^{20}$ 是已知的，L 为液层厚度或旋光管长度，对于一定的旋光仪，L 也是已知的，因而测定了旋光度 α 就可以通过式（20－9）计算出待测溶液的浓度 c。

在检测某些含有还原糖类（如葡萄糖、果糖、乳糖、麦芽糖等）的食品溶液时，其旋光度起初变化迅速，渐渐变化缓慢，最后达到恒定值，这种现象称为变旋光作用。这是由于这些还原糖类存在两种异构体，即 α 型和 β 型，它们的旋光度不同。因此，在用旋光法测定蜂蜜或葡萄糖等含有还原糖的样品时，应将待测溶液放置过夜后再测定。

三、旋光仪

旋光仪（Polarimeter）是测定旋光性物质的旋光度的仪器，通过对样品旋光度的测量，可以分析确定物质的浓度、含量及纯度等。旋光仪的工作原理如图 20－8 所示：自然光通过起偏镜后产生平面偏振光，如果旋光管中盛装的为旋光性物质，当偏振光通过该物质溶液时，偏振光的角度会向左或向右旋转一定角度，这时，为让旋转一定角度后的偏振光能通过检偏镜光栅，必须将检偏镜旋转一定角度，在目镜处才能看到明亮。这个所旋转的角度就是该待测物质溶液的旋光度。

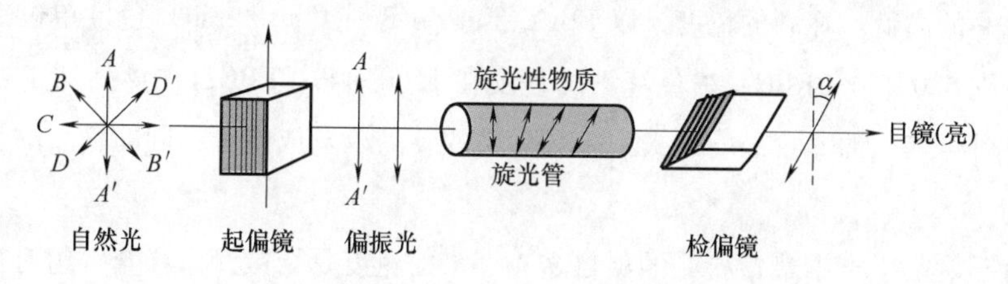

图 20－8　旋光仪的工作原理简图

图 20－9（1）所示为通用型的目视圆盘旋光仪，图 20－9（2）所示为目前较为先进的全自动高精度检测的旋光仪，测量精度可达 0.001°。

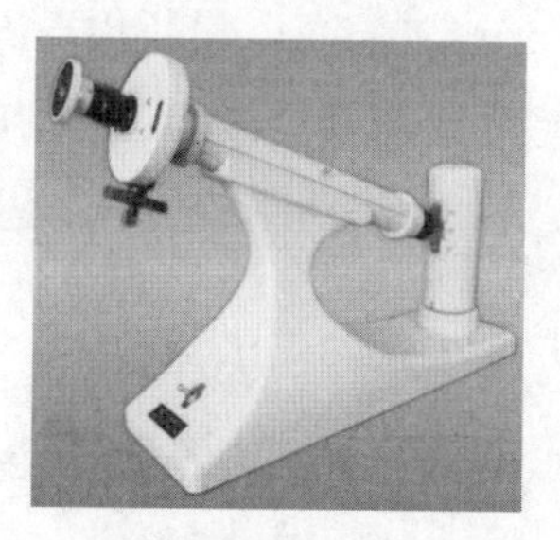

(1) 目视圆盘旋光仪

(2)Autopol II-Rudolph 旋光仪

图 20－9　旋光仪

第四节　色度法

一、色度法的定义与应用

色度法、黏度法及质构法

色度学是研究颜色视觉规律、颜色测量的理论与技术的科学。它是一门20世纪发展起来的，以物理光学、视觉生理、视觉心理、心理物理等学科为基础的综合性科学。色度学在食品中应用具有重大的意义。在食品的“色”“香”“味”“形”这四大感官要素中，“色”具有举足轻重的地位，食品的色度影响了对食品品质评价的第一印象，直接影响消费者对食品品质优劣、新鲜与否和成熟度的判断，因此，色度已成为评判食品品质的一个重要指标，如何提高食品的色泽特征，是食品生产加工者首要考虑的问题。符合人们感官要求的食品能给人以美的感觉，提高人的食欲，增强购买欲望，生产加工出符合人们饮食习惯并具有纯天然色彩的食品，对提高食品的应用和市场价值具有重要的意义。食品的色度分析主要应用于酱油、果汁、饮料等产品以及新鲜蔬果产品的研发及品质监控。例如，水的颜色深浅反映了水质的好坏，对饮料的品质有很大的影响，因而水的色度监控非常重要；对于啤酒来说，啤酒色度已成为衡量啤酒质量的重要技术指标之一，因为啤酒色度的浅色化发展，既体现了消费者对色泽的选择趋势，也反映了酿制水平的高低。啤酒的色度，以EBC（Europe Beer Consortium）色度单位表示。一般淡色啤酒的色度在5.0～14.0EBC；浓色啤酒的色度在15.0～40.0EBC；在食品加工过程中，还常常需要监控各种焙烤、油炸食品、易被微生物污染的食品以及成熟度不同的食品的色度变化以指导生产。

水的色度是食品生产中最常检测的项目之一。水的色度是指被测水样与一组有色标准溶液的颜色比较值，测定结果以度来表示。纯净的水是无色透明的，而天然的水中却由于溶解了各种不同的物质或混有不溶于水的细小悬浮物，而使水呈现各种颜色。如含Fe^{3+}较多的水，常呈黄色；含Fe^{2+}较多的水呈蓝绿色；含硫的水呈浅蓝色。洁净的天然水的色度一般在15°～25°，自来水的色度多在5°～10°。水的色度有“真色”与“表色”之分。“真色”是指用澄清或离心除去悬浮物后的色度，仅由溶解物质产生的颜色，一般用经0.45μm滤膜过滤器过滤后的样品测定；“表色”是指包括溶于水样中物质的颜色和悬浮物颜色的总称。在分析报告中必须注明测定的是水样的真色还是表色。

二、色度的检测方法

人们眼中所反映出的颜色，不仅取决于物体本身的特性，而且还与照明光源的光谱成分有关。因而在人们眼中反映出的颜色是物体本身的自然属性与照明条件的综合效果，色度学评价的就是这种综合的效果。彩色视觉是人眼的一种明视觉。彩色光的基本参数有三个：明亮度、色调和饱和度。明亮度是光作用于人眼时引起的明亮程度的感觉。一般来讲，彩色光能量越大则越亮，反之则越暗。色调是颜色的类别，如红色、黄色、绿色等。彩色物体的色调取决于在光照明下所反射光的光谱成分。当反射光中的某种颜色的成分较多时，则显现出这种颜色，其他成分被吸收掉。而对于透射光，其色调由透射光的波长分布或光谱所决定。饱和度是指彩色光所呈现颜色的深浅或纯洁程度。同一色调的彩色光，其饱和度越高，颜色就越深，也就越纯；饱和度越小，颜色就越浅，纯度就越低。当白光进入到高饱和度的彩色光中时，可以降低彩色光的纯度或使颜色变浅，变成低饱和度的色光，所以饱和度是色光纯度的反映。100%饱和度的色光就代表完全没有混入白光的纯色光。色调与饱和度又合称为色度，它既说明彩色光的颜色类别，又说明颜色的深浅程度。

测定色度的方法主要有目视法和仪器法两大类。

1. 目视比色法

（1）标准色卡对照法　根据色彩图制定了很多种的标准色卡，常见的有孟塞尔色图（Munsell Book of Colors）、522 匀色空间色卡（522UCS）、麦里与鲍尔色典和日本的标准色卡（CC5000）等。利用这些标准色卡与待测物质的颜色进行对照比色，是最简便的测定色度的方法，常用于谷物、淀粉、水果和蔬菜等的色度检定。

（2）标准溶液对照法　该方法主要应用于比较液体食品的颜色，标准溶液多用化学药品溶液制成。例如，橘子汁颜色监控中，常采用重铬酸钾溶液做标准比色溶液；酱油色度的监控常采用碘液和焦糖色作为标准比色溶液；饮用水的色度测定常采用铂－钴比色法或铬－钴比色法。

2. 仪器测定法

目前测定色度的仪器有很多种，根据具体检测的物质不同，可有专用的色度测定仪，其检测的工作原理和标准对照都各有不同。下面介绍几种常用的色度检测仪器。

（1）SD9012 型色度仪　主要用于检测水的色度及啤酒色度。仪器采用光电比色原理，测量溶解状态的物质所产生的颜色。当测试水溶液的色度时，仪器采用国家标准 GB/T 5750.4—2006《生活饮用水标准检验方法　感官性状和物理指标》中所规定的铂－钴色度标准溶液进行标定，采用铂－钴色度作为色度计量单位。测量范围在 0°～50°；当测试啤酒色度时，仪器采用哈同（Hartong）标准溶液进行标定，采用“EBC”作为色度计量单位，测量范围在 0～30EBC。该色度仪主要应用于啤酒色度测量，也可以广泛应用于纯净水厂、制酒行业、制药行业、自来水厂、生活污水处理厂等的水质色度测定。

（2）罗维朋比色计（WSL－2 比较测色仪）　罗维朋比色计是一种目视颜色测量仪器，它采用了国际公认的专用色标——罗维朋色标来测量各种液体、胶体、固体和粉末样品的色度。检测时，可使用透射法或反射法进行测量，透射法适用于液体及透明有色物质的测量，反射法适用于非透明物质表面颜色的测量。

（3）测色仪　色度仪具有多种不同型号，适合测定各种不同产品的需要。测色仪使用颜色全球通用标尺 L、a、b。其中 L 代表颜色的亮度（黑白），L 值越大，表示样品的亮度或澄清度越高；a 代表颜色的红绿方向，a 为正值时表示红的程度，正值越大，颜色越红；a 为负值时表示绿的程度，a 的绝对值越大，色泽越绿；b 值代表颜色的黄蓝方向，b 为正值时表示黄的程度，正值越大，颜色越黄；b 为负值时表示蓝的程度，b 的绝对值越大，颜色越蓝。用 L、a、b 三个参数就可以表示任何样品的反射色或者透射色（图20－10）。每一种产品都应该且可以有一组 L、a、b 值来描述其色泽特点。例如，绿茶色泽特点是绿色为主，则 a 值为负，但若绿茶茶汤发生褐变，反映为 a 值增加，褐变越严重 a 值越大。同样，红茶也有相应适当的 L、a、b 值，特点是 L 值较高，表示茶汤有较好的明亮度以及较高的 a 值，若 a 值低，则表明茶汤中茶红素含量较少，说明该红茶品质不高。测色仪被广泛用于食品工业。

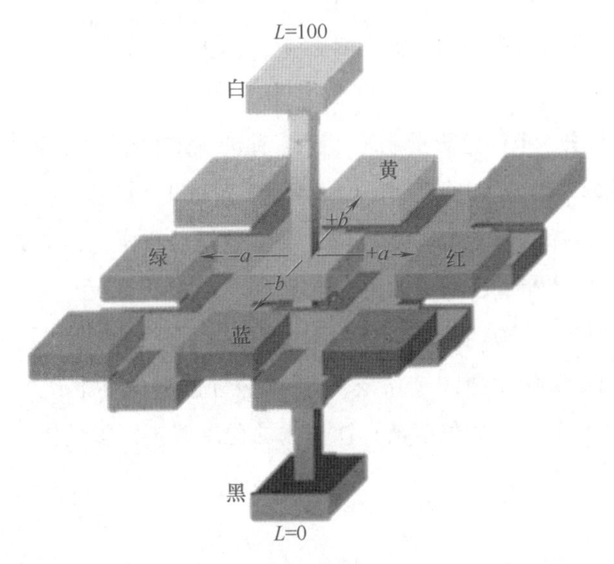

图20－10　测色仪的颜色标尺 L、a、b

利用仪器对色度进行测量，对于不同性质的食品样品，在检测中需要进行不同的处理：① 对于固体食品，测定时要尽量使表面平整，把表面压平；对颜色不均匀的颗粒食品，测定之前要充分混匀；② 对于如果酱、汤汁、调味汁之类的糊状食品，在保证不变质的前提下，适当作均质处理，使眼睛观察值和仪器测定值一致；③ 对于颗粒状食品，可采用过筛或适当破碎，粒度一致可减少测定偏差；④ 当测定液体食品的透过色光时，应尽量将试样中的悬浮颗粒用过滤或离心除去。对于影响色度测定的因素也要加以注意，例如，空白样品的及时更新，仪器的经常性校准定位，标准溶液的勤换和勤标定，测定用的比色皿的洁净及匹配性等。

第五节 黏度法

一、黏度法的定义与应用

色度法、黏度法及质构法

黏度（η），即液体的黏稠程度，它是液体在外力作用下发生流动时，分子间所产生的内摩擦力。食品的黏度属于食品流变学特征，其大小是判断液态食品品质的一项重要物理参数。测定黏度可以了解食品样品的稳定性，也可揭示干物质的量与其相应的浓度，通过测得的黏度数值可以预测产品的质量以及产品在市场上的接受程度，指导新产品的开发。目前已有对碳酸饮料、果汁饮料、蔬菜饮料、含果肉饮料、乳类饮料、茶和咖啡类饮料、果酱类、酒类、调味品类及其他食品的黏度进行的系统分析与测定，以此评价食品品质优劣。

黏度有绝对黏度、运动黏度、条件黏度和相对黏度之分。绝对黏度，也称动力黏度，它是液体以 1cm/s 的流速流动时，在每平方厘米液面上所需切向力的大小；运动黏度，也称动态黏度，它是在相同温度下液体的绝对黏度与其密度的比值；条件黏度是在规定温度下，在指定的黏度计中，一定量液体流出的时间或此时间与规定温度下同体积水流出时间之比；相对黏度是在 t℃时液体的绝对黏度与另一液体的绝对黏度之比，用以比较的液体通常是水或适当的液体。黏度的大小随温度的变化而变化；温度越高，黏度越小；纯水在 20℃时的绝对黏度为 10^{-3}Pa · s。

二、黏度的检测方法

黏度的测定可用黏度计，主要有毛细管黏度计法、旋转黏度计法和落球黏度计法等。流体分牛顿流体和非牛顿流体两类。牛顿流体流动时所需剪应力不随流速的改变而改变，纯液体和低分子物质的溶液属于此类；非牛顿流体流动时所需剪应力随流速的改变而改变，高聚物的溶液、混悬液、乳剂分散液体和表面活性剂的溶液属于此类。毛细管黏度计由于不能调节线速度，不适用于测定非牛顿流体的黏度，但对高聚物的稀薄溶液或低黏度液体的黏度测定影响不大；旋转式黏度计适用于非牛顿流体的黏度测定。

三、黏度计

1. 毛细管黏度计

毛细管黏度计测定的主要是运动黏度，由待测样液通过一定规格的毛细管所需的时间求得其黏度（图 20-11）。当液体在毛细管黏度计内因重力作用而流出时遵守泊赛勒（Poiseuille）定律，即式（20-10）：

$$\eta = \frac{\pi\rho gHr^4 t}{8LV} - \frac{m\rho V}{8\pi Lt} \qquad (20-10)$$

式中 ρ——液体密度，g/mL；

L——毛细管长度，cm；

r——毛细管半径，cm；

t——流出时间，s；

H——流经毛细管液体的平均液柱高度，cm；

g——重力加速度，m/s^2；

m——与仪器几何形状有关的常数。如$\frac{r}{L}$远小于 1 时，可取 $m=1$。

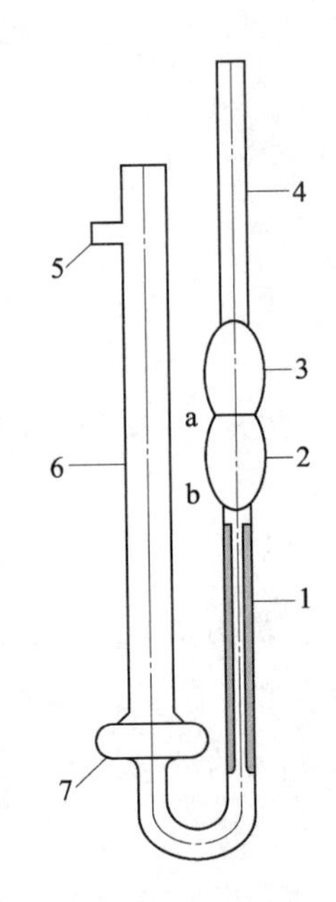

图 20-11 毛细管黏度计

1—毛细管 2、3、7—扩张部分 4、6—管身 5—支管 a、b—标线

对于某一特定的黏度计，令 $\alpha=\frac{\pi gHr^4}{8LV}$，$\beta=\frac{mV}{8\pi L}$，则有：

$$\frac{\eta}{\rho} = \alpha t - \frac{\beta}{t} \qquad (20-11)$$

式中，$\beta<1$，若 $t>100s$ 时，第二项可以忽略。

通过式（20-11）可求出样液的运动黏度；当溶液很稀时，$\rho \approx \rho_0$，可通过分别测定样液和溶剂流出时间 t 和 t_0 求出样液的相对黏度：

$$\eta_r = \frac{\eta}{\eta_0} - \frac{t}{t_0} \qquad (20-12)$$

毛细管黏度计有多种规格可选，包括有不同的半径、长度以及球体积可选，为使测定结果更准确，应根据所用的溶剂的黏度而定，使溶剂流出时间在 100s 以上。

2. 旋转黏度计

旋转黏度计可用于测量液体食品的黏性阻力与绝对黏度，目前使用的多为数字式旋转黏度计［图 20-12（1）］，测量精度高，黏度值数字显示稳定、操作方便、抗干扰性能好。数字式黏度计的工作原理如图 20-12（2）所示，同步电机 6 以稳定的速度旋转带动电机传感器片 5，再通过游丝带动与之连接的游丝传感器片 4、转轴 3 及转子 2 旋转。如果转子未受到液体阻力，游丝传感器片与电机传感器片同速旋转，保持在仪器“零”的位置上；如果转子受到液体的黏滞阻力，则游丝产生扭矩与黏滞阻力抗衡，最后达到平衡。光电转换装置 7 将游丝传感器片与电机传感器片相对平衡位置转换成计算机能识别的信息，经过计算机处理，最后输出显示被测液体的黏度值 8。

3. 落球黏度计

落球黏度计（即赫普勒尔黏度计）适于测定黏度较高的样液（图 20-13），它是基于落体原理而设计的，对透明牛顿流体进行简单而精确的动态黏度测量。测定方法是在一个倾斜成一定工作角度的充满样液的玻璃管中，测定一个适宜相对密度的球体在重力作用下从玻璃管上线落至下

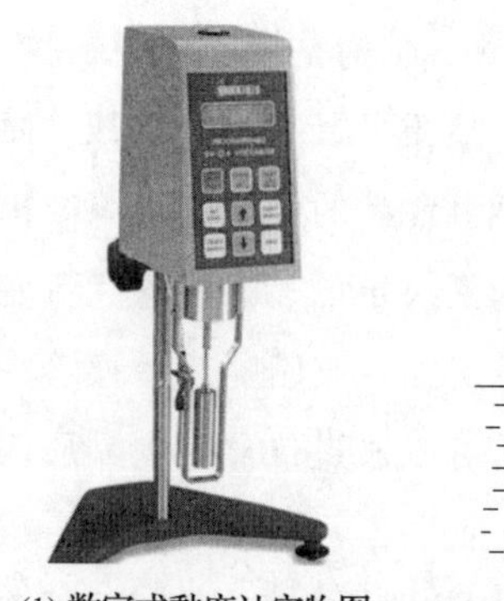

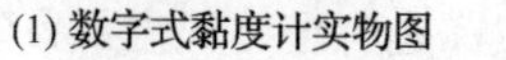

(1) 数字式黏度计实物图

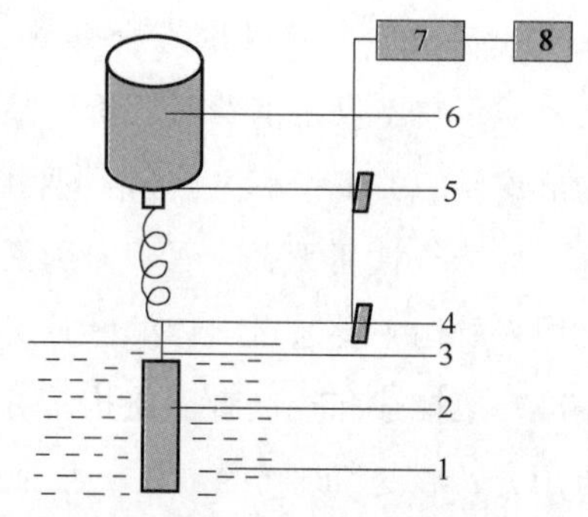

(2) 数字式黏度计的工作原理示意图

图 20-12　数字式黏度计

1—待测液体　2—转子　3—转轴　4—游丝传感器片　5—电机传感器片

6—同步电机　7—光电转换装置　8—显示器

图 20-13　落球黏度计

线所需的实耗时间。测量结果采用 3 次测量中落球下降所花的平均时间，根据落球时间，再结合被测样液的密度、球体的密度和球体系数，可以计算出样液的黏度，式（20-13）：

$$\eta = K \times (\rho_1 - \rho_2) \times t \qquad (20-13)$$

式中　ρ_1——测试球的密度，g/cm^3；

ρ_2——待测样液在测试温度下的密度，g/cm^3；

t——落球时间，s；

K——球体系数。

第六节　质构法

一、质构法的定义与应用

国际标准化组织（ISO）规定的食品质构是指用力学的、触觉的，可能的话还包括视觉的、

色度法、黏度法及质构法

听觉的方法能够感知的食品流变学特性的综合感觉。质构是食品除色、香、味之外另一类重要的性质，它不仅是消费者评价食品质量最重要的特征，而且是决定食品档次的最重要的关键指标。质构主要由食品的成分和组织结构决定，与食品的气味、风味等性质无关，属于多因素决定的、在机械和流变学方面呈现的物理性质。质构主要通过人体的感觉，如口腔咀嚼或手摸等主观方式感知，但为更准确地描述和控制食品质构，可以通过仪器对食品质构进行客观测定，结果用力、形变和时间的函数来表示。

质构对于食品的品质至关重要，食品生产企业对食品进行加工的主要目的之一就是希望通过一些技术手段使食品原料所具有的固有组织变成感官效果较好的质构。研究食品的质构，可了解食品的组织结构特性，获悉食品在加工或烹调中所发生的物性变化，提高食品的感官品质，了解质构的仪器测定和感官分析的关系，为生产质构性能好的食品提供理论依据。质构是代表食品品质的一系列物理性能，主要包括硬度、脆性、胶黏性、回复性、弹性、凝胶强度、耐压性、咀嚼性、可延伸性及剪切性等。传统的试吃、专家评估虽然仍作为这些物理性能判断的不可缺少的手段，但提供的多是非定量分析的数据；利用质构仪作为定量判断的工具，可获得对食品物理特性更全面更精确的数据。

二、质构的检测方法

利用质构仪可对食品多个质构方面的物理特性进行分析。质构分析是经验式的测量方法，与构成物质的分子基本结构性质和这些分子的聚集性特征有关，所以质构分析的经验测试是模拟样品的本质特征的结果。食品的物理性能都与力的作用有关，故质构仪配上不同的样品探头提供压力、拉力和剪切力作用于样品，继而进行样品的物性分析。例如，探头面积等于或大于样品接触面积的圆柱形或扁平盘状探头可进行压挤试验，以获得试样的硬度；探头面积小于样品接触面积的圆柱形探头可进行穿透试验，探头向下接触样品表面，当穿透力度加大时，便产生压力和剪切力，常用于测试果蔬的硬度、脆性、弹性等；圆锥形探头与样品表面接触后，会不断增加接触面积，可对黄油及其他黏性食品的黏度和稠度进行测量；切割线探针向下施力使样品被压缩进而被切开，产生切割力；球形探针向下接触样品不断产生压力，直到样品接触点破裂，可以测量休闲食品（如薯片）的酥脆性；钝锥体探头能模仿人的前门牙撕咬的行为；模拟牙齿咀嚼食物动作的检测夹钳可以测量肉制品的韧性和嫩度；挂钩形的探头可测面条的拉伸性，等等。

三、质构仪

质构仪（Texture Analyzer）可对样品的物理性质作出准确的表述，是使这些食品的感官指标定量化的新型仪器，是研究食品物性的有力分析工具，主要应用于粮油食品、面制品、肉制品、米制品、谷物、果蔬、休闲食品、糖果、凝胶、乳品等食品的物性学分析。质构仪包括主机、专用软件、备用探头及附件。测量部分主要由底座、操作台、探头、控制面板和双向力传感器组成，结构如图 20－14 所示。根据探头的测试速度、测试方向、穿透距离和探头的型号，通过压力传感器可准确测量受力的大小。质构仪工作时，操作台表面的待测物随操作台一起等速上升或下降，与探头接触以后，把力传给压力传感器，压力传感器再把力信号转换成电信号；仪器带有专门的分析软件包，可以对仪器进行控制，选择各种检测分析模式，并实时传输数据绘制检测过程曲线；仪器的内部计算功能，对所有有效数据进行分析计算可获得剪切曲线、挤压变形破裂曲线、应力松弛曲线、弹性率松弛曲线、延展曲线、疲劳强度曲线、啮合剥离曲线、速度同应力变化关系曲线等，且可以依据自己的需求设计实验模型获得相应的实验模型曲线，并可将多组实验数据进行分析比较，以获得有效的物性分析结果。

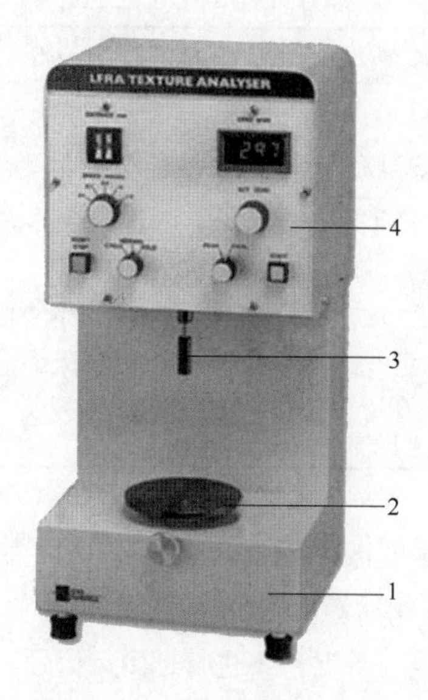

图 20－14　质构仪的基本结构

1—底座　2—操作台（可配备各种夹具和样品固定装置）　3—探头　4—控制面板

第七节　热分析法

一、热分析法的定义与应用

食品从原材料到终产品，从生产到流通，这些过程中都可能涉及到对食品的加热、冷却或冷冻等与热相关的处理，受热可使产品的物理和化学性质发生明显的变化，从而影响其产品质量。食品的热物性与食品的微观物理结构（无定形、晶体、半结晶）、分子结构、化合状态等有密切关系，通过热分析法研究食品的热物性可以深入研究原材料及终产品的结构和质量。热分析法可以被认为是利用温度、时间和大气的函数来描述样品物理化学性质的技术，一般指在程序控温下测量物质的物理性质与温度的关系。热分析法由于具有试样用量少、不破坏试样、无试剂、无污染且能够快速、准确测定等优点，已作为一类多学科通用的分析测试技术，被广泛应用于多个领域，在食品领域中，常用于食品的质量控制、产品研发和新材料的研究。

二、热分析的分类

根据所测物理量的性质不同，热分析法可有不同的分类，具体可参见表20－1。其中前两种被广泛使用。

表20－1　热分析方法类别及主要测量性质

方法类别	测量性质
热重分析法（TGA）	重量变化
差示扫描量热法（DSC）	热流量
调制温度差示扫描量热法（MDSC）	热流量和热容
热机械分析（TMA）	空间变化
动态力学分析（DMA）	刚度和能量
流变学（Rheometer）	黏度耗散/流动行为
水分吸附分析（MSA）	吸湿性

各种特定的属性通常使用特定的仪器进行测量与表征。一般的仪器包括一个测量温度的装置（如热电偶、热电堆或铂电阻温度计）来记录样品的温度；一个传感器来检测与表征所需的物理特性。实验在加热、冷却或者恒温（等温）下进行，测量信号存储后进行分析。

三、热分析检测方法

1. 热重分析法（TGA）

物质在加热或冷却过程中，除了产生热效应外，还伴随着质量的变化，变化的大小与变化时的温度与物质的化学组成和结构有关。因此，可以利用此特点来区别和鉴定不同的物质。热重分析仪主要由天平、炉子、程序控温系统和记录系统几部分构成。在程序控温下，测量质量与温度之间的关系，一般以温度为横坐标，以质量为纵坐标制作热重（TG）曲线。从曲线可以获得物质的组成、热稳定性、热分解及产物等与质量相关的一些信息，也可获得分解温度和热稳定温度范围。

热重分析仪使用了特殊设计且非常敏感的分析天平来检测重量的变化。当样品重量发生变化时，位于样品附近的热电偶就会连续地记录温度。加热样品的空间通常会充满惰性气体。

2. 差示扫描量热法（DSC）

差示扫描量热法是最常用的热分析技术，大概占所有热分析测量的70%。它是在程序控温下，随时间或温度的变化，测量输入到样品和参照物之间的功率差（例如，以热量的形式）。由于物质的每一次结构改变包含着吸收或释放热量，因而 DSC 是测量结构的通用型检测器。一般以样品的热流率（吸热或放热的速率）为纵坐标，以温度或时间为横坐标制作 DSC 曲线，可测量多种热力学和动力学参数，例如比热容、反应热、转变热、相图、反应速率、结晶速率、高聚物结晶度、样品纯度等。该技术的主要缺陷是仪器的灵敏度，当热流量等于或低于仪器的信号噪声时不能检测到很小的跃迁。

思考题

1. 几种不同的测量密度的仪器所依据的原理各是什么？从测量原理中归纳出影响结果的关键因素。

2. 黏度有哪几种？归纳出测量不同黏度的方法和所用仪器。

3. 对于不同形态的样品进行色度测量时，需要注意什么？

4. 旋光度的测量正确与否，与哪些因素密切相关？如何看待变旋光率这个问题？

第二十一章

食品分析前沿技术

本章学习目的与要求

1. 掌握利用酶法、生物技术法对食品进行分析；

2. 掌握利用光谱法、色谱法、质谱法对食品进行分析；

3. 综合运用食品分析中的常用分析方法对食品掺假进行检测。学习关于市场上的食品掺假问题的时事案例，综合了解目前食品企业、市场的掺假、掺伪现象，形成“诚信为本”、“以人为本”的理念。举例讨论食品的掺假现象猖獗与分析检测手段不够强大之间的因果关系，从而树立要学好专业知识，强而有力地打击社会假、劣、害的决心。

第一节 酶　法

酶是一种专一性强、催化效率高的生物催化剂。利用酶的这些特点，以酶作为分析工具或分析试剂，用于测定样品中用一般化学方法难以检测的物质，如底物、辅酶、抑制剂和激动剂（活化剂）或辅助因子含量的方法称为酶法分析。酶法分析在食品检测方面的应用显著地提高了检测的效率和精度，目前已成功用于果蔬中农药残留检测，食品中毒素、病原微生物及转基因食品安全性检测等领域。随着食品酶法分析技术的发展和进步，酶法分析已成为食品分析检测中的一个重要分支和非常有效的分析手段。

一、酶法分析的特点

酶法分析可以检测出一般化学或物理方法难以检出的食品组分，它的优势体现在以下几个方面：

1. 特异性强

食品成分的酶分析法与基于官能团特异性反应而进行分析的物理、化学的方法及色谱法相比，最大特点就是特异性强。当待测样品中含有结构和性质与待测物十分相似的共存物时，要找到被测物特有的特征性质或者要将被测物分离纯化出来，往往非常困难，因此化学法和物理法通常难以实现高效和精准检测。而对于酶法分析来说，由于一种酶只作用于一种或一类特定的底物，因此，利用酶自身的催化反应特异性可以对所测成分进行精准的定性、定量分析，特别适于进行待测样品中含有结构和性质与待测产物相似的物质（如同分异构体）的分析检测。如酶法可以区分乳酸盐光学异构体。D－乳酸盐不能被婴儿利用，用化学分析法测定L－乳酸盐和D－乳酸盐是十分困难的，但用L－或D－乳酸盐脱氢酶法则很容易测定。

2. 检测速度快

由于酶的催化效率高，反应条件温和，酶法分析大多在接近室温和中性pH条件下进行，酶法分析的检测速度通常也比较快，仅需要几分钟或数小时就可以完成。如GB/T 19495.4—2018《转基因产品检测　实时荧光定性聚合酶链式反应（PCR）检测方法》介绍了利用酶法快速实现转基因的检测，详情可参见该国标。

3. 应用范围广

酶法分析可以检测化学分析法难以检测到的物质，其在食品分析中的应用涵盖了食品成分、食品添加剂、食品新鲜度、食品安全等领域。在食品工业中，葡萄糖的含量是衡量水果成熟度和贮藏寿命的一个重要指标。已开发的酶电极型生物传感器可用来分析白酒、苹果汁、果酱和蜂蜜中葡萄糖成分的含量。此外，蔗糖、乳糖、果糖、各种氨基酸、脂质、蛋白质组分同样也可以用酶法进行快速测定。利用酶生物传感器可以检测食品中添加剂，例如甜味剂（甜味素、天门冬酰苯丙酸甲酯等）；漂白剂（亚硫酸盐），防腐剂（苯甲酸盐、羟基苯甲酸酯等）；发色剂（肉类食品的亚硝酸盐、盐酸、过氧化氢）等，其检测的灵敏度和准确度都比较高。鲜度是评价食品品质的重要指标之一，一般是采用感官检验进行评价，但感官检验主观性较强，个体差异大，因此人们一直在寻找客观的理化指标来代替。现在已经开发出用于鱼肉新鲜度检测的酶生物传感器以及畜禽肉新鲜度检测的过氧化物酶反应试纸，成功实现食品新鲜度的检测。最后，以酶联免疫法及聚合酶链式反应为代表的酶法分析技术在食品病原微生物、有害物质及转基因食品中均已得到了广泛的应用。

4. 操作便捷

酶法分析与化学法相比，样品一般不需要经过复杂的预处理。因此，在分析检测过程中若遇到被检测物分离纯化困难的情况，采用酶法分析检测则无须分离被检测物质就能辨别试样中的被测成分，从而对被测物质进行定性和定量的分析。例如，测定食品中的葡萄糖含量，不需要进行分离，只要除去干扰吸光度的不溶物，就可以直接采用葡萄糖氧化酶比色测得葡萄糖含量。

5. 经济性好

酶法分析可同时对大量样品进行自动化分析，无须昂贵检测仪器，并且操作人员素质要求不高。此外，由于酶反应一般在温和的条件下进行，不需使用强酸强碱，是一种无污染或污染很少的分析方法。很多需要使用气相色谱仪、高效液相色谱仪等贵重的大型精密分析仪器才能完成的分析工作，应用酶法分析即可简便快速地进行。目前市场上有多种基于酶联免疫吸附法（Enzyme－Linked Immunosorbent Assay，ELISA）开发的用于食品中毒素检测的试剂盒产品，操作简便，适用于未经训练的人员对样品进行快速简单的测试，相比于采用色谱和质谱技术，经济性优势较为明显。

二、酶法分析中酶的应用方式

根据酶在食品分析中的具体应用及所发挥作用方式的不同，可以将其大致分为四种不同的类型，分别是单酶法、多酶偶联法、酶联免疫法和酶生物传感器法。

1. 单酶法

在酶法分析检测中有时仅用一种酶可单独发挥作用，采用酶化学偶联（酶－比色法）实现目标物质的检测。酶化学偶联（酶比色法）是通过比较或测量有色物质溶液颜色深度来确定待测组分含量的方法。要求反应具有较高的灵敏度和选择性，反应生成的有色化合物的组成恒定且较稳定，它和显色剂的颜色差别较大。选择适当的显色反应和控制好适宜的反应条件，是比色分析的关键。酶比色法常与光谱和 pH 测定结合。根据其具体应用方式，又可分为以下几种：

（1）酶自身作为指示物　这种方式一般用待测物中的酶作为指示，通过测定待测物中酶的活性来对待测物进行定量，常用于微生物的检测中。大肠埃希菌和大肠菌群是卫生安全中重要的指示菌，目前，国际上都用这两者来衡量与判断水产品被人和温血动物粪便污染的程度，并对其提出了严格的限制。葡萄糖醛酸酶（β－D－glucuronidase，GUS）和β－半乳糖苷酶是两种最常使用在大肠菌群检测中的酶类。研究发现，94%～97% 的大肠埃希菌均表达β－D－葡萄糖醛酸酶，而几乎所有食品和水中所有其他肠道细菌表达β－D－葡萄糖醛酸酶的比例明显低于大肠埃希菌。因此，相对来说，该酶可以作为大肠埃希菌的特异性酶。目前，微生物专有酶快速反应技术主要应用于饮用水中大肠埃希菌和大肠菌群的检测，如：美国环保署应用特定底物遇大肠菌群酶变色及产生荧光反应的方法（即 Colilert 大肠菌群检测技术），检测饮用水中的大肠埃希菌和大肠菌群，可以在 18～24h 获得检测结果，准确获得样品中这两者的数量信息。该方法就是利用大肠菌群产生的β－半乳糖苷酶分解邻硝基苯基β－半乳糖苷（ONPG）的特性，使培养液变成黄色，以及大肠埃希菌产生β－D－葡萄糖醛酸酶分解 4－甲基伞形酮－β－D－半乳糖苷（MUG）的特性，使培养液在波长 366nm 的紫外光照射下产生荧光，以此判断检样中是否含有大肠菌群和大肠埃希菌。

（2）所测成分为酶的底物　当所测成分为酶的作用底物时，可根据底物消耗情况分别采用终点测定法或动力学分析法进行分析。终点测定法的原理是在以待测物为底物的酶反应体系中，如果使底物能够接近完全地转化为产物，而且底物或产物又具有某种特征性特质，通过测定转化前后底物的减少量、产物的增加量的变化就可以定量待测物的量。如芥子苷是芥末和其他十字花科植物中产生风味的主要成分，它在波长 227.5nm 条件下具有最高的吸光度。而芥子苷在芥子苷酶催化下的主要产物烯丙基硫氰酸在波长 227.5nm 条件下没有吸光度，而是在波长 240nm 下才具有最高的吸光度。因此，如果要测定样品中芥子苷的含量，就可以同时测定样品及加入适量芥子苷酶进行反应后的样品在波长 227.5nm 下的吸光度值，根据其吸光度的差值计算样品中芥子苷的含量。动力学分析法是通过测量转化速率以得到待测物（底物）浓度，测定参数可以是吸光度、荧光度、pH 等能显示反应物或产物浓度的理化特征。该法的基本原理是根据酶反应动力学的基本方程式进行推导的。同终点法相比，动力学分析法具有灵敏度高，测定速度快，成本低，对浓度和色素的干扰不敏感，无须考虑反应是否完全进行以及易于自动分析等优点。

（3）所测成分为酶的辅酶或抑制剂　若所测成分为某种酶专一的辅酶或抑制剂，则这种物质的浓度与将其作为辅酶或抑制剂的酶的反应速度间有一定相关性，通过测定该酶的反应速度就能进行这种物质的定量。该法在食品中可用于维生素、农药及一些金属离子的测定。例如，基于有机磷农药及氨基甲酸酯类农药对胆碱酯酶的活性有抑制作用，在一定条件下，其抑制率取决于农药种类及其含量。在 pH 8.0 的溶液中，碘化硫代乙酰胆碱被胆碱酯酶水解，生产硫代胆碱。硫代胆碱具有还原性，能使蓝色的 2，6 - 二氯靛酚褪色，褪色程度与胆碱酯酶活性相关，可在 600nm 比色测定，酶活性愈高时，吸光值愈低。当样品中有一定量的有机磷农药或氨基甲酸酯类农药存在时，胆碱酯酶活性受到抑制，吸光度值则较高。据此，可判断样品中农药及氨基甲酸酯类农药的残留情况，详细可参考 GB/T 18626—2002《肉中有机磷及氨基甲酸酯农药残留量的简易检验方法　酶抑制法》的内容。

2. 多酶偶联法

除上述单一酶的应用外，当被分析的底物或反应产物没有易于检测的物理化学手段时，往往采用多酶偶联的方式来进行待测物的检测。它是利用两种或以上的酶的联合作用，使底物通过两步或多步反应，转化为易于检测的产物，从而测定被测物质的量。通过引入辅助酶和指示剂组成偶联指示系统，便于进行定性或定量检测分析。最常用的偶联指示系统有两个：① 脱氢酶指示系统；② 过氧化物酶指示系统。例如，通过葡萄糖氧化酶与过氧化物酶偶联可用于检测葡萄糖的含量，使用时先将葡萄糖氧化酶、过氧化物酶与还原型邻联甲苯胺一起用明胶固定在滤纸条上制成酶试纸。测试时将酶试纸与样品溶液接触，在一定的时间内试纸即显色，从颜色的深浅判定样品液中葡萄糖的含量。还可利用β - 半乳糖苷酶与葡萄糖氧化酶偶联反应检测乳糖的含量；己糖激酶与葡萄糖氧化酶偶联反应可以用于测定 ATP 的含量；利用胆固醇酶和过氧化物酶将胆固醇转化为红色醌亚胺，在 505nm 处测量吸光度以此测定禽蛋中胆固醇含量。

3. 酶联免疫法

抗体与相应的抗原具有选择和结合的双重功能。如要测定样品中抗原的含量，可将酶与待测抗原的对应抗体结合在一起，制成酶标抗体，然后将酶标抗体与样品液中待测抗原通过免疫反应结合在一起，形成酶 - 抗体 - 抗原复合物，通过测定复合物中酶的含量就可得出待测抗原的含量。酶联免疫分析法是属于标记免疫学技术的一种，操作过程简单易行并可以定量，在食品安全和卫生监测中得到广泛的应用。目前，市场上有多种基于 ELISA 开发的用于食品中毒素检测的试剂盒产品，ELISA 已经广泛被应用于农药残留的检测中，能够精确测定残留含量，判断是否超标，成为许多国际权威分析机构检测农药残留的首选方法，并且几乎所有的农药类别都建立了相应的酶联免疫分析方法。ELISA 是一种非均相的标记免疫分析，基本原理是将抗原或抗体结合至某种固相载体表面，并保持其免疫活性；将抗原或抗体与某种酶联结成酶标抗原或抗体加入待测定样品，使其与被吸附的抗原或抗体及后加入的酶标二抗之间发生免疫学反应；最后加入酶反应底物，并终止反应，根据显色反应所产生的颜色的深浅用分光光度计进行定性或定量分析。

（1）动物源食品中兽药残留的检测　动物源食品中常见的兽药阿维菌素类、氟喹诺酮类、莱克多巴胺、四环素类、氯霉素类、庆大霉素类等都可用酶联免疫法进行检测。例如，测定氯霉素类残留，主要原理是基于抗原－抗体反应进行竞争性抑制，酶标板的微孔包被有偶联抗原，加入标准品或待测样品，再加入恩诺沙星单克隆抗体。包被抗原与加入的标准品或待测样品竞争抗体，加入标记物，标记物与抗体结合，通过洗涤除去游离的抗原、抗体及抗原抗体复合物，加入底物液，使结合到板上的酶标记物将底物转化为有色产物，加入终止液，在450nm处定吸光度值，吸光度值与试样中恩诺沙星浓度的自然对数成反比。

（2）农药残留的检测　在采用ELISA对苹果样本中的有机磷农药残留进行测定时，按照要求使样本与酶标抗原和载体中的抗原抗体发生反应，产生抗原－抗体复合物，通过洗涤将产生的抗原－抗体复合物分离出来，使得载体中的酶量和苹果样本中的受检物质呈相应比例。添加酶反应底物之后，底物会变成有色物质，对其进行定量分析即可获取苹果样品中待测有机磷农药的含量。

（3）生物毒素的检测　真菌毒素是真菌在新陈代谢过程中产生的大量化学结构各异的生物活性物质，其中毒性最大、致癌能力最强的种类为黄曲霉毒素（AFT）。例如，利用ELISA检测饲料中黄曲霉毒素B1，原理是：试样中的黄曲霉毒素B1酶标黄曲霉毒素B1抗原与包被于微量反应板中的黄曲霉毒素B1特应性抗体进行免疫竞争反应，加入酶底物后显色，试样中黄曲霉毒素B1含量与颜色呈反比。

（4）病原微生物的检测　利用ELISA检测能够更加灵敏快速地检测出食品中病原微生物的含量。国标中检测各种食品中沙门菌、肠出血性大肠埃希菌O157∶H7、单核细胞增生李斯特菌，就用到了ELISA。

（5）转基因食品检测　ELISA主要应用于原料和半成品的快速定性分析，直接检测某些特定的转基因表达蛋白，或间接检测转基因表达的目的蛋白质，以分析食品是否来自转基因生物或者含有转基因成分。

4. 酶生物传感器法

酶生物传感器法可用于药物残留、生物毒素、食品添加剂、食源性病原菌、食物过敏原等的检测，具有选择性良好，检测速度很快以及灵敏度较高等优点。酶生物传感器法最早出现在1962年，当时克拉克等人研究发现，将酶和电极结合起来，可以测定特定底物的含量。酶电极浸泡在溶液中，待测物经扩散进入酶的活性部位并进行反应，生成或者消耗某种活性物质，通过电流型或者电位型传感器测定活性物质的浓度来测定反应进度。电流型传感器是指酶促反应所引起的物质量的变化变成电流信号输出，数值大小与底物浓度有关。以葡萄糖为例，葡萄糖浓度是食品工业质量和过程控制的重要指标。因此，葡萄糖生物传感器广泛应用于发酵产品的监测及乳制品、葡萄酒、啤酒和糖业。大多数葡萄糖安培生物传感器是基于消耗氧气和产生过氧化氢（氧化酶）的酶。使用底物（例如分析物）在催化反应过程中测量氧气消耗量或过氧化氢生成量。例如，葡萄糖氧化酶可以催化转化葡萄糖生成葡萄糖酸同时生成双氧水，双氧水被传感器识别而产生电信号，信号的强度与被检测样品中的葡萄糖量成正比，从而可以计算出被检测样品中的葡萄糖的量。

酶在食品成分检测中的应用已经充分反映了21世纪食品质量与安全检测的发展新趋势。近年来，各种酶的合成、分离、提取和精制技术的开发和应用，使酶的供应无论从质、量以及品种上都有了很大的提高，价格也大幅降低。酶的固定化技术的发展，固定化酶、酶电极和酶传感器的广泛应用，将反应和检测两个步骤密切结合起来，使酶的反复使用和连续使用已经成为可能，也促进了酶自动化分析法的普及。酶法在食品检测方面的应用为保障食品安全提供了有力的支撑，更多以酶为基础的检测方法有待发现，酶学检测的发展前景十分广阔。

第二节　生物技术法

现代生物技术是基于核酸（寡核苷酸）及蛋白质（抗体、酶）生物大分子的理化特点，结合灵敏的检测分析仪器衍生而成的适用于医学检验、食品安全及基础科学研究等领域的检测分析方法，具有检测通量化、设备微型化及结果精准化等特点。常用的生物技术包括核酸检测技术、免疫检测技术、生物传感器技术和生物芯片技术等。目前生物技术在食品科学及工程领域中已得到了广泛的应用。

一、基于核酸的生物技术检测方法

核酸是脱氧核糖核酸（DNA）和核糖核酸（RNA）的总称，是所有已知生命形式必不可少的组成物质，在医学检验及食品检测分析中是重要的检测靶标分子。食品中的食源性致病微生物、病毒及掺假食品因含有特征性的核酸物质，因而可应用生物技术的检测方法进行鉴定和分析。除此之外，核苷酸经过化学标记可作为分子探针或具有类似于抗体功能的适配体用于食品安全检测用途。

（一）PCR技术（Polymerase Chain Reaction）

PCR即多聚酶链式反应，在食品微生物的检测中发挥着重要作用，因其简单、快捷的特点，使其在食品工程领域的致病性微生物、转基因食品的检测等方面的应用越来越受关注。PCR的基本原理是：被检测样品中的核酸分子在PCR反应中经高温变性、低温退火、适温延伸三步循环将核酸分子以指数级的效率进行大量复制扩增。反应过程中，被检测微生物的双链DNA分子在94℃变性而解链；55℃时，特异性引物与解链的DNA结合；72℃时，DNA聚合酶在引物的引导下延伸复制扩增目的DNA分子。最后利用凝胶电泳检测是否出现预期相对分子质量的目的DNA。在PCR基本原理的基础上，结合荧光染料技术，目前衍生出更多快速灵敏的检测方法。图21－1显示了PCR的扩增原理。

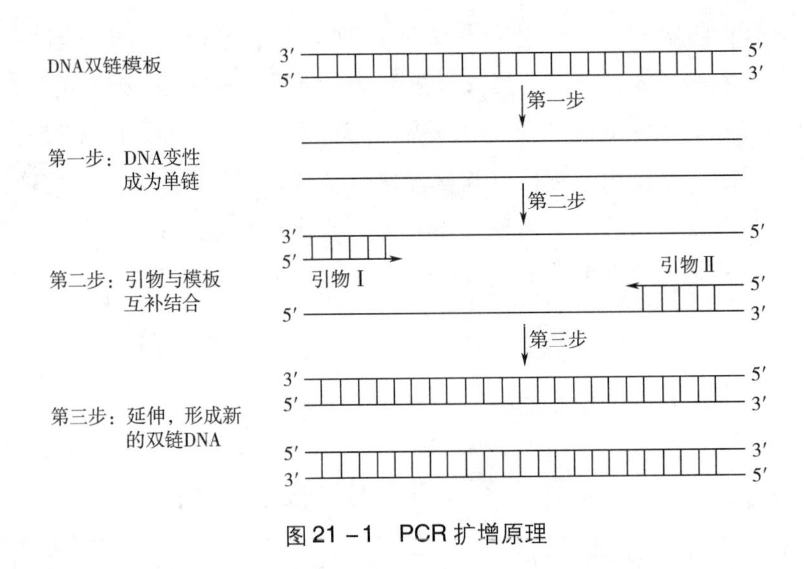

图21－1　PCR扩增原理

1. 实时荧光定量PCR

实时荧光定量PCR（Quantitative Real－Time PCR）是在常规PCR的方法上衍生而来。传统PCR技术对扩增产物进行终点检测，而实时荧光PCR是通过荧光化合物在整个反应过程中检测和收集扩增信号。在DNA扩增反应中，加入了荧光化学物质，随着DNA分子扩增含量的提高，荧光强度也随之增强。通过检测仪对荧光信号的监控，实现了对PCR进程进行实时检测。实时荧光定量PCR包括两种检测方法：染料法和探针法。光染料法是在PCR体系中加入荧光染料，荧光染料能非特异性的结合到DNA双链的小沟中，通过荧光信号的积累监测反应进行，从而对目的基因进行定量。SYBR Green Ⅰ是应用最广泛的一种荧光染料，仅能与DNA双链结合，结合到DNA双链上的SYBR染料能够发射荧光信号，而没有结合的不会发射，从而保证了荧光信号的增加与PCR产物的增加完全同步。SYBR Green Ⅰ法因成本低廉，被普遍应用于各种分子生物学实验研究。荧光染料法的主要优势在于成本低，检测方法简单快捷，通用性好，不需要设计探针，能够进行高通量的定量PCR检测。但它不能识别特定的DNA模板，很容易受到引物二聚体和非特异性扩增产物的影响，所以想要得到好的定量结果，对PCR引物的特异性和PCR反应的条件要求较高。探针法是使用修饰有荧光报告基团和淬灭基团的探针进行检测。其中基于TaqMan探针的实时荧光PCR法最常用（图21－2），TaqMan探针是一种特异性的寡核苷酸探针，两端分别标记显色荧光基团和淬灭荧光基团。当探针完整时，显色荧光基团发射的荧光被淬灭荧光基团吸收，随着PCR反应的扩增，*Taq*酶的5′端外切酶活性把探针降解，使得显色基团与淬灭基团分离发出荧光信号。每扩增1条DNA链，即可形成1个荧光信号。该技术通过TaqMan探针与模板的结合与水解极大地增强了反应特异性，且实时检测荧光信号，省去了电泳的环节。荧光定量PCR可通过标准曲线实现对检测样品的定量分析。

2. 环介导等温扩增技术（Loop－Mediated Isothermal Amplification，LAMP）

环介导等温扩增技术是针对目的基因的6个区域设计4种特异引物，利用1种链置换DNA聚合酶在60～65℃温度条件下保温几十分钟，高效特异地扩增目的基因，直接靠扩增副产物焦磷酸镁沉淀的浊度进行判断是否发生反应。短时间扩增效率可达到 $10^9 \sim 10^{10}$ 个拷贝，不需要模板的热变性、长时间温度循环、烦琐的电泳、紫外观察等过程，并具有特异性和扩增效率比传统PCR高，敏感性与实时定量PCR等同等优点。LAMP法已经被广泛应用于临床诊断及食品卫生检疫，并为食品检测技术的发展提供了有力的技术支持。

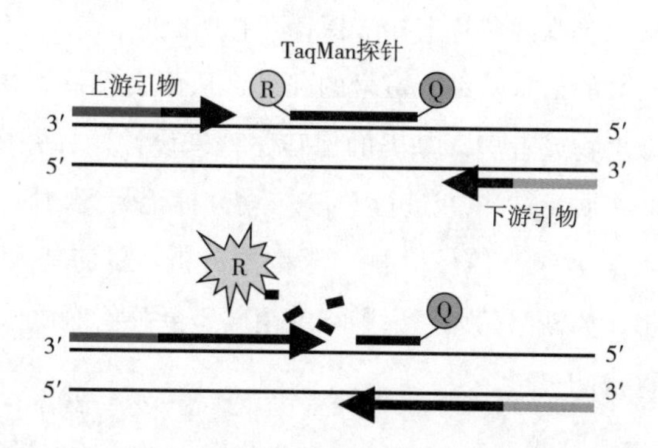

图21-2 基于TaqMan探针的实时荧光PCR检测原理

3. 免疫PCR技术

免疫PCR技术是利用抗原-抗体反应的高特异性和PCR扩增反应的极高灵敏性而建立的一种微量抗原检测技术。其本质是一种以PCR扩增一段DNA报告分子代替酶反应来放大抗原-抗体结合率的一种改良型酶联免疫吸附法（ELISA）。该技术使用一段已知的DNA分子标记抗体作为探针，用此探针与待测抗原反应，然后用PCR法扩增黏附在抗原-抗体复合物上的这段DNA分子，经凝胶电泳分析，根据特异性PCR产物的有无，来判断待测抗原是否存在。免疫PCR是迄今最敏感的一种抗原检测方法，理论上可以检测单个抗原分子。

（二）核酸适配体

核酸适配体是一类具有特定复杂三维结构并能特异性结合靶标分子的单链DNA或RNA序列，长度一般在10~100个碱基。因适配体在特定条件下可折叠形成特定的三维结构，因而能与特异性靶标结合，可以通过化学途径合成，不需要免疫动物而获得，被称为化学抗体。目前已经广泛应用于医疗诊断、食品安全、生物分析等众多领域。

如何筛选获得针对靶标的高特异性核酸适配体是其在食品安全检测领域能够广泛应用的重要前提。SELEX技术（Systematic Evolution of Ligands by Exponential Enrichment）即指数富集的配体系统进化技术，是一种从随机单链核酸序列库中筛选出特异性与靶物质高度亲和的核酸适体的方法。筛选的具体流程包括：利用体外化学合成单链寡核苷酸库，靶物质与寡核苷酸库混合并相互作用，同时将未与靶物质结合的核酸洗掉，接着分离与靶物质结合的核酸分子，以核酸分子为模板进行PCR扩增，然后进行下一轮的筛选过程。通过多轮的筛选与扩增，将与靶物质不结合或与靶物质亲和力低的核酸分子被洗去，具有与靶物质高亲和力的核酸适配体将被富集而保留下来。

（三）基因芯片技术

基因芯片是基于核酸分子杂交的原理，通过 DNA－DNA，DNA－RNA 或 RNA－RNA 之间的结合而实现样品的检测。具体地，在一块基片（固相支持物）表面固定了序列已知的寡核苷酸，当溶液中带有荧光标记的核酸与基因芯片上核酸探针互补匹配时，结合位点将产生荧光信号，通过荧光扫描仪可以确定靶核酸的信息及结合信号的强度，从而实现核酸物质的定性与定量分析。针对来源于食品中的病原微生物或者病毒基因的保守序列来设计探针并检测的过程如下：① 从待检测的样品纯化获取核酸物质；② 核酸进行 PCR 扩增并标记荧光物质；③ 纯化的标记核酸与芯片上的探针进行杂交；④ 芯片杂交信号检测；⑤ 数据分析。目前基因芯片已经应用于食品中的病原性微生物的鉴定分析，如沙门菌属、大肠埃希菌属、金黄色葡萄球菌、李斯特菌属等，还可以实现对转基因食品进行检测。

二、基于蛋白质的生物技术检测方法

蛋白质是细胞重要的组成成分之一，参与机体所有生理功能活动。食源性病原体中的致病因子部分来自于蛋白质，而转基因食品中的外源基因也会产生与本体物种不同的特征性外源蛋白，通过精准的蛋白质检测方法就可以实现对致病原及转基因食品的快速甄别。具有特殊功能的蛋白，如：抗体和生物酶，在生物技术检测中起到关键的作用。抗体可以特异性地结合抗原（蛋白质、抗生素、毒素等），而生物酶（葡萄糖氧化酶、甘油氧化酶、乙醇氧化酶等）可以对食品组分（甘油）进行快速精准分析。

（一）免疫检测技术

免疫检测技术的基本原理是利用抗原与抗体的特异性结合，实现快速有效地对微量成分的检测，从而准确评估食品的质量安全问题。在反应的过程中，抗原和抗体基本上都处在一个相互结合和相互对应的状态上，表现出较为显著的特异性。

1. 酶联免疫吸附技术（Enzyme Linked Immunosorbent Assay，ELISA）

ELISA 方法因其快速、准确及易操作等特点，是免疫检测技术中应用最广的技术，上一节中已提过这种技术。下面以双抗体夹心方法为例展示其原理。如图 21－3 所示，酶标板表面包被有特异的单克隆捕获抗体。当加上测试样品时，捕获抗体与抗原结合，未结合的样品成分通过洗涤除去。洗涤之后，加入与辣根过氧化物酶（HRP）偶联的多克隆抗体，该抗体可与转基因蛋白成分的另一个抗原表位特异结合。洗涤之后，加入 HRP 的显色底物四甲基联苯胺。HRP 可催化底物产生颜色反应，颜色信号与抗原浓度在一定范围内呈线性关系。显色一定时间后，加入终止液终止反应。在 450 nm 波长测每一孔的光密度，测得的光密度值在一定范围内与待测成分的含量成正比。

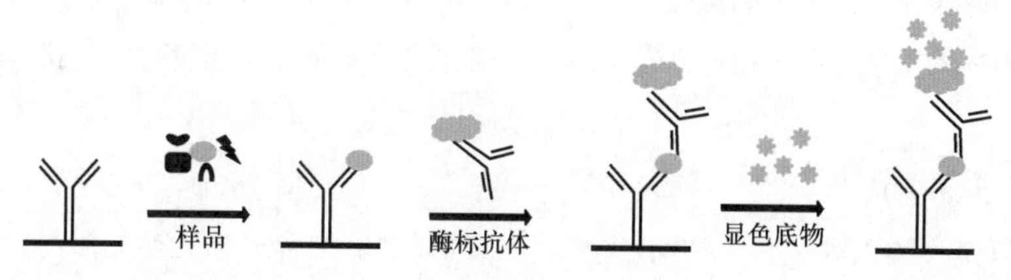

图 21 -3　双抗体夹心检测法过程

2. 胶体金免疫层析技术（Immune Colloidal Gold Technique）

胶体金免疫层析技术是以胶体金作为示踪标志物，应用于抗原 - 抗体反应中的一种新型免疫标记技术。胶体金是由氯金酸水溶液在还原剂作用下，聚合成特定大小的金颗粒，颗粒之间因静电作用形成一种稳定的胶体状态。胶体金对蛋白质具有强的吸附能力，可以对抗体进行标记而制备成金标抗体。当金标记物在相应的配体处大量聚集时，肉眼可见红色或粉红色斑点，因而可用于定性或半定量的快速免疫检测应用中。

胶体金免疫层析技术一般以胶体金试纸条的形式来使用，试纸条以一种特殊的多孔膜（NC 膜）作为固相载体。该膜具有很强的蛋白质吸附能力，抗体吸附于 NC 膜并经干燥处理后即作为固相，可与液相中的相应抗原 - 抗体免疫金快速结合。如图 21 -4 所示，待测样品中的抗原与金标抗体发生反应，在湿润状态下，液相中的抗原 - 抗体免疫金可因“灯芯引流现象”快速定向流动并与固相结合的抗原特异单抗结合，形成特异的金标记抗体 - 抗原 - 抗体红色沉积线，在检测带上出现特异的金标记红色沉积线，而质控带固定有针对胶体金抗体的抗体而吸附产生红色沉积线。若检测样品中不含有待测抗原，检测带因没有发生抗体 - 抗原反应不出现阳性条带，而只在质控带上出现胶体金标记红色沉积线。

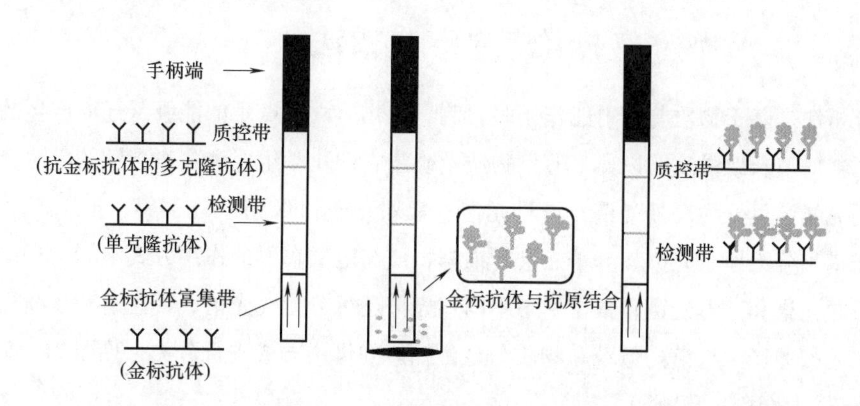

图 21 -4　金标试纸条反应原理图

3. 抗体芯片技术

抗体芯片技术是一种将识别不同抗原类型的抗体有序地固定于一定载体上从而实现对多抗原高效检测的技术。一般地，将标记了特定荧光物质的蛋白质或其他抗原成分与芯片作用，固定在芯片的抗体特异性捕获待检测的抗原，同时将未能与芯片上抗体结合的组分洗去，再利用荧光扫描仪等检测设备进行分析，测定芯片上检测点的荧光强度，通过荧光强度分析待测样品中的目标抗原的含量，从而实现测定各种蛋白质抗原定量与定性分析。高特异性抗体是获得高质量抗体芯片的重要前提，这也导致了抗体芯片的价格相对比较高昂，目前在食品安全领域还没有广泛获得应用。

（二）生物传感器技术

生物传感器是一类以固定化生物活性物质作敏感元件，结合适当的换能器而成的分析检测装置。生物传感系统包含探测器、信号放大器及信号处理器、计算机终端等部件。其中生物活性元件和换能器是其中的两大核心组成部分。生物活性物质，主要包括生物酶（上节提到的酶生物传感器）、抗体、核酸、完整细胞或组织等，构成生物活性元件的主要来源，其与待测分析组分发生特异相互作用（反应），如酶促反应、抗原－抗体特性识别、核酸适配体识别等。而换能器则是基于各种理化原理构建的信号感应器，其作用为将生物活性元件同待测组分的相互作用过程转化为可直接被检测的电、光、热、声等信号，供后续的计算分析使用。基于生物抗体特异性地识别抗原，生物酶高特异性的底物识别及转化效率，核酸适配体具有类似抗体的特性与检测物进行相互作用，使得生物传感器在食品安全检测、食品成分分析领域优势突出，随着生物传感器向微型化、自动化及通量化的方向快速发展，其应用范围更为广泛。葡萄糖氧化酶在血糖仪的应用就是一个成功的例子。其他生物酶如醇氧化酶、氨基酸氧化酶、甘油氧化酶及乳酸氧化酶等作为生物传感器的识别原件可以用于监控食品加工过程中食品组分的变化（乙醇、氨基酸、甘油及乳酸等）和发酵过程中培养基组分的变化，实现快速精准分析，为食品加工与食品发酵过程研究提供基础数据。

第三节　光谱法

光谱分析法是基于物质与辐射能作用时，测量由物质内部发生的能级跃迁而产生的发射、吸收或散射辐射的波长或强度，以此来鉴别物质及确定它的化学组成和相对含量的方法。根据波长区域的不同，光谱可分为红外光谱、可见光谱、紫外光谱和 X 射线光谱等；根据产生光谱的微粒不同，光谱可分为原子光谱、分子光谱；根据物质与电磁辐射的作用方式不同，光谱可分为发射光谱、吸收光谱和散射光谱；根据形态不同，光谱还可分为线光谱、带光谱和连续光谱。常见的分类方法是按照产生光谱的微粒和物质与电磁辐射的作用方式进行分类，见图 21－5。

1. 原子发射光谱法（AES）

原子发射光谱法（AES）是物质通过和光的相互作用产生特征光谱，并根据特征光谱的波长和强度来测定物质中元素组成和含量的分析方法。原子发射光谱的产生主要分为两个过程，首先是激发过程，由光源提供能量使样本蒸发，形成气态原子并激发至高能态；接着是发射过程，不稳定的高能态原子在短时间内重新回到低能态。当原子从激发态回到低能态时产生的特征发射光谱即为原子发射光谱。AES 具有多元素同时检测，分析速度快，选择性好，灵敏度高，准确度较高，试样用量少，应用范围宽，可进行定性及半定量分析等诸多优势，但 AES 对常见的非金属元素谱线在远紫外区难以检测，对一些非金属元素只能做到元素总量分析而不能进行元素价态和形态分析。

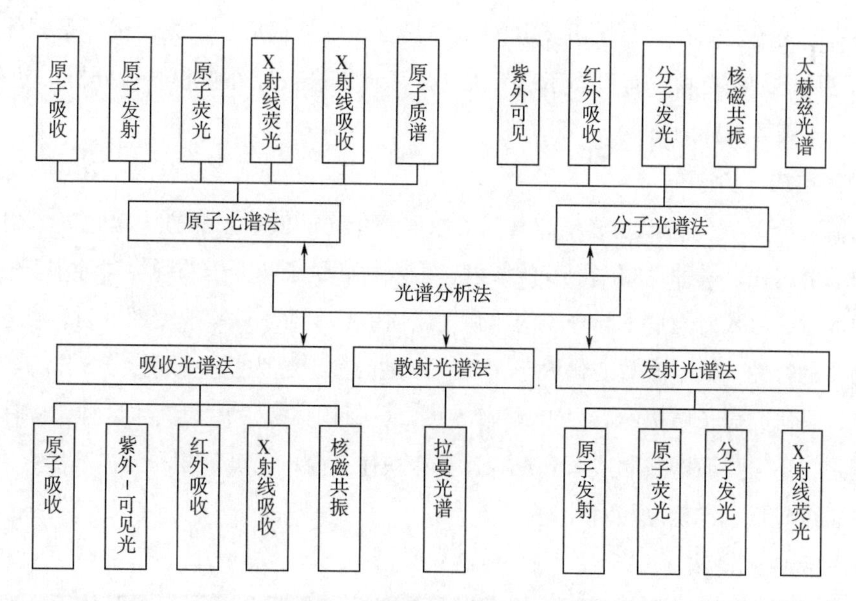

图21-5 光谱分析法的一般分类

2. 原子吸收光谱法（AAS）

原子吸收光谱法（AAS）是基于原子由基态跃迁至激发态时对辐射光吸收的测量。通过选择一定波长的辐射光源，使之满足某一元素的原子由基态跃迁至激发态能级的能量要求，则辐射后基态的原子数减少，辐射吸收值与基态原子数有关，即由吸收前后辐射光强度的变化可确定待测元素的浓度。AAS已成为1种非常成熟的仪器分析方法，可分析元素周期表中70多种元素，具有选择性高、灵敏度高、准确度高和操作方便的优势，但同时存在不能进行多元素分析和不能进行结构分析的局限性。

3. 原子荧光光谱法（AFS）

原子荧光光谱法（AFS）是通过测定待测原子蒸气在辐射激发下发射的荧光强度来进行定量分析的方法。当气态原子受到强的特征辐射时，外层电子由基态跃迁至激发态，约 10^{-8}s 后再由激发态跃迁回基态，辐射出与吸收光波长相同或不同的荧光。辐射停止后，跃迁停止，荧光立即消失，不同元素发射的荧光波长不同。若原子荧光的波长与吸收线波长相同，称为共振荧光；若不同，则称为非共振荧光。共振荧光强度大，分析中应用最多。在一定条件下，共振荧光强度与样品中某元素浓度成正比。该法的优点是灵敏度高，目前已有20多种元素的检出限优于原子吸收光谱法和原子发射光谱法，特别是采用激光作为激发光源及冷原子化法测定，性能更加突出，同时也易实现多元素的同时测定，提高工作效率。不足之处是存在荧光猝灭效应及散射光干扰等问题。AFS在食品卫生、生物及环境科学等方面有广泛的应用。

4. 红外吸收光谱法（IR）

红外吸收光谱（IR）是利用物质分子对红外辐射的吸收，并由其振动或转动引起偶极矩的净变化，产生分子振动能级和转动能级从基态到激发态的跃迁，得到分子振动能级和转动能级变化产生的振动－转动光谱。IR 是定性鉴定化合物及其结构的重要方法之一，在生物学、化学和环境科学等研究领域发挥着重要作用。IR 对试样具有较好的适应性，无论试样是固体、液体还是气体，纯物质还是混合物，有机物还是无机物，都可以进行红外吸收光谱分析，具有用量少，分析速度快，不破坏试样的特点。

5. 拉曼光谱法（RS）

拉曼光谱（RS）是一种散射光谱，其基本原理基于光的波粒二相性。单色光入射到介质中会发生两种散射过程，一种是频率不变的散射，由入射光量子与分子的弹性碰撞引起；另一种是频率改变的散射，由入射光量子与分子的非弹性碰撞引起。对于频率改变的散射，频率的变化取决于被测物质的特性，其中波数变化大于 $1cm^{-1}$以上的散射称为拉曼散射。RS 作为红外吸收光谱法的补充，是研究分子结构的有力工具。RS 可以分析固体、液体和气体试样，固体试样可以直接进行测定，不需要研磨或制成 KBr 压片，具有快速、简单、可重复和无损等优点，但用于定量分析的灵敏度较低，准确度相对较差。

6. X 射线吸收光谱法（XAS）

当 X 射线穿过一定厚度的样品时，会因散射和吸收而使强度减弱，减弱的程度取决于样品所含原子的种类和数目及其分子的空间结构 。而在物质吸收连续 X 射线的过程中，不同波长的 X 射线被吸收的程度不同，并且在一定波长时吸收系数会产生突变，产生的突变被称为吸收限。不同元素的原子具有不同的吸收限，由此可以进行定性分析，当确定了吸收大小和元素含量的关系后就可以进行定量分析，这就是 X 射线吸收光谱分析的基本理论依据。在吸收限附近及其高能延伸段存在着一些分立的峰或波状起伏，称为 X 射线吸收精细结构（XAFS）。

7. X 射线荧光光谱法（XRF）

光谱学上的“荧光”泛指物质受到外来的辐射照射时发出的次级辐射，而 X 射线荧光指波长在 X 射线范围的次级辐射。当 X 射线照射到被分析测试的物质（样品）上时，其中的一部分射线能够穿透样品，而另一部分则穿不透样品被吸收（包括散射）。这部分被吸收的 X 射线的能量就会转变成次级效应的 β 射线、二次 X 射线和热。特征 X 射线就是一种二次 X 射线，又称为 X 射线荧光。XRF 的特点是适应范围广，快速方便，不受试样形状和大小的限制，无损检测，分析的试样应该均匀，灵敏度偏低等。XRF 分析法是一种成熟的分析方法，是分析主量、次量和痕量元素的首选方法之一，在无损分析和原位分析中具有不可替代的地位。

8. 紫外－可见光吸收光谱法（UV－Vis）

紫外－可见吸收光谱的波长范围为 100～800nm，有机分子电子跃迁与此光区密切相关，所有的有机化合物均在这一区域产生吸收带。当一束紫外－可见光透过透明物质时，只有具有某种能量的光子才被吸收，这取决于物质的内部结构和光子的能量。物质对光的吸收特性，可用吸收曲线来描述。以波长为横坐标，吸光度为纵坐标作图，得到的曲线即为紫外－可见吸收光谱。UV－Vis 具有波长范围宽、分辨率高、灵敏度高、方法简单、分析速度快和应用广泛等优点。但有些有机化合物在紫外－可见光区没有吸收谱带，有的仅有简单而宽阔的吸收光谱，还有些物质的紫外－可见吸收光谱相似。对于这些物质，单根据 UV－Vis 不能完全决定这些物质的分子结构，需要与红外吸收光谱等方法结合。

9. 分子发光光谱法（MLS）

分子发光是指物质的分子吸收一定能量后，其电子从基态跃迁到激发态，又以光辐射的形式从激发态回到基态的现象。以分子发光建立的分析方法称为分子发光光谱法。分子发光包括分子荧光、分子磷光和化学发光等，其中荧光和磷光是以光源来激发分子而发光，化学发光是以化学反应能激发分子而发光。MLS 属于分子发射光谱分析法的范畴，具有较高的检测灵敏度，在有机大分子和生物大分子分析方面有重要应用。特别是激光诱导荧光分析法因具有超高灵敏度而受到关注。

10. 核磁共振波谱分析法（NMR）

核磁共振波谱分析法（NMR）是在外磁场的作用下，核自旋磁矩与磁场相互作用而裂分为能量不同的核磁能级，吸收射频辐射后产生能级跃迁，根据其所产生的吸收光谱进行有机化合物结构分析的方法。NMR 研究处于强磁场中的原子核对射频辐射的吸收，从而获得有关化合物分子结构骨架信息。以 ^{1}H 为研究对象获得的谱图为氢谱，以 ^{13}C 为研究对象所获得的谱图为碳谱。NMR 与 IR 具有很强的互补性，已成为测定各种有机和无机化合物分子结构的强有力工具之一。

第四节　色谱法

一、原理

为测定多组分的食品样品中各组分分别是何种物质以及它们各自的含量是多少，可以先将各组分分离，然后对已分离的组分进行测定，色谱法就属于这种方法。色谱法的原理是：被分离的各组分在固定相和流动相之间反复进行分配，固定相静止不动，流动相携带被分离组分流过固定相。被分离组分与流动相和固定相都有可能发生作用，但由于被分离的各组分的结构与性质不同，导致它们与流动相和固定相之间的作用力也不同，即各组分在流动相与固定相之间的分配系数有差异，这样经过反复多次的分配，随着流动相的向前移动，各组分运动的速度也不同，从而达到彼此分离的目的。

二、色谱法的分类

色谱法从不同的角度出发，可以有多种的分类方式，表 21－1 列出了色谱法的多种分类。

表21－1　色谱法的分类

分类方式	分类	
按流动相的状态分	气相色谱法（GC）	
	液相色谱法（LC）	
	超临界流体色谱法（SFC）	
按固定相的状态分	气固吸附色谱法	固定相为固体吸附剂，流动相为气体
	液固吸附色谱法	固定相为固体吸附剂，流动相为液体
	气液分配色谱法	固定相为液体，流动相为气体
	液液分配色谱法	固定相为液体，流动相为液体
按分离原理分	吸附色谱法	利用吸附剂对样品的吸附性能不同达到分离
	分配色谱法	利用试样组分在固定相与流动相之间的溶解度差异使溶质在两相间分配
	离子交换色谱法	利用离子交换树脂上可电离的离子与流动相中具有相同电荷的溶质离子进行可逆交换，依据这些离子对交换剂的不同亲和力而分离
	凝胶渗透（体积排阻）色谱法	以凝胶为固定相进行的分离，在理想的体积排阻色谱中，分子只根据其大小被分离，溶质与固定相之间不发生相互作用
	其他原理	
按固定相使用方式分	柱色谱法	将固定相置于玻璃、不锈钢、石英等管（色谱柱）中进行分离
	纸色谱法	在纸上吸上水成为纸上的固定液，再用另一种溶剂作冲洗剂进行分离
	薄层色谱法	将固定相均匀涂在玻璃或其他材料的平板上形成一个固定相的薄层进行分离
按色谱动力学过程分	冲洗法	把样品加在固定相上，用流动相冲洗。根据吸附能力和分配系数的不同，按次序洗脱出来
	顶替法	把样品加在固定相上以后，加入一种吸附能力较强的溶剂，把已吸附在固定相中的混合组分按照吸附能力强弱依次顶替下来
	迎头法	把样品连续通过色谱柱，与固定相吸附能力最小、最容易饱和的组分先流出，依此次序最后流出吸附能力最大的组分

三、特点与局限性

色谱法具有选择性好、分离效率高、分析速度快、灵敏度高、样品用量少、应用范围广等特点，然而色谱法也具有其局限性，在于：

（1）色谱法自身无法给出直接的定性结果，需要用已知标准物质或将数据与标准数据对比，或与其他方法（如质谱、红外光谱等）联用才能获得较可靠的结果。

（2）定量分析时需要先用标准物质对检测器信号进行修正。

（3）对某些异构体、固体物质的分离能力较差。

四、色谱法的相关名词术语

色谱法有多种分类，大多数分离过程为冲洗法的色谱法经常会使用微分型检测器系统检测通过色谱柱的流出物进行组分测定，生成响应信号对时间或载气流出体积的色谱流出曲线（色谱图）。色谱图中的各相关名词术语解释如表 21－2 所示。

表 21－2　色谱图各相关名词术语解释

色谱图	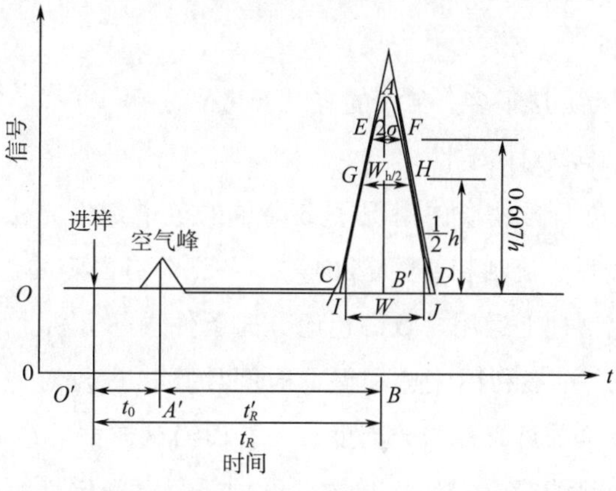
基线	在正常操作条件下，当没有组分进入而仅有载气通过检测器系统时所产生的响应信号曲线称为基线。它反映的是仪器噪声随时间变化的曲线，常可得到如同一条直线的稳定基线
色谱峰	有组分流出时，出现的峰状微分流出曲线
峰面积	组分的流出曲线与基线所包围的面积，即峰与峰底之间的面积，称为该组分的峰面积，如图中的 CGEAFHD 所包围的面积，常用符号 A 表示
峰底	从峰的起点与终点之间连接的直线，如图中线段 CD
峰高	色谱峰最高点至峰底的垂直距离，如图中 AB′，常用符号 h 表示
峰宽	沿色谱峰两侧拐点处所做的切线与峰底相交两点之间的距离，如图中 IJ，常用符号 W 表示

续表

半高峰宽	在峰高0.5h处的峰宽，如图中GH，常用符号$W_{h/2}$表示
标准偏差	在峰高0.607h处峰宽EF的一半，称为标准偏差，常用符号σ表示，$W=4\sigma$
保留时间	组分从进样到出现峰最大值所需的时间，为该组分的保留时间，常用符号t_R表示
死时间	不被固定相滞留的物质（如空气等）的保留时间，常用符号t_0表示
调整保留时间	组分保留时间减去死时间后的值，常用符号t'_R表示
保留体积	组分从进样到出现峰最大值所需的载气体积，为该组分的保留体积，常用符号V_R表示
死体积	不被固定相滞留的物质的保留体积，常用符号V_0表示
调整保留体积	组分保留体积减去死体积后的值，常用符号V'_R表示

五、色谱法的定性和定量分析

溶质在流动相与固定相之间要达到有效的分离，需要考虑的因素很多，包括流动相变量（极性、离子强度、pH、温度和/或流速）、色谱柱效率、选择性和容量等。待分离物质经过色谱检测后，色谱图通过保留时间和峰面积数据提供定性和定量信息，理想的分离效能给定性和定量分析提供了更好的条件。

（一）定性分析

色谱的定性分析方法很多，常用的有以下几种。

1. 利用已知标准物对照定性

这是在具有已知标准物质的情况下最简单的色谱定性方法，定性的依据是：在相同的色谱条件下（相同柱长、流动相、固定相等），各组分有固定的色谱保留值，因此可将未知样与标准样在同一根色谱柱上运用一致的色谱分离条件进行分析，利用色谱图中的保留时间（t_R）或保留体积（V_R）（一般利用流速和保留时间计算）进行对照比较，可对未知样进行定性鉴别。这种定性的方法的可靠性与分离度有关，而当试样中的组分较多并且色谱峰靠得很近时，由于同一保留时间可能对应多种化合物，单靠保留时间定性不是完全可靠，这时可利用加入法定性。该法也称为已知物峰高增加法，是将已知纯物质加入到试样中，观察各组分色谱峰的相对变化来进行定性，通过对比添加前后的两张色谱图中的色谱峰，峰高增加的组分即可能为所加入的已知物。

2. 利用选择性检测器定性

选择性检测器只对某类或某几类化合物有信号，可以帮助进行定性分析。在相同色谱条件下，同一样品在不同检测器上有不同的响应信号，可利用选择性检测器定性。在实际应用中多采用双检测器定性，当某一被测化合物同时被两个或多个检测器检测时，这些检测器对被测化合物检测灵敏度比值是与被测化合物的性质密切相关的，可以用来对被测化合物进行定性分析。

3. 利用联用方法定性

色谱法不便于对已分离组分进行直接定性，而质谱、核磁共振、红外光谱等适用于单一组分定性，但对混合物无能为力。因而将色谱仪与擅长定性分析的仪器联用，连接在前的色谱仪起到对样品的分离提纯作用，后联的仪器相当于色谱仪的特殊检测器对样品进行检测定性。常用的仪器联用有色谱－质谱联用、色谱－红外光谱联用、色谱－核磁共振联用等。

4. 利用化学方法定性

利用化学反应，使试样中的某些化合物与特征化学试剂反应生成相应的衍生物来进行定性分析。常用的方法有柱前处理法、柱上选择除去法和柱后流出物化学反应定性法。

（二）定量分析

色谱法定量的依据是组分的质量或在流动相中的浓度与检测器的响应信号成正比。因而，定量分析时需要准确测量检测器的响应信号（峰面积 A 或峰高 h），准确求得校正因子 f，正确选择合适的定量方法，才能正确地将响应信号换算成组分的含量。常用的定量方法有归一化法、标准曲线法、内标法、叠加法和转化定量法。下面介绍前三种较常用的定量方法。

1. 归一化法

如果试样中各组分均能流出色谱柱并产生相应的色谱峰，由于组分的含量与其峰面积成正比，把所有组分的含量之和按100%计算，其中某一组分含量可按归一化定量，组分 i 的质量分数可按式（21－1）计算：

$$w_i = \frac{m_i}{\sum_i m_i} = \frac{f_i A_i}{\sum_i f_i A_i} \times 100\% \qquad (21-1)$$

式中　A_i——i 组分峰面积；

f_i——i 组分质量校正因子。

当 f_i 使用摩尔校正因子或体积校正因子时，上式所得结果分别为组分 i 的摩尔分数或体积分数。如果试样中的组分为同系物或同分异构体时，校正因子近似相等，则式（21－1）可简化为式（21－2）。

$$w_i = \frac{A_i}{\sum_i A_i} \times 100\% \qquad (21-2)$$

归一化法主要用于气相色谱的定量，简便、准确，进样量、流速、柱温等条件的变化对定量结果影响很小。在高效液相色谱中较少使用归一化法，因为在它的定量分析中，由于使用的紫外、荧光等检测器对即便是同系物的不同组分的响应值差别也很大，经常不能忽略校正因子的影响，而校正因子的测定较为麻烦，要获得准确的校正因子，需要对每一种组分的基准物质直接测定。另外，归一化法应用的前提是试样中各组分都出峰，甚至重叠的色谱峰都会影响峰面积的测量，而高效液相色谱搭配使用的非通用型检测器，某些组分可能不出峰，因而也不符合该定量法的适用范围。

2. 标准曲线法

标准曲线法也称外标法、直接比较法和校正曲线法，是在色谱分析中最常用的定量方法，尤其在高效液相色谱分析当中，具有简单、方便、快速的优点。

该法需要先制作标准曲线，方法是：用标样配制成不同浓度的标准系列，在与分析待测组分相同的色谱条件下，进行等体积进样，作峰面积对浓度的工作曲线，即标准曲线。理论上，标准曲线应为一通过原点的直线，如果测定方法存在系统误差，则曲线不通过原点，其斜率即为绝对校正因子。测定待测试样时，应采用与测定标样完全相同的色谱条件，测量相同体积的试样获得相应的色谱图。根据色谱峰的峰面积或峰高在标准曲线上对应查得的待测组分的浓度，再根据样品处理条件及进样量来计算原样品中该待测组分的含量。标准曲线的方程如式（21－3）所示。

$$w_i = f_i A_i(h_i) \tag{21-3}$$

式中　A_i（h_i）——i 组分峰面积（峰高）；

f_i——i 组分标准曲线的斜率。

如果标准曲线过原点，并且已知组分的大致含量，这时可简化地采用单点校正法即直接比较法进行定量，而无须制作标准曲线。具体操作是：配制一个与待测组分含量相近的已知浓度的标准溶液，在相同的色谱条件和相同的进样体积下，分别测量标准溶液和待测样品溶液，获得分别的色谱图，测量各自的峰面积或峰高，按式（21－4）直接计算待测试样中待测组分的含量。

$$w_i = \frac{w_s}{A_s(h_s)} A_i(h_i) \times 100\% \tag{21-4}$$

式中　w_s——标准溶液的质量分数；

w_i——待测样品溶液中待测组分的质量分数；

A_s（h_s）——标样的峰面积（峰高）；

A_i（h_i）——待测样品中 i 组分的峰面积（峰高）。

标准曲线法操作简单，计算方便，适用于大批量样品分析，但该法对仪器和操作条件要求很高，色谱分析条件也要求严格一致，对标准品的纯度要求也高。在样品分析过程中，色谱分析条件（包括检测器的响应性能、柱温、流动相组成、流速、进样量、柱效等）很难严格保持一致，因此容易出现较大误差，故标准曲线使用一段时间后应当采用标准物质进行校正。

3. 内标法

该法是将一种纯物质作为参比物定量添加到待测试样中，根据待测组分与参比物在检测器上的峰面积或峰高值之比以及参比物添加的量进行定量分析。该法克服了标准曲线法中测量的色谱分析条件很难严格一致所引起的定量误差，将参比物添加到待测试样中，这样待测组分与参比物的测定就能保证是在严格一致的色谱分析条件下进行，使由于色谱条件的变化对待测组分和参比物所产生的影响抵消，显著提高了定量的准确度。尤其是该法测定的待测组分和参比物在同一分析检测条件下的峰面积或峰高值之比与进样量无关，可以消除由于进样量不准确导致的误差。内标法的定量公式为式（21－5）。

$$w_i = f'_{i,s} \frac{A_i(h_i)}{A_s(h_s)} \frac{m_s}{m} \times 100\% \tag{21-5}$$

式中　w_i——待测样品溶液中待测组分的质量分数；

A_s（h_s）——参比物（内标物）的峰面积（峰高）；

A_i（h_i）——待测样品中 i 组分的峰面积（峰高）；

m_s——参比物（内标物）的质量；

m——待测试样的质量；

$f'_{i,s}$——待测组分对参比物的质量相对校正因子，可由实验测定或文献值计算。

将内标法与标准曲线法结合即有内标标准曲线法，该法适用于大量样品的检测，同时也可以省略测定相对校正因子的工作。由式（21－5）可知，如果称量相同量的试样，加入恒定量的内标物，则 $f'_{i,s}\dfrac{m_s}{m}$ 为常数，式 21－5 可转换成式（21－6）。

$$w_i = \frac{A_i(h_i)}{A_s(h_s)} \times 常数 \qquad (21-6)$$

即待测组分的含量与待测组分与内标物的峰面积（峰高）呈线性关系，这样就可以采用以下方法进行测定：配制待测组分其纯物质的系列标准溶液，取相同体积的不同浓度标液，分别加入相同量的内标物，在相同色谱条件下测量。以标样浓度为横坐标，待测组分与内标物的响应值之比 $\dfrac{A_i(h_i)}{A_s(h_s)}$ 为纵坐标作图得一内标标准曲线。如方法不存在系统误差，该曲线应通过原点，在相同条件下分析样品，由 $\dfrac{A_i(h_i)}{A_s(h_s)}$ 比值可在内标标准曲线上查得样品中待测组分的浓度，进而求出待测组分在样品中的含量。

内标法没有归一化法的限制，可以抵消色谱分析条件对测定结果的影响，尤其是在样品前处理前就添加内标物，可以部分补偿待测组分在前处理时的损失。然而，该法对内标物的选择和要求均较高。内标物应是原样品中不存在的纯物质，该物质的性质应尽可能与待测组分相似，并且有足够的化学稳定性，不与样品或固定相发生反应，能与样品完全互溶。内标物的称量要十分准确，它的添加量要接近待测组分的含量，它的校正因子应该容易得到。另外，加入内标物之后，在色谱分离条件上要比原样品更高，要求待测组分、内标物与其他组分都能分离。

第五节　质谱法

一、原理

质谱法是一种十分强大的分析技术，在解决食品分析中众多的定性和定量问题，尤其在有机分子的鉴定方面发挥非常重要的作用。质谱法的原理是把试样注入离子室，使试样中各组分在离子源中发生电离，生成不同质荷比（m/z）的带电荷的离子，经加速电场的作用，形成离子束，进入质量分析器；在质量分析器中，通过磁铁、四极杆、漂移管和电场，带电离子和它的碎片根据它们的质荷比会从时间或空间上分开；分离的带电离子通过高灵敏度的检测器（如电子倍增管、光电倍增管）进行检测；来自检测器的结果信号被数字化转换后，由软件加工处理，最终以质谱图的形式呈现。

二、质谱仪的分类

质谱仪就是根据质谱的分析原理，将待测样品转化为带电离子，并根据质荷比实现分离，检测质荷比的相对强度后生成质谱图进行分析的一类仪器。质谱仪种类很多，各自的工作原理和应用范围也不同。主要按照仪器所采用的质量分析器不同，可以分为双聚焦质谱仪、四极杆质谱仪、飞行时间质谱仪、离子阱质谱仪、傅立叶变换质谱仪等。而在应用上，质谱通常会与其他仪器联用，分为：气相色谱-质谱联用仪（GC-MS）、液相色谱-质谱联用仪（LC-MS）、傅里叶变换质谱仪（FT-MS）、毛细管电泳-质谱联用仪（CE-MS）、超临界流体色谱-质谱联用仪（SFC-MS）、串联质谱（MS/MS）等。对于上述的每一类质谱联用仪，根据各自的工作原理不同，还可以进一步细分，例如气相-质谱联用，可分为气相色谱-四极杆质谱仪、气相色谱-飞行时间质谱仪、气相色谱-离子阱质谱仪等。

三、特点与局限性

质谱法是分子鉴别、表征、验证和定量过程中不可或缺的方法，它具有以下几个主要优点：①样品用量少、分析速度快、检测通量大；②能同时进行分离和鉴定；③定性鉴定能力强，每种化合物的质谱图几乎是独一无二的；④分析混合物的能力强，一次可分析多种物质；⑤灵敏度高、抗干扰能力强，能排除相同质量化合物的干扰。尤其色谱与质谱联用的方式，不仅显著降低了定量分析的检测限，还能高特异性地提高定量分析的可信度。因此，质谱技术广泛应用于化工、环境、能源、生物医药和材料学等领域，尤其成为分析复杂生物物质的必备技术，在食品中常用于农药残留的检测、环境污染物的跟踪检测、天然产物的表征和食源性致病菌的快速鉴定等。

质谱法在使用时，对样品有一定要求。使用GC-MS分析的样品应是有机溶液，因不能测定水溶液中的有机物，所以试样须进行萃取分离变为有机溶液，或采用顶空进样技术进行分析。有些化合物极性太强，在加热过程中易分解，例如有机酸类化合物，此时可以将酸进行酯化处理变为酯后再进行GC-MS分析。如果样品不能汽化也不能酯化，那就只能进行LC-MS分析了。进行LC-MS分析的样品最好是水溶液或甲醇溶液，LC流动相中不应含不挥发盐。对于极性样品的离子化一般采用电喷雾电离（ESI）源，对于非极性样品则采用大气压化学电离（APCI）源。另外，质谱检测结果受基质效应和离子抑制影响，结果重现性较差，它的自动化程度也不如免疫分析方法。

四、质谱仪的各部件与应用

根据测量原理，质谱仪一般由进样系统、离子源、质量分析器、检测器及数据分析系统五部分组成，可实现以下三大基本功能：①通过多种技术，实现分子在离子源处的离子化；②在质量分析器中，带电离子和它的碎片通过它们的质荷比（m/z）分开；③分离的带电离子通过检测器进行检测。其中离子源、质量分析器和检测器需要在高真空系统环境下工作，离子源和质量分析器的工作环境由分子涡轮泵保持。质谱仪根据不同的进样系统、离子源和质量分析器的组合分为不同的种类，这三个部件的不同类型有不同的应用，如表 21－3 所示。

表 21－3　质谱仪的进样系统、离子源和质量分析器的类型及应用

部件	类型		应用	说明
进样系统	静态的直接引入法	直接注入	气体或挥发性液体	色谱法是应用得最多的间接引入法进样，这种进样系统的研究热点之一就是质谱和色谱之间的接口技术
		直插式探针	固体	
	动态的间接引入法	气相色谱（GC）	气体或挥发性液体	
		液相色谱（LC）	无挥发性固体或液体	
离子源	电子碰撞电离（EI）		主要用于 GC－MS，挥发性样品，相对分子质量低于 1000 的样品，热稳定性高、沸点低化合物	结构简单、控温方便、发展最成熟、电离效率高、灵敏度高、结构信息丰富
	电喷雾电离（ESI）		常用于 LC－MS，强极性和大相对分子质量样品，如肽、糖等；小分子（葡萄糖）；生物大分子（蛋白质、寡核苷酸）	只产生分子离子，不产生碎片离子；产生的离子常带有多电荷，尤其生物大分子
	大气压化学电离（APCI）		主要用于 LC－MS，中低极性和相对分子质量小于 1500 的分子	仅有一个渠道产生离子
	大气压光电离（APPI）		非极性物质，对分析非极性芳香化合物时尤为有用	有分析低极性或非极性物质的能力
	基质辅助激光解吸电离（MALDI）		“软电离”，适用于生物聚合物和其他脆弱的分子；非挥发性固态或液态样品	基质作为化学反应的媒介，样品用量少，但反应机理不完全清楚
	化学电离（CI）		不适用难挥发性试样	最强峰为准分子离子，图谱简单
	电感耦合等离子体（ICP）		无机物；微量元素分析	高转化效率

续表

部件	类型	应用	说明
质量分析器	四极杆（Q）	用于多种型号仪器；小型台式仪器	
	离子阱（IT）	用于LC－MS，MS/MS	
	飞行时间（TOF）	用于分析生物聚合物和大分子	质量范围宽、扫描速度快、分辨率高、不需要电场和磁场；简单、取样速度快
	傅里叶变换离子回旋共振（FT－ICR）	支持易使用的台式LC－MS	质量分析器本身就是检测器，无须外加检测器

质谱仪的构造和各部件如图21－6所示。

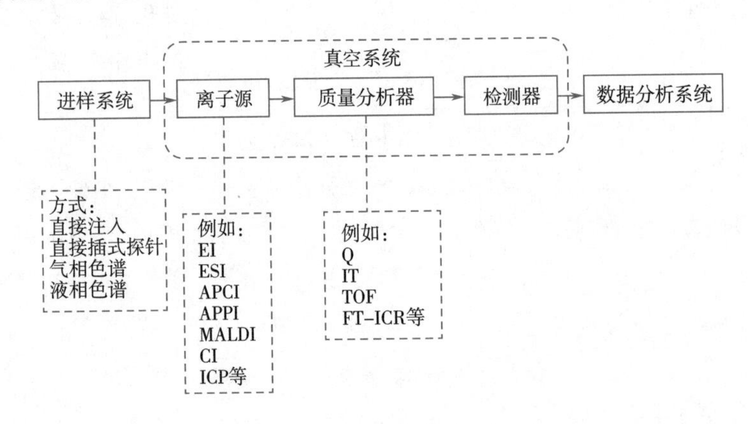

图21－6　质谱仪的构造简图

质量分析器是质谱仪的核心部分，质量范围、分辨率是质量分析器的两大性能指标；分析物的极性则决定了离子源的选择。MALDI常与TOF一起搭配，称为基质辅助激光解吸离子化飞行时间质谱（MALDI－TOF－MS）。该项技术的“软电离”方式实质是一种温和的电离，一般产生稳定的分子离子，是测定生物大分子相对分子质量的有效方法。该技术的出现使质谱传统的主要用于小分子物质研究从此迈入生物质谱技术发展新时代，尤其对蛋白质、核酸的分析研究取得突破性进展。串联质谱（MS/M）通常由两个及以上的质量分析器组成，由上一级质量分析器筛选出前体离子，经离子活化方式裂解后进入下一级质量分析器进行分析，该技术尤其适用于蛋白质组学分析与特定化合物的定量分析。

五、质谱法的定性和定量分析

质谱分析按照检测器的两种不同工作方式（全扫描检测方式和选择离子检测方式）分别产

生两种不同的质谱图。前者是在规定的质量范围内，连续改变射频电压，使不同质荷比的离子依次产生峰强信号，为更清楚表示不同离子的强度，通常用线的高低而不用质谱峰的面积来表示，产生的谱图称为质谱棒图，或称峰强－质荷比图。质谱棒图的横坐标是离子的质荷比（m/z），纵坐标通常是离子的相对强度（相对丰度），即以谱图中强度最大的离子为100%来计算其他离子的百分强度，如图21－7所示。

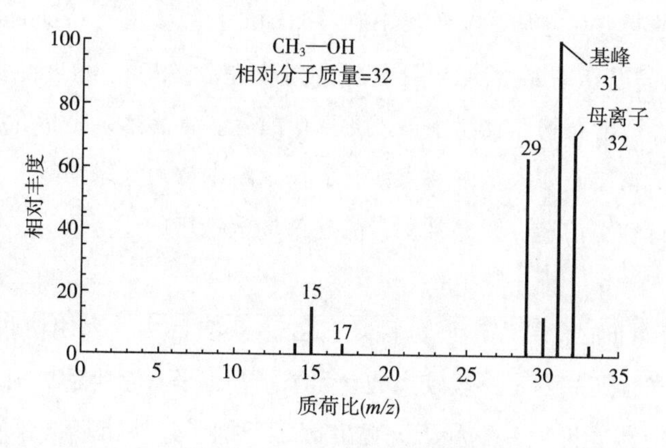

图21－7　甲醇的质谱棒图

质谱棒图中包含了待测组分的相对分子质量、元素组成、同位素特征和分子结构等信息，可作为对未知组分定性的依据。采用选择离子检测方式获得的称为特征离子色谱图，或称质量碎片图，它是按照预先选定1种或2～3种特征离子进行扫描，得出这些质荷比的离子流强度随时间变化的图形。这种检测方式尤其适用于痕量物质分析。

在食品分析中，对样品中组分的定性鉴定和定量分析常会采用串联质谱技术（MS/MS）；如果样品组分比较复杂，多会与色谱技术联用，在样品进样区前串联一个液相色谱或气相色谱组成联用系统，将样品预分离以提高质谱分析效率。待测组分在色谱分离中的保留时间与峰面积（峰高）可分别作为定性与定量依据；质谱系统获得分析物相对分子质量与该分析物碎片离子而得到灵敏与准确的定性定量信息。因此，色谱－质谱联用技术已成为复杂食品样品分析的主要方法。其中GC－MS适用于能气化、热稳定性好和沸点较低的样品；LC－MS适用于可溶于液相的样品，不受样品挥发性和稳定性的限制。

第六节　食品分析前沿技术在食品掺假检测中的应用

食品质量基本要求主要有三项：① 具备营养价值；② 具有较好的色、香、味和外观性状；③ 无毒、无害，符合食品安全质量要求。如果食品中的营养物质减少或发生霉变，那么这种食品就降低或失去了应有的食用价值。发生这类现象的原因除了生产、加工、贮藏、运输、销售不当以外，就是掺假、掺杂、伪造等破坏食品真实性的行为所造成的。

食品欺诈（Food Fraud）国际上没有统一的界定，学界和各机构对食品欺诈概念内涵的认识通常是：为获取经济利益欺骗消费者的食品违法行为。对食品欺诈概念外延的界定也大体有一个一般性认识。一般认为，食品欺诈是产品欺诈的一类，包括蓄意和有意图地替代、添加、调和，虚报食品名称、食品成分、食品包装，或对某产品进行欺骗或误导性的描述，目的是为获取更高的经济利益。食品掺伪是指人为地、有目的地向食品中加入一些非所固有的成分，以增加其重量或体积，降低成本；或改变某种质量，以低劣色、香、味迎合消费者心理的行为。食品掺伪主要包括掺假、掺杂和伪造。食品掺假，又称经济利益驱动的食品掺假（Economically Motivated Adulteration，EMA），是食品欺诈的亚型，是指向食品中非法掺入外观、物理性状或形态相似的物质的行为，如小麦粉中掺入滑石粉，食醋中掺入游离矿酸等。食品掺杂是指在粮油食品中非法掺入非同种类或同种类劣质物质，如大米中掺入沙石，糯米粉中掺入大米粉等。食品伪造是指人为地用一种或几种物质进行加工仿造、冒充某种食品在市场上销售的违法行为，如用工业酒精兑制白酒等。

按照我国2016年颁布的食品生产许可目录，在28类食品中，食用油脂、乳制品、肉制品、酒类、调味品、饮料和蜂产品等是掺假较多的食品类别，也是日常生活中消费较多的食品。掺伪食品降低了食品应有的营养价值，不利于人体健康，干扰了经济市场，致使消费者蒙受经济损失。《中华人民共和国食品安全法》明文规定禁止生产经营混有异物、掺假掺杂或者感官性状异常的食品。然而仍有一些生产者或经营者希望少投入多产出，用少量的成本获取高额的利润，通过掺兑、混入、抽取和粉饰等方式生产掺伪食品，损害消费者的利益。因此，研究降低食品掺伪案发率的对策和整体防控方法，开展食品掺伪鉴别检验具有重要意义。

一、肉及其制品掺假检测

当前我国是世界上肉类生产的第一大国，也是肉类产品消费总量最多的国家。肉类食品是居民“菜篮子”中的重要品种，肉品质量几乎关系到每个家庭的安全健康。随着人们生活水平的提高，消费需求由“生存型”向“享受型”转变，消费者对肉类质量越来越关注，对高品质肉类的需求日益增加。

部分不法商贩为谋求不正当利益，在肉及其制品中掺杂其他价格便宜的肉种，或往肉类中注入水等异物，在肉及其制品市场上“以次充好、以假乱真”的现象频出。有些肉及其制品中掺有，甚至全部为标称以外的其他价格便宜的动物源性成分。掺假问题主要归为四类：① 来源欺诈，指肉品标注的性别、年龄、养殖方式、地理溯源及饲料摄取等与事实不符，如利用公牛肉价高的优势，在母牛肉制品中特意标注出公牛成分等；② 成分替代，指将廉价肉品替换或掺入高价肉品，包括低价的鸡、鸭肉等，也包括狐狸、老鼠、水貂和貉等非食用肉类，消费者可能因为食用未经检验检疫的肉品而产生健康隐患；③ 加工过程改变，主要涉及肉品新鲜与否、是否化冻等方面的欺诈；④ 非肉类成分添加，主要涉及着色剂、防腐剂、香味剂的添加，以及注水、加入大豆蛋白等方式冒充肉类。

常见的肉制品真伪鉴别技术主要基于形态学、代谢组学、蛋白质组学和基因组学这四大类开展检测。形态学方面主要是传统的感官检验、理化检验方法；蛋白质水平检测主要是电泳分析法、色谱法和酶联免疫法；核酸水平检测主要是基于分子生物学的聚合酶链式反应（PCR）技术。

（一）形态学鉴定方法

主要是通过人的感觉器官对产品的真伪及质量进行评价和判断，主要应用于生鲜肉制品及活畜禽检测，一般掌握“看、闻、摸”三个要点，综合得出判断。畜肉和禽肉的感官鉴定要点如表21－4所示。

表21－4　畜肉和禽肉的感官鉴定

种类	感官检验要点	
畜肉	看	看肉类的色泽和组织状态，特别注意肉的表面和切口处的色泽，有无色泽灰暗可以说明肉的新鲜程度，健康畜肉色泽鲜红、脂肪洁白（牛肉为黄色）、外表微干或微湿润但无水感
		看是否有淤血、水肿、囊肿和污染等情况，可以说明禽畜在屠宰时是否存在病态、寄生虫、运输存储不卫生等情况，健康畜肉全身血管中无凝结的血液，胸腹腔内无淤血
	闻	不仅要了解肉表面上的气味，还应感知其切开时和试煮后的气味，注意是否有腥臭味，如果有氨味或酸味，为不太新鲜的肉，如果有腐败气味散发出来，一般为变质肉
	摸	可以感知新鲜度，新鲜畜肉肌肉坚实致密、不易撕开、不粘手，有弹性，指压后可立即恢复
禽肉	看和闻	通过观察禽类眼睛、口腔、皮肤和脂肪的状况去判断其新鲜程度
		冰冻的新鲜禽肉的眼球饱满、角膜有光泽，口腔黏膜有光泽，呈淡玫红色，洁净无异味，皮肤光泽自然，脂肪呈白色或淡黄色
		活禽在静止状态下呼吸不张嘴，眼睛干净且灵活有神，冠部鲜红，头羽紧贴，脚爪有鳞片有光泽，口腔没有白膜和红点为健康禽类
	摸	新鲜禽肉表面不黏手，肌肉结实而富有弹性，指压后的凹陷能立即恢复
		活禽，如检验鸡，用手把鸡翅提起，如果挣扎有力，双脚收起，鸣声长而响亮，有一定质量，说明是健康鸡

（二）基于代谢物的鉴别方法

代谢物包括了生物体内除核酸、蛋白质之外的所有化合物，如糖类、酯类及各种小分子代谢物，目前代谢物检测只涉及分子质量小于2000u的小分子物质。已有报道根据肉类中的氨基酸、糖和酚类等生物代谢物组成进行动物种属鉴别的方法。代谢物检测的常用技术有光谱法、色谱－质谱及各类传感器（如电子鼻和电子舌）等。

光谱学方法是一种快速、无损的动物成分检测鉴别方法，其特点是分析速率快，样品制备简单，可同时测定多种成分，简单无污染，只需对比已知谱图，即可进行快速、简单、可重复、无损伤的定性定量分析。拉曼光谱和近红外光谱检测的都是物质分子的各种振动、转动频率和能级的信息，反映了样品分子中有机物结构和官能团类型，拉曼光谱是由物质分子对光源的散射产生的一种非破坏性的指纹成像技术。拉曼光谱与红外光谱在应用对象上各具特色。近几年，国内外很多实验室开展了拉曼光谱法和近红外光谱法鉴别不同动物源性成分的方法研究。

电子鼻采用氧化物半导体和固体电解质等气敏传感器对气味进行捕捉和检测，模拟人鼻的感觉功能，属于气味指纹检测方法。电子舌以电化学传感器模拟人的味蕾功能，用于检测液体中风味相关物质，属于嗅觉指纹检测方法。电子鼻和电子舌在检测肉品时具有样品预处理简单、操作方便、成本低、重现性好及可同时检测多种成分等优点。

（三）基于蛋白质的检测技术

蛋白质是生命的物质基础，由氨基酸组成，具有一定种内保守性，是适用于物种鉴别技术的理想分析对象。基于蛋白质的检测方法包括电泳分析法、色谱法、质谱法和酶联免疫法。

电泳法将可溶性蛋白依其相对分子质量分为可见条带，凝胶电泳利用蛋白的这种特性根据肉类蛋白辨别不同动物物种。有文献报道使用银染使电泳条带变得更清晰，可检测出掺杂加热肉中10%的物种肉样。而等电聚焦电泳是利用蛋白质分子或其他两性分子的等电点不同，在一个稳定的、连续的、线性的pH梯度中进行蛋白质的分离和分析。该法利用蛋白质等电点的差异将蛋白质分为特征性片段，美国FDA已公布了许多动物的等电聚焦蛋白特征性片段，方便了比较查询，该法已经用于检测肉及肉制品的原料肉物种。但该法适合于鉴别同一种属中的单一物种，从混合肉和不常见的物种中获得大量的蛋白质条带较难等因素给该法的应用带来困难。

色谱检测技术是基于肉类脂肪酸的成分、组氨酸二肽或蛋白质图谱来辨别肉类食品中的物种。液相色谱（气相色谱）可根据有机物的分子质量、疏水性和电负性，将其在色谱柱中分开，而后串联的质谱仪可根据荷质比确定测待分子的种类，因而液相色谱－质谱联用和气相色谱－质谱联用也广泛用于生物有机物的定性定量检测。有研究者采用液相方法检测鲜肉、热处理肉中的猪肉和猪油，即用饱和脂肪酸的甘油三酸酯和含不饱和脂肪酸的甘油三酸酯C－2位置上的衍生物之比来进行鉴别检测。

免疫学技术是通过抗原和抗体的特异性结合反应和信号放大技术达到鉴别动物源性成分的方法。基于特异抗原－抗体的免疫反应在20世纪初已在肉的真实性鉴别中得以应用，而最广泛使用的是酶联免疫技术（ELISA）。利用抗原－抗体反应的显著特异性，进行成分的鉴别和血清学分型。目前，用于肉类等食品鉴别的ELISA方法主要包括间接酶联免疫和夹心酶联免疫分析，一些公司已经开发出一系列肉类检测的ELISA试剂盒，可以选择性地进行生熟肉样品的检测。

ELISA 法的优点是操作简单方便，非专业人士也可以熟练掌握，使用范围广泛；成本低，灵敏度和通量较高，可以同时检测大量样品。ELISA 技术的关键是所使用抗体的质量，这些抗体可以与肉样中提取出来的目标蛋白质抗原特异性反应，从而鉴定肉的种类。影响免疫技术检测的因素包括：① 必须选择一个合适的物种标记作为抗原，该抗原需要具有热稳定性、特异性；② 区别不同物种的关键免疫试剂——抗体，ELISA 反应成功与否取决于抗体的本性、质量、可获得性等因素；③ 特异性，而抗体与相近物种的交叉反应是免疫法所面临的难题。如果抗体特异性低，则在鉴别同一物种的不同品种动物源性食品时，容易出现交叉反应，产生假阳性结果。另外，该方法对于加工后样品成分的鉴定的准确度会降低，这是由于环境因素的改变都会对蛋白抗原决定簇的立体结构产生影响，因此常常需要其他方法辅助检测。

然而，由于肉制品中蛋白质含量变化范围广，蛋白质的存在和特征与组织相关，导致此类技术灵敏度较低，易产生假阳性；此外，肉类蛋白质经过加工处理可能改变了其结构和稳定性，从而破坏物种特有的蛋白质或抗原决定簇，因此免疫学方法在判断加工肉制品的真实性存在一定的难度。等电点聚焦法虽成功地鉴别出生肉和鱼，但由于可溶性蛋白质的降解严重而不适用于加热或腌制的肉制品。该技术对仪器、试剂和样品处理均有较高要求，在分析混合成分时难度较大，因此在实际应用中较少，标准化与推广应用的前景均受到很大局限。因此，一般不作为标准检测方法或仲裁鉴定方法，而作为快速筛查方法使用。

（四）基于核酸的检测方法

近十几年来，以核酸为标志物的动物种类鉴别检测方法飞速发展，在食品检测中广泛应用。常用技术有聚合酶链式反应（PCR）及其衍生方法、DNA 条形码等技术。作为物种遗传变异基础的核酸具有优于蛋白质的三大特点：① DNA 的普遍存在性，机体中所有细胞均包含相同的遗传信息，基因组 DNA 序列决定了动物的物种、品种和个体差异，且每个动物个体的 DNA 序列具有唯一性，且终生不变，因此动物不同组织器官的 DNA 序列完全相同，无论肉块、骨头、皮、角等，都能从中提取 DNA 进行检测；② 包含的信息比蛋白质多；③ 其稳定性优点蛋白质，DNA 相对于蛋白质热稳定性高，不容易降解。因此，以核酸为基础的分析方法如核酸分子杂交和 PCR 方法在加工肉制品真实性鉴定中的重要性日益突显。

核酸分子杂交的基础是其单链间可以通过互补的碱基序列形成非共价键，出现稳定的双链区。分子杂交可以在 DNA 与 DNA、RNA 与 RNA、DNA 与 RNA 的两条单链间进行。进行分子杂交时，首先要变性处理，即通过加热或提高 pH 将双链核酸分子解聚成单链，再进行聚合反应。用分子杂交进行定性或定量分析的有效途径是将一种核酸单链用同位素标记为探针，再与另一种核酸单链杂交。利用修饰的 DNA 杂交技术可以减少交叉反应，有效地鉴别相近物种，如绵羊和山羊，检测限达 10%。已有研究者使用物种特异卫星 DNA 很好地辨别出猪、牛、鸡、兔等肉类。

PCR 技术的原理在本章第二节已经介绍过。目前 PCR 法、多重 PCR 法和实时荧光 PCR 以其高灵敏度和强特异性逐渐成为肉类鉴别的主要分析方法。利用 PCR 技术检测异源基因的方法简单快捷，如果与基因芯片、蛋白质芯片等新技术联合应用将大有可为。肉种类鉴定中常选用线粒体基因作为PCR检测靶标，包括线粒体细胞色素b基因、D－Loop区、12S rRNA、16S rRNA等。这是由于线粒体DNA进化速度快，具有广泛的种内、种间多态性和高度的物种特异性，且拷贝数多，加热时不容易被彻底破坏，存活机率大，更容易被扩增，不会发生基因重组。

近几年我国研究建立了利用PCR方法和实时荧光PCR法鉴别畜、禽、鱼类的一系列国家和行业标准，包括进口食品和饲料中常见禽类（火鸡、鸡、鹅、鹌鹑、鸭、鸽子）的品种鉴定标准，猪、牛、羊、马、驴、鹿、骆驼等畜类产品的鉴定标准和三文鱼、河豚、黄鱼、金枪鱼等鱼类产品鉴定标准等，为鉴别和检测食品及饲料中的不同动物源性成分提供一种实用、有效的分子生物学方法。

二、蜂蜜及其制品掺假检测

GB 14963—2011《食品安全国家标准　蜂蜜》指出：蜂蜜是指蜜蜂采集植物的花蜜，分泌物或蜜露，与自身分泌物混合后，经充分酿造而成的天然甜物质。其组成中含有水分、糖、维生素、蛋白质、矿物质及生物类黄酮等180余种不同组成成分，故其营养丰富，口感香甜，是不少人喜爱的健康食品。且蜂蜜含有人体需要的大部分矿物质和各种维生素、有机酸、氨基酸、生长素等营养物质，广泛适用于儿童、女性、中老年等各阶层的人群，是一种广谱性保健食品。近年来，消费者对蜂蜜及其制品的需求扩大，蜂蜜产量跟不上需求的增长速度，随之而来的就是蜂产品掺伪现象日趋严重。

掺假蜂蜜极大损害了蜂农、正规蜂蜜生产企业和消费者的利益，严重影响了蜂蜜产品的市场秩序和我国蜂蜜的出口贸易。这种现象的背后源于巨大的经济利益，因为实际生产的蜂蜜满足不了市场的需求，同时掺假的甜蜜物质价格又远远低于蜂蜜的实际价格，而蜂蜜内部组分含量变化范围大的特征使得掺假造假容易，也使得蜂蜜品质检测技术遇到了很大的挑战。这些都给不法分子提供了蜂蜜掺假的可乘之机。

（一）蜂蜜掺假方式

目前，蜂蜜造假的手段主要有以下几种：

（1）用熬制蔗糖水或糖浆冒充蜂蜜。蔗糖加水和硫酸进行熬制，使蔗糖的双糖分子分解成单糖，制成假冒蜂蜜。此外，也有直接用糖浆冒充蜂蜜。这两种均属于较低级的掺假手段，其性状和口感都和蜂蜜不太一样。现代分析检测技术完全可以对其进行判别，有经验的专家通过感官品评也可以鉴别，目前这种掺假手段已不常见。

（2）在蜂蜜中掺入水、淀粉、蔗糖、饴糖、转化糖、羧甲基纤维素钠、甘露蜜等。利用此方式掺假的蜂蜜无天然花香和口感，营养价值也大不如天然蜂蜜。这些掺假手段可以被现代仪器分析技术进行鉴别，因此目前也不常见。

（3）在蜂蜜中掺入果葡糖浆、淀粉糖浆、大米糖浆等。这是目前最常用的蜂蜜掺假手段，由于这些糖浆的果糖和葡萄糖比例与蜂蜜中的成分非常相似，掺入后各项检测指标完全符合国家标准，甚至欧盟出口标准，给检测造成了很大的困难。

（4）往蜂蜜里加入防腐剂、澄清剂、增稠剂等添加剂，用蜂蜜制品伪造蜂蜜，为以假乱真，造假分子还在这种假蜂蜜中加入了甜味剂、香精和色素等化学物质，使其口感、香味、甜度与真蜂蜜接近。这种掺假蜂蜜成本低廉，利润可高达上百倍。

（5）以低价单（杂）花蜜冒充或掺入高价单花蜜。我国对单一花种蜂蜜的纯度要求不明确，市场上以次充好的情况较严重。单花蜜是蜜蜂采集单一植物花蜜酿造成的蜂蜜，因品种单一，其质量和性状特点表现显著，营养价值高；杂花蜂蜜是蜜蜂在同一时期从几种不同的植物上采集花蜜经酿造后混在一起的蜂蜜。杂花蜜由于营养价值、口感等不如单花蜜，市场上单花蜜的价格高于杂花蜜，不法商贩为获得高额利润，常以低价单（杂）花蜜冒充或掺入高价单花蜜。

（6）用蔗糖或者糖浆直接喂养蜜蜂，以提高产量。蜜蜂在吃了大量蔗糖或糖浆后，它的身体会将蔗糖转化成葡萄糖和果糖，这样产出来的蜜吃起来口感也不错，甚至比纯正蜂蜜还要好，因为纯正蜂蜜会有些许酸味。不过，这样酿出的蜜，无论是天然物质还是矿物质，与天然蜂蜜有着天壤之别，如天然蜂蜜里会含有维生素，各种酶和铁、钙、铜等微量元素，而吃蔗糖酿出的蜜就没有这些营养。

（7）非成熟蜜冒充成熟蜜。非成熟蜜是指蜜蜂采集到的花蜜仅自身酿造了1～2d，蜂农就取出来，这个时候的蜂蜜水分含量高，容易发酵变质。成熟蜜是蜜蜂将花蜜采回蜂巢后，经5～7d充分酿造，除去多余的水分，再经过一系列的生物化学、物理变化，使蜂蜜浓度达到40%～43%。成熟蜜含水量在20%以下，浓稠，甜度高，且不易发酵，营养价值高。有些养蜂者将只酿造1～2d的蜂蜜取出来，采用机器浓缩水，使之成为感官浓稠的蜂蜜，以提高产量及利润。

（二）蜂蜜及其制品掺伪检验的传统技术

感官鉴别、理化指标鉴别及花粉鉴别是传统的检验蜂蜜掺伪的方法。GB 14963—2011《食品安全国家标准　蜂蜜》明确规定了蜂蜜的各项感官指标及理化指标，见表21－5和表21－6。

表21－5　蜂蜜的感官要求

<table>
<tr><th>项目</th><th>要求</th><th>检验方法</th></tr>
<tr><td>色泽</td><td>依蜜源品种不同，从水白色（近无色）至深色（暗褐色）</td><td rowspan="2">按SN/T 0852—2012《进出口蜂蜜检验规程》的相应方法检验</td></tr>
<tr><td>滋味、气味</td><td>具有特有的滋味、气味，无异味</td></tr>
<tr><td>状态</td><td>常温下呈黏稠流体状，或部分及全部结晶</td><td rowspan="2">在自然光下观察状态，检查其有无杂质</td></tr>
<tr><td>杂质</td><td>不得含有蜜蜂肢体、幼虫、蜡屑及正常视力可见杂质（含蜡屑巢蜜除外）</td></tr>
</table>

表21-6 蜂蜜的理化指标

项目		指标	检验方法
果糖和葡萄糖/（g/100g）	≥	60	GB 5009.8—2016《食品安全国家标准 食品中的果糖、葡萄糖、蔗糖、麦芽糖、乳糖的测定》
蔗糖/（g/100g）			
桉树蜂蜜，柑橘蜂蜜，紫苜蓿蜂蜜，荔枝蜂蜜，野桂花蜜	≤	10	
其他蜂蜜	≤	5	
锌（Zn）/（mg/kg）	≤	25	GB 5009.14—2017《食品安全国家标准 食品中锌的测定》

蜂蜜的理化指标除标准规定的三项外，还包括水分、碳水化合物（单糖、多糖）、淀粉酶值、羟甲基糠醛（HMF）、酸度、电导率、pH、密度、黏度、流变性、色泽等。通过测定这些参数，可对蜂蜜进行质量控制或掺假的初步判断。但是由于掺假技术的提高，这些理化指标基本上都可以人为改变，从而使得掺假蜂蜜的理化指标与天然蜂蜜的理化指标非常相似。因此，仅依靠分析这些指标已不能达到鉴别蜂蜜真假的目的。

此外，天然蜂蜜是蜜蜂采集植物花蜜酿造而成，因此会含有相应植物的花粉颗粒。通过显微镜技术观察蜂蜜中的花粉形态、数量，可对蜂蜜是否掺假、造假进行鉴别。对于利用糖、工业糖浆、工业淀粉酶、蜂蜜香精和水等经人工配制而成的全假蜂蜜，在显微镜下观察不到花粉颗粒；若为天然蜂蜜经稀释、掺假得到的掺假蜂蜜，则花粉含量会降低，但由于受蜜蜂采蜜方式、蜜源植物、放蜂环境、季节、地域等多因素影响，花粉鉴别存在较大的不确定性。如果在掺假或全假蜂蜜中人工加入花粉颗粒，这种方法也难以鉴别。

（三）蜂蜜及其制品掺伪鉴别的现代分析技术

1. 碳稳定同位素分析法

碳稳定同位素比值是指在某一物质中碳的两种同位素（^{12}C、^{13}C）的比值。植物光合作用中C3和C4两种代谢途径的产物的^{13}C值有较大的差异。由于大多数蜜源植物属于C3植物，而C4植物基本上不是蜜源植物，而用于蜂蜜掺假的糖和糖浆一般都是通过玉米、甘蔗等C4植物淀粉转化而来，因此，通过测定蜂蜜的^{13}C值能够鉴别蜂蜜（主要含C3植物糖）中是否掺入了C4植物糖浆（如玉米糖浆）。但是随着检测水平的提高，掺假技术也在发展，传统的掺入C4植物糖（如高果玉米糖浆）的掺假方式逐渐被淘汰，取而代之的是掺入与蜂蜜来源光合原理一致的C3植物糖，如大米糖浆、麦芽糖饴等。

2. 色谱分析法

天然蜂蜜中含有来自蜜源植物和蜜蜂的某些特殊成分，如植物挥发性成分、植物次生代谢产物、蜜蜂的分泌物等，而掺假蜂蜜中这些成分会发生变化，因此通过气相色谱、液相色谱、高效液相色谱、薄层色谱和离子色谱等方法检测蜂蜜中的这些特殊成分变化，可鉴别蜂蜜是否为掺假蜂蜜。色谱法对利用糖浆、蜂蜜香精等调制的假蜂蜜的检测较为有效，但对天然蜂蜜中掺入 C3 和 C4 植物糖浆的掺假难以鉴别。

3. 液相色谱分离 - 同位素比值质谱（LC - IRMS）分析法

该方法是对原来的 C4 植物糖方法的改进，由于元素分析 T - 同位素质谱（EA - IRMS）法只能对蜂蜜中 C4 植物糖进行鉴定，对于更为先进的掺假手段掺入 C3 植物糖无能为力，但是利用 LC - IRMS 分析法就能检测出掺入 C3 植物糖的掺假蜜，还能通过更精确地测定蜂蜜的同位素值、判定多种蜂蜜掺假的情况。该方法的原理：如果蜂蜜是单一花种的纯正蜂蜜，其中含有果糖、葡萄糖、二糖和三糖的同位素值应该相差不大，但如果掺入了其他来源的糖，有可能会造成其中的糖的同位素值产生变化。通过测定其中糖的同位素差值，可以判定蜂蜜是否掺杂造假。

图 21 - 8 能清晰地表明 LC - IRMS 对蜂蜜掺假的判定作用，图中 1 - 5 号峰分别代表果糖、葡萄糖、二糖、三糖和寡聚糖。图 21 - 8（1）是纯正油菜蜜；图 21 - 8（2）是转化糖浆冒充的蜂蜜，与图 21 - 8（1）对比可以看出转化糖浆只含有单糖，没有纯正蜂蜜中的少量二糖；图 21 - 8（3）是掺入 C4 植物糖的掺假蜜，可以看出，在二糖峰（即 3 号峰）中 ^{12}C、^{13}C、^{14}C 的比例与图 21 - 8（1）中二糖峰的比例相差比较大；图 21 - 8（4）是掺入 C3 植物糖的掺假蜜，其中出现了多糖峰型（寡聚糖），在蜂蜜中高寡糖是不应存在的，出现了多糖峰可直接判定掺假。

但该方法存在一定的缺陷，如果是多花种蜂蜜，该方法也有可能检测出阳性。而且如果造假者在掺杂前事先确定糖浆和蜂蜜的同位素值，然后在蜂蜜中加入同位素值相近的糖浆，该法则不适用。

4. 检测酶活性分析法

一般情况下，加糖掺假蜂蜜中的糖，来自于蔗糖与 β - 呋喃果糖苷酶的反应，β - 呋喃果糖苷酶将蔗糖直接转化成葡萄糖和果糖，由于这两种单糖在天然蜂蜜中占了蜂蜜糖的 90% 以上，以至于混合后各种糖的含量未发生明显的变化，在这种情况下，掺杂糖浆和蔗糖的蜂蜜有可能借助于高效液相色谱仪也检验不出来。但是，掺入这种转化糖浆的蜂蜜往往有 β - 呋喃果糖苷酶残留，而在天然蜂蜜中不会含有该酶，所以可以把该酶作为检测指标来鉴别蜂蜜掺假。

此外，有研究表明，蜂蜜中的淀粉酶来源于蜜蜂，而不是花粉。因此，以淀粉酶作为蜂蜜质量检测的对象，可以有效解决当前检测方法中所存在的缺陷。而且每种淀粉酶都有自己特有的同工酶图谱，蜂蜜产品中如掺有其他来源的淀粉酶，则其同工酶图谱与天然蜂蜜有所不同。因而可以采用同工酶技术来监控蜂蜜产品的质量。

5. 差示扫描量热法（DSC）

差示扫描量热法是根据天然蜂蜜和掺假糖浆具有不同的热力学特征来判断其真假。通过测定其热参数来判断蜂蜜中是否掺入了糖浆，并可分析出其掺入糖浆的类型，但对于糖类代用品掺假则不易检出。差示扫描量热法局限性在于蜂蜜成分复杂，掺假手段太多。

6. 指纹图谱分析法

“指纹（fingerprints）”识别技术是一种综合的、宏观的和可量化的鉴别手段，目前已广泛应用于食品品种和质量的鉴别。而用于蜂蜜掺假鉴定的指纹图谱技术一般包括：色谱指纹图谱，光谱指纹图谱和电子鼻指纹图谱。

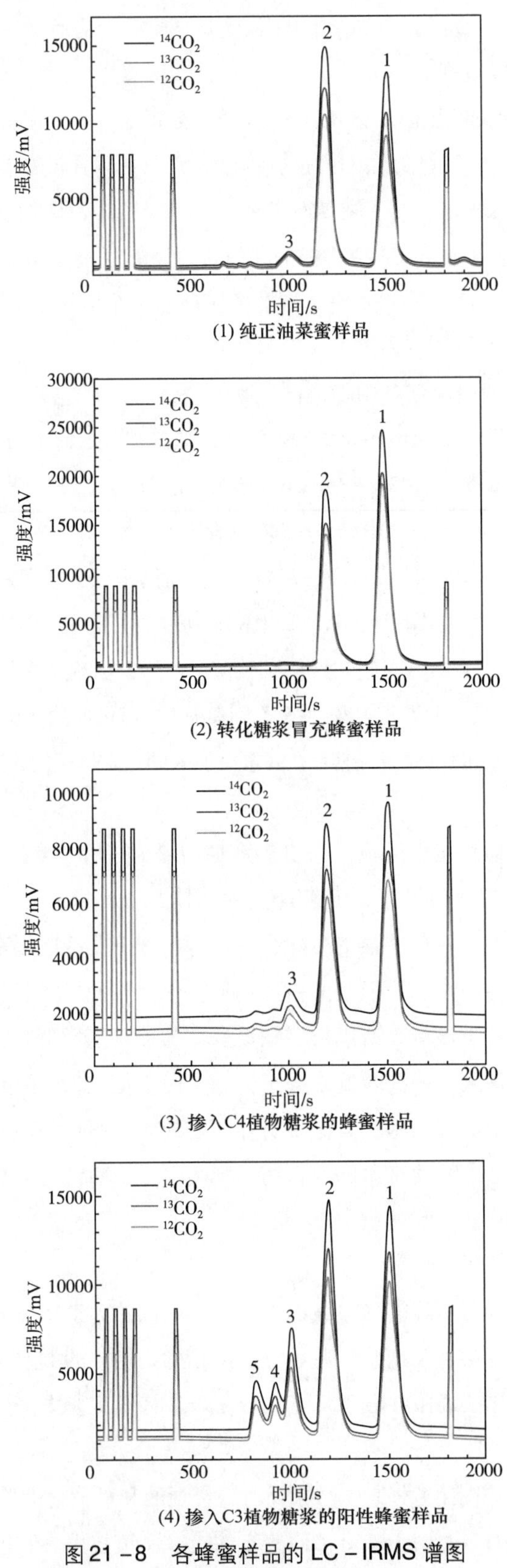

图21－8　各蜂蜜样品的LC－IRMS谱图

1—果糖　2—葡萄糖　3—二糖　4—三糖　5—寡聚糖

色谱指纹图谱和光谱指纹图谱技术，主要原理是利用色（光）谱技术通过检测天然蜂蜜中得出相应的色（光）谱图，当天然蜂蜜中掺入外来物质时其色（光）谱图会发生相应变化，以此来进行蜂蜜掺假鉴别。

色谱指纹图谱技术用于鉴别产地、蜜源，但是对于百花蜜的掺假鉴别有一定难度，因为百花蜜本身就是有多种蜜源的蜂蜜组成，其组分变化性大。

由于天然蜂蜜和掺假蜂蜜的光谱图具有极高的相似性，因此很难通过全谱图形或者是具体细节图形形状或者是位置的差异来简单判别蜂蜜是否掺入糖浆，往往需要借助于模式识别方法进一步分析才能达到检测的要求。因为光谱指纹图谱需建立庞大的数据模型和昂贵的仪器，所以，目前光谱指纹图谱很难真正应用到蜂蜜掺假鉴别中。

电子鼻是气味整体信息的反映，利用气体传感器阵列的响应图案来识别气味的电子系统。不同品质蜂蜜会产生不同的气味，因而在电子鼻的气体传感器阵列中会产生不同的指纹图谱，结合模式识别技术对电子鼻指纹图谱进行分析即可对蜂蜜品质进行评价。利用电子鼻指纹图谱可以对蜜源、产地以及与天然蜂蜜差异较大的掺假蜂蜜具有较好的鉴别效果，但是对于天然蜂蜜中添加糖浆，特别是添加量较少时仅仅依靠电子鼻指纹图谱很难进行鉴别，往往需要结合模式识别技术建立数学模型进行判别分析，且对不同产地的混合蜂蜜鉴定困难，因此电子鼻指纹图谱技术普及到蜂蜜掺假鉴别中还需进一步研究。

综上所述，目前每一种蜂蜜品质检测技术都存在缺点和一定局限，而且多数检测技术更多的处在实验室研究阶段，实用性不高，还不能全方面的推广。仅靠目前存在的某一种蜂蜜品质检测技术并不能准确判定蜂蜜真假，因此，开发出实用性好，价格便宜，准确度高的蜂蜜掺假检测方法是蜂蜜行业迫切的需求。

三、食用油掺假检测

食用油是由植物种子或动物脂肪等制成的特殊食品，是人类生活的必需品，为人体提供热量及必需脂肪酸，是促进脂溶性维生素吸收的重要食物。食用油主要品种有大豆油、花生油、菜籽油、棕榈油、橄榄油、玉米胚油等植物油及牛油、猪油、奶油等动物油脂，此外，还有复配或加工油脂，如色拉油、调和油、调味油（花椒油、辣椒油等）。食用油是甘油和各种脂肪酸所组成的甘油三酯的混合物，可分为单不饱和脂肪酸油脂、多不饱和脂肪酸油脂以及饱和脂肪油脂。

食用油含有人体自身不能合成的，必须从食物摄取的，用以维持健康的必需脂肪酸、维生素、磷脂、固醇等营养物质。植物油含有不饱和脂肪酸、维生素 E、维生素 K 和类胡萝卜素等对人体健康有益的成分，动物油脂和奶油含有丰富的维生素 A、维生素 D，这些物质与人的生长发育及维持正常的生理功能有着密切关系。可见，食用油的质量与人体健康息息相关，只有达到国家食品质量安全标准的食用油才能满足人们对其营养的需要，但是由于食用油的品种、产量、营养价值不同，其价格差异很大，导致一些不法商家为追求利润而以次充好、以假充真来牟取暴利，其掺假现象主要表现为六个方面：① 在食用油中掺入未精炼的机榨毛油及变质油；② 将质量差、价格低的植物油掺兑到优质油品中；③ 在食用油中掺入非食用油脂；④ 用煎炸餐饮残留油代替食用油脂；⑤ 地沟油回收使用；⑥ 本应作为工业原料的动物油脂非法进入食品企业或餐饮再次使用。

目前食用油掺假主要检测方法有理化方法、色谱技术、光谱方法、同位素比质谱方法、核磁共振方法和电子鼻技术等。由于各种食用油脂成分相似，理化性质接近，常规的理化方法的应用范围有限，而借助其他几种仪器技术能更有效地检验食用油的真实性。

（一）理化检验方法

理化检验方法主要是根据食用油中掺入物质的理化性质定性鉴别食用油中是否掺入某种物质。GB/T 5539—2008《粮油检验 油脂定性试验》中规定了桐油、矿物油等4种非食用油脂，以及大豆油、花生油等8种食用油脂的定性检出方法，其检出依据为某种油脂中特定物质的物理、化学性质，如花生油是由含5%花生酸组成的甘油酯，花生油的检出则利用了“花生酸不溶于乙醇”这一特性。GB/T 5009.37—2003《食用植物油卫生标准的分析方法》也给出了桐油、矿物油、大麻油这3种非食用油的定性鉴别方法。

（二）色谱分析法

现阶段，绝大部分的食用油掺假鉴别方法是基于色谱技术，色谱技术通过分析比对植物油中主要成分如脂肪酸、甘油三酯，以及一些特征性成分如甾醇、胆固醇、辣椒碱等化学成分的组成和含量的差异进行掺假定性鉴别和定量分析。气相色谱法是测定脂肪酸组成的国家标准方法，是食用油掺伪鉴定的常用手段之一。

目前，我国出台的8种食用植物油标准中规定了各种油品的脂肪酸组成（见表21－7），作为该种食用油的特征指标，这为食用油的掺伪鉴别工作提供了一定的依据。不同的食用植物油的脂肪酸组成和含量均不相同，掺伪后必然改变其脂肪酸组成和含量，通过色谱法分析油中脂肪酸组成和含量，再与其对应的纯品油脂脂肪酸构成进行比对，可快速鉴别是否掺伪。

表21－7 8种食用植物油的脂肪酸组成 单位：%

脂肪酸组成	花生油	玉米油	一般菜籽油	大豆油	棉籽油	芝麻油	葵花籽油	米糠油
十四碳以下脂肪酸	ND～0.1	ND～0.3	ND	ND～0.1	ND～0.2	ND～0.1	ND～0.1	—
豆蔻酸 $C_{14:0}$	ND～0.1	ND～0.3	ND～0.2	ND～0.2	0.6～1.0	ND～0.1	ND～0.2	0.4～1.0
棕榈酸 $C_{16:0}$	8.0～14.0	8.6～16.5	1.5～6.0	8.0～13.5	21.4～26.4	7.9～12.0	5.0～7.6	12～18

续表

脂肪酸组成	花生油	玉米油	一般菜籽油	大豆油	棉籽油	芝麻油	葵花籽油	米糠油
棕榈一烯酸 $C_{16:1}$	ND ~0.2	ND ~0.5	ND ~3.0	ND ~0.2	ND ~1.2	ND ~0.2	ND ~0.3	0.2 ~0.4
十七烷酸 $C_{17:0}$	ND ~0.1	ND ~0.1	ND ~0.1	ND ~0.1	ND ~0.1	ND ~0.2	ND ~0.2	—
十七碳一烯酸 $C_{17:1}$	ND ~0.1	ND ~0.1	ND ~0.1	ND ~0.1	ND ~0.1	ND ~0.1	ND ~0.1	—
硬脂酸 $C_{18:0}$	1.0 ~4.5	ND ~3.3	0.5 ~3.1	2.5 ~5.4	2.1 ~3.3	4.5 ~6.7	2.7 ~6.5	1.0 ~3.0
油酸 $C_{18:1}$	35.0 ~67.0	20.0 ~42.2	8.0 ~60.0	17.7 ~28.0	14.7 ~21.7	34.4 ~45.5	14.0 ~39.4	40 ~50
亚油酸 $C_{18:2}$	13.4 ~43.0	34.0 ~65.6	11.0 ~23.0	49.8 ~59	46.7 ~58.2	36.9 ~47.9	48.3 ~74.0	29 ~42
亚麻酸 $C_{18:3}$	ND ~0.3	ND ~2.0	5.0 ~13.0	5.0 ~11.0	ND ~0.4	0.2 ~1.0	ND ~0.3	ND ~1.0
花生酸 $C_{20:0}$	1.0 ~2.0	0.3 ~1.0	ND ~3.0	0.1 ~0.6	0.2 ~0.5	0.3 ~0.7	0.1 ~0.5	ND ~1.0
花生一烯酸 $C_{20:1}$	0.7 ~1.7	0.2 ~0.6	3.0 ~15.0	ND ~0.5	ND ~0.1	ND ~0.3	ND ~0.3	—
花生二烯酸 $C_{20:2}$	—	ND ~0.1	ND ~1.0	ND ~0.1	ND ~0.1	—	—	—
山嵛酸 $C_{22:0}$	1.5 ~4.5	ND ~0.5	ND ~2.0	ND ~0.7	ND ~0.6	ND ~1.1	0.3 ~1.5	—
芥酸 $C_{22:1}$	ND ~0.3	ND ~0.3	3.0 ~60.0	ND ~0.3	ND ~0.3	ND	ND ~0.3	—
二十二碳二烯酸 $C_{22:2}$	—	—	ND ~2.0	—	ND ~0.1	—	ND ~0.3	—
木焦油酸 $C_{24:0}$	0.5 ~2.5	ND ~0.5	ND ~2.0	ND ~0.5	ND ~0.1	ND ~0.3	ND ~0.5	—
二十四碳一烯酸 $C_{24:1}$	ND ~0.3	—	ND ~3.0	—	—	ND	ND	—

注：ND 表示未检出，定义为 0.05%。

一般而言，判断某一食用油是否掺伪主要是分析该油品的特征脂肪酸含量变化，如棕榈油的特征脂肪酸是葵酸，通过气相色谱法检测油品中的脂肪酸组成，根据葵酸甲酯的保留时间和峰面积可作为是否掺入棕榈油的定性定量判断依据。

除了脂肪酸，不同食用油中含有的甾醇、生育酚等物质也可作为其特征指标用于掺假鉴别。如鉴别某些优质植物油中是否掺入廉价油可通过气相色谱法检测其中甾醇类物质的含量及分布。据文献统计，菜籽油中含有较多的菜籽甾醇（100～1000mg/kg），而橄榄油中则含较多的β-谷甾醇（638～2610mg/kg），红茶籽油和葵花籽油中$\Delta 7$-豆甾醇含量分别为300～550mg/kg和150～500mg/kg，利用这些差别结合仪器分析检测的数据可进行掺假鉴别。

另外，在地沟油的鉴别中还利用了辣椒油的天然成分——辣椒碱，采用高灵敏度的液相色谱-质谱串联法，可对食用油中是否掺入地沟油进行检验。辣椒碱是引起辣味的主要化学成分，主要存在于辣椒属植物的果实与种子中，其脂溶性强，稳定性好，沸点高，目前的地沟油加工工艺很难完全去除这类物质，而正常的食用油基本不含辣椒碱，其可作为鉴别餐厨废弃油脂的特征指标。此外，目前餐饮行业辣味调味基于辣椒（富含天然辣椒素及二氢辣椒素）和合成辣椒素，因此检测食用油脂中的天然辣椒素、合成辣椒素和二氢辣椒素也可作为一种识别地沟油的方法。样品中辣椒素以20g/L氢氧化钠溶液提取，采用C_{18}固相萃取小柱去除样品中的无机酸碱及残留油脂，采用液相色谱-质谱/质谱多反应离子监测模式进行检测，以二苯胺为内标，内标法定量分析3种辣椒素的含量。方法非常灵敏，检出限可达0.05μg/kg，判定的标准是将3种辣椒素的含量相加，其和大于0.20μg/kg则可判断此样品含有地沟油，目前此方法已应用到实际工作中。

（三）光谱分析法

与色谱技术相比，光谱方法的样品前处理较简单，分析速度快，红外光谱技术和拉曼光谱技术是目前在食用油掺伪检测中应用最为广泛的两种光谱技术。当红外光穿过样品时，样品分子中的基团吸收红外光产生振动，使偶极矩发生变化，得到红外吸收光谱。

近红外光谱主要反映含氢基团（如C—H、O—H、N—H等）振动的倍频和合频吸收，油脂中的主要成分是三脂肪酸甘油酯，含有C—H、O—H等化学键，而CH_2和C═C的数量变化是不同种类油脂中脂肪酸的主要差异，这些基团的差异会反映在近红外谱图中，借助计算机技术、化学计量学技术可以建立起近红外光谱与样品组成或含量间的定性或定量关系模型，从而实现对样品的鉴定。有研究采用近红外光谱技术对掺入大豆油、花生油、棉籽油的芝麻油样品进行分析，结合气相色谱法测得的脂肪酸含量作为参比值，对不同种类、不同梯度的掺假芝麻油采集近红外光谱图，结合化学计量法，检测不同种类掺假芝麻油中对近红外光有特异吸收的脂肪酸，继而可快速鉴别掺假油的品种。研究结果表明，掺假芝麻油油样的亚麻酸（$C_{18:3}$）、花生四烯酸（$C_{20:0}$）、木焦油酸（$C_{24:0}$）和肉豆蔻酸（$C_{14:0}$）对近红外有特异吸收。分别建立4种脂肪酸含量的近红外定量分析模型，利用所建模型进行随机掺假混合油样检验，4种脂肪酸含量的预测平均相对误差依次为6.0%，5.6%，4.4%，4.8%。

拉曼光谱测定的是样品的发射光谱，当单色激光照射在样品上时，分子的极化率发生变化，产生拉曼散射，检测器检测到的是拉曼散射光。拉曼光谱是与红外光谱互补的一种检测手段。它可提供快速、简单、可重复、无损伤的定性定量分析。有学者利用傅里叶转换拉曼光谱法对优级初榨橄榄油的掺伪进行检测，可分别鉴别出掺有1%的大豆油，5%的玉米油和10%的低级初榨橄榄油的掺假油。对近红外光谱法、傅里叶转换红外光谱法、傅里叶转换拉曼光谱法在鉴别特级初榨橄榄油中掺加低级初榨橄榄油的检测性能进行比较，在特级初榨橄榄油中以质量分数为5%的梯度加入低级橄榄油，使用以上三种方法进行检测，结果表明，利用傅里叶转换拉曼光谱法得到的数据相关度最高。

（四）核磁共振分析法

核磁共振是基于原子核磁的一种波谱技术，光谱稳定性好，分析简便，是食品分析和结构鉴定的一种有效技术，国外主要应用该技术监测橄榄油的掺伪，准确率可达97%；国内主要应用于废弃油脂的掺伪检测，有研究报道利用脉冲式核磁共振技术分别检测了地沟油、泔水油、大豆油、花生油和菜籽油在10℃和0℃下的固体脂肪值，发现随着地沟油和泔水油掺入食用植物油量的增多，固体脂肪值随之增大，利用该方法可检测出食用油中掺伪1%以上的废弃油脂。

四、其他食品掺假检测

（一）酒类掺假检测

1. 白酒的掺假检测

我国酒类产销量巨大，白酒、葡萄酒造假新闻时有曝光，危害最为严重的当属利用工业酒精甚至甲醇制售假酒。现在白酒造假主要集中于用食用酒精勾兑，冒充粮食酿造酒。白酒是个多组分体系，主要成分为水、乙醇，两者含量之和占白酒组成的98%，其余2%的微量成分是酯类、酚类、有机酸、羰基化合物、杂环化合物等，这些微量成分组成了白酒的风味物质。白酒掺伪的理化检测方法主要有比色法和气相色谱法检测甲醇、杂醇油、甲醛、氰化物、以及风味物质（如乙酸乙酯、己酸乙酯、乳酸乙酯等），我国对这些指标也有限量要求，如表21-8和表21-9所示为GB/T 10781.1—2021《浓香型白酒》规定的理化指标。

表21-8 浓香型白酒高度酒理化要求

<table>
<tr><th colspan="3">项目</th><th>优级</th><th>一级</th></tr>
<tr><td colspan="3">酒精度/（%vol）</td><td colspan="2">40[a]~68</td></tr>
<tr><td colspan="2">固形物/（g/L）</td><td>≤</td><td colspan="2">0.40[b]</td></tr>
<tr><td>总酸（g/L）</td><td rowspan="3">产品自生产日期≤一年的执行的指标</td><td>≥</td><td>0.40</td><td>0.30</td></tr>
<tr><td>总酯（g/L）</td><td>≥</td><td>2.00</td><td>1.50</td></tr>
<tr><td>己酸乙酯/（g/L）</td><td>≥</td><td>1.20</td><td>0.60</td></tr>
<tr><td>酸酯总量/（mmol/L）</td><td rowspan="2">产品自生产日期>一年执行的指标</td><td>≥</td><td>35.0</td><td>30.0</td></tr>
<tr><td>己酸+己酸乙酯/（g/L）</td><td>≥</td><td>1.50</td><td>1.00</td></tr>
</table>

[a] 不含40% vol。

[b] 酒精度在40% vol~49% vol的酒，固形物可小于或等于0.50g/L。

表 21-9　浓香型白酒低度酒理化要求

项目			优级	一级
酒精度/（%vol）			25~40	
固形物/（g/L）		≤	0.70	
总酸（g/L）	产品自生产日期≤一年的执行的指标	≥	0.30	0.25
总酯（g/L）		≥	1.50	1.00
己酸乙酯/（g/L）		≥	0.70	0.40
酸酯总量/（mmol/L）	产品自生产日期 > 一年执行的指标	≥	25.0	20.0
己酸+己酸乙酯/（g/L）		≥	0.80	0.50

2. 葡萄酒的掺假检测

根据国际葡萄与葡萄酒组织的规定（OIV，1996），葡萄酒只能是破碎或未破碎的新鲜葡萄果实或葡萄汁经完全或部分酒精发酵后获得的饮料，其酒精度不得低于8.5% vol。葡萄酒酒精度低，富含人体必需氨基酸和多种微量元素，因此大受国人追捧，葡萄酒的热销使一些不法商家看红了眼，假冒伪劣产品也应运而生。葡萄酒的掺假方式主要是添加香精、色素、甜味剂等，可通过检测这些成分推断是否存在掺假。葡萄酒使用色素进行护色着色这一情况在我国由来已久，着色后对葡萄酒品质的判定造成了困难，使得市场上葡萄酒产品质量得不到保证，如何既快速又准确地检测出葡萄酒中色素的非法添加就变得越发迫切和重要。高效液相法是目前用于食品中合成色素检测的常用方法之一。采用葡聚糖凝胶净化，高效液相色谱检测可有效地分析葡萄酒中红花黄色素，技术简单方便，灵敏度高，样品用量少，分离效率高，是较理想的分析方法。

（二）燕窝的掺假检测

由于燕窝的价格昂贵，价位等级悬殊，利润丰厚，国内外一些不法商人利用掺假或全假燕窝及其制品牟取暴利的行为尤为严重。常见的燕窝掺假手段主要有：

（1）掺涂胶体　将琼脂、银耳、猪皮和淀粉等加工品或其他胶质涂抹在劣质燕盏上，既可增加燕盏重量，又令原本松散的燕盏纹络更紧密。

（2）掺黏廉价燕窝　将低价的毛燕、草燕掺黏到高价的官燕上。官燕盏内凹面有一层网状的官燕条，不法商人会用外形非常相似的草燕的燕条将其替换掉。

（3）伪品燕窝　以树脂、大菜糕或漂白的海苔等充当即食燕窝或燕碎来谋利。目前常见的燕窝掺假物有价廉的猪皮、白木耳、银耳、蛋清、明胶、淀粉、豆粉、琼脂和鱼鳔等，甚至用植物枝叶和海藻等伪制而成的加工品也不少。这些掺假做法不仅给消费者带来经济损失，严重时还危害身体健康。

早期的燕窝鉴别方法是经验鉴别法，主要靠“看、闻、摸、烧”等方法来鉴别燕窝真伪。

“看”：燕窝应该为丝状结构，浸透后或在灯光下观看是半透明状；

“闻”：燕窝有特有的蛋白香味，而不是浓烈的鱼腥味道；

“摸”：燕窝经水浸泡后取丝条拉扯，弹性差易拉断的为假货，用手指揉搓没有弹力能搓成浆糊状的也是假货；

“烧”：燕窝燃烧不会产生噼啪作响的火花。

由经验鉴别法发展而来的是显微鉴定方法，主要是从燕窝绒羽的显微特征，以及燕窝、猪皮屑、银耳、琼脂的粉末显微特征入手来鉴别燕窝真伪。在显微镜下真假燕窝的主要区别在于真燕窝是半透明的，有众多细小纹理；银耳不透明，表面无细小纹理，只有较粗的折皱状纹，并有众多白色小点状气泡。涂胶燕窝在体视镜下有两个主要特征：表面平行纹理不清晰，呈粘连状，致密，纹理间无空隙；表面的绒羽由于涂胶的存在而粘贴倒伏于燕窝表面。

还可利用燕窝糖蛋白中含有大量的唾液酸，其在燕窝中含量相对固定这一特性作为燕窝含量测定的依据。利用酸或热水提取燕窝中的唾液酸糖蛋白，并将其水解为唾液酸，唾液酸与酸性茚三酮形成稳定的黄色物质，用分光光度法或高效液相色谱法进行测定，进而对燕窝及其制品纯度进行评估。

还可从核酸分子水平对燕窝的真实性进行鉴别，目前分子生物学技术已广泛应用于检测领域，其检测对象主要包括转基因成分及病源性成分和掺假成分等。有学者建立了以线粒体细胞色素b基因为靶标的燕窝遗传学分子鉴定方法。通过对11个燕窝样品中线粒体细胞色素b基因的PCR扩增、测序及序列比对、聚类分析后，发现该方法能够将燕窝来源区分开，同时认为该方法具有用于燕窝真伪鉴定的可能性。

（三）调味品的掺假检测

1. 食醋的掺假检测

食醋掺伪主要有：配制醋假冒酿造醋；用工业冰醋酸勾兑食醋。粮食酿造食醋中没有硫酸、盐酸、硝酸等游离矿酸，如果添加了非食用的工业醋酸可用GB 5009. 233—2016《食品安全国家标准　食醋中游离矿酸的测定》指示剂显色法检测游离矿酸。酿造食醋中存在特有的风味物质——乳酸、酒石酸、苹果酸等不挥发酸，GB 18187—2000《酿造食醋》对酿造食醋的不挥发酸含量有明确限量要求，可通过蒸馏、滴定进行检测；此外，还可用碘液法、高锰酸钾法、次甲基蓝法判定是否为酿造食醋。构建食醋的非线性化学指纹图谱，可避免单个或几个指标评价食醋质量的缺陷，从整体上对食醋是否掺伪进行判断及质量评价。

2. 酱油掺假检测

酱油掺伪主要有：配制酱油假冒酿造酱油；添加“毛发水”之类的动物水解蛋白等违禁物质；用色素、增稠剂、食盐，甚至生产味精的废液等勾兑酱油。由于配制酱油使用酸水解植物蛋白液，而后者在生产过程中会产生氯丙醇、果糖酸（乙酰丙酸），而酿造酱油中很少存在这两种物质，故可测定其含量作为鉴定是否为酿造酱油的依据。酿造酱油与配制酱油比较，确认了其中氯丙醇、铵盐、果糖酸含量明显不同。另外，传统酿造酱油含有特有的风味物质，一般配制酱油中则没有，研究报道利用固相微萃取-气质联用技术对低盐固态发酵酱油进行了分析，鉴定出55种挥发性风味成分。动物水解蛋白液，尤其是“毛发水”，其氨基酸构成与植物蛋白不同，可通过测定（半）胱氨酸含量确定是否存在“毛发水”的存在。味精废液存在4-甲基咪唑，可通过检测其含量来推断是否为“味精酱油”。

思考题

1. 色谱法分离的原理是什么？色谱法的主要特点有哪些？
2. 光谱分析法有哪些主要类别？
3. PCR的扩增原理是什么？如何利用PCR对肉类掺假进行检测？
4. ELISA方法的优点和缺点分别有哪些？

附　录

附录一　随机数表

	00 04	15 09	10 14	15 19	20 24	25 29	30 34	35 39	40 44	45 49
00	39591	66082	48626	95780	55228	87189	75717	97042	19696	48613
01	46304	97377	43462	21739	14566	72533	60171	29024	77581	72760
02	99547	60779	22734	23678	44895	89767	18249	41702	35850	40543
03	06743	63537	24553	77225	94743	79448	12753	95986	78088	48019
04	69568	65496	49033	88577	98606	92156	08846	54912	12691	13170
05	68198	69571	34349	73141	42640	44721	30462	35075	33475	47407
06	27974	12609	77428	64441	49008	60489	66780	55499	80842	57706
07	50552	20688	02769	63037	15494	71784	70559	58158	53437	46216
08	74687	02033	98290	62635	88877	28599	63682	35566	03271	05651
09	49303	76629	71897	50990	62923	36686	96167	11492	90333	84501
10	89734	39183	52026	14997	15140	18250	62831	51236	61236	09179
11	74042	40747	02617	11346	01884	82066	55913	72422	13971	64209
12	84706	31375	67053	73367	95349	31074	36908	42782	89690	48002
13	83664	21365	28882	48926	45435	60577	85270	02777	06878	27561
14	47813	74854	73388	11385	99108	97878	32858	17473	07682	20166
15	00371	56525	38880	53702	09517	47281	15995	98350	25233	79718
16	81182	48434	27431	55806	25389	20774	72978	16835	65066	28732
17	75242	35904	73077	24537	81354	48902	03478	42867	04552	66034
18	96239	80246	07000	09555	55051	49596	44629	88225	28195	44598
19	82988	17440	85311	03360	38176	51462	86070	03924	84413	92363
20	77599	29143	89088	57593	60036	17297	30923	36224	46327	96266
21	61433	33118	53488	82981	44709	63655	64388	00498	14135	57514
22	76008	15045	45440	84062	52363	18079	33726	44301	86246	99727
23	26494	76598	85834	10844	56300	02244	72118	96510	98388	80161
24	46570	88558	77533	33359	07830	84752	53260	46755	36881	98535
25	73995	41532	87933	79930	14310	64333	49020	70067	99726	97007

续表

	00 04	15 09	10 14	15 19	20 24	25 29	30 34	35 39	40 44	45 49
26	53901	38276	75544	19679	82899	11365	22896	42118	77165	08734
27	41925	28215	40966	93501	45446	27913	21708	01788	81404	15119
28	80720	02782	24326	41328	10357	86883	80086	77138	67072	12100
29	92596	39416	50362	04423	04561	58179	54188	44978	14322	97056
30	39693	58559	45839	47278	38548	33385	19875	26829	86711	57005
31	86923	37863	14340	30927	04079	65274	03030	15106	09362	82972
32	99700	79237	18172	58879	56221	65644	33331	87502	32961	40996
33	60248	21953	52321	16987	03252	80433	97304	50181	71026	01946
34	29136	71987	03992	47025	31070	78348	47823	11033	13037	47732
35	57471	42913	85212	42319	92901	97727	04775	94396	38154	25238
36	57424	93847	03269	56096	95028	14039	76128	63747	27301	65529
37	56768	71694	63361	80836	30841	71875	40944	54827	01887	54822
38	70400	81534	02148	41441	26582	27481	84262	14084	42409	62950
39	05454	88418	48646	99565	36635	85469	18894	77271	26894	00889
40	80934	56136	47063	96311	19067	59790	08752	68040	85685	83076
41	06919	46237	50676	11238	75637	43086	95323	52867	06891	32089
42	00152	23997	41751	74756	50975	75365	70158	67663	51431	46375
43	88505	74625	71783	82511	13661	63178	39291	76796	74736	10980
44	64514	80967	33545	09582	85329	58152	05931	35961	70069	12142
45	25280	53007	99651	96366	49378	80971	10419	12981	70572	11575
46	71292	63716	93210	59312	39493	24252	54849	29754	41497	79228
47	49734	50498	08974	05954	68172	02864	10994	22482	12912	17920
48	43075	09754	71880	92614	99928	94424	86353	87549	94499	11459
49	15116	16643	03981	06566	14050	33671	03814	48856	41267	76252

附录二　相对密度和酒精浓度对照表

相对密度（20℃/20℃）	浓度/（g/100g）	相对密度（20℃/20℃）	浓度/（g/100g）	相对密度（20℃/20℃）	浓度/（g/100g）	相对密度（20℃/20℃）	浓度/（g/100g）
0. 9999	0. 055	0. 9995	0. 270	0. 9991	0. 485	0. 9987	0. 700
0. 9998	0. 110	0. 9994	0. 325	0. 9990	0. 540	0. 9986	0. 750
0. 9997	0. 165	0. 9993	0. 380	0. 9989	0. 590	0. 9985	0. 805
0. 9996	0. 220	0. 9992	0. 435	0. 9988	0. 645	0. 9984	0. 855

续表

相对密度 (20℃/20℃)	浓度/ (g/100g)	相对密度 (20℃/20℃)	浓度/ (g/100g)	相对密度 (20℃/20℃)	浓度/ (g/100g)	相对密度 (20℃/20℃)	浓度/ (g/100g)
0. 9983	0. 910	0. 9953	2. 560	0. 9923	4. 335	0. 9893	6. 205
0. 9982	0. 965	0. 9952	2. 620	0. 9922	4. 400	0. 9892	6. 270
0. 9981	1. 015	0. 9951	2. 675	0. 9921	4. 460	0. 9891	6. 330
0. 9980	1. 070	0. 9950	2. 730	0. 9920	4. 520	0. 9890	6. 395
0. 9979	1. 125	0. 9949	2. 790	0. 9919	4. 580	0. 9889	6. 455
0. 9978	1. 180	0. 9948	2. 850	0. 9918	4. 640	0. 9888	6. 520
0. 9977	1. 235	0. 9947	2. 910	0. 9917	4. 700	0. 9887	6. 580
0. 9976	1. 285	0. 9946	2. 970	0. 9916	4. 760	0. 9886	6. 645
0. 9975	1. 345	0. 9945	3. 030	0. 9915	4. 825	0. 9885	6. 710
0. 9974	1. 400	0. 9944	3. 090	0. 9914	4. 885	0. 9884	6. 780
0. 9973	1. 455	0. 9943	3. 150	0. 9913	4. 945	0. 9883	6. 840
0. 9972	1. 510	0. 9942	3. 205	0. 9912	5. 005	0. 9882	6. 910
0. 9971	1. 565	0. 9941	3. 265	0. 9911	5. 070	0. 9881	6. 980
0. 9970	1. 620	0. 9940	3. 320	0. 9910	5. 130	0. 9880	7. 050
0. 9969	1. 675	0. 9939	3. 375	0. 9909	5. 190	0. 9879	7. 115
0. 9968	1. 730	0. 9938	3. 435	0. 9908	5. 255	0. 9878	7. 180
0. 9967	1. 785	0. 9937	3. 490	0. 9907	5. 315	0. 9877	7. 250
0. 9966	1. 840	0. 9936	3. 550	0. 9906	5. 375	0. 9876	7. 310
0. 9965	1. 890	0. 9935	3. 610	0. 9905	5. 445	0. 9875	7. 380
0. 9964	1. 950	0. 9934	3. 670	0. 9904	5. 510	0. 9874	7. 445
0. 9963	2. 005	0. 9933	3. 730	0. 9903	5. 570	0. 9873	7. 510
0. 9962	2. 060	0. 9932	3. 785	0. 9902	5. 635	0. 9872	7. 580
0. 9961	2. 120	0. 9931	3. 845	0. 9901	5. 700	0. 9871	7. 650
0. 9960	2. 170	0. 9930	3. 905	0. 9900	5. 760	0. 9870	7. 710
0. 9959	2. 225	0. 9929	3. 965	0. 9899	5. 820	0. 9869	7. 780
0. 9958	2. 280	0. 9928	4. 030	0. 9898	5. 890	0. 9868	7. 850
0. 9957	2. 335	0. 9927	4. 090	0. 9897	5. 950	0. 9867	7. 915
0. 9956	2. 390	0. 9926	4. 150	0. 9896	6. 015	0. 9866	7. 980
0. 9955	2. 450	0. 9925	4. 215	0. 9895	6. 080		
0. 9954	2. 505	0. 9924	4. 275	0. 9894	6. 150		

附录三 糖液折光锤度温度改正表（10～30℃）（标准温度 20℃）

温度/℃	锤度														
	0	5	10	15	20	25	30	35	40	45	50	55	60	65	70
	温度低于 20℃时应减之数														
10	0. 50	0. 54	0. 58	0. 61	0. 64	0. 66	0. 68	0. 70	0. 72	0. 73	0. 74	0. 75	0. 76	0. 78	0. 79
11	0. 46	0. 49	0. 53	0. 55	0. 58	0. 60	0. 62	0. 64	0. 65	0. 66	0. 67	0. 68	0. 69	0. 70	0. 71
12	0. 42	0. 45	0. 48	0. 50	0. 52	0. 54	0. 56	0. 57	0. 58	0. 59	0. 60	0. 61	0. 61	0. 63	0. 63
13	0. 37	0. 40	0. 42	0. 44	0. 46	0. 48	0. 49	0. 50	0. 51	0. 52	0. 53	0. 54	0. 54	0. 55	0. 55
14	0. 33	0. 35	0. 37	0. 39	0. 40	0. 41	0. 42	0. 43	0. 44	0. 45	0. 45	0. 46	0. 46	0. 47	0. 48
15	0. 27	0. 29	0. 31	0. 33	0. 34	0. 34	0. 35	0. 36	0. 37	0. 37	0. 38	0. 39	0. 39	0. 40	0. 40
16	0. 22	0. 24	0. 25	0. 26	0. 27	0. 28	0. 28	0. 29	0. 30	0. 30	0. 30	0. 31	0. 31	0. 32	0. 32
17	0. 17	0. 18	0. 19	0. 20	0. 21	0. 21	0. 21	0. 22	0. 22	0. 23	0. 23	0. 23	0. 23	0. 24	0. 24
18	0. 12	0. 13	0. 13	0. 14	0. 14	0. 14	0. 14	0. 15	0. 15	0. 15	0. 15	0. 16	0. 16	0. 16	0. 16
19	0. 06	0. 06	0. 06	0. 07	0. 07	0. 07	0. 07	0. 08	0. 08	0. 08	0. 08	0. 08	0. 08	0. 08	0. 08
	温度高于 20℃时应加之数														
21	0. 06	0. 07	0. 07	0. 07	0. 07	0. 08	0. 08	0. 08	0. 08	0. 08	0. 08	0. 08	0. 08	0. 08	0. 08
22	0. 13	0. 13	0. 14	0. 14	0. 15	0. 15	0. 15	0. 15	0. 15	0. 16	0. 16	0. 16	0. 16	0. 16	0. 16
23	0. 19	0. 20	0. 21	0. 22	0. 22	0. 23	0. 23	0. 23	0. 23	0. 24	0. 24	0. 24	0. 24	0. 24	0. 24
24	0. 26	0. 27	0. 28	0. 29	0. 30	0. 30	0. 31	0. 31	0. 31	0. 31	0. 31	0. 32	0. 32	0. 32	0. 32
25	0. 33	0. 35	0. 36	0. 37	0. 38	0. 38	0. 39	0. 40	0. 40	0. 40	0. 40	0. 40	0. 40	0. 40	0. 40
26	0. 40	0. 42	0. 43	0. 44	0. 45	0. 46	0. 47	0. 48	0. 48	0. 48	0. 48	0. 48	0. 48	0. 48	0. 48
27	0. 48	0. 50	0. 52	0. 53	0. 54	0. 55	0. 55	0. 56	0. 56	0. 56	0. 56	0. 56	0. 56	0. 56	0. 56
28	0. 56	0. 57	0. 60	0. 61	0. 62	0. 63	0. 63	0. 64	0. 64	0. 64	0. 64	0. 64	0. 64	0. 64	0. 64
29	0. 64	0. 66	0. 68	0. 69	0. 71	0. 72	0. 72	0. 73	0. 73	0. 73	0. 73	0. 73	0. 73	0. 73	0. 73
30	0. 72	0. 74	0. 77	0. 78	0. 79	0. 80	0. 80	0. 81	0. 81	0. 81	0. 81	0. 81	0. 81	0. 81	0. 81

附录四 相当于氧化亚铜质量的葡萄糖、果糖、乳糖、转化糖质量表

单位：mg

氧化亚铜	葡萄糖	果糖	乳糖（含水）	转化糖	氧化亚铜	葡萄糖	果糖	乳糖（含水）	转化糖
11.3	4.6	5.1	7.7	5.2	51.8	22.1	24.4	35.2	23.5
12.4	5.1	5.6	8.5	5.7	52.9	22.6	24.9	36.0	24.0
13.5	5.6	6.1	9.3	6.2	54.0	23.1	25.4	36.8	24.5
14.6	6.0	6.7	10.0	6.7	55.2	23.6	26.0	37.5	25.0
15.8	6.5	7.2	10.8	7.2	56.3	24.1	26.5	38.3	25.5
16.9	7.0	7.7	11.5	7.7	57.4	24.6	27.1	39.1	26.0
18.0	7.5	8.3	12.3	8.2	58.5	25.1	27.6	39.8	26.5
19.1	8.0	8.8	13.1	8.7	59.7	25.6	28.2	40.6	27.0
20.3	8.5	9.3	13.8	9.2	60.8	26.1	28.7	41.4	27.6
21.4	8.9	9.9	14.6	9.7	61.9	26.5	29.2	42.1	28.1
22.5	9.4	10.4	15.4	10.2	63.0	27.0	29.8	42.9	28.6
23.6	9.9	10.9	16.1	10.7	64.2	27.5	30.3	43.7	29.1
24.8	10.4	11.5	16.9	11.2	65.3	28.0	30.9	44.4	29.6
25.9	10.9	12.0	17.7	11.7	66.4	28.5	31.4	45.2	30.1
27.0	11.4	12.5	18.4	12.3	67.6	29.0	31.9	46.0	30.6
28.1	11.9	13.1	19.2	12.8	68.7	29.5	32.5	46.7	31.2
29.3	12.3	13.6	19.9	13.3	69.8	30.0	33.0	47.5	31.7
30.4	12.8	14.2	20.7	13.8	70.9	30.5	33.6	48.3	32.2
31.5	13.3	14.7	21.5	14.3	72.1	31.0	34.1	49.0	32.7
32.6	13.8	15.2	22.2	14.8	73.2	31.5	34.7	49.8	33.2
33.8	14.3	15.8	23.0	15.3	74.3	32.0	35.2	50.6	33.7
34.9	14.8	16.8	23.8	15.8	75.4	32.5	35.8	51.3	34.3
36.0	15.3	16.8	24.5	16.3	76.6	33.0	36.3	52.1	34.8
37.2	15.7	17.4	25.3	16.8	77.7	33.5	36.8	52.9	35.3
38.3	16.2	17.9	26.1	17.3	78.8	34.0	37.4	53.6	35.8
39.4	16.7	18.4	26.8	17.8	79.9	34.5	37.9	54.4	36.3
40.5	17.2	19.0	27.6	18.3	81.1	35.0	38.5	55.2	36.8
41.7	17.7	19.5	28.4	18.9	82.2	35.5	39.0	55.9	37.4
42.8	18.2	20.1	29.1	19.4	83.3	36.0	39.6	56.7	37.9
43.9	18.7	20.6	29.9	19.9	84.4	36.5	40.1	57.5	38.4
45.0	19.2	21.1	30.6	20.4	85.6	37.0	40.7	58.2	38.9
46.2	19.7	21.7	31.4	20.9	86.7	37.5	41.2	59.0	39.4
47.3	20.1	22.2	32.2	21.4	87.8	38.0	41.7	59.8	40.0
48.4	20.6	22.8	32.9	21.9	88.9	38.5	42.3	60.5	40.5
49.5	21.1	23.3	33.7	22.4	90.1	39.0	42.8	61.3	41.0
50.7	21.6	23.8	34.5	22.9	91.2	39.5	43.4	62.1	41.5

续表

氧化亚铜	葡萄糖	果糖	乳糖（含水）	转化糖	氧化亚铜	葡萄糖	果糖	乳糖（含水）	转化糖
92.3	40.0	43.9	62.8	42.0	132.8	58.2	63.8	90.5	61.0
93.4	40.5	44.5	63.6	42.6	134.0	58.7	64.3	91.3	61.5
94.6	41.0	45.0	64.4	43.1	135.1	59.2	64.9	92.1	62.0
95.7	41.5	45.6	65.1	43.6	136.2	59.7	65.4	92.8	62.6
96.8	42.0	46.1	65.9	44.1	137.4	60.2	66.0	93.6	63.1
97.9	42.5	46.7	66.7	44.7	138.5	60.7	66.5	94.4	63.6
99.1	43.0	47.2	67.4	45.2	139.6	61.3	67.1	95.2	64.2
100.2	43.5	47.8	68.2	45.7	140.7	61.8	67.7	95.9	64.7
101.3	44.0	48.3	69.0	46.2	141.9	62.3	68.2	96.7	65.2
102.5	44.5	48.9	69.7	46.7	143.0	62.8	68.8	97.5	65.8
103.6	45.0	49.4	70.5	47.3	144.1	63.3	69.3	98.2	66.3
104.7	45.5	50.0	71.3	47.8	145.2	63.8	69.9	99.0	66.8
105.8	46.0	50.5	72.1	48.3	146.4	64.3	70.4	99.8	67.4
107.0	46.5	51.1	72.8	48.8	147.5	64.9	71.0	100.6	67.9
108.1	47.0	51.6	73.6	49.4	148.6	65.4	71.6	101.3	68.4
109.2	47.5	52.2	74.4	49.9	149.7	65.9	72.1	102.1	69.0
110.3	48.0	52.7	75.1	50.4	150.9	66.4	72.7	102.9	69.5
111.5	48.5	53.3	75.9	50.9	152.0	66.9	73.2	103.6	70.0
112.6	49.0	53.8	76.7	51.5	153.1	67.4	73.8	104.4	70.6
113.7	49.5	54.4	77.4	52.0	154.2	68.0	74.3	105.2	71.1
114.8	50.0	54.9	78.2	52.5	155.4	68.5	74.9	106.0	71.6
116.0	50.6	55.5	79.0	53.0	156.5	69.0	75.5	106.7	72.2
117.1	51.1	56.0	79.7	53.6	157.6	69.5	76.0	107.5	72.7
118.2	51.6	56.6	80.5	54.1	158.7	70.0	76.6	108.3	73.2
119.3	52.1	57.1	81.3	54.6	159.9	70.5	77.1	109.0	73.8
120.5	52.6	57.7	82.1	55.2	161.0	71.1	77.7	109.8	74.3
121.6	53.1	58.2	82.8	55.7	162.1	71.6	78.3	110.6	74.9
122.7	53.6	58.8	83.6	56.2	163.2	72.1	78.8	111.4	75.4
123.8	54.1	59.3	84.4	56.7	164.4	72.6	79.4	112.1	75.9
125.0	54.6	59.9	85.1	57.3	165.5	73.1	80.0	112.9	76.5
126.1	55.1	60.4	85.9	57.8	166.6	73.7	80.5	113.7	77.0
127.2	55.6	61.0	86.7	58.3	167.8	74.2	81.1	114.4	77.6
128.3	56.1	61.6	87.4	58.9	168.9	74.7	81.6	115.2	78.1
129.5	56.7	62.1	88.2	59.4	170.0	75.2	82.2	116.0	78.6
130.6	57.2	62.7	89.0	59.9	171.1	75.7	82.8	116.8	79.2
131.7	57.7	63.2	89.8	60.4	172.3	76.3	83.3	117.5	79.7

续表

氧化亚铜	葡萄糖	果糖	乳糖（含水）	转化糖	氧化亚铜	葡萄糖	果糖	乳糖（含水）	转化糖
173. 4	76. 8	83. 9	118. 3	80. 3	213. 9	95. 7	104. 3	146. 2	99. 9
174. 5	77. 3	84. 4	119. 1	80. 8	215. 0	96. 3	104. 8	147. 0	100. 4
175. 6	77. 8	85. 0	119. 9	81. 3	216. 2	96. 8	105. 4	147. 7	101. 0
176. 8	78. 3	85. 6	120. 6	81. 9	217. 3	97. 3	106. 0	148. 5	101. 5
177. 9	78. 9	86. 1	121. 4	82. 4	218. 4	97. 9	106. 6	149. 3	102. 1
179. 0	79. 4	86. 7	122. 2	83. 0	219. 5	98. 4	107. 1	150. 1	102. 6
180. 1	79. 9	87. 3	122. 9	83. 5	220. 7	98. 9	107. 7	150. 8	103. 2
181. 3	80. 4	87. 8	123. 7	84. 0	221. 8	99. 5	108. 3	151. 6	103. 7
182. 4	81. 0	88. 4	124. 5	84. 6	222. 9	100. 0	108. 8	152. 4	104. 3
183. 5	81. 5	89. 0	125. 3	85. 1	224. 0	100. 5	109. 4	153. 2	104. 8
184. 5	82. 0	89. 5	126. 0	85. 7	225. 2	101. 1	110. 0	153. 9	105. 4
185. 8	82. 5	90. 1	126. 8	86. 2	226. 3	101. 6	110. 6	154. 7	106. 0
186. 9	83. 1	90. 6	127. 6	86. 8	227. 4	102. 2	111. 1	155. 5	106. 5
188. 0	83. 6	91. 2	128. 4	87. 3	228. 5	102. 7	111. 7	156. 3	107. 1
189. 1	84. 1	91. 8	129. 1	87. 8	229. 7	103. 2	112. 3	157. 0	107. 6
190. 3	84. 6	92. 3	129. 9	88. 4	230. 8	103. 8	112. 9	157. 8	108. 2
191. 4	85. 2	92. 9	130. 7	88. 9	231. 9	104. 3	113. 4	158. 6	108. 7
192. 5	85. 7	93. 5	131. 5	89. 5	233. 1	104. 8	114. 0	159. 4	109. 3
193. 6	86. 2	94. 0	132. 2	90. 0	234. 2	105. 4	114. 6	160. 2	109. 8
194. 8	86. 7	94. 6	133. 0	90. 6	235. 3	105. 9	115. 2	160. 9	110. 4
195. 9	87. 3	95. 2	133. 8	91. 1	236. 4	106. 5	115. 7	161. 7	110. 9
197. 0	87. 8	95. 7	134. 6	91. 7	237. 6	107. 0	116. 3	162. 5	111. 5
198. 1	88. 3	96. 3	135. 3	92. 2	238. 7	107. 5	116. 9	163. 3	112. 1
199. 3	88. 9	96. 9	136. 1	92. 8	239. 8	108. 1	117. 5	164. 0	112. 6
200. 4	89. 4	97. 4	136. 9	93. 3	240. 9	108. 6	118. 0	164. 8	113. 2
201. 5	89. 9	98. 0	137. 7	93. 8	242. 1	109. 2	118. 6	165. 6	113. 7
202. 7	90. 4	98. 6	138. 4	94. 4	243. 1	109. 7	119. 2	166. 4	114. 3
203. 8	91. 0	99. 2	139. 2	94. 9	244. 3	110. 2	119. 8	167. 1	114. 9
204. 9	91. 5	99. 7	140. 0	95. 5	245. 4	110. 8	120. 3	167. 9	115. 4
206. 0	92. 0	100. 3	140. 8	96. 0	246. 6	111. 3	120. 9	168. 7	116. 0
207. 2	92. 6	100. 9	141. 5	96. 6	247. 7	111. 9	121. 5	169. 5	116. 5
208. 3	93. 1	101. 4	142. 3	97. 1	248. 8	112. 4	122. 1	170. 3	117. 1
209. 4	93. 6	102. 0	143. 1	97. 7	249. 9	112. 9	122. 6	171. 0	117. 6
210. 5	94. 2	102. 6	143. 9	98. 2	251. 1	113. 5	123. 2	171. 8	118. 2
211. 7	94. 7	103. 1	144. 6	98. 8	252. 2	114. 0	123. 8	172. 6	118. 8
212. 8	95. 2	103. 7	145. 4	99. 3	253. 3	114. 6	124. 4	173. 4	119. 3

续表

氧化亚铜	葡萄糖	果糖	乳糖（含水）	转化糖	氧化亚铜	葡萄糖	果糖	乳糖（含水）	转化糖
254.4	115.1	125.0	174.2	119.9	295.0	134.9	145.9	202.2	140.3
255.6	115.7	125.5	174.9	120.4	296.1	135.4	146.5	203.0	140.8
256.7	116.2	126.1	175.7	121.0	297.2	136.0	147.1	203.8	141.4
257.8	116.7	126.7	176.5	121.6	298.3	136.5	147.7	204.6	142.0
258.9	117.3	127.3	177.3	122.1	299.5	137.1	148.3	205.3	142.6
260.1	117.8	127.9	178.1	122.7	300.6	137.7	148.9	206.1	143.1
261.2	118.4	128.4	178.8	123.3	301.7	138.2	149.5	206.9	143.7
262.3	118.9	129.0	179.6	123.8	302.9	138.8	150.1	207.1	144.3
263.4	119.5	129.6	180.4	124.4	304.0	139.3	150.6	208.5	144.8
264.6	120.0	130.2	181.2	124.9	305.1	139.9	151.2	209.2	145.4
265.7	120.6	130.8	181.9	125.5	306.2	140.4	151.8	210.0	146.0
266.8	121.1	131.3	182.7	126.1	307.4	141.0	152.4	210.8	146.6
268.0	121.7	131.9	183.5	126.6	308.5	141.6	153.0	211.6	147.1
269.1	122.2	132.5	184.3	127.2	309.6	142.1	153.6	212.4	147.7
270.2	122.7	133.1	185.1	127.8	310.7	142.7	154.2	213.2	148.3
271.3	123.3	133.7	185.8	128.3	311.9	143.2	154.8	214.0	148.9
272.5	123.8	134.2	186.6	128.9	313.0	143.8	155.4	214.7	149.4
273.6	124.4	134.8	187.4	129.5	314.1	144.4	156.0	215.5	150.0
274.7	124.9	135.4	188.2	130.0	315.2	144.9	156.5	216.3	150.6
275.8	125.5	136.0	189.0	130.6	316.4	145.5	157.1	217.1	151.2
277.0	126.0	136.6	189.7	131.2	317.5	146.0	157.7	217.9	151.8
278.1	126.6	137.2	190.5	131.7	318.6	146.6	158.3	218.7	152.3
279.2	127.1	137.7	191.3	132.3	319.7	147.2	158.9	219.4	152.9
280.3	127.7	138.3	192.1	132.9	320.9	147.7	159.5	220.2	153.5
281.5	128.2	138.9	192.9	133.4	322.0	148.3	160.1	221.0	154.1
282.6	128.8	139.5	193.6	134.0	323.1	148.8	160.7	221.8	154.6
283.7	129.3	140.1	194.4	134.6	324.2	149.4	161.3	222.6	155.2
284.8	129.9	140.7	195.2	135.1	325.4	150.0	161.9	223.3	155.8
286.0	130.4	141.3	196.0	135.7	326.5	150.5	162.5	224.1	156.4
287.1	131.0	141.8	196.8	136.3	327.6	151.1	163.1	224.9	157.0
288.2	131.6	142.4	197.5	136.8	328.7	151.7	163.7	225.7	157.5
289.3	132.1	143.0	198.3	137.4	329.9	152.2	164.3	226.5	158.1
290.5	132.7	143.6	199.1	138.0	331.0	152.8	164.9	227.3	158.7
291.6	133.2	144.2	199.9	138.6	332.1	153.4	165.4	228.0	159.3
292.7	133.8	144.8	200.7	139.1	333.3	153.9	166.0	228.8	159.9
293.8	134.3	145.4	201.4	139.7	334.4	154.5	166.6	229.6	160.5

续表

氧化亚铜	葡萄糖	果糖	乳糖（含水）	转化糖	氧化亚铜	葡萄糖	果糖	乳糖（含水）	转化糖
335.5	155.1	167.2	230.4	161.0	376.0	175.7	188.8	258.7	182.2
336.6	155.6	167.8	231.2	161.6	377.2	176.3	189.4	259.4	182.8
337.8	156.2	168.4	232.7	162.2	378.3	176.8	190.1	260.2	183.4
338.9	156.8	169.0	232.7	162.8	379.4	177.4	190.7	261.0	184.0
340.0	157.3	169.6	233.5	163.4	380.5	178.0	191.3	261.8	184.6
341.1	157.9	170.2	234.3	164.0	381.7	178.6	191.9	262.6	185.2
342.3	158.5	170.8	235.1	164.5	382.8	179.2	192.5	263.4	185.8
343.4	159.0	171.4	235.9	165.1	383.9	179.7	193.1	264.2	186.4
344.5	159.6	172.0	236.7	165.7	385.0	180.3	193.7	265.0	187.0
345.6	160.2	172.6	237.4	166.3	386.2	180.9	194.3	265.8	187.6
346.8	160.7	173.2	238.2	166.9	387.3	181.5	194.9	266.6	188.2
347.9	161.3	173.8	239.0	167.5	388.4	182.1	195.5	267.4	188.8
349.0	161.9	174.4	239.8	168.0	389.5	182.7	196.1	268.1	189.4
350.1	162.5	175.0	240.6	168.6	390.7	183.2	196.7	268.9	190.0
351.3	163.0	175.6	241.4	169.2	391.8	183.8	197.3	269.7	190.6
352.4	163.6	176.2	242.2	169.8	392.9	184.4	197.9	270.5	191.2
353.5	164.2	176.8	243.0	170.4	394.0	185.0	198.5	271.3	191.8
354.6	164.7	177.4	243.7	171.0	395.2	185.6	199.2	272.1	192.4
355.8	165.3	178.0	244.5	171.6	396.3	186.2	199.8	272.9	193.0
356.9	165.9	178.6	245.3	172.2	397.4	186.8	200.4	273.7	193.6
358.0	166.5	179.2	246.1	172.8	398.5	187.3	201.0	274.4	194.2
359.1	167.0	179.8	246.9	173.3	399.7	187.9	201.6	275.2	194.8
360.3	167.6	180.4	247.7	173.9	400.8	188.5	202.2	276.0	195.4
361.4	168.2	181.0	248.5	174.5	401.9	189.1	202.8	276.8	196.0
362.5	168.8	181.6	249.2	175.1	403.1	189.7	203.4	277.6	196.6
363.6	169.3	182.2	250.0	175.7	404.2	190.3	204.0	278.4	197.2
364.8	169.9	182.8	250.8	176.3	405.3	190.9	204.7	279.2	197.8
365.9	170.5	183.4	251.6	176.9	406.4	191.5	205.3	280.0	198.4
367.0	171.1	184.0	252.4	177.5	407.6	192.0	205.9	280.8	199.0
368.2	171.6	184.6	253.2	178.1	408.7	192.6	206.5	281.6	199.6
369.3	172.2	185.2	253.9	178.7	409.8	193.2	207.1	282.4	200.2
370.4	172.8	185.8	254.7	179.2	410.9	193.8	207.7	283.2	200.8
371.5	173.4	186.4	255.5	179.8	412.1	194.4	208.3	284.0	201.4
372.7	173.9	187.0	256.3	180.4	413.2	195.0	209.0	284.8	202.0
373.8	174.5	187.6	257.1	181.0	414.3	195.6	209.6	285.6	202.6
374.9	175.1	188.2	257.9	181.6	415.4	196.2	210.2	286.3	203.2

续表

氧化亚铜	葡萄糖	果糖	乳糖（含水）	转化糖	氧化亚铜	葡萄糖	果糖	乳糖（含水）	转化糖
416.6	196.8	210.8	287.1	203.8	450.3	214.7	229.4	311.0	222.2
417.7	197.4	211.4	287.9	204.4	451.5	215.3	230.1	311.8	222.9
418.8	198.0	212.0	288.7	205.0	452.6	215.9	230.7	312.6	223.5
419.9	198.5	212.6	289.5	205.7	453.7	216.5	231.3	313.4	224.1
421.1	199.1	213.3	290.3	206.3	454.8	217.1	232.0	314.2	224.7
422.2	199.7	213.9	291.1	206.9	456.0	217.8	232.6	315.0	225.4
423.3	200.3	214.5	291.9	207.5	457.1	218.4	233.2	315.9	226.0
424.4	200.9	215.1	292.7	208.1	458.2	219.0	233.9	316.7	226.6
425.6	201.5	215.7	293.5	208.7	459.3	219.6	234.5	317.5	227.2
426.7	202.1	216.3	294.3	209.3	460.5	220.2	235.1	318.3	227.9
427.8	202.7	217.0	295.0	209.9	461.6	220.8	235.8	319.1	228.5
428.9	203.3	217.6	295.8	210.5	462.7	221.4	236.4	319.9	229.1
430.1	203.9	218.2	296.6	211.1	463.8	222.0	237.1	320.7	229.7
431.2	204.5	218.8	297.4	211.8	465.0	222.6	237.7	321.6	230.4
432.3	205.1	219.5	298.2	212.4	466.1	223.3	238.4	322.4	231.0
433.5	205.1	220.1	299.0	213.0	467.2	223.9	239.0	323.2	231.7
434.6	206.3	220.7	299.8	213.6	468.4	224.5	239.7	324.0	233.2
435.7	206.9	221.3	300.6	214.2	469.5	225.1	240.3	324.9	232.9
436.8	207.5	221.9	301.4	214.8	470.6	225.7	241.0	325.7	233.6
438.0	208.1	222.6	302.2	215.4	471.7	226.3	241.6	326.5	234.2
439.1	208.7	232.2	303.0	216.0	472.9	227.0	242.2	327.4	234.8
440.2	209.3	223.8	303.8	216.7	474.0	227.6	242.9	328.2	235.5
441.3	209.9	224.4	304.6	217.3	475.1	228.2	243.6	329.1	236.1
442.5	210.5	225.1	305.4	217.9	476.2	228.8	244.3	329.9	236.8
443.6	211.1	225.7	306.2	218.5	477.4	229.5	244.9	330.8	237.5
444.7	211.7	226.3	307.0	219.1	478.5	230.1	245.6	331.7	238.1
445.8	212.3	226.9	307.8	219.8	479.6	230.7	246.3	332.6	238.8
447.0	212.9	227.6	308.6	220.4	480.7	231.4	247.0	333.5	239.5
448.1	213.5	228.2	309.4	221.0	418.9	232.0	247.8	334.4	240.2
449.2	214.1	228.8	310.2	221.6	483.0	232.7	248.5	335.3	240.8

附录五　铁氰化钾定量试样法还原糖换算表

0.1mol/L $K_3Fe(CN)_6$ 体积/mL	还原糖含量/%	0.1mol/L $K_3Fe(CN)_6$ 体积/mL	还原糖含量/%	0.1mol/L $K_3Fe(CN)_6$ 体积/mL	还原糖含量/%
0.10	0.05	3.40	1.71	6.70	3.79
0.20	0.10	3.50	1.76	6.80	3.85
0.30	0.15	3.60	1.82	6.90	3.92
0.40	0.20	3.70	1.88	7.00	3.98
0.50	0.25	3.80	1.95	7.10	4.06
0.60	0.31	3.90	2.01	7.20	4.12
0.70	0.36	4.00	2.07	7.30	4.18
0.80	0.41	4.10	2.13	7.40	4.25
0.90	0.46	4.20	2.18	7.50	4.31
1.00	0.51	4.30	2.25	7.60	4.38
1.10	0.56	4.40	2.31	7.70	4.45
1.20	0.60	4.50	2.37	7.80	4.51
1.30	0.65	4.60	2.44	7.90	4.58
1.40	0.71	4.70	2.51	8.00	4.65
1.50	0.76	4.80	2.57	8.10	4.72
1.60	0.80	4.90	2.64	8.20	4.78
1.70	0.85	5.00	2.70	8.30	4.85
1.80	0.90	5.10	2.76	8.40	4.92
1.90	0.96	5.20	2.82	8.50	4.99
2.00	1.01	5.30	2.88	8.60	5.02
2.10	1.06	5.40	2.95	8.70	5.12
2.20	1.11	5.50	3.02	8.80	5.19
2.30	1.16	5.60	3.08	8.90	5.27
2.40	1.21	5.70	3.15	9.00	5.34
2.50	1.26	5.80	3.22	9.10	5.42
2.60	1.30	5.90	3.28	9.20	5.50
2.70	1.35	6.00	3.34	9.30	5.58
2.80	1.40	6.10	3.41	9.40	5.68
2.90	1.45	6.20	3.47	9.50	5.78
3.00	1.51	6.30	3.53	9.60	5.88
3.10	1.56	6.40	3.60	9.70	5.98
3.20	1.61	6.50	3.67	9.80	6.08
3.30	1.66	6.60	3.73	9.90	6.18

注：还原糖含量以麦芽糖计。

附录六　*t* 值表

自由度	概率 *P*										
	单侧	0.25	0.20	0.10	0.05	0.025	0.01	0.005	0.0025	0.001	0.0005
	双侧	0.50	0.40	0.20	0.10	0.05	0.02	0.01	0.005	0.002	0.001
1		1.000	1.376	3.078	6.314	12.706	31.821	63.657	127.321	318.309	636.619
2		0.861	1.061	1.886	2.920	4.303	6.965	9.925	14.089	22.309	31.599
3		0.765	0.978	1.638	2.353	3.182	4.541	5.841	7.453	10.215	12.924
4		0.741	0.941	1.533	2.132	2.776	3.747	4.504	5.598	7.173	8.610
5		0.727	0.920	1.476	2.015	2.571	3.365	4.032	4.773	5.893	6.869
6		0.718	0.906	1.440	1.943	2.447	3.143	3.707	4.317	5.208	5.959
7		0.711	0.896	1.415	1.895	2.365	2.998	3.499	4.029	4.785	5.408
8		0.706	0.889	1.397	1.860	2.306	2.896	3.355	3.833	4.501	5.041
9		0.703	0.883	1.383	1.833	2.262	2.821	3.250	3.690	4.297	4.781
10		0.700	0.879	1.372	1.812	2.228	2.764	3.169	3.581	4.144	4.587
11		0.697	0.876	1.363	1.796	2.201	2.718	3.106	3.497	4.025	4.437
12		0.695	0.873	1.356	1.782	2.179	2.681	3.056	3.428	3.930	4.318
13		0.694	0.870	1.350	1.771	2.160	2.650	3.012	3.372	3.852	4.221
14		0.692	0.868	1.345	1.761	2.145	2.624	2.977	3.326	3.787	4.140
15		0.691	0.866	1.341	1.753	2.131	2.602	2.947	3.286	3.733	4.073
16		0.690	0.865	1.337	1.746	2.120	2.583	2.921	3.252	3.686	4.015
17		0.689	0.863	1.333	1.740	2.110	2.567	2.898	3.222	3.646	3.965
18		0.688	0.862	1.330	1.734	2.101	2.552	2.878	3.197	3.610	3.922
19		0.688	0.861	1.328	1.729	2.093	2.539	2.861	3.174	3.579	3.883
20		0.687	0.860	1.325	1.725	2.086	2.528	2.845	3.153	3.552	3.850
21		0.686	0.859	1.323	1.721	2.080	2.518	2.831	3.135	3.527	3.819
22		0.686	0.858	1.321	1.717	2.074	2.508	2.819	3.119	3.505	3.792
23		0.685	0.858	1.319	1.714	2.069	2.500	2.807	3.104	3.485	3.768
24		0.685	0.857	1.318	1.711	2.064	2.492	2.797	3.091	3.467	3.745
25		0.684	0.856	1.316	1.708	2.060	2.485	2.787	3.078	3.450	3.725

续表

自由度	概率 P 单侧	0. 25	0. 20	0. 10	0. 05	0. 025	0. 01	0. 005	0. 0025	0. 001	0. 0005
	双侧	0. 50	0. 40	0. 20	0. 10	0. 05	0. 02	0. 01	0. 005	0. 002	0. 001
26		0. 684	0. 856	1. 315	1. 706	2. 056	2. 479	2. 779	3. 067	3. 435	3. 707
27		0. 684	0. 855	1. 314	1. 703	2. 052	2. 473	2. 771	3. 057	3. 421	3. 690
28		0. 683	0. 855	1. 313	1. 701	2. 048	2. 467	2. 763	3. 047	3. 408	3. 674
29		0. 683	0. 854	1. 311	1. 699	2. 045	2. 462	2. 756	3. 038	3. 396	3. 659
30		0. 683	0. 854	1. 310	1. 697	2. 042	2. 457	2. 750	3. 030	3. 385	3. 646
31		0. 682	0. 853	1. 309	1. 696	2. 040	2. 453	2. 744	3. 022	3. 375	3. 633
32		0. 682	0. 853	1. 309	1. 694	2. 037	2. 449	2. 738	3. 015	3. 365	3. 622
33		0. 682	0. 853	1. 308	1. 692	2. 035	2. 445	2. 733	3. 008	3. 356	3. 611
34		0. 682	0. 852	1. 307	1. 691	2. 032	2. 441	2. 728	3. 002	3. 348	3. 601
35		0. 682	0. 852	1. 306	1. 690	2. 030	2. 438	2. 724	2. 996	3. 340	3. 591
36		0. 681	0. 852	1. 306	1. 688	2. 028	2. 434	2. 719	2. 990	3. 333	3. 582
37		0. 681	0. 851	1. 305	1. 687	2. 026	2. 431	2. 715	2. 985	3. 326	3. 574
38		0. 681	0. 851	1. 304	1. 686	2. 024	2. 429	2. 712	2. 980	3. 319	3. 566
39		0. 681	0. 851	1. 304	1. 685	2. 023	2. 426	2. 708	2. 976	3. 313	3. 558
40		0. 681	0. 851	1. 303	1. 684	2. 021	2. 423	2. 704	2. 971	3. 307	3. 551
50		0. 679	0. 849	1. 299	1. 676	2. 009	2. 403	2. 678	2. 937	3. 261	3. 496
60		0. 679	0. 848	1. 296	1. 671	2. 000	2. 390	2. 660	2. 915	3. 232	3. 460
70		0. 678	0. 847	1. 294	1. 667	1. 994	2. 381	2. 648	2. 899	3. 211	3. 435
80		0. 678	0. 846	1. 292	1. 664	1. 990	2. 374	2. 639	2. 887	3. 195	3. 416
90		0. 677	0. 846	1. 291	1. 662	1. 987	2. 368	2. 632	2. 878	3. 183	3. 402
100		0. 677	0. 845	1. 290	1. 660	1. 984	2. 364	2. 626	2. 871	3. 174	3. 390
200		0. 676	0. 843	1. 286	1. 653	1. 972	2. 345	2. 601	2. 839	3. 131	3. 340
500		0. 675	0. 842	1. 283	1. 648	1. 965	2. 334	2. 586	2. 820	3. 107	3. 310
1000		0. 675	0. 842	1. 282	1. 646	1. 962	2. 330	2. 581	2. 813	3. 098	3. 300
∞		0. 6745	0. 8416	1. 2816	1. 6449	1. 960	2. 3263	2. 5758	2. 807	3. 0902	3. 2905

附录七　*F* 表方差分析用（单尾）：上行概率 0. 05，下行概率 0. 01

分母的自由度 f_2	分子的自由度 f_1											
	1	2	3	4	5	6	7	8	9	10	11	12
1	161	200	216	225	230	234	327	239	241	242	243	244
	4025	4999	5403	5625	5764	5859	5928	5981	6022	6056	6082	6106
2	18. 51	19. 00	19. 16	19. 25	19. 30	19. 33	19. 36	19. 37	19. 38	19. 39	19. 40	19. 41
	98. 49	99. 00	99. 17	99. 25	99. 30	99. 33	99. 34	99. 36	99. 38	99. 40	99. 41	99. 42
3	10. 13	9. 55	9. 28	9. 12	9. 01	8. 94	8. 88	8. 84	8. 81	8. 78	8. 76	8. 74
	34. 12	30. 82	29. 46	28. 71	28. 24	27. 91	27. 67	27. 49	27. 34	27. 23	27. 13	27. 05
4	7. 71	6. 94	6. 59	6. 39	6. 26	6. 16	6. 09	6. 04	6. 00	5. 96	5. 93	5. 91
	21. 20	18. 00	16. 69	15. 98	15. 52	15. 21	14. 98	14. 80	14. 66	14. 54	14. 45	14. 37
5	6. 61	5. 79	5. 41	5. 19	5. 05	4. 95	4. 88	4. 82	4. 78	4. 74	4. 70	4. 68
	16. 26	13. 27	12. 06	11. 39	10. 97	10. 67	10. 45	10. 27	10. 15	10. 05	9. 96	9. 89
6	5. 99	5. 11	4. 76	4. 53	4. 39	4. 28	4. 21	4. 15	4. 10	4. 06	4. 03	4. 00
	13. 74	10. 92	9. 78	9. 15	8. 75	8. 47	8. 26	8. 10	7. 98	7. 87	7. 79	7. 72
7	5. 59	4. 74	4. 35	4. 12	3. 97	3. 87	3. 79	3. 73	3. 68	3. 63	3. 60	3. 57
	12. 25	9. 55	8. 45	7. 85	7. 46	7. 19	7. 00	6. 84	6. 71	6. 62	6. 54	6. 47
8	5. 32	4. 46	4. 07	3. 84	3. 69	3. 58	3. 50	3. 44	3. 39	3. 34	3. 31	3. 28
	11. 26	8. 65	7. 59	7. 01	6. 63	6. 37	6. 19	6. 03	5. 91	5. 82	5. 74	5. 67
9	5. 21	4. 26	3. 86	3. 63	3. 48	3. 37	3. 29	3. 23	3. 18	3. 13	3. 10	3. 07
	10. 56	8. 02	6. 99	6. 42	6. 06	5. 80	5. 62	5. 47	5. 35	5. 26	5. 18	5. 11
10	4. 96	4. 10	3. 71	3. 48	3. 33	3. 22	3. 14	3. 07	3. 02	2. 97	2. 94	2. 91
	10. 04	7. 56	6. 55	5. 99	5. 64	5. 39	5. 21	5. 06	4. 95	4. 85	4. 78	4. 71
11	4. 84	3. 98	3. 59	3. 36	3. 20	3. 09	3. 01	2. 95	2. 90	2. 86	2. 82	2. 76
	9. 65	7. 20	6. 22	5. 67	5. 32	5. 07	4. 88	4. 74	4. 63	4. 54	4. 46	4. 40
12	4. 75	3. 88	3. 49	3. 26	3. 11	3. 00	2. 92	2. 85	2. 80	2. 76	2. 72	2. 69
	9. 33	6. 93	5. 95	5. 41	5. 06	4. 82	4. 65	4. 50	4. 39	4. 30	4. 22	4. 16
13	4. 67	3. 80	3. 41	3. 18	3. 02	2. 92	2. 84	2. 77	2. 72	2. 67	2. 63	2. 60
	9. 07	6. 70	5. 74	5. 20	4. 86	4. 62	4. 44	4. 30	4. 19	4. 10	4. 02	3. 96
14	4. 60	3. 74	3. 34	3. 11	2. 96	2. 85	2. 77	2. 70	2. 65	2. 60	2. 56	2. 53
	8. 86	6. 51	5. 56	5. 03	4. 69	4. 46	4. 28	4. 11	4. 03	3. 94	3. 86	3. 80
15	4. 54	3. 68	3. 29	3. 06	2. 90	2. 79	2. 70	2. 64	2. 59	2. 55	2. 51	2. 48
	8. 68	6. 36	5. 42	4. 89	4. 56	4. 32	4. 14	4. 00	3. 89	3. 80	3. 73	3. 67

续表

分母的自由度 f_2	分子的自由度 f_1											
	14	16	20	24	30	40	50	75	100	200	500	∞
1	245	246	248	249	250	251	252	253	253	254	254	254
	6142	6169	6208	6234	6258	6286	6302	6323	6334	6352	6361	6366
2	19.2	19.43	19.44	19.45	19.46	19.47	19.47	19.48	19.49	19.49	19.50	19.50
	99.43	99.44	99.45	99.46	99.47	99.48	99.48	99.49	99.49	99.49	99.50	99.50
3	8.71	8.69	8.66	8.64	8.62	8.60	8.58	8.57	8.56	8.54	8.54	8.53
	26.92	26.83	26.69	26.60	26.50	26.41	26.35	26.27	26.23	26.18	26.14	26.12
4	5.87	5.84	5.80	5.77	5.74	5.71	5.70	5.68	5.66	5.65	5.64	5.63
	14.24	14.15	14.02	13.93	13.83	13.74	13.69	13.61	13.57	13.52	13.48	13.46
5	4.64	4.60	4.56	4.53	4.50	4.46	4.44	4.42	4.40	4.38	4.37	4.36
	9.77	9.68	9.55	9.47	9.38	9.29	9.24	9.17	9.13	9.07	9.04	9.02
6	3.96	3.92	3.87	3.84	3.81	3.77	3.75	3.72	3.71	3.69	3.68	3.67
	7.60	7.52	7.39	7.31	7.23	7.14	7.09	7.02	6.99	6.94	6.90	6.88
7	3.52	3.49	3.44	3.41	3.38	3.34	3.32	3.29	3.28	3.25	3.24	3.23
	6.35	6.27	6.15	6.07	5.98	5.90	5.85	5.78	5.75	5.70	5.67	5.65
8	3.23	3.20	3.15	3.12	3.08	3.05	3.03	3.00	2.98	2.96	2.94	2.93
	5.56	5.48	5.36	5.28	5.20	5.11	5.06	5.00	4.96	4.91	4.88	4.86
9	3.02	2.98	2.93	2.90	2.86	2.82	2.80	2.77	2.76	2.73	2.72	2.71
	5.00	4.92	4.80	4.73	4.64	4.56	4.51	4.45	4.41	4.36	4.33	4.31
10	2.86	2.82	2.77	2.74	2.70	2.67	2.64	2.61	2.59	2.56	2.55	2.54
	4.60	4.52	4.41	4.33	4.25	4.17	4.12	4.05	4.01	3.96	3.93	3.91
11	2.74	2.70	2.65	2.61	2.57	2.53	2.50	2.47	2.45	2.42	2.41	2.40
	4.29	4.21	4.10	4.02	3.94	3.86	3.80	3.74	3.70	3.66	3.62	3.60
12	2.64	2.60	2.54	2.50	2.46	2.42	2.40	2.36	2.35	2.32	2.31	2.30
	4.05	3.98	3.86	3.78	3.70	3.61	3.56	3.49	3.46	3.41	3.38	3.36
13	2.55	2.51	2.46	2.42	2.38	2.34	2.32	2.28	2.26	2.24	2.22	2.21
	3.85	3.78	3.67	3.59	3.51	3.42	3.37	3.30	3.27	3.21	3.18	3.16
14	2.48	2.44	2.39	2.35	2.31	2.27	2.24	2.21	2.19	2.16	2.14	2.13
	3.70	3.62	3.51	3.43	3.34	3.26	3.21	3.14	3.11	3.06	3.02	3.00
15	2.43	2.39	2.33	2.29	2.25	2.21	2.18	2.15	2.12	2.10	2.08	2.07
	3.56	3.48	3.36	3.29	3.20	3.12	3.07	3.00	2.97	2.92	2.89	2.87

续表

分母的自由度 f_2	分子的自由度 f_1											
	1	2	3	4	5	6	7	8	9	10	11	12
16	4.49	3.63	3.24	3.01	2.85	2.74	2.66	2.59	2.54	2.49	2.45	2.42
	8.53	6.23	5.29	4.77	4.44	4.20	4.03	3.89	3.78	3.69	3.61	3.55
17	4.45	3.59	3.20	2.96	2.81	2.70	2.62	3.55	2.50	2.45	2.41	2.38
	8.40	6.11	5.18	4.67	4.34	4.10	3.93	3.79	3.68	3.59	3.52	3.45
18	4.41	3.55	3.16	2.93	2.77	2.66	2.58	2.51	2.46	2.41	2.37	2.34
	8.28	6.01	5.09	4.58	4.25	4.01	3.85	3.71	3.60	3.51	3.44	3.37
19	4.38	3.52	3.13	2.90	2.74	2.63	2.55	2.48	2.43	2.38	2.34	2.31
	8.18	5.93	5.01	4.50	4.17	3.94	3.77	3.63	3.52	3.43	3.36	3.30
20	4.35	3.49	3.10	2.87	2.71	2.60	2.52	2.45	2.40	2.35	2.31	2.28
	8.10	5.85	4.94	4.43	4.10	3.87	3.71	3.56	3.45	3.37	3.30	3.23
21	4.32	3.47	3.07	2.84	2.68	2.57	2.49	2.42	2.37	2.32	2.28	2.25
	8.02	5.78	4.87	4.37	4.04	3.81	3.65	3.51	3.40	3.31	3.24	3.17
22	4.30	3.44	3.05	2.82	2.66	2.55	2.47	2.40	2.35	2.30	2.26	2.23
	7.94	5.72	4.82	4.31	3.99	3.76	3.59	3.45	3.35	3.28	3.18	3.12
23	4.28	3.42	3.03	2.80	2.64	2.53	2.43	2.38	2.32	2.28	2.24	2.20
	7.88	5.66	4.76	4.26	3.94	3.71	3.54	3.41	3.30	3.21	3.14	3.07
24	4.26	3.40	3.01	2.78	2.62	2.51	2.43	2.36	2.30	2.26	2.22	2.18
	7.82	5.61	4.72	4.22	3.90	3.67	3.50	3.36	3.25	3.17	3.09	3.03
25	4.24	3.38	2.99	2.76	2.60	2.49	2.41	2.34	2.28	2.24	2.20	2.16
	7.77	5.57	4.68	4.18	3.86	3.63	3.46	3.32	3.21	3.13	3.05	2.99
26	4.22	3.37	2.98	2.74	2.59	2.47	2.39	2.32	2.27	2.22	2.18	2.15
	7.72	5.53	4.64	4.14	3.82	3.59	3.42	3.29	3.17	3.09	3.02	2.96
27	4.21	3.35	2.96	2.73	2.57	2.46	2.37	2.30	2.25	2.20	2.16	2.13
	7.68	5.49	4.60	4.11	3.79	3.56	3.39	3.26	3.14	3.06	2.98	2.93
28	4.20	3.34	2.95	2.71	2.56	2.44	2.36	2.29	2.24	2.19	2.15	2.12
	7.64	5.45	4.57	4.07	3.76	3.53	3.36	3.23	3.11	3.03	2.95	2.90
29	4.18	3.33	2.93	2.70	2.54	2.43	2.35	2.28	2.22	2.18	2.14	2.10
	7.60	5.42	4.54	4.04	3.73	3.50	3.33	3.20	3.08	3.00	2.92	2.87
30	4.17	3.32	2.92	2.69	2.53	2.42	2.34	2.27	2.21	2.16	2.12	2.09
	7.56	5.39	4.51	4.02	3.70	3.47	3.30	3.17	3.06	2.98	2.90	2.84

续表

分母的自由度 f_2	分子的自由度 f_1											
	14	16	20	24	30	40	50	75	100	200	500	∞
16	2.37	2.33	2.28	2.24	2.20	2.16	2.13	2.09	2.07	2.04	2.02	2.01
	3.45	3.37	3.25	3.18	3.10	3.01	2.96	2.89	2.86	2.80	2.77	2.75
17	2.33	2.29	2.23	2.19	2.15	2.11	2.08	2.04	2.02	1.99	1.97	1.96
	3.35	3.27	3.16	3.08	3.00	2.92	2.86	2.79	2.76	2.70	2.67	2.65
18	2.29	2.25	2.19	2.15	2.11	2.07	2.04	2.00	1.98	1.95	1.93	1.92
	3.27	3.19	3.07	3.00	2.91	2.83	2.78	2.71	2.68	2.62	2.59	2.57
19	2.26	2.21	2.15	2.11	2.07	2.02	2.00	1.96	1.94	1.91	1.90	1.88
	3.19	3.12	3.00	2.92	2.84	2.76	2.70	2.63	2.60	2.54	2.51	2.49
20	2.23	2.18	2.12	2.08	2.04	1.99	1.96	1.92	1.90	1.87	1.85	1.84
	3.13	3.05	2.94	2.86	2.77	2.69	2.63	2.56	2.53	2.47	2.44	2.42
21	2.20	2.15	2.09	2.05	2.00	1.96	1.93	1.89	1.87	1.84	1.82	1.81
	3.07	2.99	2.88	2.80	2.72	2.63	2.58	2.51	2.47	2.42	2.38	2.36
22	2.18	2.13	2.07	2.03	1.98	1.93	1.91	1.87	1.84	1.81	1.80	1.78
	3.02	2.94	2.83	2.75	2.67	2.58	2.53	2.46	2.42	2.37	2.33	2.31
23	2.14	2.10	2.04	2.00	1.96	1.91	1.88	1.84	1.82	1.79	1.77	1.76
	2.97	2.89	2.78	2.70	2.62	2.53	2.48	2.41	2.37	2.32	2.28	2.26
24	2.13	2.09	2.02	1.98	1.94	1.89	1.86	1.82	1.80	1.76	1.74	1.73
	2.93	2.85	2.74	2.66	2.58	2.49	2.44	2.36	2.33	2.27	2.23	2.21
25	2.11	2.06	2.00	1.96	1.92	1.87	1.84	1.80	1.77	1.74	1.72	1.71
	2.89	2.81	2.70	2.62	2.54	2.45	2.40	2.32	2.29	2.23	2.19	2.17
26	2.10	2.05	1.99	1.95	1.90	1.85	1.82	1.78	1.76	1.72	1.70	1.69
	2.86	2.77	2.66	2.58	2.50	2.41	2.36	2.28	2.25	2.19	2.15	2.13
27	2.08	2.03	1.97	1.93	1.88	1.84	1.80	1.76	1.74	1.71	1.68	1.67
	2.83	2.74	2.63	2.55	2.47	2.38	2.33	2.25	2.21	2.16	2.12	2.10
28	2.06	2.02	1.96	1.91	1.87	1.81	1.78	1.75	1.72	1.69	1.67	1.65
	2.80	2.71	2.60	2.52	2.44	2.35	2.30	2.22	2.18	2.13	2.09	2.06
29	2.05	2.00	1.94	1.90	1.85	1.80	1.77	1.73	1.71	1.68	1.65	1.64
	2.77	2.68	2.57	2.49	2.41	2.32	2.27	2.19	2.15	2.10	2.06	2.03
30	2.04	1.90	1.93	1.89	1.84	1.79	1.76	1.72	1.69	1.66	1.64	1.62
	2.74	2.66	2.55	2.47	2.38	2.29	2.24	2.16	2.13	2.07	2.03	2.01

续表

分母的自由度 f_2	分子的自由度 f_1											
	1	2	3	4	5	6	7	8	9	10	11	12
32	4.15	3.30	2.90	2.67	2.51	2.40	2.32	2.25	2.19	2.14	2.10	2.07
	7.50	5.34	4.46	3.97	3.66	3.42	3.23	3.12	3.01	2.94	2.86	2.80
34	4.13	3.28	2.88	2.65	2.49	3.38	2.30	2.23	2.17	2.12	2.08	2.05
	7.44	5.29	4.12	3.93	3.61	3.38	3.21	3.08	2.97	2.89	2.82	2.76
36	4.11	3.26	2.86	2.63	2.48	2.36	2.28	2.21	2.15	2.10	2.06	2.03
	7.39	5.25	4.38	3.89	3.58	3.35	3.18	3.04	2.94	2.86	2.78	2.72
38	4.10	3.25	2.85	2.62	2.46	2.35	2.26	2.19	2.14	2.09	2.05	2.02
	7.35	5.21	4.34	3.86	3.54	3.32	3.15	3.02	2.91	2.82	2.75	2.69
40	4.08	3.23	2.84	2.61	2.45	2.34	2.25	2.18	2.12	2.07	2.04	2.00
	7.31	5.18	4.31	3.83	3.51	3.29	3.12	2.99	2.88	2.80	2.73	2.66
42	4.07	3.22	2.83	2.59	2.44	2.32	2.24	2.17	2.11	2.06	2.02	1.99
	7.27	5.15	4.29	3.80	3.49	3.26	3.10	2.96	2.86	2.77	2.70	2.64
44	4.06	3.21	2.82	2.58	2.43	2.31	2.23	2.16	2.10	2.05	2.01	1.98
	7.24	5.12	4.26	3.78	3.46	3.24	3.07	2.94	2.84	2.75	2.68	2.62
46	4.05	3.20	2.81	2.57	2.42	2.30	2.22	2.14	2.09	2.04	2.00	1.97
	7.21	5.10	4.24	3.76	3.44	3.22	3.05	2.92	2.82	2.73	2.66	2.60
48	4.04	3.19	2.80	2.56	2.41	2.30	2.21	2.14	2.08	2.03	1.99	1.96
	7.19	5.08	4.22	3.74	3.42	3.20	3.04	2.90	2.80	2.71	2.64	2.58
50	4.03	3.18	2.79	2.56	2.40	2.29	2.20	2.13	2.07	2.02	1.98	1.95
	7.17	5.06	4.20	3.72	3.41	3.20	3.02	2.88	2.78	2.70	2.62	2.56
60	4.00	3.15	2.76	2.52	2.37	2.25	2.17	2.10	2.04	1.99	1.95	1.92
	7.08	4.98	4.13	3.65	3.34	3.12	2.93	2.82	2.72	2.63	2.56	2.50
70	3.98	3.13	2.74	2.50	2.35	2.23	2.14	2.07	2.01	1.97	1.93	1.89
	7.01	4.92	4.08	3.60	3.29	3.07	2.91	2.77	2.67	2.59	2.51	2.45
80	3.96	3.11	2.72	2.48	2.33	2.21	2.12	2.05	1.99	1.95	1.91	1.88
	6.96	4.88	4.04	3.56	3.25	3.04	2.87	2.74	2.64	2.55	2.48	2.41
100	3.94	3.09	2.70	2.46	2.30	2.19	2.10	2.03	1.97	1.92	1.88	1.85
	6.90	4.82	3.98	3.51	3.20	2.99	2.82	2.69	2.59	2.51	2.43	2.36
125	3.92	3.07	2.68	2.44	2.29	2.17	2.08	2.01	1.95	1.90	1.86	1.83
	6.84	4.78	3.94	3.47	3.17	2.95	2.79	2.65	2.56	2.47	2.40	2.33

续表

分母的自由度 f_2	分子的自由度 f_1											
	14	16	20	24	30	40	50	75	100	200	500	∞
32	2.02	1.97	1.91	1.86	1.82	1.76	1.74	1.69	1.67	1.64	1.61	1.59
	2.70	2.62	2.51	2.42	2.34	2.25	2.20	2.12	2.08	2.02	1.98	1.96
34	2.00	1.95	1.89	1.84	1.80	1.74	1.71	1.67	1.64	1.61	1.59	1.57
	2.66	2.58	2.47	2.38	2.30	2.21	2.15	2.08	2.04	1.98	1.94	1.91
36	1.98	1.93	1.87	1.82	1.78	1.72	1.69	1.65	1.62	1.59	1.56	1.55
	2.62	2.54	2.13	2.35	2.26	2.17	2.12	2.04	2.00	1.94	1.90	1.87
38	1.96	1.92	1.85	1.80	1.76	1.71	1.67	1.63	1.60	1.57	1.54	1.53
	2.59	2.51	2.40	2.32	2.22	2.14	2.08	2.00	1.97	1.90	1.86	1.84
40	1.95	1.90	1.84	1.79	1.74	1.69	1.66	1.61	1.59	1.55	1.53	1.51
	2.56	2.49	2.37	2.29	2.20	2.11	2.05	1.97	1.94	1.88	1.84	1.81
42	1.94	1.89	1.82	1.78	1.73	1.68	1.64	1.60	1.57	1.54	1.51	1.49
	2.54	2.46	2.35	2.26	2.17	2.08	2.02	1.94	1.91	1.85	1.80	1.78
44	1.92	1.88	1.81	1.76	1.72	1.66	1.63	1.58	1.56	1.52	1.50	1.48
	2.52	2.44	2.32	2.24	2.15	2.06	2.00	1.92	1.88	1.82	1.78	1.75
46	1.91	1.87	1.80	1.75	1.71	1.65	1.62	1.57	1.54	1.51	1.48	1.46
	2.50	2.42	2.30	2.22	2.12	2.04	1.98	1.90	1.86	1.80	1.76	1.72
48	1.90	1.86	1.79	1.74	1.70	1.64	1.61	1.56	1.53	1.50	1.47	1.45
	2.48	2.40	2.28	2.20	2.11	2.02	1.96	1.88	1.84	1.78	1.73	1.70
50	1.90	1.85	1.78	1.74	1.69	1.63	1.60	1.55	1.52	1.48	1.46	1.44
	2.46	2.39	2.26	2.18	2.10	2.00	1.94	1.86	1.82	1.76	1.71	1.68
60	1.86	1.81	1.75	1.70	1.65	1.59	1.56	1.50	1.48	1.44	1.41	1.39
	2.40	2.32	2.20	2.12	2.03	1.93	1.87	1.79	1.74	1.68	1.63	1.60
70	1.84	1.79	1.72	1.67	1.62	1.56	1.53	1.47	1.45	1.40	1.37	1.35
	2.35	2.28	2.15	2.07	1.98	1.88	1.82	1.74	1.69	1.62	1.56	1.53
80	1.82	1.77	1.70	1.65	1.60	1.54	1.51	1.45	1.42	1.38	1.35	1.32
	2.32	2.24	2.11	2.03	1.94	1.84	1.78	1.70	1.65	1.57	1.52	1.49
100	1.79	1.75	1.68	1.63	1.57	1.51	1.48	1.42	1.39	1.34	1.30	1.28
	2.26	2.19	2.06	1.98	1.89	1.79	1.73	1.64	1.59	1.51	1.46	1.43
125	1.77	1.72	1.65	1.60	1.55	1.49	1.45	1.39	1.36	1.31	1.27	1.25
	2.23	2.15	2.03	1.94	1.85	1.75	1.68	1.59	1.54	1.46	1.40	1.37

附录八　食品分析课程思政建议

随着经济水平不断提高，食品产业得到快速发展，人们对食品的安全意识逐渐加强。虽然食品安全标准体系逐步健全，检验检测能力不断提高，全过程监管体系基本建立，重大食品安全风险得到控制，人民群众饮食安全得到保障，食品安全形势不断好转，但是我国食品安全工作仍面临诸多挑战，如使用劣质原料，超量使用食品添加剂，微生物和重金属污染、农药残留超标、制假售假等问题时有发生。

食品分析工作对食品质量安全与国民生命健康至关重要，食品分析课程一直作为食品科学与工程专业培养“三创型”新工科领军人才的核心课程与专业必修课。食品分析是一门综合化学、物理、生物、统计分析等学科的理论与应用并存的课程，为食品中营养成分、添加剂组分以及有毒有害组分的分析提供理论、方法及实际应用，因此，食品分析课程对国民生命健康、安全有着实质上的重要作用。通过学习这门课程，学生可以较全面地掌握食品分析的基本理论和基本操作方法等知识，同时为将来从事食品研发、食品检验及相关工作打下坚实的基础。

《食品分析》教材在第一章绪论中阐述了该课程的作用与意义，对食品标准体系进行了介绍。引导学生认识到食品分析工作对国民生命健康安全的重要性，培养学生专业化、前瞻性和国际化视野。

第二章的主要内容是样品的采集与预处理，要求学生要有严谨的科学精神，注重细节，具有全局意识和综合性思维。

第三、四章涉及了实验数据相关的内容，学生应认真地对待实验以获得真实可靠的数据，养成细致严谨、公平公正、诚信的优秀品质。

第五章主要内容为水分与水分活度的测定，水分活度与食品的耐贮藏性有关，过高过低都会降低食品的稳定性，学生应具体问题具体分析。

第六至十一章的主要内容分别是碳水化合物、脂类、蛋白质、灰分及矿物质、酸度和维生素的测定，即食品中主要营养成分的检测，其分析结果的准确性对食品质量的判定具有决定性的作用，学习过程中应着重引导学生在检测过程中严格按照标准，确保数据的准确性。

第十二章的主要内容为食品添加剂的测定，强调按照国家规定可允许使用的食品添加剂在合理的使用量下是安全的，引导学生以辩证的思维看待问题。

第十三至十八章的主要内容分别为食品中有害物质、病原微生物、食品接触材料的安全性、转基因食品、新食品原料的检测和测定，这些内容的测定直接关系到食品的安全问题，要求学生要有食品安全意识，并且引导学生作为一个食品分析人，应立志运用本专业的知识，保持严谨的态度，善于发现问题、分析问题、解决问题，善于钻研，为学科的持续发展做出应有的贡献，确保食品的安全性。

第十九至二十一章的主要内容是食品分析中常用的分析方法，尤其是食品的感官分析，可向学生介绍如电子鼻、电子舌等先进仪器及其应用实例，增加学生的学习兴趣，认识到各种食品分析方法的建立和不断完善都是一个不断发展的过程，引导学生培养马克思主义的发展观。此外，食品分析的方法常用于判别食品是否掺假掺杂，是否安全，因而食品分析对国民生命健康、安全有着非常重要的作用。通过课程的学习，可潜移默化地引导学生形成致力于运用专业所长、发挥自主创造力，敬业、乐业、服务社会的专业情怀，引导学生树立正确的人生观、世界观和价值观以及“诚信为本”“以人为本”的理念。

参考文献

1. Ballin N Z. Authentication of meat and meat products [J]. Meat Science, 2010, 86 (3): 577 - 587.
2. 储嫣红，邹彬，陈学珊，等. 酶电极传感器在食品安全检测中的研究进展 [J]. 食品工业科技, 2017, 38 (17): 335 - 340.
3. 陈兰珍，赵静，叶志华，等. 蜂蜜真伪的近红外光谱鉴别研究 [J]. 光谱学与光谱分析, 2008, 028 (011): 2565 - 2568.
4. 陈万勤，王瑾，黄丽英，等. 高效液相色谱法同时测定配方乳粉中7种脂溶性维生素 [J]. 分析科学学报, 2013, 29 (1): 109 - 112.
5. 陈思媛，李姝彦，陈春红，等. 光谱技术发展现状及趋势 [J]. 应用化工, 2017, 46 (12): 2441 - 2446.
6. 丁仁君，夏延斌. 葡萄酒中的有机酸及检测方法研究进展 [J]. 食品与机械, 2014, 30 (1): 243 - 247.
7. Leo M L. Food analysis by HPLC [M]. Boca Raton: CRC Press, 2012.
8. Fidel T. Food Analysis: Theory and Practice [M]. New York: Springer Science & Business Media, 2013.
9. S. Suzanne Nielsen. Food analysis [M]. New York: Springer, 2010.
10. 千宁，葛从辛. 毛细管区带电泳分离/电化学检测果汁中有机酸 [J]. 营养学报, 2006, 28 (3): 255 - 259.
11. 高瑞坤. 美国环保署的大肠菌群 (Coliforms) 检测技术 [J]. 福建分析测试, 2006, 15 (2): 36 - 37.
12. 国家食品药品监督管理总局. 国家食品药品监督管理总局关于公布食品生产许可目录的公告 [Z]. 2016 - 1 - 22.
13. 郭丽丽. 表征属性识别技术在燕窝真伪鉴别中的应用研究 [D]. 北京: 中国农业大学, 2014.
14. 黄嘉丽，黄宝华，卢宇靖，等. 电子舌检测技术及其在食品领域的应用研究进展 [J]. 中国调味品, 2019, 44 (5): 189 - 193.
15. 刘辉，牛智有. 电子鼻技术及其应用研究进展 [J]. 中国测试, 2009, 35 (3): 6 - 10.
16. 李官丽，聂辉，苏可珍，等. 基于感官评价和电子鼻分析不同蒸煮时间荸荠挥发性风味物质 [J]. 食品工业科技, 2020, 41 (15): 1 - 19.
17. 罗季阳，王欣，李慧芳，等. 食品企业经济利益驱动型掺假动机和原因分析 [J]. 食品工业科技, 2016, 37 (5): 281 - 286.
18. 李丹，王守伟，臧明伍，等. 国内外经济利益驱动型食品掺假防控体系研究进展 [J]. 食品科学, 2018, 39 (01): 327 - 332.
19. 李丹，王守伟，臧明伍，等. 美国应对经济利益驱动型掺假和食品欺诈的经验

及对我国的启示 [J]. 食品科学, 2016, 37 (07): 283-287.
20. 李操. 电喷雾萃取和单光子电离质谱法用于真假酒的快速分析 [D]. 上海: 华东理工大学, 2014.
21. 李婷婷, 张桂兰, 赵杰, 等. 肉及肉制品掺假鉴别技术研究进展 [J]. 食品安全质量检测学报, 2018, 9 (02): 409-415.
22. 李丹, 王守伟, 臧明伍, 等. 我国肉类食品安全风险现状与对策 [J]. 肉类研究, 2015, 29 (11): 34-38.
23. 吕二盼. 动物源性食品中各种动物源性肉及肉制品鉴别检验的研究 [D]. 保定: 河北农业大学, 2012.
24. 刘伟, 张敏, 张然, 等. 植物油掺伪检验技术研究进展 [J]. 食品安全质量检测学报, 2017, 8 (5): 1533-1538.
25. Monosik R, Stredansky M, Tkac J, et al. Application of enzyme biosensors in analysis of food and beverages [J]. Food Analytical Methods, 2012, 5 (1): 40-53.
26. Morishita N, Kamiya K, Matsumoto T, et al. Reliable enzyme-linked immunosorbent assay for the determination of soybean proteins in processed foods [J]. Journal of agricultural and food chemistry, 2008, 56 (16): 6818-6824.
27. 马雪婷, 张九凯, 陈颖, 等. 燕窝真伪鉴别研究发展趋势剖析与展望 [J]. 食品科学, 2019, 40 (7): 304-311.
28. 马泽亮, 国婷婷, 殷廷家, 等. 基于电子鼻系统的白酒掺假检测方法 [J]. 食品与发酵工业, 2019, 45 (2): 194-199.
29. 欧阳永中, 李操, 周亚飞, 等. 电喷雾萃取电离质谱法用于掺假白酒的快速分析 [J]. 化学学报, 2013, 71 (12): 1625-1632.
30. Omar A, Harbourne N, Oruna-Concha M J. Quantification of major camel milk proteins by capillary electrophoresis [J]. International Dairy Journal, 2016, (58): 31-35.
31. Owusu-Apenten R. Food protein analysis: quantitative effects on processing [M]. Boca Raton: CRC press, 2002.
32. 庞敏, 蔡松铃, 刘茜. 葡萄酒中有机酸及其分析方法的研究进展 [J]. 食品安全质量检测学报, 2019, 10 (6): 1588-1593.
33. 潘东升. 食用植物油的品质检测和掺伪鉴别研究 [J]. 粮食流通技术, 2018 (4): 109-111.
34. 邱皓璞, 李洁莉. 酿造食醋溯源性检测技术研究现状 [J]. 现代食品, 2016 (3): 62-64.
35. Qu J, Lou T, Wang Y, et al. Determination of catechol by a novel laccase biosensor based on zinc-oxide sol-gel [J]. Analytical Letters, 2015, 48 (12): 1842-1853.
36. 任君安, 黄文胜, 葛毅强, 等. 肉制品真伪鉴别技术研究进展 [J]. 食品科学, 2016, 37 (01): 269-279.
37. Rizzi M, João C F, Costa A B D, et al. Particle swarm method for optimization of multivariate regression models employees for biodiesel determination in biodiesel/vegetable oil/diesel blends [J]. Revista Virtual de Quimica, 2016, 8 (6): 1877-1892.

38. 任丹丹，谢云峰，刘佳佳，等．高效液相色谱法同时测定食品中9种水溶性维生素［J］．食品安全质量检测学报，2014，5（3）：899－904.
39. 苏立强．色谱分析法［M］．北京：清华大学出版社，2017.
40. 苏会波，林海龙．难消化糊精的研究进展［J］．食品与生物技术学报，2014，33（1）：1－7.
41. 宋晓莹．氢核磁共振技术在蜂蜜品种和掺假鉴别中的应用研究［D］．北京：中国农业大学，2019.
42. 宋崇富，田志美，杨海城，等．基于电导率测定的地沟油快速检测方法研究［J］．广州化工，2017，45（2）：104－106.
43. 宋戈，郝岩平，姜金斗．凝胶色谱法测定保健食品中免疫球蛋白 IgG［J］．中国乳品工业，2010，38（1）：55－56.
44. 孙敏杰．甘薯蛋白的营养特性研究［D］．北京：中国农业科学院，2012.
45. 唐晓纯，李笑曼，张冰妍．关于食品欺诈的国内外比较研究进展［J］．食品科学，2015，36（15）：247－253.
46. 王栋轩，卫雪娇，刘红蕾．电子舌工作原理及应用综述［J］．研究与开发，2018，44（2）：140－141.
47. 王文强，文豪，张文众，等．基于美国药典委 EMA 数据库的全球经济利益驱动型掺假和食品欺诈的分析［J］．食品安全质量检测学报，2019，10（3）：248－254.
48. 万伟杰，李瑞丽，昌晓宇，等．蜂蜜的掺假识别研究进展［J］．食品安全导刊，2017（36）：135－137.
49. 王聪，梁瑞强，曹进，等．液相色谱－质谱联用法测定保健食品中9种脂溶性维生素［J］．食品安全质量检测学报，2016，7（3）：991－999.
50. 王丹丹，任虹，李婷，等．蜂蜜掺假鉴别检测技术研究进展［J］．食品工业科技，2016，37（16）：362－367.
51. 乌日罕，陈颖，吴亚君，等．燕窝真伪鉴别方法及国内外研究进展［J］．检验检疫学刊，2007，17（4）：60－62.
52. 王永华，宋丽军，蓝东明．食品分析［M］．北京：中国轻工业出版社，2019.
53. Wong K H，Cheung P C K，Ang P O. Nutritional evaluation of protein concentratesisolated from two red seaweeds：Hypnea charoides and Hypnea japonica in growing rats［J］．Hydrobiologia，2004，512（1－3）：271－278.
54. 薛雅琳，王雪莲，张蕊，等．食用植物油掺伪鉴别快速检验方法研究［J］．中国粮油学报，2010，25（10）：116－118.
55. 辛益，汪燕，马振刚．蜂蜜真伪的主要鉴别方法研究进展［J］．蜜蜂杂志，2019，39（5）：11－12.
56. 邢玮玮．酶联免疫吸附法在食品安全检测中的应用综述［J］．柳州职业技术学院学报，2018，18（1）：121－125.
57. 姚文杰．食品加工与质量检测中酶学技术的应用［J］．农业与技术，2017，37（18）：254－254.
58. 杨杰，高洁，苗虹．论食品欺诈和食品掺假［J］．食品与发酵工业，2015，41（12）：235－240.
59. 杨冬燕，李浩，杨永存．肉制品掺假鉴别与定量检测［J］．卫生研究，2016，45（2）：156－160.

60. 于海花．基于 LC/Q/TOF 和拉曼技术的燕窝甄别方法研究［D］．厦门：集美大学，2015.
61. 游清徽，王曼莹．酶学技术在食品加工与食品质量检测中的应用［J］．食品安全质量检测学报，2014（10）：3284－3289.
62. 日本食品工业学会食品分析法委员会．《食品分析方法》上册［M］．郑州粮食学院译．成都：四川科技出版社，1986.
63. 朱海霞，曹艳华．酶学技术在食品加工与质量检测中的应用［J］．现代食品，2018（1）：62－63.
64. 周晖，陈燕，迟秋池，等．动物源性食品中多种兽药残留检测的研究进展［J］．食品安全质量检测学报，2019，10（10）：2889－2895.
65. 邹萍，黄琼，陈红．转基因食品的安全性评价与检测技术［J］．食品安全导刊，2016（18）：110.
66. Zhang W，Xue J. Economically motivated food fraud and adulteration in China：an analysis based on 1，553 media reports［J］. Food Control，2016，67：192－198.
67. 郑优，王欣，毛锐．蜂蜜常见的掺假类型及真伪鉴别方法的研究进展［J］．食品与发酵科技，2018，54（6）：75－82.
68. 张严．近红外光谱技术快速鉴别与检测食用油掺伪研究［D］．郑州：河南工业大学，2015.
69. 朱永红，赵博，肖昭竞．食醋掺假检验方法研究进展［J］．中国调味品，2012，37（4）：94－99.
70. 张小东．水产品中大肠埃希氏菌和大肠菌群快速检测技术研究［D］．厦门：集美大学，2009.
71. 张水华．食品分析［M］．北京：中国轻工业出版社，2004.
72. 周围，王波，刘倩倩等．超高效合相色谱法同时测定复合维生素片中 11 种脂溶性维生素及其衍生物［J］．分析化学，2015，43（1）：115－120.
73. 张丹，王锡昌．中华鳖肉蛋白质营养特征分析及评价［J］．食品工业科技，2014，35（15）：356－359.
74. 张华，刘志广．仪器分析简明教程［M］．大连：大连理工大学出版社，2007.